计 算 机 科 学 丛 书

原书第2版

数字设计和 计算机体系结构

[美] 戴维·莫尼·哈里斯（David Money Harris）莎拉 L. 哈里斯（Sarah L. Harris）著
哈维玛德学院
陈俊颖
华南理工大学 译

Digital Design and Computer Architecture

Second Edition

机械工业出版社

CHINA MACHINE PRESS

图书在版编目（CIP）数据

数字设计和计算机体系结构（原书第 2 版）/（美）哈里斯（Harris, D. M.）等著；陈俊颖译 . —北京：机械工业出版社，2016.4（2024.5 重印）

（计算机科学丛书）

书名原文：Digital Design and Computer Architecture, Second Edition

ISBN 978-7-111-53451-8

I. 数⋯ II. ① 哈⋯ ② 陈⋯ III. ① 数字电路-电路设计 ② 计算机体系结构 IV. ① TN79 ② TP303

中国版本图书馆 CIP 数据核字（2016）第 063290 号

北京市版权局著作权合同登记 图字：01-2012-7899 号。

Digital Design and Computer Architecture, Second edition

David Money Harris and Sarah L. Harris

ISBN-13: 9780123944245

Copyright © 2013 by Elsevier Inc. All rights reserved.

Authorized Chinese translation published by China Machine Press.

《数字设计和计算机体系结构》（第 2 版）（陈俊颖译）

ISBN: 9787111534518

Copyright © 2017 by Elsevier Inc. and China Machine Press. All rights reserved.

出版发行：机械工业出版社（北京市西城区百万庄大街 22 号　邮政编码：100037）

责任编辑：迟振春		责任校对：董纪丽	
印　刷：北京捷迅佳彩印刷有限公司		版　次：2024 年 5 月第 1 版第 12 次印刷	
开　本：185mm×260mm　1/16		印　张：31	
书　号：ISBN 978-7-111-53451-8		定　价：89.00 元	

客服电话：（010）88361066　68326294

数字逻辑设计、计算机体系结构、嵌入式系统和片上系统设计等课程是计算机系统课程的主体。本书巧妙地将数字设计和计算机体系结构融合在一起，既明确了数字设计是计算机体系结构的基础知识，也让读者了解了计算机体系结构课程如何运用数字设计课程中的关键知识。本书各章节知识连贯衔接，自然而然地引导读者从最基本的 0 和 1 一直深入到计算机微处理器的构建。通过本书，完全没有计算机系统和软硬件知识的学生，也能从零开始循序渐进地掌握设计计算机微处理器以及编写相应程序的基本原理和方法。

"层次化、模块化、规整化"三大计算机软硬件通用的设计原则，贯穿本书始终。通过这样的设计思想学习，读者能建立良好的工程设计思路，为将来设计大规模的复杂软硬件系统打下良好的基础。同时，第 2 版的内容紧密贴近领域新动态，书中涉及的相关数据、编程语言、软件工具、硬件结构等都紧跟行业发展。在征得原书作者和原出版社同意的情况下，本书增加了附录 D "MIPS 处理器的 FPGA 实现"，补充在实际开发板和软件开发环境上设计和实现计算机微处理器系统的相关内容。通过本书的学习，能增强读者使用主流工具和开发环境进行实际应用设计的能力。

此外，本书内容丰富充实，文字通俗流畅，叙述风趣幽默，并配有大量示例和习题，有助于读者理解和掌握数字设计和计算机体系结构的相关知识。本书不仅适合用于相关专业课程的教学，也适合作为相关工程技术人员的参考书籍。

本书由华南理工大学陈俊颖翻译定稿。在本书的完成过程中，华南理工大学的陈虎（原书第 1 版译者）和闵华清等老师给予了大力的支持与帮助，机械工业出版社的姚蕾等编辑提出了宝贵的意见并付出了辛勤的劳动，Imagination Technologies 公司的 RobertOwen、Laurence Keung 和工程师提供了积极的建议和技术支持，在此对他们表示衷心的感谢！

在本书翻译过程中，译者力求准确无误地表达原文意思，尽可能使文字流畅易懂。但是受译者水平和时间所限，难免有疏漏和错误之处，恳请广大读者不吝指正。

最后，特别感谢我的家人一直以来对我无私的关爱。

译者
2016 年 1 月 6 日

本书以一种易于接受的方式介绍了从计算机组成和设计到更细节层次的教学内容，展现了如何使用 VHDL 和 System Verilog 语言设计 MIPS 处理器的技术细节。为学生提供在现代 FPGA 上实现大型数字系统设计的机会。书中提供的方法既向学生传授了知识又具有启发性。

——David A. Patterson，加利福尼亚大学伯克利分校

本书为传统的教学内容提供了新的视角。很多教科书看上去像繁杂的灌木丛，作者在这本书中将"枯枝"去除，同时保留了最基本的内容，并把这些内容放到了现代的环境中。因此，他们提供的教材可以激发学生未来挑战设计方案的兴趣。

——Jim Frenzel，爱达荷大学

Harris 的写作风格引人入胜，而且能提供很多知识。他们对材料的运用水平很高，通过大量的图来引导学生进入计算机工程领域。组合逻辑电路、微体系结构和存储器系统等内容处理得非常好。

——James Pinter-Lucke，克莱蒙麦肯纳学院

Harris 的这本书非常清晰且易于理解。习题的设计非常好，同时也提供了很多现实案例。这本书避免了许多其他教材中冗长而费解的解释。很明显，作者花费了很多时间和努力来提高这本书的可读性。本人强烈推荐这本书。

——Peiyi Zhao，查普曼大学

Harris 撰写了一部成功融合数字系统设计和计算机体系结构的教材。这是一本很受欢迎的教科书，它介绍了很多数字系统设计的内容，同时详细解释了 MIPS 体系结构的细节。本人强烈推荐这本书。

——James E. Stine，Jr.，俄克拉荷马州立大学

这是一本令人印象深刻的书。Harris 将晶体管、电路、逻辑门、有限状态机、存储器、算术部件等微处理器设计中的所有重要元素完美地结合在一起，并最终引出计算机体系结构。这本书为理解如何完美地设计复杂系统提供了很好的指导。

——Jaeha Kim，Rambus 公司

这是一本写得非常好的书，不仅适用于第一次学习这些领域的年轻工程师，而且可以为有经验的工程师提供参考。本人强烈推荐这本书。

——A. Utku Diril，Nvidia 公司

目前已经有很多优秀的数字逻辑设计书籍，也有一些很好的计算机体系结构教材（例如，Patterson 和 Hennessy 撰写的经典教材），为什么还需要出版一本包含了数字逻辑设计和体系结构的书呢？本书的独特之处在于从计算机体系结构的视角来学习数字逻辑设计，内容从基本的二进制开始，直到引导学生完成 MIPS 处理器的设计。

多年来，我们曾在哈维玛德学院使用了多个版本的《Computer Organization and Design》（计算机组成与设计）（由 Patterson 和 Hennessy 撰写）。我们特别欣赏该书覆盖了 MIPS 处理器的体系结构和微体系结构，因为 MIPS 处理器是获得商业成功的体系结构，而且它也非常简单，可以在导论课程中向学生解释清楚，并可以由学生自主设计和实现。由于我们的课程没有预修课程，所以前半个学期需要介绍数字逻辑设计，而这部分没有被《Computer Organization and Design》所包含。其他大学也表示需要一本能包含数字电路设计和体系结构的教材。于是，我们着手开始准备这样一本包含了数字逻辑设计和体系结构的书。

我们相信设计处理器对于电子工程和计算机专业的学生是一个特殊而重要的经历。对外行而言，处理器内部的工作几乎像魔术一样，然而事实证明，如果详细解释，处理器的工作原理就非常易于理解。数字逻辑设计本身是一个令人激动的主题。汇编语言程序则揭示了处理器内部所用的语言。而微体系结构将两者联系在一起。

本书适合于在一个学期内完成教学的数字逻辑设计和计算体系结构入门课程，也可以用于两个学期的教学，以便用更多的时间来消化和理解书中所讲的知识并在实验室中进行实践。不需要任何预修内容也可以教授这个课程。本书一般在大学本科二年级或者三年级使用，也可以提供给聪明的一年级学生学习。

特点

本书有以下特点。

并列讲述 SystemVerilog 和 VHDL 语言

硬件描述语言（Hardware Description Language，HDL）是现代数字逻辑设计实践的中心，而设计者分成了 SystemVerilog 语言和 VHDL 语言两个阵营。在介绍了组合逻辑和时序逻辑设计后，本书紧接着就在第 4 章介绍硬件描述语言。硬件描述语言将在第 5 章和第 7 章用于设计更大的模块和整个处理器。然而，如果不讲授硬件描述语言，那么可以跳过第 4 章，而后续章节仍然可以继续使用。

本书的特色在于使用并列方式讲述 SystemVerilog 和 VHDL，使读者可以快速地对比两种语言。第 4 章描述适用于这两种硬件描述语言的原则，而且并列给出了这两种语言的语法和实例。这种并列方法使得在教学中教师可以选择其中一种硬件描述语言来讲述，也可以让读者在专业实践中很快地从一种描述语言转到另一种描述语言。

经典的 MIPS 体系结构和微体系结构

第 6 章和第 7 章主要介绍 MIPS 体系结构。这部分内容主要改编自 Patterson 和 Hennessy 的论著。MIPS 是一个理想的体系结构，因为每年有上百万实际产品投入使用，而且高效和易于学习。同时，世界各地上百所大学已经围绕 MIPS 体系结构开发了教学内容、实验和工具。

现实视角

第 6、7、8 章列举了 Intel 公司 x86 处理器系列的体系结构、微体系结构和存储器层次结构。第 8 章还介绍了 Microchip PIC32 微控制器的外部设备。这些章节揭示了书中所讲的概念如何应用到很多 PC 内部芯片和消费电子产品的设计中。

高级微体系结构概览

第 7 章介绍了现代高性能微体系结构的特征，包括分支预测、超标量、乱序执行操作、多线程和多核处理器。这些内容对于第一次上体系结构课程的学生比较容易理解，并说明了本书介绍的微体系结构原理是如何扩展到现代处理器的设计中的。

章末的习题和面试问题

学习数字设计的最佳方式是实践。每章的最后有很多习题来实际应用所讲述的内容。习题后面是同行向申请这个领域工作的学生提出的一些面试问题。这些问题可以让学生感受到面试过程中可能遇见的典型问题。习题答案可以通过本书的配套网站和教师网站获得。更详细的内容参见下文——在线补充资料。

在线补充资料[⊖]

补充材料可以通过 textbooks. elsevier. com/9780123944245 获得。本书配套网站（对所有读者开放）包括了以下内容：

- 奇数编号习题的答案。
- Altera® 和 Synopsys® 公司专业版计算机辅助设计工具的链接。
- QtSpim（一般称为 SPIM）的链接，一个 MIPS 模拟器。
- MIPS 处理器的硬件描述语言（HDL）代码。
- Altera Quartus Ⅱ 工具的提示。
- Microchip MPLAB IDE（集成开发环境）工具的提示。
- PPT 格式的电子教案。
- 课程示例和实验素材。
- 勘误表。

教师网站（链接到本书配套网站，仅提供给在 textbooks. elsevier. com 注册的使用者）包括：

- 所有习题的答案。
- Altera® 和 Synopsys® 公司专业版计算机辅助设计工具的链接（Synopsys 公司为取得资格认证的大学提供 Synplify® Premier 工具的 50 个许可证。更多 Synopsys 大学计划内容请参见本书教师网站）。
- JPG 格式和 PPT 格式的书中插图。

关于在课程中使用 Altera、Synopsys、Microchip 和 QtSpim 工具的更详细的内容请参见下文。构建实验工具的细节也将在下面介绍。

⊖ 关于本书教辅资源，使用教材的教师需通过爱思唯尔的教材网站（www. textbooks. elsevier. com）注册并通过审批后才能获取。具体方法如下：在 www. textbooks. elsevier. com 教材网站查找到该书后，点击"instructor manual"便可申请查看该教师手册。有任何问题，请致电 010-85208853。——编辑注

如何使用课程中的软件工具

Altera Quartus II

Quartus II Web Edition 是 Quartus™ II FPGA 设计工具的免费版本。基于此软件，学生可以使用原理图或者硬件描述语言(SystemVerilog 或 VHDL)完成数字逻辑设计。在完成设计后，学生可以使用 Altera Quartus II Web Edition 中包含的 ModelSim™-Altera Starter Edition 工具模拟电路。Quartus II Web Edition 还包含支持 SystemVerilog 或者 VHDL 的内置逻辑综合工具。

Web Edition 和 Subscription Edition 两个软件的区别在于，Web Edition 仅支持 Altera 公司部分常用的 FPGA 器件。ModelSim-Altera Starter Edition 和 ModelSim 商业版的区别在于，Starter Edition降低了 10 000 多行硬件描述语言代码的模拟速度。

Microchip MPLAB IDE

Microchip MPLAB IDE 是用于 PIC 微控制器编程的工具，可免费下载。MPLAB 将程序的编写、编译、模拟和调试集成到一个界面。它包括一个 C 编译器和调试器，允许学生开发 C 语言和汇编程序，编译它们，以及可选择地将它们编程到 PIC 微控制器。

可选工具：Synplify Premier 和 QtSpim

Synplify Premier 和 QtSpim 是本课程资料的可选工具。

Synplify Premier 产品是一个面向 FPGA 和 CPLD 设计的综合和调试环境。它包含 HDL Analyst，一个独特的图形化 HDL 分析工具，自动生成可以回 HDL 源代码交叉探测的设计示意图。在学习和调试过程中这非常有用。

Synopsys 公司为取得资格认证的大学提供 Synplify® Premier 工具的 50 个许可证。更多关于 Synopsys 大学计划内容或者 Synopsys FPGA 设计软件信息，请参见本书教师网站(textbooks. elsevier. com/9780123944245)。

QtSpim(简称为 SPIM)是一个可运行 MIPS 汇编代码的 MIPS 模拟器。学生可以在文本文件中输入 MIPS 汇编代码，通过 QtSpim 进行模拟。QtSpim 显示指令、存储器和寄存器的值。用户手册和示例文件的链接可以通过本书配套网站(textbooks. elsevier. com/9780123944245)访问。

实验

配套网站提供了从数字逻辑设计到计算机体系结构的一系列实验的链接。这些实验教学生如何使用 Quartus II 工具来输入、模拟、综合和实现他们的设计。这些实验也包含了使用 Microchip MPLAB IDE 完成 C 语言和汇编语言编程的内容。

经过综合后，学生可以在 Altera DE2 开发和教育板上实现自己的设计。这个功能强大且具有价格优势的开发板可以通过 www. altera. com 获得。该开发板包含可通过编程来实现学生设计的 FPGA。我们提供的实验描述了如何使用 Cyclone II Web Edition 在 DE2 开发板上实现一些设计。

为了运行这些实验，学生需要下载并安装 Altera Quartus II Web Edition 和 Microchip MPLAB IDE。教师也需要选择软件安装在实验室的机器上。这些实验包括如何在 DE2 开发板上实现项目的指导。这些实现步骤可以跳过，但是我们认为它有很大的价值。

我们在 Windows 平台上测试了所有的实验，当然这些工具也可以在 Linux 上使用。

错误

正如所有有经验的程序员所知道的，比较复杂的程序都毫无疑问存在潜在的错误。本书也不例外。我们花费了大量的精力查找和去除本书的错误。然而，错误仍然不可避免。我们将在本书的网站上维护和更新勘误表。

请将你发现的错误发送到 ddcabugs@ onehotlogic. com。第一个报告实质性错误而且在后续版本中采用了其修改意见的读者可以得到 1 美元的奖励！

致谢

首先，我们要感谢 David Patterson 和 John Hennessy。他们在《Computer Organization and Design》(计算机组成与设计)一书中对 MIPS 微体系结构进行了开创性的介绍。我们多年以来讲授了该书的多个版本。感谢他们对这本书的慷慨支持，以及允许在他们的微体系结构上进行设计。

我们喜爱的卡通画作家 Duane Bibby 花费了很长时间和努力来说明数字电路设计中有趣的奇遇。我们也很感激 Morgan Kaufamann 公司的 Nate McFadden、Todd Green、Danielle Miller、Robyn Day 以及团队的其他同事，没有他们的热情支持，本书将无法面世。

我们要感谢 Matthew Watkins 为第 7 章"异构多处理器"一节撰稿。我们也感谢 Chris Parks、Carl Pearson 和 Johnathan Chai 为本书第 2 版测试代码和开发内容。

很多评阅人也对本书的质量给予了很大的帮助。他们包括：John Barr、Jack V. Briner、Andrew C. Brown、Carl Baumgaertner、A. Utku Diril、Jim Frenzel、Jaeha Kim、Phillip King、James Pinter-Lucke、Amir Roth、Z. Jerry Shi、James E. Stine、Luke Teyssier、Peiyi Zhao、Zach Dodds、Nathaniel Guy、Aswin Krishna、Volnei Pedroni、Karl Wang、Ricardo Jasinski 以及一位匿名评阅人。

我们也非常感谢哈维玛德学院上这个课程的学生，他们对本书的草稿提供了有帮助的反馈。需要特别记住的是：Matt Weiner、Carl Walsh、Andrew Carter、Casey Schilling、Alice Clifton、Chris Acon 和 Stephen Brawner。

最后，但同样重要的是，我们要感谢家人的爱和支持。

目 录

二　进　制

1.1　课程计划

在过去的三十年里，微处理器彻底变革了我们的世界。现在一台笔记本电脑的计算能力都远远超过了过去一个房间大小的大型计算机。高级汽车上包含了大约 50 个微处理器。微处理器的进步使得移动电话和因特网（Internet）成为可能，极大地促进了医学的进步，也改变了战争的式样。全球集成电路工业销售额从 1985 年的 210 亿美元发展到 2012 年的 3000 亿美元，其中微处理器占到了重要部分。我们相信微处理器不仅仅只是对技术、经济和社会有重要意义，而且它也潜在地激发了人类的创造力。在读者学习完本书后，将学会如何设计和构造一个属于自己的微处理器。这些基本技能将为读者设计其他数字系统奠定坚实的基础。

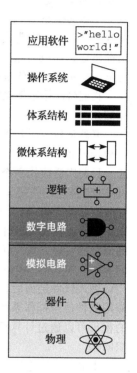

我们假设读者对电子学有基本的认识，有一定的编程经验和基础，同时对理解微处理器的内部运行原理有真正的兴趣。本书将集中讨论基于 0 和 1 的数字系统的设计。我们从接收 0 和 1 作为输入，产生 0 和 1 作为输出的逻辑门开始本课程。接着，我们将研究如何利用这些逻辑门构成加法器、存储器等比较复杂的模块。随后，我们将学习使用微处理器的语言（汇编语言）进行程序设计。最后，我们将上述内容结合起来构造一个能执行汇编程序的微处理器。

数字系统的一个重要特点是其构造模块相当简单：仅仅包括 0 和 1。它不需要繁杂的数学知识或高深的物理学知识。相反，设计者的最大挑战是如何将这些简单的部件组合起来构成复杂的系统。微处理器可能是读者构造的第一个复杂系统，其复杂性可能一下子难以全部接受。因此，如何控制复杂性是贯穿全书的一个重要主题。

1.2　控制复杂性的艺术

与非专业人员相比，计算机科学家或工程师的一个重要特征是掌握了系统地控制复杂性的方法。现代数字系统由上百万，甚至数十亿的晶体管构成。没有人能通过为每个晶体管的电子运动建立并求解方程的方法来理解这样的系统。读者必须学会如何控制复杂性，从而理解如何在不陷入细节的情况下构造微处理器系统。

1.2.1　抽象

管理复杂性的关键技术在于抽象（abstraction）：隐蔽不重要的细节。一个系统可以从多个不同层面抽象。例如，美国的政治家将世界抽象为城市、县、州和国家。一个县包含了多个城市，而一个州则包含了多个县。当一个政治家竞选总统时，他更对整个州的投票情况有兴趣，而不是单个县。因此，州在这个层次中的抽象更有益处。另一方面，美国人口调查局需要统计每个城市的人口，必须考虑更低层次抽象的细节。

图 1-1 给出了一个电子计算机系统的抽象层次，其中在每个层次中都包含了典型的模块。最底层的抽象是物理层，即电子的运动。电子的行为由量子力学和麦克斯韦（Maxwell）方程描述。系统由晶体管或以前的真空管等电子器件（device）构成。这些器件都有明确定义的称为称端子（terminal）的外部连接点，并建立了每个端子上的电压和电流之间的关系模型。通过器件级的抽象，我们可以忽略单个电子。更高一级的抽象为模拟电路（analogy circuit）。在这一级中，器件组合在一起构造成放大器等组件。模拟电路的输入和输出都是连续的电压值。逻辑门等数字电路（digital circuit）则将电压控制在离散的范围内，以便表示 0 和 1。在逻辑设计中，我们将使用数字电路构造更复杂的结构，例如加法器或存储器。

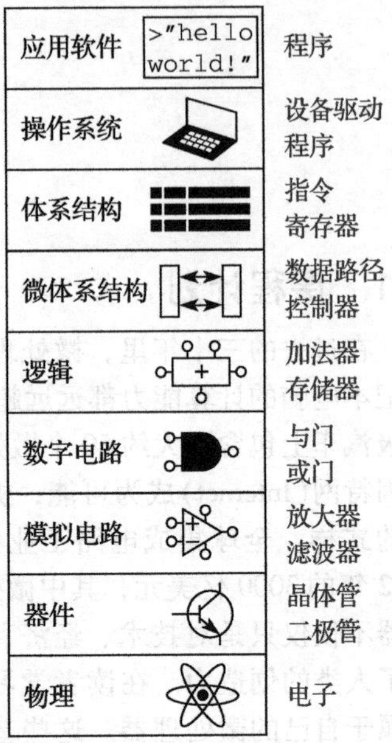

微结构将逻辑和体系结构层次的抽象连接在一起。体系结构（architecture）层描述了程序员观点的计算机抽象。例如，目前广泛应用于个人计算机（Personal Computer，PC）的 Intel x86 体系结构定义了一套指令系统和寄存器（用于存储临时变量的存储器），程序员可以使用这些指令和寄存器。

图 1-1 电子计算机系统的抽象层次

微结构将逻辑元素组合在一起来实现体系结构中定义的指令。一个特定的体系结构可以有不同的微结构实现方式，以便取得在价格、性能和功耗等方面的不同折中。例如，Intel Core i7、Intel 80486 和 AMD Athlon 等都是 x86 体系结构的三种不同的微结构实现。

进入软件层面后，操作系统负责处理底层的抽象，例如访问硬盘或管理存储器。最后，应用软件使用操作系统提供的这些功能来解决用户的问题。正是借助于抽象的威力，年迈的祖母可以通过计算机上网，而不用考虑电子的量子波动（vibration）或计算机中的存储器组织问题。

本书主要讨论从数字电路到体系结构之间的抽象层次。当读者处于某个抽象层次时，最好能了解当前抽象层次的之上和之下的层次。例如，计算机科学家不可能在不理解程序运行平台的体系结构的情况下来充分优化代码。在不了解晶体管具体用途的情况下，器件工程师也不能在晶体管设计时做出明智的设计选择。我们希望读者学习完本书后，能选择正确的层次解决问题，同时评估自己的设计选择对其他抽象层次的影响。

1.2.2 约束

约束（discipline）是对设计选择的一种内在限制，通过这种限制可以更有效地在更高的抽象层次上工作。使用可互换部件是约束的一种常见应用，其典型例子是来复枪（flintlock rifle）的制作。在 19 世纪早期，来复枪靠手工一支支地制作。来复枪的零件从很多不同的手工制作商那里买来，然后由一个技术熟练的做枪工人组装在一起。基于可互换部件的约束变革了这个产业。通过将零件限定为一个误差允许范围内的标准集合，就可以很快地组装和修复来复枪，而且不需要太熟练的技术。做枪工人不再需要考虑枪管和枪托形状等较低层次的抽象。

在本书中，对数字电路的约束非常重要。数字电路使用离散电压，而模拟电路使用连续电压。因此，数字电路是模拟电路的子集，而且在某种意义上其能力弱于范围更广的模拟电路。然而，数字电路的设计很简单。通过数字电路的约束规则，我们可以很容易地将组件组合成复杂的系统，而且这种数字系统在很多应用上都远远优于由模拟组件组成的系统。例如，数字化的电视、光盘(CD)以及移动电话正在取代以前的模拟设备。

1.2.3　三Y原则

除了抽象和约束外，设计者还使用另外三条准则来处理系统的复杂性：层次化(hierarchy)、模块化(modularity)和规整化(regularity)。这些原则对于软硬件的设计都是通用的。

- 层次化：将系统划分为若干模块，然后更进一步划分每个模块直到这些模块可以很容易理解。
- 模块化：所有模块有定义好的功能和接口，以便于它们之间可以很容易地相互连接而不会产生意想不到的副作用。
- 规整化：在模块之间寻求一致，通用模块可以重复使用多次，以便减少设计不同模块的数量。

我们用制作来复枪的例子来解释这三Y原则。在19世纪早期，来复枪是最复杂的常见物品之一。使用层次化原理，可以将它划分为图1-2所示的几个组件：枪机(lock)、枪托和枪管。

枪管是一个长的金属管子，子弹就是通过这里射出的；枪机是一种射击设备；而枪托是用木头制成的，它将各个部分连接起来并为使用者提供牢固的握枪位置。相应地，枪机包含扳机、击锤、燧石、扣簧和药锅。每个组件都可以用进一步层次化来描述。

模块化使得每个组件都应有明确定义的功能和接口。枪托的功能是装配枪机和枪管，它的接口包括长度和装配钉的位置。在模块化的来复枪设计中，如果长度和装配钉的位置都合适，那么来自于不同制造商的枪托可以用于特定的枪管。枪管的功

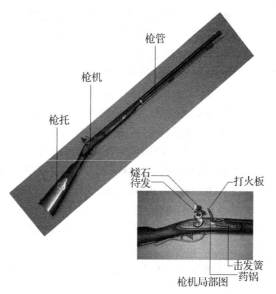

图1-2　来复枪及其枪机的特写照片

(照片由 Euroarms Italia 提供。www. euroarms. net@ 2006)

能是使子弹更加精确地射出，模块化设计规定它不能产生副作用：对枪管的设计不能影响枪托的功能。

规整化表明可互换部件是一个好方法。利用规整化原理，一个损坏的枪管可以用相同的部分取代。可以在装配线上更有效地生产枪管，而不是辛苦地手工制作。

层次化、模块化和规整化这三条原则在本书中很重要，它们将贯穿本书的内容。

1.3　数字抽象

大部分物理变量是连续的。例如，电线上的电压、震动的频率、物体的位置等都是连续值。相反，数字系统使用离散值变量(discrete-valued variable)来表示信息——也就是说，变量是有限数目的不同离散值。

早期 Charles Babbage 的分析机(Analytical Engine)使用具有10个离散值变量的数字系统。从1834年到1871年，Babbage 一直在设计和尝试制作这种机械计算机。分析机使用从0号～9

号10个齿轮表示0~9这10个数字，这很像汽车的机械里程表。图1-3展示了这种分析机的原型，其中每一行表示一个数字，Babbage使用了25行齿轮，因此这台机器的精度为25位数字。

与Babbage的机器不同的是，大部分电子计算机使用二进制（2个值）表示，其中高电压表示'1'，低电压表示'0'。这是因为区分2种电压比区分10种容易得多。

一个有 N 个不同状态的离散值变量的信息量（amount of information）D 由位（bit，或称为比特）度量，N 和 D 之间的关系是：

$$D = \log_2 N \text{ 位} \tag{1-1}$$

一个二进制状态变量包含 $\log_2 2 = 1$ 位的信息，事实上，位是二进制数字（binary digit）的缩写。每一个Babbage的齿轮包含 $\log_2 10 = 3.322$ 位的信息，因为它能够表示 $2^{3.322} = 10$ 个不同状态之一。一个连续信号理论上包含了无穷多的信息，因为它可以表示无穷多个数值。实际上，对于很多连续的信号来说，噪声和测量误差将信息量限制在

图1-3　Babbage的分析机在他去世的
1871年仍在制造

（图片来源：科学馆/科学与社会图片库）

10~16位之间。如果需要对信号进行快速测量，其信息量更低（例如，8位）。

本书着重讲述使用二进制变量1和0表示的数字电路。George Boole发明了一种针对二进制变量进行逻辑操作的系统，称为布尔逻辑（Boolean logic）。每个布尔变量都是TRUE或FALSE。电子计算机普遍使用正电压表示'1'，使用0电压表示'0'。本书中使用的'1'、TRUE和HIGH表示同等的含义。同样，本书中使用的'0'、FALSE和LOW也可以相互替换。

数字抽象（digital abstraction）的优势在于设计者可以只关注0和1，而忽略布尔变量的物理表示到底是特定的电压，还是旋转的齿轮，或者是液体的高度。计算机编程人员不需要了解计算机硬件的细节就可以工作。此外，对硬件细节的理解使得程序员可以针对特定计算机来优化软件。

一个单独位并没有太多的信息。下一节将用一组位来表示数字，后面几节将使用一组位来表示字母和程序。

1.4　数制

我们已经习惯使用十进制数字。但在由0和1组成的数字系统（digital system）中，二进制或者十六进制数字使用起来更方便。本节将介绍在后续章节中要用到的几种数制（number system）。

1.4.1　十进制数

小学就已经学习过用十进制（decimal）来计数和做算术。如同我们有10个手指一样，十进制也是由0，1，2，…，9这10个数字组成。多个十进制数字组合在一起可以形成更大的十进制数。在十进制数字中，每一列的权都是前一列的10倍。从右到左，每一列的权分别为1、10、100、1000等。十进制数的基（base）为10。基往往通过数值后方的下标表示，以避免与原数值混淆。例如，图1-4描述了十进制数 9742_{10} 是根据每一列的权与该列的数字相乘后求和而得到的。

一个 N 位的十进制数表示 10^N 个数字中的某一个：0，1，2，3，…，$10^N - 1$，称为数的表示范围（range）。例如，一个3位的十进制数表示了从0~999的1000个数字中的某一个。

1的列 10的列 100的列 1000的列

$$9742_{10} = 9\times10^3 + 7\times10^2 + 4\times10^1 + 2\times10^0$$

9个1000　7个100　4个10　2个1

图 1-4　一个十进制数的表示

1.4.2　二进制数

1 位表示 0 和 1 两个值中的一个。将多位合并在一起就形成了一个二进制数(binary number)。二进制数的每一列的权都是前一列的 2 倍，因此二进制数的基是 2。在二进制数中，每 9
一列的权(从右到左)分别为 1，2，4，8，16，32，64，128，256，512，1024，2048，4096，8192，16384，32768，65536，以此类推。如果你经常在二进制数下工作，记住这些 2^n($n\leqslant16$)会节省很多时间。

一个 N 位二进制数代表 2^N 个数字中的某一个：0，1，2，3，…，2^N-1。表 1-1 显示了 1 位、2 位、3 位和 4 位二进制数和与之相等的十进制数。

表 1-1　二进制数和与之相等的十进制数

1 位二进制数	2 位二进制数	3 位二进制数	4 位二进制数	十进制等价值
0	00	000	0000	0
1	01	001	0001	1
	10	010	0010	2
	11	011	0011	3
		100	0100	4
		101	0101	5
		110	0110	6
		111	0111	7
			1000	8
			1001	9
			1010	10
			1011	11
			1100	12
			1101	13
			1110	14
			1111	15

例 1.1 二进制转换为十进制

将二进制数 10110_2 转换为十进制。

解： 图 1-5 给出了转换方法。

1的列 2的列 4的列 8的列 16的列

$$10110_2 = 1\times2^4 + 0\times2^3 + 1\times2^2 + 1\times2^1 + 0\times2^0 = 22_{10}$$

1个16　0个8　1个4　1个2　0个1

图 1-5　二进制数到十进制数的转换

例 1.2 十进制转换为二进制

将十进制数 84_{10} 转换为二进制。

解：需要判断每一列的二进制数值是1还是0。从二进制数的最左或最右边都可以进行。

从左开始，首先从小于给定十进制数的2的最高次幂开始（本例中是64），$84 \geq 64$，因此权为64的这一列是1，还剩 $84-64=20$。$20<32$，所以权为32的这一列是0。$20 \geq 16$，所以权为16的这一列是1，剩下 $20-16=4$。$4<8$，所以权为8的这一列是0，$4 \geq 4$，因此权为4的这一列为1，剩下 $4-4=0$。因此权为2和1的列的二进制数值均为0。将它们组合在一起，$84_{10}=1010100_2$。

从右开始，用2重复除给定的十进制数，余数放在每一列中。$84/2=42$，因此权为1的这一列为0。$42/2=21$，因此权为2的这一列为0。$21/2=10$，余数是1，因此权为4的这一列为1。$10/2=5$，权为8的这一列为0。$5/2=2$，余数是1，权为16的这一列为1。$2/2=1$，权为32的这一列为0。$1/2=0$，余数是1，权为64的这一列为1。从而 $84_{10}=1010100_2$。◀

1.4.3 十六进制数

书写一个很大的二进制数将十分冗长且易于出错。4位一组的二进制数可以表示 $2^4=16$ 种数。因此，有时使用基数为16的表示会更方便，这称为**十六进制**（hexadecimal）。十六进制数使用数字0~9和字母A~F，如表1-2所示。十六进制数每一列的权分别是1，16，16^2（256），16^3（4096），以此类推。

表1-2 十六进制

十六进制数	十进制等价值	二进制等价值	十六进制数	十进制等价值	二进制等价值
0	0	0000	8	8	1000
1	1	0001	9	9	1001
2	2	0010	A	10	1010
3	3	0011	B	11	1011
4	4	0100	C	12	1100
5	5	0101	D	13	1101
6	6	0110	E	14	1110
7	7	0111	F	15	1111

例 1.3 十六进制转换为二进制和十进制

将十六进制数 $2ED_{16}$ 转换为二进制和十进制。

解：十六进制和二进制之间的转换很容易，其中每个十六进制数字相当于4位二进制数字。$2_{16}=0010_2$，$E_{16}=1110_2$，$D_{16}=1101_2$，因此 $2ED_{16}=001011101101_2$。十六进制转换为十进制需要计算，图1-6给出了计算过程。

1的列　16的列　256的列

$$2ED_{16}=2\times16^2+E\times16^1+D\times16^0=749_{10}$$

2个256　14个16　13个1

图1-6 十六进制到十进制的转换 ◀

例 1.4 二进制转换为十六进制

将二进制数 1111010_2 转换为十六进制。

解：转换非常容易，从右往左读取数据，4个最低位是 $1010_2=A_{16}$，下面是 $111_2=7_{16}$。因

◀

此 $1111010_2 = 7A_{16}$。

例1.5 十进制转换为十六进制和二进制

将十进制数 333_{10} 转换为十六进制和二进制。

解：与十进制转换为二进制一样，十进制转换为十六进制可以从左或从右进行。

从左开始，从小于给定十进制数的 16 的最高次幂开始（本例是 256），333 中仅包含了 1 个 256，所以在权为 256 的这一列是 1，还剩 333 – 256 = 77。77 中有 4 个 16，所以在权为 16 的这一列是 4，还剩 77 – 16 × 4 = 13。$13_{10} = D_{16}$，所以在权为 1 的这一列是 D。因此，$333_{10} = 14D_{16}$。如例 1.3 所示，将十六进制转换为二进制是很容易的，$14D_{16} = 101001101_2$。

从右开始，用 16 重复除以给定的十进制数，余数放在每一列中。333/16 = 20，余数是 $13_{10} = D_{16}$，所以权为 1 的这一列为 D。20/16 = 1，余数为 4，所以权为 16 的这一列为 4。1/16 = 0，余数是 1，所以权 256 的这一列为 1。最后，结果为 $14D_{16}$。

◀

1.4.4 字节、半字节和全字

8 位的一组称为字节（byte），它能表示 $2^8 = 256$ 个数字。在计算机内存中存储数据习惯于用字节作单位，而不用位。

4 位的一组或者半个字节称为半字节（nibble），它能表示 $2^4 = 16$ 个数字。一个十六进制数占用 1 个半字节，两个十六进制数占用一个字节。半字节已经不是一个常用的单位，但这个术语很吸引人。

微处理器处理的一块数据称为字（word）。字的大小取决于微处理器的结构。在写作本书的 2012 年，很多计算机都采用 64 位处理器，说明它们对 64 位的字进行操作。那时，处理 32 位字的旧计算机也广泛应用。比较简单的微处理器，特别是应用在烤面包机等小设备中的处理器，使用 8 位或 16 位字。

在一组位中，权为 1 的那位称为最低有效位（least significant bit，lsb），处于另一端的位称为最高有效位（most significant bit，msb），如图 1-7a 所示的 6 位二进制数。同样，对于一个字来说，也可用最低有效字节（Least Significant Byte，LSB）和最高有效字节（Most Significant Byte，MSB）来表示，如图 1-7b 所示。该图是一个 4 字节的数据，用 8 个十六进制数表示。

图 1-7　最低有效位（字节）和最高有效位（字节）

可以利用一个很方便的巧合，$2^{10} = 1024 \approx 10^3$。因此 kilo（希腊文的千）表示 2^{10}。例如，2^{10} 字节是 1 千字节（1KB）。相似地，兆（百万）表示 $2^{20} \approx 10^6$，吉（十亿）表示 $2^{30} \approx 10^9$。如果你知道 $2^{10} \approx 1$ 千，$2^{20} \approx 1$ 兆，$2^{30} \approx 1$ 吉，而且记住 $2^n (n \leq 9)$ 的值，那么你将很容易地得出 2 的任意次方的值。

例1.6 估算 2 的 n 次方

不用计算器求 2^{24} 的近似值。

解：将指数分成 10 的倍数和余数。$2^{24} = 2^{20} \times 2^4$。$2^{20} \approx 1$ 兆，$2^4 = 16$。因此 $2^{24} \approx 16$ 兆。精确地说，$2^{24} = 16\,777\,216$，但是 16 兆这个数据已经足够精确。

◀

1024 字节称为 1 千字节（kilobyte，KB）。1024 位称为 1 千比特（kilobit，Kb 或 Kbit）。类似地，MB、Mb、GB 和 Gb 分别叫作兆字节、兆比特、吉字节和吉比特。内存容量经常用字节做单位，信息传输速率一般用比特/秒做单位。例如，拨号的调制解调器最大传输速率为 56Kb/s。

1.4.5 二进制加法

二进制加法与十进制加法相似，但它更简单，如图 1-8 所示。在十进制加法中，如果两个
数据之和大于单个数字所能表示的值，则将在下一列的位置上
标记 1。图 1-8 比较了二进制加法与十进制加法。图 1-8a 的最右
端的一列，$7 + 9 = 16$，因为 $16 > 9$，所以不能用单个数字表示，
因此记录权为 1 的列结果（6），然后将权为 10 的列结果（1）进
位到更高的一列中。同样，在二进制加法中，如果两个数相
加之和大于 1，那么将此按二进制进位到更高的一列。如
图 1-8b 所示，在图的最右端一列，$1 + 1 = 2_{10} = 10_2$，使用 1 个
二进制位无法表示此结果，因此记录此和中权为 1 的列结果
（0），并将权为 2 的列结果（1）进位到更高的一列。在加法的第二列中，$1 + 1 + 1 = 3_{10} = 11_2$，
记录此和的权为 1 的列结果（1），并将权为 2 的列结果（1）进位到更高的一列。为了更明确
地表示，进位到相邻列的位称为进位（carry bit）。

```
        11   ←进位→      11
      4277             1011
    + 5499           + 0011
    ─────           ──────
      9776             1110
    a) 二进制         b) 十进制
```

图 1-8 显示进位的加法示例

例 1.7 二进制加法

计算 $0111_2 + 0101_2$。

解： 图 1-9 给出了相加的结果 1100_2。进位用灰色标出。可以通
过计算它们的十进制来检验计算结果。$0111_2 = 7_{10}$，$0101_2 = 5_{10}$，结果
为 $12_{10} = 1100_2$。

```
       111
      0111
    + 0101
    ──────
      1100
```

图 1-9 二进制加法示例

数字系统常常对固定长度的数字进行操作。如果加法的结果太大，超出了数字的表示范
围，那么将产生溢出（overflow）。例如，一个 4 位数的表示范围是 [0, 15]。如果两个 4 位数相
加的结果超过了 15，那么就会产生溢出。结果的第 5 位被抛弃，从而产生一个不正确的结果。
可以通过检查最高一列是否有进位来判断是否溢出。

例 1.8 有溢出的加法

计算 $1101_2 + 0101_2$，有没有产生溢出？

解： 图 1-10 给出了计算结果是 10010_2。此结果超出了 4 位二
进制数的表示范围。如果结果一定要存储为 4 位的二进制数，那么
它的最高位将被抛弃，剩下一个不正确的结果 0010_2。如果计算结
果使用 5 位或更多位来表示，结果 10010_2 将是正确的。

```
      11 1
      1101
    + 0101
    ───────
     10010
```

图 1-10 有溢出的二进制加
法示例

1.4.6 有符号的二进制数

到目前为止，我们只考虑了表示正数的无符号（unsigned）二进制数。我们还需要一种能表
示正数和负数的二进制。有多种方案可以表示有符号（signed）二进制数，其中最常用的两种
为：带符号的原码和补码。

1. 带符号的原码

带符号的原码（sign/magnitude）是一种直观的数据表示方式，符合我们写负数的习惯，把
负号标在数字前面。在一个 N 位带符号的原码数中最高位为符号位，剩下的 $N-1$ 位为数值
（绝对值）。符号位为 0 表示正数，1 表示负数。

例 1.9 带符号的原码数

用带符号的原码表示 5 和 −5。

解： 两个数字的值均为 $5_{10} = 101_2$。所以，$5_{10} = 0101_2$，$-5_{10} = 1101_2$。

不幸的是，普通的二进制加法无法在带符号的原码下实现。例如，-5_{10} 和 5_{10} 相加，用这

种格式计算出来的结果是 $1101_2 + 0101_2 = 10010_2$，这是没有道理的。

N 位的带符号的原码的数据表示范围是 $[-2^{N-1}+1, 2^{N-1}-1]$。这种格式在表示 0 时有两种方法：$+0$ 和 -0。同一个数字有两种不同的表示方法可能会造成麻烦。

2. 二进制补码

二进制补码中最高位的权是 -2^{N-1} 而不是 2^{N-1}，其他位的表示方法与无符号二进制数相同。它克服了带符号的原码格式中 0 有两种表示方式的缺点。在二进制补码中，0 只有一种表示方式，而且也可以使用普通的加法。

在二进制补码中，0 表示成 $00\cdots000_2$。正数的最高位为 0，$01\cdots111_2 = 2^{N-1}-1$。负数的最高位是 1，$10\cdots000_2 = -2^{N-1}$，$-1$ 表示成 $11\cdots111_2$。

注意，正数的最高位都是 0，负数的最高位都是 1，所以最高位可以当作符号位，然而剩余位的解释与带符号的原码有所不同。

在求二进制补码的过程中二进制补码的符号位保持不变。在此过程中，首先对数据的每一位取反，然后在数据的最低位加 1。对于计算负数的二进制补码表示或根据二进制补码表示计算负数的值这是很有用的。

例 1.10 负数的二进制补码表示

把 -2_{10} 表示成一个 4 位的二进制补码数。

解： $+2_{10} = 0010_2$，为了得到 -2_{10} 的值，将所有位取反后加 1。0010_2 取反后为 1101_2，$1101_2 + 1 = 1110_2$，所以 $-2_{10} = 1110_2$。◄

例 1.11 二进制补码的负数的值

求二进制补码数据 1001_2 的十进制数值。

解： 1001_2 的最高位是 1，所以它一定是负数。为了求它的值，将所有位取反然后加 1。1001_2 取反后的结果是 0110_2，$0110_2 + 1 = 0111_2 = 7_{10}$，所以，$1001_2 = -7_{10}$。◄

用二进制补码表示的数据有一个明显的优点，加法对正数和负数都可以得出正确的结果。当进行 N 位的数据加法时，第 N 位的进位（即第 $N+1$ 位结果）被丢弃。

例 1.12 两个二进制补码数据相加

使用补码计算 (a) $-2_{10} + 1_{10}$ 和 (b) $-7_{10} + 7_{10}$ 的结果

解： (a) $-2_{10} + 1_{10} = 1110_2 + 0001_2 = 1111_2 = -1_{10}$。(b) $-7_{10} + 7_{10} = 1001_2 + 0111_2 = 10000_2$，第 5 位被丢弃，剩下后 4 位的结果 0000_2。◄

减法是将第二个操作数改变符号后求取补码，然后与第一个操作数相加来完成。

例 1.13 两个二进制补码数据相减

使用补码计算 (a) $5_{10} - 3_{10}$ 和 (b) $3_{10} - 5_{10}$ 的结果。

解： (a) $3_{10} = 0011_2$，取二进制补码得 $-3_{10} = 1101_2$，计算 $5_{10} + (-3_{10}) = 0101_2 + 1101_2 = 0010_2 = 2_{10}$。注意，因为使用 4 位表示结果，所以其最高位的进位被丢弃。(b) 第二个操作数 5_{10} 取补码得 $-5_{10} = 1011$，计算 $3_{10} + (-5_{10}) = 0011_2 + 1011_2 = 1110_2 = -2_{10}$。◄

计算 0 的二进制补码时，需要将所有的二进制位取反（产生 $11\cdots111_2$），然后加 1，丢弃最高位，剩余 $00\cdots000$。因此，0 的表示是唯一的。与带符号的原码系统不同，在二进制补码表示方法中没有 -0。0 被认为是正数，因为它的符号位为 0。

与无符号数一样，N 位二进制补码数能够表示 2^N 个可能的值。但是，这些值分为正数和负数。例如，一个 4 位的无符号数可以表示 16 个数值：$0 \sim 15$。一个 4 位的二进制补码也可以表示 16 个数值：$-8 \sim 7$。一般而言，N 位二进制补码的表示范围是 $[-2^{N-1}, 2^{N-1}-1]$。注意负数比正数多一个，因为没有 -0。最小的负数是 $10\cdots000_2 = -2^{N-1}$，这个数有时叫作怪异数

（weird number）。求取它的二进制补码时，首先各位取反变成 $01\cdots111_2$，然后加 1，变成 $10\cdots000_2$，与原数相同。因此，这个负数没有与之对应的正数。

两个 N 位正数或者负数相加，如果结果大于 $2^{N-1}-1$ 或者小于 -2^{N-1}，则会产生溢出。一个正数和一个负数相加肯定不会导致溢出。与无符号整数加法不同，最高位产生进位表示溢出。在二进制补码加法中，判定溢出的条件是：如果相加两个数的符号相同且结果的符号与被加数的符号相反，则表示发生溢出。

例 1.14 有溢出的二进制数加法

用 4 位二进制数计算 $4_{10}+5_{10}$。判断结果是否有溢出。

解： $4_{10}+5_{10}=0100_2+0101_2=1001_2=-7_{10}$。结果超过了 4 位二进制补码整数的表示范围，产生了不正确的负值结果。如果计算使用 5 位或更多位数，则结果为正确的值 $01001_2=9_{10}$。◀

当二进制补码数扩展到更多位数时，需要将符号位复制到所有的扩展高位中。这个过程称为符号扩展（sign extension）。例如，数字 3 和 -3 的二进制补码表示分别为 0011 和 1101。将这两个数扩展为 7 位时，可以将符号位复制到新的高 3 位中，分别得到 0000011 和 1111101。

数制的比较

3 种最常见的二进制分别为：无符号数、二进制补码和带符号的原码。表 1-3 比较了这 3 种系统中 N 位数的表示范围。由于二进制补码可以表示正数和负数，而且可以使用普通的加法，所以这种编码方式最为方便。减法采用将减数取反（也采用二进制补码）再与被减数相加的方法实现。除非特殊声明，否则我们都使用二进制补码表示有符号数。

表 1-3 N 位数的表示范围

数制	表示范围
无符号的原码	$[0,\ 2^N-1]$
带符号的原码	$[-2^{N-1}+1,\ 2^{N-1}-1]$
二进制补码	$[-2^{N-1},\ 2^{N-1}-1]$

图 1-11 给出了每个数制中 4 位数的表示方法。无符号数在 $[0,15]$ 范围内按照正常的二进制顺序排列。二进制补码表示范围为 $[-8,7]$。其中非负数 $[0,7]$ 的编码与无符号数相同，负数 $[-8,-1]$ 中越大的二进制数越接近 0。注意，怪异数 1000 表示 -8，没有正数与之对应。带符号的原码的表示范围为 $[-7,7]$。最高位为符号位。正数 $[1,7]$ 的编码与无符号数相同。负数表示与整数对称，而只是符号位为 1。0 可以表示为 0000 或 1000。由于 0 有两种表示方法，所以 N 位带符号的原码仅可以表示 2^N-1 个数。

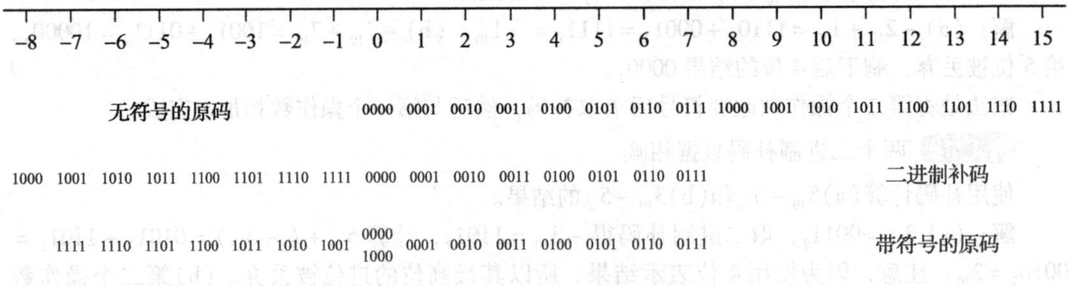

| -8 | -7 | -6 | -5 | -4 | -3 | -2 | -1 | 0 | 1 | 2 | 3 | 4 | 5 | 6 | 7 | 8 | 9 | 10 | 11 | 12 | 13 | 14 | 15 |

无符号的原码   0000 0001 0010 0011 0100 0101 0110 0111 1000 1001 1010 1011 1100 1101 1110 1111

1000 1001 1010 1011 1100 1101 1110 1111 0000 0001 0010 0011 0100 0101 0110 0111   二进制补码

1111 1110 1101 1100 1011 1010 1001 0000/1000 0001 0010 0011 0100 0101 0110 0111   带符号的原码

图 1-11   4 位二进制数编码

1.5   逻辑门

既然我们已经知道如何使用二进制变量来表示信息，下面我们将研究对这些二进制变量进行操作的数字系统。逻辑门（logic gate）是最简单的数字电路，它们可以接收一个或多个二进制输入并产生一个二进制输出。逻辑门用表示出输入和输出的符号画出。输入通常画在左边（或上部），输出通常画在右边（或下部）。数字设计师通常使用字母表开始部分的字母表示门的输入，用 Y 表示门的输出。输入和输出之间的关系由真值表或布尔表达式描述。真值表（truth table)的左边列出输入，右边列出对应的输出，而且每种可能的输入组合对应一行。布尔表达式（Boolean equation）是基于二进制变量的数学表达式。

1.5.1 非门

非门（NOT gate）有一个输入 A 和一个输出 Y，如图1-12所示。非门的输出是输入的反。如果 A 为 FALSE，则 Y 为 TRUE。如果 A 为 TRUE，则 Y 为 FALSE。这个关系由图中的真值表和布尔表达式所表示。布尔表达式中 A 上面的横线读作 NOT，因此 $Y = \overline{A}$ 读作"Y 等于 NOT A"。非门也称为反相器（inverter）。

还有一些对非逻辑的表示，例如 $Y = A'$、$Y = \neg A$、$Y = ! A$ 或 $Y = \sim A$。我们仅使用 $Y = \overline{A}$，但读者在碰到其他类型的表示时也不要被迷惑。

1.5.2 缓冲器

另一种单输入逻辑门称为缓冲器（buffer），如图1-13所示。它仅仅将输入复制到输出。

从逻辑的角度看，缓冲器与电线没有差异，好像没有用。然而，从模拟电路的角度看，缓冲器可能有一些很好的特征使得它可以向发动机传递大电流，或者将输出更快地传递到多个门的输入上。这个例子也说明了为什么我们要考虑整个系统的多个层次抽象。数字抽象掩盖了缓冲区的真实作用。

三角符号表示一个缓冲器。输出上的圆圈称为气泡（bubble），用来表示取反，与图1-12中的非门符号一样。

1.5.3 与门

两输入逻辑门更加有趣。图1-14中的与门（AND gate）在所有输入 A 和 B 都为 TRUE 时，输出 Y 才为 TRUE。否则输出为 FALSE。为了方便起见，输入按照00、01、10、11的二进制递增顺序排列。与门的布尔表达式可以写成多种方式：$Y = A \cdot B$、$Y = AB$ 或者 $Y = A \cap B$。其中符号 $\cap$ 读作"intersection"（交），常常由逻辑学家使用。我们更常用 $Y = AB$，读作"Y 等于 A 与 B"。 [20]

1.5.4 或门

图1-15中的或门（OR gate）中只要输入 A 和 B 中有一个为 TRUE，输出 Y 就为 TRUE。或门的布尔表达式可以写为：$Y = A + B$ 或者 $Y = A \cup B$。其中符号 $\cup$ 读作"union"（并），常常由逻辑学家使用。数字电路工程师更常使用 $Y = A + B$，读作"Y 等于 A 或 B"。

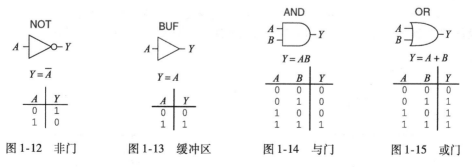

图1-12　非门　　　图1-13　缓冲区　　　图1-14　与门　　　图1-15　或门

1.5.5 其他两输入逻辑门

图1-16给出了其他常见的两输入逻辑门。异或门（exclusive OR，XOR）的输入 A 和 B 中有且仅有一个输入为 TRUE 时，输出为 TRUE。如果门后面有一个气泡，则表示取反操作。与非（NAND）门执行与非操作。它的所有输入为 TRUE 时输出才为 FALSE，其他情况输出都为

TRUE。或非（NOR）门执行或非操作。它在输入 A 和 B 都不为 TRUE 时才输出 TRUE。N 输入异或（XOR）门有时也称为奇偶校验（parity）门，当有奇数个输入为 TRUE 时输出为 TRUE。与两输入门一样，真值表中的输入组合按照二进制递增顺序排列。

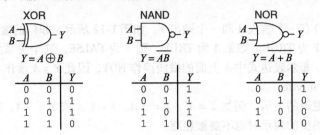

图 1-16   其他两输入逻辑门

例 1.15 XNOR 门

图 1-17 给出两输入 XNOR 门的电路符号和布尔表达式。它执行异或非逻辑。请完成真值表。

解：图 1-18 给出了真值表。如果所有输入都为 TRUE 或 FALSE，则 XNOR 输出 TRUE。两输入 XNOR 门有时称为相等（equality）门，因为在输入相等时输出为 TRUE。

图 1-17   XNOR 门   图 1-18   XNOR 门的真值表

1.5.6   多输入门

有很多需要三个或三个以上输入的布尔函数。最常见的是 AND、OR、XOR、NAND、NOR 和 XNOR。N 输入与门在所有输入都为 TRUE 时才输出 TRUE。N 输入或门在至少有一个输入为 TRUE 时就产生 TRUE。

例 1.16 三输入 NOR 门

图 1-19 给出了三输入 NOR 门的电路符号和布尔表达式。请完成真值表。

解：图 1-20 给出了真值表。只有在所有输入都不为 TRUE 时，输出才为 TRUE。

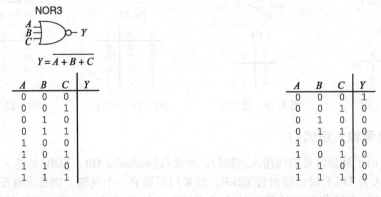

图 1-19   三输入 NOR 门   图 1-20   三输入 NOR 门的真值表

四输入 AND 门

图 1-21 给出四输入 AND 的电路符号和布尔表达式。请完成真值表。

解：图 1-22 给出了真值表。只有在所有输入都为 TRUE 时，输出才为 TRUE。

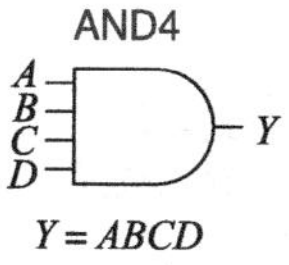

$Y = ABCD$

图 1-21　四输入 AND 门

A	C	B	D	Y
0	0	0	0	0
0	0	0	1	0
0	0	1	0	0
0	0	1	1	0
0	1	0	0	0
0	1	0	1	0
0	1	1	0	0
0	1	1	1	0
1	0	0	0	0
1	0	0	1	0
1	0	1	0	0
1	0	1	1	0
1	1	0	0	0
1	1	0	1	0
1	1	1	0	0
1	1	1	1	1

图 1-22　四输入 AND 门的真值表　◀

1.6　数字抽象

数字系统采用离散值变量。然而这些变量需要由连续的物理量来表示，例如电线上的电压、齿轮的位置或者桶中的水位高度等。所以，设计者必须找到一种将连续变量和离散变量联系在一起的方法。

例如，考虑用二进制信号 A 来表示电线上的电压。当电压为 0V 时，$A = 0$；为 5V 时，$A = 1$。任何实际系统都必须能容忍一定的噪声，因此 4.97V 可能也可以解释为 $A = 1$。但是对于 4.3V 呢？对于 2.8V 或 2.500 000V 呢？

1.6.1　电源电压

假设系统中的最低电压为 0V，称为地（ground，GND）。系统中的最高电压来自电源，常称为 V_{DD}。在 20 世纪 70 ~ 80 年代的技术下，V_{DD} 一般为 5V。随着芯片采用了更小的晶体管，V_{DD} 降到了 3.3V、2.5V、1.8V、1.5V、1.2V，甚至更低以便减少功耗和避免晶体管过载。

1.6.2　逻辑电平

通过定义逻辑电平（logic level），可以将连续变量映射到离散的二进制变量，如图 1-23 所示。第一个门称为驱动源（driver），第二个门称为接收端（receiver）。驱动源的输出连接到接收端的输入。驱动源产生 LOW(0) 输出，其电压处于 0 ~ V_{OL} 之间；或者产生 HIGH(1) 输出，其电压处于 V_{OH} ~ V_{DD} 之间。如果，接收端的输入电压处于 0 ~ V_{IL} 之间，则接收端认为其输入为 LOW。如果接收端的输入电压处于 V_{IH} ~ V_{DD} 之间，则接收端认为其输入为 HIGH。如果由于噪声或部件错误，接收端的输入电压处于 V_{IL} ~ V_{IH} 之间的禁止区域（forbidden zone），则输入门的行为不可预测。V_{OH} 和 V_{OL} 称为输出高和输出低逻辑电平，V_{IO} 和 V_{IL} 称为输入高和输入低逻辑电平。

1.6.3　噪声容限

如果驱动源的输出能够被接收端的输入正确解释，则必须选择 $V_{OL} < V_{IL}$ 和 $V_{OH} > V_{IH}$。因此，即使驱动源的输出被一些噪声干扰，接收端的输入依然能够检测到正确的逻辑电平。可以加在最坏情况输出上但依然能正确解释为有效输入的噪声值，称为噪声容限（noise margin）。从图 1-23 中可以看出，低电平和高电平的噪声容限分别为：

$$NM_L = V_{IL} - V_{OL} \tag{1-2}$$

$$NM_H = V_{OH} - V_{IH} \tag{1-3}$$

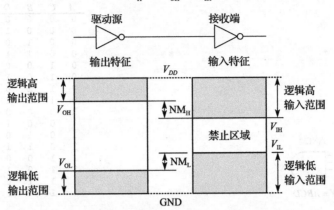

图 1-23　逻辑电平和噪声容限

例 1.18 计算噪声容限

考虑图 1-24 中的反相器电路。V_{O1} 是反相器 I_1 的输出电压，V_{I2} 是反相器 I_2 的输入电压。两个反向器遵循同样的逻辑电平特征：$V_{DD} = 5V$，$V_{IL} = 1.35V$，$V_{IH} = 3.15V$，$V_{OL} = 0.33V$，$V_{OH} = 3.84V$。反相器的低电平和高电平噪声容限分别为多少？这个电路可否承受 V_{O1} 和 V_{I2} 之间 1V 的噪声？

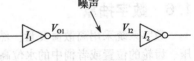

图 1-24　反相器电路

解： 反相器的噪声容限为：$NM_L = V_{IL} - V_{OL} = (1.35V - 0.33V) = 1.02V$，$NM_H = V_{OH} - V_{IH} = (3.84V - 3.15V) = 0.69V$。电路在输出为 LOW 时，可以承受 1V 的噪声电压（$NM_L = 1.02V$）；但在输出为 HIGH 时，不能承受此噪声电压（$NM_H = 0.69V$）。例如，假设驱动源 I_1 输出的 HIGH 值处于最坏情况，$V_{O1} = V_{OH} = 3.84V$。如果噪声导致电压在到达接收端输入前降低了 1V，$V_{I2} = (3.84V - 1V) = 2.84V$。这已经小于可接受的 HIGH 逻辑电平 $V_{IH} = 3.15V$，因此接收端将无法检测到正确的 HIGH 输入。◀

1.6.4　直流电压传输特性

为了理解数字抽象的局限性，我们必须深入考察门的模拟行为。门的直流电压传输特性描述了当输入电压变化足够慢且保证输出能跟上输入的变化时，输出电压随输入电压变化的函数关系。这个函数称为传输特性，因为它描述了输入和输出电压之间的关系。

理想的反相器应在输入电压达到门限 $V_{DD}/2$ 时产生一个跳变，如图 1-25a 所示。对于 $V(A) < V_{DD}/2$，$V(Y) = V_{DD}$。对于 $V(A) > V_{DD}/2$，$V(Y) = 0$。此时，$V_{IH} = V_{IL} = V_{DD}/2$，$V_{OH} = V_{DD}$ 且 $V_{OL} = 0$。

真实的反相器在两个极端之间变化得更缓慢一些，如图 1-25b 所示。当输入电压 $V(A)$ 等于 0 时，输出电压 $V(Y) = V_{DD}$。当 $V(A) = V_{DD}$ 时，$V(Y) = 0$。然而，这两个端点之间的变化是平滑的，而且可能并不会恰恰在中点 $V_{DD}/2$ 突变。这就产生了如何定义逻辑电平的问题。

一种选择逻辑电平的合理方法是选择在传输特征曲线斜率 $dV(Y)/dV(A)$ 为 -1 的位置。这两个位置称为单位增益点（unity gain point）。在单位增益点选择逻辑电平可以最大化噪声容限。

如果 V_{IL} 减少，V_{OH} 将仅仅增加一点。如果 V_{IL} 增加，V_{OH} 则将显著降低。

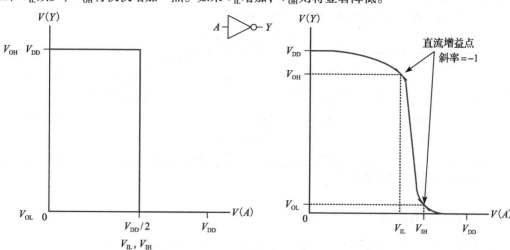

图 1-25　直流传输特性和逻辑电平

1.6.5　静态约束

　　为了避免输入落到禁止区域，数字逻辑门的设计需要遵循静态约束（static discipline）。静态约束要求，对于给定的有效逻辑输入，每个电路元件应该能产生有效的逻辑输出。

　　为了满足静态约束，数字电路设计人员需要牺牲使用任意模拟电路元件的自由，但是换来了数字电路的简单性和可靠性。通过从模拟到数字之间抽象层次的提高，可以隐藏无需了解的细节来提高设计生产率。

　　V_{DD} 和逻辑电平可以任意选择，但是所有相互通信的逻辑门必须保持兼容的逻辑电平。因此，逻辑门可以按照逻辑系列（logic family）来区分，其中同一逻辑系列的所有门都遵循相同的静态约束。同一逻辑系列中的逻辑门像积木一样组合在一起，使用相同的电源电压和逻辑电平。

　　20 世纪 70 年代~90 年代有 4 种主流的逻辑系列：TTL（Transistor-Transistor Logic，晶体管－晶体管逻辑），CMOS（Complementary Metal-Oxide-Semiconductor Logic，互补性金属－氧化物－半导体逻辑）、LVTTL（Low Voltage TTL，低电压 TTL）和 LVCMOS（Low Voltage CMOS，低电压CMOS）。表 1-4 比较了它们的逻辑电平。随着电源电压的不断降低，不断分化出新的逻辑系列。附录 A.6 更加详细地讨论了常见的逻辑系列。

表 1-4　5V 和 3.3V 逻辑系列的逻辑电平

逻辑系列	V_{DD}	V_{IL}	V_{IH}	V_{OL}	V_{OH}
TTL	5（4.75 - 5.25）	0.8	2.0	0.4	2.4
CMOS	5（4.5 - 6）	1.35	3.15	0.33	3.84
LVTTL	3.3（3 - 3.6）	0.8	2.0	0.4	2.4
LVCMOS	3.3（3 - 3.6）	0.9	1.8	0.36	2.7

21
￥
25

例 1.19　逻辑系列兼容性

表 1-4 中的哪些逻辑系列可以可靠地与其他逻辑系列通信？

解：表 1-5 列举了逻辑系列之间的兼容性。注意，5V 的 TTL 或 CMOS 逻辑系列可能产生的 HIGH 信号输出电压为 5V。如果 5V 信号驱动 3.3V 的 LVTTL 或 LVCMOS 逻辑系列输入，可能会损坏接收端，除非接收端特殊设计为 "5V 兼容"。

表 1-5 逻辑系列之间的兼容性

		接收端			
		TTL	CMOS	LVTTL	LVCMOS
驱动源	TTL	兼容	不兼容：$V_{OH} < V_{IH}$	可能兼容①	可能兼容①
	CMOS	兼容	兼容	可能兼容①	可能兼容①
	LVTTL	兼容	不兼容：$V_{OH} < V_{IH}$	兼容	兼容
	LVCMOS	兼容	不兼容：$V_{OH} < V_{IH}$	兼容	兼容

①只要 5V 高电平不会损害接收端输入。 ◄

1.7 CMOS 晶体管*

本节和后续带*的章节是可选的。它们对理解本书的核心内容并不重要。

Babbage 的分析机由齿轮构造，早期的电子计算机由继电器和真空管构成。现代计算机则由廉价的、微型的和可靠的晶体管构成。晶体管（transistor）是一个电子的可控开关。当由电压或者电流施加到控制端时，它将在 ON（导通）和 OFF（截止）之间切换。晶体管有两大类：双极晶体管（bipolar junction transistor）和金属 – 氧化物 – 半导体场效应晶体管（Metal-Oxide-Semiconductor field effect transistor，MOSFET 或 MOS）。

1958 年，德州仪器（Texas Instrument）的 Jack Kilby 制造了第一个具有两个晶体管的集成电路。1959 年，仙童半导体（Fairchild Semiconductor）的 Robert Noyce 申请了在一个硅芯片上连接多个晶体管的专利。在那个年代，每个晶体管的造价是 10 美元。

半导体制造技术经过三十多年的空前进步，人们已经可以在一个 $1cm^2$ 的芯片上集成 10 亿个 MOS 晶体管，而每个晶体管的造价已经低于 10^{-6} 美分。集成度和价格每 8 年左右改进一个数量级。MOS 晶体管现在已经用于构造几乎所有的数字电路系统。本节中，我们将进入电路抽象层以下，来看看如何使用 MOS 晶体管构造逻辑门。

1.7.1 半导体

MOS 晶体管由岩石和沙子中的最主要元素——硅，构成。硅（Silicon，Si）是第 IV 族元素，因此其化合价外层有 4 个电子，并与 4 个相邻元素紧密连接，形成晶格（lattice）。图 1-26a 中简化显示了二维晶格，但晶格实际上形成立方晶体。在图中线表示共价键。在此结构下，因为所有电子都束缚在共价键中，所以硅的导电性很弱。但是，如果在其中加入少量杂质，称为掺杂原子（dopant atom），则硅的导电性就会大大提高。如果加入第 V 族元素（例如，砷，As），掺杂原子就会有一个额外的电子不受共价键的束缚。这个电子可以在晶格中自由移动，而留下一个带正电的掺杂原子（As⁺），如图 1-26b 所示。由于电子带有负电荷，所以我们称砷为 n 型掺杂原子。另一方面，如果掺入 III 族元素（例如，硼，B），掺杂原子就失去一个电子，如图 1-26c 所示。失去的电子称为空穴（hole）。与掺杂原子邻近的硅原子可以移动一个电子过来来填充共价键，产生一个带负电荷的掺杂原子（B⁻），并在邻近硅原子中产生空穴。类似地，空穴可以在晶格中迁移。空穴缺少一个负电荷，所以与一个具有正电的粒子相似。因此，我们称硼为 p 型掺杂原子。因为掺杂浓度发生变化，硅的导电性可以相差好几个数量级，所以硅称为半导体（semiconductor）。

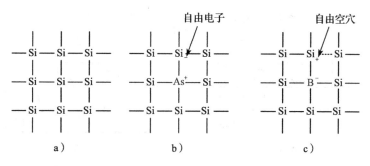

图 1-26 硅晶格和掺杂原子

1.7.2 二极管

p 型硅和 n 型硅之间的连接点称为二极管（diode）。p 型区域称为阳极（anode），n 型区域为阴极（cathode），如图 1-27 所示。当阳极的电压高于阴极时，二极管处于正向偏压，电流从阳极流向阴极。当阳极的电压低于阴极时，二极管处于反向偏压，没有电流。二极管符号直观地表示了电流只能沿一个方向流动。

图 1-27 基于 p-n 结的二极管结构和电路符号

1.7.3 电容

电容（capacitor）由夹着绝缘体的两个导体构成。当电压 V 加到电容一端的导体时，这个导体将积累电荷 Q，而另一端导体将积累负电荷 $-Q$。电容的电容量 C（capacitance）是电压和充电电荷之比：$C = Q/V$。电容量正比于导体的尺寸，反比于导体之间的距离，电容的符号如图 1-28 所示。

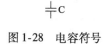

图 1-28 电容符号

电容之所以重要是因为导体的充电或放电需要时间和能量。大电容意味着电路比较慢，而且需要更多的能量。速度和能量问题将在本书中进一步讨论。

1.7.4 nMOS 和 pMOS 晶体管

MOS 晶体管由多层导体和绝缘体构成。MOS 晶体管在直径 15~30 厘米（cm）的晶元（wafer）上制造。制造过程从一个裸晶元开始，包括掺杂原子的注入、氧化硅膜的生长和金属的淀积等多个步骤。在每个步骤之间，晶元将形成特定图形使得只有需要的部分暴露在外部。由于晶体管的尺寸仅有微米（10^{-6}m），且一次可以处理整个晶元，所以一次制作几十亿个晶体管的成本并不高。一旦处理结束，晶元将被切割成很多长方形的部分，称为芯片（chip 或 dice），每个部分包含了成千上万，甚至 10 亿个晶体管。这些芯片经过测试后，将芯片封装在塑料或陶瓷中，并通过金属引脚连接到电路板上。

MOS 晶体管中最底层是硅晶元衬底（substrate），最顶上是导电的栅极（gate），中间是由二氧化硅（SiO_2）构成的绝缘层。过去栅极是由金属构造的，因此它被称为金属-氧化物-半导体。现在栅极的制造工艺采用多晶硅，以便避免金属在后续的处理工艺中融化。二氧化硅常用于制造玻璃，在半导体工业中它简称为氧化物（oxide）。MOS 结构中，金属与半导体衬底之间的极薄的二氧化硅绝缘层（dielectric）形成一个电容。

现有两类 MOS 晶体管：nMOS 和 pMOS。图 1-29 给出了从侧面观察它们的截面图。n 型晶体管称为 nMOS，它在 p 型半导体衬底上有与栅极（分别称为源极（source）和漏极（drain））相连的 n 类型掺杂区域。pMOS 晶体管则相反，在 n 型衬底上构造 p 型源极和漏极区域。

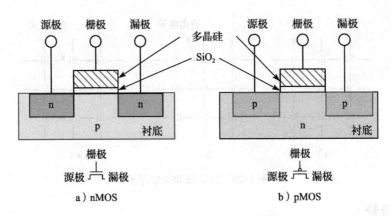

图 1-29　nMOS 和 pMOS 晶体管

MOS 晶体管是一个由电压控制的开关：栅极电压产生一个使得源极和漏极之间的连接处于 ON（导通）或 OFF（截止）状态的电场。场效应晶体管正是来源于这个操作原理。下面让我们继续研究 nMOS 晶体管的操作过程。

nMOS 晶体管的衬底一般都连接到地（系统中的最低电压）。首先考虑当栅极电压为 0V 的情况，如图 1-30a 所示。由于源极或漏极的电压大于 0，所以它们和衬底之间的二极管处于反向偏压状态。因此此时源极和漏极之间没有电流，晶体管处于截止（OFF）状态。接着考虑当栅极电压为 V_{DD} 的情况，如图 1-30b 所示。当正电压加在电容的上表面时，将建立一个电场并在上表面吸收正电荷，在下表面吸收负电荷。当电压足够大时，大量的负电荷积聚在栅极下层，使得此区域从 p 型反转为 n 型。这个反转区域称为沟道（channel）。此时就有了一个从 n 型源极经 n 型沟道到 n 型漏极之间的通路，电流就可以从源极流到漏极，晶体管就处于导通状态。导通晶体管的栅极电压称为门限电压（threshold voltage）V_T，一般在 0.3 ~ 0.7V。

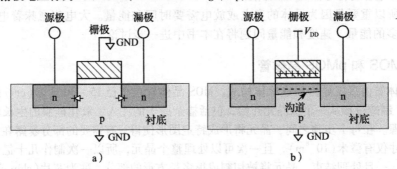

图 1-30　nMOS 晶体管

pMOS 晶体管的工作方式正好相反，这也可以从它的电路符号上看出来。pMOS 晶体管的衬底电压为 V_{DD}，当栅极电压为 V_{DD} 时，处于截止（OFF）状态，当栅极电压为 0V 时，沟道反转为 p 类型且 pMOS 处于导通状态。

不幸的是，MOS 晶体管并不是完美的开关。尤其是，对于 nMOS 晶体管能很好地导通低电平，但导通高电平的能力比较弱。特别是，当栅极电压为 V_{DD} 时，漏极电压在 $0 ~ V_{DD} - V_T$ 之间。同样，pMOS 晶体管导通高电平的能力很好，但是导通低电平能力较弱。但是，我们仍然可以仅仅利用晶体管较好的模式来构造逻辑门。

nMOS 晶体管需要 p 型衬底，而 pMOS 晶体管需要 n 型衬底。为了在同一个芯片上同时构造这两种类型晶体管，制造过程采用 p 型晶元，然后在需要 pMOS 晶体管的地方扩散 n 型区域构成阱（well）。这种同时提供两种类型晶体管的工艺称为互补型 MOS（complementary MOS，

CMOS)。CMOS 工艺已经成为当前集成电路制造的主要方法。

　　总而言之，CMOS 工艺提供了两种类型的电控制开关，如图 1-31 所示。栅极(g)的电压控制源极(s)和漏极(d)之间的电流流动。nMOS 晶体管在栅极为低电平时截止(OFF)，为高电平时导通(ON)。pMOS 晶体管正好相反，在栅极为低电平时导通(ON)，为高电平时截止(OFF)。

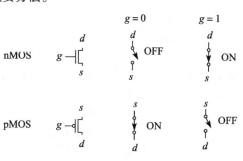

图 1-31　MOS 晶体管的开关模式

1.7.5　CMOS 非门

　　图 1-32 给出了用 CMOS 晶体管构成的非门的电路原理图，其中三角形表示地(GND)，横线表示电源 V_{DD}(这些标号在后续电路原理图中不再标出)。nMOS 晶体管 N1 连接地和输出 Y，pMOS 晶体管 P1 连接电源和输出 Y。两个晶体管的栅极都由输入 A 控制。

图 1-32　非门电路原理图

　　如果 $A=0$，则 N1 截止，P1 导通，因此 Y 相当于连接到电源 V_{DD}，而与地断开。由于 P1 可以很好地导通高电平，所以 Y 可以被拉升到逻辑 1(高电平)。如果 $A=1$，则 N1 导通，P1 截止，由于 N1 可以很好导通低电平，所以 Y 被拉至逻辑 0。与图 1-12 中的真值表比较，可以看到这个电路实现一个非门。

1.7.6　其他 CMOS 逻辑门

　　图 1-33 给出了两输入 NAND 门的 CMOS 电路原理图。在电路原理图中，线总是在三路相交的结点上连接，只有在有点的情况下才是四路连接。nMOS 晶体管 N1 和 N2 串联，只有两个 nMOS 晶体管都导通，输出才被拉低到地。pMOS 晶体管 P1 和 P2 并联，只要有一个 pMOS 晶体管导通，就可以将输出拉升到 V_{DD}。表 1-6 给出了上拉网络和下拉网络的操作与输出的状态，说明了该电路完成与非功能。例如，当 $A=1$，$B=0$ 时，N1 导通，但

图 1-33　两输入与非(NAND)门的
　　　　　电路原理图

N2 截止，阻塞从输出 Y 到地之间的通路。P1 截止，但 P2 导通，建立从电源到输出 Y 的通路。因此，输出 Y 被上拉到高电平。

表 1-6　与非(NAND)门操作

A	B	下拉网络	上拉网络	Y
0	0	OFF	ON	1
0	1	OFF	ON	1
1	0	OFF	ON	1
1	1	ON	OFF	0

　　图 1-34 显示了构造任意反向逻辑门(例如，非门、与非门、或非门等)的通用结构。nMOS 晶体管可以很好地导通低电平，因此下拉网络采用 nMOS 晶体管连接输出和地，以便将输出完整地下拉到低电平。pMOS 晶体管可以很好地导通高电平，因此上拉网络采用 pMOS 连接输出和电源，以便将输出完整地上拉到高电平。当晶体管并联时，只要有一个晶体管导通，整个网

络就导通。当晶体管串联时，只有所有的晶体管都导通，网络才能导通。输入上的斜线表示逻辑门可以有多个输入。

如果上拉网络和下拉网络同时导通，则会在电源和地址之间产生短路（short circuit）。门的输出电压可能处于禁止区域，而晶体管将消耗大量能量，很可能会使其烧毁。另一方面，如果上拉网络和下拉网络同时截止，那么输出即不连接到电源，也不连接到地，处于浮空状态（float）。浮空状态的电压是不确定的。通常不希望有浮空输出，但是在 2.6 节中可以看到，浮空也可以偶尔使用。

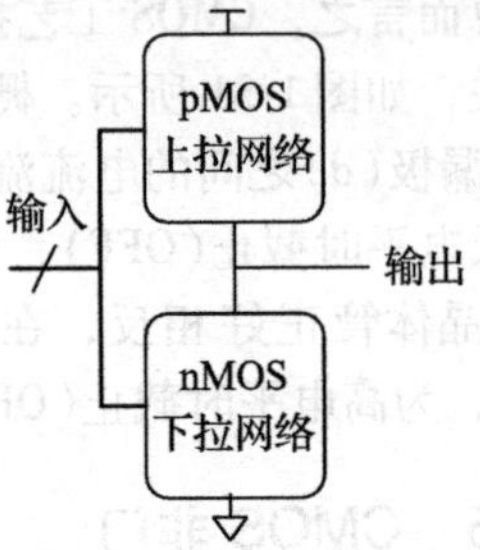

图 1-34　反向逻辑门的通用结构

在具有正常功能的逻辑门中，上拉或下拉网络必然有一个导通且另一个截止，这样输出就可以被上拉至高电平或低电平，而不会产生短路或浮空。利用传导互补规则可以保证这一点，即 nMOS 采用串联时，pMOS 必须使用并联；nMOS 使用并联时，pMOS 必须使用串联。

例 1.20　三输入与非门的原理图

使用 CMOS 晶体管画一个三输入与非门的原理图。

解： 只有在所有的输入都为 1 时，与非门的输出才为 0。因此，下拉网络必须是 3 个串联的 nMOS 晶体管。根据传导互补规则，pMOS 晶体管必须采用并联。电路原理图如图 1-35 所示，读者可以自行验证其功能是否与真值表吻合。◀

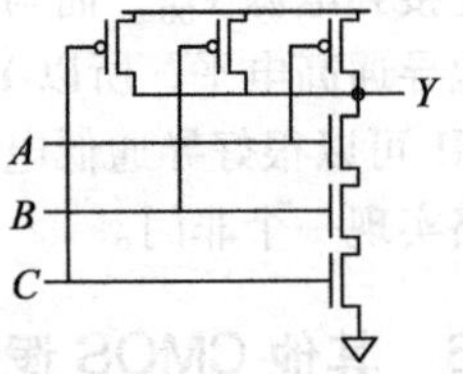

例 1.21　两输入或非门的原理图

使用 CMOS 晶体管画一个两输入或非门。

解： 只要有一个输入为 1，或非门的输出就为 0。因此，下拉网络应该由两个并联的 nMOS 晶体管构成。根据传导互补规则，pMOS 晶体管应该使用串联方式。电路原理图如图 1-36 所示。◀

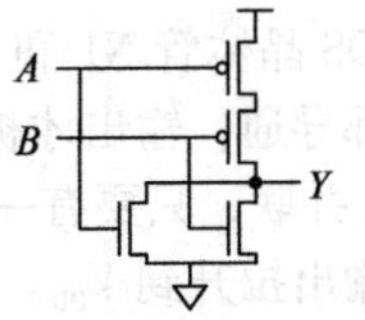

图 1-35　三输入与非门的原理图

例 1.22　两输入与门的原理图

画一个两输入与门的原理图。

解： 不能用一个单独的 CMOS 门构成一个与门。但是与非门和非门却很容易构造。因此，使用 CMOS 构造与门的最佳方法是将与非门的输出连接到非门的输入上，如图 1-37 所示。◀

图 1-36　两输入或非门的原理图

1.7.7　传输门

有时，设计者需要一个理想的开关，它能同时很好地通过 0 或 1。注意 nMOS 可以很好导通 0，pMOS 可以很好地导通 1，两者的组合就可以很好地导通两种电平。图 1-38 给出了传输门（transmission gate）的电路符号。由于开关是双向的，所以开关的两边 A 和 B 不区分输入或输出。控制信号称为使能（Enable），EN 和 $\overline{\text{EN}}$。当 EN = 1 且 $\overline{\text{EN}}$ = 0 时，传输门导通（使能），任意逻辑值可以在 A 和 B 之间传递。

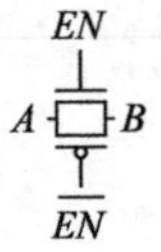

图 1-37　两输入与门的原理图

图 1-38　传输门

1.7.8　类 nMOS 逻辑

在一个 N 输入或非门中需要 N 个 nMOS 晶体管并联和 N 个 pMOS 晶体管串联。正如多个串联电阻的阻值大于并联的电阻阻值，多个串联晶体管的速度也较慢。此外，由于 pMOS 晶体管的空穴在硅晶格中的移动速度低于电子的速度，所以 pMOS 晶体管的速度要慢于 nMOS 晶体管。因此，并联的多个 nMOS 晶体管的速度要快于串联的多个 pMOS 晶体管，尤其是当串联的晶体管数目较多时，速度差异更大。

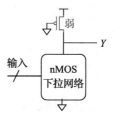

图 1-39　类 nMOS 门

　　类 nMOS 逻辑（pseudo- nMOS logic）将上拉网络中的 pMOS 晶体管替换为单个始终导通的弱 pMOS 晶体管，如图 1-39 所示。这个 pMOS 晶体管经常称为弱上拉（weak pull-up），其物理尺寸被设计成满足当所有 nMOS 晶体管都不导通时，这个弱上拉 pMOS 晶体管可以维持输出高电平。只要有一个 nMOS 晶体管导通，就能超过这个弱上拉 pMOS 晶体管，将输出 Y 下拉到地，产生逻辑 0。

　　可以利用类 nMOS 逻辑的特点构造多输入快速或非门。图 1-40 中给出了一个四输入或非门的例子。类 nMOS 门很适合构造存储器和逻辑阵列（第 5 章）。其缺点是，当输出为低电平

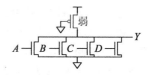

图 1-40　类 nMOS 四输入非门

时，弱 pMOS 晶体管和所有的 nMOS 晶体管都导通，在电源和地之间有短路。短路将持续消耗能量，因此类 nMOS 逻辑必须谨慎使用。

　　类 nMOS 门在 20 世纪 70 年代得名，当时的制造工艺只能生产 nMOS 晶体管，还不能制造 pMOS 晶体管，因此使用一个弱 nMOS 晶体管来实现上拉。

1.8　功耗*

　　功耗（power consumption）是单位时间内所消耗的能量。在数字系统中它非常重要。在手机、笔记本电脑等移动系统中，电池的使用时间取决于功耗。功耗对固定电源供电的系统也很重要，因为电力消耗需要花钱，而且如果功耗过高将导致系统过热。

　　数字系统包含动态功耗（dynamic Power）和静态功耗（static Power）。动态功耗是信号在 0 和 1 之间变化过程中电容充电所耗费的能量。静态功耗是当信号不发生变化时，系统处于空闲状态下的功耗。

　　逻辑门和连接它们的线都有电容。将电容 C 充电到电压 V_{DD} 所需的能量为 CV_{DD}^2。如果电容电压切换的频率为 f（每秒变化 f 次），即在 1 秒内将电容充电 $f/2$ 次，放电 $f/2$ 次。由于放电过程不需要从电源中获取能量，所以动态功耗为：

$$P_{dynamic} = \frac{1}{2}CV_{DD}^2 f \tag{1-4}$$

　　电子系统在空闲时也需要一些电流。当晶体管处于截止状态时，它们会泄漏少量电流。有些电路，例如 1.7.8 节中讨论的类 nMOS 电路，在电源和地之间始终有电流不断流经的通路。这个静态电流 I_{DD} 称为电源和地之间的漏电流（leakage current）或静态电源电流（quiescent supply current）。静态功耗正比于漏电流。

$$P_{static} = I_{DD}V_{DD} \tag{1-5}$$

例 1.23 功耗

　　某手机的电池容量为 6Wh（瓦小时），电源电压为 1.2V。假设手机通话时的工作频率为 300MHz，芯片中的平均电容为 10nF，天线需要 3W 功率。当手机不通话时，因为所有的信号处理过程停止，所以动态功耗降低到 0。但是手机无论是否工作仍然具有 40mA 的漏电流。请确定不通话情况和连续通话情况下，电池的使用时间。

解：静态功耗 $P_{static} = (0.040A)(1.2V) = 48mW$。（a）如果手机不通话，因为仅有静态功耗，所以其电池使用时间为 $(6Wh)/(0.048W) = 125h$（约 5 天）。（b）如果手机通话，其动态功耗为 $P_{dynamic} = (0.5)(10^{-8}F)(1.2V)^2(3 \times 10^8 Hz) = 2.16W$。加上静态功耗和天线功耗，总的通话功耗为 $2.16W + 3W + 0.048W = 5.2W$。因此电池使用时间为 $6Wh/5.2W = 1.15h$。这个例子对手机的实际操作进行了简化，但是可以说明功耗的关键性问题。◄

1.9　总结和展望

世界上有 10 种类型的人？其中哪些人可以用二进制计数，哪些不能？

本章介绍了理解和设计复杂系统的基本原则。虽然真实世界是模拟世界，但数字电路设计人员对这些模拟值进行约束，只使用可能信号中的离散子集。特别地，二进制变量只有两个状态：0 和 1，也称为 FALSE 和 TRUE，或者 LOW 和 HIGH。逻辑门根据一个或多个二进制输入计算一位二进制输出。常见的逻辑门包括：

- NOT：当输入为 FLASE 时，输出 TRUE。
- AND：当所有输入都为 TRUE 时，输出 TRUE。
- OR：只要有一个输入为 TRUE 时，输出 TRUE；
- XOR：奇数个输入为 TRUE 时，输出 TRUE。

逻辑门常用 CMOS 晶体管构成。CMOS 的行为类似于电子控制开关。nMOS 在栅极为 1 时导通，pMOS 在栅极为 0 时导通。

在第 2～5 章中，我们将继续研究数字逻辑。第 2 章着重研究输出仅仅依赖于当前输入的*组合逻辑*（combinational logic）。前面介绍的逻辑门都是组合逻辑的实例。在第 2 章中将学习使用多个门来设计电路，以便实现真值表或布尔表达式描述的输入与输出之间的关系。第 3 章着重研究*时序逻辑*（sequential logic），其输出依赖于当前的输入和过去的输入。作为基本的时序元件，*寄存器*（register）可以记住它们以前的输入。基于寄存器和组合逻辑构成的有限状态机（finite state machine）提供了一种强有力的系统化方法来构造复杂系统。我们还将研究数字系统的时序来分析系统如何快速运行。第 4 章介绍硬件描述语言（HDL）。硬件描述语言与传统的程序设计语言相关，但是它们用于模拟和构造硬件系统而不是软件。现代的大多数数字系统都使用硬件描述语言来设计。SystemVerilog 和 VHDL 是两种流行的硬件描述语言。它们在本书中一起介绍。第 5 章研究其他组合逻辑和时序逻辑模块，如加法器、乘法器和存储器等。

第 6 章将转移到计算机体系结构。此章介绍 MIPS 处理器，一种行业标准微处理器。该处理器可以用于消费类电子产品，SGI 工作站，电视、网络硬件和无线链路等通信系统中。MIPS 体系结构由寄存器和汇编语言指令集定义。此章中将学习如何用汇编语言为 MIPS 处理器书写程序，这样就可以用处理器自身的语言和它们通信了。

第 7 章和第 8 章填补了数字逻辑与计算机体系结构之间的空隙。第 7 章研究微结构，即如何将加法器、寄存器等数字模块组合在一起来构成微处理器。在此章中，可以学习如何构造自己的 MIPS 处理器。实际上，可以学习 3 种不同的微结构，它们用来说明在性能和成本之间的不同折中。处理器性能按指数方式增长，需要更复杂的存储器系统来满足处理器不断提出的数据需求。第 8 章深入研究存储器系统体系结构，同时还介绍了计算机与键盘、打印机等外部设备进行通信的方法。

习题

1.1　用一张图解释以下领域中出现的至少 3 个层次的抽象，

　　a）生物学家研究细胞的操作。

b）化学家研究物质的构成。

1.2　用一张图解释以下领域中使用的层次化、模块化和规整化技术，

　　　a）汽车设计工程师。

　　　b）管理业务的商人。

1.3　Ben 正在盖房子。解释在建房过程中他如何应用层次化、模块化和规整化原则来节省时间和金钱。

1.4　一个模拟信号的范围为 $0 \sim 5V$。如果测量的精度为 $\pm 50mV$，此模拟信号最多可以传递多少位的信息？

1.5　教室中，旧钟的分钟指针已经折断。

　　　a）如果你可以读取时钟指针接近于 15 分钟，那么时钟传递了多少位的时间信息？

　　　b）如果你知道现在是否临近中午，则可以再多获得多少位关于时间的附加信息？

1.6　巴比伦人在 4000 年前提出了基为 60 的 60 进制数制系统。一个 60 进制的数字可以传递多少位信息？你应该如何用 60 进制写 4000_{10} 这个数字？

1.7　16 位可以表示多少个不同的数？

1.8　最大的无符号 32 位二进制数是多少？

1.9　对于以下 3 种数制系统，最大的 16 位二进制数是多少？

　　　a）无符号数　　　　　　b）二进制补码数　　　　　　c）带符号的原码数 　　　　　　　37

1.10　对于以下 3 种数制系统，最大的 32 位二进制数是多少？

　　　a）无符号数　　　　　　b）二进制补码数　　　　　　c）带符号的原码数

1.11　对于以下 3 种数制系统，最小的 16 位二进制数是多少？

　　　a）无符号数　　　　　　b）二进制补码数　　　　　　c）带符号的原码数

1.12　对于以下 3 种数制系统，最小的 32 位二进制数是多少？

　　　a）无符号数　　　　　　b）二进制补码数　　　　　　c）带符号的原码数

1.13　将下列无符号二进制数转化为十进制。

　　　a）1010_2　　　　b）110110_2　　　　c）11110000_2　　　　d）0001100010100111_2

1.14　将下列无符号二进制数转化为十进制。

　　　a）1110_2　　　　b）100100_2　　　　c）11010111_2　　　　d）011101010100100_2

1.15　重复习题 1.13，但要求转换为十六进制。

1.16　重复习题 1.14，但要求转换为十六进制。 　　　　　　　　　　　　　　　　　　　　38

1.17　将下列十六进制数转换为十进制

　　　a）$A5_{16}$　　　　b）$3B_{16}$　　　　c）$FFFF_{16}$　　　　d）$D0000000_{16}$

1.18　将下列十六进制数转换为十进制

　　　a）$4E_{16}$　　　　b）$7C_{16}$　　　　c）$ED3A_{16}$　　　　d）$403FB001_{16}$

1.19　重复习题 1.17，但要求转换为无符号二进制数。

1.20　重复习题 1.18，但要求转换为无符号二进制数。

1.21　将下列二进制补码数转换为十进制。

　　　a）1010_2　　　　b）110110_2　　　　c）01110000_2　　　　d）10011111_2

1.22　将下列二进制补码数转换为十进制。

　　　a）1110_2　　　　b）100011_2　　　　c）01001110_2　　　　d）10110101_2

1.23　重复习题 1.21，但是这些二进制数采用带符号的原码数。

1.24　重复习题 1.22，但是这些二进制数采用带符号的原码数。 　　　　　　　　　　　39

1.25　将下列十进制数转换为无符号二进制。

a) 42_{10} b) 63_{10} c) 229_{10} d) 845_{10}

1.26 将下列十进制数转换为无符号二进制。

     a) 14_{10} b) 52_{10} c) 339_{10} d) 711_{10}

1.27 重复习题 1.25，但是要求转换为十六进制。

1.28 重复习题 1.26，但是要求转换为十六进制。

1.29 将下述十进制数转为 8 位二进制补码，并指出哪些十进制数超出了相应的表示范围。

     a) 42_{10} b) -63_{10} c) 124_{10} d) -128_{10}

     e) 133_{10}

1.30 将下述十进制数转为 8 位二进制补码，并指出哪些十进制数超出了相应的表示范围。

     a) 24_{10} b) -59_{10} c) 128_{10} d) -150_{10}

     e) 127_{10}

40

1.31 重复习题 1.29，但是转换为 8 位带符号的原码数。

1.32 重复习题 1.30，但是转换为 8 位带符号的原码数。

1.33 将下列 4 位二进制补码数转换为 8 位二进制补码。

     a) 0101_2 b) 1010_2

1.34 将下列 4 位二进制补码数转换为 8 位二进制补码。

     a) 0111_2 b) 1001_2

1.35 重复习题 1.33，但二进制数为无符号二进制数。

1.36 重复习题 1.34，但二进制数为无符号二进制数。

1.37 基为 8 的数制称为八进制数（octal）。将习题 1.25 中的数转为八进制数。

1.38 基为 8 的数制称为八进制数（octal）。将习题 1.26 中的数转为八进制数。

1.39 将下述八进制数转换为二进制、十六进制和十进制。

     a) 42_8 b) 63_8 c) 255_8 d) 3047_8

1.40 将下述八进制数转换为二进制、十六进制和十进制。

41

     a) 23_8 b) 45_8 c) 371_8 d) 2560_8

1.41 有多少个 5 位二进制补码数大于 0？有多少个小于 0 呢？这个结果与带符号的原码数有区别吗？

1.42 有多少个 7 位二进制补码数大于 0？有多少小于 0 呢？这个结果与带符号的原码数有区别吗？

1.43 在一个 32 位字中有多少个字节？多少个半字节？

1.44 在一个 64 位字中有多少个字节？

1.45 某 DSL 调制解调器的数据传输率为 768Kbps。它 1 分钟内可以接收多少字节？

1.46 USB 3.0 的数据传输率为 5Gbps。它 1 分钟可以发送多少字节？

1.47 硬盘制造商使用 MB 字节表示 10^6 字节，使用 GB 表示 10^9 字节。在一个 50GB 字节的硬盘上真正能用于存储音乐的空间有多大？

1.48 不用计算器估计 2^{31} 有多大？

1.49 Pentium II 计算机上的存储器按照位阵列的方式组织。其中有 2^8 行和 2^9 列。不用计算器估计器存储容量有多少位？

1.50 针对 3 位无符号数、二进制补码和带符号的原码数画出类似于图 1-11 的图。

1.51 针对 2 位无符号数、二进制补码和带符号的原码数画出类似于图 1-11 的图。

1.52 对下列无符号二进制数进行加法。指出在结果为 4 位情况下，和是否会溢出。

42

     a) $1001_2 + 0100_2$ b) $1101_2 + 1011_2$

1.53　对下列无符号二进制数进行加法。指出在结果为 8 位情况下，和是否会溢出。

　　a）$10011001_2 + 01000100_2$　　　　　　b）$11010010_2 + 10110110_2$

1.54　重复习题 1.52，并假设二进制数采用二进制补码表示。

1.55　重复习题 1.53，并假设二进制数采用二进制补码表示。

1.56　将下列十进制数转换为 6 位二进制补码表示，并完成加法操作。指出对于 6 位结果是否产生溢出。

　　a）$16_{10} + 9_{10}$　　　b）$27_{10} + 31_{10}$　　　c）$-4_{10} + 19_{10}$　　　d）$3_{10} + -32_{10}$

　　e）$-16_{10} + -9_{10}$　　　　　　f）$-27_{10} + -31_{10}$

1.57　对下列数字重复习题 1.56。

　　a）$7_{10} + 13_{10}$　　　b）$17_{10} + 25_{10}$　　　c）$-26_{10} + 8_{10}$　　　d）$31_{10} + -14_{10}$

　　e）$-19_{10} + -22_{10}$　　　　　　f）$-2_{10} + -29_{10}$

1.58　对下列无符号十六进制数进行加法操作。指出对于 8 位结果是否产生溢出。

　　a）$7_{16} + 9_{16}$　　　b）$13_{16} + 28_{16}$　　　c）$AB_{16} + 3E_{16}$　　　d）$8F_{16} + AD_{16}$ 43

1.59　对下列无符号十六进制数进行加法操作。指出对于 8 位结果是否产生溢出。

　　a）$22_{16} + 8_{16}$　　　b）$73_{16} + 2C_{16}$　　　c）$7F_{16} + 7F_{16}$　　　d）$C2_{16} + A4_{16}$

1.60　将下列十进制数转换为 5 位二进制补码，并进行减法运算。指出对于 5 位结果是否产生溢出。

　　a）$9_{10} - 7_{10}$　　　b）$12_{10} - 15_{10}$　　　c）$-6_{10} - 11_{10}$　　　d）$4_{10} - -8_{10}$

1.61　将下列十进制数转换为 5 位二进制补码，并进行减法运算。指出对于 5 位结果是否产生溢出。

　　a）$18_{10} - 12_{10}$　　　b）$30_{10} - 9_{10}$　　　c）$-28_{10} - 3_{10}$　　　d）$-16_{10} - 21_{10}$

1.62　在偏置的（biased）N 位二进制数制中，对于偏置量 B，正数或负数表示为其值加上 B。例如，在偏置量为 15 的 5 位二进制中，0 表示为 01111，1 表示为 10000，等等。偏置数制可以用于浮点算术中，详细内容在第 5 章中讨论。考虑一个偏置量为 127_{10} 的偏置的 8 位二进制。

　　a）二进制数 10000010_2 对应的十进制数为多少？

　　b）表示 0 的二进制数是多少？

　　c）最小负数的值是多少？二进制表示是什么？

　　d）最大正数的值是多少？二进制表示是什么？

1.63　针对偏置量为 3 的 3 位偏置数制，画出类似图 1-11 的数线（参见习题 1.62 中对偏置数制的定义）。 44

1.64　在二进制编码的十进制　（Binary Coded Decimal，BCD）系统中，用 4 位二进制数表示从 0 ~ 9 的十进制数。例如，37_{10} 表示位 00110111_{BCD}。

　　a）写出 289_{10} 的 BCD 码表示。

　　b）将 100101010001_{BCD} 转换为十进制数。

　　c）将 01101001_{BCD} 转换为二进制数。

　　d）解释为什么 BCD 码也是一种常用的数字表示方法。

1.65　回答下列与 BCD 系统相关的问题（BCD 系统的定义请看习题 1.64）。

　　a）写出 371_{10} 的 BCD 码表示。

　　b）将 000110000111_{BCD} 转换为十进制数。

　　c）将 10010101_{BCD} 转换为二进制数。

　　d）说明 BCD 码与二进制数字表示方法相比较的劣势。

1.66　一个飞碟坠毁在 Nebraska 的庄稼地里。联邦调查局检查了飞碟残骸，并在一个工程手册中发现了按照 Martin 数制写的等式：$325 + 42 = 411$。如果等式是正确的，Martin 数制的基数是多少？

1.67　Ben 和 Alyssa 正在争论一个问题。Ben 说：“所有大于 0 且能被 6 整除的正数的二进制表示中必然只有两个 1”。Alyssa 不同意。她说：“不是这样，所有这些数的二进制表示中有奇数个 1”。你同意 Ben 还是 Alyssa，或者都不同意？解释你的理由。

1.68　Ben 和 Alyssa 又争论另一个问题。Ben 说：“我可以通过将一个数减 1，然后将结果的各位取反来得到这个数的二进制补码”。Alyssa 说：“不，我可以从一个数的最低位开始检查每一位，从发现的第一个 1 开始，将后续的所有位取反来获得这个数的二进制补码”。你同意 Ben 还是 Alyssa，或都同意或都不同意？解释你的理由。

1.69　以你喜欢的语言（C、Java、Perl）写一个程序，将二进制转换为十进制。用户应输入无符号二进制数，程序输出十进制值。

45

1.70　重复习题 1.69，但是将任意基数 b_1 的数转换为另一个基数 b_2 的数。支持的最大基数为 16，使用字母表示大于 9 的数。用户输入 b_1 和 b_2，然后输入基数为 b_1 的数。程序输出基数为 b_2 的数。

1.71　针对下述逻辑门，给出其电路符号、布尔表达式和真值表。
a) 三输入或门　　　　　b) 三输入异或门　　　　　c) 四输入异或非门

1.72　针对下述逻辑门，给出其电路符号、布尔表达式和真值表。
a) 四输入或门　　　　　b) 三输入异或非门　　　　　c) 五输入与非门

1.73　多数门电路在多于一半的输入为 TRUE 时输出 TRUE。请给出图 1-41 所示的三输入多数门的真值表。

1.74　如图 1-42 所示的三输入 AND-OR（AO）门将在 A 和 B 都为 TRUE，或者 C 为 TRUE 时，输出 TRUE。请给出其真值表。

1.75　如图 1-43 所示的三输入 OR-AND-INVERT（OAI）门将在 C 为 TRUE，且 A 或 B 为 TRUE 时，输出 FALSE。其余情况将产生 TRUE。请给出其真值表。

46

图 1-41　三输入多数门　　　图 1-42　三输入 AND-OR 门　　　　图 1-43　三输入 OR-AND-INVERT 门

1.76　对于两个输入变量，请列出所有不同的 16 种不同的真值表。对于每种真值表，请给一个简短的名字（例如，OR、NAND 等）。

1.77　对于 N 个输入变量，有多少种不同的真值表？

1.78　如果某器件的直流传输特性如图 1-44 所示，该器件是否可以作为反相器使用？如果可以，其输入和输出的高低电平（V_{IL}、V_{OL}、V_{IH} 和 V_{OH}）以及噪声容限（NM_L 和 NM_H）分别是多少？如果不能用作反相器，请说明理由。

1.79　对图 1-45 所述部件重复习题 1.78。

1.80　如果某器件的直流传输特性如图 1-46 所示，该器件是否可以作为缓冲器使用？如果可以，其输入和输出的高低电平（V_{IL}、V_{OL}、V_{IH} 和 V_{OH}）以及噪声容限（NM_L 和 NM_H）分别是多少？如果不能用作缓冲器，请说明理由。

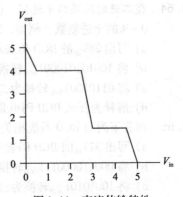

图 1-44　直流传输特性

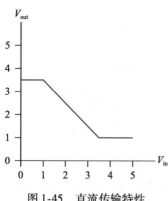

图 1-45　直流传输特性

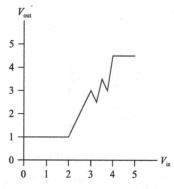

图 1-46　直流传输特性

1.81 Ben 发明了一个缓冲器电路，其直流传输特性如图 1-47 所示，这个缓冲器能正常工作吗？请解释原因。Ben 希望宣称这个电路与 LVCMOS 和 LVTTL 逻辑兼容。Ben 的这个缓冲器是否可以正确接收这些逻辑系列的输入？其输出是否可以正确驱动这些逻辑系列？请解释原因。

1.82 Ben 在黑暗的小巷中碰到了一个两输入门，其传输功能如图 1-48 所示。其中 A、B 为输入，Y 为输出。

　　a）他发现的逻辑门是哪种类型？

　　b）其大约的高低逻辑电平是多少？

1.83 对图 1-49 重复习题 1.82。

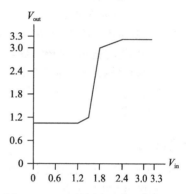

图 1-47　Ben 的缓冲器直流传输特性

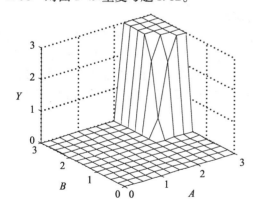

图 1-48　两输入直流传输特性

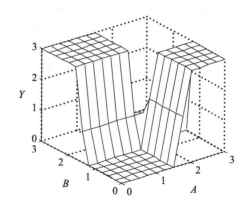

图 1-49　两输入直流传输特性

1.84 用最少的晶体管画出下述 CMOS 逻辑门的晶体管级电路。

　　a）四输入 NAND 门

　　b）三输入 OR-AND-INVERT 门（参见习题 1.75）

　　c）三输入 AND-OR 门（参见习题 1.74）

1.85 用最少的晶体管画出下述 CMOS 逻辑门的晶体管级电路。

　　a）三输入 NOR 门　　　b）三输入 AND 门　　　c）二输入 OR 门

1.86 少数门（miuority gate）在少于一半的输入为 TRUE 时，输出 TRUE，否则将产生 FALSE。请用最少的晶体管画出三输入 CMOS 少数门电路的晶体管级电路。

1.87 请给出图 1-50 所示逻辑门的真值表。真值表的输入为 A 和 B。请说明此逻辑功能的名称。

1.88 请给出图 1-51 所示逻辑门的真值表。真值表的输入为 A、B 和 C。

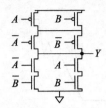

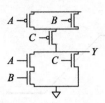

图 1-50   待求解的电路原理图   图 1-51   待求解的电路原理图

1.89 仅使用类 nMOS 逻辑门实现下述三输入逻辑门。该逻辑门的输入为 A、B 和 C。使用最少的晶体管。

     a) 三输入 NOR 门   b) 三输入 NAND 门   c) 三输入 AND 门

1.90 电阻晶体管逻辑 （Resistor-Transistor Logic，RTL）使用 nMOS 晶体管将输出下拉到 LOW，在没有回路连接到地时使用弱电阻将输出上拉到 HIGH。使用 RTL 构成的非门如图 1-52 所示。画出用 RTL 构成的三输入 NOR 门。使用最少数目的晶体管。

图 1-52   RTL 构成的非门

面试问题

下述问题在数字电路设计工作的面试中曾经被问到。

1.1 请画出 CMOS 四输入 NOR 门的晶体管级电路。

1.2 国王收到了 64 个金币，但是其中有一个是假的。他命令你找出这个假币。如果你有一个天平，请问需要多少次才能找到那个比较轻的假币？

1.3 一个教授、一个助教、一个数字设计专业的学生和一个新生需要在黑夜里经过一座摇摇晃晃的桥。这座桥很不稳固，每次只能有两个人通过。他们只有一把火炬，而且桥的跨度太大无法把火炬扔回来，因此必须有人要把火炬拿回来。新生过桥需要 1 分钟，数字设计专业的学生过桥需要 2 分钟，助教过桥需要 5 分钟，教授过桥需要 10 分钟。所有人都通过此桥的最短时间是多少？

组合逻辑设计

2.1 引言

在数字电路中，电路是一个可以处理离散值变量的网络。一个电路可以看作一个黑盒子，如图 2-1 所示，其中包括：

- 一个或者多个离散值输入端（input terminal）。
- 一个或者多个离散值输出端（output terminal）。
- 描述输入和输出关系的功能规范（function specification）。
- 描述当输入改变时输出响应延迟的时序规范（timing specification）。

图 2-1 将电路作为具有输入、输出和规范的黑盒子

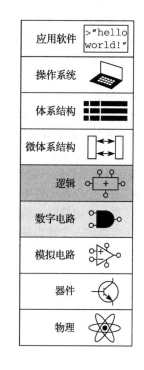

窥视黑盒子的内部，电路由结点和元件组成。元件（element）本身又是一个带有输入、输出、功能规范和时序规范的电路。结点（node）是一段导线，它通过电压传递离散值变量。结点可分为输入结点、输出结点或内部结点。输入结点接收外部世界的值，输出结点输出值到外部世界。既不是输入结点也不是输出结点的线称为内部结点。图 2-2 显示了一个带有 3 个元件和 6 个结点的电路，E1、E2 和 E3 是 3 个元件，A、B、C 是输入结点，Y 和 Z 是输出结点，n1 是 E1 和 E3 之间的内部结点。

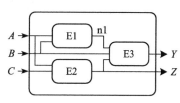

图 2-2 元件和结点

数字电路可以分为组合电路（combinational circuit）和时序电路（sequential circuit）。组合电路的输出仅仅取决于输入的值。换句话说，它组合当前输入值来确定输出值。例如，逻辑门是组合电路。时序电路的输出取决于当前输入值和之前的输入值。换句话说，它取决于输入的序列。组合电路是没有记忆的，但是时序电路是有记忆的。本章重点放在组合电路，第 3 章考察时序电路。

组合电路的功能规范表示当前各种输入值的输出值。组合电路的时序规范包括从输入到输出延迟的最大值和最小值。在本章中，我们首先重点介绍功能规范，在后面部分再回过来学习时序规范。

如图 2-3 所示，一个组合电路有 2 个输入和 1 个输出。在图的左边是输入结点 A 和 B，在图的右边是输出结点 Y。盒子里面的 CL 符号表示它只能使用组合逻辑实现。在这个例子中，功能 F 指定为或（OR）逻辑，$Y = F(A, B) = A + B$。简单地说，

$$Y = F(A, B) = A + B$$

图 2-3 组合逻辑电路

输出 Y 是 2 个输入 A 和 B 的函数，即 $Y = A \ \mathrm{OR} \ B$。

图 2-4 给出了图 2-3 中组合逻辑电路的两种可能实现（implemen-tation）。在本书中，我们将多次看到，一个简单函数通常有多种实现。可以根据配置和设计约束选择给定的模块来实现组合电路。这些约束通常包括面积、速度、功率和设计时间。

图 2-5 是一个有多个输出的组合电路。这个特殊的组合电路称为全加器（full adder），我们将在 5.2.1 节中再次学习它。图中的两个等式说明根据输入 A、B 和 C_{in} 来确定输出 S 和 C_{out} 的函数。

为了简化画图，我们经常用一根信号线表示由多个信号构成的总线（bus），总线上有一根斜线，并在旁边标注一个数字，数字表示总线上的信号数量。例如，图 2-6a 表示组合逻辑块有 3 个输入和 2 个输出。如果总线的位数不重要或者在上下文中很明显时，斜线旁可以不标识数字。在图 2-6b 中，两个组合逻辑块有任意数量的输出，一个逻辑块的输出作为下一个逻辑块的输入。

53 ~ 56

组合电路的构成规则告诉我们如何通过较小的组合电路元件构造一个大的组合电路。如果一个电路由相互连接的电路元件构成，则在满足以下条件时，它就是组合电路。

- 每一个电路元件本身都是组合电路。
- 每一个电路结点或者是一个电路的输入，或者是连接到外部电路的一个输出端。
- 电路不包含回路：经过电路的每条路径最多只能经过每个电路结点一次。

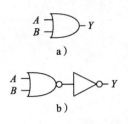

图 2-4   或（OR）逻辑的两种实现

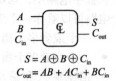

$$S = A \oplus B \oplus C_{in}$$
$$C_{out} = AB + AC_{in} + BC_{in}$$

图 2-5   多输出组合逻辑

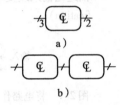

图 2-6   斜线表示多个信号

例 2.1 组合电路

根据组合电路的构成规则，在图 2-7 所示的电路中，哪些是组合电路？

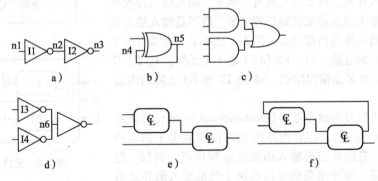

图 2-7   示例电路

解：电路 (a) 是组合电路。它由 2 个组合电路元件构成（逆变器 I1 和 I2）。它有 3 个结点：n1、n2 和 n3。n1 是电路和 I1 的输入；n2 是内部结点，是 I1 的输出和 I2 的输入；n3 是电路和 I2 的输出。(b) 不是组合电路，因为它存在回路：异或（XOR）门的输出反馈到一个输入端。因此，从 n4 开始通过 XOR 门到 n5 再返回到 n4 是一个回路。(c) 是组合电路。(d) 不是组合电路，因为结点 n6 同时连接 I3 和 I4 的输出端。(e) 是组合电路，它表示两个组合电路连接而构成一个大的组合电路。(f) 没有遵守组合电路的构成规则，因为它有一个回路通过 2 个元件。它是否为组合电路需要视元件的功能而定。

像微处理器这样的大规模电路非常复杂，所以可以用第 1 章介绍的原理来控制复杂性。可以应用抽象和模块化原则将电路视为一个明确定义了接口和功能的黑匣子。可以应用层次化原 57 则由较小的电路元件构建复杂电路。组合电路的构成规则应用了约束原理。

组合电路的功能规范通常描述为真值表或者布尔表达式。在后续的章节中，我们将介绍如何通过真值表得到布尔表达式，如何使用布尔代数和卡诺图来化简表达式，说明如何通过逻辑门来实现这些表达式并说明如何分析这些电路的速度。

2.2 布尔表达式

布尔表达式(Boolean equation)处理变量是 TRUE 或 FALSE，所以它们很适合描述数字逻辑。本节定义一些布尔表达式中常用的术语，然后介绍如何为给定真值表的逻辑函数写出布尔表达式。

2.2.1 术语

一个变量 A 的非(complement)是它的反，记为 $\overline{A}$。变量或它的反称为项(literal)。比如，A、$\overline{A}$、B 和 $\overline{B}$ 是项。我们称 A 为变量的真值形式(true form)，$\overline{A}$ 为取反形式(complementary form)。"真值形式"不表示 A 为 TRUE，仅仅是 A 的上面没有线。

一项或者多项的 AND 称为乘积项(product)或者蕴涵项(implicant)。$\overline{A}B$、$A\overline{B}\,\overline{C}$、和 B 都是 3 个变量的蕴涵项。最小项(minterm)是一个包含全部输入变量的乘积项。$A\overline{B}C$ 是输入为 A、B、C 的 3 变量函数的一个最小项，但是 $\overline{A}B$ 不是最小项，因为它不包含 C。同样，一项或者多项的或(OR)称为求和项(sum)。一个最大项(maxterm)是包括了全部输入项的和。$A+\overline{B}+C$ 是输入为 A、B、C 的 3 个变量函数的一个最大项。

在解释布尔表达式时，运算顺序很重要。布尔表达式 $Y=A+BC$ 表示 $Y=(A\ \mathrm{OR}\ B)\ \mathrm{AND}\ C$，还是表示 $Y=A\ \mathrm{OR}(B\ \mathrm{AND}\ C)$？在布尔表达式中，非(NOT)的优先级最高，接着是与(AND)，最后是或(OR)。对于一个普通的等式，乘积在求和之前执行。所以，等式读作 $Y=A\ \mathrm{OR}(B\ \mathrm{AND}\ C)$。式(2-1)给出了运算顺序的另一个例子。

$$\overline{A}B + BC\overline{D} = ((\overline{A})B) + (BC(\overline{D})) \tag{2-1}$$

2.2.2 与或式

有 N 个输入的真值表包含 2^N 行，每一行对应输入变量的一种可能取值。真值表中的每一行都与一个为 TRUE 的最小项相关联。图 2-8 为一个有 2 个输入 A 和 B 的真值表，每一行给出了对应的最小项。比如，第一行的最小项是 $\overline{A}\,\overline{B}$，因为当 $A=0$，$B=0$ 时，$\overline{A}\,\overline{B}$ 是 TRUE。最小项从 0 开始标号。第一行对应于最小项 0(m_0)，下一行对应于最小项 1(m_1)，以此类推。

可以用输出 Y 为 TRUE 的所有最小项之和的形式写出任意一个真值表的布尔表达式。比如，在图 2-8 中圈起来的区域中只有一行(一个最小项)的输出 Y 为 TRUE。在图 2-9 中，真值表中有多行的输出 Y 为 TRUE。取每一个被圈起来的最小项之和，可以得出：$Y=\overline{A}B+AB$。

A	B	Y	最小项	最小项名称
0	0	0	$\overline{A}\,\overline{B}$	m_0
0	1	1	$\overline{A}\,B$	m_1
1	0	0	$A\,\overline{B}$	m_2
1	1	0	$A\,B$	m_3

图 2-8 真值表和最小项

A	B	Y	最小项	最小项名称
0	0	0	$\overline{A}\,\overline{B}$	m_0
0	1	1	$\overline{A}\,B$	m_1
1	0	0	$A\,\overline{B}$	m_2
1	1	1	$A\,B$	m_3

图 2-9 包含了多个为 TRUE 的最小项的真值表

因为这种形式是由多个积(AND 构成了最小项)的和(OR)构成，所以它称为函数的与或式(sum-of-product)范式。虽然有多种形式表示同一个函数，比如图 2-9 的真值表可以写为

$Y = B\overline{A} + BA$，但可以将它们按照它们在真值表中出现的顺序排序，因此同一个真值表总是能写出唯一的布尔等式。

与或式范式也可以使用求和符号 $\sum$ 写成连续相加的形式。应用这种表示法，图 2-9 的函数形式可以写成：

$$F(A,B) = \sum(m_1,m_3)$$

或   (2-2)

$$F(A,B) = \sum(1,3)$$

例 2.2 与或式

Ben 正在野炊，如果下雨或者那儿有蚂蚁，Ben 将不能享受到野炊的快乐。设计一个电路，只有当 Ben 享受野炊时，它输出 TRUE。

解：首先定义输入和输出。输入为 A 和 R，它们分别表示有蚂蚁和下雨。有蚂蚁时 A 是 TRUE，没有蚂蚁时 A 为 FALSE。同样，下雨时 R 为 TRUE，不下雨时 R 为 FALSE。输出为 E，表示 Ben 的野炊经历。如果 Ben 享受野炊，E 为 TRUE，如果 Ben 没有去野炊，E 为 FALSE。图 2-10 表示 Ben 野炊经历的真值表。

使用与或式写出等式：$E = \overline{A}\,\overline{R}$。可以用 2 个逆变器（或称为非门）和 2 个与（AND）门来实现等式，如图 2-11a 所示。读者可能发现，这个真值表是 1.5.5 节中出现的或非（NOR）函数：$E = A \text{ NOR } R = \overline{A + R}$。图 2-11b 表示或非运算。在 2.3 节中，我们将介绍 $\overline{A}\,\overline{R}$ 和 $\overline{A + R}$ 这 2 个等式是等价的。

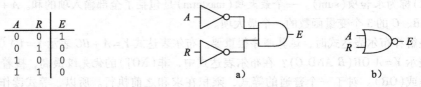

A	R	E
0	0	1
0	1	0
1	0	0
1	1	0

图 2-10 Ben 的真值表   图 2-11 Ben 的电路

对于具有任何多个变量的真值表，可以用与或式写出唯一的布尔表达式。图 2-12 表示一个随机 3 输入真值表。它的逻辑函数的与或式为：

$$Y = \overline{A}\,\overline{B}\,\overline{C} + A\overline{B}\,\overline{C} + A\overline{B}C$$

或   (2-3)

$$Y = \sum(0,4,5)$$

但是，与或式并不能一定产生最简的等式。在 2.3 节中，我们将介绍如何用较少的项写出同样的函数。

A	B	C	Y
0	0	0	1
0	0	1	0
0	1	0	0
0	1	1	0
1	0	0	1
1	0	1	1
1	1	0	0
1	1	1	0

图 2-12 一个 3 输入真值表

2.2.3 或与式

布尔函数的第二种表达式是或与式（product-of-sums）范式。真值表的每一行对应为 FALSE 的一个最大项。比如，2 输入真值表的第一行的最大项为 $(A + B)$，因为当 $A = 0$，$B = 0$ 时，$(A + B)$ 为 FALSE。我们可以直接将真值表中每一个输出为 FALSE 的最大项相与（AND）而得到电路的布尔表达式。或与式范式也可以使用求积符号 $\prod$ 写成连续相乘的形式。

A	B	Y	最大项	最大项名称
0	0	0	$A + B$	M_0
0	1	1	$A + \overline{B}$	M_1
1	0	0	$\overline{A} + B$	M_2
1	1	1	$\overline{A} + \overline{B}$	M_3

例 2.3 或与式

为图 2-13 中的真值表写出一个或与式表达式。

解：真值表中有 2 行输出为 FALSE，所以函数可以写成或

图 2-13 包含多个 FALSE 最
           大项的真值表

与式：$Y = (A + B)(\overline{A} + B)$ 或者写成 $Y = \prod(M_0, M_2)$ 或者 $Y = \prod(0, 2)$。第一个最大项为 $(A + B)$，在 $A = 0$ 且 $B = 0$ 时，任何值与 0 相与（AND）都等于 0，这保证 $Y = 0$。同样，第二个最大项为 $(\overline{A} + B)$，在 $A = 1$ 且 $B = 0$ 时，保证 $Y = 0$。图 2-13 和图 2-9 是相同的真值表，这表明可以用多种方法写出同一个函数。 ◀

同样，图 2-10 表示 Ben 野炊的布尔表达式，可以将圈起来的 3 个为 0 的行写成或与式，得到 $E = (A + \overline{R})(\overline{A} + R)(\overline{A} + \overline{R})$。它比与或式的 $E = A\overline{R}$ 复杂，但这两个等式在逻辑上是等价的。

当真值表中只有少数行输出为 TRUE 时，与或式可以产生较短的等式。当在真值表中只有少数行输出为 FALSE 时，或与式比较简单。

2.3 布尔代数

在前面的章节中，学习了通过给定的真值表如何写出布尔表达式。但是，表达式不能导出一组最简单的逻辑门。与使用代数来化简数学方程式一样，也可以用布尔代数来化简布尔表达式。布尔代数的法则与普通的代数非常相似，而且在某些情形下它更简单，因为变量只有 0 和 1 这两种可能的值。

布尔代数以一组事先假定正确的公理为基础。公理是不用证明的，从某种意义上说，就像定义不能被证明一样。通过这些公理，可以证明布尔代数的所有定理。这些定理有非常大的实用意义，因为它们指导我们如何化简逻辑来生成较小且成本更低的电路。

58 ~ 60

表 2-1　布尔代数的公理

	公理		对偶公理	名称
A1	$B = 0$ 如果 $B \neq 1$	A1′	$B = 1$ 如果 $B \neq 0$	二进制量
A2	$\overline{0} = 1$	A2′	$\overline{1} = 0$	NOT
A3	$0 \cdot 0 = 0$	A3′	$1 + 1 = 1$	AND/OR
A4	$1 \cdot 1 = 1$	A4′	$0 + 0 = 0$	AND/OR
A5	$0 \cdot 1 = 1 \cdot 0 = 0$	A5′	$1 + 0 = 0 + 1 = 1$	AND/OR

布尔代数的公理和定理都服从对偶原理。如果符号 0 和 1 互换，操作符 ·（AND）和 +（OR）互换，表达式将依然正确。我们用上标（′）来表示对偶式。

2.3.1　公理

表 2-1 给出了布尔代数的公理。这 5 个公理和它们的对偶式定义了布尔变量以及非（NOT）、或（OR）、与（AND）的含义。公理 A1 表示变量要么是 1，要么是 0。公理的对偶式 A1′表示变量要么是 0，要么是 1。A1 和 A1′告诉我们只能对布尔量（二进制量）0 和 1 的进行运算。公理 A2 和 A′定义了非运算。公理 A3 ~ A5 定义与运算，它们的对偶式 A3′ ~ A5′定义了或运算。

2.3.2　单变量定理

表 2-2 中的定理 T1 ~ T5 描述了如何化简包含一个变量的等式。

表 2-2　单变量的布尔代数定理

	定理		对偶定理	名称
T1	$B \cdot 1 = B$	T1′	$B + 0 = B$	同一性定理
T2	$B \cdot 0 = 0$	T2′	$B + 1 = 1$	零元定理
T3	$B \cdot B = B$	T3′	$B + B = B$	重叠定理
T4			$\overline{\overline{B}} = B$	回旋定理
T5	$B \cdot \overline{B} = 0$	T5′	$B + \overline{B} = 1$	互补定理

同一性定理 T1 表示对于任何布尔变量 B，B AND $1 = B$，它的对偶式表示 B OR $0 = B$。在图 2-14 的硬件中，T1 表示在 2 输入与门中，如果有一个输入总是为 1，则可以删除与门，用连接输入变量 B 的一条导线代替与门。同样，T1′表示在 2 输入或门中，如果有一个输入总是为 0，则可以用连接输入变量 B 的一条导线代替或门。一般来说，逻辑门需要花费成本、功耗和延迟，用导线来代替门电路是有利的。

零元定理 T2 表示 B AND 0 总是等于 0。所以，0 称为与操作的零元，因为它使任何其他输入的影响无效。对偶式表明，B OR 1 总是等于 1。所以，1 是或操作的零元。在图 2-15 所示的硬件电路中，如果一个 AND 门的输入是 0，则可以用连接低电平(0)的一条导线代替与门。同样，如果一个 OR 门的输入是 1，则可以用连接高电平(1)的一条导线代替或门。

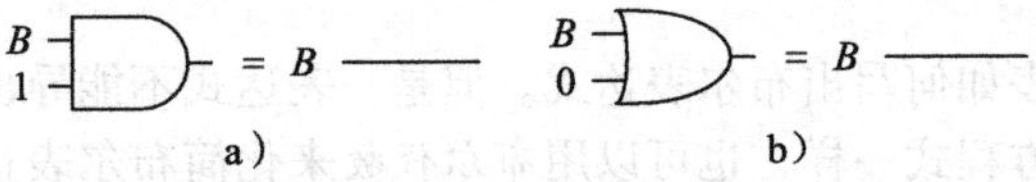

图 2-14　同一性定理的硬件解释 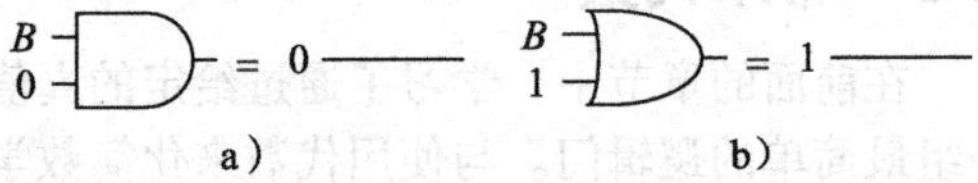   图 2-15　零元定理的硬件解释

重叠定理 T3 表示变量和它自身相与(AND)就等于它本身。同样，一个变量和它自身相或(OR)等于它本身。从拉丁语词根给出了定理的名字：同一的和强有力的。这个操作返回和输入相同的值。如图 2-16 所示，重叠定理也允许用一条导线来代替门。

回旋定理 T4 说明对一个变量进行 2 次求补可以得到原来的变量。在数字电子学中，两次错误将产生一个正确结果。串联的 2 个逆变器(或称为非门、反相器)在逻辑上等效于一条导线，如图 2-17 所示。T4 的对偶式是它自身。

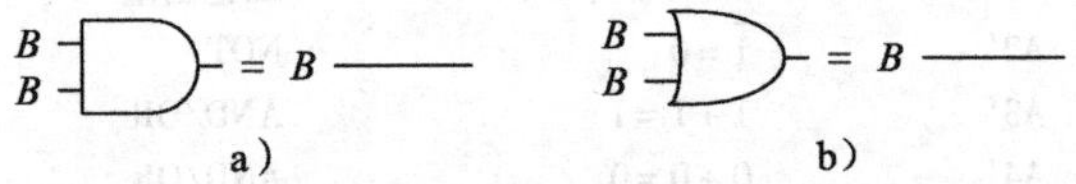

图 2-16　重叠定理的硬件解释 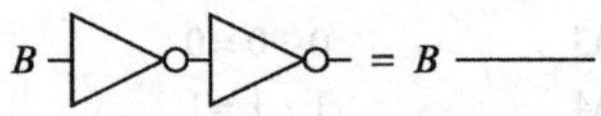   图 2-17　回旋定理的硬件解释

互补定理 T5(见图 2-18)表示一个变量和它自己的补相与(AND)结果是 0(因为它们中的一个必然是 0)。同时，对偶式表明一个变量与它自己的补相或(OR)结果是 1(因为它们中必然有一个值为 1)。

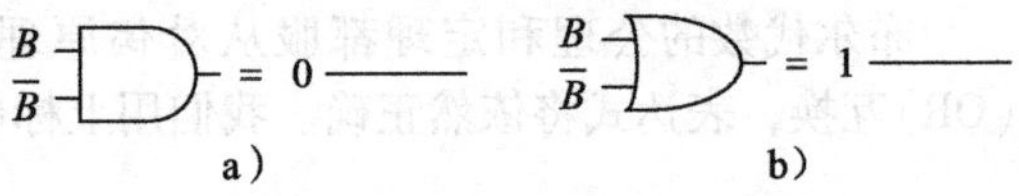

图 2-18　互补定理的硬件解释

2.3.3　多变量定理

表 2-3 中的定理 T6 ~ T12 描述了如何化简包含多个变量的布尔表达式。

表 2-3　多变量的布尔定理

	定理		对偶定理	名称
T6	$B \cdot C = C \cdot B$	T6′	$B + C = C + B$	交换律
T7	$(B \cdot C) \cdot D = B \cdot (C \cdot D)$	T7′	$(B + C) + D = B + (C + D)$	结合律
T8	$(B \cdot C) + (B \cdot D) = B \cdot (C + D)$	T8′	$(B + C) \cdot (B + D) = B + (C \cdot D)$	分配律
T9	$B \cdot (B + C) = B$	T9′	$B + (B \cdot C) = B$	吸收律
T10	$(B \cdot C) + (B \cdot \overline{C}) = B$	T10′	$(B + C) \cdot (B + \overline{C}) = B$	合并律
T11	$(B \cdot C) + (\overline{B} \cdot D) + (C \cdot D)$ $= B \cdot C + \overline{B} \cdot D$	T11′	$(B + C) \cdot (\overline{B} + D) \cdot (C + D)$ $= (B + C) \cdot (\overline{B} + D)$	一致律
T12	$\overline{B_0 \cdot B_1 \cdot B_2 \cdots} = (\overline{B_0} + \overline{B_1} + \overline{B_2} \cdots)$	T12′	$\overline{B_0 + B_1 + B_2 \cdots} = (\overline{B_0} \cdot \overline{B_1} \cdot \overline{B_2} \cdots)$	德·摩根定理

交换律 T6 和结合律 T7 与传统代数相同。交换律表明与(AND)或者或(OR)函数的输入顺序不影响输出的值。结合律表明特定输入的分组不影响输出的值。

分配律 T8 与传统代数相同。但是它的对偶式 T8′不同。在 T8 中与(AND)的分配高于或(OR)，在 T8′中或(OR)的分配高于与(AND)。在传统代数中，乘法分配高于加法，但是加法分配不高于乘法。因此$(B + C) \times (B + D) \neq B + (C \times D)$。

吸收律 T9、合并律 T10 和一致律 T11 允许消除冗余变量。读者应该能够通过思考自己证明这些定理的正确性。

德·摩根定理 T12 是数字设计中非常有力的工具。该定理说明，所有项乘积的补等于每个项各自取补后相加。同样，所有项相加的补等于每个项各自取补后相来。

根据德·摩根定理，一个与非门等效于一个带逆变器输入的或门。同样，一个或非门等效于一个带反向输入的与门。每个函数的这两种表达式称为对偶式。它们是逻辑等效的，可以相互替换。

逆变器也可称为气泡(bubble)。你可以想象，"推"一个气泡通过门使它从门的一边输入，在另一边输出，可以将与门替换成或门，反之亦然。例如，图 2-19 中的与非门是输出端包含气泡的与门。推一个气泡到左边会导致输入端带有气泡，并将与门变成或门。下面是推气泡的规则：

- 从输出端向后推气泡或者从输入端向前推气泡，将与门换成或门，反之亦然。
- 从输出端推气泡返回到输入端，把气泡放置在门的输入端。
- 向前推所有门输入端的气泡，把气泡放在门的输出端。

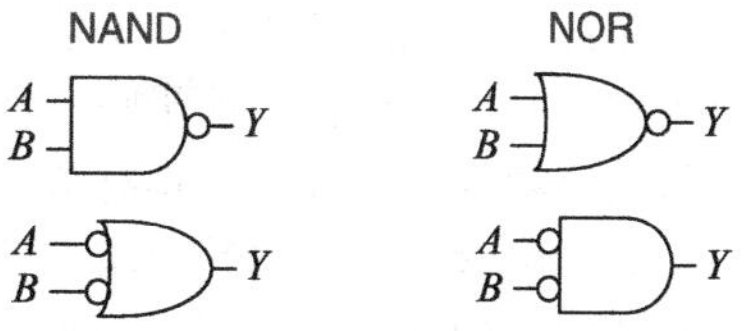

2.5.2 节将使用推气泡方法来分析电路。

$$Y = \overline{AB} = \overline{A} + \overline{B}$$

A	B	Y
0	0	1
0	1	1
1	0	1
1	1	0

$$Y = \overline{A + B} = \overline{A}\,\overline{B}$$

A	B	Y
0	0	1
0	1	0
1	0	0
1	1	0

图 2-19　德·摩根定理的等价门

例 2.4　推导出或与式

图 2-20 给出布尔函数 Y 的真值表，以及它的反 $\overline{Y}$。使用德·摩根定理，通过 $\overline{Y}$ 的与式式，推导出 Y 的或与式。

解： 图 2-21 圈起来的部分表示 $\overline{Y}$ 中的最小项，$\overline{Y}$ 的与或式为：

$$\overline{Y} = \overline{A}\,\overline{B} + \overline{A}B \qquad (2-4)$$

等式两边同时取反，并应用德·摩根定理 2 次，可以得到

$$\overline{\overline{Y}} = Y = \overline{\overline{A}\,\overline{B} + \overline{A}B} = (\overline{\overline{A}\,\overline{B}})(\overline{\overline{A}B}) = (A + B)(A + \overline{B}) \qquad (2-5)$$

A	B	Y	$\overline{Y}$
0	0	0	1
0	1	0	1
1	0	1	0
1	1	1	0

图 2-20　Y 和 $\overline{Y}$ 的真值表

A	B	Y	$\overline{Y}$	最小项
0	0	0	1	$\overline{A}\,\overline{B}$
0	1	0	1	$\overline{A}B$
1	0	1	0	$A\overline{B}$
1	1	1	0	AB

图 2-21　$\overline{Y}$ 最小项的真值表

2.3.4　定理的统一证明方法

好奇的读者可能想知道如何证明定理的正确性。在布尔代数中，证明具有有限变量数的定

理的方法很简单：只要证明针对变量的所有可能值，定理都是正确的。这个方法叫作完全归纳法，可以通过真值表完成证明。

例 2.5　使用完全归纳法证明一致律定理

证明表 2-3 中的一致律定理 T11。

解：检查等式两边 B、C 和 D 的 8 种组合。如图 2-22 所示的真值表列出了它们的组合。因为在所有可能中均有 $BC + \overline{B}D + CD = BC + \overline{B}D$，所以定理得证。 ◀

B	C	D	$BC + \overline{B}D + CD$	$BC + \overline{B}D$
0	0	0	0	0
0	0	1	1	1
0	1	0	0	0
0	1	1	1	1
1	0	0	0	0
1	0	1	0	0
1	1	0	1	1
1	1	1	1	1

图 2-22　证明 T11 的真值表

2.3.5　等式化简

布尔代数定理有助于化简布尔表达式。例如，考虑图 2-9 中真值表的与或式：$Y = \overline{A}B + A\overline{B}$。应用定理 T10，等式可以化简为 $Y = \overline{B}$。这在真值表中是显而易见的。通常，要化简复杂的等式需要多个步骤。

化简与或式的基本原则是使用关系 $PA + P\overline{A} = P$ 来合并项，其中 P 可以是任意蕴涵项。一个等式可以化简到什么地步呢？我们称使用了最少蕴涵项的等式为最小与或式。对于具有相同数量蕴涵项的多个等式，具有最少项数的与或式是最小与或式。

如果蕴含项不能与其他蕴含项合并生成具有较少项的形式，那么此蕴含项称为主蕴含项。最小等式中的蕴含项必须都是主蕴含项。否则，就可以合并它们来减少项的数量。

例 2.6　最小化等式

最小化式(2-3)：$\overline{A}\,\overline{B}\,\overline{C} + A\overline{B}\,\overline{C} + A\overline{B}C$。

解：从原等式开始，如表 2-4 所示，一步一步地运用布尔定理。

此时我们已经完全化简了等式吗？让我们进一步仔细分析。根据原等式，最小项 $\overline{A}\,\overline{B}\,\overline{C}$ 和 $A\overline{B}\,\overline{C}$ 仅仅在变量 A 上不同。于是可以合并最小项为 $\overline{B}\,\overline{C}$。然而，继续观察原等式，我们注意到最后两个最小项 $A\overline{B}\,\overline{C}$ 和 $A\overline{B}C$ 同样只有一项不同（C 和 $\overline{C}$）。因此，应用相同的方法可以合并这两个最小项形成最小项 $A\overline{B}$。我们称蕴涵项 $\overline{B}\,\overline{C}$ 和 $A\overline{B}$ 共享最小项 $A\overline{B}\,\overline{C}$。

那么，我们只化简这两个最小项对中的一个，还是都化简呢？应用重叠定理，可以复制我们想要的项：$B = B + B + B + B\cdots$。运用这个原理，我们可以完全化简该等式使它成为两个主蕴含项，$\overline{B}\,\overline{C} + A\overline{B}$，如表 2-5 所示。 ◀

表 2-4　等式化简

步骤	等式	应用的定理
	$\overline{A}\,\overline{B}\,\overline{C} + A\overline{B}\,\overline{C} + A\overline{B}C$	
1	$\overline{B}\,\overline{C}(\overline{A} + A) + A\overline{B}C$	T8：分配律
2	$\overline{B}\,\overline{C}(1) + A\overline{B}C$	T5：互补定理
3	$\overline{B}\,\overline{C} + A\overline{B}C$	T1：同性定理

展开蕴涵项（比如，将 AB 变成 $ABC + AB\overline{C}$）有时在化简等式时是很有用的（虽然它有一点违反直觉）。通过展开蕴涵项，可以重复一个展开的最小项使它与其他最小项合并。

读者可能已经注意到，完全使用布尔代数定理来化简布尔表达式可能带来很多错误。2.7 节介绍的卡诺图（Karnaugh map）化简技术将使处理简单一些。

表 2-5　进一步的等式化简

步骤	等式	应用的定理
	$\overline{A}\,\overline{B}\,\overline{C} + A\overline{B}\,\overline{C} + A\overline{B}C$	
1	$\overline{A}\,\overline{B}\,\overline{C} + A\overline{B}\,\overline{C} + A\overline{B}\,\overline{C} + A\overline{B}C$	T3：重叠定理
2	$\overline{B}\,\overline{C}(\overline{A} + A) + A\overline{B}(\overline{C} + C)$	T8：分配律
3	$\overline{B}\,\overline{C}(1) + A\overline{B}(1)$	T5：互补定理
4	$\overline{B}\,\overline{C} + A\overline{B}$	T1：同性定理

如果布尔表达式是逻辑表达式，为什么要花费精力化简它呢？化简减少了物理实现逻辑功能所需要的门的数量，从而使实现电路更小、更便宜，可能还更快。下一节将介绍如何用逻辑门实现布尔表达式。

2.4 从逻辑到门

电路原理图(schematic)描述了数字电路的内部元件及其相互连接。例如，图 2-23 中的原理图表示前面所讨论的逻辑函数(式(2-3))的一种可能的硬件实现。

61 ～ 66

$$Y = \overline{A}\,\overline{B}\,\overline{C} + A\,\overline{B}\,\overline{C} + A\,\overline{B}\,C$$

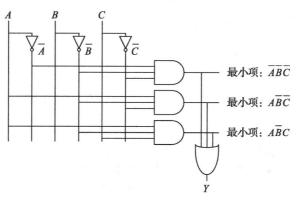

图 2-23 $Y = \overline{A}\,\overline{B}\,\overline{C} + A\,\overline{B}\,\overline{C} + A\,\overline{B}\,C$ 的电路原理图

原理图需要遵循一致的风格，使得它们更加易于阅读和检查错误，通常遵循以下的准则：

- 输入在原理图的左边(或者顶部)。
- 输出在原理图的右边(或者底部)。
- 无论何时，门必须从左至右流。
- 最好使用直线而不使用有很多拐角的线(交错的线浪费精力考虑如何走线)。
- 线总是在 T 型接头连接。
- 在两条线交叉的地方有一个点，表示它们之间有连接。
- 在两条线交叉的地方没有点，表示它们没有连接。

图 2-24 说明了最后 3 条准则。

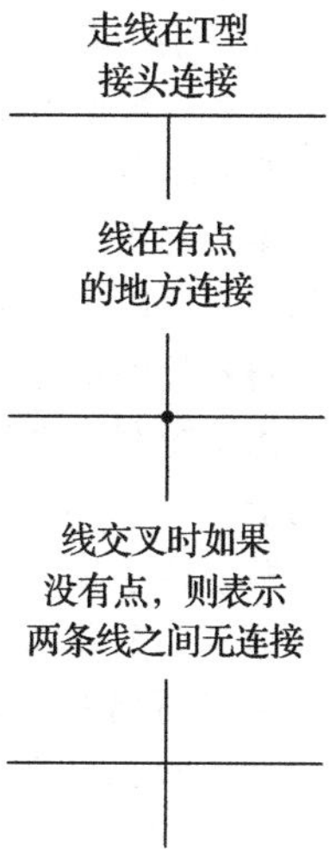

任何布尔表达式的与或式可以用系统的方法画成与图 2-23 相似的原理图。按列画出输入，如果有需要则在相邻列之间放置逆变器提供输入信号的补。画一行与门来实现每个最小项。对于每一个输出画一个或门来连接和输出有关的最小项。因为逆变器、与门和或门按照系统风格排列，所以这种设计称为可编程逻辑阵列(Programmable Logic Array，PLA)，PLA 将在 5.6 节中讨论。

图 2-25 给出了例 2.6 中使用布尔代数化简后等式的实现。与图 2-23 相比，简化后电路所需要的硬件明显减少。因为其逻辑门的输入更少，所以化简后电路的速度可能更快。

可以利用反向门(尽管只有一个逆变器)进一步减少门的数量。注意 $\overline{B}\,C$ 是一个带反向输入的与门。图 2-26 给出了消除 C 上逆变器的优化实现原理图。利用德·摩根定理，带反向输入的与门等效于一个或非门。基于不同的实现技术，使用更少的门或者使用某几种适合特定工艺的门会更便宜。例如，在 CMOS 实现中，与非门和或非门优先于与门和或门。

许多电路都有多个输出。针对每一个输出分别计算输入的布尔函数。可以分别写出每个输出的真值表。但更方便的方法是在一个真值表中写出所有输出，并画出具有所有输出的原理图。

走线在T型
接头连接

线在有点
的地方连接

线交叉时如果
没有点，则表示
两条线之间无连接

图 2-24 线的连接

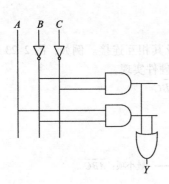

图 2-25　$Y = \overline{B}\,\overline{C} + A\,\overline{B}$ 的原理图

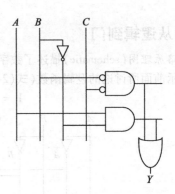

图 2-26　使用更少门的原理图

例 2.7 多输出电路

院长、系主任、助教和寝室长有时都会使用礼堂。不幸的是，他们偶尔会发生冲突。比如，系主任准备和一些理事在礼堂召开一个会议，与此同时，寝室长准备举行 BTB 晚会。Alyssa P. Hacker 要设计一个礼堂的预定系统。

这个系统有 4 个输入 A_3，…，A_0 和 4 个输出 Y_3，…，Y_0。这些信号也可以写成 $A_{3:0}$ 和 $Y_{3:0}$。当用户要求预定明天的礼堂时将其对应的输入设置为 TRUE。系统给出的输出中最多有一个为 TRUE，从而将礼堂的使用权给优先级最高的用户。院长在系统中的优先级最高(3)，系主任、助教和寝室长的优先级依次递减。

为系统写出真值表和布尔表达式，画出电路来实现这个功能。

解： 这个功能称为 4 输入优先级电路。它的电路符号和真值表如图 2-27 所示。

可以写出每个输出的与或式，并使用布尔代数来化简等式。根据功能描述(和真值表)可以很清楚地检查化简后的等式：当 A_3 有效时，Y_3 是 TRUE，于是 $Y_3 = A_3$。当 A_2 有效且 A_3 无效时，Y_2 是 TRUE，所以 $Y_2 = \overline{A_3}A_2$。当 A_1 有效且没有更高优先级的信号有效时，Y_1 为 TRUE，所以 $Y_1 = \overline{A_3}\,\overline{A_2}A_1$。当 A_0 有效且没有其他信号有效时，Y_0 为 TRUE，所以 $Y_0 = \overline{A_3}\,\overline{A_2}\,\overline{A_1}A_0$。图 2-28 给出了原理图。有经验的设计师经常通过观察来实现逻辑电路。对于给定的设计规范，简单地把文字转变成布尔表达式，再把表达式转变成门电路。

注意在优先级电路中如果 A_3 为 TRUE，则输出不用考虑其他输入量。用符号 X 表示输出不需要考虑的输入。图 2-29 中带无关项的 4 输入优先级电路的真值表变得更小了。这个真值表通过无关项 X 可以很容易地读出布尔表达式的与或式。无关项也可以出现在真值表的输出项中，这将在 2.7.3 节中讨论。

优先级电路

A_3	A_2	A_1	A_0	Y_3	Y_2	Y_1	Y_0
0	0	0	0	0	0	0	0
0	0	0	1	0	0	0	1
0	0	1	0	0	0	1	0
0	0	1	1	0	0	1	0
0	1	0	0	0	1	0	0
0	1	0	1	0	1	0	0
0	1	1	0	0	1	0	0
0	1	1	1	0	1	0	0
1	0	0	0	1	0	0	0
1	0	0	1	1	0	0	0
1	0	1	0	1	0	0	0
1	0	1	1	1	0	0	0
1	1	0	0	1	0	0	0
1	1	0	1	1	0	0	0
1	1	1	0	1	0	0	0
1	1	1	1	1	0	0	0

图 2-27　优先级电路

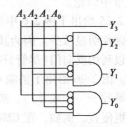

图 2-28　优先级电路的原理图

A_3	A_2	A_1	A_0	Y_3	Y_2	Y_1	Y_0
0	0	0	0	0	0	0	0
0	0	0	1	0	0	0	1
0	0	1	X	0	0	1	0
0	1	X	X	0	1	0	0
1	X	X	X	1	0	0	0

图 2-29 带有无关项(X)的优先级电路的真值表

2.5 多级组合逻辑

与或式称为二级逻辑，因为它在一级与门中连接所有的输入信号，然后再连接到一级或 67~69
门。设计师经常用多于两个级别的逻辑门建立电路。这些多级组合电路使用的硬件比两级组合电路更少。推气泡方法在分析和设计多级电路中尤其有帮助。

2.5.1 减少硬件

当使用两级逻辑时，有些逻辑函数要求数量巨大的硬件。一个典型的例子是多变量的异或门函数。例如，采用所学的方法用两级逻辑建立一个 3 输入异或门电路。

注意对于一个 N 输入异或门，当奇数输入为 TRUE 时输出为 TRUE。图 2-30 表示一个 3 输入异或门的真值表，其中带圈行的输出为 TRUE。通过真值表，可以读出布尔表达式的与或式，如式(2-6)所示。不幸的是，没有办法把这个等式化简为较小的蕴涵项。

$Y = A \oplus B \oplus C$

A	B	C	Y
0	0	0	0
0	0	1	1
0	1	0	1
0	1	1	0
1	0	0	1
1	0	1	0
1	1	0	0
1	1	1	1

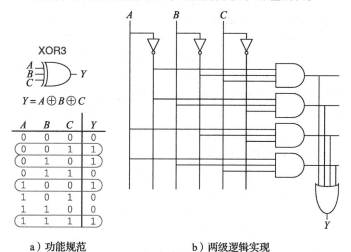

a）功能规范

b）两级逻辑实现

图 2-30 3 输入异或门

$$Y = \bar{A}\,\bar{B}C + \bar{A}B\bar{C} + A\bar{B}\,\bar{C} + ABC \tag{2-6}$$

另一方面，$A \oplus B \oplus C = (A \oplus B) \oplus C$（如果有疑问，可以通过归纳法证明）。因此，3 输入异或门可以通过串联两个 2 输入异或门来构造，如图 2-31 所示。

图 2-31 使用两个 2 输入异或门构造一个 3 输入异或门

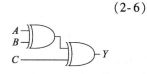

同样，一个 8 输入异或门的两级与或式逻辑实现需要 128 个 8 位输入的与门和一个 128 位输入的或门。一个更好的选择是使用 2 输入异或门的树构成，如图 2-32 所示。

选择最好的多级结构来实现特定逻辑函数不是一个简单的过程。而且，“最好的”标准有多重含义：门的数量最少、速度最快、设计时间最短、花费最少或功耗最低等。第 5 章将看到在某个工艺中最好的电路在另一种工艺中并不是最好的。比如，我们经常使用的与门和或门，但是在 CMOS 电路中与非门和或非门会更有效率。通过积累一些设计经验，你会发现对于大多数的电路可以通过观察的方法来设计一个好的多级电路设计。通过学习本书后续章节的电路实例，你可以获得一些经验。在学习过程中，我们将探讨各种不同的设计策略并权衡选择。计算机辅助设计（CAD）工具通常也可以有效地发现更多可能的多级设计，并且按照给定的限制条件寻找最好的设计。

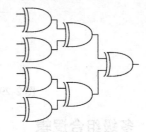

图 2-32　用 7 个 2 输入异或门来构造一个 8 输入异或门

2.5.2　推气泡

1.7.6 节介绍的 CMOS 电路更偏爱与非门和或非门而不是与门和或门。但是从带有与非门和或非门的多级电路读出布尔表达式，可能会相当头痛。难以通过观察方法立刻得到图 2-33 中多级电路的布尔表达式。推气泡可以帮助重画这些电路，以便消除气泡并比较容易地确定逻辑功能。根据 2.3.3 节中的原则，推气泡方法如下：

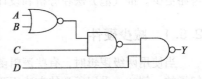

图 2-33　使用 NAND（与非门）和 NOR（或非门）的多级电路

- 从电路的输出端开始并向输入方向推。
- 将气泡从最后的输出端向输入端推，这样读出输出（Y）的布尔表达式，而不是输出取反（$\overline{Y}$）的表达式。
- 继续向后推，以便画出每个门来消除气泡。如果当前门有一个输入气泡，则在其前面门的输出加上气泡。如果当前门没有输入气泡，则其前面的门也不带输出气泡。

图 2-34 显示了如何根据推气泡规则重画图 2-33。从输出 Y 开始，与非门的输出有希望去除的气泡。将输出气泡向后推以便产生一个带反向输入的或门，如图 2-34 所示。继续向左看，最右边门有一个输入气泡，它可以删除中间与非门的输出气泡，因此这个与非门不需要变化，如图 2-34b 所示。中间门没有输入气泡，因此可将最左边门转变成不带输出气泡的门，如图 2-34c 所示。现在所有除了输入以外电路中的气泡都已经删除了，于是可以通过观察产生基于输入的真值形式或取反形式的 AND 或 OR 来构成表项。其表达式为：$Y = \overline{A}\,\overline{B}C + \overline{D}$。

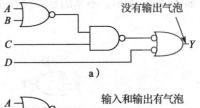

a）

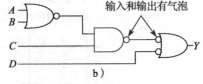

b）

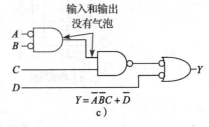

$$Y = \overline{A}\,\overline{B}C + \overline{D}$$

c）

图 2-34　推气泡法产生的电路

为了强调最后一点，图 2-35 显示了与图 2-34 电路等效的逻辑电路。内部结点的函数标成灰色。因为气泡是串联删除的，所以可以忽略中间门的输出气泡和最右边门的输入气泡，以便产生一个逻辑等效电路图，如图 2-35 所示。

例 2.8　为 CMOS 逻辑推气泡

很多设计师按照与门和或门来思考，但是假设需要用 CMOS 来实现图 2-36 所示的逻辑电路，而 CMOS 逻辑电路

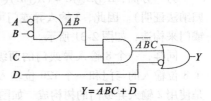

$$Y = \overline{A}\,\overline{B}C + \overline{D}$$

图 2-35　采用推气泡法产生的逻辑等价电路

70
~
72

偏向于使用与非门和或非门。使用推气泡将电路转变为使用与非门、或非门和非门实现。

解：蛮力解决方案是用与非门和非门代替每一个与门，用或非门和非门代替每一个或门，如图2-37所示。这种方法需要8个门。注意这里非门的气泡画在前面而不是后面，以便重点讨论如何用前面的非门删除气泡。

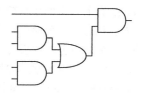

一种较好的解决方案是，气泡可以添加到门的输出和下一个门的输入而不改变逻辑功能，如图2-38a所示。最后一个与门改变成一个与非门和一个非门，如图2-38b所示。这种解决方案只需要5个门。

图2-36 使用与门（AND）和或门（OR）的电路

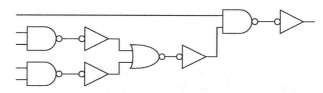

图2-37 使用与非门（NAND）和或非门（NOR）实现的较差电路

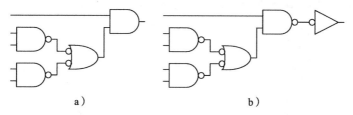

图2-38 使用与非门（NAND）和或非门（NOR）实现的较好电路

2.6 X和Z

布尔代数限制为0和1。然而，真实电路中会出现非法值和浮空值，分别用X和Z来表示。

2.6.1 非法值X

符号X表示电路结点有未知（unknown）或非法（illegal）值。这通常发生在此结点同时被0或者1驱动时。图2-39显示了这种情况，结点Y同时被高电平和低电平驱动，这种情况称为竞争（contention），这是必须避免的错误。在竞争结点上的真实电压可能处于$0 \sim V_{DD}$之间，取决于驱动高电平和低电平两个门的相对强度。它经常，但也不总是，处于禁止区域内。竞争还可能导致大电流在两个竞争的门之间流动，使得电路发热并可能被损坏。

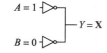

图2-39 有竞争的电路

X值有时也被电路仿真器用来表示一个没有初始化的值。比如，忘了明确说明一个输入的值，仿真器将假定它的值是X而发出警告。

回忆2.4节的内容，数字设计师经常使用符号X来表示在真值表中不用关心的值。一定不要混淆这两种意义。当X出现在真值表中时，它表示不重要的值。当X出现在电路中时，它的意思是电路结点有未知值或非法值。

2.6.2 浮空值Z

符号Z表示结点既没有被高电平驱动也没有被低电平驱动。这个结点称为浮空（floating）、高阻态(high impedance)，或者高 Z 态。一个典型的误解是将浮空或未被驱动的结点与逻辑 0 等同。事实上，这个浮空结点可能是 0 也可能是 1，也有可能是 0~1 之间的电压。这取决于系统的先前状态。一个浮空结点并不意味着电路出错，一旦其他电路元件将这个结点驱动到有效电平，这个结点上的值就可以参与电路操作。

产生浮空结点的常见原因是忘记将电压连接到输入端，或者假定这个没有连接的输入为 0。当浮空输入在 0~1 之间随机变化时，这种错误可能导致电路的行为不确定。实际上，人接触电路时，体内的静电就可能足够触发改变。曾经发现只有在学生把一个手指压在芯片上时，电路才能正确运行。

图 2-40 所示的三态缓冲器(tristate buffer)，有 3 种可能输出状态：高电平 HIGH(1)、低电平 LOW(0)和浮空(Z)。三态缓冲器有输入端 A、输出端 Y 和使能控制端 E。当使能端为 TRUE 时，三态缓冲器作为一个简单的缓冲器，将输入值传送到输出端。当使能端为 FALSE 时，输出被设置为浮空(Z)。

图 2-40 中的三态缓冲器的使能端是高电平有效。也就是说，使能端为高电平 HIGH(1)时，缓冲器使能。图 2-41 给出了低电平有效使能端的三态缓冲器。当使能端为低电平 LOW(0)时，三态缓冲器使能。为了表示信号在低电平时有效，通常在输入线上放置一个气泡，也经常在它的名字上面画一条横线 $\overline{E}$，或者在它的名字之后添加字母"b"或者单词"bar"，Eb 或者 Ebar。

图 2-40   三态缓冲器   图   2-41   低电平有效使能的三态缓冲器

三态缓冲器经常在连接多个芯片的总线上使用。例如，微处理器、视频控制器和以太网控制器都可能需要与个人计算机中的存储器系统通信。每个芯片可以通过三态缓冲器与共享存储器总线连接，如图 2-42 所示。在某一个时刻只允许一个芯片的使能信号有效来向总线驱动数据。而其他芯片的输出必须为浮空，以防止它们和正与存储器通信的芯片产生竞争。任何芯片在任何时刻都可以通过共享总线来读取信息。这样的三态总线曾经非常普遍。但是，在现代计算机中需要点到点链路(point-to-point link)以便获得更高的速度。此时芯片之间就是直接连接而不再通过共享的总线。

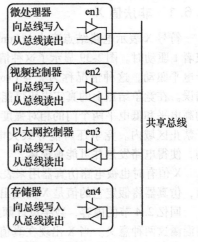

图 2-42   连接多个芯片的三态总线

2.7   卡诺图

通过使用布尔代数对多个布尔表达式进行化简，我们发现，如果不小心，有时会得到完全不同的表达式，而不是最简的表达式。卡诺图(Karnaugh map，K-map)是一种图形化的化简布尔表达式的方法，由贝尔实验室的电信工程师 Maurice Karnaugh 于 1953 年发明。卡诺图对处理最多 4 个变量的问题非常好。更重要的是，它给出了操作布尔表达式的可视化方法。

逻辑化简过程中需要组合不同的项。如果两项包含同一个蕴涵项 P,并包含某个变量 A 的真值形式和取反形式,那么这两项就可以合并来消去 A:$PA + P\overline{A} = P$。卡诺图将这些可以合并的项放在相邻的方格中,使它们很容易被看到。

图 2-43 显示一个 3 输入函数的真值表和卡诺图。卡诺图的最上一行给出了输入值 A、B 的 4 种可能值。最左边列给出了输入值 C 的 2 种可能值。卡诺图中的每一个方格与真值表一行中的输出值 Y 相对应。比如,左上角的方格与真值表中的第一行相对应,表示当 $ABC = 000$ 时,输出 $Y = 1$。与真值表的每一行一样,卡诺图中的每一个方格代表了一个最小项。图 2-43c 显示了与卡诺图中每一个方格相对应的最小项。

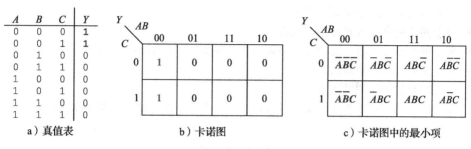

a）真值表　　　　　　b）卡诺图　　　　　　c）卡诺图中的最小项

图 2-43　3 输入函数

每一个方格(或最小项)与相邻方格中有一个变量的值不同。这意味着除了一个变量不同外相邻方格具有所有相同的变量,这个变量在一个方格中以真值形式出现,而在另一个方格中以取反形式出现。比如,代表最小项 $\overline{A}\,\overline{B}\,\overline{C}$ 和 $\overline{A}\,\overline{B}C$ 的方格是相邻的,它们仅仅是变量 C 不同。你可能已经注意到在最上一行中,A 和 B 按照特殊的顺序组合:00、01、11、10。这种顺序称为格雷码。它与普通的二进制顺序不同(00、01、10、11),因为在相邻项中只有一个变量不同。比如,在格雷码中 01:11 仅仅是 A 从 0 变化为 1;在普通的二进制顺序中 01:10,则是 A 从 0 变化为 1 和 B 从 1 变化为 0。所以,按照普通二进制顺序写出的组合项不具有相邻方格中只有一个变量不同的性质。

卡诺图也是"环绕的"。最右边的方格可以有效地与最左边的方格相邻,因为它们只有一个变量 A 不同。换句话说,可以拿起图将其卷成一个圆柱体,连接圆柱体的末端形成一个圆环,仍然保证相邻方格只有一个变量不同。

2.7.1 画圈的原理

在图 2-43 的卡诺图中,仅仅在左边出现了 2 个为 1 的最小项 $\overline{A}\,\overline{B}\,\overline{C}$ 和 $\overline{A}\,\overline{B}C$。从卡诺图中读取最小项的方法完全与直接从真值表读与或式的方法相同。

如前所述,我们用布尔代数将等式最小化为与或式。

$$Y = \overline{A}\,\overline{B}\,\overline{C} + \overline{A}\,\overline{B}C = \overline{A}\,\overline{B}(\overline{C} + C) = \overline{A}\,\overline{B} \qquad (2\text{-}7)$$

卡诺图有助于通过将值为 1 的相邻方格圈起来来图形化地实现化简,如图 2-44 所示。对于每一个圆圈可以写出相应的蕴涵项。2.2 节指出,一个蕴涵项是由一个或者多个变量产生。在同一个圈中同时包含了真值形式和取反形式的某个变量可以从蕴涵项中删除。在这种情况下,在圈中的变量 C 同时具有真值形式(1)和取反形式(0),因此它不包含在蕴涵项中。换句话说,当 $A = B = 0$ 时 Y 为 TRUE,与 C 无关。

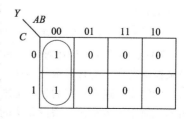

图 2-44　卡诺图化简

因此蕴涵项为$\overline{A}\,\overline{B}$。卡诺图给出了利用布尔代数得到的相同结果。

2.7.2 卡诺图化简逻辑

卡诺图提供了一种简单的可视化方式来化简逻辑。用尽最少的圈来圈住卡诺图中所有为 1 的方格。每一个圈应该尽可能地大。然后读取每个圈起来的蕴涵项。

更加正式地说，当布尔表达式写成最少数量的主蕴涵项相或时，布尔表达式得到最小化。卡诺图中的每一个圈代表一个蕴涵项。最大的圈是主蕴涵项。

例如，在图 2-44 的卡诺图中，$\overline{A}\,\overline{B}\,\overline{C}$ 和 $\overline{A}\,\overline{B}\,C$ 是蕴涵项，但不是主蕴涵项。在该卡诺图中，只有 $\overline{A}\,\overline{B}$ 是主蕴涵项。从卡诺图得到最小化等式的规则如下：

- 用最少的圈来圈住全部所有的 1。
- 每个圈中的所有方格必须都包含 1。
- 每个圈必须是矩形，其每边长必须是 2 的整数次幂（例如 1、2 或 4）。
- 每个圈必须尽可能地大。
- 圈可以环绕卡诺图的边界。
- 如果可以使用更少数量的圈，则卡诺图中一个为 1 的方格可以被多次圈住。

例 2.9 用卡诺图化简 3 变量函数

假设有一个函数 $Y = F(A, B, C)$，其卡诺图如图 2-45 所示。用卡诺图化简等式。

解：用尽可能少的圈来圈住卡诺图中的 1，如图 2-46 所示。卡诺图中的每个圈代表一个主蕴含项，每个圈的边长都是 2 的整数次幂（2×1 和 2×2）。可以通过写出在圈中只出现真值形式或只出现取反形式的变量来确定每个圈的主蕴含项。

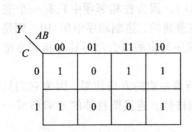

图 2-45　例 2.9 的卡诺图

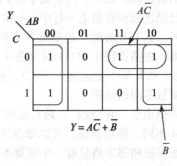

$Y = A\overline{C} + \overline{B}$

图 2-46　例 2.9 的解

例如，在 2×1 的圈中，B 的真值形式和取反形式包含在圈中，因此主蕴含项不包含 B。然而，只有 A 的真值形式（A）和 C 的取反形式（$\overline{C}$）在这个圈中，所以可以得出主蕴含项 $A\overline{C}$ 中的这些变量。同样，在 2×2 的圈中圈住了 $B = 0$ 的所有方格，于是主蕴含项为 $\overline{B}$。

注意，为了使主蕴含项圈尽可能地大，右上角的方格（最小项）被覆盖了两次。与布尔代数技术相同，这等效于共享最小项以便减少蕴涵项的大小。同样需要注意的是，卡诺图边上 4 个方格的圈。

例 2.10 7 段数码管显示译码器

7 段数码管显示译码器（seven-segment display decoder）通过 4 位数据的输入 $D_{3:0}$ 产生 7 位输出来控制发光二极管显示数字 0 ~ 9。这 7 位输出一般称为段 a ~ 段 g，或者 S_a ~ S_g，如图 2-47 所示的定义。这些数字的显示由图 2-48 给出。写出针对输出 S_a 和 S_b 的 4 输入真值表，并用卡诺图化简布尔表达式。假设非法的输入值（10 ~ 15）不产生任何显示。

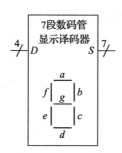

图 2-47　7 段数码管显示译码器电路的符号

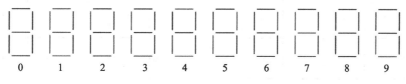

| 0 | 1 | 2 | 3 | 4 | 5 | 6 | 7 | 8 | 9 |

图 2-48　7 段数码管显示的数字

解： 表 2-6 给出了真值表。例如，输入 0000 将点亮除 S_g 以外的所有数码管。

表 2-6　7 段数码管显示译码器真值表

$D_{3:0}$	S_a	S_b	S_c	S_d	S_e	S_f	S_g
0000	1	1	1	1	1	1	0
0001	0	1	1	0	0	0	0
0010	1	1	0	1	1	0	1
0011	1	1	1	1	0	0	1
0100	0	1	1	0	0	1	1
0101	1	0	1	1	0	1	1
0110	1	0	1	1	1	1	1
0111	1	1	1	0	0	0	0
1000	1	1	1	1	1	1	1
1001	1	1	1	0	0	1	1
其他	0	0	0	0	0	0	0

这 7 个输出的每一个是关于 4 个变量的独立函数。输出 S_a 和 S_b 的卡诺图如图 2-49 所示。注意，行和列都按照格雷码顺序排列：00、01、11、10，因此相邻方格中只有一个变量不同。在方格中写输出值时，必须注意记住这个顺序。

S_a

$D_{1:0}$ \ $D_{3:2}$	00	01	11	10
00	1	0	0	1
01	0	1	0	1
11	1	1	0	0
10	1	1	0	0

S_b

$D_{1:0}$ \ $D_{3:2}$	00	01	11	10
00	1	1	0	1
01	1	0	0	1
11	1	1	0	0
10	1	0	0	0

图 2-49　S_a 和 S_b 的卡诺图

接着，圈住主蕴涵项。用最少数量的圈来圈住所有的 1。一个圈可以圈住边缘（水平方向和垂直方向），一个 1 可以被圈住多次。图 2-50 显示主蕴涵项和化简的布尔表达式。

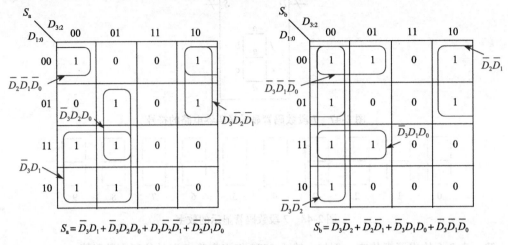

$$S_a = \bar{D}_3 D_1 + \bar{D}_3 D_2 D_0 + D_3 \bar{D}_2 \bar{D}_1 + \bar{D}_2 \bar{D}_1 \bar{D}_0$$

$$S_b = \bar{D}_3 \bar{D}_2 + \bar{D}_2 \bar{D}_1 + \bar{D}_3 D_1 D_0 + \bar{D}_3 \bar{D}_1 \bar{D}_0$$

图 2-50　例 2.10 的卡诺图解

注意，主蕴涵项的最小集合不是唯一的。比如，在 S_a 的卡诺图中 0000 项可以沿着 1000 项圈起来，以便产生最小项 $\bar{D}_2 \bar{D}_1 \bar{D}_0$。这个圈也可以用 0010 代替，产生最小项 $\bar{D}_3 \bar{D}_2 \bar{D}_0$，如图 2-51 中的虚线所示。

图 2-52 描述了一个产生非主蕴涵项的常见错误：用一个单独的圈来圈住左上角的 1。这个最小项是 $\bar{D}_3 \bar{D}_2 \bar{D}_1 \bar{D}_0$，它给出的与或式不是最小的。这个最小项应该与相邻的较大圈组合，如图 2-51 所示。

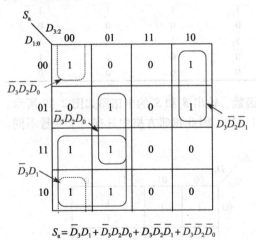

$$S_a = \bar{D}_3 D_1 + \bar{D}_3 D_2 D_0 + D_3 \bar{D}_2 \bar{D}_1 + \bar{D}_3 \bar{D}_2 \bar{D}_0$$

图 2-51　产生不同主蕴涵项集合的 S_a 的另一种卡诺图

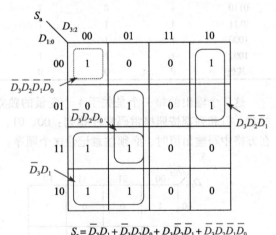

$$S_a = \bar{D}_3 D_1 + \bar{D}_3 D_2 D_0 + D_3 \bar{D}_2 \bar{D}_1 + \bar{D}_3 \bar{D}_2 \bar{D}_1 \bar{D}_0$$

图 2-52　产生不正确非主蕴涵项的 S_a 的另一种卡诺图

2.7.3　无关项

2.4 节介绍了真值表的无关项。当某些变量对输出没有影响时，可以减少表中行的数量。无关项用符号 X 表示，它的意思是输入可能是 0 或 1。

当输出的值不重要或者相对应的输入组合从不出现时，无关项也会出现在真值表的输出中。由设计师决定这些输出是 0 还是 1。

在卡诺图中，无关项可以进一步帮助化简逻辑。如果可以用较少或较大的圈覆盖 1，则这些无关项也可以被圈起来。但如果它们没有帮助，也可以不圈起来。

例 2.11 带有无关项的 7 段数码管显示译码器

如果我们不考虑非法输入值 10 ~ 15 产生的输出，重复例 2.10。

解：卡诺图如图 2-53 所示，X 表示无关项。因为无关项可以为 0 或 1，所以如果它允许用较少或较大的圈来覆盖 1，就圈住这些无关项。认为圈起来的无关项是 1，而没有圈起来的无关项是 0。注意 S_a 中环绕 4 个角的 2×2 方格。利用无关项可以很好地化简逻辑式。

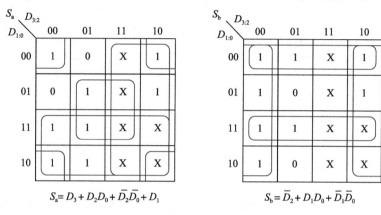

$$S_a = D_3 + D_2 D_0 + \bar{D}_2 \bar{D}_0 + D_1 \qquad S_b = \bar{D}_2 + D_1 D_0 + \bar{D}_1 \bar{D}_0$$

图 2-53 带有无关项的卡诺图

2.7.4 小结

布尔代数和卡诺图是两种逻辑化简方法。最终的目标都是找出开销最低的特定逻辑函数实现方法。

在现代工程实践中，称为逻辑综合（logic synthesizer）的计算机程序通过逻辑函数的描述来产生化简电路，这将在第 4 章中介绍。对于大问题，逻辑综合比人工方法更高效。对于小问题，有经验的设计者可以通过观察的方法来找出好的解决方案。作者在现实工作中没有使用卡诺图来解决实际问题。但是通过卡诺图获得的洞察力很有价值，并且卡诺图也经常出现在工作面试中。

2.8 组合逻辑模块

组合逻辑电路经常组成一个更大的模块来实现更复杂的系统。这是抽象原理的一个应用，隐藏不重要的门级细节，把重点放在模块的功能上。我们已经学习了 3 种组合逻辑模块：全加器（2.1 节）、优先级电路（2.4 节）和 7 段译码显示器（2.7 节）。在这一节，我们将介绍两种更常用的组合逻辑模块：复用器和译码器。第 5 章将介绍其他的组合逻辑模块。

2.8.1 复用器

复用器（multiplexer）是一种最常用的组合逻辑电路。根据选择（select）信号的值它从多个可能的输入中选择一个作为输出。复用器有时简称为 mux。

1. 2:1 复用器

图 2-54 给出了 2:1 复用器的原理图和真值表，它有 2 个输入 D_0 和 D_1，一个选择输入 S 和一个输出 Y。复用器根据选择信号的值在 2 个输入数据中选择一个数据输出：如果 $S = 0$，则

82
～
83

$Y = D_0$；如果 $S = 1$，则 $Y = D_1$。S 也称为控制信号（control signal），因为它控制复用器如何操作。

一个 2:1 复用器可以用与或逻辑实现，如图 2-55 所示。复用器的布尔等式可以通过卡诺图或者通过分析得到（如果 $S = 1$ 且 $D_1 = 1$ 或者 $S = 0$ 且 $D_0 = 1$，则 $Y = 1$）。

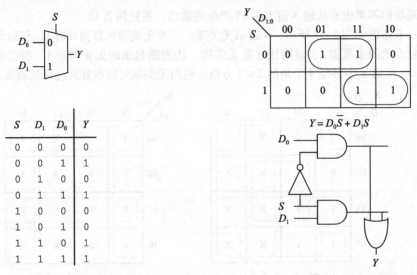

$$Y = D_0\bar{S} + D_1 S$$

S	D_1	D_0	Y
0	0	0	0
0	0	1	1
0	1	0	0
0	1	1	1
1	0	0	0
1	0	1	0
1	1	0	1
1	1	1	1

图 2-54　2:1 复用器电路符号和真值表　　　　图 2-55　使用两级逻辑实现 2:1 复用器

复用器也可以由三态缓冲器构成，如图 2-56 所示。安排三态缓冲器使能信号有效使得在任何时刻仅有一个三态缓冲器有效。当 $S = 0$ 时，三态缓冲器 T0 有效，允许 D_0 输出到 Y；当 $S = 1$ 时，三态缓冲器 T1 有效，允许 D_1 输出到 Y。

2. 更宽的复用器

一个 4:1 复用器有 4 个数据输入和 1 个输出，如图 2-57 所示。需要 2 个选择信号在 4 个输入数据中选择。4:1 复用器可以使用与或式逻辑构成，也可以使用三态缓冲器或多个 2:1 复用器构成，如图 2-58 所示。

$$Y = D_0\bar{S} + D_1 S$$

图 2-56　使用三态缓冲器实现 2:1 复用器　　　　图 2-57　4:1 复用器

三态缓冲器的使能项可以用与门和非门组成，也可以用 2.8.2 节介绍的译码器组成。

8:1 和 16:1 等更宽的复用器可以如图 2-58 所示的扩展方法构造。总之，一个 N:1 复用器需要 $\log_2 N$ 条选择线。另外，好的实现选择还取决于具体的实现技术。

3. 复用器逻辑

复用器可以用查找表（lookup table）的方式实现逻辑功能。图 2-59 显示了一个用 4:1 复用器实现的 2 输入与门。输入 A 和 B 作为选择信号。复用器的数据输入根据真值表中相应行相连接到 0 或 1。总之，一个 2^N 个输入的复用器可以通过将合适的输入连接到 0 或者 1 的方法来实现任何 N 输入逻辑函数。此外，通过改变数据输入，复用器可以重新编程来实现其他功能。

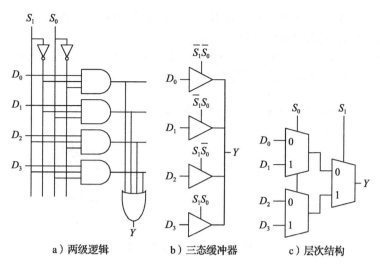

a）两级逻辑　　　b）三态缓冲器　　　c）层次结构

图 2-58　4:1 复用器的实现

我们能够将复用器的大小减少一半，只使用一个 2^{N-1} 输入复用器来实现任何 N 输入逻辑函数。方法是将一个变量，以及 0 和 1 作为复用器的数据输入。

　　图 2-60 进一步说明这个原理。该图用 2:1 复用器分别实现了 2 输入与函数和异或函数。从一个普通真值表开始，然后组合多对行来消除用该变量的输出表示的最右边的变量。比如，在与门的情况下，当 $A=0$ 时，不管 B 取何值，$Y=0$。当 $A=1$ 时，如果 $B=0$，则 $Y=0$；如果 $B=1$，则 $Y=1$，于是可以得到 $Y=B$。根据这个更小的、新的真值表，可以将复用器作为一个查找表来使用。

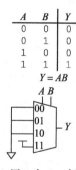

图 2-59　用一个 4:1 复用器实现 2 输入与门

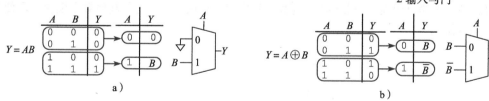

图 2-60　使用可变输入的复用器逻辑

例 2.12 使用复用器实现的逻辑

Alyssa P. Hacker 需要实现函数 $Y = A\overline{B} + \overline{B}\,\overline{C} + \overline{A}BC$ 来完成她的毕业设计。但是，当她查看实验工具箱，发现只剩下一个 8:1 复用器。她如何实现这个函数？

　　解： 如图 2-61 所示，Alyssa 使用一个 8:1 复用器来实现。复用器充当查找表，其中真值表中的每一行与复用器的一个输入相对应。　◀

例 2.13 再次使用复用器实现的逻辑

　　在期末报告前，Alyssa 打开电路的电源，结果将 8:1 复用器烧坏了（由于昨天整晚没有休息，她意外地用 20V

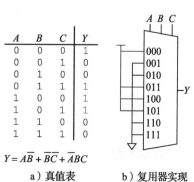

A	B	C	Y
0	0	0	1
0	0	1	0
0	1	0	0
0	1	1	1
1	0	0	1
1	0	1	1
1	1	0	0
1	1	1	0

$Y = A\overline{B} + \overline{B}\,\overline{C} + \overline{A}BC$

a）真值表　　　b）复用器实现

图 2-61　Alyssa 的电路

电压代替 5V 电压供电）。她请求她的朋友将余下的元器件给她。他们给她一个 4:1 复用器和一个非门。她如何只用这些部件来构造新的电路？

解：通过让输出取决于 C，Alyssa 将真值表减少到 4 行（她也尝试过重新排列真值表的列，使输出取决于 A 和 B）。图 2-62 给出了新的设计。

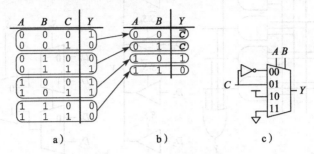

图 2-62　Alyssa 的新电路

2.8.2　译码器

译码器有 N 个输入和 2^N 个输出。它的每一个输出都取决于输入的组合。图 2-63 给出了一个 2:4 译码器。当 $A_{1:0} = 00$ 时 $Y_0 = 1$，当 $A_{1:0} = 01$ 时 $Y_1 = 1$ 等。输出称为独热（one-hot），因为在给定时间恰好只有一个输出为高电平。

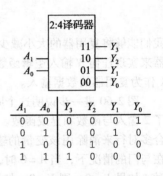

例 2.14　译码器的实现

用与门、或门和非门实现一个 2:4 译码器。

解：使用 4 个与门来实现 2:4 译码器的电路如图 2-64 所示。每个门依赖于所有输入的真值形式或取反形式。总之，一个 $N:2^N$ 的译码器可以由 2^N 个 N 输入与门通过接收所有输入的值形式或取反形式的各种组合来构成。译码器的每一个输出代表一个最小项。比如，Y_0 代表最小项 $\overline{A_1}\,\overline{A_0}$。当与其他数字模块一同使用时这会很方便。

A_1	A_0	Y_3	Y_2	Y_1	Y_0
0	0	0	0	0	1
0	1	0	0	1	0
1	0	0	1	0	0
1	1	1	0	0	0

图 2-63　2:4 译码器

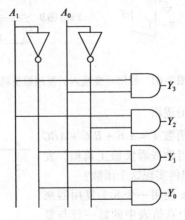

图 2-64　2:4 译码器的实现

译码器逻辑

译码器可以和或门组合来实现逻辑函数。图 2-65 显示了用一个 2:4 译码器和一个或门来实现的一个 2 输入 XNOR（异或非）函数。因为译码器的每一个输出都代表一个最小项，所以函数将以所有最小项的或来实现。在图2-65中，$Y = \overline{A}\,\overline{B} + AB = \overline{A \oplus B}$。

当使用译码器来构造逻辑电路时，很容易将函数表示成真值表或者标准的与或式。一个在真值表中包含 M 个 1 的 N 输入函数，可以通过一个 $N:2^N$ 译码器和 M 输入或门来实现。在 5.5.6 节中，这个概念将应用到只读存储器（ROM）中。

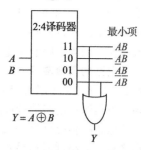

图 2-65   使用译码器的逻辑函数

2.9 时序

在前面的章节中，我们主要关心在使用最少门的理想状态下电路是否工作。但是，任何经验丰富的电路设计师都认为电路设计中最具有挑战性的问题是时序（timing）：如何使电路运行得最快。

输出响应输入的改变而改变需要一定的时间。图 2-66 显示了缓冲器的一个输入改变和随后输出改变所产生的延迟。这个图称为时序图（timing diagram），它描绘了当输入改变时缓冲器电路的瞬间响应（transient response）。从低电平 LOW 到高电平 HIGH 的转变称为上升沿。同样，从高电平 HIGH 到低电平 LOW 的转变称为下降沿（在图中没有显示）。灰色箭头表示 Y 的上升沿由 A 的上升沿引起。在输入信号 A

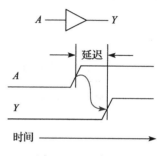

图 2-66   电路延迟

的 50% 点到输出信号 Y 的 50% 点之间测量延迟。50% 点是信号在转变过程中电压处于高电平和低电平之间中间点的位置。

2.9.1 传播延迟和最小延迟

组合逻辑电路的时序特征包括传播延迟（propagation delay）和最小延迟（contamination delay）。传播延迟 t_{pd} 是当输入改变直到一个或多个输出达到它们的最终值所经历的最长时间。最小延迟 t_{cd} 是当一个输入发生变化直到任何一个输出开始改变的最短时间。

图 2-67 分别显示了一个缓冲器的传播延迟和最小延迟。图中显示了在特定时间内 A 的初值是高电平 HIGH 或者低电平 LOW，并变化为另一个状态。我们只对值的改变过程感兴趣，而不用关心值是多少。在稍后时间 Y 将对 A 的变化做出响应，并产生变化。这些弧形表示在 A 发生转变 t_{cd} 时间后，Y 开始改变；在 t_{pd} 时间后，Y 的新值稳定下来。

电路产生延迟的基本原因包括：电路中电容充电所需要的时间和光速。因为很多原因，t_{pd} 和 t_{cd} 的值可能不同，包括：

- 不同的上升和下降延迟。
- 多个输入和输出之间的延迟可能不同。
- 当电路较热时速度会变慢，较冷时会变快。

计算 t_{pd} 和 t_{cd} 需要更低抽象级的知识，它超出了本书的范围。但是芯片制造商通常提供数据手册来说明每个门的延迟。

根据已经列举出的各种因素，传播延迟和最小延迟也可以由一个信号从输入到输出的路径

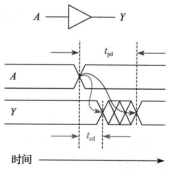

图 2-67   传播延迟和最小延迟

84 ～ 88

来确定。图 2-68 给出了一个 4 输入逻辑电路。用加粗黑色表示的关键路径(critical path)是从 A 或 B 到输出 Y。因为通过 3 个门才将输入传输到输出，所以它是一条最长的路径，也是最慢的路径。这条路径是关键路径，因为它限制了电路运行的速度。用灰色显示的通过电路的最短路径(short path)是从输入 D 到输出 Y。因为输入通过 1 个门就传输到输出，所以此路径是最短路径，也是通过电路的最快路径。

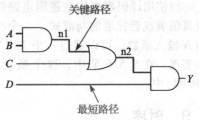

图 2-68　最短路径和关键路径

组合电路的传播延迟是关键路径上每一个元件的传播延迟之和。最小延迟是最短路径上每个元件的最小延迟之和。这些延迟如图 2-69 所示，也可由下式描述：

$$t_{pd} = 2t_{pd\_AND} + t_{pd\_OR} \tag{2-8}$$

$$t_{cd} = t_{cd\_AND} \tag{2-9}$$

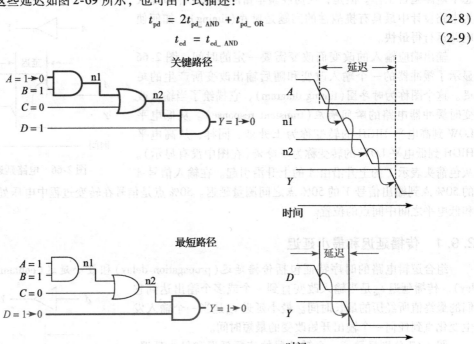

图 2-69　关键路径和最短路径的波形

例 2.15 延迟计算

Ben 需要计算图 2-70 中的传播延迟和最小延迟。根据他的数据手册，每个门的传播延迟和最小延迟分别为 100ps 和 60ps。

解： Ben 首先确定电路中的关键路径和最短路径。关键路径是从输入 A 或 B 通过 3 个门到达输出 Y，在图 2-71 中用高亮的黑色标出。所以，t_{pd} 是单个门传播延迟的 3 倍，即 300ps。

最短路径是从输入 C、D 或 E 通过 2 个门到达输出 Y，在图 2-72 中用灰色标出。在最短路径上有 2 个门，所以 t_{cd} 是 120ps。

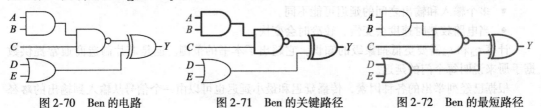

图 2-70　Ben 的电路　　　　　图 2-71　Ben 的关键路径　　　　　图 2-72　Ben 的最短路径

89
~
90

例 2.16 复用器的时序：控制关键路径与数据关键路径

比较 2.8.1 节中图 2-58 所示的 3 种 4 输入复用器的最坏情况时序。表 2-7 列出了元件的传播延迟。每一种设计的关键路径是什么？选择一个你认为好的设计，并给出时序分析。

解： 如图 2-73 和图 2-74 所示，3 种设计方法的关键路径都用高亮黑色标出。t_{pd_sy} 表示从输入 S 到输出 Y 的传播延迟；t_{pd_dy} 表示从输入 D 到输出 Y 的传播延迟；t_{pd} 是这两个延迟的最坏情况，即 $\max(t_{pd\_sy}, t_{pd\_dy})$。

图 2-73 中的两个设计都用二级逻辑电路和三态缓冲器实现。关键路径都是从控制信号 S 到输出信号 Y：$t_{pd} = t_{pd\_sy}$。因为关键路径是从控制信号到输出，所以这些电路

表 2-7 复用器电路元件的时序规范

门	t_{pd} (ps)
NOT	30
2 输入 AND	60
3 输入 AND	80
4 输入 OR	90
三态缓冲器（输入端到输出端）	50
三态缓冲器（使能端到输出端）	35

是控制关键（control critical）。控制信号中的任何附加延迟都将直接增加到最坏情况下的延迟。在图 2-73b 中从 D 到 Y 的延迟只有 50ps，而从 S 到 Y 的延迟有 125ps。

91

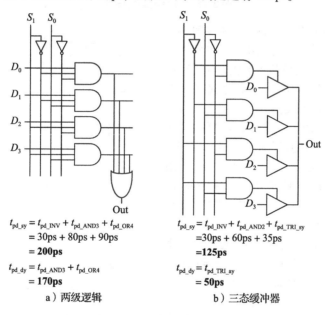

a）两级逻辑

$t_{pd\_sy} = t_{pd\_INV} + t_{pd\_AND3} + t_{pd\_OR4}$
$= 30ps + 80ps + 90ps$
$= \mathbf{200ps}$

$t_{pd\_dy} = t_{pd\_AND3} + t_{pd\_OR4}$
$= \mathbf{170ps}$

b）三态缓冲器

$t_{pd\_sy} = t_{pd\_INV} + t_{pd\_AND2} + t_{pd\_TRI\_sy}$
$= 30ps + 60ps + 35ps$
$= \mathbf{125ps}$

$t_{pd\_dy} = t_{pd\_TRI\_ay}$
$= \mathbf{50ps}$

图 2-73 4:1 复用器传播延迟

图 2-74 显示了用两级 2:1 复用器分层实现的一个 4:1 复用器。关键路径是从任意 D 输入到输出。因为该关键路径是从数据输出到输出（$t_{cd} = t_{cd\_dy}$），所以该电路是数据关键（data critical）。

如果数据输入在控制输入前到达，则我们倾向于具有最短控制 - 输出延迟的设计（如图 2-74 所示的分层设计）。同样，如果控制信号在数据信号之前到达，则我们选择具有最短数据 - 输出延迟的设计（如图 2-73b 所示的三态缓冲器设计）。

最好的设计选择不仅取决于通过电路的关键路径和输入到达时间，而且还取决于功耗、成本、部件可用性等。 ◀

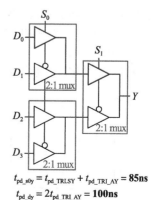

$t_{pd\_s0y} = t_{pd\_TRLSY} + t_{pd\_TRI\_AY} = \mathbf{85ns}$
$t_{pd\_dy} = 2t_{pd\_TRI\_AY} = \mathbf{100ns}$

图 2-74 4:1 复用器传播延迟：使用 2:1 复用器分层次实现

2.9.2 毛刺

到目前为止，我们已经讨论了一个输入信号的改变导致一个输出信号改变的情况。但是，一个输入信号的改变可能会导致多个输出信号的改变。这称为毛刺（glitch）或者冒险（hazard）。虽然毛刺通常不会导致什么问题，但是了解它们的存在和在时序图中识别它们也是很重要的。图 2-75 显示了一个产生毛刺的电路的卡诺图。

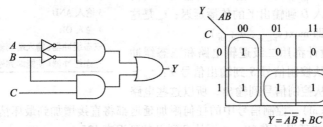

图 2-75 带有毛刺的电路

布尔表达式的最小化是正确的，考察图 2-76 中，当 $A=0$，$C=1$，B 从 1 变成 0 时，将发生什么情况。最短路径（用灰色显示）通过与门和或门 2 个门。关键路径（用黑色显示）通过了一个逆度器和两个门（与门和或门）。

当 B 从 1 变成 0 时，n2（在最短路径上）在 n1（在关键路径上）上升前下降。直到 n1 上升，到或门的 2 个输入都是 0，输出 Y 下降到 0。最后当 n1 上升时，Y 的值回到 1。时序图如图 2-76 所示，Y 的值从 1 开始，结束时也为 1，但是存在暂时为 0 的毛刺。

在读取输出前只要等待传播延迟消逝，毛刺不是问题，因为输出最终将稳定在正确的值。

可以在在已有实现中增加其他的门电路来避免毛刺。这从卡诺图中最容易理解。图 2-77 显

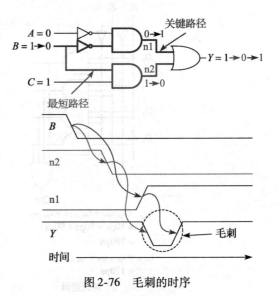

图 2-76 毛刺的时序

示了从 $ABC=001$ 变成 $ABC=011$ 在 B 上的输入改变，从一个主蕴涵项圈移到另一个。这个变化穿过了卡诺图中两个主蕴涵项的边界，从而可能产生毛刺。

从图 2-76 中的时序图可以看出，在另一个主蕴涵项的电路开启前，如果主蕴涵项的电路将关闭，就会产生毛刺。为了去除毛刺，可以增加一个新的覆盖主蕴涵项边缘的圈，如图 2-78 所示。根据一致性定理，新增加的项 $\overline{A}\,\overline{C}$ 是一致项或多余项。

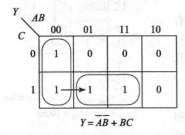

图 2-77 输入的改变穿越了蕴含项的边界

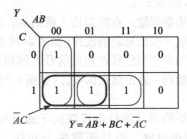

图 2-78 无毛刺的卡诺图

图 2-79 是一个防止毛刺出现的电路，它增加了一个用灰色高亮显示的与门。现在，当 $A = 0$ 和 $C = 1$ 时，即使 B 变化也不会造成输出上的毛刺，因为在整个变化过程中新增加的与门始终输出为 1。

总之，当信号的变化在卡诺图中穿越 2 个主蕴涵项的边缘时就会出现毛刺。能够通过在卡诺图中增加多余的蕴涵项来盖住这些边缘以避免毛刺。当然这以增加额外的硬件成本为代价。

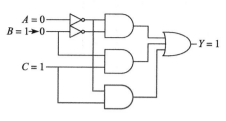

图 2-79　无毛刺的电路

然而，多个输入上的同时变化也会导致毛刺。这些毛刺不能通过增加硬件来避免。因为大多数系统都会有多个输入上的同时（或者几乎同时）变化，所以毛刺在大多数电路中都存在。虽然我们已经介绍了一种避免毛刺的方法，但讨论毛刺的关键不在于如何取去除它们，而是要意识到毛刺的存在。在示波器和仿真器上观看时序图时这一点非常重要。

2.10　总结

数字电路是一个带离散值输入和输出的模块。它的规范描述了模块实现的功能和时序。本章将重点放在组合电路上，其输出仅仅取决于当前的输入值。

组合电路的功能可以通过真值表或布尔表达式给出。每个真值表的布尔表达式可以通过系统地使用与或式或者或与式获得。在与或式中，布尔表达式写成一个或多个蕴涵项的或（OR）。蕴涵项是各个变量的与（AND）。变量是输入量的真值形式或取反形式。

可以使用布尔代数中的规则化简布尔表达式。特别是，可以通过组合包含某个变量的真值形式或取反形式的两个蕴涵项来化简为最简的与或式：$PA + P\overline{A} = P$。卡诺图是化简最多包含 4 个变量函数的图形化方法。通过训练，设计师总是能够将布尔表达式化简为只包含最少变量的形式。计算机辅助设计工具也常用于处理更加复杂的函数，我们将在第 4 章中介绍更多的这类方法和工具。

连接逻辑门来构造组合电路，实现所希望的功能。任何与或式的表达式都可以通过两级逻辑实现：非门实现输入的取反、与门实现变量的与、或门实现变量的或。根据不同的功能和可用的模块变量，以各种类型的门为基础的多级逻辑实现会更高效。例如，CMOS 电路更偏爱与非门和或非门，因为这些门可以直接用 CMOS 晶体管来实现而不需要额外的非门。当使用与非门和或非门时，推气泡法有助于跟踪取反过程。

逻辑门可以组合在一起构造更大规模的电路，如复用器、解码器和优先级电路等。复用器根据选择输入来选择一个输入数据。译码器根据输入将多个输出中的一个设置为高电平。优先级电路产生表示最高优先级输入的输出。这些电路都是组合电路模块的例子。第 5 章将介绍更多的组合逻辑模块，包括其他的算术电路。这些模块将在第 7 章中得到广泛的运用。

组合电路的时序包含电路的传播延迟和最小延迟，它们说明输入改变和随后的输出改变之间的最长和最短时间。计算电路的传播延迟需要首先确定电路中的关键路径，然后将该路径上每一个元件的传播延迟相加。实现复杂的组合逻辑电路有很多方式，这些方式在速度和成本上各有侧重。

第 3 章介绍时序电路，它的输出取决于先前的输入和当前的输入。换句话说，时序电路对过去的状态有记忆。

习题

2.1　写出图 2-80 中每个真值表的与或式的布尔表达式。

a)

A	B	Y
0	0	1
0	1	0
1	0	1
1	1	1

b)

A	B	C	Y
0	0	0	1
0	0	1	0
0	1	0	0
0	1	1	0
1	0	0	0
1	0	1	0
1	1	0	0
1	1	1	1

c)

A	B	C	Y
0	0	0	1
0	0	1	0
0	1	0	1
0	1	1	0
1	0	0	1
1	0	1	0
1	1	0	0
1	1	1	1

d)

A	B	C	D	Y
0	0	0	0	1
0	0	0	1	1
0	0	1	0	1
0	0	1	1	1
0	1	0	0	0
0	1	0	1	0
0	1	1	0	0
0	1	1	1	0
1	0	0	0	1
1	0	0	1	0
1	0	1	0	1
1	0	1	1	0
1	1	0	0	0
1	1	0	1	0
1	1	1	0	1
1	1	1	1	1

e)

A	B	C	D	Y
0	0	0	0	1
0	0	0	1	1
0	0	1	0	0
0	0	1	1	1
0	1	0	0	0
0	1	0	1	1
0	1	1	0	1
0	1	1	1	0
1	0	0	0	0
1	0	0	1	1
1	0	1	0	1
1	0	1	1	0
1	1	0	0	0
1	1	0	1	0
1	1	1	0	0
1	1	1	1	1

图 2-80　习题 2.1 和习题 2.3 的真值表

2.2 写出图 2-81 中每个真值表的与或式的布尔表达式。

a)

A	B	Y
0	0	0
0	1	1
1	0	1
1	1	1

b)

A	B	C	Y
0	0	0	0
0	0	1	1
0	1	0	1
0	1	1	1
1	0	0	0
1	0	1	0
1	1	0	0
1	1	1	1

c)

A	B	C	Y
0	0	0	0
0	0	1	1
0	1	0	1
0	1	1	0
1	0	0	1
1	0	1	1
1	1	0	1
1	1	1	1

d)

A	B	C	D	Y
0	0	0	0	0
0	0	0	1	0
0	0	1	0	1
0	0	1	1	1
0	1	0	0	0
0	1	0	1	1
0	1	1	0	1
0	1	1	1	1
1	0	0	0	0
1	0	0	1	0
1	0	1	0	1
1	0	1	1	0
1	1	0	0	0
1	1	0	1	1
1	1	1	0	1
1	1	1	1	0

e)

A	B	C	D	Y
0	0	0	0	1
0	0	0	1	0
0	0	1	0	0
0	0	1	1	1
0	1	0	0	0
0	1	0	1	0
0	1	1	0	1
0	1	1	1	1
1	0	0	0	0
1	0	0	1	1
1	0	1	0	1
1	0	1	1	1
1	1	0	0	0
1	1	0	1	0
1	1	1	0	0
1	1	1	1	0

图 2-81　习题 2.2 和习题 2.4 的真值表

97

2.3 写出图 2-80 中每个真值表的或与式的布尔表达式。

2.4 写出图 2-81 中每个真值表的或与式的布尔表达式。

2.5 最小化习题 2.1 中的布尔表达式。

2.6 最小化习题 2.2 中的布尔表达式。

2.7 画一个相对简单的组合电路来实现习题 2.5 中的每一个函数。相对简单表示不要浪费逻辑门，但也不要浪费大量的时间来检验每一种可能的实现电路。

2.8 画一个相对简单的组合电路来实现习题 2.6 中的每一个函数。

2.9 只使用非门、与门和或门来重做习题 2.7。

2.10 只使用非门、与门和或门来重做习题 2.8。

2.11 只使用非门、与非门和或非门来重做习题 2.7。

2.12 只使用非门、与非门和或非门来重做习题 2.8。

2.13 使用布尔定理来化简下列布尔表达式。用真值表或卡诺图来检验其正确性。

（a）$Y = AC + \overline{A}\,\overline{B}C$

（b）$Y = \overline{A}\,\overline{B} + AB\,\overline{C} + \overline{(A + \overline{C})}$

（c）$Y = \overline{A}\,\overline{B}\,\overline{C}\,\overline{D} + A\overline{B}\,\overline{C} + A\overline{B}C\overline{D} + ABD + \overline{A}\,\overline{B}C\overline{D} + B\overline{C}\,\overline{D} + \overline{A}$

2.14 使用布尔定理来化简下列布尔表达式。用真值表或卡诺图来检验其正确性。

（a）$Y = \overline{ABC} + A\overline{B}\,\overline{C}$

（b）$Y = \overline{A}\,\overline{B}\,\overline{C} + A\overline{B}$

（c）$Y = ABC\overline{D} + A\overline{B}\,\overline{C}D + \overline{(A + B + C + D)}$

2.15 画一个相对合理的组合电路来实现习题 2.13 中的每一个函数。

2.16 画一个相对合理的组合电路来实现习题 2.14 中的每一个函数。

2.17 化简下列布尔表达式，画一个相对简单的组合电路来实现化简后的等式。

（a）$Y = BC + \overline{A}\,\overline{B}\,\overline{C} + B\overline{C}$

（b）$Y = \overline{A + \overline{AB} + \overline{A}\,\overline{B}} + \overline{A + \overline{B}}$

（c）$Y = ABC + ABD + ABE + ACD + ACE + \overline{(A + D + E)} + \overline{B}CD + \overline{B}CE + \overline{B}\,\overline{D}E + C\overline{D}E$

2.18 化简下列布尔表达式，画一个相对简单的组合电路来实现化简后的等式。

（a）$Y = \overline{ABC} + \overline{B}\,\overline{C} + BC$

（b）$Y = (\overline{A + B + C})D + AD + B$

（c）$Y = ABCD + A\overline{B}\,\overline{C}D + (\overline{B} + D)E$

2.19 给出一个行数在 30～50 亿之间的真值表，而此真值表可以用少于 40 个（至少 1 个）的 2 输入门来实现。

2.20 给出一个带有环路但仍然是组合电路的例子。

2.21 AlyssaP. Hacker 说任何布尔函数都可以写成作为函数所有主蕴涵项或的最小与或式。Ben 说存在一些函数，它们的最小等式不包含所有的主蕴涵项。解释为什么 Alyssa 是正确的或者提供一个反例来证明 Ben 的观点。

2.22 使用完全归纳法证明下列定理。不需要证明它们的对偶式。

（a）重叠定理（T3）　　　　（b）分配定理（T8）　　　　（c）合并定理（T10）

2.23 使用完全归纳法证明 3 个变量（B_2、B_1、B_0）的德·摩根定理（T12）。

2.24 写出图 2-82 电路中的布尔表达式。不必最小化表达式。

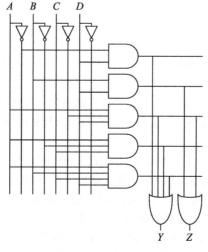

图 2-82　电路原理图

2.25 最小化习题 2.24 中的布尔表达式，画出一个具有相同功能的改进电路。

2.26 使用德·摩根定理等效门和推气泡方法，重新画出图 2-83 中的电路，这样通过观察可以写出布尔表达式。写出布尔表达式。

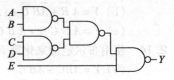

2.27 对于图 2-84 中的电路，重复习题 2.26 中的练习。

图 2-83　电路原理图

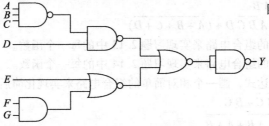

图 2-84　电路原理图

2.28 写出图 2-85 中函数的最小布尔表达式，记得要利用无关项。

2.29 画出习题 2.28 中函数所对应的电路图。

2.30 当一个输入改变时，习题 2.29 中的电路有一些潜在的毛刺吗？如果没有，解释为什么没有。如果有，写出如何修改电路来消除这些毛刺。

2.31 写出图 2-86 中函数的最小布尔表达式，记得要利用无关项。

A	B	C	D	Y
0	0	0	0	X
0	0	0	1	X
0	0	1	0	X
0	0	1	1	0
0	1	0	0	0
0	1	0	1	X
0	1	1	0	0
0	1	1	1	X
1	0	0	0	1
1	0	0	1	0
1	0	1	0	X
1	0	1	1	1
1	1	0	0	1
1	1	0	1	1
1	1	1	0	X
1	1	1	1	1

A	B	C	D	Y
0	0	0	0	0
0	0	0	1	1
0	0	1	0	X
0	0	1	1	X
0	1	0	0	0
0	1	0	1	X
0	1	1	0	X
0	1	1	1	X
1	0	0	0	1
1	0	0	1	0
1	0	1	0	0
1	0	1	1	0
1	1	0	0	0
1	1	0	1	1
1	1	1	0	X
1	1	1	1	1

图 2-85　习题 2.28 的真值表　　　　　　　　　图 2-86　习题 2.31 的真值表

2.32 画出习题 2.31 中函数所对应的电路图。

2.33 Ben 将在没有蚂蚁的晴天去野炊。如果他看到蜂鸟，即使野炊的地方有蚂蚁和瓢虫，他也会去野炊。根据太阳(S)、蚂蚁(A)、蜂鸟(H)和瓢虫(L)，写出他去野炊(E)的布尔表达式。

2.34 完成 7 段译码器的段 S_c 到 S_g 的设计(参考例 2.10)：

(a) 假设输入大于 9 时输出均为 0，写出输出 S_c 到 S_g 的布尔表达式。

(b) 假设输入大于 9 时输出是无关项，写出输出 S_c 到 S_g 的布尔表达式。

(c) 画出合理而简单的门级来实现(b)。多重输出在合适的地方可以共享门电路。

2.35 一个电路有 4 个输入，2 个输出。输入是 A，代表从 0~15 的一个数。如果这个输入的数是素数(0 和 1 不是素数，但是 2、3、5 等是素数)，则输出 P 为 TRUE。如果输入的数可以被 3 整除，则输出 D 为 TRUE。给出并化简每个输出的布尔表达式，画出电

100
~
101

路图。

2.36 一个优先级译码器有 2^N 位输入。它将产生 N 位二进制输出来表示输入为 TRUE 的最高有效位，或者在没有任何输入为 TRUE 时输出 0。它还将产生一个输出 NONE，如果在没有输入为有效时该输出为 TRUE。设计一个 8 输入优先级译码器，输入为 A，输出为 Y 和 NONE。例如，输入为 00100000 时，输出 Y 将为 101，NONE 为 0。写出并化简每个输出的布尔表达式，并且画出一个电路图。　[102]

2.37 设计一个改进的优先级译码器（参见习题 2.25）。它有 8 位输入 $A_{7:0}$，产生 2 个 3 位输出 $Y_{2:0}$ 和 $Z_{2:0}$。Y 指示出输入为 TRUE 的最高有效位。Z 指示出输入为 TRUE 的第二高有效位。如果没有一个输入为 TRUE，则 Y 为 0，如果不多于一个输入为 TRUE，则 Z 为 0。给出每一个输出的化简布尔表达式，并且画出原理图。

2.38 一个 M 位温度计码（thermometer code）在最低有效 k 位上为 1，在最高有效 $M-k$ 位为 0。二进制-温度计码转换器（binary-to-thermometer code convert）有 N 位输入和 2^N-1 位输出。它为输入的二进制数产生一个 2^{N-1} 位的温度计码。例如，如果输入是 110，则输出是 0111111。设计一个 3:7 二进制-温度计码转换器。写出并化简每一个输出的布尔表达式，并且画出原理图。

2.39 写出图 2-87 中电路对应函数的最小布尔表达式。

2.40 写出图 2-88 中电路对应函数的最小布尔表达式。

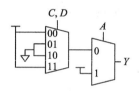

图 2-87 复用器电路

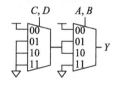

图 2-88 复用器电路　[103]

2.41 使用下列器件，实现图 2-80b 中的函数。
  （a）一个 8:1 复用器
  （b）一个 4:1 复用器和一个非门
  （c）一个 2:1 复用器和 2 个其他的逻辑门

2.42 使用下列器件，实现习题 2.17（a）中的函数。
  （a）一个 8:1 复用器
  （b）一个 4:1 复用器且不用任何其他的逻辑门
  （c）一个 2:1 复用器、一个或门和一个非门

2.43 确定图 2-83 中电路的传播延迟和最小延迟。使用表 2-8 给出的延迟。

2.44 确定图 2-84 中电路的传播延迟和最小延迟。使用表 2-8 给出的延迟。

2.45 画一个快速 3:8 译码器的原理图。假定门延迟在表 2-8 中给出（并且只能使用表 2-8 中的逻辑门）。设计一个具有最短关键路径的译码器，并指出这些路径是什么？电路的传播延迟和最小延迟是多少？

表 2-8　习题 2.43 ~ 习题 2.47 的门延迟

门	t_{pd}(ps)	t_{cd}(ps)
NOT	15	10
2 输入 NAND	20	15
3 输入 NAND	30	25
2 输入 NOR	30	25
3 输入 NOR	45	35
2 输入 AND	30	25
3 输入 AND	40	30
2 输入 OR	40	30
3 输入 OR	55	45
2 输入 XOR	60	40

2.46 重新为习题 2.35 设计一个尽可能快的电路。只能使用表 2-8 中的逻辑门。画出新的电路并说明关键路径。电路的传播延迟和最小延迟是多少？　[104]

2.47   重新为习题 2.36 设计一个尽可能快的优级译编码器。可以使用在表 2-8 中的任何门。画出新的电路并说明关键路径。电路的传播延迟和最小延迟是多少？

2.48   设计一个从数据输入到数据输出尽可能最短延迟的 8:1 复用器。可以使用表 2-7 中的任何门。基于表 2-7 给出的门延迟，确定电路的延迟。

面试问题

下述问题在数字设计工作的面试中曾经被提问。

2.1   只使用与非门画出 2 输入或非门函数的原理图，最少需要使用几个门？

2.2   设计一个电路，它将得出一个输入月份是否有 31 天。月份用 4 位输入 $A_{3:0}$ 指定。比如，输入 0001 表示 1 月，输入 1100 表示 12 月。当输入月份有 31 天时，电路输出 Y 将为高电平。写出化简的等式且使用最少数量的门画出电路图（提示：记住利用无关项）。

2.3   什么是三态缓冲器？如何使用它，为什么使用它？

2.4   如果一个或者一组门可以构造任何布尔函数，那么这些门就是通用门。比如，{与门，或门，非门}是一组通用门。

　　　　（a）与门是通用门吗，为什么？

　　　　（b）{或门，非门}是一组通用门吗，为什么？

　　　　（c）与非门是通用门吗，为什么？

2.5   解释为什么电路的传播延迟可能小于（而不是等于）它的最小延迟。

时序逻辑设计

3.1 引言

第 2 章介绍了如何分析和设计组合逻辑。组合逻辑的输出仅仅取决于当前的输入值。如果给定一个真值表或者布尔表达式的形式，就可以得出一个满足规范的优化电路。

在本章中，我们将分析和设计时序（sequential）逻辑。时序逻辑的输出取决于当前的输入值和先前的输入值。因此，时序逻辑具有记忆。时序逻辑可能明确地记住某些先前的输入，也可能从先前的输入中提取更少量信息，这些信息称为系统的状态（state）。一个数字时序逻辑电路的状态由一组称为状态变量（state variable）的位构成，这些状态变量包含用于解释电路未来行为所需要的有关过去的所有信息。

在本章中，我们将首先学习锁存器和触发器，它们是存储 1 位状态的简单时序逻辑电路。通常，时序逻辑电路的分析很复杂。为了简化设计，我们将只涉及同步时序逻辑电路，它由组合逻辑和一组表示电路状态的触发器组成。本章还介绍有限状态机，它是设计时序电路的一种简单方法。最后，我们将分析时序电路的速度，讨论提高速度的并行方法。

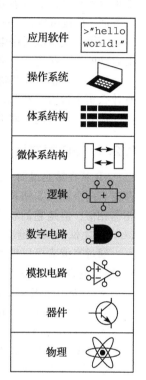

应用软件	>"hello world!"
操作系统	
体系结构	
微体系结构	
逻辑	
数字电路	
模拟电路	
器件	
物理	

3.2 锁存器和触发器

存储器件的基本模块是一个双稳态（bistable）元件，该元件有两个稳定状态。图 3-1a 显示了由连接成环的一对反相器组成的简单的双稳态元件。图 3-1b 显示了相同的电路，以便突出其对称性。这两个反相器交叉耦合（cross-coupled），即 I1 的输入是 I2 的输出，反之亦然。这个电路没有输入，但是它有两个输出，Q 和 $\overline{Q}$。分析这个电路与分析组合电路不同，因为它是循环的：Q 取决于 $\overline{Q}$，反过来 $\overline{Q}$ 又取决于 Q。

考虑两种情况，$Q=0$ 或者 $Q=1$。针对每一种情况的结果，可以得到：

- 情况 I：$Q=0$

  如图 3-2a 所示，I2 的输入 $Q=0$，因此在 $\overline{Q}$ 上的输出为 1。I1 的输入 $\overline{Q}=1$，因此在 Q 上的输出为 0。这与原来的假设 $Q=0$ 是一致的，因此这种情况称为稳态。

- 情况 II：$Q=1$

  如图 3-2b 所示，I2 的输入为 1，因此在 $\overline{Q}$ 上的输出 0。I1 的输入 $\overline{Q}=0$，因此在 Q 上的输出 1，这

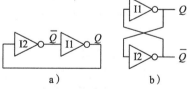

a）　　　　　　b）

图 3-1　交叉耦合的反相器对

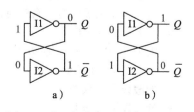

a）　　　　　　b）

图 3-2　交叉耦合反相器的双稳态操作

也是一种稳态。

因为交叉耦合反相器有两种稳定状态：$Q = 0$ 和 $Q = 1$，所以该电路称为双稳态。微妙的一点是，电路可能存在第三种状态，其两个输出均大约处于 $0 \sim 1$ 之间的一半。这种状态称为亚稳态(metastable)，将在 3.5.4 节中再进行讨论。

具有 N 种稳态的元件可以表示 $\log_2 N$ 位的信息，所以双稳态元件可以存储 1 位信息。交叉耦合反相器的状态包含在二进制状态变量 Q 中。Q 的值保存了用于解释电路未来行为所需要的有关过去的所有信息。尤其是，如果 $Q = 0$，则它将永远为 0，如果 $Q = 1$，它将永远为 1。因为如果 Q 是已知的，则 $\overline{Q}$ 也是已知的，所以电路有另一个结点 $\overline{Q}$，但 $\overline{Q}$ 不包含其他任何信息。另一方面，$\overline{Q}$ 也可以作为一个有效的状态变量。

当第一次给此时序电路加电时，它的初始状态是未知的并且通常是不可预测的。电路每一次启动的初始状态有可能都不同。

虽然交叉耦合反相器可以存储 1 位的信息，但因为用户没有控制状态的输入，所以它并没有什么实用价值。然而，其他的双稳态元件，比如锁存器和触发器，提供了可以控制状态变量值的输入。本节的下面部分将介绍这些电路。

3.2.1　SR 锁存器

SR 锁存器是最简单的时序电路。如图 3-3 所示，它由一对交叉耦合的或非门组成。SR 锁存器有两个输入 S 和 R，两个输出 Q 和 $\overline{Q}$。SR 锁存器与交叉耦合反相器相似，但是它的状态可以通过输入 S 和 R 来控制，可以设置(set)或复位(reset)输出 Q。

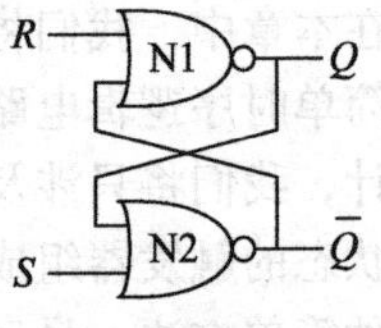

通过真值表可以理解陌生的电路。或非门中只要有一个输入为 1，输出就为 0。考虑 S 和 R 的 4 种可能的组合。

图 3-3　SR 锁存器原理图

- 情况 I：$R = 1$，$S = 0$

N1 至少有一个 $R = 1$ 的输入，则输出 $Q = 0$。N2 的输入 $Q = 0$ 和 $S = 0$，则输出 $\overline{Q} = 1$。

- 情况 II：$R = 0$，$S = 1$

N1 的输入为 0 和 $\overline{Q}$。因为还不知道 $\overline{Q}$ 的值，所以不能确定输出的 Q 值。N2 至少有一个 $S = 1$ 的输入，则输出 $\overline{Q} = 0$。再次研究 N1，可以知道它的两个输入都为 0，所以输出 $Q = 1$。

- 情况 III：$R = 1$，$S = 1$

N1 和 N2 至少有一个输入(R 或者 S)为 1，于是每一个都产生输出 0。所以 Q 和 $\overline{Q}$ 同时为 0。

- 情况 IV：$R = 0$，$S = 0$

N1 的输入为 0 和 $\overline{Q}$。因为还不知道 $\overline{Q}$ 的值，所以不能确定输出。N2 的输入为 0 和 Q。因为不知道 Q 的值，所以也不能确定输出。我们在这里被卡住了。这与交叉耦合反相器类似。但是我们知道 Q 必须为 0 或 1。因此，可以通过考察每一种子情况的方法来解决这个问题。

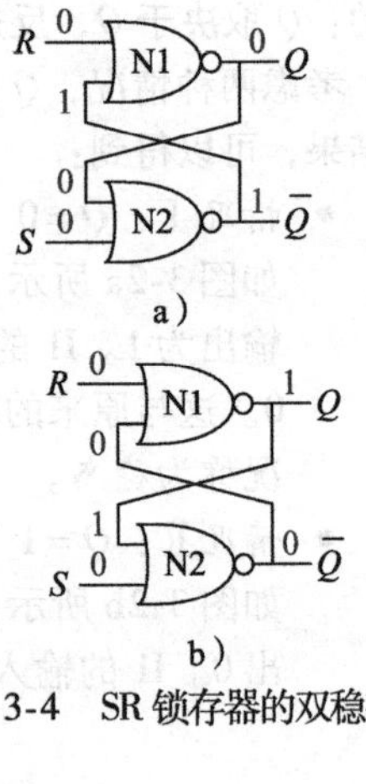

a)

- 情况 IVa：$Q = 0$

因为 $S = 0$，$Q = 0$，所以 N2 在 $\overline{Q}$ 上的输出为 1，如图 3-4a 所示。现在 N1 的输入 $\overline{Q}$ 为 1，所以它的输出 $Q = 0$，这与原来的假设是一致的。

- 情况 IVb：$Q = 1$

因为 $Q = 1$，所以 N2 在 $\overline{Q}$ 上的输出为 0，如图 3-4b 所示。

b)

图 3-4　SR 锁存器的双稳态

现在 N1 的两个输入 $R=0$ 且 $\overline{Q}=1$，因此它的输出 $Q=1$，这与原来的假设是一致的。综上所述，假设 Q 有一些已知的先前值，记为 Q_{prev}，在我们进入情况 IV 之前。Q_{prev} 为 1 或 0，表示系统的状态。当 $R=S=0$ 时，Q 将保持原来的值 Q_{prev} 不变，$\overline{Q}$ 将取 Q 初值的反值 $\overline{Q}_{prev}$。这个电路有记忆功能。

图 3-5 中的真值表总结了 4 种情况。输入 S 和 R 表示置位(Set)和复位(Reset)。置位表示将 1 位设置为 1，复位表示将 1 位设置为 0。输出 Q 和 $\overline{Q}$ 通常互为反值。当 R 有效时，Q 设置为 0，$\overline{Q}$ 设置为 1。当 S 有效时，Q 设置为 1，$\overline{Q}$ 设置为 0。当输入均为无效时，Q 将保持原来的值 Q_{prev} 不变。R 和 S 同时有效是没有意义的，因为锁存器不可能同时被置位或者复位。这样会产生两个输出为 0 的混乱电路响应。

情况	S	R	Q	$\overline{Q}$
IV	0	0	Q_{prev}	$\overline{Q}_{prev}$
I	0	1	0	1
II	1	0	1	0
III	1	1	0	0

图 3-5　SK 锁存器真值表

SR 锁存器的符号表示如图 3-6 所示。使用符号表示 SR 锁存器是抽象化和模块化的一个应用。有很多种方法可以构造 SR 锁存器，例如使用不同的逻辑门或者晶体管。然而，满足图 3-5 中真值表和图 3-6 中符号的给定关系的电路元件称为 SR 锁存器。

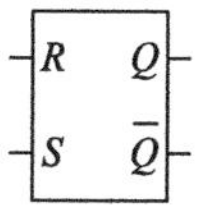

图 3-6　SR 锁存器符号

与交叉耦合反相器一样，SR 锁存器是一个在 Q 上存储 1 位状态的双稳态元件。但是，状态可以通过输入 S 和 R 控制。当 R 有效时，状态复位为 0。当 S 有效时，状态设置位为 1。当 S 和 R 都无效时，状态保持旧值不变。注意，输入的全部历史可以由状态变量 Q 解释。无论过去置位或复位是如何发生的，都需要通过最近一次置位或复位操作来预测 SR 锁存器的未来行为。

[112]

3.2.2　D 锁存器

当 SR 锁存器中的 S 和 R 同时有效时，其输出不确定，使用起来很不方便。而且，输入 S 和 R 混淆了时间和内容。当输入有效时，不仅需要确定内容是什么，而且还需要确定何时改变。将内容和时间分开考虑将使电路设计将变得简单。图 3-7a 中的 D 锁存器解决了这些问题。它有 2 个输入：数据输入 D，用来控制下一个状态的值；时钟输入 CLK，用来控制状态发生改变的时间。

此外，我们还可以通过图 3-7b 中的真值表来分析 D 锁存器。为了方便，我们首先考虑外部结点 $\overline{D}$、S 和 R。如果 CLK $=0$，则 $S=R=$ FALSE，无论 D 的值是什么。如果 CLK $=1$，根据 D 的值，一个与门输出 TRUE，而另一个与门输出 FALSE。给定 S 和 R，Q 和 $\overline{Q}$ 的值可以根据图 3-5 确定。注意当 CLK $=0$ 时，Q 将保持原来的值 Q_{prev} 不变。当 CLK $=1$ 时，$Q=D$。在所有情况中，$\overline{Q}$ 是 Q 的反，符合逻辑。D 锁存器避免了 S 和 R 同时有效而造成的奇怪情况。

综上所述，时钟可以控制何时数据通过锁存器。当 CLK $=1$ 时，D 锁存器是透明的(transparent)。数据 D 通过 D 锁存器流向 Q，好像 D 锁存器就是一个缓冲器。当 CLK $=0$ 时，D 锁存器是不透明(opaque)。它阻塞新数据 D 通过 D 锁存器流向 Q，Q 保持原来的值不变。所以 D 锁存器又称为透明锁存器或者电平敏感锁存器。D 锁存器的电路符号如图 3-7c 所示。

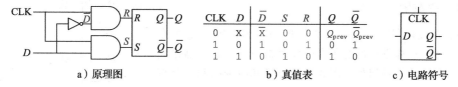

CLK	D	$\overline{D}$	S	R	Q	$\overline{Q}$
0	X	$\overline{X}$	0	0	Q_{prev}	$\overline{Q}_{prev}$
1	0	1	0	1	0	1
1	1	0	1	0	1	0

a）原理图　　　　　　　b）真值表　　　　　　　c）电路符号

图 3-7　D 锁存器

当 CLK = 1 时，D 锁存器不断更新它的状态。在本节的后面将看到，如何在特定时刻更新状态。下一节将介绍 D 触发器。

3.2.3 D 触发器

一个 D 触发器可以由反相时钟控制的两个背靠背的 D 锁存器构成，如图 3-8a 所示。第一个锁存器 L1 称为主锁存器。第二个锁存器 L2 称为从锁存器。它们之间的结点为 N1。图 3-8b 给出了 D 触发器的电路符号。当不需要输出 $\overline{Q}$ 时，D 触发器的符号可以简化成图 3-8c。

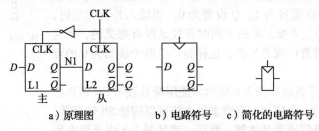

a）原理图　　　　b）电路符号　　c）简化的电路符号

图 3-8　D 触发器

当 CLK = 0 时，主锁存器是透明的，从锁存器是不透明的。所以，D 的值将无条件地传送到 N1。当 CLK = 1 时，主锁存器变成不透明的，从锁存器变成透明的。N1 的值将传送到 Q，但是 N1 与 D 之间被切断。所以，在时钟从 0 上升到 1 之前在时钟变为 1 之后 D 值立即被复制到 Q。在其他任何时刻，因为总有一个阻塞从 D 到 Q 之间通路的不透明的锁存器，所以 Q 保持原来的值。

换句话说，D 触发器在时钟上升沿将 D 复制到 Q，在其他时间 D 触发器保持原来的状态。一定要记住这个定义，一个刚入门的数字设计师经常忘记某个触发器的功能。时钟的上升沿也经常简称为时钟沿（clock edge）。输入 D 确定新的状态，时钟沿确定状态发生改变的时间。

D 触发器也经常称为主从触发器（master-slave flip-flop）、边沿触发器（edge-triggered flip-flop）或者正边沿触发器（positive edge-triggered flip-flop）。电路符号中的三角形表示沿触发时钟输入。当不需要输出 $\overline{Q}$ 时，它经常被省略。

例 3.1 计算触发器的晶体管数量

构成一个本节介绍的 D 触发器需要多少个晶体管？

解：构成一个与非或者一个或非门需要用 4 个晶体管。一个非门需要用 2 个晶体管。一个与门可以由一个与非门和一个非门组成，所以它将用 6 个晶体管。一个 SR 锁存器需要 2 个或非门，或 8 个晶体管。一个 D 锁存器由 1 个 SR 锁存器、2 个与门和 1 个非门组成，即 22 个晶体管。D 触发器由 2 个 D 锁存器和 1 个非门组成，即 46 个晶体管组成。3.2.7 节将介绍一种使用传输门的更高效 CMOS 实现方法。◀

3.2.4 寄存器

一个 N 位寄存器由共享一个公共 CLK 输入的一排 N 个触发器组成，这样寄存器的所有位同时被更新。寄存器是大多数时序电路的关键组件。图 3-9 给出了其原理图和一个带有输入 $D_{3:0}$ 和输出 $Q_{3:0}$ 的 4 位寄存器。$D_{3:0}$ 和 $Q_{3:0}$ 均为 4 位总线。

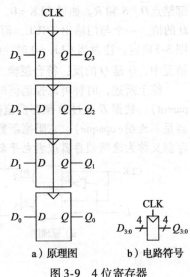

a）原理图　　b）电路符号

图 3-9　4 位寄存器

3.2.5 带使能端的触发器

带使能端的触发器(enabled flip-flop)增加了另一个称为 EN 或 ENABLE 的输入,该输入用于确定在时钟沿是否载入数据。当 EN = TRUE 时,带使能端的触发器与普通的 D 触发器一样。当 EN = 0 时,带使能端的触发器忽略时钟,保持原来的状态不变。当我们希望在某些时间(而不是在每一个时钟沿)载入一个新值到触发器中时,带使能端的触发器非常有用。

图 3-10 给出了用一个 D 触发器和一个额外的门组成一个带使能端的触发器的两种方法。在图 3-10a 中,如果 EN = TRUE,则一个输入复用器选择是否传递 D 的值,如果 EN = FALSE,再次循环 Q 的原来状态。在图 3-10b 中,时钟被门控(gated)。如果 EN = TRUE,则通常切换触发器的 CLK 输入。如果 EN = FALSE,则 CLK 输入也是 FALSE 且触发器保持原来的值不变。注意,当 CLK = 1 时,EN 不能改变,以免触发器出现一个时钟毛刺(在不正确的时间进行切换)。一般而言,在时钟上执行逻辑不是一个好主意。时钟门控可能使时钟延迟并导致时序错误,将在 3.5.3 节中进一步介绍。只有当你确实知道要做什么时,才能这样做。带使能端的触发器的电路符号如图 3-10c 所示。

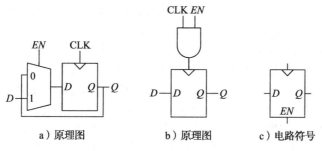

a) 原理图　　　　b) 原理图　　　　c) 电路符号

图 3-10　带使能端的触发器

3.2.6 带复位功能的触发器

带复位功能的触发器(resettable flip-flop)增加了一个称为 RESET 的输入。当 RESET = FALSE 时,带复位功能的触发器与普通的 D 触发器一样。当 RESET = TRUE,带复位功能的触发器忽略 D 并将输出 Q 复位为 0。当第一次打开带复位功能的触发器时需要将所有触发器设置为已知状态(即,0),这时带复位功能的触发器是非常有用的。

触发器可能是异步复位或者同步复位。带同步复位功能的触发器只在 CLK 上升沿进行复位。带异步复位功能的触发器只要 RESET = TRUE 就可以对它进行复位,而与 CLK 无关。

图 3-11a 显示了如何使用 D 触发器和与门来构造带同步复位功能的触发器。当 $\overline{\text{RESET}}$ = FALSE 时,与门将 0 传送到触发器的输入端。当 $\overline{\text{RESET}}$ = TRUE 时,与门将 D 传送到触发器。在这个例子中,$\overline{\text{RESET}}$ 是一个低电平有效(active low)信号,即当复位信号为 0 时执行对应功能。通过增加一个反相器,电路可以用高电平有效复位信号代替。图 3-11b、c 是高电平有效复位触发器的符号。

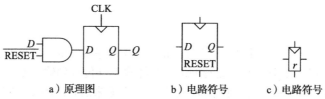

a) 原理图　　　　b) 电路符号　　　　c) 电路符号

图 3-11　同步复位触发器

带异步复位功能的触发器需要调整触发器的内部结构，把它留在习题 3.10 中。它们也是设计师经常用到的基本组件。

可以想象，带置位功能的触发器也偶尔被使用。当置位时，将触发器设置为 1。它们以同步或异步方式完成置位操作。带置位和复位功能的触发器可以带有使能输入端，也可以组成 N 位寄存器。

3.2.7　晶体管级锁存器和触发器的设计*

113
~
116

例 3.1 说明了通过逻辑门构造锁存器和触发器需要大量的晶体管。但是锁存器的基本作用是透明或者不透明，类似于一个开关。回忆 1.7.7 节内容，传输门是构成 CMOS 开关的有效方法，因此可以利用传输门来减少晶体管的数量。

一个紧凑 D 锁存器可以用一个单独的传输门构成，如图 3-12a 所示。当 CLK = 1 和 $\overline{CLK}$ = 0 时，传输门是 ON（打开的），因此 D 传输到 Q，该锁存器是透明的。当 CLK = 0 和 $\overline{CLK}$ = 1 时，传输门是 OFF（关闭的），因此 D 与 Q 是隔离的，且该锁存器是不透明的。这种锁存器有两个主要缺点：

- 输出结点浮空：当锁存器不透明时，任何门都不保存 Q 值。所以 Q 称为浮空（floating）结点或者动态（dynamic）结点。经过一段时间后，噪声和电荷泄漏将干扰 Q 的值。
- 没有缓冲器：没有缓冲器将在众多商业芯片中造成故障。即使在 CLK = 0 时，如果将 D 值拉成一个负电压的噪声尖峰，也可以打开 nMOS 晶体管，使锁存器透明。同样，即使当 CLK = 0 时，大于 V_{DD} 上的 D 的噪声尖峰也可以使 pMOS 晶体管透明。由于传输门是对称的，所以这使得在 Q 上的噪声可以反向驱动而影响输入 D。通用规则是传输门的输入或时序电路的状态结点都不应暴露在有噪声的外部世界中。

图 3-12b 显示了一个在现代商业芯片中由 12 个晶体管构成的 D 锁存器。它也可以用时钟控制的传输门来构成，但是它增加了反相器 I1 和 I2 作为输入和输出的缓冲器。锁存器的状态保存在结点 N1 上。反相器 I3 和三态缓冲器 T1，给 N1 提供反馈，使 N1 成为固定结点。当 CLK = 0 时，如果在 N1 上产生一个小的噪声，则 T1 将驱动 N1 回到有效的逻辑值。

图 3-13 显示了由 CLK 和 $\overline{CLK}$ 控制的两个静态锁存器构成的 D 触发器。去除了一些多余的内部反相器，所以这个触发器只需要 20 个晶体管。

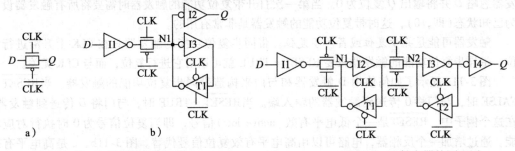

117

　　　　a)　　　　　　　　b)

图 3-12　D 锁存器的原理图　　　　　　　　　图 3-13　D 触发器的原理图

3.2.8　小结

锁存器和触发器是时序电路的基本构件。记住，D 锁存器是电平敏感的，而 D 触发器是边沿触发的。当 CLK = 1 时，D 锁存器是透明的，允许输入 D 传输到输出 Q。D 触发器在 CLK 的沿将 D 值复制到 Q。在其他时候，锁存器和触发器保持原来的状态不变。寄存器由共享一个公共 CLK 信号的一排多个 D 触发器构成。

例3.2 触发器和锁存器比较

如图 3-14 所示，Ben 将 D 和 CLK 输入应用到 D 锁存器和 D 触发器上。帮助 Ben 确定每一种器件的输出 Q。

解：图 3-15 给出了输出波形。假设在输入变化时，输出 Q 有一个小的延迟。箭头表示导致输出改变的原因。Q 的初值是未知的，可能是 0 或 1，用一对水平线表示。首先考虑锁存器。在 CLK 的第一个上升沿，$D = 0$，所以 Q 肯定变成 0。当 CLK = 1 时，每次 D 改变都会导致 Q 改变。当 CLK = 0 时，D 改变，Q 不变。接着考虑触发器。在 CLK 的每一个上升沿，将 D 复制到 Q。在所有其他时间，Q 保持原来的状态不变。 ◀

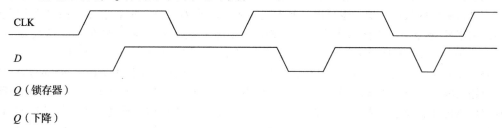

图 3-14　例子的波形

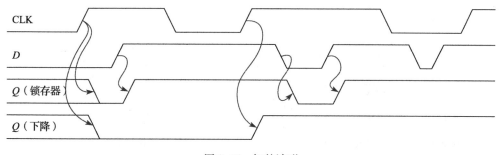

图 3-15　解的波形

[118]

3.3　同步逻辑设计

一般而言，时序电路包括所有不是组合电路的电路，也就是说，这些电路的输出不能简单地通过观察当前的输入来确定。有些时序电路比较奇特。本节将考察这些电路，然后介绍同步时序电路的概念和动态约束。我们将重点讨论同步时序电路，这将使我们找到一种简单、系统的方法来设计和分析时序电路系统。

3.3.1　一些有问题的电路

例3.3 非稳态电路

Alyssa P. Hacker 遇到了 3 个拙劣设计的反相器，它们以环状连接在一起，如图 3-16 所示。第三个反相器的输出反馈到第一个反相器。每个反相器都有 1ns 的传播延迟。确定电路的功能。

解：假设结点 X 的初值是 0。那么 $Y = 1$，$Z = 0$，因此 $X = 1$，这与开始的假设不一致。这个电路没有稳定的状态，称为不稳定态（unstable）或者非稳态（astable）。电路的行为如图 3-17 所示。如果 X 在时刻 0 上升，则 Y 将

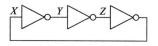

图 3-16　3 个反相器的环

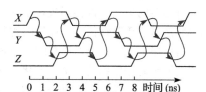

图 3-17　环形振荡器的波形

在 1ns 时下降，Z 将在 2ns 时上升，X 将在 3ns 时下降。接着，Y 在 4ns 时上升，Z 将在 5ns 时下降，X 将在 6ns 时再次上升，这个模式将一直重复下去。每个结点以 6ns 为周期在 0～1 之间摆动。这个电路称为环形振荡器(ring oscillator)。

环形振荡器的周期取决于每个反相器的传播延迟。这个延迟又取决于反相器的制造工艺、电源电压，甚至工作温度等。所以很难准确预测环形振荡器的周期。简而言之，环形振荡器是零输入和一个(周期性改变的)输出的时序电路。◀

例 3.4 竞争条件

Ben 设计了一个新的 D 锁存器，并且他宣布这个设计比图 3-17 中的 D 锁存器更好。因为在这个电路中门的数量更少。他写出了真值表来确定输出 Q，给定两个输入 D 和 CLK 以及锁存器的原来状态 Q_{prev}。根据这个真值表，Ben 得出布尔表达式。他通过将输出 Q 反馈得到 Q_{prev}。他的设计如图 3-18 所示。他的锁存器是否能正确工作，不考虑每个门的延迟？

解： 如图 3-19 所示，当某些门比其他门的速度慢时，有竞争的条件(race condition)电路将导致电路故障。假设 CLK = D = 1。锁存器是透明的，将 D 传送到 Q 使 Q = 1。现在 CLK 下降。锁存器应该记住它原来的值，保持 Q = 1。但是，假设从 CLK 到 $\overline{CLK}$ 通过反相器的延迟比与门和或门的延迟长。那么在 $\overline{CLK}$ 上升前，结点 N1 和 Q 可能同时下降。在这种情况下，N2 将不能上升，Q 值将停留在 0。

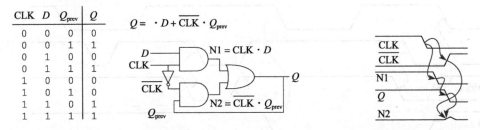

CLK	D	Q_{prev}	Q
0	0	0	0
0	0	1	1
0	1	0	0
0	1	1	1
1	0	0	0
1	0	1	0
1	1	0	1
1	1	1	1

$Q = \text{CLK} \cdot D + \overline{\text{CLK}} \cdot Q_{prev}$

图 3-18   一个看似改进的 D 锁存器   图 3-19   描述竞争条件的锁存器的波形

这是一个输出直接反馈到输入的异步电路设计的例子。异步电路中经常会出现竞争条件而难以掌握。之所以出现竞争条件，是因为其电路的行为取决于两条通过逻辑门的路径中哪条最快。这样的电路可以工作，但是对于从表面上看似相同的电路，如果用几个延迟有些不同的门替换，可能就无法正常工作。或者，这样的电路只能在一定的温度和电压下正常工作，只有在这个特定的条件下其逻辑门的延迟才刚好正确。这种错误是极其难查出来的。◀

3.3.2   同步时序电路

前面的两个例子包含了称为环路(cyclic path)的环，它的输出直接反馈到输入。它们是时序电路而不是组合电路。组合逻辑没有环路和竞争。如果将输入应用到组合逻辑中，输出总是在传播延迟内稳定为一个正确的值。但是，包含环路的时序电路存在不良的竞争或不稳定的行为。分析这样的电路问题十分耗时，很多聪明的人都会犯错误。

为了避免这些问题，设计师在路径中插入寄存器来断开环路。这将电路转变成组合逻辑电路和寄存器的集合。寄存器包含系统的状态，这些状态仅仅在时钟沿到达时发生改变，所以我们说状态同步于时钟信号。如果时钟足够慢，使得在下一个时钟沿到达之前输入到寄存器的信号都可以稳定下来，那么所有的竞争都将被消除。根据反馈环上总是使用寄存器的原则，可以得到同步时序电路的一个形式化定义。

通过电路的输入、输出端、功能规范和时序规范可以定义一个电路。一个时序电路有一组有限的离散状态 $\{S_0, S_1, \cdots, S_{k-1}\}$。同步时序电路(synchronous sequential circuit)有一个时钟输入，它的上升沿表示时序电路状态转变发生的时间。我们经常使用术语当前状态(current state)和下一个状态(next state)来区分目前系统的状态和下一个时钟沿系统将进入的状态。功能规范详细说明了对于当前状态和输入值的各种组合，每个输出的下一个和值。时序规范包括上界时间 t_{pcq} 和下界时间 t_{ccq}，它是从时钟的上升沿直到输出改变的时间以及建立时间 t_{setup} 和保持时间 t_{hold}，它表示当输入必须相对于时钟的上升沿稳定。

同步时序电路的组成规则告诉我们，一个电路是同步时序电路，如果它由相互连接的电路元件构成，且需要满足以下条件：

- 每一个电路元件或者是寄存器或者是组合电路。
- 至少有一个电路元件是寄存器。
- 所有寄存器都接收同一个时钟信号。
- 每个环路至少包含一个寄存器。

非同步的时序电路称为异步(asynchronous)电路。

单个触发器是一最简单的同步时序电路。它包含一个输入 D、一个时钟 CLK、一个输出 Q 和两个状态 $\{0, 1\}$。触发器的功能规范是，下一个状态是 D，输出 Q 是当前的状态，如图3-20所示。

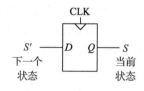

图3-20 触发器的当前状态和下一个状态

我们经常称当前状态变量 S 和下一个状态变量 S'。在这种情况下，S 之后的撇号(')表示下一个状态，而不是取反。3.5节将分析时序电路的时序关系。

两种常见的同步时序电路称为有限状态机和流水线。这些将在本章的后面介绍。

121

例3.5 同步时序电路

图3-21中的哪些电路是同步时序电路？

解： 电路a)是组合逻辑电路，不是时序逻辑电路，因为它没有寄存器。电路b)是一个不带反馈回路的简单时序电路。电路c)既不是组合电路也不是时序电路，因为它有一个锁存器，这个锁存器既不是寄存器也不是组合逻辑电路。电路d)和e)是同步时序逻辑电路。它们是有限状态机的两种形式，将在3.4节中讨论。电路f)既不是组合电路也不是时序电路，因为它有一个从组合逻辑电路的输出端反馈到同一逻辑电路的输入端的回路，但是在回路上没有寄存器。电路g)是同步时序逻辑电路的流水线形式，将在3.6节中讨论。电路h)严格地说不是同步时序电路，因为两个寄存器的时钟信号不同，它们有2个反相器的延迟。 ◀

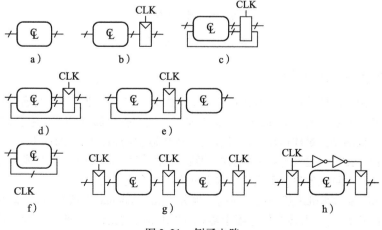

图3-21 例子电路

3.3.3 同步电路和异步电路

理论上，异步电路设计比同步电路设计更通用，因为系统的时序不由时钟控制的寄存器所约束。正如使用任意电压的模拟电路比数字电路更通用一样，能够使用各种反馈的异步电路比同步电路更通用。然而，同步电路比异步电路更容易设计，就好像数字电路比模拟电路更容易一样。尽管对异步电路的研究进行了数十年，但实际上几乎所有的系统本质上都是同步的。

当然，在两个不同时钟的系统之间进行通信时，或者在任意时刻接收输入时，异步电路偶尔也很重要。正如在连续电压的真实世界中通信时需要模拟电路一样。此外，对异步电路的研究继续产生一些有趣的知识，其中的一些也将有利于改进同步电路。

3.4 有限状态机

同步时序电路可以用图 3-22 中的形式来描述。这些形式称为有限状态机（Finite State Machine，FSM）。这个名字源于具有 k 位寄存器的电路可以处于 2^k 种状态中的某一种唯一状态。一个有限状态机有 M 个输入、N 个输出和 k 位状态。它还接收一个时钟信号和一个可选择的复位信号。有限状态机包含两个组合逻辑块，下一个状态逻辑（next state logic）和输出逻辑（output logic），以及一个存储这个状态的寄存器。在每一个时钟沿，有限状态机进入下一个状态，这个下一个状态是根据当前状态和输入计算出来的。根据有限状态机功能规范的描述，FSM 通常分为两类。在 Moore 型有限状态机中，输出仅仅取决于机器的当前状态。在 Mealy 型有限状态机中，输出取决于当前状态和当前输入。有限状态机提供了系统的方法来设计给定功能规范的同步时序逻辑电路。本章的后续部分将从一个例子开始介绍这种方法。

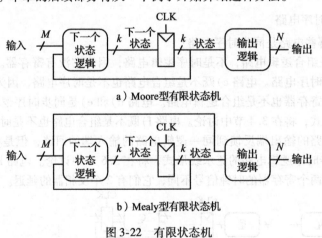

图 3-22 有限状态机

3.4.1 有限状态机设计实例

为了解释有限状态机的设计，考虑在校园中繁忙的十字路口建立一个交通灯控制器。工程系学生在宿舍和实验室之间的 Academic 大街上漫步。他们正在阅读关于有限状态机的教科书，而没有看他们前面的路。足球运动员正喧嚷地拥挤在运动场和食堂之间的 Bravado 大道上。他们正在向前和向后投球，也没有看他们前面的路。在两条大道上的十字路口发生了一些严重的事故。为了防止事故再次发生，系主任要求 Ben 安装一个交通灯。

Ben 决定用有限状态机来解决这个问题。他分别在 Academic 大道和 Bravado 大道上安装了 2 个交通传感器 T_A 和 T_B。当某个传感器上输出 TRUE 时，表示此大道上有学生出现；当输出 FALSE 时，表示大道上没有人。Ben 又安装了 2 个交通灯 L_A 和 L_B 来控制交通。每个灯接收数字信号输入来确定显示绿色、黄色或红色。所以，有限状态机有 T_A 和 T_B 2 个输入，L_A 和 L_B 2 个输出。十字路口的灯和传感器如图 2-23 所示。Ben 采用了一个周期为 5 秒的时钟。在每一个时钟周期（上升沿），灯将根据交通传感器来改变。同时，Ben 还设计了一个复位按键这样技术人员可以在打开交通灯时将控制器设置为一个已知的初始状态。状态机的黑盒视图如图 3-24 所示。

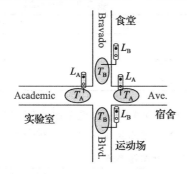

图 3-23　校园地图

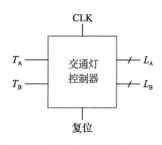

图 3-24　有限状态机的黑盒视图

Ben 的第二步是画出状态转换图（state transition diagram），如图 3-25 所示。状态转换图说明系统中的每一个可能的状态和两个状态之间的转换。当系统复位时，Academic 大道上的灯是绿色，Bravado 大道上的灯是红色。每 5 秒，控制器检查交通模式并决定下一步该如何处理。只要 Academic 大道有交通，灯就不改变。当 Academic 大道上没有交通时，该大道上的灯变成黄色并保持 5 秒，然后再变成红色，同时 Bravado 大道上的灯变成绿色。同样，只要 Bravado 大道上有交通，此大道上的灯保持绿色，然后变成黄色，最后变成红色。

在状态转换图中，圆圈代表状态，圆弧代表两个状态之间的转换。转换发生在时钟上升沿。因为时钟总是

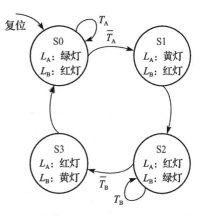

图 3-25　状态转换图

出现在同步时序逻辑电路中，所以只根据状态转换图中发生状态转换的位置来控制何时发生状态转换。而且当转换出现时，时钟只简单控制，而状态转换图指出哪里发生了转换。标有 Reset 从外部进入状态 S0 的弧说明不管当前状态是什么，复位时系统都应该进入状态 S0。如果一个状态有多个离开它的弧，则这些弧标有触发每个状态转换的输入条件。例如，在状态 S0，如果 T_A 为 TRUE，则系统将保持当前状态；如果 T_A 为 FALSE，则转换为状态 S1。如果一个状态只有一个离开它的弧，则不管输入是什么，转换都会发生。例如，在状态 S1，系统将总是转换到状态 S2。在特定状态下的输出值也在状态中给出。例如，在状态 S2，L_A 是红色且 L_B 是绿色。

Ben 将状态转换图重写为状态转换表（state transition table），如表 3-1 所示。状态转换表说明对于每一个状态和输入值，应该产生的下一个状态 S' 是什么。注意，该表中使用了无关项（X），无关项表示下一个状态不依赖于特定的输入。还要注意，该表省略了复位（Reset）。另外，可以使用带复位功能的触发器使复位后总是进入状态 S0，而不用考虑输入。

表 3-1　状态转换表

当前状态 S	输入		下一个状态 S'	当前状态 S	输入		下一个状态 S'
	T_A	T_B			T_A	T_B	
S0	0	X	S1	S2	X	0	S3
S0	1	X	S0	S2	X	1	S2
S1	X	X	S2	S3	X	X	S0

状态转换图是抽象的，因为它使用了状态标记{S0，S1，S2，S3}和输出标记{红色，黄色，绿色}。为了建立一个真实的电路，状态和输出必须按照二进制编码。Ben选择了简单的编码方式，如表3-2和表3-3所示。每个状态和每个输出都编码成2位：$S_{1:0}$、$L_{A1:0}$和$L_{B1:0}$。

表 3-2 状态编码	
状态	$S_{1:0}$ 的编码
S0	00
S1	01
S2	10
S3	11

表 3-3 输出编码	
输出	$L_{1:0}$ 的编码
绿色	00
黄色	01
红色	10

Ben更新状态转换表来使用这些二进制编码，如表3-4所示。这个改进的状态转换表是一个说明下一个状态逻辑的真值表。它根据当前状态 S 和输入来定义下一个状态 S'。

表 3-4   用二进制编码的状态转换表

当前状态		输入		下一个状态	
S_1	S_0	T_A	T_B	S'_1	S'_0
0	0	0	X	0	1
0	0	1	X	0	0
0	1	X	X	1	0
1	0	X	0	1	1
1	0	X	1	1	0
1	1	X	X	0	0

通过这些表，可以直接读出用与或式表示的下一个状态的布尔表达式。

$$S'_1 = \overline{S_1}S_0 + S_1\overline{S_0}\,\overline{T_B} + S_1\overline{S_0}T_B$$
$$S'_0 = \overline{S_1}\,\overline{S_0}\,\overline{T_A} + S_1\overline{S_0}\,\overline{T_B} \tag{3-1}$$

124
~
126

这些等式可以用卡诺图来化简，但是使用观察方法来化简更容易。例如，在 S'_1 等式中的 T_B 和 $\overline{T_B}$ 项明显是多余的。所以 S'_1 可以化简成一个异或运算。式(3-2)给出了化简的下一个状态方程。

$$S'_1 = S_0 \oplus S_1$$
$$S'_0 = \overline{S_1}\,\overline{S_0}\,\overline{T_A} + S_1\overline{S_0}\,\overline{T_B} \tag{3-2}$$

同样，Ben针对每一个状态指出的输出写出了输出表，如表3-5所示。也可以直接读出并化简这些输出的布尔表达式。例如，仅仅在 S_1 为 TRUE 的行，L_{A1} 为 TRUE。

表 3-5   输出表

当前状态		输出			
S_1	S_0	L_{A1}	L_{A0}	L_{B1}	L_{B0}
0	0	0	0	1	0
0	1	0	1	1	0
1	0	1	0	0	0
1	1	1	0	0	1

$$L_{A1} = S_1$$
$$L_{A0} = \overline{S_1}S_0$$
$$L_{B1} = \overline{S_1} \tag{3-3}$$
$$L_{B0} = S_1S_0$$

最后，Ben 以图 3-22a 的形式绘制了 Moore 型有限状态机的电路图。首先，画了一个 2 位状态寄存器，如图 3-26a 所示。在每个时钟沿，这个状态寄存器复制下一个状态 $S'_{1:0}$ 到状态 $S_{1:0}$。在启动时这个状态寄存器收到一个同步或异步复位信号来初始化有限状态机。然后，根据式(3-2)画出下一个状态逻辑的电路图，这部分逻辑根据当前状态和输入计算下一个状态，如图 3-26b 所示。最后，根据式(3-3)画出输出逻辑的电路图，这部分逻辑根据当前状态计算输出，如图 3-26c 所示。

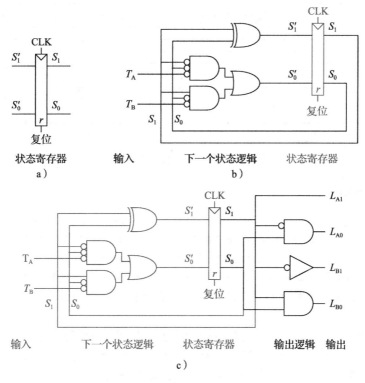

图 3-26 交通灯控制器的状态机电路

图 3-27 给出了一个用于解释经过一系列状态转换的交通灯控制器的时序图。图中显示了 CLK、Reset、输入 T_A 和 T_B、下一个状态 S' 和当前状态 S、输出 L_A 和 L_B。箭头表明了因果关系。例如，当前状态的改变导致输出的改变，输入的改变导致下一个状态的改变。虚线表示当状态改变时 CLK 的上升沿。

时钟周期是 5 秒，所以交通灯最多每 5 秒改变一次。当这个有限状态机第一次启动，它的状态是未知的，如图 3-27 中的问号所示。所以系统应该复位到一个已知状态。在这个时序图中，S 立即复位成 S_0，这说明使用了带复位功能的异步触发器。在状态 S_0，灯 L_A 是绿色，灯 L_B 是红色。

在此例中，复位后 Academic 大道上已经有交通。所以，控制器保持在状态 S_0，并保持灯 L_A 是绿色，即使 Bravado 大道上有交通到达并开始等待。15 秒后，Academic 大道上的交通都通过了，T_A 开始下降。在随后的时钟沿，控制器进入状态 S_1，灯 L_A 变成黄色。在下一个 5 秒后，控制器进入状态 S_2，灯 L_A 变成红色，灯 L_B 变成绿色。控制器在状态 S_2 上等待，直到 Bravado 大道上的交通都通过了。然后它进入状态 S_3，灯 L_B 变成黄色。5 秒后，控制器进入状态 S_0，灯 L_B 变成红色，灯 L_A 变成绿色。这个过程重复进行。

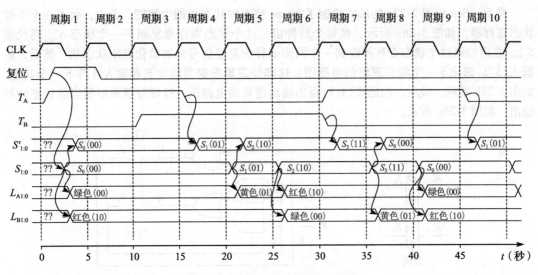

图 3-27　交通灯控制器的时序图

3.4.2　状态编码

在前面的例子中，任意选择状态和输出编码。不同的选择将产生不同的电路。一个自然而然的问题是，如何确定一种编码，使之能产生一个逻辑门数最少且传播延迟最短的电路。不幸的是，没有一种简单方法可以找出最好的编码，除了尝试所有的可能情况，但当状态数很大时这也是不可行的。然而，经常可以通过观察使相关状态或输出共享某些位以便选择一种好的编码方式。计算机辅助设计（CAD）工具擅长寻找可能的编码集合并选择一种合理的编码。

状态编码中的一个重要决策是选择二进制编码还是选择独热编码。交通灯控制器例子中使用了二进制编码（binary encoding），其中一个二进制数代表一种状态。因为 $\log_2 K$ 位可以表示 K 个不同的二进制数，所以有 K 个状态的系统只需要 $\log_2 K$ 位状态。

在独热编码（one-hot encoding）中，状态的每一位表示一种状态。它称为独热编码，因为在任何时候只有一位是"热的"或 TRUE。例如，一个有 3 个状态的有限状态机的独热编码为 001、010 和 100。状态的每一位存储在一个触发器中，所以独热编码比二进制编码需要更多的触发器。然而，使用独热编码，下一个状态和输出逻辑通常更简单，需要的门电路也更少。最佳编码方式取决于具体的有限状态机。

例 3.6　有限状态机状态编码

127
~
129
N 分频计数器有一个输出，没有输入。每循环 N 个时钟后，输出 Y 产生一个周期的高电平信号。换句话说，输出是时钟的 N 分频。3 分频计数器的波形和状态转换图如图 3-28 所示。使用二进制编码和独热编码画出这个计数器的电路设计。

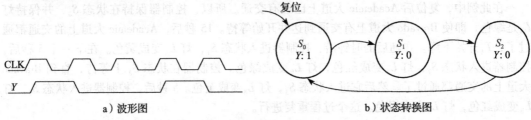

a）波形图　　　　　　　　　　　　b）状态转换图

图 3-28　3 分频计数器

解: 表 3-6 和表 3-7 给出了编码前抽象状态转换表和输出表。

表 3-6 3 分频计数器状态转换表	
当前状态	下一个状态
S_0	S_1
S_1	S_2
S_2	S_0

表 3-7 3 分频计数器输出表	
当前状态	输出
S_0	1
S_1	0
S_2	0

表 3-8 比较了 3 个状态的二进制编码和独热编码。

表 3-8   3 分频计数器的二进制编码和独热编码

状态	独热编码			二进制编码	
	S_2	S_1	S_0	S_1	S_0
S_0	0	0	1	0	0
S_1	0	1	0	0	1
S_2	1	0	0	1	0

二进制编码使用 2 位状态。使用这种编码，状态转换表如表 3-9 所示。注意，这里没有输入，下一个状态只取决于当前状态。输出表作为练习留给读者完成。下一个状态和输出的等式是：

$$S'_1 = \overline{S_1} S_0$$
$$S'_0 = \overline{S_1}\ \overline{S_0} \tag{3-4}$$
$$Y = \overline{S_1}\ \overline{S_0} \tag{3-5}$$

表 3-9   二进制编码的状态转换表

当前状态		下一个状态	
S_1	S_0	S'_1	S'_0
0	0	0	1
0	1	1	0
1	0	0	0

独热编码使用 3 位状态。这种编码的状态转换表如表 3-10 所示，输出表作为练习留给读者完成。下一个状态和输出的等式是：

$$S'_2 = S_1$$
$$S'_1 = S_0$$
$$S'_0 = S_2 \tag{3-6}$$
$$Y = S_0 \tag{3-7}$$

表 3-10   独热编码的状态转换表

当前状态			下一个状态		
S_2	S_1	S_0	S'_2	S'_1	S'_0
0	0	1	0	1	0
0	1	0	1	0	0
1	0	0	0	0	1

图 3-29 给出了每一种设计的原理图。注意，可以优化二进制编码设计的硬件来共享 Y 和 S'_0 的相同门电路。同样，独热编码设计需要带可置位(s)和可复位(r)功能的触发器在复位时对状态机的 S_0 进行初始化。最好的实现选择取决于门电路和触发器的相对成本，但在这个特

定的例子中独热编码设计更可取。

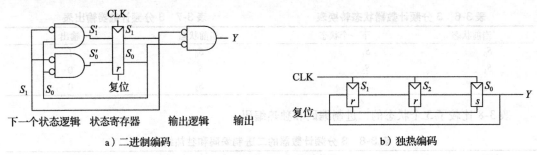

a）二进制编码　　　　　　　　　　　　　b）独热编码

图 3-29　3 分频计数器电路

一种相关的编码方式是独冷编码，在这方式中用 K 位表示 K 个状态，其中的一位恰好 FALSE。

3.4.3　Moore 型状态机和 Mealy 型状态机

迄今为止，我们已经介绍了 Moore 型状态机的例子，它的输出只取决于系统的状态。因此，在 Moore 型状态机的状态转换图中，输出被标记在圆圈内。Mealy 型状态机和 Moore 型状态机很相似，但是输出取决于输入和当前状态。因此，在 Mealy 型状态机的状态转换表中，输出被标记在弧上而不是圆圈内。使用输入和当前状态计算输出的组合逻辑框图，如图 3-22b 所示。

例 3.7　Moore 型状态机与 Mealy 型状态机

Alyssa P. Hacker 有一个带限状态机大脑的宠物机器蜗牛。蜗牛沿着纸带从左向右爬行，这个纸带包含 1 和 0 的序列。在每一个时钟周期，蜗牛爬行到下一位。蜗牛从左到右在纸带上爬行，当最后经过的 2 位是 01 时，蜗牛会高兴得笑起来。设计一个有限状态机来计算蜗牛何时会笑。输入 A 是蜗牛触角下面的位。当蜗牛笑时，输出 Y 为 TURE。比较 Moore 型状态机和 Mealy 型状态机的设计。画出包含输入、状态和输出的每种机器的时序图，蜗牛的爬行序列是 0100110111。

解：Moore 型状态机需要 3 个状态，如图 3-30a 所示。确信你自己的状态转换图是正确的。特别是，当输入为 0 时，为什么从 S_2 到 S_1 有一条弧？

与 Moore 型状态机相比，Mealy 型状态机只需要 2 个状态，如图 3-30b 所示。每一个弧被标记为 A/Y。A 是引起转换的输入，Y 是相应的输出。

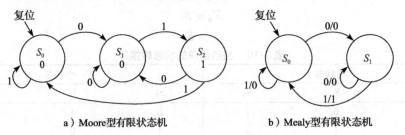

a）Moore 型有限状态机　　　　　　　　b）Mealy 型有限状态机

图 3-30　有限状态机状态转换图

表 3-11 和表 3-12 给出了 Moore 型状态机的状态转换图和输出表。Moore 型状态机至少需要 2 位状态。考虑使用以下二进制状态编码：$S_0 = 00$、$S_1 = 01$、$S_2 = 10$。表 3-13 和表 3-14 重新写出了用二进制状态编码的状态转换表和输出表。

表 3-11　Moore 型有限状态机的状态转换表

当前状态 S	输入 A	下一个状态 S'	当前状态 S	输入 A	下一个状态 S'
S_0	0	S_1	S_1	1	S_2
S_0	1	S_0	S_2	0	S_1
S_1	0	S_1	S_2	1	S_0

表 3-12　Moore 型有限状态机的输出表

当前状态 S	输出 Y
S_0	0
S_1	0
S_2	1

表 3-13　用二进制状态编码的 Moore 型有限状态机的状态转换表

当前状态		输入	下一个状态	
S_1	S_0	A	S'_1	S'_0
0	0	0	0	1
0	0	1	0	0
0	1	0	0	1
0	1	1	1	0
1	0	0	0	1
1	0	1	0	0

表 3-14　用二进制状态编码的 Moore 型有限状态机的输出表

当前状态		输出
S_1	S_0	Y
0	0	0
0	1	0
1	0	1

通过这些表,可以找出下一个状态和输出。注意,使用状态 11 不存在这个事实,可以进一步化简这些等式。因此,不存在状态所对应的下一个状态和输出是无关项(在表中没有显示)。我们使用无关项来最小化等式。

$$S'_1 = S_0 A$$
$$S'_0 = \overline{A} \tag{3-8}$$
$$Y = S_1 \tag{3-9}$$

表 3-15 给出了 Mealy 型状态机的状态转换表和输出表。Mealy 型状态机只需要 1 位状态。考虑使用二进制状态编码:$S_0 = 0$,$S_1 = 1$。表 3-16 重新写出了用二进制状态编码的状态转换表和输出表。

表 3-15　Mealy 型状态机的状态转换表和输出表

当前状态 S	输入 A	下一个状态 S'	输出 Y
S_0	0	S_1	0
S_0	1	S_0	0
S_1	0	S_1	0
S_1	1	S_0	1

表 3-16　用二进制状态编码的 Mealy 型状态机的状态转换表和输出表

当前状态 S_0	输入 A	下一个状态 S'_0	输出 Y
0	0	1	0
0	1	0	0
1	0	1	0
1	1	0	1

从这些表中，可以通过观察找到下一个状态和输出等式。

$$S'_0 = \overline{A} \tag{3-10}$$

$$Y = S_0 A \tag{3-11}$$

Moore 型状态机和 Mealy 型状态机的电路原理图如图 3-31 所示。每种状态机的时序图如图 3-32 所示。两种状态机的状态序列不同。然而，Mealy 型状态机的输出上升要早一个周期。这是因为它的输出直接响应输入，而不需要等待状态的变化。如果 Mealy 型状态机的输出通过触发器产生延迟，那么它的输出将与 Moore 型状态机一样。在选择有限状态机设计类型时，需要考虑何时需要到输出响应。

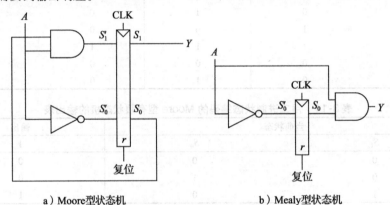

a）Moore 型状态机　　　　　　　　　b）Mealy 型状态机

图 3-31　有限状态机的电路原理图

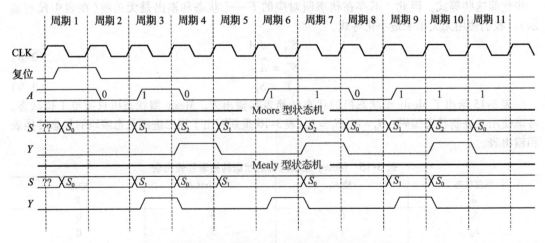

图 3-32　Moore 型状态机和 Mealy 型状态机的时序图

3.4.4 状态机的分解

如果可以将复杂的有限状态机分解成多个互相作用的更简单的状态机，使得其中一些状态机的输出是另一些状态机的输入，则设计复杂的有限状态机经常是很容易的。这种应用层次化和模块化的方法称为状态机的分解（factoring）。

例 3.8 不分解的状态机和分解后的状态机

修改 3.4.1 节中的交通灯控制器，增加一个游行模式。当观众和乐队以分散的队形漫步到足球比赛时就进入游行模式，此时保持 Bravado 大道上的灯是绿色。控制器增加两个新的输入：P 和 R。P 保持至少一个周期有效以便进入游行模式，R 保持至少一个周期以便退出游行模式。当处于游行模式中时，控制器按照平常的时序运行直到 L_B 变成绿色，然后保持 L_B 为绿色直到游行模式结束。

a）单个状态机

首先，画出单个有限状态机的状态转换图，如图 3-33a 所示。然后，画出 2 个相互作用的有限状态机的状态转换图，如图 3-33b 所示。当处于游行模式时，模式有限状态机的输出 M 为有效。灯有限状态机根据 M 和交通传感器（T_A 和 T_B）来控制灯的颜色。

解：图 3-34a 给出了单个有限状态机的设计。状态 S_0 ~ 状态 S_3 处于普通模式。状态 S_4 ~ 状态 S_7 处于游行模式。这两个部分基本相同，但在游行模式下，有限状态机保持在状态 S_6，此时 Bravado 大道上的灯为绿色。输入 P 和 R 控制在两个部分之间的移动。有限状态机设计很杂乱。图 3-34b 显示了分解设计后的有限状态机。模式有限状态机有 2 种状态来，它们用来跟踪处于普通模式或游行模式的灯。当 M 为 TRUE 时，灯有限状态机将修改为保持在状态 S_2。

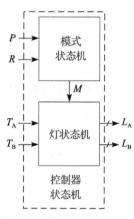

b）分解为两个状态机

图 3-33 修改后的交通灯控制器有限状态机的两种设计

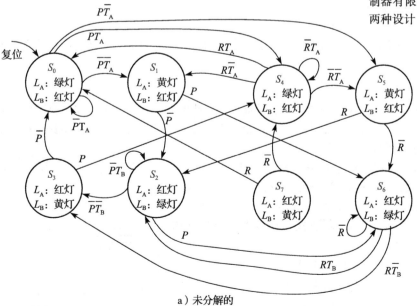

a）未分解的

图 3-34 状态转换图

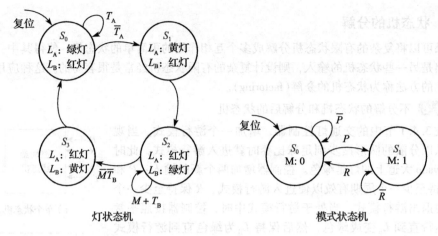

b）分解后的

图 3-34 （续）

132
～
136

3.4.5 由电路图导出状态机

由电路图推导出状态转换图采用几乎与有限状态机设计相反的过程。这个过程是有必要的，如当承担一个没有完整文档的项目或者开展基于他人系统的逆向工程。

- 检查电路，标明输入、输出和状态位。
- 写出下一个状态和输出等式。
- 创建下一个状态和输出表。
- 删除不可达状态来简化下一个状态表。
- 给每个有效状态位组合指定状态名称。
- 用状态名称重写下一个状态和输出表。
- 画出状态转换图。
- 使用文字阐述有限状态机的功能。

在最后一步，注意简洁地描述有限状态机的主要工作目标和功能，而不是简单地重述状态转换图的每个转换。

例 3.9 从电路导出有限状态机

Alyssa P. Hacker 家门的键盘锁已经重装，因此她的旧密码不再有效。新键盘锁的电路图如图 3-35 所示。Alyssa 认为这个电路可能是一个有限状态机，她决定从该电路图推导出状态转换图来看看是否可以打开门锁。

解：Alyssa 首先检查电路。输入是 $A_{1:0}$，输出是 Unlock（开锁）。图 3-35 已经标出了状态位。因为电路的输出只取决于状态位，所以这是一个 Moore 型状态机。根据这个电路，Alyssa 直接写出该下一个状态和输出等式：

$$S'_1 = S_0 \overline{A_1} A_0$$
$$S'_0 = \overline{S_1}\ \overline{S_0} A_1 A_0 \tag{3-12}$$
$$\text{Unlock} = S_1$$

接下来，根据式（3-12）她写出下一个状态和输出

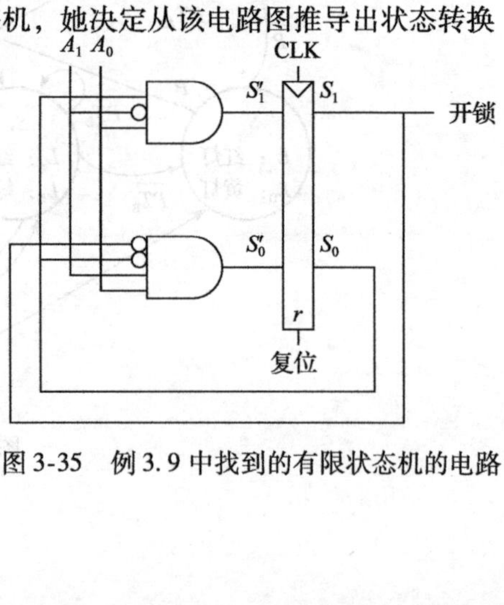

图 3-35　例 3.9 中找到的有限状态机的电路

表，如表3-17和表3-18所示。她首先根据式(3-12)标记表中取值为1的位置，其余位置标记为0。

表 3-17 从图 3-35 导出的下一个状态表

当前状态		输入		下一个状态	
S_1	S_0	A_1	A_0	S_1'	S_0'
0	0	0	0	0	0
0	0	0	1	0	0
0	0	1	0	0	0
0	0	1	1	0	1
0	1	0	0	0	0
0	1	0	1	1	0
0	1	1	0	0	0
0	1	1	1	0	0
1	0	0	0	0	0
1	0	0	1	0	0
1	0	1	0	0	0
1	0	1	1	0	0
1	1	0	0	0	0
1	1	0	1	1	0
1	1	1	0	0	0
1	1	1	1	0	0

然后，通过删除未使用的状态并利用无关项来合并行等方法 Alyssa 简化了表。状态 $S_{1:0} = 11$ 从未在表3-17中作为可能的下一个状态出现过，因此以这个状态作为当前状态的行都可以删除。对于当前状态 $S_{1:0} = 10$，下一个状态总是 $S_{1:0} = 00$，与输入无关，因此在表中对应的输入用无关项代替。简化的真值表如表3-19和表3-20所示。

表 3-18 从图 3-35 导出的输出表

当前状态		输出
S_1	S_0	Unlock
0	0	0
0	1	0
1	0	1
1	1	1

表 3-19 简化的下一个状态表

当前状态		输入		下一个状态	
S_1	S_0	A_1	A_0	S_1'	S_0'
0	0	0	0	0	0
0	0	0	1	0	0
0	0	1	0	0	0
0	0	1	1	0	1
0	1	0	0	0	0
0	1	0	1	1	0
0	1	1	0	0	0
0	1	1	1	0	0
1	0	X	X	0	0

表 3-20 简化的输出表

当前状态		输出
S_1	S_0	Unlock
0	0	0
0	1	0
1	0	1

Alyssa 为每个状态位组合取名：S_0 是 $S_{1:0} = 00$，S_1 是 $S_{1:0} = 01$，S_2 是 $S_{1:0} = 10$。表 3-21 和表 3-22 展示了使用状态名的下一个状态表和输出表。

表 3-21　符号化的下一个状态表

当前状态	输入	下一个状态	当前状态	输入	下一个状态
S	A	S'	S	A	S'
S_0	0	S_0	S_1	1	S_2
S_0	1	S_0	S_1	2	S_0
S_0	2	S_0	S_1	3	S_0
S_0	3	S_1	S_2	X	S_0
S_1	0	S_0			

Alyssa 使用表 3-21 和表 3-22 画出图 3-36 所示的状态转换图。通过观察状态转换图，她知道该有限状态机的工作原理：该状态机只有在检测到输入值 $A_{1:0}$ 是一个 3 跟着一个 1 后就会将门解锁。然后门再次锁上。Alyssa 尝试在门锁键盘上输入该数字串，成功将门打开。◄

表 3-22　符号化的输出表

当前状态 S	输出 Unlock
S_0	0
S_1	0
S_2	1

3.4.6　有限状态机小结

有限状态机是根据给定规范系统设计时序电路的非常有用方法。设计有限状态机的步骤如下：

- 确定输入和输出。
- 画状态转换图。
- 对于 Moore 型状态机：
  - 写出状态转换表。
  - 写出输出表。
- 对于 Mealy 型状态机：
  - 写出组合的状态转换表和输出表。
- 选择状态编码——这个选择将影响硬件设计。
- 为下一个状态和输出逻辑写出布尔表达式。
- 画出电路草图。

本书将反复使用有限状态机来设计复杂的数字系统。

137
≀
140

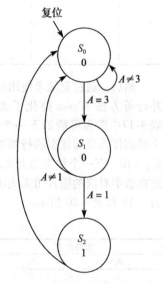

图 3-36　例 3.9 的有限状态机的状态转换图

3.5　时序逻辑的时序

我们知道，触发器在时钟的上升沿将输入 D 复制到输出 Q。这个过程称为在时钟沿对 D 采样（sampling）。当时钟上升时，如果 D 是 0 或 1 的稳定状态，则这个动作可以清晰地定义。但是，如果 D 在时钟上升时发生了变化，将发生什么情况？

这个问题类似于面对一个正在捕捉图片的照相机。设想这样一个图片，一只青蛙正在从一个睡莲上跳入湖水中。如果你在青蛙跳之前拍照，你将看到一只在睡莲上的青蛙。如果你在青蛙跳之后拍照，你将看到水面上的波纹。如果你刚好在青蛙跳的时候拍照，你将看到一只伸展的青蛙从睡莲跳入湖水的模糊影像。照相机由孔径时间（aperture time）刻画，在此时间内一个物体必须保持不动，照相机才能获得清晰的图像。同样，时序元件在时钟沿附近也有孔径时间。在孔径时间内输入必须稳定，触发器才能产生明确定义的输出。

时序元件的孔径时间分别用时钟沿前的建立时间（setup time）和时钟沿后的保持时间（hold

time)定义。正如静态约束限制我们使用在禁止区域外的逻辑电平，动态约束限制我们使用孔径时间处改变的信号。利用动态约束，我们可以认为时间是基于时钟周期的离散单元，正如我们将信号电平认为是离散的 1 和 0。一个信号可以有毛刺，也可以在有限时间内反复振荡。在动态约束下，我们只关心时钟周期结束时的最终值，之后它设置为一个稳定值。所以，我们可以简单地用 $A[n]$ 表示在第 n 个时钟周期结束时信号 A 的值，其中 n 是整数，而不再考虑时刻 t 的值 $A(t)$，其中 t 是实数。

时钟周期应该足够长，以便使所有信号都稳定下来。这限制了系统的速度。在真实的系统中，时钟不能准确地同时到达所有的触发器。这个时间变量称为时钟偏移(clock skew)，它进一步增加了必要的时钟周期。

在面对真实的世界时，动态约束往往是不可能的满足。比如，考虑一个通过按钮输入的电路。一只猴子可能在时钟上升时按下了按钮。此时触发器捕获了一个 0～1 之间的值，这个值不可能稳定到一个正确的逻辑值，这种现象称为亚稳态。解决这种异步输入的方法是使用同步器，同步器产生非法逻辑值的概率非常小(但是不为 0)。

我们将在本节的后面讨论这些问题。

141

3.5.1 动态约束

到目前为止，我们将重点放在时序电路的功能规范上。触发器和有限状态机等同步时序电路也有时序规范，如图 3-37 所示。当时钟上升时，输出在时钟到 Q 的最小延迟 t_{ccq} 后开始改变，并在时钟到 Q 的传播延迟 t_{pcq} 内达到最终值。它们分别代表了通过电路的最快和最慢延迟。为了电路对输入正确采样，在时钟上升沿到来前，输入必须在建立时间(setup time)t_{setup} 内保持稳定，在时钟上升沿后，输入必须保持至少保持时间(hold time)t_{hold} 内保持稳定。建立时间和保持时间统称为电路的孔径时间(aperture time)，因为它是输入保持稳定状态的时间总和。

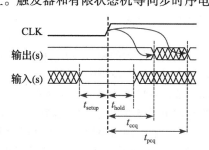

图 3-37　同步时序电路的时序规范

动态约束(dynamic discipline)是指同步时序电路的输入必须在时钟沿附近的建立和维持孔径时间内保持稳定。为了满足这个要求，必须保证在触发器对信号进行采样时，信号不能变化。因为在采样时仅关心输入的最终值，所以可以将信号当作时间和逻辑电平上都是离散的量。

3.5.2 系统时序

时钟周期或时钟时间 T_c 是重复时钟信号的上升沿之间的时间。它的倒数 $f_c = 1/T_c$ 是时钟频率。所有的一切都是一样的，提高时钟频率可以增加数字系统在单位时间内完成的工作量。频率的单位是 Hz，或者每秒的周期数。$1MHz = 10^6 Hz$，$1GHz = 10^9 Hz$。

图 3-38a 给出了同步时序电路中一条普通路径，我们希望计算它的时钟周期。在时钟的上升沿，寄存器 R1 产生输出 Q1。这些信号进入一个组合逻辑电路，产生 D2，作为寄存器 R2 的输入。图 3-38b 的时序图说明每个输出信号在它的输入信号发生改变后开始改变一个最小延迟，在输入信号稳定后在传播延迟内输出信号稳定到最终值。灰色箭头表示通过 R1 和组合逻辑块的最小延迟，黑色箭头代表通过 R1 和组合逻辑的传播延迟。我们针对第二个寄存器 R2 的建立时间和保持时间来分析时序约束。

142

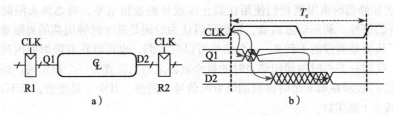

图 3-38　寄存器之间的路径和时序图

1. 建立时间约束

图 3-39 只显示了通过路径的最大延迟的时序图，用箭头表示。为了满足 R2 的建立时间，D2 必须在不迟于下一个时钟沿之前的建立时间前稳定。所以我们得出了最小时钟周期的等式：

$$T_c \geq t_{pcq} + t_{pd} + t_{setup} \qquad (3\text{-}13)$$

在商业设计中，时钟周期经常由研发总监和市场部提出（以确保产品的竞争性）。而且，制造商确定触发器时钟到 Q 的传播延迟 t_{pcq} 和建立时间 t_{setup}。因此，可以重写式(3-13) 来确定通过组合逻辑的最大传播延迟，这是设计师经常只能控制的一个变量。

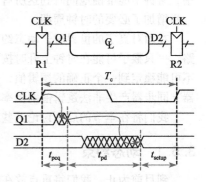

图 3-39　建立时间约束的最大延迟

$$t_{pd} \leq T_c - (t_{pcq} + t_{setup}) \qquad (3\text{-}14)$$

在圆括号内的项 $t_{pd} + t_{setup}$ 称为时序开销（sequencing overhead）。理想状态下，整个周期时间 T_c 都应用于组合逻辑中有用的计算，其传播延迟为 t_{pd}。但是，触发器的时序开销占用了周期时间。式(3-14)称为建立时间约束（setup time constrain）或最大延迟约束（max-delay constrain），因为它取决于建立时间，并限制通过组合逻辑的最大延迟。

如果通过组合逻辑的传播延迟太大，D2 有可能在 R2 对其采样时不能稳定到它的最终值。所以，R2 可能采样到一个不正确的结果或者一个处于禁止区域的非法电平。在这种情况下，电路将出现故障。解决这个问题的方法有两个：增加时钟周期或重新设计组合逻辑来缩短传播延迟。

2. 保持时间约束

图 3-38a 中的寄存器 R2 也有保持时间约束。寄存器的输入 D2 必须保持不变直到某些时间 t_{hold} 在时钟的上升沿之后。根据图 3-40，在时钟上升沿之后只要 $t_{ccq} + t_{cd}$，D2 就可能变化。所以，我们可以得到

$$t_{ccq} + t_{cd} \geq t_{hold} \qquad (3\text{-}15)$$

另外，t_{ccq} 和 t_{cd} 是触发器的属性，通常不能被设计人员控制。重新排列上式，可以得到组合逻辑的最小延迟：

$$t_{cd} \geq t_{hold} - t_{ccq} \qquad (3\text{-}16)$$

式(3-16)称为保持时间约束或最小延迟约束（min-delay constrain），因为它限制了通过组合逻辑的最小延迟。

我们已经假定任何逻辑元件都可以互连而不会导致时序问题。尤其是，希望图 3-41 所示的 2 个触发器可以直接级联，而不导致保持时间问题。

在此情况中，因为在触发器之间没有组合逻辑，所以

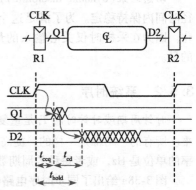

图 3-40　保持时间约束的最小延迟

图 3-41　背靠背相连的触发器

$t_{cd} = 0$。带入式(3-16)得出：

$$t_{hold} \leq t_{ccq} \tag{3-17}$$

换句话说，一个可靠触发器的保持时间比它的最小延迟短。经常将触发器设计成 $t_{hold} = 0$，于是式(3-17)总是可以满足的。除非特别注明处，本书经常假定和忽略保持时间约束。

然而，保持时间约束又非常重要。如果它们不能得到满足，则唯一的解决办法是重新设计电路以便增加组合逻辑的最小延迟。与建立约束不同，它们不能通过调整时钟周期来改正。以目前的科技水平，重新设计和制造一个集成电路需要花费数月时间和上千万美元。所以违反保持时间约束将产生非常严重的后果。

3. 小结

时序电路中的建立时间和保持时间约束控制触发器之间的组合逻辑的最大延迟和最小延迟。现代触发器经常设计为可以使其组合逻辑的最小延迟是 0，即触发器可以背靠背地放置。因为高的时钟频率意味着短的时间周期，所以最大延迟约束限制了高速电路的关键路径上串联门的个数。

例 3.10 时序分析

Ben 设计了图 3-42 所示的电路。根据他所使用组件的数据手册，触发器的时钟到 Q 的最小延迟和传播延迟分别位 30ps 和 80ps。它们的建立时间和保持时间分别为 50ps 和 60ps。每个逻辑门的传播延迟和最小延迟分别为 40ps 和 25ps。帮助 Ben 确定最大时钟周期，并确定是否能满足保持时间约束。这个过程称为时序分析(timing analysis)。

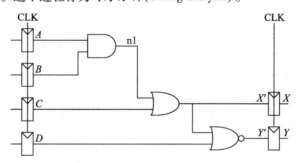

图 3-42　用于时序分析的实例电路

解： 图 3-43a 显示了信号变化时的波形图。输入 A 到 D 存储在寄存器中，所以它们只在 CLK 上升后立刻改变。

关键路径出现在 $B = 0$、$C = 0$、$D = 0$，且 A 从 0 上升为 1 时，触发 n1 上升，X' 上升，Y' 下降，如图 3-43b 所示。这条路径包含 3 个门延迟。对于关键路径，我们假定每一个门都需要它全部的传播延迟。Y' 必须在下一个时钟的上升沿到来前建立。所以最小的周期时间是

$$T_c \geq t_{pcq} + 3t_{pd} + t_{setup} = 80 + 3 \times 40 + 50 = 250\text{ps} \tag{3-18}$$

最大时钟频率是 $f_c = 1/T_c = 4\text{GHz}$。

当 $A = 0$ 且 C 上升时，出现最短路径，导致 X' 上升，如图 3-43c 所示。对于最短路径，我们假定每个逻辑门仅在最小延迟之后切换。这条路径只包含一个门延迟，所以它将在 $t_{ccq} + t_{cd} = 30 + 25 = 55\text{ps}$ 之后出现。但是，这个触发器需要 60ps 的保持时间，意味着 X' 必须在时钟的上升沿到来之后的 60ps 内保持稳定，X' 触发器才可以可靠地对它的值进行采样。在这种情况下，在第一个时钟的上升沿，$X' = 0$，所以我们希望触发器捕获 $X = 0$。因为 X' 不能保持稳定状态足够长的时间，所以 X 的实际值不可预测。这个电路违反了保持时间约束，且任何时钟频率其动作都可能不正确。

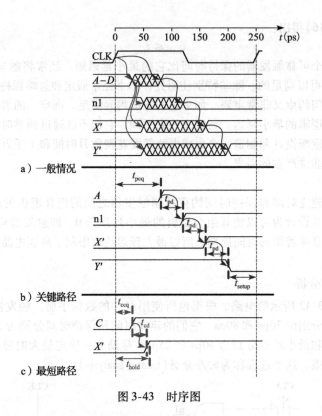

a) 一般情况

b) 关键路径

c) 最短路径

图 3-43 时序图

例 3.11 解决违反保持时间约束问题

Alyssa P. Hacker 打算通过增加缓冲器来降低最短路径速度以便修复 Ben 的电路，如图 3-44 所示。缓冲器和其他门有相同的延迟。确定电路的最大时钟频率，并确定是否会出现保持时间问题。

解：图 3-45 显示了说明信号变化的波形图。从 A 到 Y 的关键路径不受影响，因为它没有经过任何缓冲器。所以，最大时钟频率仍然是 4GHz。但是，最短路径被缓冲器的最小延迟变慢了。X' 在 $t_{ccq} + 2t_{cd} = 30 + 2 \times 25 = 80\text{ps}$ 之前都保持不变。这是在保持时间 60ps 后，所以电路运行正常。

这个例子使用了一个不常见的长保持时间来说明保持时间问题。大多数的触发器设计成 $t_{hold} \leq t_{ccq}$ 来避免这类问题。但是，有些高性能的微处理器（包括奔腾 4）在触发器中使用了称为脉冲锁存器（pulsed latch）的元件。脉冲触发器的行为类似于触发器，但是它的时钟到 Q 的延迟很短，且保持时间很长。总之，增加缓冲器通常（但并不总是）能在不降低关键路径速度的同时解决保持时间问题。

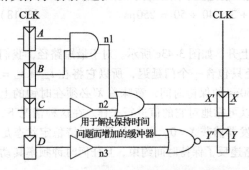

图 3-44 解决保持时间问题的修正电路

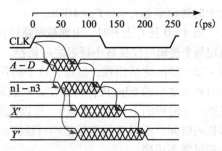

图 3-45 增加缓冲器来解决保持时间问题的时序图

3.5.3 时钟偏移*

在前面的分析中，我们假设时钟总是在同一时刻到达各个寄存器。在现实中，每个寄存器的时钟到达时间总是有所不同的。这个时钟沿到达时间的变化称为时钟偏移（clock skew）。例如，从时钟源到不同寄存器之间的线路长度不同，导致延迟的微小差异，如图3-46所示。噪声也可以导致不同的延迟。3.2.5节介绍的时钟门控也可以进一步延迟时钟。如果一些时钟经过门控，而另一些没有，则门控时钟和非门控时钟之间就一定存在偏移。图3-46中的CLK2比CLK1早，因为在两个寄存器之间的时钟线路上有一条通路。如果时钟的路径不同，CLK1也可能会早一些。在进行时序分析时，需要考虑最坏情况，这样可以保证电路在所有环境下都可以工作。

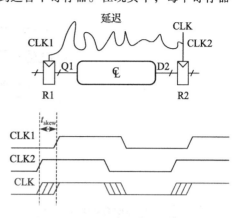

图3-46　由线路延迟引起的时钟偏移

图3-47是在图3-38上增加了时钟偏移后的时序分析。粗时钟线表示时钟信号到达每个寄存器的最迟时间，虚线表示时钟可能提前t_{skew}时间到达。

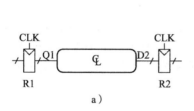

a)

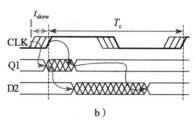

b)

图3-47　带时钟偏移的时序图

首先，考虑图3-48中的建立时间约束。在最坏情况下，R1收到最迟偏移时钟，R2收到最早偏移时钟，尽可能留下一点时间在两个寄存器之间进行数据传播。

数据通过寄存器和组合逻辑传播，并必须在R2采样前建立。所以可以得到：

$$T_c \geq t_{pcq} + t_{pd} + t_{setup} + t_{skew} \qquad (3-19)$$

$$t_{pd} \leq T_c - (t_{pcq} + t_{setup} + t_{skew}) \qquad (3-20)$$

下一步，考虑图3-49中的保持时间约束。在最坏情况下，R1接收最早偏移时钟CLK1，R2接收最迟偏移时钟CLK2。数据通过寄存器和组合逻辑传输，且必须在经过慢时钟的保持时间后到达，所以可以得到：

$$t_{ccq} + t_{cd} \geq t_{hold} + t_{skew} \qquad (3-21)$$

$$t_{cd} \geq t_{hold} + t_{skew} - t_{ccq} \qquad (3-22)$$

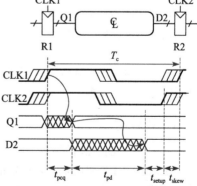

图3-48　带时钟偏移的建立时间约束

总之，时钟偏移显著增加了建立时间和保持时间。它将增加时序总开销，减少组合逻辑的有效工作时间。它也增加了通过组合逻辑所需的最小延迟。即使$t_{hold}=0$，如果$t_{skew} > t_{ccq}$，一对背靠背的触发器将不满足式（3-22）。为了防止严重的保持时间错误，设计者绝对不能允许太多的时钟偏移。当时钟偏移存在时，有时故意将触发器设计为特别慢（增大t_{ccq}）来防止保持时间问题。

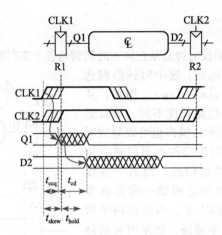

图 3-49　带时钟偏移的保持时间约束

例 3.12　时钟偏移的时序分析

重新考虑例 3.10，假定系统的时钟偏移为 50ps。

解： 关键路径保持一样，但因时钟偏移关系，建立时间显著增加。所以，最小周期时间是

$$T_c \geq t_{pcq} + 3t_{pd} + t_{setup} + t_{skew} = 80 + 3 \times 40 + 50 + 50 = 300\text{ps} \qquad (3\text{-}23)$$

最大时钟频率是 $f_c = 1/T_c = 3.33\text{GHz}$。

最短路径也保持不变，即 55ps。因为时钟偏移，所以保持时间显著增加为 $60 + 50 = 110\text{ps}$，它比 55ps 大很多。所以，电路将违反保持时间约束，在任何频率都将发生故障。即使没有时钟偏移时，电路也违反保持时间约束。系统的时钟偏移会造成更严重的违反时间保持约束问题。　　　◀

144
~
150

例 3.13　调整电路以便满足保持时间约束

重新考虑例 3.11，假设系统的时钟偏移是 50ps。

解： 关键路径不受影响，所以最大时钟频率仍然为 3.33GHz。

最短路径增加到 80ps。这仍然比 $t_{hold} + t_{skew}$ 的 110ps 小，所以电路仍然违反保持时间约束。

为了修复这个问题，需要插入更多的缓冲器。在关键路径上也需要增加缓冲器来降低时钟频率。另外，也可以选用其他保持时间更短的触发器。　　　◀

3.5.4　亚稳态

如前所示，在孔径时间内，尤其是当输入来自外界时，不可能总是保证时序电路的输入是稳定的。考虑一个连接到触发器输入的按钮，如图 3-50 所示。按钮没有被按下时，$D = 0$；当按钮按下时，$D = 1$。在相对于时钟上升沿的某个随机时间，一只猴子按下按钮。我们希望知道时钟上升沿后的输出 Q。情况 I，当按钮在 CLK 之前按下时，$Q = 1$。情况 II，当按钮在 CLK 之后很久都没有按下时，$Q = 0$。情况 III，当按钮在 CLK 之前的 t_{setup} 和 CLK 之后的 t_{hold} 之间的某个时间按下时，输入破坏了动态约束，输出将无法确定。

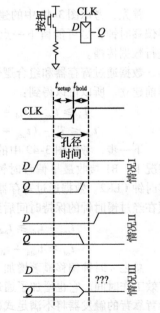

图 3-50　输入在孔径时间之前、之后和之间改变

1. 亚稳态

当触发器对孔径时间内发生变化的输入进行采样时，输出 Q 可能随时取禁止区域内 $0 \sim V_{DD}$ 之间的一个电压。这称为亚稳态。最终，触发器将确定输出到 0 或者 1 的稳态。但是，到达稳态的分辨时间（resolution time）是无界的。

触发器的亚稳态类似于一个放在两个山谷之间的山峰顶点的球，如图 3-51 所示。处于山谷中的球为稳态，因为它们在不受干扰的情况下可以一直保持它的状态。在山峰顶上的球为亚稳态，因为如果保持绝对的平衡，这个球将保持在山顶。但是因为没有绝对的平衡，所以球将最终滚落到一边或者另一边。发生这种改

图 3-51 稳定态和亚稳态

变所需要的时间取决于球在最初位置上的平衡程度。每一个双稳态设备在两个稳态之间都存在一个亚稳态。

2. 分辨时间

如果触发器在时钟周期内的随机时间发生改变，那么为达到稳态所需要的分辨时间 t_{res}，也是一个随机变量。如果输入在孔径时间外改变，则 $t_{res} = t_{pcq}$。但是，如果输入在孔径时间内改变，则 t_{res} 一定比较长。理论和实验分析（见 3.5.6 节）指出，分辨时间 t_{res} 大于任意时间 t 的概率按 t 的指数减少： [151]

$$P(t_{res} > t) = \frac{T_0}{T_c} e^{-\frac{t}{\tau}} \tag{3-24}$$

T_c 为时钟周期，T_0 和 τ 由触发器的属性决定。式（3-24）仅在 t 比 t_{pcq} 大的条件下有效。

直观地，$\frac{T_0}{T_c}$ 表示在最坏时间（比如，孔径时间）内输入发生改变的概率。这个概率随周期时间 T_c 减少。τ 是一个时间常量，它说明触发器从亚稳态移开的速度，这与触发器中交叉耦合门的延迟有关。

总之，如果触发器等双稳态设备的输入在孔径时间内发生改变，则输出在稳定到 0 或者 1 之前是一个亚稳态值。达到稳态的时间是无界的，因为对于任何有限时间 t，触发器仍处于亚稳态的概率都不是 0。但是，这个概率将随着 t 的指数而减少。所以，如果等待时间足够长，超过了 t_{pcq}，那么触发器达到一个有效逻辑电平的概率将很高。

3.5.5 同步器

对于数字系统，来自真实世界的异步输入是不可能避免的。比如，人的输入就是异步的。如果处理不当，系统中的这些异步输入将导致亚稳态电压，从而产生很难发现和改正的不稳定的系统错误。数字系统设计人员的目标是：对于给定的异步输入，确保遇到的亚稳态电压的概率足够小。"足够"取决于应用环境。对于数字移动电话，在 10 年内有一次失效是可以接受的。因为即使它锁死了，用户也可以关机，然后再打过去。对于医疗设备，在预期的宇宙生命（10^{10} 年）中产生一次失效将是一个更好的指标。为了确保产生正确的逻辑电平，所有的异步输入必须经过同步器（synchronizer）。

图 3-52 给出了一个同步器。它接收异步输入信号 D 和时钟 CLK。在有限时间内，它产生一个输出 Q，输出为有效逻辑电压的

图 3-52 同步器的符号

概率很高。如果在孔径时间内 D 是稳定的，则 Q 将取与 D 一样的值。如果在孔径时间内 D 发生变化，则 Q 可能取 HIGH 或者 LOW，但是它一定不会是亚稳态。

图 3-53 显示了用 2 个触发器来建立同步器的简单方法。F1 在 CLK 的上升沿对 D 进行采样。如果 D 在这个时刻发生改变，则输出 D2 将出现暂时的亚稳态。如果时钟周期足够长，则 [152]

在周期结束前 D2 成为一个有效逻辑电平的概率很高。然后 F2 对 D2 进行采样,它现在是稳定的,将产生一个好的输出 Q。

如果同步器的输出 Q 为亚稳态,那么这个同步器将失效。如果在 F2 上必须建立的时间前(即,如果 $t_{res} > T_c - t_{setup}$)D2 没有变成有效的电平,则可能出现这种情况。根据式(3-24),在随机时间内输出信号的改变导致同步器失效的概率是:

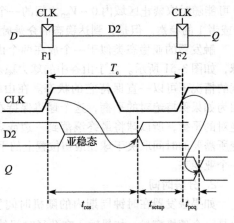

图 3-53 一个简单的同步器

$$P(失效) = \frac{T_0}{T_c}e^{-\frac{T_c-t_{setup}}{\tau}} \qquad (3-25)$$

失效的概率 $P(\text{failure})$ 是信号 D 改变时,输出 Q 为亚稳态的概率。如果 D 每秒改变一次,则每秒失效的概率就是 $P(失效)$。如果 D 每秒改变 N 次,则失效的概率就需要乘以 N:

$$P(失效)/\sec = N\frac{T_0}{T_c}e^{-\frac{T_c-t_{setup}}{\tau}} \qquad (3-26)$$

系统的可靠性通常由平均失效间隔时间(Mean Time Between Failure, MTBF)度量。根据定义可以看出,MTBF 是系统失效之间的平均时间。它是系统失效概率的倒数:

$$MTBF = \frac{1}{P(失效)/\sec} = \frac{T_c e^{\frac{T_c-t_{setup}}{\tau}}}{NT_0} \qquad (3-27)$$

153

式(3-27)指出,MTBF 随着同步器延迟 T_c 的指数增加。对于多数系统,等待一个时钟周期的同步器将提供给一个安全的 MTBF。在异常高速系统中可能需要等待更多的周期。

例 3.14 有限状态机输入的同步器

3.4.1 节中的交通灯控制器有限状态机从交通传感器接收异步输入。假定同步器用于保证控制器得到稳定的输入信号。交通到达的次数是平均 0.2 次每秒。同步器中的触发器具有如下特性:$\tau = 200\text{ps}$,$T_0 = 150\text{ps}$,$t_{setup} = 500\text{ps}$。这个同步器的时钟周期是多少才能使 MTBF 超过 1 年?

解:1 年 $\approx \pi \times 10^7 (\text{s})$。求解式(3-27)。

$$\pi \times 10^7 = T_c e^{\frac{T_c-500\times10^{-12}}{200\times10^{-12}}} / (0.2)(150 \times 10^{-12}) \qquad (3-28)$$

该式没有封闭解。但是,通过猜想和检验很容易求解。在数据表中,尝试将一些 T_c 值带入来计算 MTBF,直到 T_c 的值可以保证 MTBF 为 1 年:$T_c = 3.036\text{ps}$。 ◀

3.5.6 分辨时间的推导*

式(3-24)可以使用电路理论、微分方程和概率论等基础知识推导出来。如果读者对推导不感兴趣或对相关数学知识不了解,可以跳过此节。

在给定时间 t 后触发器处于亚稳态,如果触发器对正在变化的输入(将产生亚稳态条件)进行采样,而且输出在时钟沿后的这段时间内没有达到稳定的电平。这个过程可以用数学公式描述:

$$P(t_{res} > t) = P(对正在改变的输入进行采样) \times P(没有达到稳定的电平) \qquad (3-29)$$

我们认为每个概率项都是独立的。在某个时刻,异步输入信号 t_{switch} 在 0 和 1 之间切换,如图 3-54 所示。在时钟沿附近的孔径时间内输入发生改变的概率是

$$P(对正在改变的输入进行采样) = (t_{switch} + t_{setup} + t_{hold})/T_c \qquad (3-30)$$

如果触发器以概率 $P(对正在改变的输入进行采样)$的进入亚稳态,则从亚稳态到成为有效

电平的时间取决于电路的内部工作原理。分辨时间确定 P(没有达到稳定的电平),即在时间 t 后触发器没有成为有效电平的概率。本节后续部分通过分析一个简单的双稳态器件模型来估计这个概率。

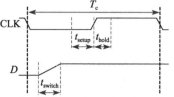

图 3-54 输入时序

双稳态器件以正反馈方式存储。图 3-55a 给出了用一对反相器实现的正反馈。这个电路的行为代表了大多数典型的双稳态元件。一对反相器的行为类似于缓冲器。我们用对称直流传输特性为它建模,如图 3-55b 所示,其斜率为 G。缓冲器只能提供有限的输出电流。可以将其建模为一个输出电阻 R。所有真实的电路都有必须充电的电容 C。通过电阻对电容充电形成 RC 延迟,阻止缓冲器在瞬间进行切换。所以,完整的电路模型如图 3-55c 所示,其中 $v_{out}(t)$ 为双稳态器件的传输状态的电压。

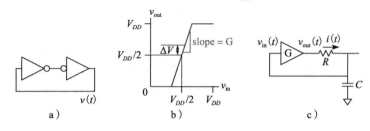

图 3-55 双稳态器件的电路模型

该电路的亚稳态点是 $v_{out}(t) = v_{in}(t) = V_{DD}/2$。如果电路刚好在这一点开始工作,则它将在没有噪声的情况下永远保持在这里。因为电压是连续变量,所以电路刚好在亚稳态这一点开始工作的机会非常小。但是,电路可能处于亚稳态附近的时刻 0 开始,即 $v_{out}(0) = V_{DD}/2 + \Delta V$,其中 ΔV 是小偏移量。在这种情况下,如果 $\Delta V > 0$,则正反馈最终将驱动 $v_{out}(t)$ 到 V_{DD};如果 $\Delta V < 0$,将驱动 $v_{out}(t)$ 到 0。到达 V_{DD} 或 0 所需的时间正是双稳态器件的分辨时间。

直流传输特性是非线性的,但它在我们感兴趣的亚稳态点附近表现为线性的。特别是,如果 $v_{in}(t) = V_{DD}/2 + \Delta V/G$,则当 ΔV 很小时,$v_{out}(t) = V_{DD}/2 + \Delta V$。通过电阻的电流是 $i(t) = ((v_{out}(t) - v_{in}(t)))/R$。电容充电的速率是 $dv_{in}(t)/dt = i(t)/C$。将这些综合到一起,可以得出输出电压的产生方程。

$$dv_{out}(t)/dt = \frac{(G-1)}{RC}[v_{out}(t) - V_{DD}/2] \qquad (3-31)$$

这是一个一阶线性微分方程。根据初始条件 $v_{out}(t) = V_{DD}/2 + \Delta V$ 求解该方程式。

$$v_{out}(t) = V_{DD}/2 + \Delta V e^{\frac{(G-1)t}{RC}} \qquad (3-32)$$

图 3-56 描绘了对于给定的不同起始点电压 $v_{out}(t)$ 的轨迹。$v_{out}(t)$ 呈指数远离亚稳态点 $V_{DD}/2$,直到它饱和为 V_{DD} 或者 0。输出电压最终将为 1 或者 0。所花费的时间取决于从亚稳态点 $V_{DD}/2$ 到初始电压的偏移量(ΔV)。

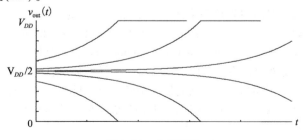

图 3-56 分辨轨迹

154 ～ 155

为了求分辨时间 t_{res}，来解式(3-32)，使得 $v_{out}(t_{res}) = V_{DD}$ 或者 0，给出

$$|\Delta V| e^{\frac{(G-1)t_{res}}{RC}} = \frac{V_{DD}}{2} \qquad (3\text{-}33)$$

$$t_{res} = \frac{RC}{G-1} \ln \frac{V_{DD}}{2|\Delta V|} \qquad (3\text{-}34)$$

总之，如果双稳态器件有导致输出改变很慢的很大的电阻和电容，那么分辨时间会增加。如果双稳态器件有很大的增益 G，则分辨时间会减小。当电路在紧挨着亚稳态的点开始($\Delta V \to 0$)时，分辨时间也会呈对数增加。

定义 τ 为 $\frac{RC}{G-1}$。给定分辨时间 t_{res}，为了确定初始偏移量 ΔV_{res}，求解式(3-34)：

$$\Delta V_{res} = \frac{V_{DD}}{2} e^{\frac{-t_{res}}{\tau}} \qquad (3\text{-}35)$$

156 　假设双稳态器件对正在变化的输入进行采样。输入电压 $v_{in}(0)$ 为电压 V_{DD} 和 0 之间。在时间 t_{res} 后输出没有成为合法值的概率取决于初始偏移量足够小的概率。尤其是，在 v_{out} 上的初始偏移量小于 ΔV_{res}，所以在 v_{in} 上的初始偏移量必须小于 $\Delta V_{res}/G$。双稳态器件对输入进行采样时得到足够小的初始偏移量的概率为：

$$P(\text{没有达到稳定的电平}) = P\left(\left|v_{in}(0) - \frac{V_{DD}}{2}\right| < \frac{\Delta V_{res}}{G}\right) = \frac{2\Delta V_{res}}{GV_{DD}} \qquad (3\text{-}36)$$

综上所述，分辨时间大于时间 t 的概率由下式给出

$$P(t_{res} > t) = \frac{t_{switch} + t_{setup} + t_{hold}}{GT_c} e^{\frac{-t}{\tau}} \qquad (3\text{-}37)$$

观察式(3-37)，并按式(3-24)形式重写，$T_0 = (t_{switch} + t_{setup} + t_{hold})/G$，$\tau = RC/(G-1)$。总之，我们已经得出式(3-24)，并证明 T_0 和 τ 取决于双稳态器件的物理属性。

3.6　并行

系统的速度可以用延迟和通过系统的信息吞吐量来度量。任务(token)定义为经过处理后能产生一组输出的一组输入。可以采用可视化的方法理解，即在电路图中输入这些任务，并通过电路得到结果。延迟(latency)是从开始到结束所需要的时间。吞吐量(throughout)是系统单位时间内产生任务的数量。

　例 3.15　饼干的延迟和吞吐量

Ben 决定举行一个牛奶和饼干晚宴来庆祝交通灯控制器成功安装。做好饼干并放入盘中需要花 5 分钟。将饼干放入烤箱烤好需要花 15 分钟。当饼干烤好后，他开始做下一盘饼干。Ben 做好一盘饼干的吞吐量和延迟是多少？

　解：在这个例子中，一盘饼干是一个任务。每盘的延迟是 1/3 小时，吞吐量是 3 盘/小时。

你可能会想，在同一时间内处理多个任务可以提高吞吐量。这称为并行(parallelism)，它

157 有两种形式：空间和时间。空间并行(spatial parallelism)提供多个相同的硬件，这样多个任务就可以在同一时间一起处理。时间并行(temporal parallelism)将一个任务分成多个阶段，类似于装配线。多个任务可以分布到所有的阶段。虽然每一个任务必须通过所有的阶段，但在任意给定的时间内每段都有一个不同的任务，从而使多个任务可以重叠起来。时间并行通常称为流水线(pipelining)。空间并行有时也只称为并行，但是我们避免这种容易产生误解的命名约定。◀

　例 3.16　饼干并行

Ben 有上百个朋友来参加他的晚宴，所以他需要加快做饼干的速度。他考虑使用空间并行

和时间并行。

　　空间并行：Ben 请 Alyssa 提供帮助。Alyssa 有她自己的饼干盘和烤箱。

　　时间并行：Ben 拿来第二个饼干盘。当他把一盘饼干放入烤箱时，就开始卷饼干并放入另一个盘子里，而不是等待第一盘烤好。

　　使用空间并行和时间并行后的吞吐量和延迟是多少？同时使用两种方法后吞吐量和延迟是多少？

　　解：延迟是完成一个任务从开始到结束所需要的时间。在所有情况下，延迟都是 1/3 小时。如果开始时 Ben 没有饼干，则延迟是他完成第一盘饼干所需要的时间。

　　吞吐量是每小时烤好的饼干盘数。使用空间并行方法，Ben 和 Alyssa 每 20 分钟完成一盘饼干。所以，吞吐量是以前的 2 倍，即 6 盘/小时。使用时间并行方法，Ben 每 15 分钟就把一个新盘放入烤箱，吞吐量是 4 盘/小时。如图 3-57 所示。

　　如果 Ben 和 Alyssa 同时使用这两种并行技术，吞吐量是 8 盘/小时。

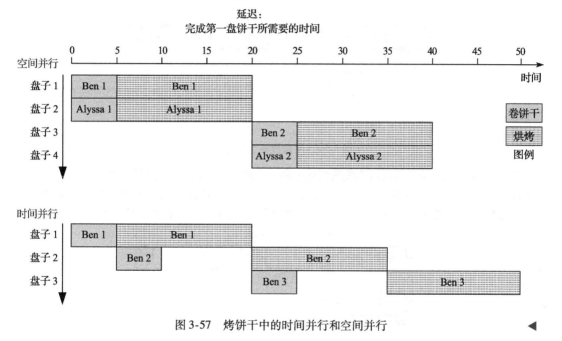

图 3-57　烤饼干中的时间并行和空间并行 ◀

　　考虑一个延迟为 L 的任务。没有并行的系统中，吞吐量为 $1/L$。在空间并行系统中有 N 个相同的硬件，则吞吐量为 N/L。在时间并行系统中，可以将任务理想地分成等长的 N 个步骤或阶段。在这种情况下，吞吐量也是 N/L，且只需要一套硬件。但是，饼干的例子说明，将任务分解为 N 个等长的阶段是不切实际的。如果最长的延迟是 L_1，则流水线的吞吐量为 $1/L_1$。

　　流水线（时间并行）特别有吸引力，因为它没有增加硬件就可以加速电路运行。另外，将寄存器放在组合逻辑块之间以便将逻辑块分成可以以用较快时钟运行的较短阶段。寄存器用于防止流水线中某一阶段的任务赶上和破坏下一阶段的任务。

　　图 3-58 给出了一个没有流水线的电路例子。它在寄存器之间包含 4 个逻辑块。关键路径通过第 2、3、4 块。假设寄存器的时钟到 Q 的传播延迟为 0.3ns，建立时间为 0.2ns。那么周期时间是 $T_c = 0.3 + 3 + 2 + 4 + 0.2 = 9.5ns$。电路延迟为 9.5ns，吞吐量为 $1/9.5ns = 105MHz$。

　　图 3-59 给出了一个相同功能的电路，但在第 3 和第 4 块之间增加了一个寄存器将电路分成两阶段流水线。第一阶段的最小时钟周期是 $0.3 + 3 + 2 + 0.2 = 5.5ns$。第二阶段的最小时钟周期是 $0.3 + 4 + 0.2 = 4.5ns$。时钟必须足够慢，使得所有阶段都能正确工作。所以，$T_c = 5.5ns$。延迟为 2 个时钟周期，或 11ns。吞吐量是 $1/5.5ns = 182MHz$。这个例子说明，在真实的电路

中，两阶段流水线通常可以得到几乎双倍的吞吐量和稍微增加的延迟。相比之下，理想流水线的吞吐量可以提高一倍，而延迟不变。产生差别的原因在于电路不可能分成完全相等的两半，而且寄存器引入了额外的时序开销。

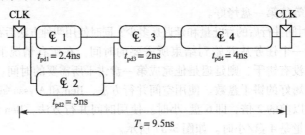

图 3-58　无流水线的电路

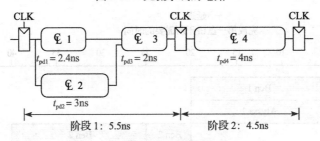

图 3-59　两阶段流水线电路

图 3-60 给出来分成 3 阶段流水线的相同电路。注意，需要 2 个以上的寄存器来存储第一流水线阶段结束后块 1 和块 2 的结果。周期时间被第三阶段限制为 4.5ns。延迟是 3 个周期，或 13.5ns。吞吐量为 1/4.5ns = 222MHz。此外，增加一个流水阶段提高了吞吐量，也增加了一些延迟。

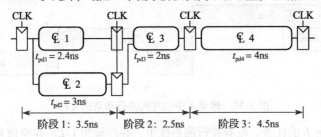

图 3-60　三阶段流水线电路

　　虽然这些技术都很强大，但它们并不能运用到所有情况中。并行的克星是依存关系（dependency）。如果当前的任务依赖于前一个任务的结果，而不是当前任务中的前一步结果，则只有前一个任务完成后，后一个任务才能开始。例如，Ben 想在开始准备第二盘之前检查第一盘饼干的味道是否是好。这就是一个阻止流水线或并行操作的依存关系。并行是设计高性能微处理器的重要技术。第 7 章将进一步讨论流水线，并用例子说明如何处理依存关系。

158
～
160

3.7　总结

　　本章介绍了时序逻辑电路的分析和设计。与输出只取决于当前输入的组合逻辑电路相比，时序逻辑电路的输出取决于当前和先前的输入。换句话说，时序逻辑电路记忆先前的输入信息。这种记忆称为逻辑的状态。

　　时序逻辑电路很难分析，并容易产生设计错误，所以我们只关心小部分成熟的模块。需要掌握的最重要元件是触发器，它接收时钟和输入 D，产生一个输出 Q。触发器在时钟的上升沿

将 D 复制到 Q，其他时候保持 Q 的原来状态。共享一个公共时钟的触发器称为寄存器。触发器还可以接收复位和使能控制信号。

虽然有多种形式的时序逻辑，但我们只考虑最容易设计的同步时序逻辑电路。同步时序逻辑电路包含由时钟驱动寄存器隔开的组合逻辑块。电路的状态存储在寄存器中，仅在时钟沿到达时进行更新。

有限状态机是设计时序电路的强有力技术。为了设计有限状态机，首先识别状态机的输入和输出，画出状态转换图来说明状态和状态之间的转换。为状态选择一种编码，然后将状态转换图重写为状态转换表和输出表来指出给定的当前状态和输入的下一个状态和输出。通过这些表，设计组合逻辑来计算下一个状态和输出，并画出电路图。

同步时序逻辑电路的时序规范包括时钟到 Q 的传播延迟 t_{pcq} 和最小延迟 t_{ccq}，建立时间 t_{setup} 和保持时间 t_{hold}。为了正确操作，它们的输入在孔径时间内必须稳定。孔径时间在在时钟的上升沿之前启动建立时间，在时钟的上升沿之后结束保持时间。系统的最小延迟周期 T_c 等于通过组合逻辑块的传播延迟 t_{pd} 加上寄存器的 $t_{pcq} + t_{setup}$。为了正确操作，通过寄存器和组合逻辑的最小延迟必须大于 t_{hold}。与常见的误解相反，保持时间不影响周期时间。

整个系统的性能可以用延迟和吞吐量来度量。延迟是一个任务从开始到结束需要的时间。吞吐量是系统单位时间内处理任务的数量。并行可以提高系统的吞吐量。

161

习题

3.1 波形如图 3-61 所示，画出 SR 锁存器的输出 Q。

图 3-61　习题 3.1 的 SR 锁存器输入波形

3.2 波形如图 3-62 所示，画出 SR 锁存器的输出 Q。

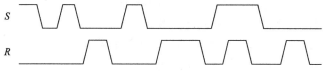

图 3-62　习题 3.2 的 SR 锁存器输入波形

3.3 波形如图 3-63 所示，画出 D 锁存器的输出 Q。

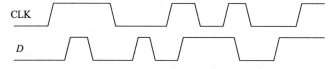

图 3-63　习题 3.3 和习题 3.5 的 D 锁存器或 D 触发器的输入波形

3.4 波形如图 3-64 所示，画出 D 锁存器的输出 Q。

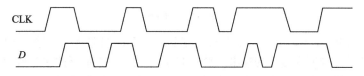

图 3-64　习题 3.4 和习题 3.6 的 D 锁存器或 D 触发器的输入波形

162

3.5 波形如图 3-63 所示，画出 D 触发器的输出 Q。

3.6 波形如图 3-64 所示，画出 D 触发器的输出 Q。

3.7 图 3-65 中的电路是组合逻辑电路还是时序逻辑电路？说明输入与输出之间的关系。如何称呼这个电路？

3.8 图 3-66 中的电路是组合逻辑电路还是时序逻辑电路？说明输入与输出之间的关系。如何称呼这个电路？

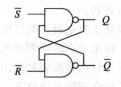

图 3-65　待求解电路

3.9 T 触发器(toggle flip-flop)有一个输入、CLK 和一个输出 Q。在每一个 CLK 的上升沿，Q 的值就变成它的前一个值的反。使用 D 触发器和反相器画出 T 触发器的原理图。

3.10 JK 触发器(JK flip-flop)接收一个时钟、两个输入 J 和 K。在时钟的上升沿，输出 Q 被更新。如果 J 和 K 同时为 0，则 Q 保持原来的值不变。如果只有 $J=1$，则 $Q=1$。如果只有 $K=1$，则 $Q=0$。如果 $J=K=1$，则 Q 的值就切换成它的前一个值的反。

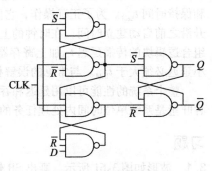

　　(a) 使用 D 触发器和一些组合逻辑构造 JK 触发器。

　　(b) 使用 JK 触发器和一些组合逻辑构造 D 触发器。

　　(c) 使用 JK 触发器和一些组合逻辑构造 T 触发器。

图 3-66　待求解电路

3.11 图 3-67 中的电路称为 Muller C 元件。请简要说明输入与输出之间的关系。

3.12 使用逻辑门设计一个带异步复位功能的 D 锁存器。

3.13 使用逻辑门设计一个带异步复位功能的 D 触发器。

3.14 使用逻辑门设计一个带同步置位功能的 D 触发器。

3.15 使用逻辑门设计一个带异步置位功能的 D 触发器。

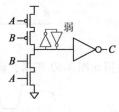

图 3-67　Muller C 元件

3.16 假设由 N 个反相器连接成环而构成的一个环形振荡器。每一个反相器的最小延迟为 t_{cd}，最大延迟为 t_{pd}。如果 N 是奇数，确定这个振荡器的频率范围。

3.17 在习题 3.16 中，为什么 N 必须为奇数。

3.18 图 3-68 中的哪些电路是同步时序电路，为什么？

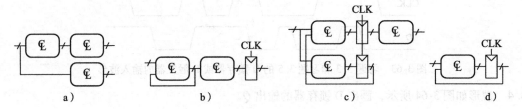

图 3-68　电路

3.19 为一栋 25 层的建筑物设计一个电梯控制器。这个控制器有两个输入 UP 和 DOWN，以及指明当前电梯所在楼层的输出。没有 13 这个楼层。控制器的状态最少需要几位？

3.20 设计一个有限状态机来跟踪电子设计实验室里 4 个学生的心情。学生的心情有 HAPPY

（开心，电路正常工作）、SAD（忧愁，电路烧坏）、BUSY（忙碌，正在设计电路）、CLUELESS（愚笨，被电路所困扰）、ASLEEP（睡觉，趴在试验桌上睡着）。这个有限状态机需要多少个状态？至少需要多少位来代表这些状态？

3.21 习题3.20中的有限状态机可以分解成多少个简单的状态机？每一个简单状态机需要多少个状态？分解后的设计至少需要多少位？

3.22 说明图3-69中状态机的功能。使用二进制编码，完成这个有限状态机的状态转换表和输出表。写出下一个状态和输出的布尔表达式，并且画出这个有限状态机的原理图。

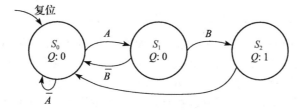

图3-69   状态转换图

3.23 说明图3-70中状态机的功能。使用二进制编码，完成这个状态机的状态转换表和输出表。写出下一个状态和输出的布尔表达式，并且画出这个状态机的原理图。

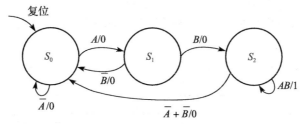

图3-70   状态转换图

3.24 在Academic大道路和Bravado大道的十字路口上，交通事故还是时有发生。当灯B变绿色时，足球队冲进十字路口。在灯A变成红色前，他们与蹒跚在十字路口缺乏睡眠的计算机专业的学生撞到一起。扩展3.4.1节的交通灯控制器，在灯变成绿色前，让2个灯保持红色5秒。画出改进的Moore型状态机的状态转换图、状态编码、状态转换表、输出表、下一个状态和输出的等式，并且画出这个有限状态机的原理图。 165

3.25 3.4.3节中Alyssa的蜗牛有一个女儿，它有一个Mealy型状态机的有限状态机大脑。当蜗牛女儿爬过1101或1110时就会微笑。为这只快乐的蜗牛用尽可能少的状态画出状态转换图。选择状态的编码，使用你的编码写出组合的状态转换表和输出表。写出下一个状态和输出的等式，画出有限状态机的原理图。

3.26 你将参与为部门休息室设计一个苏打汽水自动售货机。苏打水项目由IEEE的学生分会部分资助的，因此它们的价格仅为25美分。机器接收5美分、10美分和25美分硬币。当投入足够的硬币时，苏打汽水自动售货机就会分配汽水和找零钱。为这个苏打汽水自动售货机设计一个有限状态机控制器。有限状态机的输入是Nickel（5美分）、Dime（10美分）和Quarter（25美分），表示硬币已经投入机器。假设在一个周期投一个硬币。输出是Dispense、ReturnDime、ReturnTwoDime。当有限状态机达到25美分时，它将给出Dispense和相应的Return输出，需要给出合适的找零。接着它准备开始接收硬币以便售卖下一瓶苏打汽水。

3.27 格雷码（Gray code）有一个很有用的特点，因为在连续的数字中只有一个信号位的位置不同。表3-23列出了3位格雷码表示的0~7的数字。设计一个没有输入，有3个输出的 3 位模 8 格雷码计数器有限状态机(模 N 计数器指从 $0 \sim N-1$ 计数,并不断重复。例如,手表的分钟和秒是模 60 的计数器,从 $0 \sim 59$ 计数)。当重启时,输出为 000。在每一个时钟沿,输出进入下一个格雷码。当达到 100 时,它将从 000 开始重复。

表 3-23 3 位格雷码

数值	格雷码			数值	格雷码		
0	0	0	0	4	1	1	0
1	0	0	1	5	1	1	1
2	0	1	1	6	1	0	1
3	0	1	0	7	1	0	0

3.28 扩展习题 3.27 中的模 8 格雷码计数器,增加一个 UP 输入变成 UP/DOWN 计数器。当 UP = 1 时,计数器进入下一个格雷码。当 UP = 0 时,计数器退回到上一个格雷码。

3.29 设计一个有限状态机,它有 2 个输入 A 和 B,产生 1 个输出 Z。在周期 n 内输出 Z_n 是输入 A_n 和前一个输入 A_{n-1} 的 AND 或者 OR,其运算取决于另一个输入 B_n:

$$Z_n = A_n A_{n-1} \qquad B_n = 0$$
$$Z_n = A_n + A_{n-1} \qquad B_n = 1$$

(a) 根据图 3-71 给出的输入画出 Z 的波形图。

(b) 它是 Moore 型状态机还是 Mealy 型状态机?

(c) 设计这个有限状态机。画出状态转换图和编码的状态转换表、下一个状态和输出等式、原理图。

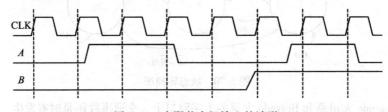

图 3-71 有限状态机输入的波形

3.30 设计一个有限状态机,它有 1 个输入 A,2 个输出 X 和 Y。如果 A 有 3 个周期为 1,则 X 为 1(没有必要连续)。如果 A 在至少 2 个连续的周期内为 1,则 Y 为 1。画出状态转换图和编码的状态转换表、下一个状态和输出等式、原理图。

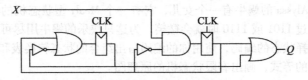

图 3-72 有限状态机的原理图

3.31 分析图 3-72 中的有限状态机。写出状态转换表和输出表,画出状态转换图。简单介绍有限状态机的功能。

3.32 重复习题 3.31,有限状态机如图 3-73 所示。注意寄存器的 r 和 s 输入分别表明复位和置位。

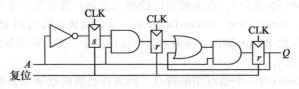

图 3-73 有限状态机的原理图

3.33 Ben 设计了一个图 3-74 的电路来计算 4 输入异或（XOR）函数的寄存器。每一个 2 输入异或门的传输延迟为 100ps，最小延迟为 55ps。每一个触发器的建立时间为 60ps，保持时间为 20ps，时钟到 Q 的最大延迟是 70ps，时钟到 Q 的最小延迟是 50ps。

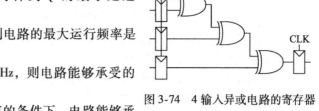

(a) 如果不存在时钟偏移，则电路的最大运行频率是多少？

(b) 如果电路必须工作在 2GHz，则电路能够承受的时钟偏移是多少？

图 3-74 4 输入异或电路的寄存器

(c) 在电路满足保持时间约束的条件下，电路能够承受的时钟偏移是多少？

(d) Alyssa 说她能够重新设计在寄存器之间的组合逻辑，使其更快且能够承受更大的时钟偏移。她的改进电路也使用 2 输入异或门，但它们的排列不同。她的电路是什么？如果不存在时钟偏移，它的最大频率是多少？在满足保持时间约束条件下，电路能够承受的时钟偏移是多少？

168

3.34 为 2 位 RePentium 处理器设计一个加法器。这个加法器由 2 个全加器构成，这样第一个加法器的进位输出连接到第二个加法器的进位输入，如图 3-75 所示。加法器有输入和输出寄存器，必须在一个时钟周期内完成加法运算。在每一个全加器中，从 C_{in} 到 C_{out} 或到 Sum(S) 的传播延迟为 20ps，从 A 或 B 到 C_{out} 的传播延迟为 25ps，从 A 或 B 到 S 传播延迟为 30ps。在加法器中，从 C_{in} 到其他输出的最小延迟为 15ps，从 A 或 B 到其他输出的最小延迟为 22ps。每一个触发器的建立时间是 30ps，保持时间是 10ps，时钟到 Q 的传播延迟是 35ps，时钟到 Q 的最小延迟是 21ps。

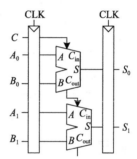

图 3-75 2 位加法器的电路图

(a) 如果不存在时钟偏移，则电路的最大运行频率是多少？

(b) 如果电路必须工作在 8GHz，电路能够承受的时钟偏移是多少？

(c) 在满足保持时间约束的条件前，电路能够承的时钟偏移是多少？

3.35 现场可编程门阵列（FPGA）使用可配置的逻辑块（CLB）而不是逻辑门来实现组合逻辑。对于每一个 CLB，Xilinx Spartan 3 FPGA 的传播延迟和最小延迟分别是 0.61ns 和 0.30ns。触发器的传播延迟和最小延迟分别是 0.72ns 和 0.50ns。建立时间和保持时间分别是 0.53ns 和 0ns。

(a) 如果你设计一个需要运行在 40MHz 的系统，则在 2 个触发器之间需要使用多少个连续的 CLB？假设在 CLB 之间没有时钟偏移，没有连线延迟。

(b) 假设在触发器之间的所有路径上至少通过一个 CLB。FPGA 有多少时钟偏移而不破坏保持时间约束？

3.36 由一对触发器建立的同步器，其中 $t_{setup} = 50ps$、$T_0 = 20ps$、$\tau = 30ps$。它对每秒变 10^8 次的异步输入进行采样。这个同步器的最小时钟周期是多少才能达到 100 年的 MTBF。

169

3.37 设计一个接收异步输入的同步器，其 MTBF 为 50 年。系统运行主频为 1GHz，采用 $T_0 = 110ps$，$\tau = 100ps$，$t_{setup} = 70ps$ 的触发器进行采样。同步器每秒接收 0.5 次的异步输入（每 2 秒 1 次）。满足这个 MTBF 的失效概率是多少？在读出采样输入信号前将等待多少个时钟周期才能满足这个失效概率?

3.38 当你沿着走廊走时遇见你的实验室伙伴正朝另一个方向走。你们两个的第一步在同一条路上。然后你们两个同时踏上另一条路。然后你们两个都等一会儿,希望另一个人到另一边。你可以用亚稳态的观点为这种情景建模,并将相同的理论应用到同步器和触发器中。假设你为你和你的实验室伙伴建立了一个数学模型。你们在亚稳态状态中相遇。

在 t 秒后,你保持这种状态的概率是 $e^{-\frac{t}{\tau}}$,τ 表示你的反应速度。今天因为缺乏睡眠你的大脑变得很模糊,$\tau = 20$ 秒。

(a)需要多长时间,有 99% 的可能性你从亚稳态中出来(即穿过对方)?

(b)你不仅没有休息而且很饿。实际上,如果在 3 分钟内没到咖啡屋,你将饿死。你的实验室伙伴不得不把你推进太平间的概率是多少?

3.39 你使用 $T_0 = 20$ps,$\tau = 30$ps 的触发器建立了一个同步器。你的老板需要将 MTBF 增加 10 倍,你需要将时钟频率升高多少?

3.40 Ben 发明了一个改进的同步器,如图 3-76 所示。他宣布在一个周期内消除亚稳态。他解释在盒子 M 中的电路是一个逻辑亚稳态的检测器。如果输入电压在禁止区域 $V_{IL} \sim V_{IH}$ 之间,则产生一个高电平的输出。通过检测,亚稳态检测器可以确定第一个触发器是否产生了一个亚稳态的输出 D2。如果是,则它异步复位触发器,使 D2 = 0。第二个触发器对 D2 进行采样,在 Q 上总是可以产生一个有效逻辑电平。Alyssa 告诉 Ben,电路中存在一个错误,因为消除亚稳态就像制造永动机机一样不可能。谁是正确的?解释并说明 Ben 或 Alyssa 的错误。

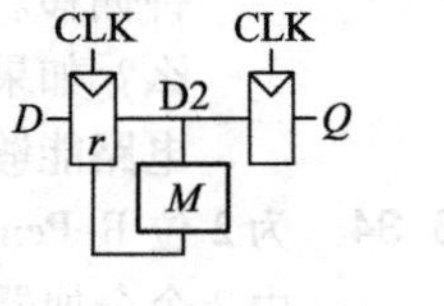

图 3-76 "新型和改进"的同步器

170

面试问题

下述问题在数字设计工作的面试中曾经被提问。

3.1 画一个状态机,它用于检测接收到的串行输入序列 01010。

3.2 设计一个串行(每次一位)二进制补码有限状态机。它有两个输入 Start 和 A,一个输出 Q。输入 A 是一个从最低有效位开始的任意长度的二进制数。在相同的周期内,Q 输出相应的位。在输入最低有效位前,Start 保持一个周期有效以便初始化有限状态机。

3.3 锁存器和触发器有什么不同? 它们各自在哪种环境中更可取?

3.4 设计一个 5 位计数器有限状态机。

3.5 设计一个边沿检测器电路。在输入从 0 转变成 1 后,在一个周期内输出应该为高电平。

3.6 描述流水线的概念,为什么使用流水线?

3.7 描述触发器负保持时间的意思是什么?

3.8 图 3-77 给出了信号 A 的波形,设计一个电路,使它产生信号 B。

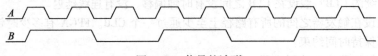

图 3-77 信号的波形

3.9 考虑两个寄存器之间的组合逻辑快。解释时序约束。如果你给接收器方(第二个触发器)的时钟输入增加一个缓冲器,那么建立时间约束是变好了还是变坏了?

171

硬件描述语言

4.1 引言

到现在为止，我们在原理图层面集中讨论了组合电路和时序数字电路的设计。需通过手工简化真值表和布尔表达式的方法来寻找一套有效的逻辑门电路来实现给定功能。同时还需要手工将有限状态机转换为逻辑门。这个过程非常麻烦，而且还容易出错。在 20 世纪 90 年代，设计人员发现如果他们工作在更高的抽象层，只说明逻辑功能，同时引入计算机辅助设计（Computer-Aided Design，CAD）工具来生成优化的门电路，那么可以获得更高的设计效率。这些对硬件的说明通常由硬件描述语言（Hardware Description Language，HDL）给出。现在有两种主要的硬件描述语言，它们分别是 SystemVerilog 和 VHDL。

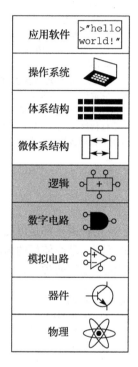

SystemVerilog 和 VHDL 的基本原理很相似。但是两者的语法却有所不同。在本章中，当讨论这两种语言时，我们会把 SystemVerilog 放在上面，VHDL 放在下面，进行比较。当你第一次阅读本章时，只需要关注其中一种语言。掌握一种语言后，在需要时也可以很快掌握另一种语言。

后续章节的硬件将以电路图和 HDL 两种形式表示。如果你选择跳过本章，不学习硬件描述语言语言，仍然可以在电路图中掌握计算机组成的基本原理。然而，现在大部分的商业系统都是使用 HDL 语言进行设计，而不是原理图。如果你希望在专业生涯中从事电子设计工作，我们希望你可以学习一门硬件描述语言。

4.1.1 模块

包括输入和输出的硬件块称为模块（module）。与门、复用器和优先级电路都是硬件模块的例子。描述模块功能的主要形式有两种：行为模型（behavioral）和结构模型（structural）。行为模型描述一个模块做什么。结构模型应用层次化方法描述一个模块怎样由更简单的部件构造。例 4.1 中的 SystemVerilog 和 VHDL 代码给出了描述例 2.6 中布尔函数 $y = \overline{a}\,\overline{b}\,\overline{c} + a\overline{b}\,\overline{c} + a\overline{b}c$ 的模块。在两种语言中，模块都命名为 sillyfunction，具有 3 个输入 a、b 和 c，以及一个输出 y。

172 ? 173

正如你所预期的，模块是模块化的一个好应用。它很好地定义了由输入和输出组成的接口，并且它执行特定功能。而且其编码内容对于调用该模块的其他模块并不重要，只要它执行自己的功能。

4.1.2 硬件描述语言的起源

在这两种硬件描述语言的选择上，大学几乎选择一种语言在课堂上讲授。而工业界则倾向于使用 SystemVerilog，但是很多公司仍然使用 VHDL，很多设计工程师需要熟练掌握两种语言。VHDL 作为一个由委员会提出的语言，它比 SystemVerilog 的语句冗长且不灵活。

HDL 例 4.1　组合逻辑

SystemVerilog

```
module sillyfunction(input  logic a, b, c,
                     output logic y);

  assign y = ~a & ~b & ~c |
              a & ~b & ~c |
              a & ~b &  c;

endmodule
```

一个 SystemVerilog 模块以模块名、以及输入和输出列表开始。assign 语句描述组合逻辑。~ 表示非，& 表示与，| 表示或。

输入、输出等 logic 信号是布尔变量（0 和 1）。它们也有浮点值和未定义的值，这些将在 4.2.8 节中讨论。

logic 变量类型首次在 SystemVerilog 中引入，它取代 reg 变量类型，reg 在 Verilog 语言中长期导致概念混淆的来源。logic 变量类型可以用于任何地方，除了具有多个驱动的信号外。具有多个驱动器的信号称为 net，这将在 4.7 节中讨论。

VHDL

```
library IEEE; use IEEE.STD_LOGIC_1164.all;

entity sillyfunction is
  port(a, b, c: in  STD_LOGIC;
       y:       out STD_LOGIC);
end;

architecture synth of sillyfunction is
begin
  y <= (not a and not b and not c) or
       (a and not b and not c) or
       (a and not b and c);
end;
```

VHDL 代码有 3 个部分：library（库）调用子句、entity（实体）声明和 architecture（结构）体。library 调用子句将在 4.7.2 节中讨论。entity 声明列出模块名、输入和输出。architecture 体定义模块做什么。

VHDL 信号（如输入或输出）必须有类型声明。数字信号必须声明为 STD_LOGIC 类型。STD_LOGIC 信号可以有 "0" 或 "1" 的值，以及浮点值或未定义的值，这些将在 4.2.8 节中讨论。STD_LOGIC 在库 IEEE.STD_LOGIC_1164 中定义，所以必须调用这个库。

VHDL 在与（AND）和或（OR）运算之间没有默认的运算顺序，所以布尔表达式必须添加括号。

两种语言都足以描述任何的硬件系统，也都各自有自己的特点。一门最好的语言就是在你的环境里已经使用的语言或者是客户要求使用的语言。当前的大部分计算机辅助设计工具都允许混合使用两种语言，不同的模块可以用不同的语言描述。

SystemVerilog

Verilog 由 Gateway Design Automation 公司于 1984 年作为一个逻辑模拟的专利语言开发的。Gateway 公司于 1989 年被 Cadence 公司收购，在 Open Verilog International 组织的控制下，Verilog 于 1990 年成为一个公开的标准，1995 年成为 IEEE 标准 [⊖]。Verilog 语言于 2005 年进行扩展使其特征简化，并更好地支持模块化设计与系统验证。这些扩展融入一个语言标准中，这就是 SystemVerilog（IEEE STD 1800-2009）。SystemVerilog 文件名通常以 .sv 结束。

VHDL

VHDL 是 VHSIC Hardware Description Language 的简写。VHSIC 是美国国防部 Very High Speed Integrated Circuits 程序的缩写，

VHDL 最初是于 1981 年由美国国防部开发，目的在于描述硬件的结构和功能。它由 Ada 编程语言发展而来。VHDL 最初预想是用作文档化，但是很快就改为用作模拟和综合。IEEE 于 1987 年将其标准化，之后又多次更新了这个标准。本章的内容是基于 2008 年修订的 VHDL 标准（IEEE STD 1076-2008），该修订版用多种方式简化 VHDL 语言。在写本书时，并不是所有的 VHDL 2008 的功能都被 CAD 工具支持；因此本章内容只使用那些能被 Synplicity、Altera Quartus 和 ModelSim 支持的功能。VHDL 文件名通常以 .vhd 结束。

4.1.3　模拟和综合

两种硬件描述语言的主要目的是逻辑模拟（simulation）和综合（synthesis）。在模拟阶段，给模块增加输入，并检查输出以便验证模块操作是否正确。在综合阶段，将模块的文字描述转换成逻辑门。

1. 模拟

人类周而复始地制造错误。这些错误在硬件设计里称为漏洞（bug）。显然，去除数字系统

⊖　电气电子工程师学会（IEEE）是一个专业协会，负责很多计算标准包括 Wi-Fi（802.11）、以太网（802.3）和浮点数（754）。

中的这些漏洞十分重要，特别是当用户正在进行金钱交易或者正在进行性命攸关的操作时。在实验室测试一个系统是很花费时间的。而实验室发现引起错误的原因可能非常困难，因为只有发送到芯片管脚的信号才能观察到。没有方法直接观察芯片中发生了什么。在系统完成后才改正错误付出的代价极度昂贵。例如，改正一个尖端集成电路中的错误将花费数百万美元并耽误数月的时间。英特尔公司的奔腾处理器曾经出现过一个声名狼藉的浮点除法(floating point division，FDIV)漏洞，迫使公司在交货之后又重新召回芯片，总共花费了 4.75 亿美元。可见在系统建立前进行逻辑模拟是很必要的。

图 4-1 显示了前面 sillyfunction 模块的模拟⊖波形，说明模块工作正常。正如布尔表达式表示的，当 a、b 和 c 为 000、100 和 101 时，y 的值是 TRUE。

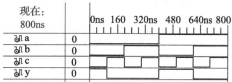

图 4-1 模拟波形图

2. 综合

逻辑综合将 HDL 代码转换成网表(netlist)，网表描述硬件(例如，逻辑门和连接它们的线)。逻辑综合可以进行优化以便减少硬件的数量。网表可以是一个文本文件，也可以用原理图的形式绘制出来，使电路可视化。图 4-2 显示了综合 sillyfunction 模块⊖的结果。注意，3 个 3 输入与门怎样简化为 2 个 2 输入与门，与例 2.6 中使用的布尔代数化简一样。

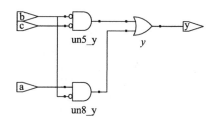

图 4-2 综合后的电路

174 ~ 176

HDL 中的电路描述与编程语言中的代码很相似。然而，必须记住这里的代码用来代表硬件。SystemVerilog 和 VHDL 是具有丰富命令的语言。并不是所有的命令都可以综合成硬件。例如，在模拟时，在屏幕上输出结果的命令就不能转换成硬件。因为我们的主要兴趣是构建硬件，所以我们将强调语言中的可综合子集。具体地，我们将把 HDL 代码分成可综合(synthesizable)模块和测试程序(testbench)。可综合模块描述硬件，测试程序包含将输入应用于模块的代码，检测输出结果是否正确，并输出期望结果与实际结果的差别。测试程序代码只用以模拟，而不能用于综合。

对于初学者来说，最常见的错误就是认为 HDL 是计算机程序而不是描述数字硬件的快速方法。如果不能大致了解 HDL 要综合的硬件，则很可能不会得到满意的结果。可能创建多余的硬件，也可能写出了一个模拟正确但却不能在硬件上实现代码。因此，应该以组合逻辑块、寄存器、有限状态机的形式考虑系统。在开始编写代码前，首先在纸上描绘这些模块，并看看它们是怎样连接的。

根据我们的经验，初学者学习 HDL 的最好方法就是在例子中学习。HDL 有一些特定的方法来描述各种的逻辑，这些方法称为风格(idiom)。本章将讲述如何针对每一类模块采用合适的风格编写 HDL 代码，然后如何把各块聚集起来成为一个可以工作的系统。当需要描述一个特别类型的硬件时，首先需要查看相似的例子，然后修改例子使之适合特定的需要。我们不会严格地定义所有的 HDL 语法，因为那是十分无聊的，而且这样会使大家把 HDL 看作一个编程语言，而不是一个对硬件的描述。IEEE SystemVerilog 和 VHDL 规范以及大量枯燥但详尽的书籍

⊖ 模拟是使用 ModelSim PE 学生版本 10.0c 来运行的。选择使用 ModelSim 是因为尽管它是商业软件，但一个学生版本仍然可容纳 10 000 行免费代码。

⊖ 综合是使用 Synplicity 的 Synplify Premier 来执行的。选择这个工具是因为它是行业领先的用于综合 HDL 到现场可编程逻辑门阵列(参见 5.6.2 节)的商业软件，也因为它对高校使用的收费不贵。

包括了所有细节，它们可以帮助你在特别的主题上获得更多信息（参见在书后补充阅读部分）。

4.2 组合逻辑

我们一直在学习如何设计由组合逻辑和寄存器组成的同步时序电路。组合逻辑的输出只依赖当前输入。本节描述如何用HDL编写组合逻辑的行为模型。

4.2.1 位运算符

位（bitwise）运算符对单位信号和多位总线进行操作。例如，在 HDL 例 4.2 中的模块 inv 描述4个连接到4位总线的反向器。

177

HDL 例 4.2　反相器

SystemVerilog	VHDL

```
module inv(input  logic [3:0] a,
           output logic [3:0] y);

  assign y = ~a;
endmodule
```

　　a[3:0]代表一个4位的总线。这些位从最高有效位到最低有效位分别是 a[3]、a[2]、a[1]、a[0]。因为这里最低有效位的位号最小，所以称为小端（little‑endian）顺序。也可以把总线命名为 a[4:1]。这样，a[4]就在最高有效位。或者，可以用 a[0：3]，这样，位从最高有效位到最低有效位分别为 a[0]、a[1]、a[2]、a[3]。这称作大端（big‑endian）顺序。

```
library IEEE; use IEEE.STD_LOGIC_1164.all;

entity inv is
  port(a: in  STD_LOGIC_VECTOR(3 downto 0);
       y: out STD_LOGIC_VECTOR(3 downto 0));
end;

architecture synth of inv is
begin
  y <= not a;
end;
```

　　VHDL 使用 STD_LOGIC_VECTOR 代表 STD_LOGIC 总线。STD_LOGIC_VECTOR(3 down TO 0)代表一个4位总线。从最高有效位到最低有效位的位分别是 a(3)、a(2)、a(1)、a(0)。因为最低有效位的位号最小，所以称为小端（little‑endian）顺序。也可以声明总线为 STD_LOGIC_VECTOR(4 downto 1)。这样，第4位就成为最高有效位。还可以写为 STD_LOGIC_VECTOR(0 to 3)。这样，从最高有效位到最低有效位就是 a(0)、a(1)、a(2)、a(3)。这称为大端（big-endian）顺序。

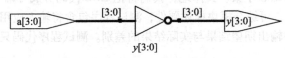

图 4-3　inv 综合后的电路

总线的字节顺序（endianness）是任意选择的。实际上，在上面例子中，字节顺序并不重要，因为这一组反相器并不关心字节顺序。字节顺序与运算符有关，例如，在加法中要把一列的进位输出到下一列中。只要保持一致，可以采用任意一种字节顺序。我们将一直沿用小端顺序，对于 N 位总线，在 SystemVerilog 中是 [N-1:0]，在 VHDL 中是（N-1 downto 0）。

本章中的代码例子都是用 Synplify Premier 综合工具从 SystemVerilog 代码生成的原理图。图4-3显示了 inv 模块综合为4个反相器，用反相器符号 y[3:0]标识。反相器连接4位输入和输出总线。相似的硬件也可从可综合的 VHDL 代码中产生。

178

HDL 例 4.3 中的 gates 模块表示在 4 位总线上的按位运算实现其他基本逻辑功能。

4.2.2 注释和空白

上面的 gates 例子展示了如何注释。SystemVerilog 和 VHDL 对空白并不敏感（即，空格、Tab 键、换行）。然而，合理使用缩进排版和换行可以增加复杂设计的可读性。注意在给信号和模块命名时，使用大写字母和下划线。本书使用所有的小写字母模块名和信号名不能以数字开头。

HDL 例 4.3　逻辑门

SystemVerilog

```
module gates(input  logic [3:0] a, b,
             output logic [3:0] y1, y2,
                                y3, y4, y5);

  /* five different two-input logic
     gates acting on 4-bit busses */
  assign y1 = a & b;     // AND
  assign y2 = a | b;     // OR
  assign y3 = a ^ b;     // XOR
  assign y4 = ~(a & b);  // NAND
  assign y5 = ~(a | b);  // NOR
endmodule
```

~、^和 | 都是 Verilog 运算符（operator），而 a、b 和 y1 是运算数（operand）。运算符和运算数的组合，如 a&b 或 ~ (a |b)，称为表达式（expression）。一条完整的命令，如 assign y4 = ~ (a&b);称为语句（statement）。

assign out = in1 op in2;称为连续赋值语句（continuous assignment statement）。连续赋值语句以一个分号（;）结束。在连续赋值语句中，等号右边的输入值改变，等号左边的输出就会随之重新计算。因此，连续赋值语句描述组合逻辑。

VHDL

```
library IEEE; use IEEE.STD_LOGIC_1164.all;

entity gates is
port(a, b: in  STD_LOGIC_VECTOR(3 downto 0);
     y1, y2, y3, y4,
     y5:   out STD_LOGIC_VECTOR(3 downto 0));
end;

architecture synth of gates is
begin
  -- five different two-input logic gates
  -- acting on 4-bit busses
  y1 <= a and b;
  y2 <= a or b;
  y3 <= a xor b;
  y4 <= a nand b;
  y5 <= a nor b;
end;
```

not 、xor 和 or 都是 VHDL 运算符（operator），a、b 和 y1 是运算数（operand）。运算数和运算符的组合，如 a and b 或 a nor b，称为表达式（expression）。一条完整的命令，如 y4 < = a nand b;称为语句（statement）。

out < = in1 op in2;称为并发信号赋值语句（concurrent signal assignment statement）。VHDL 赋值语句以一个分号（;）结束。在并发信号赋值语句中，等号右边的输入值改变，等号左边的输出就会随之重新计算。因此，并发信号赋值语句描述组合逻辑。

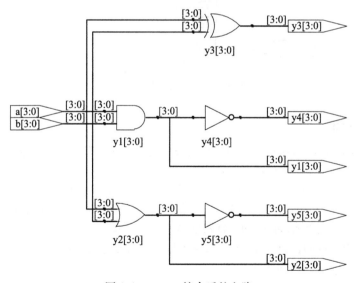

图 4-4　gates 综合后的电路

SystemVerilog

SystemVerilog 的注释与 C 和 Java 的一样。注释以 / * 开始，之后的内容可以延续多行，以下一个 * / 结束。以 // 开始的注释则一直延续到本行的末尾。

SystemVerilog 是大小写敏感的。y1 和 Y1 在 SystemVerilog 中被认为是不同的信号。然而，只通过大小写的不同来区分不同的信号容易造成混乱。

VHDL

注释以 / * 开始，之后的内容可以延续多行，以下一个 * /结束。以 − −开始的注释则一直延续到本行的末尾。

VHDL 是大小写不敏感的，y1 和 Y1 在 VHDL 语言中是相同的信号。然而，其他读取文件的工具可能是大小写敏感的，如果轻易混用大小写的习惯可能带来一些讨厌的漏洞。

4.2.3 缩位运算符

缩位运算符表示作用在一条总线上的多输入门。HDL 例 4.4 描述了一个 8 输入与门，其输入分别是 a_7，a_6，$\cdots$，a_0。或门、异或门、与非门、或非门和同或门也有类似的缩位运算符。当多输入异或门进行奇偶校验时，如果奇数个输入为 TRUE 则返回 TRUE。

HDL 例 4.4　8 输入与门

SystemVerilog
```
module and8(input   logic [7:0] a,
            output logic        y);

  assign y = &a;

  // &a is much easier to write than
  // assign y = a[7] & a[6] & a[5] & a[4] &
  //            a[3] & a[2] & a[1] & a[0];
endmodule
```

VHDL
```
library IEEE; use IEEE.STD_LOGIC_1164.all;

entity and8 is
  port(a: in  STD_LOGIC_VECTOR(7 downto 0);
       y: out STD_LOGIC);
end;

architecture synth of and8 is
begin
  y <= and a;
  -- and a is much easier to write than
  -- y <= a(7) and a(6) and a(5) and a(4) and
  --      a(3) and a(2) and a(1) and a(0);
end;
```

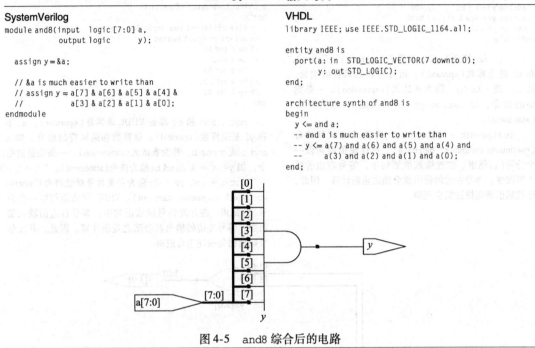

图 4-5　and8 综合后的电路

4.2.4 条件赋值

条件赋值(conditional assignment)根据称为条件的输入在所有可选项中选择一个输出。HDL例 4.5 说明了一个使用条件赋值的 2:1 复用器。

基于 HDL 例 4.5 中的 2:1 复用器的相同原理，HDC 例 4.6 给出了一个 4:1 复用器。图 4-7显示了一个用 Synplify Premier 产生的 4:1 复用器原理图。这个软件使用的复用器符号与本书目前使用的不同。该复用器有多路数据(d)和独热使能(e)输入。当一个使能信号有效时，相关数据就传送到输出。例如，当 s[1] = s[0] = 0 时，底部的与门 un1_s_5 产生信号 1，使能复用器的底部输入，使它选择 d0[3:0]。

4.2.5 内部变量

通常，把一个复杂功能分为几个中间过程来完成会更方便。例如，5.2.1 节描述的全加器是一个有 3 个输入和 2 个输出的电路。它由以下等式定义：

$$S = A \oplus B \oplus C_{in}$$
$$C_{out} = AB + AC_{in} + BC_{in} \qquad (4\text{-}1)$$

如果我们定义中间信号 P 和 G，

$$P = A \oplus B$$
$$G = AB \qquad (4\text{-}2)$$

HDL 例 4.5   2:1 复用器

SystemVerilog

条件运算符?:基于第一个表达式，在第二个表达式和第三个表达式之间选择。第一个表达式称为条件。如果条件为1，那么运算符就选择第二个表达式。如果条件是0，那么运算符就选择第三个表达式。

?:对于描述复用器特别有用，因为它根据第一个输入，在其他两个表达式中选择。下面的代码说明使用条件运算符实现具有 4 位输入的 2:1 复用器的风格。

```
module mux2(input  logic [3:0] d0, d1,
            input  logic       s,
            output logic [3:0] y);

  assign y = s ? d1 : d0;
endmodule
```

如果 s 为 1，那么 y = d1。如果 s 为 0，那么 y = d0。

?:也称为三元运算符，因为它有 3 个输入。在 C 和 java 编程语言中，它也有相同的用途。

VHDL

条件信号赋值基于不同的条件执行不同的运算。在描述复用器时它们特别有用。例如，2:1 复用器可以使用条件信号赋值从 2 个 4 位输入中选择一个。

```
library IEEE; use IEEE.STD_LOGIC_1164.all;

entity mux2 is
  port(d0, d1: in  STD_LOGIC_VECTOR(3 downto 0);
       s:      in  STD_LOGIC;
       y:      out STD_LOGIC_VECTOR(3 downto 0));
end;

architecture synth of mux2 is
begin
  y <= d1 when s else d0;
end;
```

如果 s 为 1，条件信号赋值把 d1 赋给 y。否则，把 d0 赋给 y。注意，在 VHDL 2008 修订版之前，在代码中必须写上 when s = '1'，而不是 when s。

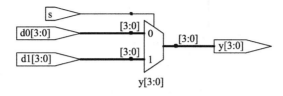

图 4-6   mux2 综合后的电路

179 ₹ 181

HDL 例 4.6   4:1 复用器

SystemVerilog

一个 4:1 复用器可以用嵌套的条件运算符，从 4 个输入中选择 1 个。

```
module mux4(input  logic [3:0] d0, d1, d2, d3,
            input  logic [1:0] s,
            output logic [3:0] y);

  assign y = s[1] ? (s[0] ? d3 : d2)
                  : (s[0] ? d1 : d0);
endmodule
```

如果 s[1] 为 1，那么复用器选择第一个表达式（s[0]? d3 :d2）。表达式基于 s[0] 依次选择 d3 或者 d2（如果 s[0] 为 1，y = d3；如果 s[0] 为 0，y = d2）。如果 s[1] 为 0，复用器选择第二个表达式，这时基于 s[0] 选择 d1 或者 d0。

VHDL

一个 4:1 复用器使用多个 else 子句从 4 个输入中选择 1 个。

```
library IEEE; use IEEE.STD_LOGIC_1164.all;

entity mux4 is
  port(d0, d1,
       d2, d3: in  STD_LOGIC_VECTOR(3 downto 0);
       s:      in  STD_LOGIC_VECTOR(1 downto 0);
       y:      out STD_LOGIC_VECTOR(3 downto 0));
end;

architecture synth1 of mux4 is
begin
  y <= d0 when s = "00" else
       d1 when s = "01" else
       d2 when s = "10" else
       d3;
end;
```

VHDL 也支持选择信号赋值语句（selected signal assignment）以便提供从多个可能值中选择一个的简便方法。这与在一些编程语言中使用 switch/case 语句代替多个 if/else 语句相似。4:1 复用器可以用选择信号赋值语句重新写出：

```
architecture synth2 of mux4 is
begin
  with s select y <=
    d0 when "00",
    d1 when "01",
    d2 when "10",
    d3 when others;
end;
```

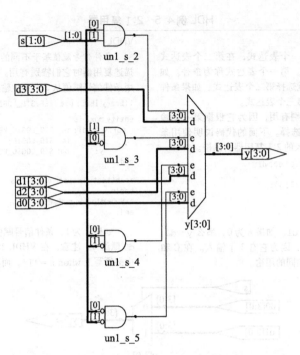

图 4-7   mux4 综合后的电路

则可以重写全加器:

$$S = P \oplus C_{in} \tag{4-3}$$
$$C_{out} = G + PC_{in}$$

P 和 G 称为内部变量(internal variable),因为它们既不是输入也不是输出,只在模块内部使用。它们与编程语言中的局部变量相似。HDL 例 4.7 说明了在 HDL 中如何使用内部变量。

HDL 赋值语句(在 SystemVerilog 中的 assign 和 VHDL 的 < =)是并行执行的。这与传统的编程语言(如 C 和 java)不同,在传统的编程语言中,语句的执行顺序由书写顺序决定。在传统的编程语言中由于语句是顺序执行的,所以 $S = P \oplus C_{in}$ 必须放在 $P = A \oplus B$ 的后面。在 HDL 中,顺序并不重要。与硬件一样,在右边的输入信号改变时赋值语句就会被计算,而不考虑赋值语句在模块中的出现顺序。

HDL 例 4.7   全加器

SystemVerilog

在 SystemVerilog 中,内部变量通常用 logic 变量类型声明。

```
module fulladder(input  logic a, b, cin,
                 output logic s, cout);

  logic p, g;

  assign p=a ^ b;
  assign g=a & b;

  assign s=p ^ cin;
  assign cout=g | (p & cin);
endmodule
```

VHDL

在 VHDL 中,signal 用来代表内部变量,它们的值用并行信号赋值语句定义,如 p < =a xor b;

```
library IEEE; use IEEE.STD_LOGIC_1164.all;

entity fulladder is
  port(a, b, cin: in  STD_LOGIC;
       s, cout:   out STD_LOGIC);
end;

architecture synth of fulladder is
  signal p, g: STD_LOGIC;
begin
  p <= a xor b;
  g <= a and b;

  s <= p xor cin;
  cout <= g or (p and cin);
end;
```

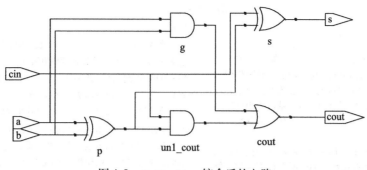

图 4-8 fulladder 综合后的电路

4.2.6 优先级

注意，在 HDL 例 4.7 中为 cout 计算添加了括号，以便把运算顺序定义为 $C_{out} = G + (P \cdot C_{in})$，而不是 $C_{out} = (G + P) \cdot C_{in}$。如果没有使用括号，就采用语言定义的默认运算顺序。HDL 例 4.8 说明了两种语言的运算符优先级。这个表包括了第 5 章定义的算术运算符、移位运算符和比较运算符。

184

HDL 例 4.8 运算符优先级

SystemVerilog

表 4-1 SystemVerilog 运算符优先级

	运算符	含义
Highest	~	NOT
	*, /, %	MUL, DIV, MOD
	+, -	PLUS, MINUS
	<<, >>	逻辑左移/逻辑右移
	<<<, >>>	算术左移/算术右移
	<, <=, >, >=	相对比较
	==, !=	相等比较
Lowest	&, ~&	AND, NAND
	^, ~^	XOR, XNOR
	|, ~|	OR, NOR
	?:	条件

如你所想象的，SystemVerilog 中的运算符优先级与其他编程语言很相似。特别是，AND 的优先级比 OR 的优先级高。可以利用这个优先级来消除括号。

```
assign cout = g | p & cin ;
```

VHDL

表 4-2 VHDL 运算符优先级

	运算符	含义
Highest	not	NOT
	*, /, mod, rem	MUL, DIV, MOD, REM
	+, -	PLUS, MINUS
	rol, ror, srl, sll	循环移位，逻辑移位
Lowest	<, <=, >, >=	相对比较
	=, /=	相等比较
	and, or, nand, nor, xor, xnor	逻辑运算

如你所想象的，VHDL 中的乘法比加法有更高的优先级。与 System Verilog 不同的是，VHDL 中的所有逻辑运算符 (and, or 等) 有相同的优先级，这与布尔代数不同。因此，括号就很有必要，否则，cout <= g or p and cin 就会被从左到右解释为 cout <= (g or p) and cin。

4.2.7 数字

数字可以采用二进制、八进制、十进制或者十六进制来表示 (基数分别为 2、8、10 和 16)。此外，可以选择指定数字的大小，即位数，数字的开头将插入一些 0 来满足数字大小的要求。数字中间出现的下划线会被忽略，但是它可以帮助我们把一些长的数字分成多个部分，从而加强可读性。HDL 例 4.9 说明在不同语言中，数字是如何书写的。

185

HDL 例 4.9 数字

SystemVerilog

声明常量的格式是 N'Bvalue，其中 N 是位数，B 是说明基数的字母，value 是值。例如，9'h25 说明一个 9 位数字，它的值是 $25_{16} = 37_{10} = 000100101_2$。SystemVerilog 用 'b 表示二进制（基数为 2），'o 表示八进制（基数为 8），'d 表示十进制（基数为 10），'h 表示十六进制（基数为 16）。如果没有提供基数，那么基数默认为 10。

如果没有给出位数，那么数字就赋予当前表达式的位数。0 会自动填补在数字的前面以达到满位。例如，如果 w 是 6 位总线，assign w = 'b11 就会给 w 赋予 000011。明确地说明位数大小是比较好的。但有个例外，'0 和 '1 分别是将全 0 和全 1 赋值给一条总线的 SystemVerilog 惯用语法。

VHDL

在 VHDL 中，STD_LOGIC 数字用二进制书写，并且加上单引号：'0' 和 '1' 代表逻辑 0 和 1。声明 STD_LOGIC_VECTOR 常量的格式是 NB"value"，其中 N 是位数，B 表示基数，value 是数字的值。比如，9X"25"表示一个 9 位数字，其数值是 $25_{16} = 37_{10} = 000100101_2$。VHDL 2008 使用 B 表示二进制，O 表示八进制，D 表示十进制，X 表示十六进制。

如果没有写明基数，那么默认是二进制。如果没有给出位数，那么该数字的位数与其数值所对应的位数一致。截至 2011 年 10 月，Synopsys 的 Synplify Premier 工具尚未支持指定位数。

others => '0' 和 others => '1' 分别是将全部位赋值为 0 和 1 的 VHDL 惯用语法。

表 4-3 SystemVerilog 数字

数字	位	基数	值	存储
3'b101	3	2	5	101
'b11	?	2	3	000…0011
8'b11	8	2	3	00000011
8'b1010_1011	8	2	171	10101011
3'd6	3	10	6	110
6'o42	6	8	34	100010
8'hAB	8	16	171	10101011
42	?	10	42	00…0101010

表 4-4 VHDL 的数字

数字	位	基数	值	存储
3B"101"	3	2	5	101
B"11"	2	2	3	11
8B"11"	8	2	3	00000011
8B"1010_1011"	8	2	171	10101011
3D"6"	3	10	6	110
6O"42"	6	8	34	100010
8X"AB"	8	16	171	10101011
"101"	3	2	5	101
B"101"	3	2	5	101
X"AB"	8	16	171	10101011

4.2.8 Z 和 X

HDL 用 z 表示浮空值。对于描述三态缓存器 z 尤其有用。当使能位为 0 时，它的输出为浮空。在 2.6 节中，总线可以由多个三态缓存器驱动，但其中最多只有一个使能。HDL 例 4.10 展示了一个三态缓存器的风格。如果缓存器被使能，输入和输出一致。如果缓存器被禁用，输出就为浮空值（z）。

类似地，HDL 使用 x 表示一个无效的逻辑电平。如果一条总线被两个使能的三态缓冲器（或其他门）同时驱动为 0 和 1，则结果是 x，说明发生了冲突。如果驱动总线的所有三态缓冲器同时为 OFF，那么总线将用 z 表示浮空。

在模拟开始时，状态结点（如触发器输出）被初始化一个未知状态（在 SystemVerilog 中是 x，在 VHDL 中是 u）。这对追踪由于在使用输出前忘记复位触发器而引起的错误十分有帮助。

如果一个门接收一个浮空输入，当它不能确认正确的输出值时，它将产生一个输出 x。类似地，如果它接收一个无效的或者未初始化的输入，它也会输出一个 x。HDL 例 4.11 显示了 SystemVerilog 和 VHDL 如何在逻辑门中组合这些不同的信号值。

在模拟时看到的 x 或 z 值，基本已经说明出现了漏洞或不正确的编码。在综合后的电路中，这表示浮空的门输入、未初始化的状态或内容。x 或 u 可能被电路随机地解释为 0 或者 1，引致不可预测的行为。

HDL 例 4.10　　三态缓冲器

SystemVerilog

```
module tristate(input  logic [3:0] a,
                input  logic       en,
                output tri   [3:0] y);

    assign y = en ? a : 4'bz;
endmodule
```

注意 y 声明为 tri 变量类型而不是 logic 变量类型。logic 信号只能有一个信号源驱动信号。三态总线可以有多个驱动信号，所以三态总线应声明为 net 变量。在 SystemVerilog 中 net 变量有 tri 和 trireg 两种类型。一般来说，每次只有一个驱动信号源处于激活状态，net 采纳该信号源的数值作为其信号数值。如果没有一个驱动信号源处于激活状态，则 tri 类型信号将处于悬空状态(z)，而 trireg 类型信号则保持先前的数值。如果输入或输出变量没有指定变量类型，则默认为 tri 类型。此外，一个模块的 tri 输出可以用作另一个模块的 logic 输入。4.7 节将进一步讨论由多个信号源驱动的 net 变量。

VHDL

```
library IEEE; use IEEE.STD_LOGIC_1164.all;

entity tristate is
  port(a:  in  STD_LOGIC_VECTOR(3 downto 0);
       en: in  STD_LOGIC;
       y:  out STD_LOGIC_VECTOR(3 downto 0));
end;

architecture synth of tristate is
begin
  y <= a when en else "ZZZZ";
end;
```

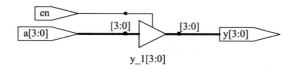

图 4-9　　tristate 综合后的电路

HDL 例 4.11　　未定义和浮空输入的真值表

SystemVerilog

　　SystemVerilog 信号值有 0、1、z 和 x。在需要时，以 z 或 x 开始的 SystemVerilog 常量都会用 z 或者 x(代替 0)填充，并填满位数。

　　表 4-5 列出了使用全部 4 个可能信号值的与门真值表。注意，有时即使有些输入是未知的，与门也可以决定输出。例如，0&z 返回 0，因为与门只要有一个输入为 0，那么输出就是 0。另外，浮空或无效的输入会引致无效的输出，在 SystemVerilog 中用 x 表示。

VHDL

　　VHDL 的 STD_LOGIC 信号有‘0’、‘1’、‘z’、‘x’和’u’。

　　表 4-6 列出了一个使用了所有 5 个可能信号值的与门真值表。注意，有时即使有些输入是未知的，与门也可以决定输出。例如，'0' and 'z' 返回 0，因为与门只要有一个输入为‘0’，那么输出就是‘0’。另外，浮空或无效的输入会引致无效的输出，在 VHDL 中用‘x’表示。未初始化的输入会产生未初始化的输出，在 VHDL 中以’u’表示。

表 4-5　SystemVerilog 中带 z 和 x 的与门真值表

&		A		
		0	1	z	x
	0	0	0	0	0
	1	0	1	x	x
B	z	0	x	x	x
	x	0	x	x	x

表 4-6　VHDL 中带 z 和 x 的与门真值表

AND		A				
		0	1	z	x	u
	0	0	0	0	0	0
	1	0	1	x	x	u
B	z	0	x	x	x	u
	x	0	x	x	x	u
	u	0	u	u	u	u

4.2.9　位混合

　　常常需要在总线的子集上操作，或者连接信号来构成总线。这些操作称为位混合(bit swizzling)。在 HDL 例 4.12 中，用位混合操作给 y 赋予 9 位值 $c_2 c_1 d_0 d_0 d_0 c_0 101$。

HDL 例 4.12　位混合

SystemVerilog

```
assign y={c[2:1], {3{d[0]}}, c[0], 3'b101};
```

{ }操作符用于连接总线。{3{d[0]}}表示 d[0]的 3 个拷贝。

不要把用 b 命名的总线与 3 位二进制常量 3'b101 混淆。注意,指定常量中 3 位长度的很重要,否则在 y 的中间就会出现一个以 0 开头的未知数。

如果 y 长度大于 9 位,将在最高有效位填充 0。

VHDL

```
y <=(c(2 downto 1), d(0), d(0), d(0), c(0), 3B"101");
```

( )聚合运算符用于连接总线。y 必须是一个 9 位的 STD_ LOGIC_ VECTOR。

另一个例子说明了 VHDL 聚合的能力。假设 z 是一个 8 位的 STD_ LOGIC_ VECTOR, 给 z 赋值 10010110, 使用如下命令聚合。

```
z <= ("10", 4 => '1', 2 downto 1 =>'1', others =>'0')
```

"10" 位于 z 开头的两位, z[4]、z[2]和 z[1]上的值为 1, 其余位的值为 0。

4.2.10　延迟

HDL 的语句可以与任意单位的延迟相关联。这对于在模拟预测电路工作速度(若指定了有意义的延迟)和调试需要知道原因和后果时(如果模拟结果中所有信号同时改变,则推断一个错误输出的根源就非常棘手),就显得很有用。在综合时这些延迟被忽略。综合器产生的门延迟是由 t_{pd} 和 t_{cd} 决定的,而不是在 HDL 代码中的数字。

HDL 例 4.13 给 HDL 例 4.1($y = \overline{a}\,\overline{b}\,\overline{c} + a\overline{b}\,\overline{c} + a\overline{b}c$)的原始功能上增加了延迟。假定反相器的延迟为 1ns, 3 输入与门的延迟为 2ns, 3 输入或门的延迟为 4ns。图 4-10 显示了输入后延迟 7ns 的 y 的模拟波形。注意在模拟开始时 y 是未知的。

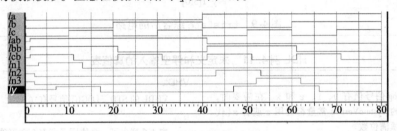

图 4-10　带延迟的模拟波形

(来自于 Modelsim 模拟器)

HDL 例 4.13　带延迟的逻辑门

SystemVerilog

```
`timescale 1ns/1ps

module example(input  logic a, b, c,
               output logic y);

  logic ab, bb, cb, n1, n2, n3;

  assign #1 {ab, bb, cb} = ~{a, b, c};
  assign #2 n1 = ab & bb & cb;
  assign #2 n2 = a & bb & cb;
  assign #2 n3 = a & bb & c;
  assign #4 y = n1 | n2 | n3;
endmodule
```

SystemVerilog 文件可以包括说明每一个时间单位值的时间尺度指令。该语句的格式为 'timescale unit/precision。在这个文件中, 每个时间单位为 1ns, 模拟精度为 1ps。如果在文件中没有给出时间尺度指令, 将使用默认的单位和精度(一般两者都是 1ns)。在 System Verilog 中, #符号用于说明延迟单位的数量。它可以放在 assign 语句中, 就像非阻塞(< =)和阻塞(=)赋值一样, 这两类语句将在 4.5.4 节中讨论。

VHDL

```
library IEEE; use IEEE.STD_LOGIC_1164.all;

entity example is
  port(a, b, c: in  STD_LOGIC;
       y:       out STD_LOGIC);
end;

architecture synth of example is
  signal ab, bb, cb, n1, n2, n3: STD_LOGIC;
begin
  ab <= not a after 1 ns;
  bb <= not b after 1 ns;
  cb <= not c after 1 ns;
  n1 <= ab and bb and cb after 2 ns;
  n2 <= a and bb and cb after 2 ns;
  n3 <= a and bb and c after 2 ns;
  y  <= n1 or n2 or n3 after 4 ns;
end;
```

在 VHDL 中, after 子句用于说明延迟。在这个例子中, 指定时间单元为纳秒。

4.3 结构化建模

上一节讨论行为(behavioral)建模，它通过对输入和输出之间关系建立模型。本节介绍结构建模，它描述一个模块怎样由更简单的模块组成。

例如，HDL 例 4.14 说明怎样将 3 个 2:1 复用器组合成一个 4:1 复用器。2:1 复用器的每个拷贝称为一个实例(instance)。同一个模的多个实例由不同的名字区分，本例中采用的 lowmux、highmux 和 finalmux。这是一个规整化的例子，其中 2:1 复用器重用了多次。

HDL 例 4.14 4:1 复用器的结构模型

SystemVerilog
```
module mux4(input  logic [3:0] d0, d1, d2, d3,
            input  logic [1:0] s,
            output logic [3:0] y);

  logic [3:0] low, high;

  mux2 lowmux(d0, d1, s[0], low);
  mux2 highmux(d2, d3, s[0], high);
  mux2 finalmux(low, high, s[1], y);
endmodule
```

3 个 mux2 实例分别是 lowmux、highmux 和 finalmux。mux2 模块必须在 SystemVerilog 代码的其他部分定义——参考 HDL 例 4.5、HDL 例 4.15 或 HDL 例 4.34。

VHDL
```
library IEEE; use IEEE.STD_LOGIC_1164.all;

entity mux4 is
  port(d0, d1,
       d2, d3: in  STD_LOGIC_VECTOR(3 downto 0);
       s:      in  STD_LOGIC_VECTOR(1 downto 0);
       y:      out STD_LOGIC_VECTOR(3 downto 0));
end;

architecture struct of mux4 is
  component mux2
    port(d0,
         d1: in  STD_LOGIC_VECTOR(3 downto 0);
         s:  in  STD_LOGIC;
         y:  out STD_LOGIC_VECTOR(3 downto 0));
  end component;
  signal low, high: STD_LOGIC_VECTOR(3 downto 0);
begin
  lowmux:   mux2 port map(d0, d1, s(0), low);
  highmux:  mux2 port map(d2, d3, s(0), high);
  finalmux: mux2 port map(low, high, s(1), y);
end;
```

在 architecture 部分必须先用 component 声明语句声明 mux2 端口。这允许 VHDL 工具检查你想使用的组件与代码其他部分声明的实体是否具有相同的端口，从而避免改变了实体但没有改变实例而引起的错误。然而，component 声明使 VHDL 代码变得冗长。

注意这个 mux4 的 architecture 命名为 struct，然在 4.2 节中，带有行为描述的模块的 architecture 却命名为 synth。VHDL 允许对同一个实体有多个 architecture (实现)，这些 architecture 用名字区分。名字本身对 CAD 工具没有什么意义，但是 struct 和 synth 比较常用。可综合的 VHDL 代码一般对每一个实体中只有一个 architecture，所以我们不讨论在定义多个 architecture 时，VHDL 如何设置的语法。

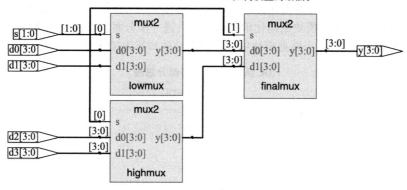

图 4-11 mux4 综合后的电路

　　HDL 例 4.15 使用结构建模基于一对三态缓存器建立了一个 2:1 复用器。不过，并不推荐使用三态缓存器来构建逻辑电路。

HDL 例 4.15　2:1 复用器的结构建模

SystemVerilog	VHDL
| ```
module mux2(input  logic [3:0] d0, d1,
            input  logic       s,
            output tri   [3:0] y);

  tristate t0(d0, ~s, y);
  tristate t1(d1, s, y);
endmodule
``` | ```
library IEEE; use IEEE.STD_LOGIC_1164.all;

entity mux2 is
  port(d0, d1: in  STD_LOGIC_VECTOR(3 downto 0);
       s:      in  STD_LOGIC;
       y:      out STD_LOGIC_VECTOR(3 downto 0));
end;

architecture struct of mux2 is
  component tristate
    port(a:  in  STD_LOGIC_VECTOR(3 downto 0);
         en: in  STD_LOGIC;
         y:  out STD_LOGIC_VECTOR(3 downto 0));
  end component;
  signal sbar: STD_LOGIC;
begin
  sbar <= not s;
  t0: tristate port map(d0, sbar, y);
  t1: tristate port map(d1, s, y);
end;
``` |

在 SystemVerilog 中，允许如 ~ s 这样的表达式用于实例的端口列表中。随意复杂的表达式虽然是合法的，但是并不提倡，因为这会降低代码的可读性。

在 VHDL 中，不允许如 not s 这样的表达式出现在实例的端口映射中。因此，sbar 应该定义为一个单独的信号。

190
～
191

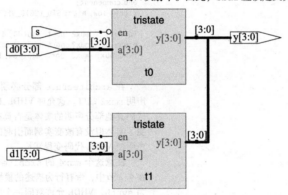

图 4-12　mux2 综合后的电路

　　HDL 例 4.16 显示了一个模块怎样访问部分总线。一个 8 位宽的 2:1 复用器用两个已定义的 4 位 2:1 复用器构建，对字节的高半字节和低半字节分别进行操作。

　　一般来说，复杂系统都是分层定义的。通过实例化主要的组件的方式来结构化地描述整个系统。每一个组件由更小的模块结构化地构成，然后进一步分解直到组件足够简单可以描述行为。避免(或至少减少)在一个单独模块中混合使用结构和行为描述是一种好的程序设计风格。

HDL 例 4.16　访问部分总线

SystemVerilog	VHDL
| ```
module mux2_8(input  logic [7:0] d0, d1,
              input  logic       s,
              output logic [7:0] y);

  mux2 lsbmux(d0[3:0], d1[3:0], s, y[3:0]);
  mux2 msbmux(d0[7:4], d1[7:4], s, y[7:4]);
endmodule
``` | ```
library IEEE; use IEEE.STD_LOGIC_1164.all;

entity mux2_8 is
  port(d0, d1: in  STD_LOGIC_VECTOR(7 downto 0);
       s:      in  STD_LOGIC;
       y:      out STD_LOGIC_VECTOR(7 downto 0));
end;
architecture struct of mux2_8 is
  component mux2
    port(d0, d1: in  STD_LOGIC_VECTOR(3 downto 0);
``` |

```
                                    s:      in  STD_LOGIC;
                                    y:      out STD_LOGIC_VECTOR(3 downto 0));
                              end component;
                           begin
                             lsbmux: mux2
                               port map(d0(3 downto 0), d1(3 downto 0),
                                        s, y(3 downto 0));
                             msbmux: mux2
                               port map(d0(7 downto 4), d1(7 downto 4),
                                        s, y(7 downto 4));
                           end;
```

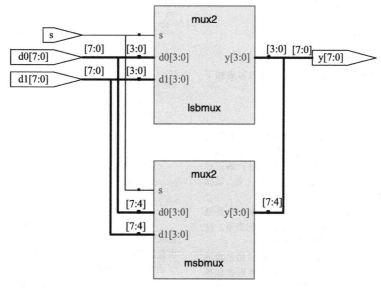

图 4-13   mux2_8 综合后的电路

4.4   时序逻辑

HDL 综合器可以识别某种风格，然后把它们转换成特定的时序电路。其他的编码风格可以正确地模拟，但把出现明显或不明显的错误综合到电路中。本节介绍寄存器和锁存器的正确描述风格。

4.4.1   寄存器

大多数现代的商业系统都由寄存器构成的，这些寄存器使用正边沿触发的 D 触发器。HDL 例 4.18 给出了这些触发器的风格。

在 SystemVerilog 的 always 语句和 VHDL 的 process 语句中，信号保持它们原来的值直到敏感信号列表中的一个事件发生，该事件明显地引起它们改变。因此，具有合适敏感信号列表的代码，可以用于描述有记忆能力的时序电路。例如，触发器在敏感信号列表中只有 clk。这说明在下一个 clk 的上升沿到来前 q 都保持原来的值，即使 d 在中途发生改变。

相反，在右边的任何一个输入发生改变时，SystemVerilog 连续赋值语句(assign)和 VHDL 并发赋值语句(< =)就会重新计算值。因此，这样的代码用于描述组合电路。

192
∫
193

4.4.2   复位寄存器

当模拟开始或者电路首次通电时，触发器或者寄存器的输出是未知的。在 SystemVerilog 和 VHDL 中分别用 x 和 u 表示。一般来说，应该使用复位寄存器，这样在上电时可以把系统置于已知状态。复位可以是同步的也可以是异步的。异步复位马上就生效，而同步复位只能在时钟的下一个上沿时才能清除输出。HDL 例 4.19 说明了同步复位和异步复位触发器的风格。注意，在原理图中难以分辨同步和异步复位。用 Synplify Premier 生成的原理图把异步复位放在触发器的底部，把同步复位放在左边。

HDL 例 4.17　寄存器

SystemVerilog

```
module flop(input logic     clk,
            input logic [3:0] d,
            output logic [3:0] q);
  always_ff @(posedge clk)
    q <= d;
endmodule
```

一般来说，SystemVerilog 的 always 语句写成如下的形式：

```
always @(sensitivity list)
  statement;
```

只有当 sensitivity list(敏感信号列表)中说明的事件发生时才执行 statement。在这个例子中，语句是 q <= d(读作"q 得到 d")。因此，触发器在时钟的正边沿把 d 复制到 q，否则就保持 q 的原来状态。注意，敏感信号列表也可指激励信号列表。

<= 称为非阻塞赋值。这时可以把它看作一个普通的等号"="。将在 4.5.4 节中继续讨论更多的细节。注意，在 always 语句中，<= 代替了 assign。

在随后的各节中将看到，always 语句可以用来表示触发器、锁存器或组合逻辑，取决于敏感信号列表和执行语句。正因为这样的灵活性，所以容易在不经意间制造出错误的硬件电路。SystemVerilog 引入 always_ff、always_latch 和 always_comb 来降低产生这些常见错误的风险。always_ff 的行为与 always 一样，但只用来表示触发器，并且如果它用于表示其他器件时允许工具生成警告信息。

VHDL

```
library IEEE; use IEEE.STD_LOGIC_1164.all;

entity flop is
  port(clk: in  STD_LOGIC;
       d:   in  STD_LOGIC_VECTOR(3 downto 0);
       q:   out STD_LOGIC_VECTOR(3 downto 0));
end;

architecture synth of flop is
begin
  process(clk) begin
    if rising_edge(clk) then
      q <= d;
    end if;
  end process;
end;
```

VHDL 的 process 语句写成如下的形式：

```
process(sensitivity list) begin
  statement;
end process;
```

只有当 sensitivity list(敏感信号列表)中的变量改变时才执行 statement。在这个例子中，if 语句检查是否在 clk 的上升沿发生改变。如果是，则 q <= d(读作"q 得到 d")。因此，触发器在时钟的正边沿把 d 复制到 q，否则就记录 q 的原来状态。

触发器的另一种 VHDL 风格是：

```
process(clk) begin
  if clk'event and clk='1' then
    q <= d;
  end if;
end process;
```

这里 rising_edge(clk) 等同于 clk'event 和 clk=1。

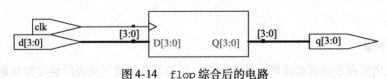

图 4-14　flop 综合后的电路

4.4.3　带使能端的寄存器

只有在使能有效时带使能端的寄存器才响应时钟。HDL 例 4.19 显示了一个异步复位使能寄存器。如果 reset 和 en 都是 FALSE 时，则它保持原来的值。

4.4.4　多寄存器

一条单独的 always/process 语句可以用于描述多个硬件。例如，3.5.5 节的同步器由两个背靠背连接的触发器组成，如图 4-17 所示。HDL 例 4.20 描述了同步器。在 clk 的上升沿，d 复制到 n1。同时，n1 复制到 q。

HDL 例 4.18 可复位寄存器

SystemVerilog

```
module flopr(input  logic       clk,
             input  logic       reset,
             input  logic [3:0] d,
             output logic [3:0] q);

  // asynchronous reset
  always_ff @(posedge clk, posedge reset)
    if (reset) q <= 4'b0;
    else       q <= d;
endmodule

module flopr(input  logic       clk,
             input  logic       reset,
             input  logic [3:0] d,
             output logic [3:0] q);

  // synchronous reset
  always_ff @(posedge clk)
    if (reset)  q <= 4'b0;
    else        q <= d;
endmodule
```

在 always 语句敏感信号列表中的多个信号用逗号或者 or 分隔。注意，posgdge reset 在异步复位触发器的敏感信号列表中，但不在同步复位触发器中。因此，异步复位触发器会马上响应 reset 的上升沿。但是，同步复位触发器只在时钟的上沿时响应 reset。

因为两个模块的名字都是 flopr，所以只能在设计中使用其中一个。

VHDL

```
library IEEE; use IEEE.STD_LOGIC_1164.all;

entity flopr is
  port(clk, reset: in  STD_LOGIC;
       d:          in  STD_LOGIC_VECTOR(3 downto 0);
       q:          out STD_LOGIC_VECTOR(3 downto 0));
end;

architecture asynchronous of flopr is
begin
  process(clk, reset) begin
    if reset then
      q <= "0000";
    elsif rising_edge(clk) then
      q <= d;
      end if;
    end process;
  end;

library IEEE; use IEEE.STD_LOGIC_1164.all;

entity flopr is
  port(clk, reset: in  STD_LOGIC;
       d:          in  STD_LOGIC_VECTOR(3 downto 0);
       q:          out STD_LOGIC_VECTOR(3 downto 0));
end;

architecture synchronous of flopr is
begin
  process(clk) begin
    if rising_edge(clk) then
      if reset then q <= "0000";
      else q <= d;
      end if;
    end if;
  end process;
end;
```

在 process 语句敏感信号列表中的多个信号用逗号分隔。注意，reset 在异步复位触发器的敏感信号列表中，但不在同步复位触发器中。因此，异步复位触发器会马上响应 reset 的上升沿。但是同步复位触发器只在时钟的上升沿时响应 reset。

触发器的状态在 VHDL 模拟期间在启动时被初始化为 'u'。

如之前提及的，architecture 的名字（此例中的 asynchronous 或者 synchronous）会被 VHDL 工具忽略但是对人们阅读代码有帮助。因为两个 architecture 都描述了实体 flopr，所以在设计中只能使用其中一个。

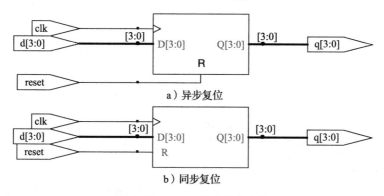

a）异步复位

b）同步复位

图 4-15 flopr 综合后的电路

HDL 例 4.19   复位使能寄存器

SystemVerilog

```
module flopenr(input  logic       clk,
               input  logic       reset,
               input  logic       en,
               input  logic [3:0] d,
               output logic [3:0] q);

  // asynchronous reset
  always_ff @(posedge clk, posedge reset)
    if     (reset) q <= 4'b0;
    else if (en)   q <= d;
endmodule
```

VHDL

```
library IEEE; use IEEE.STD_LOGIC_1164.all;

entity flopenr is
  port(clk,
       reset,
       en: in  STD_LOGIC;
       d:  in  STD_LOGIC_VECTOR(3 downto 0);
       q:  out STD_LOGIC_VECTOR(3 downto 0));
end;

architecture asynchronous of flopenr is
-- asynchronous reset
begin
  process(clk, reset) begin
    if reset then
      q <= "0000";
    elsif rising_edge(clk) then
      if en then
        q <= d;
      end if;
    end if;
  end process;
end;
```

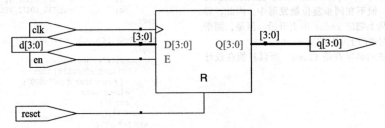

图 4-16   flopnr 综合后的电路

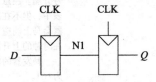

图 4-17   同步器电路

HDL 例 4.20   同步器

SystemVerilog

```
module sync(input  logic clk,
            input  logic d,
            output logic q);

  logic n1;

  always_ff @(posedge clk)
    begin
      n1 <= d; // nonblocking
      q <= n1; // nonblocking
    end
endmodule
```

注意，begin/end 结构是必要的，因为有多条声明语句出现在 always 语句中。这与 C 或 java 中的 { } 相似。begin/end 在 flopr 例子中并不是必须的，因为 if/else 是一条单独的语句。

VHDL

```
library IEEE; use IEEE.STD_LOGIC_1164.all;

entity sync is
  port(clk: in  STD_LOGIC;
       d:   in  STD_LOGIC;
       q:   out STD_LOGIC);
end;

architecture good of sync is
  signal n1: STD_LOGIC;
begin
  process(clk) begin
    if rising_edge(clk) then
      n1 <= d;
      q <= n1;
    end if;
  end process;
end;
```

n1 必须声明为 signal，因为它是模块内使用的内部信号。

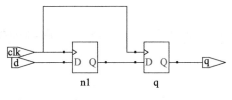

图 4-18　sync 综合后的电路

194
∫
197

4.4.5　锁存器

在 3.2.2 节中，当时钟为 HIGH 时，D 锁存器是透明的，允许数据从输入流向输出。当时钟为 LOW 时锁存器变为不透明的，保持原来的状态。HDL 例 4.21 显示了 D 锁存器的风格。

不是所有的综合工具都能很好地支持锁存器。除非你知道工具支持锁存器，或者你有理由使用它们，否则，最好不使用它们而使用边沿触发器。还要注意 HDL 代码不能表示任何意外的锁存器，如果不注意，就会发生意想不到的事。当创建锁存器时很多综合工具会发出警告。如果你不希望它存在，就在 HDL 中寻找这个漏洞。如果你不知道你是否要生成锁存器，那么你很可能将 HDL 作为一门编程语言来处理，这将给你带来更大的潜伏问题。

HDL 例 4.21　D 锁存器

SystemVerilog

```
module latch(input  logic       clk,
             input  logic [3:0] d,
             output logic [3:0] q);

 always_latch
   if (clk) q <= d;
endmodule
```

　　always_latch 等同于 always@ (clk, d)，它是 SystemVerilog 中用来描述锁存器的首选风格。它评估任何时间 clk 和 d 的变化。如果 clk 为 HIGH，则 d 的值传递给 q，因此这段代码描述了一个正级敏感锁存器。否则，q 保持它原来的值。如果 always_latch 模块不表示锁存器，则 SystemVerilog 将生成相应的警告。

VHDL

```
library IEEE; use IEEE.STD_LOGIC_1164.all;

entity latch is
  port(clk: in  STD_LOGIC;
       d:   in  STD_LOGIC_VECTOR(3 downto 0);
       q:   out STD_LOGIC_VECTOR(3 downto 0));
end;

architecture synth of latch is
begin
  process(clk, d) begin
    if clk = '1' then
      q <= d;
    end if;
  end process;
end;
```

　　敏感信号列表包括 clk 和 d，所以 process 评估任何时间 clk 和 d 的改变。如果 clk 为 HIGH，那么 d 的值就传递给 q。

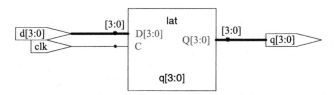

图 4-19　latch 综合后的电路

4.5　更多组合逻辑

在 4.2 节中，使用赋值语句从行为上描述组合逻辑。SystemVerilog 的 always 语句和 VHDL 的 pr o c e s s 语句可以用于描述时序电路，因为当没有产生新的状态时，它们将保持原来的状态。然而，always/process 语句也可以用于描述组合逻辑的行为，如果敏感信号列表包含对所有输入的响应，正文描述每一种可能输入组合的输出值。HDL 例 4.22 使用 always/process 语句描述了 4 个一组的反相器(见图 4-3 的综合后的电路)。

SystemVerilog

```
module inv(input  logic [3:0] a,
           output logic [3:0] y);

  always_comb
    y = ~a;
endmodule
```

当 always 语句中的 < = 或 = 右边的信号发生改变时，always_comb 就重新运算 always 声明语句中的代码。在这种情况下，always_comb 等同于 always @ (a)，但它比 always @ (a) 更好，因为它避免了在 always 语句中由于信号改名或添加信号所带来的错误。如果 always 模块中的代码不是组合逻辑，则 SystemVerilog 将产生警告信息。Always_comb 等同于 always @ (*)，但它在 SystemVerilog 中更常用。

= 在 always 语句中称为阻塞赋值(blocking assignment)，与之相对的 < = 称为非阻塞赋值(non-blocking assignmeng)。在 SystemVerilog 中，在组合逻辑中适合使用阻塞赋值，而在时序逻辑中需要使用非阻塞式赋值。这将在 4.5.4 节中进一步讨论。

VHDL

```
library IEEE; use IEEE.STD_LOGIC_1164.all;

entity inv is
  port(a: in  STD_LOGIC_VECTOR(3 downto 0);
       y: out STD_LOGIC_VECTOR(3 downto 0));
end;

architecture proc of inv is
begin
  process(all) begin
    y <= not a;
  end process;
end;
```

当 process 语句中的信号发生改变时，process (all) 就重新运算在 process 语句中的代码。Process (all) 等同于 process(a)，但它比 process(a) 更好，因为它避免了 process 语句中由于信号改名或添加信号所带来的错误。

在 VHDL 中，begin 和 end process 语句都是需要的，尽管 process 只有一条赋值语句。

HDL 支持在 always/process 语句中的阻塞和非阻塞赋值。一组阻塞赋值语句将以其在代码中出现的顺序来计算，与一些标准的编程语言一样。一组非阻塞赋值语句则并行地计算。在左边的信号更新前，计算所有的语句。

HDL 例 4.23 定义了一个全加器，该全加器使用中间信号 p 和 q 来计算 s 和 cout。它产生的电路与图 4-8 一样，但在赋值语句中使用了 always/process 语句。

这两个例子是使用 always/process 语句对组合逻辑建模的不好例子，因为它们比 HDL 例 4.2 和 HDL 例 4.7 使用赋值语句实现相等功能需要更多的代码。然而，对更复杂的组合电路建模 case 和 if 语句更方便。case 和 if 语句必须出现在 always/process 语句中，我们将在下一小节中继续讨论。

198
?
199

SystemVerilog

在 SystemVerilog 的 always 语句中，= 表示阻塞赋值，< =表示非阻塞赋值(也被称为并发赋值)。

不要把使用 assign 语句的连续赋值与这两语句混淆。assign 语句必须放在 always 语句的外面，而且是并发计算。

VHDL

在 VHDL 的 process 语句中，: = 表示阻塞赋值，< =表示非阻塞赋值(也被称为并发赋值)。这里是第一次介绍: = 的章节。

非阻塞赋值用于产生输出和信号。阻塞赋值用于产生 process 语句中声明的变量(见 HDL 例 4.23)。< = 也可以出现在 process 的外面，这里它也是并发计算。

4.5.1　case 语句

使用 always/process 语句实现组合逻辑的一个较好应用是利用 case 语句实现七段显示译码器。case 语句必须出现在 always/process 语句的内部。

你可能已经注意到，在例 2.10 的七段显示译码器中，大模块组合逻辑的设计过程冗长乏味且容易出错。HDL 做了巨大的改进，它允许用户在更高的抽象层说明功能，然后自动把功能综合到门电路中。基于真值表，HDL 例 4.24，使用 case 语句描述七段显示译码器。case 语句基于输入值执行不同的动作。如果所有可能的输入组合都被定义，则 case 语句就表示组合逻辑；否则，它就表示时序逻辑，因为输出会保持为未定义情况下的原来值。

HDL 例 4.23   使用 always/process 语句的全加器

SystemVeilog

```
module fulladder(input  logic a, b, cin,
                 output logic s, cout);
  logic p, g;

  always_comb
    begin
      p = a ^ b;              // blocking
      g = a & b;              // blocking

      s = p ^ cin;            // blocking
      cout = g | (p & cin);   // blocking
    end
endmodule
```

本例中，always @ (a, b, cin) 与 always_comb 等价。不过，always_comb 更好，因为它避免了在敏感信号列表中漏写信号的常见错误。

基于 4.5.4 节讨论的原因，最好使用阻塞赋值实现组合逻辑。本例首先计算 p，然后计算 g，然后计算 s，最后计算 cout。

VHDL

```
library IEEE; use IEEE.STD_LOGIC_1164.all;

entity fulladder is
  port(a, b, cin: in  STD_LOGIC;
       s, cout:  out STD_LOGIC);
end;

architecture synth of fulladder is
begin
  process(all)
    variable p, g: STD_LOGIC;
  begin
    p := a xor b; -- blocking
    g := a and b; -- blocking
    s <= p xor cin;

    cout <= g or (p and cin);
  end process;
end;
```

本例中，process @ (a, b, cin) 与 process (all) 等价。不过，process (all) 更好，因为它避免了在敏感信号列表中漏写信号的常见错误。

基于 4.5.4 节讨论的原因，最好使用阻塞赋值来计算组合逻辑中的中间变量。这个例子中对 p 和 g 使用阻塞赋值，这样在计算依赖于它们值的 s 和 cout 前首先计算它们。

因为 p 和 g 出现在 process 语句中的阻塞赋值 := 的左侧，所以它们必须声明为 variable 而不是 signal。变量声明出现在使用它的过程的 begin 之前。

HDL 例 4.24   七段管显示译码器

SystemVerilog

```
module sevenseg(input  logic [3:0] data,
                output logic [6:0] segments);
  always_comb
    case(data)
      //                       abc_defg
      0:       segments = 7'b111_1110;
      1:       segments = 7'b011_0000;
      2:       segments = 7'b110_1101;
      3:       segments = 7'b111_1001;
      4:       segments = 7'b011_0011;
      5:       segments = 7'b101_1011;
      6:       segments = 7'b101_1111;
      7:       segments = 7'b111_0000;
      8:       segments = 7'b111_1111;
      9:       segments = 7'b111_0011;
      default: segments = 7'b000_0000;
    endcase
endmodule
```

case 语句检查 data 的值。当 data 为 0 时，语句执行冒号后的动作，设置 segments 为 1111110。类似地，case 语句检查其他 data 值，最高是 9（这里使用了默认的基，10）。

Default 子句是一种非常方便的方法，用于定义没有明确列出的所有情况下的输出，这样可以保证产生组合逻辑。

在 SystemVerilog 中，case 语句必须出现在 always 语句内。

VHDL

```
library IEEE; use IEEE.STD_LOGIC_1164.all;

entity seven_seg_decoder is
  port(data:     in  STD_LOGIC_VECTOR(3 downto 0);
       segments: out STD_LOGIC_VECTOR(6 downto 0));
end;

architecture synth of seven_seg_decoder is
begin
  process(all) begin
    case data is
      --                           abcdefg
      when X"0" =>  segments <= "1111110";
      when X"1" =>  segments <= "0110000";
      when X"2" =>  segments <= "1101101";
      when X"3" =>  segments <= "1111001";
      when X"4" =>  segments <= "0110011";
      when X"5" =>  segments <= "1011011";
      when X"6" =>  segments <= "1011111";
      when X"7" =>  segments <= "1110000";
      when X"8" =>  segments <= "1111111";
      when X"9" =>  segments <= "1110011";
      when others => segments <= "0000000";
    end case;
  end process;
end;
```

case 语句检查 data 的值。当 data 为 0 时，语句执行 => 后的动作，设置 segments 为 1111110。case 语句检查其他 data 值，最高是 9（注意 x 表示十六进制数）。Others 子句可以方便地定义没有明确列出的所有情况下的输出，这样可以保证电路为组合逻辑。

与 SystemVerilog 不同，VHDL 支持选择信号赋值语句（参见 HDL 例 4.6）。它与 case 语句很相似，但它可以出现在进程（process）的外面。因此，没有原因使用进程来描述组合逻辑。

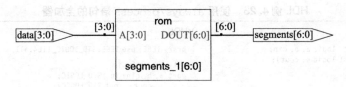

图 4-20 sevenseg 综合后的电路

Synplify Premier 把七段显示译码器综合为一个针对 16 种不同输入而产生 7 位输出的只读存储器(ROM)。ROM 将在 5.5.6 节进一步讨论。

如果 case 语句中漏写了 default 或者 other 子句,那么译码器将在输入数据为 10 ~ 15 时,记录它先前的输出。对于硬件来说这是一个奇怪的行为。

普通的译码器一般也使用 case 语句。HDL 例 4.25 描述了一个 3:8 译码器。

4.5.2 if 语句

always/process 语句中可以包含 if 语句。If 语句的后面还可以出现 else 语句。如果所有可能的输入组合都处理了,则这条语句就表示组合逻辑;否则,就产生时序逻辑(类似于 4.4.5 节的锁存器)。

HDL 例 4.26 使用 if 语句描述 2.4 节中定义的优先级电路。N 输入优先电路将对应的最高有效输入为 TRUE 的位设置为输出 TRUE。

4.5.3 带有无关项的真值表

正如在 2.7.3 节中讨论的,真值表中可能包含无关项从而提供更多逻辑简化可能。HDL 例 4.27 展示了如何用无关项描述优先级电路。

Synplify Premier 为这个模块综合了电路,它与图 4-22 的优先级电路稍微有些不同,如图 4-23 所示。然而,它们是逻辑等价的。

HDL 例 4.25   3:8 译码器

SystemVerilog

```
module decoder3_8(input  logic [2:0] a,
                  output logic [7:0] y);
  always_comb
    case(a)
      3'b000:  y = 8'b00000001;
      3'b001:  y = 8'b00000010;
      3'b010:  y = 8'b00000100;
      3'b011:  y = 8'b00001000;
      3'b100:  y = 8'b00010000;
      3'b101:  y = 8'b00100000;
      3'b110:  y = 8'b01000000;
      3'b111:  y = 8'b10000000;
      default: y = 8'bxxxxxxxx;
    endcase
endmodule
```

对于本例中的逻辑综合来说,default 语句不是严格必需的,因为定义了所有可能的输入组合,但是在模拟中需要考虑周全,以防万一出现某个输入为 x 或 z。

VHDL

```
library IEEE; use IEEE.STD_LOGIC_1164.all;

entity decoder3_8 is
  port(a: in  STD_LOGIC_VECTOR(2 downto 0);
       y: out STD_LOGIC_VECTOR(7 downto 0));
end;

architecture synth of decoder3_8 is
begin
  process(all) begin
    case a is
      when "000" =>  y <= "00000001";
      when "001" =>  y <= "00000010";
      when "010" =>  y <= "00000100";
      when "011" =>  y <= "00001000";
      when "100" =>  y <= "00010000";
      when "101" =>  y <= "00100000";
      when "110" =>  y <= "01000000";
      when "111" =>  y <= "10000000";
      when others => y <= "XXXXXXXX";
    end case;
  end process;
end;
```

对于本例中的逻辑综合来说,others 子句不是严格必需的,因为定义了所有可能的输入组合;但是在仿真中需要考虑周全,以防万一出现某个输入为 x 或 z。

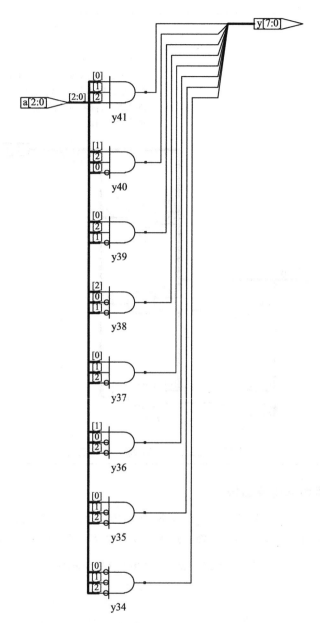

图 4-21 decoder3_8 综合后的电路

HDL 例 4.26 优先级电路

SystemVerilog

```
module priorityckt(input  logic [3:0] a,
                   output logic [3:0] y);

  always_comb
    if      (a[3]) y <= 4'b1000;
    else if (a[2]) y <= 4'b0100;
    else if (a[1]) y <= 4'b0010;
    else if (a[0]) y <= 4'b0001;
    else           y <= 4'b0000;
endmodule
```

　　在 SystemVerilog 中，if 语句必须出现在 always 语句内。

VHDL

```
library IEEE; use IEEE.STD_LOGIC_1164.all;

entity priorityckt is
  port(a: in  STD_LOGIC_VECTOR(3 downto 0);
       y: out STD_LOGIC_VECTOR(3 downto 0));
end;

architecture synth of priorityckt is
begin
  process(all) begin
    if    a(3) then y <= "1000";
    elsif a(2) then y <= "0100";
    elsif a(1) then y <= "0010";
    elsif a(0) then y <= "0001";
```

```
else          y <= "0000";
    end if;
  end process;
end;
```

与 SystemVerilog 不同，VHDL 支持条件信号赋值语句(参见 HDL 例 4.6)，它与 if 语句很相似，但是它出现在进程(process)的外面。因此，没有原因使用进程描述组合逻辑。

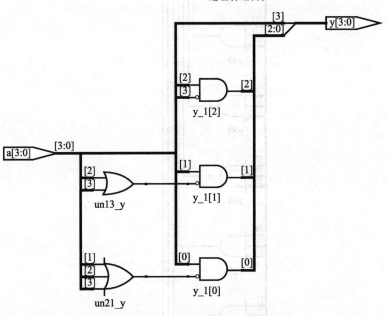

图 4-22　prioritycke 综合后的电路

4.5.4　阻塞赋值和非阻塞赋值

下面将解释什么时候和怎样使用不同赋值类型的准则。如果不遵照这些准则引，编写的代码就可能在模拟时正确，但综合到不正确的硬件。本节的余下部分解释这些准则的原理。

HDL 例 4.27　使用无关项的优先级电路

SystemVerilog

```
module priority_casez(input  logic [3:0] a,
                      output logic [3:0] y);
  always_comb
    casez(a)
      4'b1???: y <= 4'b1000;
      4'b01??: y <= 4'b0100;
      4'b001?: y <= 4'b0010;
      4'b0001: y <= 4'b0001;
      default: y <= 4'b0000;
    endcase
endmodule
```

casez 语句的作用与 case 语句一样，但它能识别作为无关项的?。

VHDL

```
library IEEE; use IEEE.STD_LOGIC_1164.all;

entity priority_casez is
  port(a: in  STD_LOGIC_VECTOR(3 downto 0);
       y: out STD_LOGIC_VECTOR(3 downto 0));
end;

architecture dontcare of priority_casez is
begin
  process(all) begin
    case? a is
      when "1---" => y <= "1000";
      when "01--" => y <= "0100";
      when "001-" => y <= "0010";
      when "0001" => y <= "0001";
      when others => y <= "0000";
    end case?;
  end process;
end;
```

case? 语句的作用与 case 语句一样，但它能识别作为无关项的 - 。

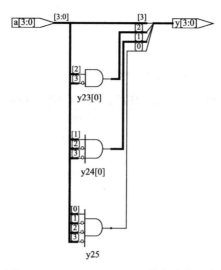

图 4-23 priority_casez 综合后的电路

阻塞和非阻塞赋值准则

SystemVerilog

1）使用 always_ff@ (posedge clk)和非阻塞赋值描述同步时序逻辑。

```
always_ff @(posedge clk)
  begin
    n1 <= d; //非阻塞
    q <= n1; //非阻塞
  end
```

2）使用连续赋值描述简单组合逻辑。

```
assign y = s ? d1 : d0;
```

3）使用 always_comb 和阻塞赋值描述复杂组合逻辑将很有帮助。

```
always_comb
  begin
    p = a ^ b; //阻塞
    g = a & b; //非阻塞
    s = p ^ cin;
    cout = g | (p & cin);
  end
```

4）不要在多于 1 个 always 语句或者连续赋值语句中对同一个信号赋值。

VHDL

1）使用 process(clk)和非阻塞赋值描述同步时序逻辑。

```
process(clk) begin
  if rising_edge(clk) then
    n1 <= d; -- 非阻塞
    q <= n1; -- 非阻塞
  end if;
end process;
```

2）使用 process 语句外的并发赋值描述简单组合逻辑。

```
y <= d0 when s = '0' else d1;
```

3）使用 process(all)描述复杂组合逻辑将会有帮助。使用阻塞赋值对内部变量进行赋值。

```
process(all)
  variable p, g: STD_LOGIC;
begin
  p := a xor b; -- 阻塞
  g := a and b; -- 阻塞
  s <= p xor cin;
  cout <= g or (p and cin);
end process;
```

4）不要在多于 1 个 process 语句或者并发赋值语句中对同一个信号赋值。

200 ? 206

1. 组合逻辑 *

使用阻塞赋值可以正确对 HDL 例 4.23 中的全加器建模。本节将探讨它如何操作以及如果使用非阻塞赋值则有什么不同。

假设 a、b、cin 都初始化为 0。因此，p、g、s 和 cout 也是 0。在某一时刻，a 改变为 1，触发 always/process 语句。4 个阻塞赋值按顺序计算（在 VHDL 代码中，s 和 cout 并发赋值）。注意因为 p 和 g 是阻塞赋值，所以它们在计算 s 和 cout 前得到新值。这很重要，因为我们希望使用 p 和 g 的新值来计算 s 和 cout。

1）$p \leftarrow 1 \oplus 0 = 1$

2) $g \leftarrow 1 \cdot 0 = 0$

3) $s \leftarrow 1 \oplus 0 = 1$

4) $cout \leftarrow 0 + 1 \cdot 0 = 0$

相反，HDL 例 4.28 说明了非阻塞赋值的使用。

HDL 例 4.28　使用非阻塞赋值的全加器

SystemVerilog	VHDL
| ```
// nonblocking assignments (not recommended)
module fulladder(input  logic a, b, cin,
                output logic s, cout);
  logic p, g;

  always_comb
    begin
      p <= a ^ b; // nonblocking
      g <= a & b; // nonblocking

      s <= p ^ cin;
      cout <= g | (p & cin);
    end
endmodule
``` | ```
-- nonblocking assignments (not recommended)
library IEEE; use IEEE.STD_LOGIC_1164.all;

entity fulladder is
  port(a, b, cin: in  STD_LOGIC;
       s, cout:   out STD_LOGIC);
end;

architecture nonblocking of fulladder is
  signal p, g: STD_LOGIC;
begin
  process(all) begin
    p <= a xor b; -- nonblocking
    g <= a and b; -- nonblocking
    s <= p xor cin;
    cout <= g or (p and cin);
  end process;
end;
``` |

因为在 process 语句中 p 和 g 出现非阻塞赋值的左边，所以它们必须声明为 signal 而不是 variable。Signal 声明出现在 architecture 中的 begin 之前，而不是 process 中。

现在考虑 a 从 0 上升为 1，而 b 和 cin 都为 0 的情况。4 个非阻塞赋值并发地计算。

$P \leftarrow 1 \oplus 0 = 1$　　$g \leftarrow 1 \cdot 0 = 0$　　$s \leftarrow 0 \oplus 0 = 0$　　$cout \leftarrow 0 + 0 \cdot 0 = 0$

注意 s 与 p 并发计算，因此使用 p 的原来值，而不是新值。所以，s 保持 0 而不是 1。然而，p 从 0 改变为 1。这个改变触发 always/process 语句，进行第二次计算，过程如下：

$p \leftarrow 1 \oplus 1 = 1$　　$g \leftarrow 1 \cdot 0 = 0$　　$s \leftarrow 1 \oplus 0 = 1$　　$cout \leftarrow 0 + 1 \cdot 0 = 0$

这次，p 已经是 1，所以 s 正确地改变为 1。非阻塞赋值最后达到正确值，但是 always/process 语句必须计算两次。这使仿真变慢，尽管它综合出来同样的硬件。

在对组合逻辑建模时，使用非阻塞赋值的另一个缺点是，如果你忘记把中间变量包括在敏感信号列表中，那么 HDL 会产生错误的结果。

SystemVerilog	VHDL
如果 HDL 例 4.28 中 always 语句的敏感信号列表写作 always @ (a,b,cin)，而不是 always_comb，那么这条语句就不会在 p 或 g 改变时重新计算。在这种情况下，s 会错误保持为 0，而不是 1。	如果 HDL 例 4.28 中 process 语句的敏感信号列表写作 process (a, b, cin)，而不是 process (all)，那么这条语句不会在 p 或 g 改变时重新计算。在这种情况下，s 会错误地保持为 0，而不是 1。

更糟的是，即使错误的敏感信号列表引起了模拟错误，一些综合工具也会综合得到正确的硬件。这就导致模拟结果和硬件实际操作不匹配。

2. 时序逻辑*

使用非阻塞式赋值可以正确地描述 HDL 例 4.20 同步器中的。在时钟的上升沿，d 复制到 n1，同时 n1 复制到 q，所以代码准确地描述了两个寄存器。例如，假设初始化 d = 0，n1 = 1，q = 0。在时钟的上升沿，下面两个赋值将并发发生，所以时钟沿后，n1 = 0，q = 1。

$n1 \leftarrow d = 0$　　　$q \leftarrow n1 = 1$

HDL 例 4.29 尝试用阻塞赋值来描述同一个模块。在 clk 的上升沿，d 复制到 n1。之后 n1

的这个新值复制到 q，导致 n1 和 q 中出现不正确的 d。在时钟沿后赋值依次进行，q = n1 = 0。

207
~
208

1）n1←d = 0

2）q←n1 = 0

HDL 例 4. 29   使用阻塞赋值的不好的同步器

SystemVeilog	VHDL

`// Bad implementation of a synchronizer using blocking`
`// assignments`
 	
`module syncbad(input  logic clk,`
`              input  logic d,`
`              output logic q);`
` logic n1;`
` always_ff @(posedge clk)`
`   begin`
`     n1=d; // blocking`
`     q=n1; // blocking`
`   end`
`endmodule`
	`-- Bad implementation of a synchronizer using blocking`
	`-- assignment`
	
	`library IEEE; use IEEE.STD_LOGIC_1164.all;`
	
	`entity syncbad is`
	`  port(clk: in STD_LOGIC;`
	`       d:   in  STD_LOGIC;`
	`       q:   out STD_LOGIC);`
	`end;`
	
	`architecture bad of syncbad is`
	`begin`
	`  process(clk)`
	`    variable n1: STD_LOGIC;`
	`  begin`
	`    if rising_edge(clk) then`
	`      n1 :=d; -- blocking`
	`      q <= n1;`
	`    end if;`
	`  end process;`
	`end;`

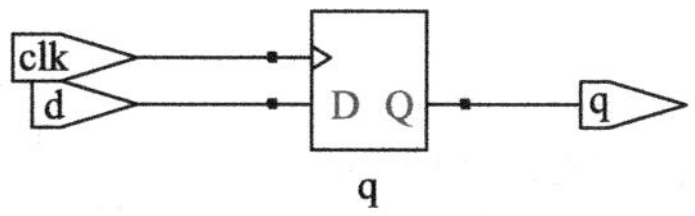

图 4-24   syncbad 综合后的电路

因为 n1 对外界是透明的，对 q 的行为没有影响，所以同步器完全把它优化掉了，如图 4-24 所示。

在对时序逻辑建模时，在 always/process 语句中必须使用非阻塞赋值。如果你足够聪明，如反转赋值语句的顺序，可以使阻塞赋值正确地执行，但是阻塞赋值并没有优势，反而带来了未知行为的风险。有些时序电路无法使用阻塞赋值，无论顺序是什么。

4.6   有限状态机

有限状态机（FSM）由状态寄存器和两个组合逻辑块组成，用于计算当前状态和输入下的下一个状态和输出，如图 3-22 所示。状态机的 HDL 描述相应地划分成 3 部分来对状态寄存器、下一个状态逻辑和输出逻辑建模。

HDL 例 4. 30 描述了 3. 4. 2 节中的 3 分频计数器有限状态机。它提供异步复位来初始化有限状态机。状态寄存器使用触发器的普通风格。下一个状态和输出逻辑块是组合逻辑。

SynplifyPremier 综合工具仅产生状态机的框图和状态转换图，它没有显示逻辑门或弧线上的输入和输出，以及状态。因此，注意是否已经在 HDL 代码中正确地说明有限状态机。图 4-25 中的 3 分频计数器有限状态机的状态转换图与图 3-28b 相似。双圆圈表示 S0 是复

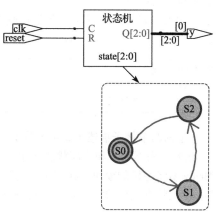

图 4-25   divideby3fsm 综合后的电路

位状态。3 分频计数器有限状态机的门级实现在 3.4.2 节中说明。

HDL 例 4.30　3 分频计数器有限状态机

SystemVeilog

```
module divideby3FSM(input  logic clk,
                    input  logic reset,
                    output logic y);
  typedef enum logic [1:0] {S0, S1, S2} statetype;
  statetype [1:0] state, nextstate;

  // state register
  always_ff @(posedge clk, posedge reset)
    if (reset) state <= S0;
    else       state <= nextstate;

  // next state logic
  always_comb
    case (state)
      S0:      nextstate <= S1;
      S1:      nextstate <= S2;
      S2:      nextstate <= S0;
      default: nextstate <= S0;
    endcase

  // output logic
  assign y = (state == S0);
endmodule
```

typedef 语句定义了 statetype 为一个 2 位 logic 值，它有 3 个可能的值：S0、S1、S2。state 和 nextstate 都是 statetype 类型的信号。

枚举编码默认为数字排序：S0 =00、S1 =01、S2 =10。编码可以由用户显式设置。不过，综合工具只是建议而不要求用户必须显式设置编码。比如，下面的代码段把状态编码为 3 位的独热值：

```
typedef enum logic [2:0] {S0=3'b001, S1=3'b010, S2=3'b100}
statetype;
```

注意，怎样使用 case 语句定义状态转换表。因为下一个状态逻辑必须是组合逻辑，所以 dafault 是必需的，即使状态 2'b11 不会出现。

当状态为 s0 时，输出 y 为 1。如果 a 等于 b，相等比较 a = =b 等于 1，否则等于 0。不相等比较 a! =b 则相反，如果 a 不等于 b，则为 1。

VHDL

```
library IEEE; use IEEE.STD_LOGIC_1164.all;

entity divideby3FSM is
  port(clk, reset: in  STD_LOGIC;
       y:          out STD_LOGIC);
end;

architecture synth of divideby3FSM is
  type statetype is (S0, S1, S2);
  signal state, nextstate: statetype;
begin
  -- state register
  process(clk, reset) begin
    if reset then state <= S0;
    elsif rising_edge(clk) then
      state <= nextstate;
    end if;
  end process;

  -- next state logic
  nextstate <= S1 when state = S0 else
               S2 when state = S1 else
               S0;

  -- output logic
  y <= '1' when state = S0 else '0';
end;
```

该例子定义了一个新的枚举数据类型 statetype，它有 3 个可能的值 s0、s1、s2。state 和 nextstate 都是 statetype 类型的信号。使用枚举代替选择状态编码，VHDL 让综合器自由地搜索各种状态编码，以便选择一个最好的。

当 state 为 s0 时，输出 y 为 1。不相等比较使用 /=。为了当状态是除了 S0 以外的任何值时产生 1 的输出，把比较改为 state/=S0。

注意，状态使用枚举数据类型来命名，而不使用二进制数值来表示。这使得代码的可读性更高也更易修改。

如果，因为某些原因，需要在状态 S0 和 S1 使输出为 HIGH，那么输出逻辑应该按如下修改。

SystemVerilog

```
//输出逻辑
assign y = (state == S0 | state == S1);
```

VHDL

```
-- 输出逻辑
y <= '1' when (state = S0 or state = S1) else '0';
```

下面两个例子描述了 3.4.3 节中的模式识别器有限状态机。代码展示了如何使用 case 和 if 语句，根据输入和当前状态产生下一个状态和输出的逻辑。这里给出了 Moore 型状态机和 Mealy 型状态机的模块。在 Moore 型状态机（HDL 例 4.31）中，输出只与当前状态有关，而在 Mealy 型状态机（HDL 例 4.32）中，输出逻辑与当前状态和输入有关。

HDL 例 4.31　模式识别器的 Moore 型有限状态机

SystemVeilog

```
module patternMoore(input  logic clk,
                    input  logic reset,
                    input  logic a,
                    output logic y);

  typedef enum logic [1:0] {S0, S1, S2} statetype;
  statetype state, nextstate;

  // state register
  always_ff @(posedge clk, posedge reset)
    if (reset) state <= S0;
    else       state <= nextstate;

  // next state logic
  always_comb
    case (state)
      S0: if (a) nextstate = S0;
          else   nextstate = S1;
      S1: if (a) nextstate = S2;
          else   nextstate = S1;
      S2: if (a) nextstate = S0;
          else   nextstate = S1;
      default: nextstate = S0;
    endcase

  // output logic
  assign y = (state == S2);
endmodule
```

　　注意，如何在状态寄存器中使用非阻塞赋值（< =）描述时序逻辑，如何在下一个状态逻辑中使用阻塞赋值（=）描述组合逻辑。

VHDL

```
library IEEE; use IEEE.STD_LOGIC_1164.all;

entity patternMoore is
  port(clk, reset: in  STD_LOGIC;
       a:          in  STD_LOGIC;
       y:          out STD_LOGIC);
end;

architecture synth of patternMoore is
  type statetype is (S0, S1, S2);
  signal state, nextstate: statetype;
begin
  -- state register
  process(clk, reset) begin
    if reset then               state <= S0;
    elsif rising_edge(clk) then state <= nextstate;
    end if;
  end process;

  -- next state logic
  process(all) begin
    case state is
      when S0 =>
        if a then nextstate <= S0;
        else      nextstate <= S1;
        end if;
      when S1 =>
        if a then nextstate <= S2;
        else      nextstate <= S1;
        end if;
      when S2 =>
        if a then nextstate <= S0;
        else      nextstate <= S1;
        end if;
      when others =>
                  nextstate <= S0;
    end case;
  end process;

  --output logic
  y <= '1' when state = S2 else '0';
end;
```

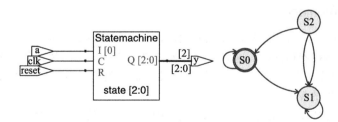

图 4-26　patternmoore 综合后的电路

HDL 例 4.32　模式识别器的 Mealy 型有限状态机

SystemVerilog

```
module patternMealy(input  logic clk,
                    input  logic reset,
                    input  logic a,
                    output logic y);

  typedef enum logic {S0, S1} statetype;
  statetype state, nextstate;

  // state register
  always_ff @(posedge clk, posedge reset)
    if (reset) state <= S0;
    else       state <= nextstate;

  // next state logic
  always_comb
```

VHDL

```
library IEEE; use IEEE.STD_LOGIC_1164.all;

entity patternMealy is
  port(clk, reset: in  STD_LOGIC;
       a:          in  STD_LOGIC;
       y:          out STD_LOGIC);
end;

architecture synth of patternMealy is
  type statetype is (S0, S1);
  signal state, nextstate: statetype;
begin
  -- state register
  process(clk, reset) begin
    if reset then               state <= S0;
```

```
  case (state)
    S0: if (a) nextstate=S0;
        else  nextstate=S1;
    S1: if (a) nextstate=S0;
        else  nextstate=S1;
    default:  nextstate=S0;
    endcase
  // output logic
  assign y=(a & state==S1);
endmodule
```

```
    elsif rising_edge(clk) then state <= nextstate;
      end if;
  end process;

  -- next state logic
  process(all) begin
    case state is
      when S0 =>
        if a then nextstate <= S0;
        else      nextstate <= S1;
        end if;
      when S1 =>
        if a then nextstate <= S0;
        else      nextstate <= S1;
        end if;
      when others =>
                nextstate <= S0;
    end case;
  end process;

  -- output logic
  y <= '1' when (a='1' and state=S1) else '0';
end;
```

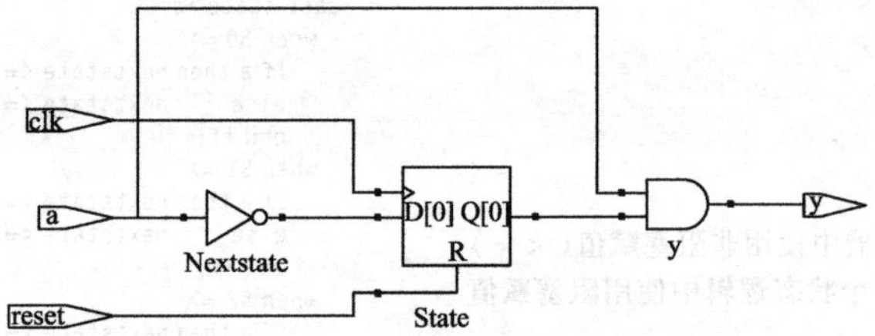

图 4-27   patternMealy 综合后的电路

4.7 数据类型 *

213   本节将更深入地讲解 SystemVerilog 和 VHDL 类型的微妙差别。

4.7.1 SystemVerilog

在 SystemVerilog 出现之前，Verilog 主要使用两种类型：reg 和 wire。尽管名字如此，但 reg 信号不一定与寄存器相关联。这对初学者来说是一个巨大的混淆根源。SystemVerilog 引入了 logic 类型来消除歧义。因此，本书着重介绍 logic 类型。本节详细讲解 reg 和 wire 类型，以利于你阅读旧的 Verilog 代码。

在 Verilog 中，如果信号出现在 always 模块中 <= 或 = 的左边，那么它必须声明为 reg。否则，它应该声明为 wire。因此，一个 reg 信号可能是一个触发器、锁存器或者组合逻辑的输出，取决于敏感信号列表和 always 模块的语句。

输入和输出端口默认为 wire 类型，除非它们的类型被明确定义为 reg。下面的例子展示了如何使用传统 Verilog 来描述触发器。注意 clk 和 d 默认为 wire 类型，而 q 则明确定义为 reg 类型，因为 q 出现在 always 模块中 <= 的左边。

```
module flop(input          clk,
            input    [3:0] d,
            output reg [3:0] q);

  always @(posedge clk)
    q <= d;
endmodule
```

SystemVerilog 引入 logic 类型。logic 类型是 reg 类型的同义词，避免误导用户它实际上是否是一个触发器的猜想。而且，SystemVerilog 放宽了 assign 语句和分层端口实例的规则，所以 logic 变量可以在 always 模块的外面使用，而传统语法要求在 always 模块的外面使用 wire 变量。因此，几乎所有的 SystemVerilog 信号都可以是 logic 类型。但也有例外，如果信号有多个驱动源(例如，三态总线)则必须声明为 net 类型，如 HDL 例 4.10 所描述的。当 logic 信号不小心连接到多驱动源时，这个规则允许 SystemVerilog 生成错误信息而不是生成 x 值。

net 最常用的类型是 wire 或 tri。这两种类型是同义的，但是传统上 wire 类型用于单信号源驱动，tri 类型用于多信号源驱动。因此，在 SystemVerilog 中，wire 类型已废弃，因为 logic 类型更常用于单驱动源信号。

当 tri 变量由一个或多个信号源驱动为某个值时，它就呈现那个值。当它未被驱动时，它呈现浮空值(z)。当它被多个信号源驱动为不同的值(0、1 或 x)时，它呈现为不确定值(x)。

同时存在其他使用不同方法解决未驱动或者多驱动源问题的 net 类型。这些类型很少使用，但可以在任何使用 tri 类型的地方作为 tri 的替代(例如，用于有多个驱动源的信号)，每个类型都在表 4-7 中描述。

表 4-7 net 解决方案

net 类型	无驱动源	冲突的驱动源
tri	z	x
trireg	以前的值	x
triand	z	0 如果有 0
trior	z	1 如果有 1
tri0	0	x
tri1	1	x

4.7.2 VHDL

与 SystemVerilog 不同，VHDL 要求严格的数据类型系统以便保证用户不出现错误，但有时这也会有些繁琐。

尽管 STD_LOGIC 非常重要，但它却没有直接建立在 VHDL 内。它是 IEEE.STD_LOGIC_1164 库的一部分。因此，在前面的例子中，所有文件都必须包含库语句。

而且，IEEE.STD_LOGIC_1164 缺少对 STD_LOGIC_VECTOR 数据的基本运算，如整数相加、比较、移位和转换等运算。这些运算最终都被添加到 IEEE.NUMERIC_STD_UNSIGNED 库的 VHDL 2008 标准中。

VHDL 还有一个 BOOLEAN 类型，它包含两个值：true 和 false。BOOLEAN 值由比较运算返回(如相等比较 s = '0')，它也用在条件语句中，如 when 和 if。尽管我们可能认为 BOOLEAN true 应该等于 STD_LOGIC '1'，BOOLEAN false 应该等于 STD_LOGIC '0'，但实际上这两个类型在 VHDL 2008 标准制定之前是不可以互换的。例如，在旧的 VHDL 标准代码中，必须这样写：

```
y <= d1 when (s = '1') else d0;
```

而在 VHDL 2008 标准中，when 语句自动将 s 从 STD_LOGIC 转换成 BOOLEAN 类型，因此上述语句可以简化为：

```
y <= d1 when s else d0;
```

甚至在 VHDL 2008 标准中，它仍然需要写为：

```
q <= '1' when (state = S2) else '0';
```

而不是：

```
q <= (state = S2);
```

214
~
215

因为(state = S2)返回一个 BOOLEAN 类型的结果，这个结果不能直接赋值给 STD_LOGIC 类型信号 y。

尽管我们没有声明任何信号为 BOOLEAN，但是它们在比较中自动产生转换为 BOOLEAN，并在条件语句中使用。类似地，VHDL 用 INTEGER 类型表示正数和负数。INTEGER 类型的信号值从 $-2^{31} \sim 2^{31}-1$。整数值用于做总线的标识。例如，在如下语句中

```
y <= a(3) and a(2) and a(1) and a(0);
```

0、1、2 和 3 就是作为选择信号 a 的位的索引的整数。不能直接用 STD_LOGIC 或者 STD_LOG-IC_VECTOR 信号来标识总线。必须把信号转换成 INTEGER 类型。这将由下面的例子来说明。这个例子是一个 8:1 复用器，它用 3 位标识从向量中选择 1 位。TO_INTEGER 函数在 IEEE.STD_LOGIC_UNSIGNED 库中定义，它把 STD_LOGIC_VECTOR 类型转换成 INTEGER 的正(无符号)值。

```
library IEEE;
use IEEE.STD_LOGIC_1164.all;
use IEEE.NUMERIC_STD_UNSIGNED.all;

entity mux8 is
  port(d: in  STD_LOGIC_VECTOR(7 downto 0);
       s: in  STD_LOGIC_VECTOR(2 downto 0);
       y: out STD_LOGIC);
end;
architecture synth of mux8 is
begin
  y <= d(TO_INTEGER(s));
end;
```

VHDL 严格定义 out 端口只能用于输出。例如，以下 2 输入与门和 3 输入与门的代码就是非法的 VHDL 代码，因为 v 是输出且它用于计算 w。

```
library IEEE; use IEEE.STD_LOGIC_1164.all;

entity and23 is
  port(a, b, c: in STD_LOGIC;
       v, w: out  STD_LOGIC);
end;
architecture synth of and23 is
begin
  v <= a and b;
  w <= v and c;
end;
```

为了解决这个问题，VHDL 定义了一个特别的端口类型 buffer。连接到 buffer 端口的信号像输出一样工作，但可以在模块内使用。以下是改正的实体定义。Verilog 和 System-Verilog 没有这个限制，也不需要 buffer 端口。VHDL 2008 删除了这个限制，允许 out 端口为可读的，但是这个改变在写这本书时还未被 Synplify CAD 工具支持。

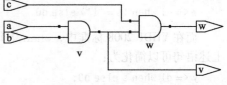

```
entity and23 is
  port(a, b, c: in STD_LOGIC;
       v: buffer  STD_LOGIC;
       w: out     STD_LOGIC);
end;
```

图 4-28　and23 综合后的电路

大多数运算，如加法、减法和布尔逻辑，都是一样的，无论数是有符号数还是无符号数。然而，数值比较、乘法和算术右移对于有符号补码和无符号二进制数的运算是不一样的。这些运算将在第 5 章详细讲解。HDL 例 4.33 描述了如何表示有符号数。

HDL 例 4.33　a)无符号乘法器　b)有符号乘法器

SystemVerilog

```
// 4.33(a): unsigned multiplier
module multiplier(input  logic [3:0] a, b,
                  output logic [7:0] y);
  assign y = a * b;
endmodule

// 4.33(b): signed multiplier
module multiplier(input  logic signed [3:0] a, b,
                  output logic signed [7:0] y);
  assign y = a * b;
endmodule
```

在 SystemVerilog 中，信号默认为无符号数。增加了 signed 修饰符后(例如，logic signed [3:0] a)，信号作为有符号数处理。

VHDL

```
-- 4.33(a): unsigned multiplier
library IEEE; use IEEE.STD_LOGIC_1164.all;
use IEEE.NUMERIC_STD_UNSIGNED.all;

entity multiplier is
  port(a, b: in  STD_LOGIC_VECTOR(3 downto 0);
       y:    out STD_LOGIC_VECTOR(7 downto 0));
end;

architecture synth of multiplier is
begin
  y <= a * b;
end;
```

VHDL 使用 NUMERIC_STD_UNSIGNED 库来对 STD_LOGIC_VECTOR 执行算术运算和比较运算。这些向量作为无符号数处理。

```
use IEEE.NUMERIC_STD_UNSIGNED.all;
```

VHDL 也在 IEEE.NUMERIC_STD 库里定义了 UNSIGNED 和 SIGNED 数据类型，但这些数据类型涉及类型转换，这些超出了本章的范围。

4.8　参数化模块 *

目前为止，所有模块的输入和输出的宽度都是固定的。例如，我们必须分别针对 4 位和 8 位宽的 2:1 复用器定义不同的模块。使用参数化模块，HDL 允许可变的位宽度。

HDL 例 4.34 描述了一个默认宽度为 8 的参数化的 2:1 复用器，然后使用它创建一个 8 位和一个 12 位的 4:1 复用器。

216 ≀ 217

HDL 例 4.35 描述了一个更好的参数化模块的应用——译码器。使用 case 语句描述大型 N :2^N 译码器很麻烦。但使用参数化代码来设置合适的输出位为 1 却很简单。具体地，译码器使用阻塞赋值将所有位设置为 0，然后将合适的位改变为 1。

HDL 例 4.34　参数化的 *N* 位 2:1 复用器

SystemVerilog

```
module mux2
  #(parameter width = 8)
  (input  logic [width-1:0] d0, d1,
   input  logic             s,
   output logic [width-1:0] y);

  assign y = s ? d1 : d0;
endmodule
```

SystemVerilog 允许在输入和输出之前使用 #(parameter…)语句定义参数。Parameter 语句包括一个默认值(8)，这里称为 width。输入和输出的位数依赖于这个参数。

```
module mux4_8(input  logic [7:0] d0, d1, d2, d3,
             input  logic [1:0] s,
             output logic [7:0] y);

  logic [7:0] low, hi;

  mux2 lowmux(d0, d1, s[0], low);
  mux2 himux(d2, d3, s[0], hi);
  mux2 outmux(low, hi, s[1], y);
endmodule
```

8 位 4:1 复用器使用它们默认宽度实例化 3 个 2:1 复用器。

相反，在实例名之前，12 位 4:1 复用器 mux4_12 使

VHDL

```
library IEEE; use IEEE.STD_LOGIC_1164.all;

entity mux2 is
  generic(width: integer := 8);
  port(d0,
       d1: in  STD_LOGIC_VECTOR(width-1 downto 0);
       s:  in  STD_LOGIC;
       y:  out STD_LOGIC_VECTOR(width-1 downto 0));
end;

architecture synth of mux2 is
begin
  y <= d1 when s else d0;
end;
```

generic 语句包括 width 的默认值(8)。这个值为整数类型。

```
library IEEE; use IEEE.STD_LOGIC_1164.all;

entity mux4_8 is
  port(d0, d1, d2,
       d3: in  STD_LOGIC_VECTOR(7 downto 0);
       s:  in  STD_LOGIC_VECTOR(1 downto 0);
       y:  out STD_LOGIC_VECTOR(7 downto 0));
end;

architecture struct of mux4_8 is
  component mux2
```

用#()重写默认宽度，如下所示。

```
module mux4_12(input logic  [11:0] d0, d1, d2, d3,
               input logic  [1:0] s,
               output logic [11:0] y);

  logic [11:0] low, hi;

  mux2 #(12) lowmux(d0, d1, s[0], low);
  mux2 #(12) himux(d2, d3, s[0], hi);
  mux2 #(12) outmux(low, hi, s[1], y);
endmodule
```

不要把表示延迟的#符号与定义和重写参数的#(…)混淆。

```
generic(width: integer := 8);
  port(d0,
       d1: in  STD_LOGIC_VECTOR(width-1 downto 0);
       s:  in  STD_LOGIC;
       y:  out STD_LOGIC_VECTOR(width-1 downto 0));
  end component;
  signal low, hi: STD_LOGIC_VECTOR(7 downto 0);
begin
  lowmux: mux2 port map(d0, d1, s(0), low);
  himux:  mux2 port map(d2, d3, s(0), hi);
  outmux: mux2 port map(low, hi, s(1), y);
end;
```

8 位 4:1 复用器 mux4_8 使用它们的默认宽度实例化 3 个 2:1 复用器。

相反，12 位 4:1 复用器 mux4_12 使用 generic map 覆盖默认宽度，如下所示。

```
lowmux: mux2 generic map(12)
             port map(d0, d1, s(0), low);
himux:  mux2 generic map(12)
             port map(d2, d3, s(0), hi);
outmux: mux2 generic map(12)
             port map(low, hi, s(1), y);
```

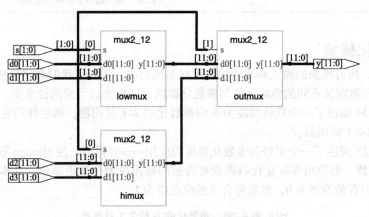

图 4-29   mux4_12 综合后的电路

HDL 例 4.35   参数化的 N:2^N 译码器

SystemVerilog

```
module decoder
  #(parameter N=3)
  (input  logic [N-1:0]   a,
   output logic [2**N-1:0] y);

  always_comb
    begin
      y=0;
      y[a]=1;
    end
endmodule
```

2** N 代表 2^N。

VHDL

```
library IEEE; use IEEE.STD_LOGIC_1164.all;
use IEEE. NUMERIC_STD_UNSIGNED.all;

entity decoder is
  generic(N: integer := 3);
  port(a: in  STD_LOGIC_VECTOR(N-1 downto 0);
       y: out STD_LOGIC_VECTOR(2**N-1 downto 0));
end;
architecture synth of decoder is
begin
  process(all)
  begin
    y <= (OTHERS => '0');
    y(TO_INTEGER(a)) <= '1';
  end process;
end;
```

2** N 代表 2^N。

HDL 还提供 generate 语句产生基于参数值的可变数量的硬件。generate 支持 for 循环和 if 语句来确定产生多少和什么类型的硬件。HDL 例 4.36 说明如何使用 generate 语句产生一个由2输入与门级联构成的 N 输入 AND 功能。当然，对于这个应用中，使用缩位运算符将更简单明了，但该例子阐述了硬件生成器的通用原理。

使用 generate 语句必须注意，它很容易不经意地生成大量的硬件。

HDL 例 4.36　参数化的 N 输入与门

SystemVeilog

```
module andN
 #(parameter width=8)
  (input  logic [width-1:0] a,
   output logic           y);

 genvar i;
 logic [width-1:0] x;

 generate
   assign x[0]=a[0];
   for(i=1; i<width; i=i+1) begin: forloop
     assign x[i]=a[i] & x[i-1];
   end

 endgenerate

 assign y=x[width-1];
endmodule
```

for 语句循环通过 i = 1，2，⋯，width – 1 以便产生许多连续的与门。在 generate for 循环中的 begin 后面必须有"："和一个任意的标识（在这个例子中是 forloop）。

VHDL

```
library IEEE; use IEEE.STD_LOGIC_1164.all;

entity andN is
  generic(width: integer := 8);
  port(a: in  STD_LOGIC_VECTOR(width-1 downto 0);
       y: out STD_LOGIC);
end;

architecture synth of andN is
  signal x: STD_LOGIC_VECTOR(width-1 downto 0);
begin
  x(0) <= a(0);
  gen: for i in 1 to width-1 generate
    x(i) <= a(i) and x(i-1);
  end generate;
  y <= x(width-1);
end;
```

生成循环变量 i 不需声明。

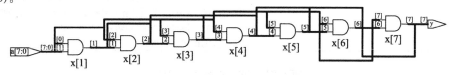

图 4-30　andN 综合后的电路

4.9　测试程序

测试程序（testbench）是用于测试其他模块（称为被测设备（Device Under Test，DUT））的硬件描述语言模块。测试程序包含了向被测设备提供输入的语句，以便检查是否产生理想的正确输出。输入和期待的输出模式称为测试向量（test vector）。

考虑测试 4.1.1 节中计算 $y = \bar{a}\,\bar{b}\,\bar{c} + a\,\bar{b}\,\bar{c} + a\,\bar{b}\,c$ 的 sillyfunction 模块。这是一个简单的模块，所以可以通过提供所有 8 个可能的测试向量来执行全部的测试。

218
∼
220

HDL 例 4.37 说明了一个简单的测试程序。它实例化 DUT，之后提供输入。阻塞式赋值和延迟用于提供合适的输入顺序。使用者必须检查模拟结果以验证是否产生正确输出。测试程序也像其他的 HDL 模块那样被模拟，然而它们不能被综合。

检查输出是否正确的过程比较枯燥且容易出错。而且，当设计在脑海里还是很清晰时，判断输出结果是否正确比较简单。如果做了很小的修改，且数周后需要重新测试，那么判断输出是否正确就变得比较麻烦了。一个更好的方法是编写自检测试程序，如 HDL 例 4.38 所示。

为每个测试向量编写代码依然是冗繁的工作，尤其是需要大量测试向量的模块中。一个比较好的方法是把测试向量放在一个单独的文件中。测试程序简单地从文件中读取测试向量，向 DUT 输入测试向量，检查 DUT 输出值是否与输出向量一致，重复这个过程直到测试向量文件的结尾。

HDL 例 4.37　测试

SystemVerilog

```
module testbench1();
  logic a, b, c, y;

  // instantiate device under test
  sillyfunction dut(a, b, c, y);

  // apply inputs one at a time
  initial begin
    a=0; b=0; c=0; #10;
    c=1;           #10;
    b=1; c=0;      #10;
    c=1;           #10;
    a=1; b=0; c=0; #10;
    c=1;           #10;
    b=1; c=0;      #10;
    c=1;           #10;
  end
endmodule
```

在模拟开始时 Initial 语句执行该段内的语句。在本例中，它首先提供输入模式 000，然后等待 10 个时间单位。然后提供 001，等待 10 个时间单位，以此类推，直到提供了所有 8 个可能的输入。Initial 语句只能在测试程序上用于模拟，不能用于综合为实际硬件的模块中。第一次启动时，硬件无法执行一系列特殊的步骤。

VHDL

```
library IEEE; use IEEE.STD_LOGIC_1164.all;

entity testbench1 is -- no inputs or outputs
end;

architecture sim of testbench1 is
  component sillyfunction
    port(a, b, c: in  STD_LOGIC;
         y:       out STD_LOGIC);
  end component;
  signal a, b, c, y: STD_LOGIC;
begin
  -- instantiate device under test
  dut: sillyfunction port map(a, b, c, y);

  -- apply inputs one at a time
  process begin
    a <= '0'; b <= '0'; c <= '0'; wait for 10 ns;
    c <= '1';                     wait for 10 ns;
    b <= '1'; c <= '0';           wait for 10 ns;
    c <= '1';                     wait for 10 ns;
    a <= '1'; b <= '0'; c <= '0'; wait for 10 ns;
    c <= '1';                     wait for 10 ns;
    b <= '1'; c <= '0';           wait for 10 ns;
    c <= '1';                     wait for 10 ns;
    wait; -- wait forever
  end process;
end;
```

process 语句最先提供输入模式 000，等待 10ns。然后它提供 001，等待 10ns，以此类推直到提供了所有 8 个可能的输入。

最后，该过程将无限等待；否则，该过程再次开始，重复地提供测试向量的模式。

HDL 例 4.38　自检测试程序

SystemVerilog

```
module testbench2();
  logic a, b, c, y;

  // instantiate device under test
  sillyfunction dut(a, b, c, y);

  // apply inputs one at a time
  // checking results
  initial begin
    a=0; b=0; c=0; #10;
    assert (y === 1) else $error("000 failed.");
    c=1; #10;
    assert (y === 0) else $error("001 failed.");
    b=1; c=0;  #10;
    assert (y === 0) else $error("010 failed.");
    c=1; #10;
    assert (y === 0) else $error("011 failed.");
    a=1; b=0; c=0;  #10;
    assert (y === 1) else $error("100 failed.");
    c=1; #10;
    assert (y === 1) else $error("101 failed.");
    b=1; c=0;  #10;
    assert (y === 0) else $error("110 failed.");
    c=1; #10;
    assert (y === 0) else $error("111 failed.");
  end
endmodule
```

SystemVerilog 的 assert 语句检查特定条件是否成立。如果不成立，则执行 else 语句。else 语句中的 $error 系统任务用于输出描述 assert 错误的错误信息。在综合过程中 assert 将被忽略。

在 SystemVerilog 中，可以在不包括 x 和 z 值的

VHDL

```
library IEEE; use IEEE.STD_LOGIC_1164.all;

entity testbench2 is -- no inputs or outputs
end;

architecture sim of testbench2 is
  component sillyfunction
    port(a, b, c: in  STD_LOGIC;
         y:       out STD_LOGIC);
  end component;
  signal a, b, c, y: STD_LOGIC;
begin
  -- instantiate device under test
  dut: sillyfunction port map(a, b, c, y);

  -- apply inputs one at a time
  -- checking results
  process begin
    a <= '0'; b <= '0'; c <= '0'; wait for 10 ns;
    assert y = '1' report "000 failed.";
    c <= '1';                     wait for 10 ns;
    assert y = '0' report "001 failed.";
    b <= '1'; c <= '0';           wait for 10 ns;
    assert y = '0' report "010 failed.";
    c <= '1';                     wait for 10 ns;
    assert y = '0' report "011 failed.";
    a <= '1'; b <= '0'; c <= '0'; wait for 10 ns;
    assert y = '1' report "100 failed.";
    c <= '1';                     wait for 10 ns;
    assert y = '1' report "101 failed.";
    b <= '1'; c <= '0';           wait for 10 ns;
    assert y = '0' report "110 failed.";
    c <= '1';                     wait for 10 ns;
    assert y = '0' report "111 failed.";
    wait; -- wait forever
  end process;
end;
```

信号之间使用 = =或者！=进行比较。测试程序分别使用 = = =和！= =运算符判断相等或不相等，因为这些运算符可以对包含 x 和 z 的运算数正确操作。

assert 语句检查条件，如果条件不满足时输出 report 子句中的信息。assert 只在模拟时有意义，在综合时无意义。

HDL 例 4.39 说明了这种测试程序。测试程序使用没有敏感信号列表的 always/process 语句产生一个时钟，这样它会连续不断地重复运行。在模拟的开始，它从一个文本文件读取测试向量，提供两个周期的 reset 脉冲。虽然时钟信号和复位信号在组合逻辑测试中不是必需的，但它们也包含在代码中，因为它们在测试时序 DUT 中是很重要的。example.tv 是包含二进制格式输入和期待输出的文本文件：

221 ∼ 222

```
000_1
001_0
010_0
011_0
100_1
101_1
110_0
111_0
```

HDL 例 4.39　带测试文件的测试程序

SystemVerilog

```
module testbench3();
  logic        clk, reset;
  logic        a, b, c, y, yexpected;
  logic [31:0] vectornum, errors;
  logic [3:0]  testvectors[10000:0];

  // instantiate device under test
  sillyfunction dut(a, b, c, y);

  // generate clock
  always
    begin
      clk=1; #5; clk=0; #5;
    end

  // at start of test, load vectors
  // and pulse reset
  initial
    begin
      $readmemb("example.tv", testvectors);
      vectornum=0; errors=0;
      reset=1; #27; reset=0;
    end

  // apply test vectors on rising edge of clk
  always @(posedge clk)
    begin
      #1; {a, b, c, yexpected} = testvectors[vectornum];
    end

  // check results on falling edge of clk
  always @(negedge clk)
    if (~reset) begin // skip during reset
      if (y !== yexpected) begin  // check result
        $display("Error: inputs=%b", {a, b, c});
        $display(" outputs=%b (%b expected)", y, yexpected);
        errors=errors+1;
      end
      vectornum = vectornum+1;
      if (testvectors[vectornum] === 4'bx) begin
        $display("%d tests completed with %d errors",
                 vectornum, errors);
        $finish;
      end
    end
endmodule
```

$readmem 将二进制数字文件读入 testvectors 数组中。$readmemh 与之相似，但它读取

VHDL

```
library IEEE; use IEEE.STD_LOGIC_1164.all;
use IEEE.STD_LOGIC_TEXTIO.ALL; use STD.TEXTIO.all;

entity testbench3 is -- no inputs or outputs
end;

architecture sim of testbench3 is
  component sillyfunction
    port(a, b, c: in  STD_LOGIC;
         y:       out STD_LOGIC);
  end component;
  signal a, b, c, y:  STD_LOGIC;
  signal y_expected: STD_LOGIC;
  signal clk, reset: STD_LOGIC;
begin
  -- instantiate device under test
  dut: sillyfunction port map(a, b, c, y);

  -- generate clock
  process begin
    clk <= '1'; wait for 5 ns;
    clk <= '0'; wait for 5 ns;
  end process;

  -- at start of test, pulse reset
  process begin
    reset <= '1'; wait for 27 ns; reset <= '0';
    wait;
  end process;

  -- run tests
  process is
    file tv: text;
    variable L: line;
    variable vector_in: std_logic_vector(2 downto 0);
    variable dummy: character;
    variable vector_out: std_logic;
    variable vectornum: integer := 0;
    variable errors: integer := 0;
  begin
    FILE_OPEN(tv, "example.tv", READ_MODE);
    while not endfile(tv) loop

      -- change vectors on rising edge
      wait until rising_edge(clk);

      -- read the next line of testvectors and split into pieces
      readline(tv, L);
      read(L, vector_in);
      read(L, dummy); -- skip over underscore
```

十六进制数字的文件。

代码的下一块在时钟的上沿后等待一个时间单位(以防止时钟和数据同时改变造成的混乱),然后根据当前测试向量中的 4 位设置 3 位输入(a、b 和 c)和期望的输出(yexpected)。

测试程序将期望的输出 yexpected 与生成的输出 y 比较,如果它们不相等,则输出一条错误信息。% b 和 % d 分别表示以二进制或者十进制输出值。例如,$display("% b % b", y, yexpected);表示以二进制输出 y 和 yexpected 两个值。% h 以十六进制输出数值。

这个进程重复直到 tesevector 数组中没有更多可用的测试向量。$finish 结束模拟。

注意,即使 SystemVerilog 模块最多支持 10 001 个测试向量,但是它在执行文件中 8 个的测试向量后就结束模拟。

```
  read(L, vector_out);
  (a, b, c) <= vector_in(2 downto 0) after 1 ns;
  y_expected <= vector_out after 1 ns;

  -- check results on falling edge
  wait until falling_edge(clk);

  if y /= y_expected then
    report "Error: y = " & std_logic'image(y);
    errors := errors + 1;
  end if;

  vectornum := vectornum + 1;
end loop;

-- summarize results at end of simulation
if (errors = 0) then
  report "NO ERRORS -- " &
         integer'image(vectornum) &
         " tests completed successfully."
         severity failure;
else
  report integer'image(vectornum) &
         " tests completed, errors = " &
         integer'image(errors)
         severity failure;
end if;
end process;
end;
```

VHDL 代码使用文件读取指令已经超出了本章的范围,但这里也给出了一个 VHDL 自检测试程序的概况。

在时钟的上升沿向被测设备提供新的输入,在时钟的下降沿检查输出。测试程序可以在发生错误时报告错误。可在模拟结束时,测试程序输出应用的全部测试向量数和检测的错误数。

对这样简单的电路,使用 HDL 例 4.39 中的测试程序有点过分了。然而,经过简单的修改,它可以测试更复杂的电路,修改的内容主要包括:修改 example.tv、实例化新的 DUF、修改一些代码行来设置输入和检查输出。

4.10 总结

对于现代数字设计人员,硬件描述语言(HDL)是十分重要的工具。当学会了 SystemVerilog 或者 VHDL,就可以比手工绘制图表更快地描述数字系统。而且因为修改时只需要修改代码,而不是烦琐地重绘电路图,所以调试周期也会更快。然而,如果不熟悉代码所代表的硬件,使用硬件描述语言的调试周期可能会更长。

硬件描述语言用于模拟和综合。在系统转化为硬件前逻辑模拟是在计算机上进行测试的有效方法。模拟器可以检查物理硬件中不可能被测量的系统中的信号值。逻辑综合把硬件描述语言代码转换成数字逻辑电路。

最重要的是:编写硬件描述语言代码是描述一个真实存在的硬件,而不是编写一个软件程序。很多初学者的常见错误是不考虑准备产生的硬件而编写硬件描述语言代码。如果不知道要表示的硬件是什么,那么肯定也不能得到想要的东西。相反,应该从画系统的结构图开始,区分哪些部分是组合逻辑,哪些部分是时序逻辑或有限状态机。然后使用可以描述目标硬件的正确风格为每一个部分编写硬件描述语言代码。

习题

以下习题可以用你习惯的硬件描述语言完成。如果可以使用模拟器,那么测试你的设计。输出波形并解释它们如何证明设计是可行的。如果可以使用综合器,综合你的代码。输出生成的电路图，解释为什么它符合预想。

4.1 画一个用下面的 HDL 代码描述的电路图。简化电路图以便使用最少的门。

SystemVerilog	VHDL

```
module exercise1(input  logic a, b, c,
                 output logic y, z);

  assign y = a & b & c | a & b & ~c | a & ~b & c;
  assign z = a & b | ~a & ~b;
endmodule
```

```
library IEEE; use IEEE.STD_LOGIC_1164.all;

entity exercise1 is
  port(a, b, c: in  STD_LOGIC;
            y, z:    out STD_LOGIC);
end;

architecture synth of exercise1 is
begin
  y <= (a and b and c) or (a and b and not c) or
       (a and not b and c);
  z <= (a and b) or (not a and not b);
end;
```

4.2 画一个用下面的 HDL 代码描述的电路图。简化电路图以便使用最少的门。

SystemVerilog	VHDL

```
module exercise2(input  logic [3:0] a,
                 output logic [1:0] y);
  always_comb
    if    (a[0]) y = 2'b11;
    else if (a[1]) y = 2'b10;
    else if (a[2]) y = 2'b01;
    else if (a[3]) y = 2'b00;
    else         y = a[1:0];
endmodule
```

```
library IEEE; use IEEE.STD_LOGIC_1164.all;

entity exercise2 is
  port(a: in  STD_LOGIC_VECTOR(3 downto 0);
       y: out STD_LOGIC_VECTOR(1 downto 0));
end;

architecture synth of exercise2 is
begin
  process(all) begin
    if    a(0) then y <= "11";
    elsif a(1) then y <= "10";
    elsif a(2) then y <= "01";
    elsif a(3) then y <= "00";
    else            y <= a(1 downto 0);
    end if;
  end process;
end;
```

4.3 编写一个 HDL 模块，它计算 4 输入 XOR 函数。输入为 $a_{3:0}$，输出为 y。

4.4 为习题 4.3 编写一个自检测试程序。生成一个包含所有 16 个测试用例的测试向量文件。模拟电路运行，说明它的工作。在测试向量文件中引入一个错误，说明测试程序报告错误。

4.5 编写一个叫作 minority 的 HDL 模块。它接收 a、b 和 c 3 个输入。产生一个输出 y，如果至少两个输入为 FALSE 则输出 TRUE。

4.6 编写一个 HDL 模块，用于十六进制的 7 段显示译码器。译码器应该也能够处理 A、B、C、D、E、F 以及 0~9。

4.7 为习题 4.6 编写一个自检测试程序。生成一个包含所有 16 个测试用例的测试向量文件。模拟电路运行，说明它的工作。在测试向量文件中引入一个错误，说明测试程序报告错误。

4.8 编写一个 8:1 复用器模块 mux8，输入为 $S_{2:0}$、d0、d1、d2、d3、d4、d5、d6、d7，输出为 y。

4.9 编写一个结构模块，它使用复用器逻辑计算逻辑函数 $y = a\overline{b} + \overline{bc} + \overline{a}bc$。使用习题 4.8 中的 8:1 复用器。

4.10 使用 4:1 复用器和非门重新实现习题 4.9 的内容。

4.11 4.5.4 节指出，如果以合适的顺序给出赋值，则综合器也可以使用阻塞赋值正确地描述。设计一个简单的时序电路，无论采用何种顺序它都不能用阻塞赋值描述。

226

4. 12   编写一个 8 输入优先电路的 HDL 模块。

4. 13   编写一个 2:4 译码器的 HDL 模块。

4. 14   使用习题 4.13 中的 2:4 译码器 3 个实例和一些 3 输入与门，编写一个 6:64 译码器的 HDL 模块。

4. 15   编写 HDL 模块，实现习题 2.13 中的布尔表达式。

4. 16   编写 HDL 模块，实现习题 2.26 中的电路。

4. 17   编写 HDL 模块，实现习题 2.27 中的电路。

4. 18   编写 HDL 模块，实现习题 2.28 的逻辑功能。注意如何处理那些无关项。

4. 19   编写 HDL 模块，实现习题 2.35 的功能。

4. 20   编写 HDL 模块，实现习题 2.36 的优先级译码器。

4. 21   编写 HDL 模块，实现习题 2.37 的修改的优先级译码器。

4. 22   编写 HDL 模块，实现习题 2.38 的二进制到温度计码的转换器。

4. 23   编写一个模块，实现问题 2.2 中判断一个月天数的功能。

4. 24   给出以下 HDL 代码描述的有限状态机的状态转换图。

SystemVerilog

```systemverilog
module fsm2(input  logic clk, reset,
            input  logic a, b,
            output logic y);

  logic [1:0] state, nextstate;

  parameter  S0 = 2'b00;
  parameter  S1 = 2'b01;
  parameter  S2 = 2'b10;
  parameter  S3 = 2'b11;

  always_ff @(posedge clk, posedge reset)
    if (reset) state <= S0;
    else       state <= nextstate;

  always_comb
    case (state)
      S0: if (a ^ b) nextstate=S1;
          else       nextstate=S0;
      S1: if (a & b) nextstate=S2;
          else       nextstate=S0;
      S2: if (a | b) nextstate=S3;
          else       nextstate=S0;
      S3: if (a | b) nextstate=S3;
          else       nextstate=S0;
    endcase

  assign y = (state == S1) | (state == S2);
endmodule
```

VHDL

```vhdl
library IEEE; use IEEE.STD_LOGIC_1164.all;

entity fsm2 is
  port(clk, reset: in  STD_LOGIC;
       a, b:       in  STD_LOGIC;
       y:          out STD_LOGIC);
end;

architecture synth of fsm2 is
  type statetype is (S0, S1, S2, S3);
  signal state, nextstate: statetype;
begin
  process(clk, reset) begin
    if reset then state <= S0;
    elsif rising_edge(clk) then
      state <= nextstate;
    end if;
  end process;

  process(all) begin
    case state is
      when S0 => if (a xor b) then
                   nextstate <= S1;
                 else nextstate <= S0;
                 end if;
      when S1 => if (a and b) then
                   nextstate <= S2;
                 else nextstate <= S0;
                 end if;
      when S2 => if (a or b) then
                   nextstate <= S3;
                 else nextstate <= S0;
                 end if;
      when S3 => if (a or b) then
                   nextstate <= S3;
                 else nextstate <= S0;
                 end if;
    end case;
  end process;

  y <= '1' when ((state=S1) or (state=S2))
       else '0';
end;
```

4. 25   给出以下 HDL 代码描述的有限状态机的状态转换图。这种有限状态机用于某些微处理器的分支预测。

SystemVerilog

```
module fsm1(input  logic clk, reset,
            input  logic taken, back,
            output logic predicttaken);

  logic [4:0] state, nextstate;

  parameter S0 = 5'b00001;
  parameter SI = 5'b00010;
  parameter S2 = 5'b00100;
  parameter S3 = 5'b01000;
  parameter S4 = 5'b10000;

  always_ff @(posedge clk, posedge  reset)
    if (reset) state <= S2;
    else       state <= nextstate;

  always_comb
    case (state)
      S0: if (taken) nextstate = S1;
          else       nextstate = S0;
      S1: if (taken) nextstate = S2;
          else       nextstate = S0;
      S2: if (taken) nextstate = S3;
          else       nextstate = S1;
      S3: if (taken) nextstate = S4;
          else       nextstate = S2;
      S4: if (taken) nextstate = S4;
          else       nextstate = S3;
      default:       nextstate = S2;
    endcase

  assign predicttaken = (state ==  S4) |
                        (state ==  S3) |
                        (state ==  S2 && back);

endmodule
```

VHDL

```
library IEEE; use IEEE.STD_LOGIC_1164. all;

entity fsm1 is
  port(clk, reset:   in  STD_LOGIC;
       taken, back:  in  STD_LOGIC;
       predicttaken: out STD_LOGIC);
end;

architecture synth of fsm1 is
  type statetype is (S0, S1, S2, S3, S4);
  signal state, nextstate: statetype;
begin
  process(clk, reset) begin
    if reset then state <= S2;
    elsif rising_edge(clk) then
      state <= nextstate;
    end if;
  end process;

process(all) begin
  case state is
    when S0 => if taken then
                 nextstate <= S1;
               else nextstate <= S0;
               end if;
    when S1 => if taken then
                 nextstate => S2;
               else nextstate <= S0;
               end if;
    when S2 => if taken then
                 nextstate <= S3;
               else nextstate <= S1;
               end if;
    when S3 => if taken then
                 nextstate <= S4;
               else nextstate <= S2;
               end if;
    when S4 => if taken then
                 nextstate <= S4;
               else nextstate <= S3;
               end if;
    when others =>  nextstate <= S2;
  end case;
end process;

-- output logic
predicttaken <= '1' when
                ((state = S4) or (state = S3) or
                (state = S2 and back = '1'))
   else '0';
end;
```

229

4.26 为 SR 锁存器编写一个 HDL 模块。

4.27 为 JK 触发器编写一个 HDL 模块。触发器的输入为 clk、J 和 K，输出为 Q。在时钟的上升沿，如果 $J = K = 0$，则 Q 保持后来的值。如果 $J = 1$，则 Q 设置为 1，如果 $K = 1$，那么 Q 重置为 0。如果 $J = K = 1$，那么 Q 设置为相反的值。

4.28 为图 3-18 的锁存器编写一个 HDL 模块。用一条赋值语句为每一个门赋值。每个门的延迟设置为 1 单位或者 1ns。模拟锁存器，说明它能够正确操作。然后增加反相器的延迟。设置多长的延迟才能避免竞争产生的锁存器故障呢？

4.29 为 3.4.1 节的交通灯控制器编写 HDL 模块。

4.30 为例 3.8 中的游行模式交通灯控制器的分解状态机编写 3 个 HDL 模块。模块名字分别为 controller、mode、lights，它们的输入和输出如图 3-33b 所示。

4.31 编写一个描述图 3-42 电路的 HDL 模块。

4.32 为习题 3.22 中的图 3-69 给出的有限状态机的状态转换图编写一个 HDL 模块。

4.33 为习题 3.23 中的图 3-70 给出的有限状态机的状态转换图编写一个 HDL 模块。

4.34 为习题 3.24 中的改进的交通灯控制器编写一个 HDL 模块。

4.35 为习题 3.25 中的蜗牛女儿的例子编写一个 HDL 模块。

4.36 为习题 3.26 中的苏打汽水售卖机的例子编写一个 HDL 模块。

4.37 为习题 3.27 中的格雷码计数器编写一个 HDL 模块。

4.38 为习题 3.28 中的 UP/DOWN 格雷码计数器编写一个 HDL 模块。

4.39 为习题 3.29 中的有限状态机编写一个 HDL 模块。

[230] 4.40 为习题 3.30 中的有限状态机编写一个 HDL 模块。

4.41 为问题 3.2 中的连续 2 补码器编写一个 HDL 模块。

4.42 为习题 3.31 中的电路编写一个 HDL 模块。

4.43 为习题 3.32 中的电路编写一个 HDL 模块。

4.44 为习题 3.33 中的电路编写一个 HDL 模块。

4.45 为习题 3.34 中的电路编写一个 HDL 模块。可能需要用到 4.2.5 节中的全加器。

SystemVerilog 习题

以下习题用 SystemVerilog 完成。

4.46 SystemVerilog 中声明为 tri 的信号代表什么意思?

4.47 重写 HDL 例 4.29 的 synbad 模块。使用非阻塞赋值,但是把代码修改为用两个触发器产生正确的同步器。

4.48 考虑以下两个 SystemVerilog 模块。它们的功能一样吗? 描述各自表示的硬件。

```
module code1(input  logic clk, a, b, c,
              output logic y);
  logic x;

  always_ff @(posedge clk) begin
    x <= a & b;
    y <= x | c;
  end
endmodule
module code2 (input  logic a, b, c, clk,
              output logic y);
  logic x;

  always_ff @(posedge clk) begin
    y <= x | c;
    x <= a & b;
  end
endmodule
```

[231] 4.49 在每个赋值中用 = 代替 <=,重新讨论习题 4.48 的问题。

4.50 以下的 SystemVerilog 模块表示你在实验室看到的学生的错误。说出每个模块的错误,并指出如何修改它。

```
a) module latch(input logic       clk,
                input logic [3:0]d,
                output reg  [3:0] q);
    always @(clk)
      if (clk) q <= d;
  endmodule
b) module gates(input  logic [3:0] a, b,
                output logic [3:0] y1, y2, y3, y4, y5);
    always @(a)
      begin
        y1 = a & b;
        y2 = a | b;
        y3 = a ^ b;
```

```
            y4 = ~(a & b);
            y5 = ~(a | b);
        end
    endmodule
```

c)
```
module mux2(input  logic [3:0] d0, d1,
            input  logic        s,
            output logic [3:0] y);

    always @(posedge s)
        if (s) y <= d1;
        else   y <= d0;
endmodule
```

d)
```
module twoflops(input  logic clk,
                input  logic d0, d1,
                output logic q0, q1);

    always @(posedge clk)
        q1 = d1;
        q0 = d0;
endmodule
```

e)
```
module FSM(input  logic clk,
           input  logic a,
           output logic out1, out2);

    logic state;

    // next state logic and register (sequential)
    always_ff @(posedge clk)
        if (state == 0) begin
            if (a) state  <= 1;
        end else begin
            if (~a) state <= 0;
        end

    always_comb // output logic (combinational)
        if (state == 0)  out1 = 1;
        else             out2 = 1;
endmodule
```

f)
```
module priority(input  logic [3:0] a,
                output logic [3:0] y);

    always_comb
        if      (a[3]) y = 4'b1000;
        else if (a[2]) y = 4'b0100;
        else if (a[1]) y = 4'b0010;
        else if (a[0]) y = 4'b0001;
endmodule
```

g)
```
module divideby3FSM(input  logic clk,
                    input  logic reset,
                    output logic out);

    logic [1:0] state, nextstate;

    parameter  S0  = 2'b00;
    parameter  S1  = 2'b01;
    parameter  S2  = 2'b10;

    // State Register
    always_ff @(posedge clk, posedge reset)
        if (reset)  state <= S0;
        else        state <= nextstate;

    // Next State Logic
    always @(state)
        case (state)
            S0: nextstate = S1;
            S1: nextstate = S2;
            S2: nextstate = S0;
        endcase

    // Output Logic
    assign out = (state == S2);
endmodule
```

```
h) module mux2tri(input  logic [3:0] d0, d1,
                  input  logic       s,
                  output tri   [3:0] y);
     tristate t0(d0, s, y);
     tristate t1(d1, s, y);
   endmodule

i) module floprsen(input  logic       clk,
                   input  logic       reset,
                   input  logic       set,
                   input  logic [3:0] d,
                   output logic [3:0] q);
     always_ff @(posedge clk, posedge reset)
       if (reset) q <= 0;
       else       q <= d;
     always @(set)
       if (set)  q <= 1;
   endmodule

j) module and3(input  logic a, b, c,
               output logic y);
     logic tmp;
     always @(a, b, c)
     begin
       tmp <= a & b;
       y   <= tmp & c;
     end
   endmodule
```

VHDL 习题

以下习题用 VHDL 完成。

4.51 在 VHDL 中，为什么写

```
q <= '1' when state = S0 else '0';
```

而不写

```
q <= (state = S0);
```

4.52 以下每个 VHDL 模块都包含一个错误。为了简单，只给出了结构描述。假设 library 使用子句和 entity 声明都是正确的。解释错误并修正它。

a)
```
architecture synth of latch is
begin
  process(clk) begin
    if clk = '1' then q <= d;
    end if;
  end process;
end;
```

b)
```
architecture proc of gates is
begin
  process(a) begin
    Y1 <= a and b;
    y2 <= a or b;
    y3 <= a xor b;
    y4 <= a nand b;
    y5 <= a nor b;
  end process;
end;
```

c)
```
architecture synth of flop is
begin
  process(clk)
    if rising_edge(clk) then
      q <= d;
  end;
```

d)
```
architecture synth of priority is
begin
  process(all) begin
    if    a(3) then y <= "1000";
    elsif a(2) then y <= "0100";
    elsif a(1) then y <= "0010";
    elsif a(0) then y <= "0001";
    end if;
  end process;
end;
```

e)
```
architecture synth of divideby3FSM is
    type statetype is (S0, S1, S2);
    signal state, nextstate: statetype;
begin
  process(clk, reset) begin
    if reset then state <= S0;
    elsif rising_edge(clk) then
      state <= nextstate;
    end if;
  end process;

  process(state) begin
    case state is
      when S0 => nextstate <= S1;
      when S1 => nextstate <= S2;
      when S2 => nextstate <= S0;
    end case;
  end process;

  q <= '1' when state = S0 else '0';
end;
```

f)
```
architecture struct of mux2 is
  component tristate
    port(a: in   STD_LOGIC_VECTOR(3 downto 0);
         en: in  STD_LOGIC;
         y:  out STD_LOGIC_VECTOR(3 downto 0));
  end component;

begin
  t0: tristate port map(d0, s, y);
  t1: tristate port map(d1, s, y);
end;
```

g)
```
architecture asynchronous of floprs is
begin
  process(clk, reset) begin
    if reset then
      q <= '0';
    elsif rising_edge(clk) then
      q <= d;
    end if;
  end process;

  process(set) begin
    if set then
      q <= '1';
    end if;
  end process;
end;
```

232
≀
236

面试问题

下述问题在数字设计工作的面试中曾经被问到。

4.1 编写 HDL 代码，它用 sel 信号产生 32 位的 result 信号来门控 32 位 data 总线。如果 sel 为 TRUE，则 result = data。否则，result 等于 0。

4.2 用例子说明 SystemVerilog 中的阻塞赋值和非阻塞赋值有什么不同。

4.3 以下的 SystemVerilog 语句将做什么？

```
result = | (data[15:0] & 16'hC820);
```

237

第5章

Digital Design and Computer Architecture, Second Edition

数字模块

5.1 引言

到目前为止，我们已经介绍了使用布尔表达式、电路原理图和硬件描述语言来设计组合电路和时序电路。本章将详细介绍数字系统中常见的组合电路和时序电路模块。这些模块主要包括算术电路、计数器、移位寄存器、存储器阵列和逻辑阵列。这些模块不仅自身有重要作用，而且还说明了层次化、模块化和规整化的原则。复杂模块可以以层次化的方法由更简单的模块（如逻辑门电路、复用器、译码器等）组成。每个模块都有定义明确的接口，当基础实现不重要时，可以视为黑盒。每个模块的规则结构都易于扩展为不同的规模。第7章将使用这些模块构建微处理器。

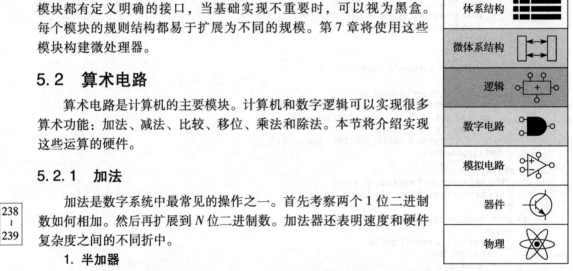

5.2 算术电路

算术电路是计算机的主要模块。计算机和数字逻辑可以实现很多算术功能：加法、减法、比较、移位、乘法和除法。本节将介绍实现这些运算的硬件。

5.2.1 加法

加法是数字系统中最常见的操作之一。首先考察两个 1 位二进制数如何相加。然后再扩展到 N 位二进制数。加法器还表明速度和硬件复杂度之间的不同折中。

1. 半加器

首先从构建 1 位半加器（half adder）开始。如图 5-1 所示，半加器有两个输入 A 和 B，两个输出 S 和 C_{out}。S 是 A 和 B 的和。如果 A 和 B 都是 1，S 就是 2，但 2 不能用 1 位二进制数表示。因此，用另一列输出进位 C_{out} 表示。半加器可以用一个 XOR 门电路和一个 AND 门电路实现。

在多位加法器中，C_{out} 会被相加或者进位到下一个高位。例如，在图 5-2 中以黑体标注的进位 C_{out} 是 1 位加法的第一列的输出，同时也是加法的第二列的输入 C_{in}。然而，半加器缺少一个输入 C_{in} 来接收前一列的输出 C_{out}。下一节介绍的全加器将解决这个问题。

2. 全加器

如图 5-3 所示，2.1 节介绍的全加器（full adder）接收进位 C_{in}。图中还给出了 S 和 C_{out} 的输出表达式。

3. 进位传播加法器

一个 N 位加法器将两个 N 位输入（A、B）和一位进位 C_{in} 相加，产生一个 N 位结果 S 和一个输出进位 C_{out}。因为 1 位进位将传播到下一位中，所以这种加法器通常称为进位传播加法器（Carry Propagate Adder，CPA）。CPA 的符号如图 5-4 所示，除了 A、B、S 是总线而不是单独一位外，它与全加器很像。3 种常见的 CPA 实现分别是行波进位加法器、先行进位加法器和前缀加法器。

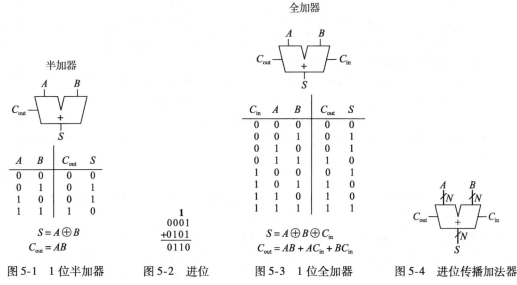

图 5-1　1 位半加器　　　图 5-2　进位　　　图 5-3　1 位全加器　　　图 5-4　进位传播加法器

（1）行波进位加法器

构造 N 位进位传播加法器的最简单方法就是把 N 个全加器串联起来。如图 5-5 所示的 32 位加法器，它称为行波进位加法器（ripple-carry adder），其中一级的 C_{out} 就是下一级的 C_{in}。这是模块化和规整化的一个应用范例：全加器模块在一个更大的系统中被多次重用。行波进位加法器有一个缺点：当 N 比较大时，运算速度会慢下来。例如，在图 5-5 中，S_{31} 依赖于 C_{30}，C_{30} 依赖于 C_{29}，C_{29} 又依赖于 C_{28}，以此类推，所有都依赖于黑体标注的 C_{in}。可以看出，进位通过进位链形成行波。加法器的延迟 t_{ripple} 直接随位数的增加而增加，如式（5-1）所示，其中 t_{FA} 是全加器的延迟。

$$t_{ripple} = N t_{FA} \tag{5-1}$$

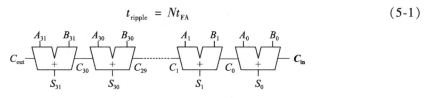

图 5-5　32 位行波进位加法器

（2）先行进位加法器

大型行波进位加法器运算缓慢的根本原因是进位信号必须通过加法器中的每一位传播。先行进位加法器（Carry-Lookahead Adder，CLA）是另一种类型的进位传播加法器，它解决进位问题的方法是：把加法器分解成若干块，同时增加电路，当每块一有进位时就快速确定此块的输出进位。因此它不需要等待进位行波通过一块内的所有加法器，而是直接先行通过该块。例如，一个 32 位加法器可以分解成 8 个 4 位的块。

先行进位加法器使用产生（G）和传播（P）两个信号来描述一列或者一块如何确定进位输出。在不考虑进位输入的情况下，如果加法器的第 i 列必然产生了一个输出进位，此列称为产生进位。加法器的第 i 列在 A_i 和 B_i 都为 1 时，必定产生进位 C_i。因此第 i 列的产生信号 G_i 可以这样计算，$G_i = A_i B_i$。当有进位输入时，第 i 列产生了一个进位输出，那么此列就称为传播进位。如果 A_i 或者 B_i 为 1，则第 i 列将传播一个进位输入 C_{i-1}。因此，$P_i = A_i + B_i$。利用这些定义，可以为加法器的特定列重写进位逻辑。如果加法器的第 i 列将产生一个进位 G_i，或者传播一个进

位输入 $P_i C_{i-1}$，则它将产生进位输出 C_i。表达式为

$$C_i = A_i B_i + (A_i + B_i)C_{i-1} = G_i + P_i C_{i-1} \tag{5-2}$$

产生和传播的定义可以扩展到多位块。如果一块在不考虑进位输入的情况下也能产生进位输出，则称其产生进位。如果一块在有进位输入时能产生进位，则称其传播进位。定义 $G_{i:j}$ 和 $P_{i:j}$ 为从第 i 列到第 j 列块的产生信号和传播信号。

一块产生进位的条件是：最高有效列产生一个进位，或者最高有效列传播进位且前面的列产生了进位，以此类推。例如，一个第 3 列到第 0 列的块的产生逻辑为

$$G_{3:0} = G_3 + P_3(G_2 + P_2(G_1 + P_1 G_0)) \tag{5-3}$$

一块传播进位的条件是：块中所有的列都能传播进位。例如，一个从第 3 列到第 0 列的传播逻辑为

$$P_{3:0} = P_3 P_2 P_1 P_0 \tag{5-4}$$

使用块的产生信号和传播信号，可以根据块的进位输入 C_j 快速计算块的进位输出 C_i。

$$C_i = G_{i:j} + P_{i:j} C_j \tag{5-5}$$

图 5-6a 显示了一个由 8 个 4 位块组成的 32 位先行进位加法器。每块包含一个 4 位的行波进位加法器和一些根据进位输入计算该块进位输出的先行控制逻辑，如图 5-6b 所示。为了简洁，图中没有画出用于计算每一位 A_i 和 B_i 的产生信号 G_i 和输出信号 P_i 所需要的 AND 门和 OR 门。同样，先行进位加法器也体现了模块化和规整化。

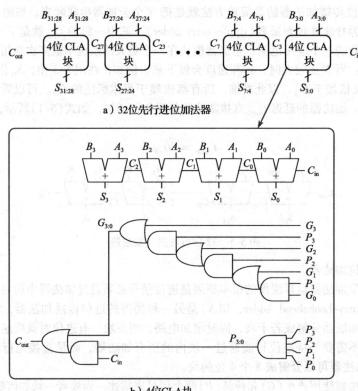

a）32 位先行进位加法器

b）4 位 CLA 块

图　5-6

所有的 CLA 块同时计算一位和块产成信号及传播信号。关键路径从第一个 CLA 块中计算 G_0 和 $G_{3:0}$ 开始。接着 C_{in} 通过每块中的 AND/OR 门电路直接向前传送给 C_{out}，直到最后一块。在大型加法器中，这比等待进位行波通过加法器的每一个连续位快很多。最后，通过最后一块的

关键路径包含一个短行波进位加法器。因此，一个分解为 k 位块的 N 位加法器的延迟为：

$$t_{CLA} = t_{pg} + t_{pg\_block} + \left(\frac{N}{k} - 1\right)t_{AND\_OR} + kt_{FA} \qquad (5\text{-}6)$$

[242]

其中 t_{pg} 为产生 P_i 和 G_i 的单个产生/传播门（单个 AND 或 OR 门）的延迟，t_{pg_block} 为在 k 位块中寻找产生信号 $P_{i,j}$ 和传播信号 $G_{i,j}$ 的延迟，t_{AND_OR} 为从 C_{in} 到 C_{out} 到达 k 位 CLA 块的最后 AND/OR 逻辑的延迟。当 $N > 16$ 时，先行进位加法器一般比行波进位加法器快很多。然而，加法器的延迟依然随 N 线性增长。

例 5.1 行波进位加法器和先行进位加法器的延迟

对比 32 位行波进位加法器和 4 位块组成的 32 位先行进位加法器的延迟。假设每个两输入门电路的延迟为 100ps，全加器的延迟是 300ps。

解：根据式(5-1)，32 位行波进位加法器的传播延迟是 32×300ps $= 9.6$ns。

CLA 的 $t_{pg} = 100$ps，$t_{pg\_block} = 6 \times 100$ps $= 600$ps，$t_{AND\_OR} = 2 \times 100$ps $= 200$ps。根据式(5-6)，4 位块组成的 32 位先行进位加法器传播延迟为：100ps $+ 600$ps $+ (32/4 - 1) \times 200$ps $+ (4 \times 300$ps$) = 3.3$ns，比行波进位加法器几乎快 3 倍。◀

（3）前缀加法器*

前缀加法器（prefix adder）扩展了先行进位加法器的产成和传播逻辑，可以进行更快的加法运算。它们首先以两列一组计算 G 和 P，之后是 4 位的块，之后是 8 位的块，之后是 16 位的块，以此类推，直到产成每一列的产生信号。从这些产成信号中计算和。

换言之，前缀加法器的策略是，尽可能快地计算每一列 i 的进位输入 C_{i-1}，然后使用下式计算和：

$$S_i = (A_i \oplus B_i) \oplus C_{i-1} \qquad (5\text{-}7)$$

定义列 $i = -1$ 代表 C_{in}，所以 $G_{-1} = C_{in}$ 且 $P_{-1} = 0$。因为如果从列 -1 到 $i-1$ 的块产生一个进位，那么列 $i-1$ 将产生进位输出，所以 $C_{i-1} = G_{i-1:-1}$。产成的进位要么在 $i-1$ 列中产生，要么在前一列中产生并传播。因此，重写式(5-7)为

$$S_i = (A_i \oplus B_i) \oplus G_{i-1:-1} \qquad (5\text{-}8)$$

因此，主要问题就是快速计算所有块的产生信号 $G_{-1:-1}$，$G_{0:-1}$，$G_{1:-1}$，$G_{2:-1}$，$\cdots$，$G_{N-2:-1}$。这些信号和 $P_{-1:-1}$，$P_{0:-1}$，$P_{1:-1}$，$P_{2:-1}$，$\cdots$，$P_{N-2:-1}$ 一起称为前缀（prefix）。

[243]

图 5-7 是一个 $N = 16$ 位的前缀加法器。这个加法器从一个预计算开始，该预计算用 AND 和 OR 门电路为 A_i 和 B_i 的每一列产生 P_i 和 G_i。然后它用 $\log_2 N = 4$ 层的黑色单元组成 $G_{i,j}$ 和 $P_{i,j}$ 的前缀。一个黑色单元的输入包括：从块的 i 到 k 位的上部分和从 $k-1$ 到 j 位的下部分。它使用下式将这两部分组合为整个从 i 到 j 位的块的产生信号和传播信号：

$$G_{i,j} = G_{i:k} + P_{i:k}G_{k-1:j} \qquad (5\text{-}9)$$

$$P_{i,j} = P_{i:k}P_{k-1:j} \qquad (5\text{-}10)$$

换言之，如果上部分产生一个进位或者如果上部分传播下部分产生的进位，则一个从 i 到 j 位的块将产生一个进位。如果上部分和下部分都传播进位，则该块也传播进位。最后，前缀加法器使用式(5-8)计算和。

总的来说，前缀加法器的延迟以加法器位数的对数增长，而不是线性增长。它明显提高了速度，特别当加法器位数超过 32 位时，但是，它比简单的先行进位加法器需要消耗更多的硬件资源。黑色单元构成的网络称为前缀树（prefix tree）。

使用前缀树计算，使其执行延时按输入位数的对数增长。这种方法是很有用的技术。发挥一下智慧，它可以应用到其他类型的电路中（参见习题 5.7）。

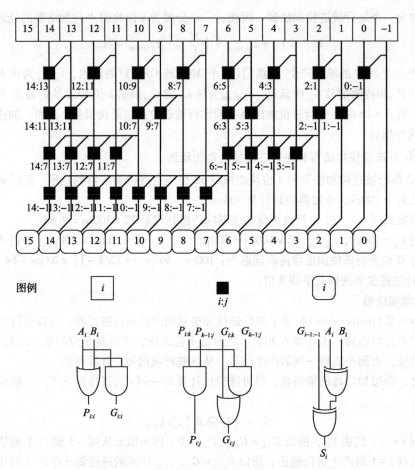

图例　　　$\boxed{i}$ 　　　$\blacksquare$ 　　　$\boxed{i}$

　　　　　　　　　　　　　$i{:}j$

图 5-7　16 位前缀加法器

　　N 位前缀加法器的关键路径包括 P_i 和 G_i 的预计算，通过 $\log_2 N$ 步的黑色前缀单元获得所有前缀。然后 $G_{i-1:-1}$ 通过底部最后的 XOR 门电路计算 S_i。N 位前缀加法器的延迟可表示为：

$$t_{PA} = t_{pg} + \log_2 N(t_{pg\_prefix}) + t_{XOR} \tag{5-11}$$

其中 t_{pg_prefix} 是黑色前缀单元的延迟。

例 5.2 前缀加法器的延迟

　　计算 32 位前缀加法器的延迟。假设每一个 2 输入门电路的延迟是 100ps。

　　解： 每一个黑色前缀单元的传播延迟 t_{pg_prefix} 是 200ps（即 2 个门电路的延迟）。因此，使用式(5-11)，32 位前缀加法器的传播延迟是 $100ps + \log_2(32) \times 200ps + 100ps = 1.2ns$，它比先行进位加法器快 3 倍，比例 5.1 中的行波进位加法器快 8 倍。在实践中，效益可能没有那么大，但前缀加法器依然是所有选择中最快的。　◀

4. 小结

　　本节介绍了半加器、全加器和 3 种进位传播加法器(行波进位加法器、先行进位加法器和前缀加法器)。更快的加法器需要更多的硬件，所以成本和功耗也都更高。设计中选择合适的加法器需要充分考虑这些折中。

　　硬件描述语言提供 "+" 操作来描述 CPA。现代的综合工具从众多可能的实现方法中选择最便宜(最小)的设计来满足速度的要求。这极大地简化了设计者的工作。HDL 例 5.1 描述了一个有进位输入/输出的 CPA。

HDL 例 5.1 加法器

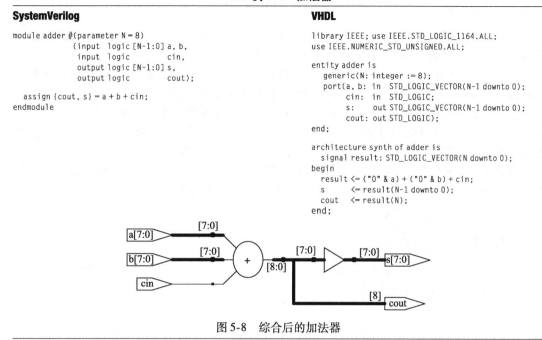

SystemVerilog

```systemverilog
module adder #(parameter N = 8)
              (input  logic [N-1:0] a, b,
               input  logic         cin,
               output logic [N-1:0] s,
               output logic         cout);

  assign {cout, s} = a + b + cin;
endmodule
```

VHDL

```vhdl
library IEEE; use IEEE.STD_LOGIC_1164.ALL;
use IEEE.NUMERIC_STD_UNSIGNED.ALL;

entity adder is
  generic(N: integer := 8);
  port(a, b: in  STD_LOGIC_VECTOR(N-1 downto 0);
       cin:  in  STD_LOGIC;
       s:    out STD_LOGIC_VECTOR(N-1 downto 0);
       cout: out STD_LOGIC);
end;

architecture synth of adder is
  signal result: STD_LOGIC_VECTOR(N downto 0);
begin
  result <= ("0" & a) + ("0" & b) + cin;
  s      <= result(N-1 downto 0);
  cout   <= result(N);
end;
```

图 5-8 综合后的加法器

5.2.2 减法

回想 1.4.6 节中的加法器可以使用二进制补码表示完成正数和负数的加法。减法非常简单：改变减数的符号，然后做加法。改变二进制补码的符号就是反转所有的位，然后加 1。

为了计算 $Y = A - B$，首先创建减数 B 的二进制补码。反转 B 的所有位得到 $\overline{B}$，然后加 1 得到 $-B = \overline{B} + 1$。把这个值与被减数 A 相加，得到 $Y = A + \overline{B} + 1 = A - B$。可以通过进位传播加法器得到和，其中设置 $C_{in} = 1$，加数和被加数分别为 A 和 $\overline{B}$。图 5-9 为减法器的符号和实现 $Y = A - B$ 的基础硬件。HDL 例 5.2 描述了一个减法器。

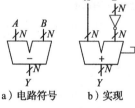

a）电路符号　b）实现

图 5-9 减法器

HDL 例 5.2 减法器

SystemVerilog

```systemverilog
module subtractor #(parameter N = 8)
                   (input  logic [N-1:0] a, b,
                    output logic [N-1:0] y);

  assign y = a - b;
endmodule
```

VHDL

```vhdl
library IEEE; use IEEE.STD_LOGIC_1164.ALL;
use IEEE.NUMERIC_STD_UNSIGNED.ALL;

entity subtractor is
  generic(N: integer := 8);
  port(a, b: in  STD_LOGIC_VECTOR(N-1 downto 0);
       y:    out STD_LOGIC_VECTOR(N-1 downto 0));
end;

architecture synth of subtractor is
begin
  y <= a - b;
end;
```

图 5-10 综合后的减法器

5.2.3 比较器

比较器的作用是判断两个二进制数是否相等，或者一个比另一个大还是小。比较器的输入为两个 N 位二进制数 A 和 B。有两种常见类型的比较器。

相等比较器（equality comparator）产生一个输出，说明 A 是否等于 $B(A==B)$。量值比较器（magnitude comparator）产生一个或者多个输出，说明 A 和 B 的关系值。

相等比较器的硬件相对简单。图 5-11 给出了相等比较器的电路符号和 4 位相等比较器的实现。它首先通过 XNOR 门电路检查 A 和 B 中的每一列的对应位是否相等。如果列的每一位都相等，则它们就相等。

量值比较首先计算 $A-B$ 的值，然后检查结果的符号位（最高有效位），如图 5-12 所示。如果结果是负的（即符号位为 1），则 A 小于 B；否则，A 大于或等于 B。

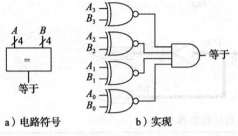

a）电路符号　　　　　b）实现

图 5-11　4 位相等比较器

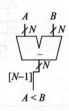

图 5-12　N 位量值比较器

246
~
247

HDL 例 5.3 给出了不同的比较操作。

HDL 例 5.3　比较器

SystemVerilog

```
module comparator #(parameter N = 8)
                  (input  logic [N-1:0] a, b,
                   output logic eq, neq, lt, lte, gt, gte);

  assign eq  = (a == b);
  assign neq = (a != b);
  assign lt  = (a < b);
  assign lte = (a <= b);
  assign gt  = (a > b);
  assign gte = (a >= b);
endmodule
```

VHDL

```
library IEEE; use IEEE.STD_LOGIC_1164.ALL;

entity comparators is
  generic(N: integer := 8);
  port(a, b: in STD_LOGIC_VECTOR(N-1 downto 0);
       eq, neq, lt, lte, gt, gte: out STD_LOGIC);
end;

architecture synth of comparator is
begin
  eq  <= '1' when (a = b)  else '0';
  neq <= '1' when (a /= b) else '0';
  lt  <= '1' when (a < b)  else '0';
  lte <= '1' when (a <= b) else '0';
  gt  <= '1' when (a > b)  else '0';
  gte <= '1' when (a >= b) else '0';
end;
```

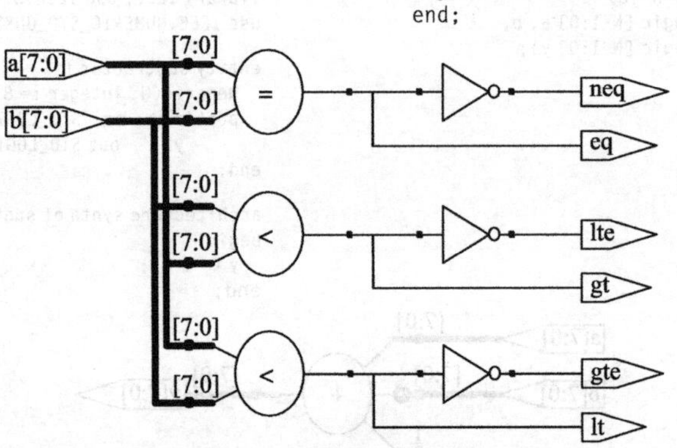

图 5-13　综合后的比较器

5.2.4 算术逻辑单元

算术逻辑单元(Arithmetic/Logical Unit，ALU)将多种算术和逻辑运算组合到一个单元内。例如，典型的算术逻辑单元可以执行加法、减法、量值比较、AND 和 OR 运算。ALU 是大多数计算机的核心。

图 5-14 给出了一个具有 N 位输入和 N 位输出的算术逻辑单元的电路符号。算术逻辑单元接收说明执行哪个功能的控制信号 F。控制信号通常以灰色标注以便与数据相区别。表 5-1 列出了 ALU 可以执行的典型功能。SLT 功能用作量值比较，将在稍后讨论。

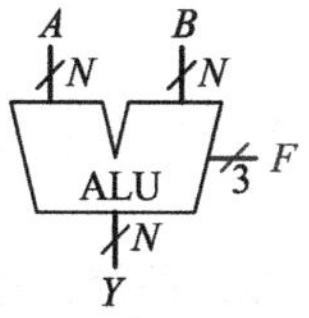

图 5-14 算术逻辑单元的电路符号

表 5-1 ALU 运算

$F_{2:0}$	功能	$F_{2:0}$	功能
000	A AND B	100	A AND $\overline{B}$
001	A OR B	101	A OR $\overline{B}$
010	$A + B$	110	$A - B$
011	未使用	111	SLT

图 5-15 给出了一个算术逻辑单元的实现。该 ALU 包含一个 N 位加法器和 N 个 2 输入 AND 和 OR 门；反相器；当 F_2 控制信号有效时反转输入 B 的复用器。4:1 复用器根据 $F_{1:0}$ 控制信号选择所需要的功能。

更具体地说，ALU 中的算术和逻辑单元对 A 和 BB 进行运算。BB 是 B 或者 $\overline{B}$，取决于 F_2。如果 $F_{1:0} = 00$，则输出复用器就选择 A AND BB。如果 $F_{1:0} = 01$，则算术逻辑单元就计算 A OR BB。如果 $F_{1:0} = 10$，则算术逻辑单元就执行加法或者减法。注意，F_2 还是加法器的进位输入。而且在二进制补码计算中，$\overline{B} + 1 = -B$。如果 $F_2 = 0$，则算术逻辑单元计算 $A + B$。如果 $F_2 = 1$，则算术逻辑单元计算 $A + \overline{B} + 1 = A - B$。

当 $F_{2:0} = 111$ 时，算术逻辑单元就执行小于则置位(Set if Less Than，SLT)操作。当 $A < B$ 时，$Y = 1$；否则，$Y = 0$。换言之，Y 在 A 小于 B 时设置为 1。

通过计算 $S = A - B$ 实现 SLT。如果 S 是负数(也就是说，符号位为 1)，则 $A < B$。零扩展单元(zero extend unit)通过将它的 1 位输入与高位的 0 连接起来产生 N 位输出。S 的符号位(第 $N - 1$ 位)是零扩展单元的输入。

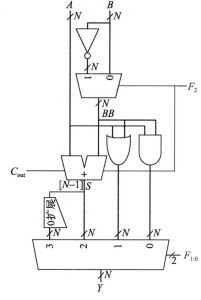

图 5-15 N 位算术逻辑单元

例 5.3 SLT

为 SLT 操作配置一个 32 位算术逻辑单元。假设 $A = 25_{10}$，$B = 32_{10}$，写出控制信号和输出 Y。

解：因为 $A < B$，所以 Y 应为 1。在 SLT 中，$F_{2:0} = 111$。$F_2 = 1$，设置加法器单元为减法运算，输出 S 为 $25_{10} - 32_{10} = -7_{10} = 111\cdots1001_2$。使用 $F_{1:0} = 11$，最后的复用器将设置 $Y = S_{31} = 1$。   ◄

有些算术逻辑单元产生额外的输出，称作标志(flag)。它表示算术逻辑单元输出的信息。例如，溢出标志说明加法器的结果有溢出。零标志说明算术逻辑单元的输出是 0。

N 位算术逻辑单元的硬件描述语言设计留在习题 5.9 中。这个基本的算术逻辑单元有很多的变形来支持其他功能，如 XOR 或相等比较器。

5.2.5 移位器和循环移位器

移位器(shifter)和循环移位器(rotator)用于移动位并完成 2 的幂的乘法或除法。如名字所示，移位器根据指定的位置数左移或右移二进制数。有多种常用的移位器：

- **逻辑移位器**——左移(LSL)或者右移(LSR)数，以 0 填充空位。

  例如：11001 LSR 2 = 00110；   11001 LSL 2 = 00100

- **算术移位器**——与逻辑移位器一样，但算术右移(ASR)时会把原来数据的最高有效位填充在新数据的最高有效位(msb)上。这对于有符号数的乘法或者除法很有用(参看 5.2.6 节和 5.2.7 节)。算术左移(ASL)与逻辑左移一样。

  例如：11001 ASR 2 = 11110；11001 ASL 2 = 00100

- **循环移位器**——循环移动数字，这样从一端移走的位重新填充到另一端的空位上。

  例如：11001 ROR 2 = 01110；11001 ROL 2 = 00111

一个 N 位移位器可以用 N 个 $N{:}1$ 复用器构成。根据 $\log_2 N$ 位选择线的值，输入从位 0 移动到位 $N-1$。图 5-16 为 4 位移位器的符号和硬件。操作符 $<<$、$>>$ 和 $>>>$ 分别表示左移、逻辑右移和算术右移。根据 2 位位移量 $shamt_{1:0}$，输出 Y 为输入 A 从位 0 移动到位 3。对于所有的移位器，当 $shamt_{1:0} = 00$ 时，$Y = A$。习题 5.14 包含了循环移位器的设计。

左移是乘法的特例。左移 N 位相当于对一个数乘以 2^N。例如，$000011_2 << 4 = 110000_2$，相当于 $3_{10} \times 2^4 = 48_{10}$。

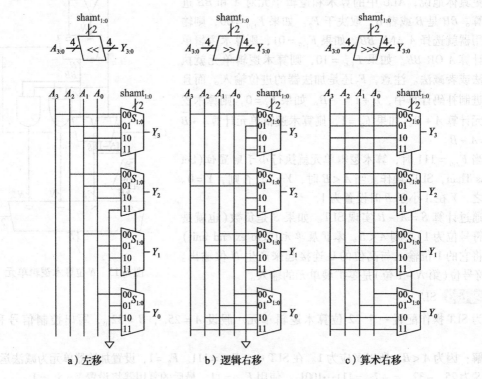

a) 左移   b) 逻辑右移   c) 算术右移

图 5-16 4 位移位器

算术右移是除法的特例。算术右移 N 位相当于一个数除以 2^N。例如，$11100_2 >>> 2 = 11111_2$，相当于 $-4_{10}/2^2 = -1_{10}$。

5.2.6 乘法*

无符号二进制数的乘法和十进制的乘法很相似，只不过它只有 1 和 0。图 5-17 对比了二进制数乘法和十进制数乘法。在这两种情况下，部分积（partial product）为乘数的 1 位乘以被乘数的所有位。移位这些部分积，并将它们相加就可以得到最后的结果。

总的来说，$N \times N$ 加法器对两个 N 位数相乘，产生一个 $2N$ 位的结果。二进制乘法中的部分积要么是被乘数，要么全部为 0。1 位二进制乘法相当于 AND 运算，所以 AND 门电路用于产生部分积。

	230	被乘数	0101
×	42	乘数	× 0111
	460	部分积	0101
+	920		0101
	9660		0101
		结果	+ 0000
			0100011

$230 \times 42 = 9660$ $5 \times 7 = 35$
a）十进制   b）二进制

图 5-17 乘法

图 5-18 显示了一个 4×4 乘法器的电路符号、功能和实现。乘法器接收被乘数 A 和乘数 B，然后产生积 P。图 5-18b 显示了如何形成部分积。每一个部分积是一个单独的乘数位（B_3，B_2，B_1，B_0）与被乘数的所有位（A_3，A_2，A_1，A_0）进行 AND 运算得出的。对于 N 位运算数，有 N 个部分积和 $N-1$ 级的 1 位加法器。例如，对于一个 4×4 的乘法器，第一行的部分积是 B_0 AND$(A_3$，A_2，A_1，$A_0)$。这个部分积将与已移位的第二个部分积 B_1 AND$(A_3$，A_2，A_1，$A_0)$ 相加。随后行的 AND 门电路和加法器产生其他的部分积，并将它们相加。

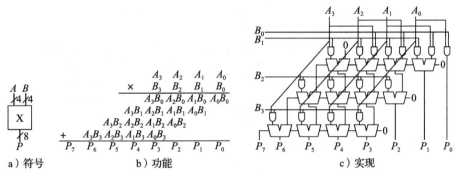

图 5-18 4×4 乘法器

HDL 例 5.4 是一个乘法器的 HDL。与加法器一样，不同的乘法器设计有不同的速度和成本。综合工具根据给定的时间约束选择最合适的设计。

HDL 例 5.4 乘法器

SystemVerilog

```
module multiplier #(parameter N = 8)
                (input  logic [N-1:0]  a, b,
                 output logic [2*N-1:0] y);

  assign y = a * b;
endmodule
```

VHDL

```
library IEEE; use IEEE.STD_LOGIC_1164.ALL;
use IEEE.NUMERIC_STD_UNSIGNED.ALL;

entity multiplier is
  generic(N: integer := 8);
  port(a, b: in  STD_LOGIC_VECTOR(N-1 downto 0);
       y:    out STD_LOGIC_VECTOR(2*N-1 downto 0));
end;

architecture synth of multiplier is
begin
  y <= a * b;
end;
```

图 5-19 综合后的乘法器

5.2.7   除法*

对于 $[0, 2^{N-1}]$ 区间内的 N 位无符号数，二进制数除法按以下算法执行：

```
R' = 0
for i = N-1 to 0
    R = {R' << 1, A₁}
    D = R - B
    if D < 0 then    Q₁ = 0, R' = R    // R < B
    else             Q₁ = 1, R' = D    // R ≥ B
R = R'
```

中间余数（partial remainder）R 初始化为 0。被除数 A 的最高有效位成为 R 的最低位。中间余数重复地减去除数 B，以便判断它是否满足条件。如果差 D 为负数（D 的符号位为 1），则商位 Q_i 为 0，且忽略这个差。否则，Q_i 为 1，中间余数也更新为差 D。在每次循环中，中间余数都要乘以 2（左移了 1 位），A 的下一个最高有效位成为 R 的最低有效位，这个过程不断重复。结果满足条件 $\dfrac{A}{B} = Q + \dfrac{R}{B}$。

图 5-20 为一个 4 位阵列除法器的原理图。除法器计算 A/B，产生商 Q 和余数 R。图例给出了除法器的电路符号和阵列中每一个模块的原理图。信号 N 表示 $R - B$ 是否为负数，从最该行中最左边单元的输出 D 获得，它是差的符号位。

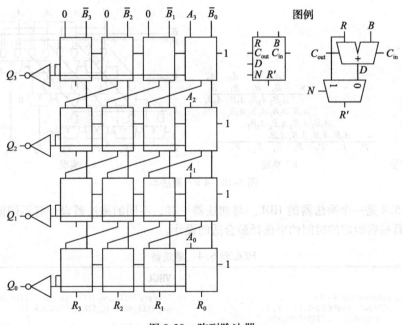

图 5-20   阵列除法器

因为在确定符号和复用器决定选择 R 或者 D 前，进位必须逐次地通过一行中的所有 N 级，所以 N 位除法器阵列的延迟按 N^2 比例增长。除法是一个缓慢的且非常耗费硬件资源的运算，应尽量少地使用它。

5.2.8   补充阅读

计算机算术可以是一本书的主题。Ercegovac 和 Lang 写的《Digital Arithmetic》对这个领域进行了非常精彩的介绍。Weste 和 Harris 写的《CMOS VLSI Design》包括了高性能的算术运算电路设计。

5.3　数制

计算机可以对整数和小数进行运算。到目前为止，我们只在 1.4 节中考虑了有符号和无符号整数的表示。本节将介绍定点和浮点数，它们表示有理数。定点数与十进制数类似，有些位表示整数部分，其余位表示小数部分。浮点数和科学记数法相似，包括尾数和阶码。

5.3.1　定点数

定点表示法（fixed-pointnotation）有一个位于整数和小数位之间的隐含的二进制小数点，类似于通常在十进制数中整数和小数之间的十进制小数点。例如，图 5-21a 给出了一个有 4 个整数位和 4 个小数位的定点数。图 5-21b 把隐含的二进制小数点以灰色标识出来，图 5-21c 表示其十进制数值。

有符号定点数可以用二进制补码或者带符号的原码表示。图 5-22 给出了 -2.375 的定点数表示法，其中包括了 4 个整数位和 4 个小数位。为了便于阅读，隐含的二进制小数点以灰色标注出来。在带符号的原码中，最高有效位用于表示符号。二进制补码表示是将数的绝对值取反，然后在最低有效位加 1。在这个例子中，最低有效位的位置在 2^{-4} 列。

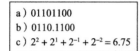

```
a) 01101100
b) 0110.1100
c) 2² + 2¹ + 2⁻¹ + 2⁻² = 6.75
```

图 5-21　6.75 用 4 个整数位和 4 个小数点位表示的定点数

```
0010.0110        1010.0110        1101.1010
a) 绝对值      b) 带符号的原码    c) 二进制补码
```

图 5-22　-2.375 的定点表示

与所有的二进制数表示一样，定点数只是位的集合。除非给出这些数的解释，否则无法知道是否存在隐含的二进制小数点。

例 5.4　定点数的计算

使用定点数计算 0.75 + -0.625。

解：首先把第二个数 0.625 转换为定点二进制表示。$0.625 \geq 2^{-1}$，所以在 2^{-1} 列有一个 1，剩下 $0.625 - 0.5 = 0.125$。因为 $0.125 < 2^{-2}$，所以 2^{-2} 列为 0。因为 $0.125 \geq 2^{-3}$，所以 2^{-3} 列为 1，剩下 $0.125 - 0.125 = 0$。因此，必须在 2^{-4} 列有一个 0。把所有的位放在一起，得到 $0.625_{10} = 0000.1010_2$。

为了使加法能正确进行，需要使用二进制补码表示有符号数。图 5-23 给出了 -0.625 转换为二进制补码表示的过程。

图 5-24 给出了二进制定点数加法和与十进制加法的比较。注意，结果忽略了图 5-24a 的二进制定点加法中的首位 1。

```
0000.1010   二进制原码
1111.0101   逐位取反
+        1   加1
1111.0110   二进制补码
```

图 5-23　定点数的二进制补码转换

```
  0000.1100              0.75
+ 1111.0110         + (-0.625)
10000.0010              0.125
a) 二进制定点数加法    b) 等价的十进制加法
```

图 5-24　加法　　◀

5.3.2　浮点数*

浮点数与科学记数法相似。它解决了整数和小数位长度固定的限制，允许表示一个非常大或者非常小的数。与科学记数法一样，浮点数包含符号（sign）、尾数（mantissa，M），基数（base，B）和阶码（exponent，E），如图 5-25 所示。例如，数字 4.1×10^3 是十进制数 4100 的科学计数法。它的尾数为 4.1，

$$\pm M \times B^E$$

图 5-25　浮点数

基数为 10，阶码为 3。十进制小数点移动到最高有效位的后面。二进制浮点数的基数为 2，包含二进制尾数。在 32 位浮点数中用 1 位表示符号，8 位表示阶码，23 位表示尾数。

例 5.5 32 位浮点数

表示十进制数 228 的浮点数。

解：首先将十进制数转换为二进制数：$228_{10} = 11100100_2 = 1.11001 \times 2^7$。图 5-26 给出了它的 32 位编码（后面将进一步修改以便提高效率）。其中符号位为正（0），8 阶码位表示值 7，剩下的 23 位为尾数。

1位	8位	23位
0	00000111	111 0010 0000 0000 0000 0000
符号	阶码	尾数

图 5-26 32 位浮点数表示——版本 1

在二进制浮点数中，尾数的第一位（二进制小数点的左端）总是为 1，因此不需要存储它。它称为隐含前导 1（implicit leading one）。图 5-27 显示了修改后的浮点数 $228_{10} = 11100100_2 \times 2^0$ $= 1.11001 \times 2^7$。因为效率的关系，所以隐含前导 1 没有包含在 23 位的尾数中。只存储小数部分的位。这为有用的数据节省了一位。

1位	8位	23位
0	00000111	110 0100 0000 0000 0000 0000
符号	阶码	尾数

图 5-27 32 位浮点数表示——版本 2

我们对阶码字段再做一次修改。阶码需要表示正数和负数阶码。为了做到这点，浮点数使用了偏置（biased）阶码。它是原始阶码加上一个常数偏置。32 位浮点数使用的偏置是 127。例如，对于阶码 7，偏置阶码就是 $7 + 127 = 134 = 10000110_2$。对于阶码 -4，偏置阶码就是 $-4 + 127 = 123 = 01111011_2$。图 5-28 给出了 $1.11001_2 \times 2^7$ 的浮点表示，其中采用了隐含前导 1 和偏置阶码 134（7 + 127）。这种表示方法符合 IEEE 754 浮点数标准。

1位	8位	23位
0	10000110	110 0100 0000 0000 0000 0000
符号	偏置阶码	尾数

图 5-28 IEEE 754 浮点数表示法

1. 特殊情况：0、±∞ 和 NaN

IEEE 浮点数标准用特殊方式表示 0、无穷大和非法结果等数。例如，因为隐含前导 1，所以在浮点数表示中表示数字 0 就存在问题。可以采用全 0 和全 1 填充阶码来解决这些特殊情况。表 5-2 显示了 0、±∞ 和 NaN 的浮点数表示。与带符号的原码一样，浮点数也有正 0 和负 0。NaN 用于表示不存在的数，如 $\sqrt{-1}$ 或 $\log_2(-5)$。

表 5-2 IEEE 754 对 0、±∞ 和 NaN 的浮点数表示

数字	符号	阶码	小数
0	X	00000000	00000000000000000000000
∞	0	11111111	00000000000000000000000
$-\infty$	1	11111111	00000000000000000000000
NaN	X	11111111	非零

2. 单精度和双精度格式

到目前为止，我们已经讨论了 32 位浮点数。这种格式称为单精度浮点数（signle-precision，single 或 float）。IEEE 754 标准还定义了 64 位双精度浮点（double-precision、double）以便提供更高的精度和更大的取值范围。表 5-3 显示了每种格式的字段位数。 [257]

表 5-3

格式	总位数	符号位数	阶码位数	小数位数
单精度浮点数	32	1	8	23
双精度浮点数	64	1	11	52

排除前面提到的特殊情况，正常的单精度数的取值范围是 $\pm 1.175\,494 \times 10^{-38} \sim \pm 3.402\,824 \times 10^{38}$。它们有 7 位有效的十进制数字（因为 $2^{-24} = 10^{-7}$）。类似地，正常的双精度数的取值范围为 $\pm 2.225\,073\,858\,507\,20 \times 10^{-308} \sim \pm 1.797\,693\,134\,862\,32 \times 10^{308}$，精度为 15 位有效十进制数字。

3. 舍入

在有效精度外的算术结果数必须四舍五入到最近的值。舍入模式有：1）向上舍；2）向下舍；3）向零舍；4）向最近端舍。默认的舍入模式是向最近端舍。在向最近端舍入的模式中，如果两端的距离一样，则选择小数部分最低有效位为 0 的那个数。

当一个数的数值部分太大而不能表示时，会产生上溢。同样，当一个数太小时，会产生下溢。在向最近端舍入的模式中，上溢会被向上舍为 $\pm\infty$，下溢则向下舍为 0。

4. 浮点数加法

浮点数加法并不像二进制补码加法那么简单。同符号的浮点数加法的步骤如下：

1）提取阶码和小数位。

2）加上前导 1，形成尾数。

3）比较阶码。

4）如果需要，对较小的尾数移位。

5）尾数相加。

6）规范化尾数，并在需要时调整阶码。

7）舍入结果。

8）把阶码和小数组合成浮点数。

图 5-29 给出了 $7.875（1.111\,11 \times 2^2）$ 与 $0.1875（1.1 \times 2^{-3}）$ 的浮点数加法。结果为 $8.0625（1.000\,000\,1 \times 2^3）$。在第一步（提取阶码和小数部分）和第二步（加上隐含前导 1）后，采用较大阶码减去较小阶码的方式比较阶码字段。减法得出的结果就是第四步中右移较小的数来对齐二进制小数点的位数（使两者的阶码相等）。对齐后的数相加。如果相加得到的和的尾数大于或等于 2.0，则需要结果右移一位以便规范化，并在阶码中加 1。在这个例子中，结果是准确的，所以不需要舍入。结果在去掉隐含前导 1 并加上符号位后，以浮点数格式存储。

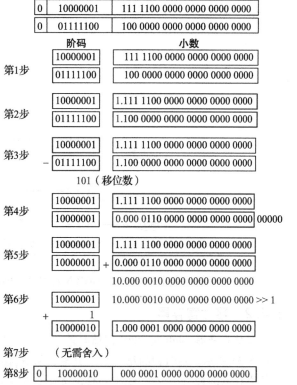

图 5-29 浮点数加法 [259]

[258]

5.4　时序电路模块

本节将介绍计数器和移位寄存器这两种时序电路模块。

5.4.1　计数器

图 5-30 中的 N 位二进制计数器（binary counter）包含带有时钟和复位输入、N 位输出 Q 的时序算术电路。复位（Reset）将输出初始化为 0。然后，计数器在每个时钟的上升沿递增 1，以二进制顺序输出所有 2^N 种可能的值。

图 5-31 给出了一个由加法器和复位寄存器构成的 N 位计数器。在每一个周期，计数器对存储在寄存器中的值加 1。HDL 例 5.5 描述了一个异步复位二进制计数器。

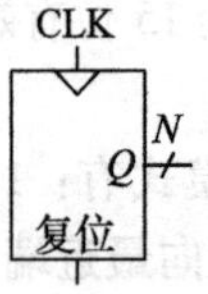

图 5-30　计数器的电路符号

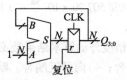

图 5-31　N 位计数器

HDL 例 5.5　计数器

SystemVerilog

```
module counter #(parameter N = 8)
            (input  logic clk,
             input  logic reset,
             output logic [N-1:0] q);

  always_ff @(posedge clk, posedge reset)
    if (reset) q <= 0;
    else       q <= q + 1;
endmodule
```

VHDL

```
library IEEE; use IEEE.STD_LOGIC_1164.ALL;
use IEEE.NUMERIC_STD_UNSIGNED.ALL;

entity counter is
  generic(N: integer := 8);
  port(clk, reset: in  STD_LOGIC;
       q:          out STD_LOGIC_VECTOR(N-1 downto 0));
end;

architecture synth of counter is
begin
  process(clk, reset) begin
    if reset then           q <= (OTHERS => '0');
    elsif rising_edge(clk) then q <= q + '1';
    end if;
  end process;
end;
```

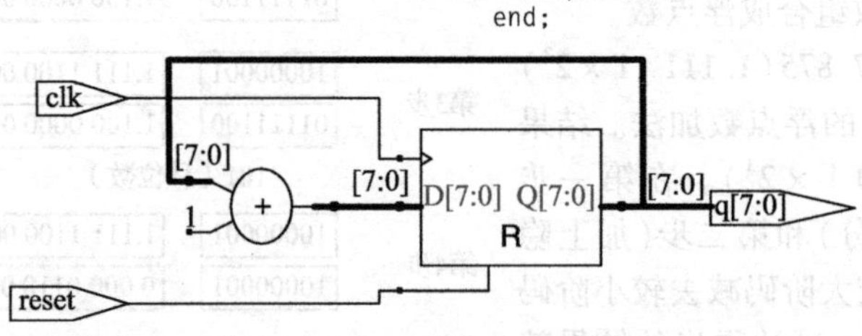

图 5-32　综合后的计数器

其他类型的计数器（如，UP/DOWN 计数器）将在习题 5.43 到习题 5.46 中讨论。

5.4.2　移位寄存器

移位寄存器（shift register）包括时钟、串行输入 S_{in}、串行输出 S_{out} 和 N 位并行输出 $Q_{N-1:0}$，如图 5-33 所示。在时钟的每一个上升沿，从 S_{in} 移入一个新的位，所有后续内容都向前移动。移位寄存器的最后一位在 S_{out} 中。移位寄存器可以看作串行到并行转换器。输入由 S_{in} 以串行方式提供（一次一位）。在 N 个周期后，前面的 N 位输入可以在 Q 中并行访问。

移位寄存器可以用 N 个触发器串联而成，如图 5-34 所示。有些移位寄存器还有初始化所有触发器的复位信号。

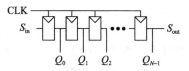

图 5-33　移位寄存器的电路符号　　　　　　图 5-34　移位寄存器的电路原理图

一个相关的电路是并行到串行（parrallel-to-serial）转换器。它并行加载 N 位，然后一次移出一位。如图 5-35 所示，增加并行输入 $D_{N-1,0}$ 和控制信号 Load（加载）后，移位寄存器可以修改为既可执行串行到并行操作，也可执行并行到串行操作。Load 信号有效时，触发器从输入 D 中并行加载数据。否则，移位寄存器就正常移位。HDL 例 5.6 描述了这样的移位寄存器。

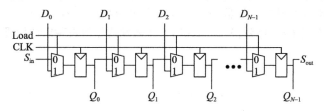

图 5-35　带并行加载的移位寄存器

HDL 例 5.6　带并行加载的移位寄存器

SystemVerilog	VHDL

```
module shiftreg #(parameter N = 8)
               (input   logic        clk,
                input   logic        reset, load,
                input   logic        sin,
                input   logic [N-1:0] d,
                output  logic [N-1:0] q,
                output  logic        sout);

  always_ff @(posedge clk, posedge reset)
    if (reset)        q <= 0;
    else if (load)    q <= d;
    else              q <= {q[N-2:0], sin};

  assign sout = q[N-1];
endmodule
```

```
library IEEE; use IEEE.STD_LOGIC_1164.ALL;

entity shiftreg is
  generic(N: integer := 8);
  port(clk, reset: in  STD_LOGIC;
       load, sin:  in  STD_LOGIC;
       d:          in  STD_LOGIC_VECTOR(N-1 downto 0);
       q:          out STD_LOGIC_VECTOR(N-1 downto 0);
       sout:       out STD_LOGIC);
end;

architecture synth of shiftreg is
begin
  process(clk, reset) begin
    if reset = '1' then    q <= (OTHERS => '0');
    elsif rising_edge(clk) then
      if load then         q <= d;
      else                 q <= q(N-2 downto 0) & sin;
      end if;
    end if;
  end process;

  sout <= q(N-1);
end;
```

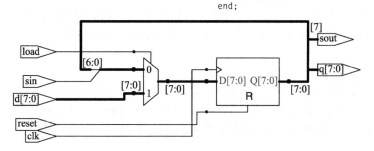

图 5-36　综合后的移位寄存器

扫描链 *

通过扫描链(scan chain)技术，移位寄存器经常用于测试时序电路。测试组合电路相对直观。应用称为测试向量(test vector)的已知输入，将输出与期待值比较。因为时序电路有状态，所以测试要困难一些。一个已知的初始状态开始，可能需要许多周期的测试向量才能使电路进入期望的状态。例如，测试 32 位计数器的最高有效位从 0 到 1 的变化，需要复位计数器，然后应用 2^{31} (大约 200 万个)时钟脉冲!

为了解决这个问题，设计者希望可以直接地观察和控制有限状态机的所有状态。这可以通过增加一个测试模式来实现。在此模式下，所有触发器的内容可以读出或者加载所需要的值。大多数系统有太多的触发器，以至于不能为每个触发器分配一个管脚来完成其读写。相反，系统中所有的触发器都连接在一个称为扫描链的移位寄存器中。在正常模式下，触发器从 D 输入读入数据，忽略扫描链。在测试模式下，触发器用 S_{in} 和 S_{out} 串行地移出它们的内容或移入新的内容。加载复用器常常集成在触发器中，构成一个可扫描触发器(scanable flip-flop)。图 5-37 为可扫描触发器的原理图和电路符号，并说明这些触发器如何级联以便构成一个 N 位可扫描寄存器。

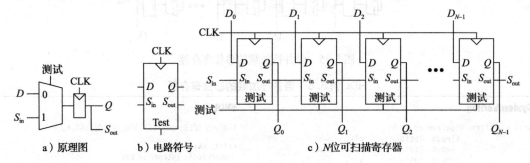

a)原理图   b)电路符号   c)N 位可扫描寄存器

图 5-37   可扫描触发器

例如，在测试 32 位计数器时，可以在测试模式下移入 011111…111，在正常模式下累加一个周期，然后移出结果(此结果应为 1000…000)。这只需要 32 + 1 + 32 = 65 个周期。

5.5   存储器阵列

前面的各节介绍了用于操作数据的算术和时序电路。数字系统还需要存储器(memory)来存储电路使用过的数据和生成的数据。用触发器组成的寄存器是一种存储少量数据的存储器。本节将介绍可以有效存储大量数据的存储器阵列(memory array)。

本节将首先概述所有存储器阵列的一般特性。然后介绍 3 种类型的存储器阵列：动态随机访问存储器(DRAM)、静态随机访问存储器(SRAM)和只读存储器(ROM)。每一种存储器以不同的方式存储数据。本节还将简要讨论面积和延迟的折中，并说明使用存储器阵列不仅可以存储数据，还可以执行一些逻辑功能。最后讨论存储器阵列的 HDL 代码。

5.5.1   概述

图 5-38 是存储器阵列的通用电路符号。存储器由一个二维存储器单元阵列构成。存储器可以读取或者写入内容到阵列的一行。这行由地址(address)指定。读出或者写入的值称为数据(data)。一个有 N 位地址和 M 位数据的阵列有 2^N 行和 M 列。每行数据称为一个字(word)。因此，阵列包含了 2^N 个 M 位字。

图 5-39 是一个有 2 位地址和 3 位数据的存储器阵列。2 位地址指明阵列中 4 行的一行(数

据字）。每一个数据字有 3 位宽。图 5-39b 显示了存储器阵列中的可能内容。

阵列的深度（depth）是行数，宽度（width）是列数，也称为字大小。阵列的大小就是深度 × 宽度。图 5-39 为一个 4 字 × 3 位的阵列，简称为 4 × 3 阵列。1024 字 × 32 位阵列的符号如图 5-40 所示。此阵列的总大小为 32Kb。

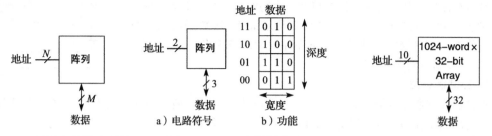

图 5-38　通用存储器阵列的
　　　　　电路符号

图 5-39　4 × 3 存储器阵列

a）电路符号　　b）功能

图 5-40　32Kb 阵列：深度 = 2^{10} =
　　　　　1024 字，宽度 = 32 位

1. 位单元

存储器阵列由位单元（bit cell）的阵列组成，其中每个位单元存储 1 位数据。图 5-41 说明每一个位单元与一个字线（wordline）和一个位线（bitline）相连。对于每一个地址位的组合，存储器将字线设置为高电平，并激活此行中的位单元。当字线为高电平时，就从位线传出或传入要存储的位。否则，位线就与位单元断开。存储位的电路因存储器类型的不同而不同。

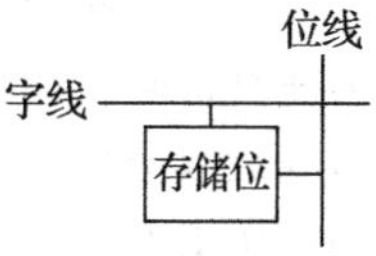

图 5-41　位单元

为了读位单元，位线初始化为浮空（Z）。然后，字线打开为高电平，允许存储的值驱动位线为 0 或者 1。为了写位单元，位线强制驱动为期望要的值。然后，字线打开为高电平，将位线连接存储位。强制驱动使的位线将改写位单元的内容，将期望的值写入存储位。

2. 存储器的结构

图 5-42 为 4 × 3 存储器阵列的内部结构。当然，实际的存储器会更大，但大型阵列的行为与小型阵列相似。在这个例子中，阵列存储图 5-39b 中的数据。

在读存储器时，一条字线设为高电平，位单元的相应行驱动位线为高电平或者低电平。在写存储器时，首先将位线驱动为高电平或者低电平，然后字线设置为高电平，允许位线的值存储到位单元的相应行中。例如，为了读地址 10，位线首先浮空，译码器设置位线2 为高电平，位单元（100）的那行中存储的数据 100 被读出到数据位线。为了写值 001 到地址 11，位线首先被驱动到值 001，然后字线3 被设置为高电平，新值（001）就被存储到位单元中。

263
~
264

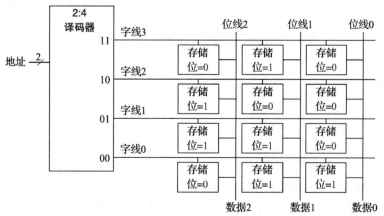

图 5-42　4 × 3 存储器阵列

3. 存储器端口

所有存储器都有一个或者多个端口（port）。每一个端口提供对一个存储器地址的读/写访问。前面的例子都是单端口存储器。

多端口（multiported）存储器可以同时访问多个地址。图 5-43 是一个 3 端口存储器，其中有两个读端口和一个写端口。端口 1 从地址 A1 读出数据放到读数据输出 RD1，端口 2 从地址 A2 读数据放到 RD2。如果写使能 WE3 有效时，那么在时钟的上升沿端口 3 将来自写数据输入 WD3 的数据写到地址 A3 中。

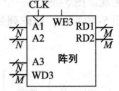

图 5-43   3 端口存储器

4. 存储器类型

存储器阵列通过容量（深度×宽度）、端口的数目和类型来描述。所有的存储器阵列都以位单元的阵列来存储数据，但是在如何存储上它们却各有不同。

存储器可以根据它们如何在位单元上存储位来分类。最广泛的分类是随机访问存储器（Random Access Memory，RAM）和只读存储器（Read Only Memory，ROM）。RAM 是易失的（volatile），即当关掉电源时它就会丢失数据。ROM 是非易失的（non-volatile），即便没有电源它也可以无期限地保存数据。

因为一些历史的原因 RAM 和 ROM 获得现在的名字，但是现在也不再有意义了。RAM 称为随机访问存储器，因为访问任何数据字的延迟都相同。相反，顺序访问存储器（如磁带）获得临近数据会比获得相距较远的数据（如磁带另一端的数据）更快。ROM 称为只读存储器，因为在历史上它只能读，而不能被写入。这些名字容易让人混淆，因为 ROM 也是随机访问的。更糟糕的是，大多数现代 ROM 即可以读也可以写。RAM 和 ROM 的最重要区别是：RAM 是易失的，ROM 是非易失的。

RAM 的两种主要类型包括：动态 RAM（Dynamic RAM，DRAM）和静态 RAM（Static RAM，SRAM）。动态 RAM 以电容充放电来存储数据，静态 RAM 使用交叉耦合的反向器对来存储数据。对于 ROM，根据擦写方式的不同有很多不同的类型。这些不同类型的存储器将在后面各节中讨论。

5.5.2   动态随机访问存储器

动态随机访问存储器（Dynamic RAM，DRAM）以电容的充电和放电来存储位。图 5-44 显示了一个 DRAM 位单元。位值存储在电容中。nMOS 晶体管作为开关，决定是不是从位线连接电容。当字线有效时，nMOS 晶体管为导通状态，存储位的值就可以在位线上传入和传出。

如图 5-45a 所示，当电容充电到 V_{DD} 时，存储位为 1；当放电到 GND 时（见图 5-45b）存储位为 0。电容结点是动态的，因为它不由连接到 V_{DD} 或者 GND 的晶体管驱动为高电平或者低电平。

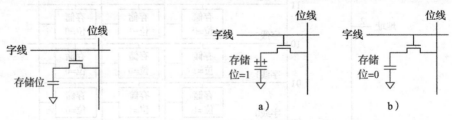

图 5-44   DRAM 位单元   图 5-45   DRAM 存储值

当读时，数据值从电容传送到位线。当写时，数据值从位线传送到电容。读破坏存储在电容中的位值，所以在每次读后需要恢复（重写）数据。即使当 DRAM 没有被读时，电容的电压也会慢慢泄漏，其内容也必须在几毫秒内刷新（读，然后重写）。

5.5.3 静态随机访问存储器

静态随机访问存储器(static RAM,SRAM)称为静态的,因为不需要刷新存储位。图 5-46 是一个 SRAM 位单元。数据位存储在 3.2 节中所描述的交叉耦合反相器中。每个单元有两个输出位线和位线。当字线有效时,两个 nMOS 晶体管都打开,数据值就从位线上传出/传入。与 DRAM 不同,如果噪声减弱了存储位的值,则交叉耦合反相器将恢复存储值。

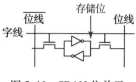

图 5-46 SRAM 位单元

5.5.4 面积和延迟

触发器、SRAM 和 DRAM 都是易失的存储器,但是它们每个有不同的面积和延迟特性。表 5-4 比较了这 3 种易失的存储器。对于触发器,可以通过其输出直接访问存储的数据,但它至少需要 20 个晶体管来构成。总的来说,晶体管数越多的器件,芯片面积、功耗和成本也更高。DRAM 延迟比 SRAM 延迟更长,因为它的位线不是用晶体管驱动的。DRAM 必须等待充电,从电容将值移动到位线的速度较慢。DRAM 的吞吐量基本上也比 SRAM 的低,因为它必须周期性地在读取之后进行刷新。已经开发出新的 DRAM 技术,如同步 DRAM(SDRAM)和双倍数据速率(DDR)SDRAM,用于克服上述问题。SDRAM 使用一个时钟使存储器访问流水线化。DDR SDRAM,有时简称为 DDR,同时使用时钟的上升沿和下降沿来存取数据,因此在给定的时钟速率可以获得双倍吞吐量。DDR 在 2000 年首次标准化,当时的访问速率为 100 ~ 200MHz。后来的标准,DDR2、DDR3、DDR4 等,提高了时钟速率,2012 年速率超过 1GHz。

表 5-4 存储器比较

存储器类型	每个位单元的晶体管数	延迟
触发器	~20	快
SRAM	6	中等
DRAM	1	慢

存储器延迟和吞吐量也与存储器大小有关。在其他条件相同的情况下,大容量存储器一般比小容量存储器更慢。对于特定设计,最好的存储器选择依赖于其速度、成本和功耗约束。

5.5.5 寄存器文件

数字系统通常使用一组寄存器来存储临时变量。这组寄存器称为寄存器文件(register file),它通常由小型多端口 SRAM 阵列组成,因为它比触发器阵列更紧凑。

图 5-47 是一个 32 寄存器×32 位的 3 端口寄存器文件,它由与图 5-43 相似的 3 端口存储器组成。寄存器文件有两个读端口(A1/RD1 和 A2/RD2)和一个写端口(A3/WD3)。地址线 A1、A2 和 A3 均为 5 位,它们可以访问所有的 $2^5 = 32$ 个寄存器。因此,可以同时读两个寄存器和写一个寄存器。

266 ∼ 267

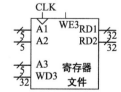

图 5-47 有两个读端口和一个写端口的 32 × 32 寄存器文件

5.5.6 只读存储器

只读存储器(Read Only Memory,ROM)以晶体管的存在与否来存储一位。图 5-48 是一个简单的 ROM 位单元。为了读这个单元,位线被缓慢地拉至高电平。随后打开字线。如果晶体管存在,它将使位线为低电平。如果它不存在,位线将保持高电平。注意,ROM 的位单元是组合电路,在电源关闭的情况下没有可以"忘记"的状态。

ROM 的内容可以用点表示法来描述。在图 5-49 中，用点表示法描述了包含图 5-39 中数据的 4 字 ×3 位 ROM。在行（字线）和列（位线）交叉的点表示此数据位为 1。例如，顶端字线在数据$_1$上有一个点，所以地址 11 中存储的数据字为 010。

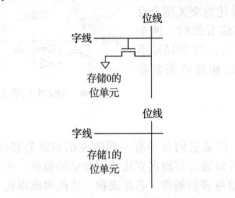

图 5-48　包含 0 和 1 的 ROM 位单元　　　　　图 5-49　4×3 的 ROM：点表示法

理论上，ROM 可以由一组 AND 门后跟一组 OR 门的 2 级逻辑组成。AND 门产生所有可能的最小项，从而形成一个译码器。图 5-50 显示了用译码器和 OR 门组成图 5-49 的 ROM。在图 5-49 中每个有点的行就是图 5-50 中的 OR 门的输入。对于只有一个点的数据位（如数据$_0$），就不需要 OR 门。这种 ROM 的表示方式很有趣，因为它说明了 ROM 如何执行任意两级逻辑功能。在实践中，ROM 用晶体管而不是逻辑门构成，这样可以节省面积和成本。5.6.3 节将深入探讨晶体管级实现。

在制造时，图 5-48 中的 ROM 位单元的内容可以用每个位单元中的晶体管的有无来确定。可编程 ROM（Programable ROM，PROM）在每一个位单元都放置一个晶体管，然后提供方法决定晶体管是否接地。

图 5-51 为熔丝烧断可编程 ROM（fuse-programable ROM）的位单元。使用者通过应用高电压有选择地熔断熔丝来对 ROM 编程。如果熔丝存在，则晶体管接地，单元保持 0。如果熔丝熔断，晶体管就与地断开，单元保持 1。因为熔丝熔断后就不能恢复，所以它也称为一次可编程 ROM。

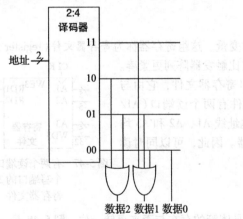

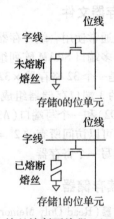

图 5-50　使用门的 4×3 ROM 实现　　　　　图 5-51　熔丝熔断可编程 ROM 的位单元

可重复编程 ROM 提供一种可修改机制来确定晶体管是否连接地。可擦除 PROM（Erasable PROM，EPROM）把 nMOS 晶体管和熔丝替换为浮动栅晶体管。浮动栅不与任何线物理连接。

当应用合适的高电平时，将产生从绝缘体到浮动栅的电子沟道，从而开启晶体管，把位线连接到字线（译码器的输出）。当 EPROM 暴露在强烈的紫外线中大约半小时，电子就会从浮动栅中移走，从而关闭晶体管。这两个过程分别称为编程（programming）和擦除（erasing）。电子可擦除PROM（Electrically Erasable PROM，EEPROM）和闪存（flash）采用相似的工作原理，但它们在芯片上由电路负责擦除，而不需要紫外线。EEPROM 位单元可单独擦除。闪存擦除更大的位块，所以需要的擦除电路更少，价格更便宜。2012 年，闪存的价格约为 1 \$/GB，而且还以每年30% ~40% 的速度持续下降。闪存广泛应用于便携式电池供电系统（如数码相机和音乐播放器）中存储大量数据。

　　总之，现代 ROM 不再只读，它们也可以编程（写入）。RAM 和 ROM 的不同在于，ROM 的写入时间更长，但它是非易失的。

5.5.7　使用存储器阵列的逻辑

　　尽管存储器阵列最初用于存储数据，但它也可以实现组合逻辑功能。例如，在图 5-49 中ROM 的输出数据$_2$是两个地址输入的 XOR。同样，数据$_0$是两个输入的 NAND。一个 2^N 字 $\times M$ 位存储器可以实现任何 N 输入和 M 输出的组合逻辑功能。例如，图 5-49 中的 ROM 实现了两个输入的 3 种逻辑功能。

　　用于执行逻辑的存储阵列称为查找表（LookUp Table，LUT）。图 5-52 是一个用作查找表的4 字 $\times 1$ 位存储阵列，它执行 $Y = AB$ 函数。用存储器实现逻辑时，用户可以根据给出的输入组合（地址）来查找输出值。每个地址对应真值表的一行，每个数据位对应一个输出值。

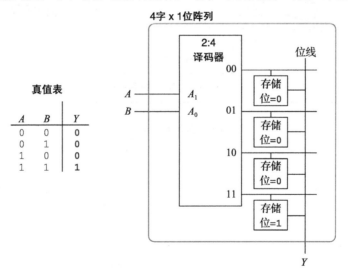

图 5-52　用作查找表的 4 字 $\times 1$ 位存储器阵列

5.5.8　存储器 HDL

　　HDL 例 5.7 描述一个 2^N 字 $\times M$ 位的 RAM。该 RAM 有一个同步写使能。换言之，当写使能we 有效时，在时钟的上升沿就会发生写入。读则可以立刻得到结果。当第一次加电时，RAM的内容是不可预知的。

　　HDL 例 5.8 描述了一个 4 字 $\times 3$ 位 ROM。ROM 的内容在 HDL 的 case 语句中说明。像这样小的 ROM 应该可能被综合成逻辑门电路而不是阵列。注意，HDL 例 4.24 的 7 段显示译码器综合为图 4-20 的 ROM。

HDL 例 5.7   RAM

SystemVerilog

```
module ram #(parameter N = 6, M = 32)
            (input  logic        clk,
             input  logic        we,
             input  logic [N-1:0] adr,
             input  logic [M-1:0] din,
             output logic [M-1:0] dout);

  logic [M-1:0] mem [2**N-1:0];

  always_ff @(posedge clk)
    if (we) mem [adr] <= din;

  assign dout = mem[adr];
endmodule
```

VHDL

```
library IEEE; use IEEE.STD_LOGIC_1164.ALL;
use IEEE.NUMERIC_STD_UNSIGNED.ALL;

entity ram_array is
  generic(N: integer := 6; M: integer := 32);
  port(clk,
       we:   in  STD_LOGIC;
       adr:  in  STD_LOGIC_VECTOR(N-1 downto 0);
       din:  in  STD_LOGIC_VECTOR(M-1 downto 0);
       dout: out STD_LOGIC_VECTOR(M-1 downto 0));
end;
architecture synth of ram_array is
  type mem_array is array ((2**N-1) downto 0)
    of STD_LOGIC_VECTOR (M-1 downto 0);
  signal mem: mem_array;
begin
  process(clk) begin
    if rising_edge(clk) then
      if we then mem(TO_INTEGER(adr)) <= din;
      end if;
    end if;
  end process;

  dout <= mem(TO_INTEGER(adr));
end;
```

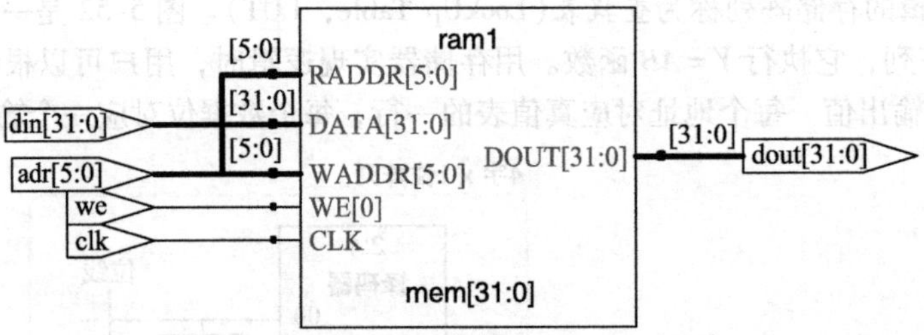

图 5-53   综合后的 RAM

HDL 例 5.8   ROM

SystemVerilog

```
module rom(input  logic [1:0] adr,
           output logic [2:0] dout);

  always_comb
    case(adr)
      2'b00: dout <= 3'b011;
      2'b01: dout <= 3'b110;
      2'b10: dout <= 3'b100;
      2'b11: dout <= 3'b010;
    endcase
endmodule
```

VHDL

```
library IEEE; use IEEE.STD_LOGIC_1164.all;

entity rom is
  port(adr:  in  STD_LOGIC_VECTOR(1 downto 0);
       dout: out STD_LOGIC_VECTOR(2 downto 0));
end;

architecture synth of rom is
begin
  process(all) begin
    case adr is
      when "00" => dout <= "011";
      when "01" => dout <= "110";
      when "10" => dout <= "100";
      when "11" => dout <= "010";
    end case;
  end process;
end;
```

5.6   逻辑阵列

与存储器一样，门也可以组织成规则阵列。如果门之间的连接是可以编程的，那么这些逻辑阵列（logic array）就可以执行任何功能而不需要使用者以特定的方式连线。规则结构可以简化设计。逻辑阵列可以大量生产，所以它并不昂贵。软件工具允许用户将逻辑设计映射到这些阵列上。大部分的逻辑阵列是可重构的，这允许设计者不需要替换硬件就可以修改设计。在开发过程中，可重构的能力很有价值，而且在现场也很有用，因为简单下载新配置后就可以升级系统。

本节介绍两种类型的逻辑阵列：可编程逻辑阵列（Programmbale Logic Array，PLA）和现场可编程门阵列（Field Programmable Gate Mrray，FPGA）。可编程逻辑阵列是一个相对老的技术，它只能实现组合逻辑。FPGA 可以实现组合和时序逻辑。

5.6.1　可编程逻辑阵列

271 ~ 272

可编程逻辑阵列（PLA）以与或（SOP）的形式实现两级组合逻辑。如图 5-54 所示，PLA 由一个 AND 阵列和后跟的 OR 阵列组成。输入（真值形式和取反形式）驱动 AND 阵列。它产生的蕴含项依次做 OR 运算来形成输出。一个 $M \times N \times P$ 位的 PLA 有 M 位输入、N 位蕴含项和 P 位输出。

图 5-55 显示了实现函数 $X = \overline{ABC} + AB\overline{C}$ 和 $Y = A\overline{B}$ 的 $3 \times 3 \times 2$ 位 PLA 的点表示法。AND 阵列的每一行形成一个蕴含项。AND 阵列每一行中的点表示组成蕴含项的项。图 5-55 中的 AND 阵列形成了 3 个蕴含项 $\overline{A}\,\overline{B}\,C$、$AB\overline{C}$ 和 $A\overline{B}$。OR 阵列的点说明输出函数中包含了哪些蕴含项。

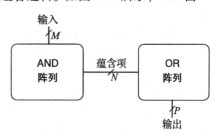

图 5-54　$M \times N \times P$ 位 PLA

图 5-56 显示了如何使用两级逻辑来组成 PLA。另一种实现将在 5.6.3 节中介绍。

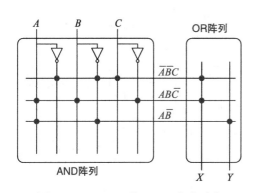

图 5-55　$3 \times 3 \times 2$ 位 PLA：点表示法

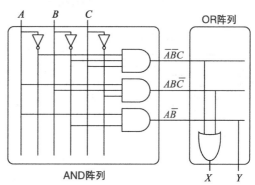

图 5-56　使用用两级逻辑构成的 $3 \times 3 \times 2$ 位 PLA

ROM 可以看作 PLA 的一种特殊情况。一个 2^M 字 $\times N$ 位的 ROM 就是一个 $M \times 2^M \times N$ 位的 PLA。与 AND 阵列一样，译码器产生所有 2^M 个最小项。与 OR 阵列一样，ROM 阵列产生所有的输出。如果函数不需要依赖所有的 2^M 个最小项，则 PLA 就比 ROM 小。例如，为了实现图 5-55 和图 5-56 中 $3 \times 3 \times 2$ 位 PLA 的功能，需要一个 8 字 $\times 2$ 位 ROM。

简单可编程逻辑器件（Simple Programmable Logic Device，SPLD）增强了 PLA 的功能，它在 AND/OR 阵列中加入寄存器和各种其他的特殊功能。然而，PLD 和 PLA 大都被 FPGA 取代，因为在建立大型系统时 FPGA 更灵活和高效。

5.6.2　现场可编程逻辑门阵列

现场可编程逻辑门阵列（Field Programmable Gate Array，FPGA）是一个可重构的门阵列。通过软件编程工具，使用者可以用硬件描述语言或原理图在 FPGA 上完成设计。基于某些原因，FPGA 比 PLA 更灵活，功能也更强大。FPGA 可以实现组合和时序逻辑，还可以实现多级逻辑功能，而 PLA 只能实现两级逻辑。现代的 FPGA 还集成了其他有用的功能，如内置乘法器、高速 I/O、数据转换器（包括数模转换器）、大型 RAM 阵列和处理器等。

FPGA 是可配置逻辑元件（Logic Element，LE）阵列，也称为可配置逻辑单元（Configurable Logic Block，CLB）。每个 LE 可以配置为实现组合逻辑或者时序逻辑功能。图 5-57 为 FPGA 的通用模块图。LE 被与外部接口的输入/输出元件（Input/Output Element，IOE）包围。IOE 将 LE 输入/输出与芯片封装的管脚连接。通过可编程布线通道将 LE 与其他 LE 和 IOE 连接在一起。

两家领先的 FPGA 制造商是 Altera 公司和 Xilinx 公司。图 5-58 为 Altera 公司 2009 年推出的 Cyclone IV FPGA 中的一个 LE。该 LE 的关键部分是一个 4 输入查找表（LUT）和一个 1 位寄存器。LE 还包含可配置复用器，路由信号通过 LE。通过确定查找表的内容和复用器的选择信号来配置 FPGA。

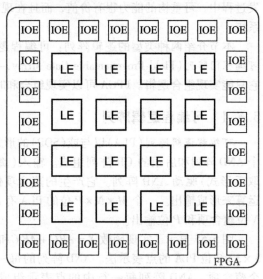

图 5-57　通用 FPGA 结构图

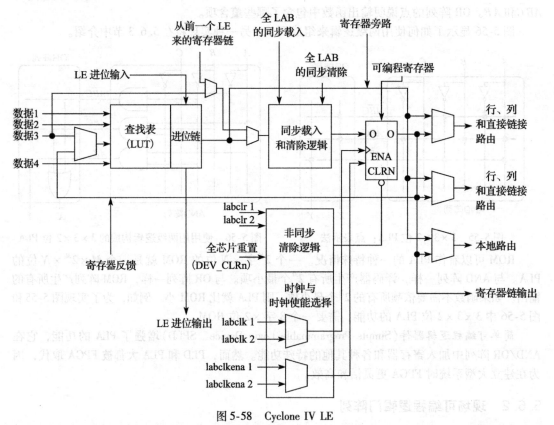

图 5-58　Cyclone IV LE

Cyclone IV LE 有一个 4 输入 LUT 和一个触发器。为查找表加载合适的值后，可以配置 LUT 来实现最多 4 变量的任意函数。配置 FPGA 时还需要包括选择信号，该信号决定数据如何通过复用器从 LE 路由到邻近的 LE 和 IOE。例如，根据复用器的配置，LUT 将从数据 3 或 LE 自带寄存器的输出接收一个输入，并总是从数据 1、数据 2 和数据 4 接收其余 3 个输入。数据 1~数据 4 的输入来自 IOE 或其他 LE 的输出，这由 LE 外部布线决定。LUT 的输出要么直接传送到组合函数的 LE 的输出，要么由寄存器函数的触发器提供。触发器的输入可能来自它自己的 LUT 输出、数据 3 输入或者前一个 LE 的寄存器输出。额外的硬件还包括：支持使用进位链硬件的加法、用于路由的多路选择器以及触发器使能端和复位键。Altera 公司将 16 个 LE 组合在一起构成一个逻辑阵列单元(Logic Array Block，LAB)并提供 LAB 内的 LE 之间的本地连接。

总的来说，Cyclone IV LE 可以实现一个最多 4 变量的组合函数和寄存器函数。其他品牌的 FPGA 可能在结构上有些差异，但都遵循相同的设计原则。例如，Xilinx 7- series FPGA 使用 6 输入 LUT 而不是 4 输入 LUT。

在配置 FPGA 时，设计者首先创建设计的原理图或者硬件描述语言。随后，设计被综合到 FPGA 上。综合工具决定 LUT、复用器和布线通道如何配置来实现特定的功能。最后，这些配置信息可以下载到 FPGA 上。因为 Cyclone FPGA 在 SRAM 上存储配置信息，所以它们的编程非常简单。在系统加电时，配置信息可以从实验室的计算机或者 EEPROM 芯片中下载内容到 FPGA SRAM 上。有些制造商的 FPGA 上直接包含 EEPROM，或者使用一次可编程熔丝来配置 FPGA。

275
~
276

例 5.6 使用 LE 实现特定功能

解释如何配置一个或多个 Cyclone IV LE 来实现以下功能：

(a) $X = \overline{ABC} + AB\overline{C}$ 和 $Y = A\overline{B}$

(b) $Y = JKLMPQR$

(c) 二进制状态编码的 3 分频计数器(见图 3-29a)

你可能需要画出 LE 之间的连接。

解：(a) 配置两个 LE，一个 LUT 计算 X，另一个 LUT 计算 Y，如图 5-59 所示。对于第一个 LE，输入数据 1、数据 2、数据 3 分别代表 A、B、C(这些连接由布线通道设置)。数据 4 是一个无关项，但它不能浮空，因此它连接到 0。对于第二个 LE，输入数据 1 和数据 2 别代表 A 和 B。其他输入端是无关项，并且都连接到 0。配置最后一级复用器选择来自 LUT 的组合输出，生成 X 和 Y。一般而言，一个 LE 可以用这种方式计算最多 4 变量的任意函数。

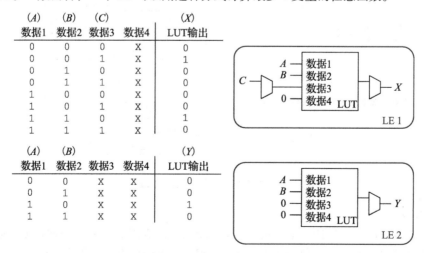

图 5-59　用 LE 配置两个 4 变量函数

(b) 配置第一个 LE 的 LUT 来计算 $X = JKLM$，第二个 LE 的 LUT 计算 $Y = XPQR$。配置最后的复用器选择每个 LE 的组合输出 X 和 Y。配置如图 5-60 所示。LE 间的布线通道用虚线表示，连接 LE1 的输出和 LE2 的输入。一般而言，一组 LE 可以用这种方式计算 N 输入变量的函数。

(J) 数据1	(K) 数据2	(L) 数据3	(M) 数据4	(X) LUT输出
0	0	0	0	0
0	0	0	1	1
0	0	1	0	0
0	0	1	1	1
0	1	0	0	0
0	1	0	1	0
0	1	1	0	0
0	1	1	1	1
1	0	0	0	0
1	0	0	1	0
1	0	1	0	0
1	0	1	1	1
1	1	0	0	0
1	1	0	1	1
1	1	1	0	0
1	1	1	1	1

(P) 数据1	(Q) 数据2	(R) 数据3	(X) 数据4	(Y) LUT输出
0	0	0	0	0
0	0	0	1	0
0	0	1	0	0
0	0	1	1	1
0	1	0	0	0
0	1	0	1	0
0	1	1	0	0
0	1	1	1	1
1	0	0	0	0
1	0	0	1	0
1	0	1	0	0
1	0	1	1	1
1	1	0	0	1
1	1	0	1	1
1	1	1	0	1
1	1	1	1	1

图 5-60　用 LE 配置多于 4 输入的函数

（c）FSM 有两位状态（$S_{1,0}$）和一个输出（Y）。下一个状态基于当前状态的两位。使用两个 LE 从当前状态计算下一个状态，如图 5-61 所示。使用分别在两个 LE 上的 2 个触发器来保存状态。触发器有一个连接到外部复位（Reset）信号的复位输入。寄存器的输出使用数据 3 上的多复用器和 LE 间的布线通道反馈回 LUT 输入，这用虚线表示。一般来说，需要另一个 LE 来计算输出 Y。然而，在这个例子中，$Y = S_0$，所以 Y 可以来自 LE1。因此，整个 FSM 可以放在两个 LE 中。总的来说，FSM 的每一位状态需要至少一个 LE。如果用于计算输出或者下一个状态的逻辑非常复杂而不能放在一个 LUT 中，则它也许需要更多的 LE。

数据1	数据2	(S0) 数据3	(S1) 数据4	(S0′) LUT输出
X	X	0	0	1
X	X	0	1	0
X	X	1	0	0
X	X	1	1	1

数据1	数据2	(S1) 数据3	(S0) 数据4	(S1′) LUT输出
X	X	0	0	0
X	X	0	1	1
X	X	1	0	0
X	X	1	1	0

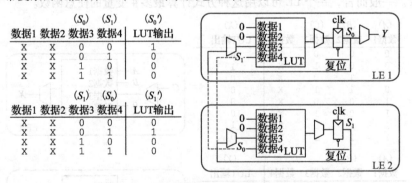

图 5-61　两位状态有限状态机的 LE 配置

例 5.7　LE 延迟

Alyssa P. Hacker 正在设计一个必须运行在 200MHz 的有限状态机。她使用 Cyclone IV GX FPGA。FPGA 的特性是：对于每一个 LE，$t_{LE} = 381ps$；对于所有的触发器，$t_{setup} = 76ps$，$t_{pcq} = 199ps$。LE 间的连接延迟为 246ps。假设触发器的保持时间为 0。她的设计中最多可以用多少个 LE？

解：Alyssa 使用式（3-13）求解该逻辑的最大传播延迟：$t_{pd} \leq T_c - (t_{pcq} + t_{setup})$。

因此，$t_{\mathrm{pd}} \leqslant 5\mathrm{ns} - (0.199\mathrm{ns} + 0.076\mathrm{ns})$，所以 $t_{\mathrm{pd}} \leqslant 4.725\mathrm{ns}$。每个 LE 的延迟加上 LE 间的线路延迟 $t_{\mathrm{LE+wire}}$ 是 $381\mathrm{ns} + 246\mathrm{ns} = 627\mathrm{ns}$。LE 的最大数 N 需要满足 $Nt_{\mathrm{LE+wire}} \leqslant 4.725\mathrm{ns}$，因此 $N = 7$。◄

5.6.3 阵列实现*

为了减少尺寸和成本，ROM 和 PLA 一般使用类 nMOS 或者动态电路(参见 1.7.8 节)而不是常用的逻辑门。

图 5-62a 为一个 4×3 位 ROM 的点表示法。它实现以下函数：$X = A \oplus B$、$Y = \overline{A} + B$ 和 $Z = \overline{AB}$。为了与图 5-49 中的函数一致，将地址输入重命名为 A 和 B，数据输出重命名为 X、Y 和 Z。图 5-62b 给出了类 nMOS 实现。每一个译码器输出都连接到它这一行 nMOS 晶体管的门上。注意，在类 nMOS 电路中，只在通过下拉(nMOS)网络到 GND 没有路径时，弱 pMOS 晶体管才输出高电平。

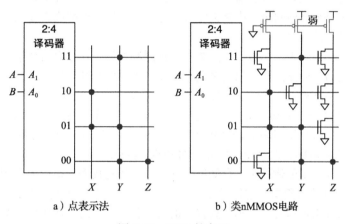

a) 点表示法   b) 类 nMMOS 电路

图 5-62   ROM 的实现

下拉晶体管放置在每个没有点表示的交汇点上。图 5-62a 中的点留在了图 5-62b 中，这样可以方便比较。弱上拉晶体管将没有下拉晶体管的每个字线的输出拉到高电平。例如，当 $AB = 11$ 时，字线 11 为高电平。X、Z 上的晶体管就打开，把它们的输出拉为低电平。Y 输出没有连接到字线 11 的晶体管，所以 Y 被弱上拉晶体管拉高。

PLA 也可以用类 nMOS 电路实现，图 5-63 为图 5-55 中 PLA 的实现。在 AND 阵列中，下拉晶体管放在没有点的位置；在 OR 阵列中，放置在有点的行上。在它们传送到输出位前，OR 阵列的每列都经过一个反相器传送。同样，图 5-63 中保留了图 5-55 的点以方便比较。

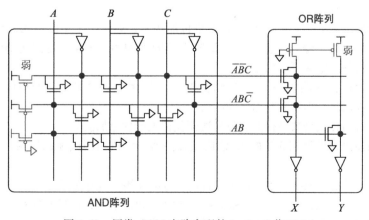

图 5-63   用类 nMOS 电路实现的 $3 \times 3 \times 2$ 位 PLA

5.7   总结

本章介绍了许多数字系统中使用的数字模块，它们包括加法器、减法器、比较器、移位器、乘法器和除法器等算术电路；计数器和移位寄存器等时序电路；存储器阵列和逻辑阵列。本章还探讨了小数的定点和浮点表示法。第 7 章将使用单元电路来构造微处理器。

加法器是大部分算术电路的基础。半加器把两个 1 位输入 A 和 B 相加，产生 1 位和及 1 位进位。全加器扩展了半加器以便接收进位输入。N 个全加器可以级联组成一个进位传播加法器（CPA），它实现两个 N 位数的加法。因为进位逐次通过每一个全加器，所以这类 CPA 称为行波进位加法器。更快的 CPA 可以使用先行进位或前缀技术。

减法器把减数变为负数，把它与被减数相加。量值比较器把一个数与另一个数相减，根据结果的符号判断它们的关系。乘法器使用与门电路形成中间结果，并把这些中间结果使用全加器相加。除法器重复地从中间余数中减去除数，并检查差的符号来决定商位。计数器使用加法器和寄存器来递增当前计数。

使用定点或浮点形式表示小数。定点数与十进制数相似，浮点数与科学计数法相似。定点数使用普通算术电路，而浮点数要求更多复杂的硬件来提取和处理符号、阶码和尾数。

大型存储器按字阵列方式组织。存储器有一个或者更多的端口完成字的读和写。掉电时，易失存储器（如 SRAM 和 DRAM）就会丢失它们的状态。SRAM 比 DRAM 更快，但是需要更多的晶体管。寄存器文件是小型多端口 SRAM 阵列。非易失存储器（ROM）可以无限长地保持它们的状态。尽管名字为 ROM，但是现代大部分的 ROM 也可以写入。

可以采用规则阵列来创建逻辑。存储器阵列可以用作查找表，执行组合函数。PLA 用可配置的 AND 和 OR 阵列连接组成。它们只能实现组合逻辑。FPGA 由大量的小型查找表和寄存器组成，可以实现组合逻辑和时序逻辑。查找表的内容和它们的内部连接可以配置，用于执行任意逻辑函数。现代 FPGA 可以非常简单地重编程，具有足够大的容量和便宜的价格来构造专用数字系统，所以它们广泛应用于中小型商业和教育产品中。

279
~
281

习题

5.1   以下 3 种 64 位加法器的延迟是多少？假设每一个 2 输入门的延迟是 150ps，全加器的延迟是 450ps。
(a) 行波进位加法器
(b) 4 位单元的先行进位加法器
(c) 前缀加法器

5.2   设计 2 个加法器：一个是 64 位的行波进位加法器，另一个是 4 位单元的 64 位先行进位加法器。只使用 2 输入门。每一个 2 输入门的面积为 $15\mu m^2$，延迟为 50ps，门电容为 20pF。假设静态电源可以忽略。
(a) 比较两种加法器的面积、延迟和功耗（运行频率为 100MHz，运行电压为 1.2V）。
(b) 讨论在功耗、面积和延迟之间的折中。

5.3   讨论设计者为什么会选择行波进位加法器代替先行进位加法器。

5.4   用硬件描述语言设计图 5-7 的 16 位前缀加法器。模拟和测试你的模块，证明它能正确运行。

5.5   图 5.7 所示的前缀网络使用黑色单元计算所有的前缀。有些单元传播信号并不是必需的。设计一个灰色单元，它从位 $i{:}k$ 和 $k-1{:}j$ 接收 G 和 P 信号，但只产生 $G_{i{:}j}$，而不产生 $P_{i{:}j}$。重画前缀网络，在需要的地方把黑色单元替换为灰色单元。

5.6 图 5-7 所示的前缀网络不是在对数时间内计算所有前缀的唯一方法。Kogge-Stone 网络是另一个常见的前缀网络，它实现一样的功能，但使用不同的黑色单元连接。研究 Kogge-Stone 加法器，画出与图 5-7 相似的原理图来表示在 Kogge-Stone 中的黑色单元连接。

5.7 一个 N 输入优先级译码器有 $\log_2 N$ 位输出，编码哪一个输入可以得到最高优先级（参见习题 2.36）。

    （a）设计一个 N 输入优先级编码器，延迟按 N 的对数增加。画出电路原理图，用电路元件的延迟给出电路的延迟。

    （b）用硬件描述语言编码设计。模拟和测试相应的模块，证明它能正确地运行。 |282|

5.8 设计以下 3 种的 32 位数比较器。画出电路原理图。

    （a）不等

    （b）大于

    （c）小于或等于

5.9 使用自己习惯用的硬件描述语言设计图 5-15 所示的 32 位 ALU。可以设计顶层行为或结构模块。

5.10 为习题 5.9 的 32 位 ALU 增加一个上溢输出。当加法器的结果上溢时，输出为 TRUE。否则为 FALSE。

    （a）为上溢输出写布尔表达式。

    （b）画出上溢电路。

    （c）用硬件描述语言设计修进的 ALU。

5.11 为习题 5.9 的 32 位 ALU 增加一个零（Zero）输出。当 $Y == 0$ 时，输出是 TRUE。

5.12 编写测试程序来测试习题 5.9、习题 5.10、习题 5.11 的 32 位 ALU。然后使用它测试 ALU。包括需要的任何测试向量文件。确保测试了足够的分支用例，使人信服 ALU 的功能是正确的。

5.13 设计一个把 32 位输入左移两位的移位器。输入和输出都是 32 位。用文字解释设计，并画出电路图。用自己习惯使用的硬件描述语言实现设计。

5.14 设计一个 4 位向左和向右的循环移位器。画出电路图，用自己习惯使用的硬件描述语言实现设计。

5.15 使用 24 个 2∶1 复用器设计一个 8 位左移位器。移位器包括 8 位输入 A，3 位移位量 $shamt_{2:0}$，8 位输出 Y。画出电路图。

5.16 解释如何用 $N\log_2 N$ 个 2∶1 复用器创建任意 N 位移位器或者循环移位器。

5.17 图 5-64 的漏斗移位器（funnel shifter）可以实现任何 N 位移位或者循环移位操作。它将 $2N$ 位输入右移 k 位。输出 Y 为结果的最低 N 位。输入的最高 N 位称为 B，最低 N 位称为 C。选择合适的 B、C、k，漏斗移位器就可以实现任何类型的移位或者循环移位。在以下情况下，使用 A、shamt、N 解释这些值： |283|

    （a）A 逻辑右移 shamt 位

    （b）A 算术右移 shamt 位

    （c）A 左移 shamt 位

    （d）A 右循环移位 shamt 位

    （e）A 左循环移位 shamt 位

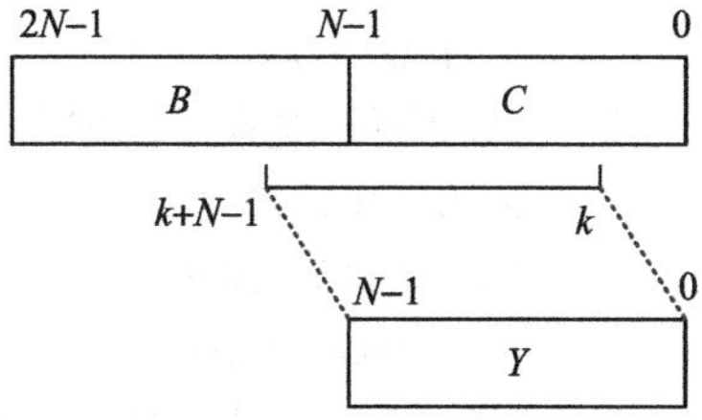

图 5-64　漏斗移位器

5.18 找出图 5-18 中 4×4 乘法器的关键路径。用 AND 门延迟（t_{AND}）和全加器延迟（t_{FA}）给出。同样，$N×N$ 乘法器的延迟是多少？

5.19 找出图 5-20 中 4×4 除法器的关键路径。用 2:1 复用器延迟(t_{MUX})、全加器延迟(t_{FA})和反相器延迟(t_{INV})给出。同样，$N×N$ 除法器的延迟是多少？

5.20 设计一个处理二进制补码的乘法器。

5.21 通过将输入的最高位复制到输出的高位，符号扩展单元(sign extension unit)将 M 位二进制补码输入扩展到 N 位($N>M$)(参见 1.4.6 节)。它接收一个 M 位输入 A，产生一个 N 位输出 Y。画出一个 4 位输入、8 位输出的符号扩展单元。写出你设计的 HDL 代码。

5.22 通过把零放在输出的高位，零扩展单元(zero extension unit)将 M 位无符号数扩展到 N 位($N>M$)。画出一个 4 位输入、8 位输出的零扩展单元。写出你设计的 HDL 代码。

5.23 以二进制计算 $111001.000_2/001100.000_2$，使用初中标准算术除法。说明运算过程。

5.24 以下数字系统的数据表示区间分别是多少：

(a) 24 位无符号定点数，其中包含 12 位整数位和 12 位小数位。

(b) 24 位带符号的原码定点数，其中包含 12 位整数位和 12 位小数位。

(c) 24 位 2 进制补码定点数，其中包含 12 位整数位和 12 位小数位。

5.25 以 16 位定点带符号的原码(其中 8 位整数位和 8 位小数位)表示以下 10 进制数。以 16 进制表示结果。

(a) –13.5625

(b) 42.3125

(c) –17.15625

5.26 以 12 位定点带符号的原码(其中 6 位整数位和 6 位小数位)表示以下 10 进制数。以 16 进制表示结果。

(a) –30.5

(b) 16.25

(c) –8.078125

5.27 以 16 位定点二进制补码形式(其中 8 位整数位和 8 位小数位)表示习题 5.25 的 10 进制数。以 16 进制表示结果。

5.28 以 12 位定点二进制补码形式(其中 6 位整数位和 6 位小数位)表示习题 5.26 的 10 进制数。以 16 进制表示结果。

5.29 以 IEEE 754 单精度浮点数格式表示习题 5.25 的 10 进制数。以 16 进制表示结果。

5.30 以 IEEE 754 单精度浮点数格式表示习题 5.26 的 10 进制数。以 16 进制表示结果。

5.31 把以下的二进制补码定点数转换成 10 进制

(a) 0101.1000

(b) 1111.1111

(c) 1000.0000

5.32 把以下的二进制补码定点数转换成 10 进制

(a) 011101.10101

(b) 100110.11010

(c) 101000.00100

5.33 当两个浮点数相加时，为什么阶码较小的数被移位？解释并给出一个例子证明你的解释。

5.34 把以下 IEEE 754 单精度浮点数相加。

(a) C0123456 + 81C564B7

(b) D0B10301 + D1B43203

(c) 5EF10324 + 5E039020

5.35 把以下 IEEE 754 单精度浮点数相加。

(a) C0D20004 + 72407020

(b) C0D20004 + 40DC0004

(c) (5FBE4000 + 3FF80000) + DFDE4000

（为什么结果与预想的不同？请解释）

5.36 扩展 5.3.2 节中实现浮点数加法的步骤，使它能与计算正浮点数一样计算负浮点数。

5.37 考虑 IEEE 754 单精度浮点数。

(a) IEEE 754 单精度浮点数格式能表示多少个数字？不需要算入 ±∞ 和 NaN。   286

(b) 如果不包含 ±∞ 和 NaN 的表示，还可以表示多少个数字？

(c) 解释为什么 ±∞ 和 NaN 用特殊的形式表示。

5.38 考虑以下十进制数：245 和 0.0625。

(a) 以 16 进制的形式写出两个数的单精度浮点数表示。

(b) 实现(a)中两个 32 位数的量值比较。换言之，将两个 32 位数作为二进制补码，然后比较它们。整数比较可以给出正确的答案吗？

(c) 你准备使用一个新的单精度浮点数表示法。与 IEEE 754 单精度浮点数标准一样，除了使用二进制补码表示阶码而不是二进制数。用你的新标准写出两个数。以 16 进制给出答案。

(d) 使用你的新浮点数表示法，可以进行整数比较吗？

(e) 为什么用整数比较来对浮点数进行比较更方便？

5.39 使用常用的 HDL 设计一个单精度浮点数加法器。在用 HDL 对设计编码前，画出设计的电路图。模拟和测试加法器，证明它正确运作。你可以只考虑正数，然后使用向零舍入（舍位）。你也可以忽略表 5-2 中给出的特殊情况。

5.40 开发一个 32 位浮点乘法器。乘法器有两个 32 位浮点数输入并产生一个 32 位浮点数输出。你可以只考虑整数，使用向零舍入（舍位）。你也可以忽略表 5-2 中给出的特殊情况。

(a) 写出实现 32 位浮点数乘法的步骤。

(b) 画出 32 位浮点数乘法器的电路图。

(c) 用 HDL 设计一个 32 位浮点数乘法器。模拟和测试乘法器，证明它能正确运行。

5.41 开发一个 32 位前缀加法器。

(a) 画出电路图。

(b) 用 HDL 设计一个 32 位前缀加法器。模拟和测试加法器，证明它能正确运行。   287

(c) (a)中的 32 位前缀加法器的延迟是多少？假设每一个 2 输入门的延迟是 100ps。

(d) 设计一个 32 位前缀加法器的流水线版本。画出电路原理图。流水线前缀加法器可以运行得多快？可以假设一个测试序列的时间开销 $(t_{pcq} + t_{setup})$ 为 80ps。使这个设计尽可能快地运行。

(e) 用 HDL 设计流水线 32 位前缀加法器。

5.42 递增器将对 N 位数加 1。用半加器创建一个 8 位递增器。

5.43 设计一个 32 位同步 Up/Down 计数器。输入信号包括：Reset 和 Up。当 Reset 为 1 时，输出都是 0。否则，当 Up 为 1 时，电路开始递增计数，当 Up 为 0 时，电路开始增减计数。

5.44 设计一个 32 位计数器，在每一个时钟沿加 4。计数器输入信号包括：复位和时钟。当复位时，所有输出为 0。

5.45 修改习题 5.44 的计数器，使它在每个时钟沿可以以 4 递增，或者加载一个新的 32 位值 D，取决于控制信号 Load。当 Load = 1 时，计数器就加载新值 D。

5.46 N 位 Johnson 计数器由一个带复位信号的 N 位移位寄存器组成。移位寄存器的输出 S_{out} 取反，然后反馈到输入 S_{in}。当计数器复位时，所有位都清零。

(a) 说明当 4 位 Johnson 计数器复位后，它立刻产生的输出序列 $Q_{3:0}$。

(b) N 位 Johnson 计数器经过多少个周期就会重复出现相同的序列？解释你的结果。

(c) 使用一个 5 位 Johnson 计数器、10 个 AND 门和反相器设计一个十进制计数器。十进制计数器有时钟、复位和 10 个独热输出 $Y_{9:0}$。当计数器复位时，Y_0 有效。在每一个周期中，下一个输出将有效入。10 个周期后，计数器必须重复。画出十进制计数器的电路图。

(d) 比起常用的计数器，Johnson 计数器有什么优点。

5.47 为一个图 5-37 所示的 4 位可扫描触发器编写 HDL。模拟和测试你的 HDL 模块，证明它能正确运行。

288

5.48 英语里有一些冗余，它们在传播使用时可以避免语义的混淆。二进制数据也有一些冗余形式，从而可以纠正一些错误。例如，数字 0 可以编码成 00000，数字 1 必须编码成 111111。数字在有噪声的信道中传输，这些数字中最多可能翻转两位。接收器可以重构原始数据，因为在接收的 5 位数据中，至少有 3 位为 0 才为 0；同样，应该至少有 3 位为 1 才是 1。

(a) 设计一种编码方式，它使用 5 位信息编码发送 00、01、10 或者 11。可以纠正 1 位错误。提示：不能将 00000 和 11111 分别编码为 00 和 11。

(b) 设计一个电路，它接收 5 位编码数据，然后将它编码成 00、01、10、11，即使 1 位传输数据被更改。

(c) 假设你想改变成另一种 5 位编码。如何实现你的设计，改变编码时可以不用修改硬件。

5.49 快速 EEPROM（简称为闪存）引起了近期消费电子产品的革命。研究并说明闪存如何工作。使用图说明浮空门。描述如何编程存储器中的位。正确注明引用的资料。

5.50 一个地球外生命项目小组刚发现有外星人生活在 Mono 湖的底部。需要设计一个电路来判断外星人来自哪个可能的星球，基于 NASA 探测器获得它们的外形（绿色、褐色、黏稠的、丑的）。仔细研究宇宙生物学后，以得出以下结论：

● 如果外星人是绿色的且黏稠的或者丑陋的，褐色且黏稠的，则它可能来自火星。

● 如果这个生物是丑的、褐色的且黏稠的，或者绿色的但不黏稠且不丑陋，那么它可能来自金星。

● 如果它是褐色的且既不是黏稠又不丑陋，或者绿色的且黏稠的，则它可能来自木星。

注意可能产生并不唯一的结果。例如，一个生命形式掺杂了绿色和褐色，是黏稠的但不丑陋的，则可能来自火星或者木星。

(a) 编写一个 $4 \times 4 \times 3$ 的 PLA 程序来识别外星人。你可能要用到点表示法。

(b) 编写一个 16×3 的 ROM 来识别外星人。你可能要用到点表示法。

289

(c) 用 HDL 实现你的设计。

5.51 使用一个单独的 16×3 ROM 实现以下的函数。使用点表示法说明 ROM 的内容。

(a) $X = AB + B\overline{CD} + \overline{AB}$

(b) $Y = AB + BD$

(c) $Z = A + B + C + D$

5.52 使用 $4 \times 8 \times 3$ PLA 实现习题 5.51 的函数。你可能要用到点表示法。

5.53 说明对以下每个组合电路编程时需要的 ROM 容量。使用 ROM 实现这些功能是一个好的选择吗？解释为什么。

(a) 带 C_{in} 和 C_{out} 的 16 位加法器/减法器。

(b) 8×8 乘法器。

(c) 16 位优先级译码器(参见习题 2.36)。

5.54 考虑图 5-65 的 ROM 电路。对于每一行，是否可以对第 II 列中的 ROM 适当编程后实现与第 I 列电路相同的功能？

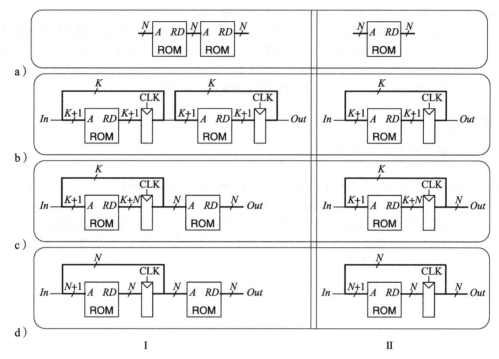

图 5-65　ROM 电路

5.55 对于以下函数，需要多少 Cyclone IV FPGA LE 实现？说明如何配置一个或多个 LE 来实现该函数。应该通过观察完成，而不需要实现逻辑综合。

(a) 习题 2.13(c) 中的组合函数。

(b) 习题 2.17(c) 中的组合函数。

(c) 习题 2.24 中的 2 输出函数。

(d) 习题 2.35 中的函数。

(e) 4 输入优先级译码器(参见习题 2.36)。

5.56 对于以下函数，重复习题 5.55。

(a) 8 输入优先级译码器(参见习题 2.36)。

(b) 3∶8 译码器。

(c) 4 位进位传播加法器(没有进位输出或者进位输入)。

(d) 习题 3.22 的 FSM。

(e) 习题 3.27 中的格雷码计数器。

5.57 考虑图 5-58 中的 Cyclone IVLE。它的时间参数在表 5-5 中给出。

（a）图 3-26 的 FSM 需要最少多少个 Cyclone IVLE 来实现。

（b）不计算时钟偏移，这个 FSM 可靠运行的最快时钟频率是多少？

（c）当时钟偏移是 3ns 时，这个 FSM 可靠运行的最快时钟频率是多少？

表 5-5 Cyclone IV 时间参数

名称	值（ps）	名称	值（ps）
t_{pcq}，t_{ccq}	199	t_{pd}（每个 LE）	381
t_{setup}	76	t_{wire}（LE 之间）	246
t_{hold}	0	t_{skew}	0

5.58 重复习题 5.57，解答图 3-31b 中 FSM 的相关问题。

5.59 你需要使用 FPGA 来实现一个 M&M 的分类器。用颜色传感器和发动机把红色的糖放在一个罐里，把绿色的糖放在另一个罐里。这个设计用 Cyclone IV FPGA 芯片实现 FSM。FPGA 的时间参数在表 5-5 中给出。如果希望 FSM 以 100MHz 运行，那么其关键路径上的 LE 最多有多少个？FSM 可以运行的最快速度是多少？

面试问题

下述问题在数字设计工作的面试曾经被问到。

5.1 两个无符号 N 位数相乘的最大可能结果是多少？

5.2 二进制编码的十进制（Binary Coded Decimal，BCD）使用 4 位编码每一个十进制数。例如，42_{10} 用 01000010_{BCD} 表示。为什么处理器会使用 BCD？

5.3 设计硬件把两个 8 位无符号 BCD 数相加（参见问题 5.2）。给出你设计的电路图，为 BCD 加法器编写一个 HDL 模块。输入是 A、B 和 C_{in}，输出是 S 和 C_{out}。C_{in} 和 C_{out} 是 1 位进位，A、B 和 S 是 8 位 BCD 数。

体 系 结 构

6.1 引言

前面章节介绍了数字电路设计原理，并设计了一些模块。在本章中，我们将进入新的抽象层次来定义计算机的体系结构(architecture)。体系结构是程序员所见到的计算机，它由指令集(汇编语言)和操作数地址(operand location)(寄存器和存储器)来定义。现在有不同类型的体系结构，例如 x86、MIPS、SPARC 和 PowerPC 等。

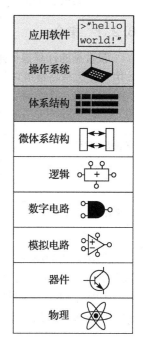

理解任何计算机体系结构的第一步是学习它的语言。计算机语言中的单词叫作指令(instruction)。计算机的词汇表叫作指令集(instruction set)。在同一个计算机上运行的所有程序使用相同的指令集。即使非常复杂的软件应用程序(如字处理软件或电子表格软件)也最终编译为一系列诸如加法、减法或跳转的简单指令。计算机指令包含需要完成的操作(operation)和需要使用的操作数(operand)两部分，其中操作数来自存储器、寄存器或者指令自身。

计算机硬件只能理解二进制信息，所以指令也编码为二进制数，其格式称为机器语言(machine language)。正如使用字母来编码人类的语言一样，计算机使用二进制数编码机器语言。微处理器是一个可以读并执行机器语言指令的数字系统。因为人类直接阅读二进制格式的机器语言会非常枯燥而乏味，所以使用符号格式来表示指令，称为汇编语言(assemble language)。

不同体系结构的指令集更像不同的方言，而不是不同的语言。几乎所有的体系结构都定义了基本指令，例如加法、减法和跳转，对存储器或寄存器进行操作。一旦学习了一个指令集，理解其他指令集就相当简单。

294
~
295

计算机体系结构没有定义底层的硬件实现。通常，一个计算机体系结构有不同的硬件实现。例如，Intel 公司和 AMD(Advanced Micro Devices)公司销售的不同处理器都属于相同的 x86 体系结构。它们可以运行相同的程序，但是它们使用不同的底层硬件实现，因此可以提供在价格、性能和功耗等方面的各种折中。有些处理器专门对高性能服务器进行优化，而其他处理器可能为了延长笔记本计算机的电池寿命而针对功耗进行优化。寄存器、存储器、ALU 和其他模块形成微处理器的特定方式称为微体系结构(microarchitecture)，将在第 7 章中讨论这个主题。经常有针对同一体系结构的不同微体系结构设计。

在本书中，我们将介绍 John Hennessy 和他的同事于 20 世纪 80 年代在 Stanford 大学首先提出的 MIPS 体系结构。MIPS 处理器得到了广泛的应用，例如 Silicon Graphics、Nintendo 和 Cisco 等公司都采用了这种处理器。我们将从基本指令、操作数地址和机器语言格式开始介绍，随后介绍在常用程序结构(包括分支、循环、数组操作和函数调用)中使用的指令序列。

通过本章，我们将看到由 Patterson 和 Hennessy 提出的 MIPS 体系结构设计的 4 个准则：1) 简单设计有助于规整化；2) 加快常见功能；3) 越小的设计越快；4) 好的设计需要好的折中方法。

6.2　汇编语言

　　汇编语言是计算机机器语言的人类可阅读表示。每条汇编语言指令都指明了需要完成的操作和操作所处理的操作数。介绍简单的算术指令并说明，如何用汇编语言编写这些操作。然后定义 MIPS 指令操作数：寄存器、存储器和常数。

　　假设你已经熟悉一种高级程序语言，如 C、C++ 或 Java（实际上，这些语言在本章的例子中都几乎差不多，但它们不同的地方，我们将使用 C 语言）。附录 C 为那些具有较少或者没有编程经验的读者提供 C 语言介绍。

6.2.1　指令

296

　　最常见的计算操作是加法。代码示例 6.1 给出了如何将两个变量 b 和 c 相加并将结果写入 a 中。左边是高级语言（C、C++ 或 Java），右边使用 MIPS 汇编语言重写。注意 C 语言程序语句的最后是一个分号。

代码示例6.1　加法

高级语言代码	MIPS 汇编代码
a = b + c;	add a, b, c

代码示例6.2　减法

高级语言代码	MIPS 汇编代码
a = b - c;	sub a, b, c

　　汇编指令的第一部分 add 是助记符（mnemonic），它指明需要执行的操作。该操作基于源操作数（source operand）b 和 c，将结果写入目的操作数（destination operand）a。

　　代码示例 6.2 说明减法指令类似于加法。除了操作码 sub 以外，指令格式完全与加法指令相同。这种一致的指令格式很好地证明了第一个设计准则：

设计准则1：简单设计有助于规整化。

　　指令中包含固定数目的操作数（在本例中，有 2 个源操作数和一个目的操作数）将易于编码和硬件处理。更复杂的高级语言代码可以转化为多条 MIPS 指令，如代码示例 6.3 所示。

代码示例6.3　复杂代码

高级语言代码	MIPS 汇编代码
a = b + c - d;　// single-line comment /* multiple-line 　　comment */	sub t, c, d　　#t = c - d add a, b, t　　#a = b + t

297

　　在高级语言例子中，单行注释以 // 开始直到一行结束，多行注释则由 /* 开始且由 */ 结束。在汇编语言中仅仅支持单行注释，由#开始直到一行结束。代码示例 6.3 中的汇编语言程序需要一个临时变量 t 来存储中间结果。使用多条汇编指令执行复杂的操作体现了计算机体系结构的第二个设计准则：

设计准则2：加快常见功能。

　　MIPS 指令集通过仅仅包含简单、常用指令使常见的情况能较快执行。指令数比较少，这使得用于指令操作和操作数译码的硬件比较简单、精练和快捷。更复杂但不常见的操作由多条简单指令序列执行。因此，MIPS 属于精简指令集计算机（Reduced Instruction Set Computer, RISC）体系结构。具有复杂指令的体系结构，例如 Intel x86，称为复杂指令集计算机（Complex Instruction Set Computer, CISC）。例如，x86 中定义的"字符串移动"指令将字符串从内存的一个位置复制到另一个位置。这样的操作需要很多条(很可能上百条)RISC 机器的简单指令。然而，CISC 体系结构中实现复杂指令的成本在于增加了硬件而且降低了简单指令的执行速度。

RISC 体系结构在降低硬件复杂性的同时，还使得在指令编码中区分不同操作的位数比较少。例如，有 64 条简单指令的指令集需要 $\log_2 64 = 6$ 位来编码每个操作。有 256 条复杂指令的指令集需要 $\log_2 256 = 8$ 位来编码每条指令。在 CISC 处理器中，即使复杂指令使用的频率非常小，它们也将增加包括简单指令在内的所有指令的开销。

6.2.2　操作数：寄存器、存储器和常数

一条指令的操作需要基于操作数。在代码示例 6.1 中变量 a、b、c 都是操作数。但是计算机只能处理二进制，而不能处理变量名。指令需要从一个物理位置中取出二进制数据。操作数可以存放在寄存器或存储器中，也可以作为常数存储在指令自身中。计算机使用不同的位置存放操作数以便优化性能和存储容量。访问存放在指令中的常数或者寄存器中的操作数非常快，但是它们只能包含少量数据。更多的数据需要访问存储器得到。存储器虽然容量大，但是访问速度比较慢。因为 MIPS 体系结构对 32 位数据进行操作，所以称为 32 位体系结构(MIPS 体系结构的商业产品已经扩展到 64 位，但是本书仅仅考虑 32 位格式)。

1. 寄存器

只有快速访问操作数，指令才能快速执行。但是存放在存储器中的操作数需要较长时间才能访问到。因此，大多数体系结构定义了几个寄存器用于存放常用的操作数。MIPS 体系结构有 32 个寄存器，称为寄存器集(register set)或寄存器文件(register file)。寄存器越少访问速度越快，这正验证了第三个设计准则：

设计准则 3：越小的设计越快。

从书桌上少量相关的书籍中查找信息比从图书馆的书库中查找快很多。同样，从比较少的寄存器(例如 32 个)中读取数据比从 1000 个寄存器或大存储器中读取数据快。小寄存器文件往往用小 SRAM 阵列(参见 5.5.3 节)创构。这样的 SRAM 阵列使用小译码器和位线连接到相对少的存储单元，所以与大的存储器相比它具有更短的关键路径。

代码示例 6.4 显示了具有寄存器操作数的 add 指令。MIPS 寄存器名由 $ 符号开始。变量 a、b 和 c 存放在 $s0、$s1 和 $s2 中。($s1 读作"Register s1"或"dollar s1")。指令将对 $s1 (b) 和 $s2 (c) 中存储的 32 位数据相加，并将 32 位结果写入 $s0 (a)。

MIPS 有 32 个寄存器，其中使用 18 个寄存器存储变量 $s0 ~ $s7 和 $t0 ~ $t9。由 $s 开头的寄存器称为保存寄存器(saved register)。根据 MIPS 的惯例，这些寄存器存储诸如 a、b、c 等变量。保存寄存器的一个特殊用途是用于函数调用(参见 6.4.6 节)。以 $t 开头的寄存器称为临时寄存器(temporary resister)，用于存储临时变量。代码示例 6.5 说明 MIPS 汇编代码使用临时寄存器 $t0 来存储 c ~ d 的中间结果。

代码示例 6.4　寄存器操作数

高级语言代码	MIPS 汇编代码
a = b + c;	# $s0 = a, $s1 = b, $s2 = c
	add $s0, $s1, $s2　　# a = b + c

代码示例 6.5　临时寄存器

高级语言代码	MIPS 汇编代码
a = b + c – d;	# $s0 = a, $s1 = b, $s2 = c, $s3 = d
	sub $t0, $s2, $s3　　# t = c – d
	add $s0, $s1, $t0　　# a = b + t

例 6.1 高级语言代码转换为汇编语言代码

将以下高级语言代码转换为汇编语言代码。假设变量 a ~ c 存储在寄存器 $s0 ~ $s2 中，而变量 f~j 则存储在寄存器 $s3 ~ $s7 中。

a = b - c;
f = (g + h) - (i + j);

解: 该程序使用 4 条汇编语言指令。

```
# MIPS assembly code
# $s0 = a, $s1 = b, $s2 = c, $s3 = f, $s4 = g, $s5 = h
# $s6 = i, $s7 = j
  sub $s0, $s1, $s2    # a = b - c
  add $t0, $s4, $s5    # $t0 = g + h
  add $t1, $s6, $s7    # $t1 = i + j
  sub $s3, $t0, $t1    # f = (g + h) - (i + j)
```

◄

2. 寄存器集

MIPS 体系结构定义了 32 个寄存器。每个寄存器都有一个名字和从 0 ~ 31 的编号。表 6-1 给出了寄存器的名字、编号和用途。$0 始终为 0，因为常数 0 经常在计算机程序中使用。我们已经讨论了 $s 和 $t 寄存器，其余的寄存器将在本章的后续内容中介绍。

表 6-1   MIPS 寄存器集

名字	编号	用途	名字	编号	用途
$0	0	常数 0	$t8 ~ $t9	24 ~ 25	临时变量
$at	1	汇编器临时变量	$k0 ~ $k1	26 ~ 27	操作系统临时变量
$v0 ~ $v1	2 ~ 3	函数返回值	$gp	28	全局指针
$a0 ~ $a3	4 ~ 7	函数参数	$sp	29	栈指针
$t0 ~ $t7	8 ~ 15	临时变量	$fp	30	帧指针
$s0 ~ $s7	16 ~ 23	保存变量	$ra	31	函数返回地址

300

3. 存储器

如果仅仅以寄存器作为操作数的存储空间，那么将限制程序中的变量不能超过 32 个。但是，数据也可以存储在存储器中。与寄存器文件相比，存储器可以存储更多的数据，但是访问数据的时间就更长。寄存器容量小且速度快，而存储器容量大且速度慢。所以，经常使用的变量保存在寄存器中。通过综合使用寄存器和存储器，程序可以以相对较快的速度访问大量的数据。如 5.5 节所述，存储器组织为数据字的阵列。MIPS 体系结构采用 32 位存储器地址和 32 位数据字长。

MIPS 采用字节寻址存储器。也就是说，存储器中的每一字节都有一个单独的地址。然而，为了便于理解，本节首先讲解字寻址存储器，然后再讲述 MIPS 的字节寻址存储器。

图 6-1 给出了字寻址 (word-addressable) 存储器阵列。也就是说，每 32 位数据字对应一个唯一的 32 位地址，其中 32 位地址和 32 位数据值用 16 进制表示。例如，数据 0XF2F1AC07 存储在存储器地址 1 中。十六进制常数书写时以 OX 为前缀。按照惯例，图中的存储器低地址在下，高地址在上。

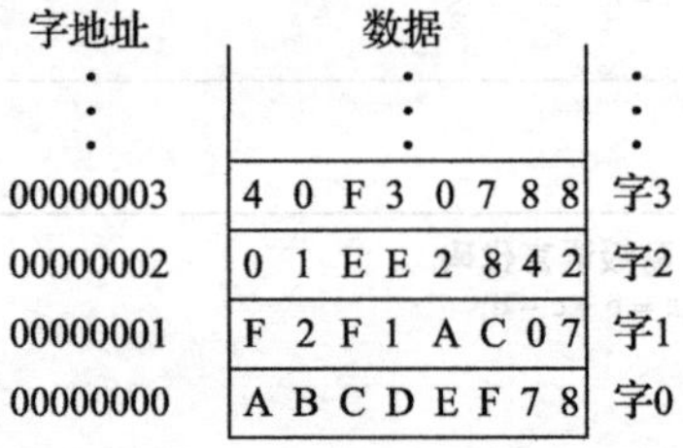

MIPS 使用装入字 (load word) 指令 lw 将存储器中读出的数据装入寄存器中，代码示例 6.6 说明如何将存储器字 1 装入 $s3 中。

lw 指令指定内存有效地址 (effective address) 为基地址 (base address) 与偏移量 (offset) 的和。基地址为寄存器，写在

字地址	数据	
⋮	⋮	⋮
00000003	4 0 F 3 0 7 8 8	字3
00000002	0 1 E E 2 8 4 2	字2
00000001	F 2 F 1 A C 0 7	字1
00000000	A B C D E F 7 8	字0

图 6-1   字寻址方式的存储器

括号内。偏移量是一个常数，写在括号前面。在代码示例 6.6 中，基地址是总是值为 0 的 $0，
偏移量是 1，所以 lw 指令从存储器中读出的地址为（$0＋1）＝1。在 lw 指令执行之后，$s3
中的值为 0XF2F1AC07，此值就是图 6-1 存储器地址中 1 所存储的值。

代码示例 6.6　读字寻址存储器

汇编代码

```
# This assembly code (unlike MIPS) assumes word-addressable memory
  lw $s3, 1($0)        # read memory word 1 into $s3
```

类似地，MIPS 使用存储字（store word）指令 sw 从寄存器向存储器写数据字。代码示例 6.7
将寄存器 $s7 中的内容写入存储器 5 中。上述实例简单地将 $0 作为基地址，然而任何寄存器
均可作为基地址。

代码示例 6.7　写字寻址寄存器

汇编代码

```
# This assembly code (unlike MIPS) assumes word-addressable memory
  sw   $s7, 5($0)      # write $s7 to memory word 5
```

上述两个代码示例描述了字寻址存储器的计算机体系结构。然而 MIPS 存储器模型是字节寻
址而不是字寻址。每一个数据字节都有一个唯一的地址。一个 32 位的字包含 4 个 8 位字节，所以
每一个字地址都是 4 的倍数，如图 6-2 所示。而且，32 位字地址和数据值都是用 16 进制表示的。

代码示例 6.8 描述了如何在 MIPS 字节寻址存储器中读/写一字。字地址是字号的 4 倍，MIPS
汇编代码读取第 0、2 和 3 号字，写入第 1、8 和 100 号字。偏移量可用 10 进制和 16 进制表示。

代码示例 6.8　访问字节寻址存储器

MIPS 汇编代码

```
lw  $s0, 0($0)        # read data word 0 (0xABCDEF78) into $s0
lw  $s1, 8($0)        # read data word 2 (0x01EE2842) into $s1
lw  $s2, 0xC($0)      # read data word 3 (0x40F30788) into $s2
sw  $s3, 4($0)        # write $s3 to data word 1
sw  $s4, 0x20($0)     # write $s4 to data word 8
sw  $s5, 400($0)      # write $s5 to data word 100
```

MIPS 体系结构也提供了 lb 和 sb 指令来装入和存储单字节而不是字。这两条指令与 lw 和
sw 指令很相似，将在 6.4.5 节介绍。

如图 6-3 所示，字节寻址存储器的组织方式有大端（big-endian）和小端（little-endian）两种
形式。在两种格式中，最高有效字节（Most Significant Byte，MSB）在左边，最低有效字节（Least
Significant Byte，LSB）在右边。在大端形式的机器中，第 0 个字节在最高有效字节；在小端形
式的机器中，第 0 个字节在最低有效字节。两种格式的字地址相同，并指向相同的 4 字节。唯
一不同的是一个字中字节的地址不同。

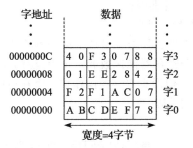

图 6-2　字节寻址存储器

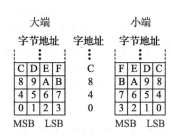

图 6-3　大端和小端存储器寻址

例 6.2 大端和小端存储器

假设 $s0 最初包含 0x23456789。在大端系统中运行下列程序后 $s0 的值为多少？如果在小端系统中呢？lb $s0,1($0) 将字节地址 (1 + $0) = 1 中的数据装入 $s0 的最低有效字节中。lb 指令将在 6.4.5 节中讨论。

```
sw $s0, 0($0)
lb $s0, 1($0)
```

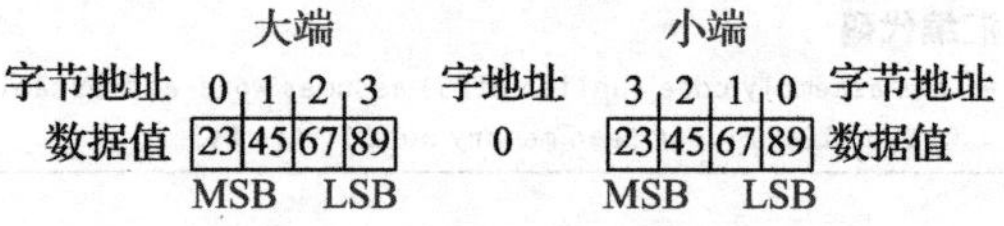

	大端		小端	
字节地址	0 1 2 3	字地址	3 2 1 0	字节地址
数据值	23 45 67 89	0	23 45 67 89	数据值
	MSB LSB		MSB LSB	

解：图 6-4 显示了大端和小端机器中在存储器字 0 如何存储值 0x23456789。在装入字节指令

图 6-4 大端和小端数据存储

lb $s0,1($0) 执行后，大端系统中 $s0 中的数据为 0x00000045，而小端系统中 $s0 中的数据为 0x00000067。

IBM PowerPC(在 Macintosh 计算机中采用)使用大端寻址。Intel x86 体系结构(在 PC 机中)使用小端寻址。有些 MIPS 处理器使用小端方式，而另一些使用大端方式⊖。选择大端或小端方式完全是任意的，但因此引起了使用大端与小端方式的计算机之间共享数据的麻烦。在本文的例子中，在涉及字节顺序时都使用小端方式。

在 MIPS 体系结构中，lw 和 sw 的字地址必须是字对齐(word aligned)的，即地址必须能被 4 整除。所以指令 lw $s0,7($0) 是非法指令。在有些体系结构中(如 x86)允许读/写非字对齐数据，但在 MIPS 中，为了简化，要求严格的字对齐。当然，装入字节(lb)和存储字节(sb)指令的字节地址，不需要字对齐。

4. 常数/立即数

装入字(lw)和存储字(sw)指令还说明 MIPS 指令中常数(constant)的用法。因为常数的值可以被指令立即访问，而不需要通过访问寄存器或存储器来得到，所以这些常数叫作立即数(immediate)。加立即数(addi)指令是一个以立即数为操作数的常见 MIPS 指令。addi 将指令指定的立即数与某一寄存器中的值相加，如代码示例 6.9 所示。

代码示例 6.9 立即数操作数

高级语言代码	MIPS 汇编代码

a = a + 4;
b = a − 12;
	# $s0 = a, $s1 = b
	addi $s0, $s0, 4 # a = a + 4
	addi $s1, $s0, −12 # b = a − 12

指令中指定的立即数采用 16 位补码表示，范围在 [− 32768，32767]。减法相当于加一个负数，因此，为了简单起见，MIPS 体系结构中没有 subi 指令。

前面提到的 add 和 sub 指令使用三个寄存器操作数。但是，lw、sw 和 addi 指令用两个寄存器操作数和一个常数。因为指令格式的不同，所以 lw 和 sw 指令违反了设计原则 1：简单设计有助于规整化。然而，这个问题我们引入最后一个设计准则：

设计准则 4：好的设计需要好的折中。

单条指令格式可能简洁但缺乏弹性。MIPS 指令集支持三种指令格式。第一种格式有三个寄存器操作数，如 add 和 sub 指令。第二种格式有两个寄存器操作数和一个 16 位的立即数，如 lw 和 addi 指令。第三种格式有一个 26 位的立即数，但没有寄存器操作数，将在后面讨论它。下一节将讨论三种 MIPS 指令格式及其二进制代码的编码。

⊖ SPIM，本文中的 MIPS 仿真器，使用其运行机器的字节序。例如：当在 Intel x86 机器上使用 SPIM 时，内存是小端寻址的；而在较旧的 Macintosh 或 Sun SPARC 上使用时，内存是大端寻址的。

6.3 机器语言

汇编语言方便人们阅读。然而，数字电路只能理解 0 和 1。因此，需要将汇编语言写的程序从助记符号转换成仅使用 0 和 1 表示的机器语言（machine language）。

MIPS 使用 32 位指令。这里再次强调，简单设计有助于规整化，最常规的选择是将所有指令编码为存储器中存储的字。即使有些指令可能不需要所有 32 位的编码，但可变长度指令将增加太多的复杂性。简单化也鼓励使用单指令格式，但是由于上文提到的原因，所以过于简单化将产生太多限制。MIPS 做了折中，它定义了 3 种指令格式：R 类型、I 类型和 J 类型。少量的指令格式允许一些适用于各种格式的规整设计，因此硬件可以保持简单，也可适用于不同的指令需要（例如，需要在指令中对大常数编码）。R 类型指令对 3 个寄存器操作。I 类型指令对两个寄存器和一个 16 位立即数操作。J 类型（跳转）指令对一个 26 位的立即数操作。本节介绍这 3 种指令格式，但对 J 类型指令的讨论，将放在 6.4.2 节中。

6.3.1 R 类型指令

R 类型是寄存器类型（register-type）的缩写。R 类型指令有 3 个寄存器操作数：2 个为源操作数，1 个为目的操作数。图 6-5 给出了 R 类型机器指令格式。32

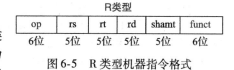

图 6-5 R 类型机器指令格式

位指令分为 6 个字段：op、rs、rt、rd、shamt 和 funct。每个字段包含 5～6 位。

指令的操作编码为 2 个字段（以灰色显示）：op（也称为 opcode 或操作码）和 funct（也被称为函数）。所有 R 类型指令的操作码都是 0，特定 R 类型操作由 funct 字段决定。例如，add 指令的 opcode 和 funct 字段分别为 0（000000₂）和 32（100000₂）。类似地，sub 指令的 opcode 和 funct 字段为 0 和 34。

指令的操作数编码包括 3 个字段：rs、rt 和 rd。前两个寄存器 rs 和 rt 是源寄存器。rd 是目的寄存器。这些字段包含了图 6-1 给出的寄存器编号。例如，$s0 为寄存器 16。[305]

第 5 个字段 shamt 仅仅用于移位操作。在这些指令中存储在 5 位 shamt 字段中的二进制数值表示移位数。对于其他 R 类型指令，shamt 为 0。

图 6-6 给出了 R 类型指令 add 和 sub 的机器代码。注意，在汇编语言指令中，目的寄存器是第一个寄存器，而在机器语言指令中，目的寄存器为第三个寄存器字段（rd）。例如，汇编指令 add $s0, $s1, $s2 表示 rs = $s1（17）、rt = $s2（18）和 rd = $s0（16）。

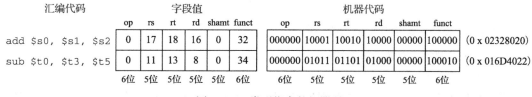

图 6-6 R 类型指令的机器码

对于本书中使用的 MIPS 指令，附录 B 中表 B-1 和表 B-2 定义了所有 MIPS 指令的 opcode 值和 R 类型指令 funct 字段的值。

例 6.3 汇编语言转换为机器语言

将下列汇编语言语句转换为机器语言。

add $t0, $s4, $s5

解：根据表 6-1，$t0、$s4 和 $s5 是寄存器 8、20 和 21。根据表 B-1 和表 B-2，add 的

opcode 为0，funct 为32。各个字段和机器代码如图6-7所示。写出十六进制机器代码最简单的方法是，首先将它写为二进制，然后观察每4位为一组的数，每组数表示一个十六进制数字(用灰色显示)。因此，机器语言指令为0x02954020。

汇编代码	字段值						机器代码						
	op	rs	rt	rd	shamt	funct	op	rs	rt	rd	shamt	funct	
add $t0, $s4, $s5	0	20	21	8	0	32	000000	10100	10101	01000	00000	100000	(0 x 02954020)
	6位	5位	5位	5位	5位	6位	0	2	9	5	4	0	2 0

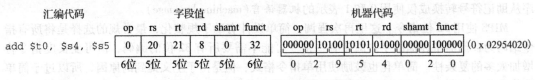

图6-7 例6.3中R类型指令的机器码 ◀

6.3.2 I类型指令

I类型是立即数类型(immediate-type)的缩写。I类型指令有两个寄存器操作数和一个立即数操作数。图6-8给出了I类型机器指令格式。一条32位指令有4个字段：op、rs、rt和imm。前三个字段(op、rs和rt)与R类型指令一样。imm字段代表一个16位立即数。

指令的操作由opcode字段决定(用灰色显示)。操作数在rs、rt和imm三个字段中。rs和imm常用作源操作数。在有些指令中(如addi和lw)，rt用作目的操作数；但在其他指令中(如sw)，rt也用作源操作数。

I类型

op	rs	rt	imm
6位	5位	5位	16位

图6-8 I类型指令格式

图6-9给出了一些I类型指令编码实例。记住，负立即数表示为16位有符号二进制补码数。在汇编语言中，rt作为目的操作数放在前面，但在机器语言指令中，它是第二个寄存器字段。

汇编代码	字段值				机器代码				
	op	rs	rt	imm	op	rs	rt	imm	
addi $s0, $s1, 5	8	17	16	5	001000	10001	10000	0000 0000 0000 0101	(0 x 22300005)
addi $t0, $s3, -12	8	19	8	-12	001000	10011	01000	1111 1111 1111 0100	(0 x 2268FFF4)
lw $t2, 32($0)	35	0	10	32	100011	00000	01010	0000 0000 0010 0000	(0 x 8C0A0020)
sw $s1, 4($t1)	43	9	17	4	101011	01001	10001	0000 0000 0000 0100	(0 x AD310004)
	6位	5位	5位	16位	6位	5位	5位	16位	

图6-9 I类型指令的机器代码

例6.4 I类型汇编指令转换为机器码

将下列I类型指令转换为机器码。

```
lw $s3, -24($s4)
```

306~307 **解**：根据表6-1，$s3和$s4分别为寄存器19和20。表B-1给出了lw的opcode为35。rs指定了基地址$s4，rt指定了目的寄存器$s3，立即数imm编码16位偏移量-24。因此，指令的字段和机器代码如图6-10所示。

汇编代码	字段值				机器代码				
	op	rs	rt	imm	op	rs	rt	imm	
lw $s3, -24($s4)	35	20	19	-24	100011	10100	10011	1111 1111 1110 1000	(0x8E93FFE8)
	6位	5位	5位	16位	8 E	9	3	F F E 8	

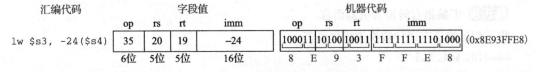

图6-10 I类型指令的机器代码 ◀

I 类型指令有一个 16 位立即数字段，但这个立即数用于 32 位操作中。例如，lw 将 16 位偏移量与 32 位源寄存器相加。32 位中的高 16 位应该是什么呢？对于正立即数，前 16 位为全 0，但对于负立即数，高 16 位应该为全 1。在 1.4.6 节中，它称为符号扩展。通过将符号位（最高有效位）复制到 M 位数的所有高位，可以将一个 N 位补码符号扩展为 M 位数。对二进制补码进行符号扩展并不改变它的值。

大多数 MIPS 指令对立即数进行符号扩展。例如，为了支持正立即数和负立即数，addi、ls 和 sw 都进行了符号扩展。这个规则有一个例外：逻辑操作（andi、ori、xori）将 0 放在高半字中，这称为 0 扩展，而不是符号扩展。逻辑操作将在 6.4.1 节中讨论。

6.3.3 J 类型指令

J 类型是跳转类型（jump-type）的缩写。这种格式仅用于跳转指令（参见 6.4.2 节）。如图 6-11 所示，这种指令格式有一个 26 位地址操作数 addr。与其他格式一样，J 类型指令由一个 6 位 opcode 开始。剩下的位用于指定地址 addr。关于 J 类型指令进一步的讨论可参见 6.4.2 节。

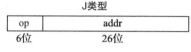

图 6-11 J 类型指令格式

6.3.4 解释机器语言代码

为了解释机器语言，必须对 32 位指令的每一个字段进行解码。不同的指令使用不同的格式，但是所有的指令都以一个 6 位的 opcode 字段开始。所以，开始解释的最好地方是首先查看 opcode。如果是 0，则指令为 R 类型，否则，为 I 类型或 J 类型。

[308]

例 6.5 机器语言转换为汇编语言

将下列机器语言代码转换为汇编语言。

```
0x2237FFF1
0x02F34022
```

解： 首先，将指令转化为二进制格式，查看 6 位最高有效位，找到它们的 opcode，如图 6-12 所示。opcode 决定怎样解释其余的位。这两条指令的 opcode 分别是 $001000_2(8_{10})$ 和 $000000_2(0_{10})$，说明它们分别是 addi 和 R 类型指令。R 类型指令的 funct 字段是 100010_2 (34_{10})，说明它是 sub 指令。图 6-12 给出了与两个机器指令等价的汇编代码。

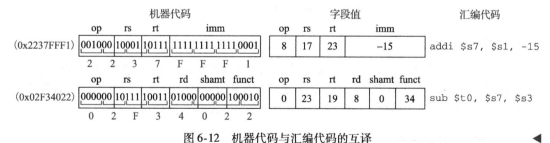

图 6-12 机器代码与汇编代码的互译

6.3.5 存储程序

用机器语言编写的程序是一个表示指令的一系列 32 位数。与其他二进制数一样，这些指令存储在存储器中。这就是存储程序（stored program）的概念，也是计算机如此强大的一个关键原因。运行一个新的程序不需要花费大量的时间和精力对硬件进行重新装配或重新布线，只需要将一个新的程序写入存储器中。存储程序提供了通用（general purpose）计算能力，而不是特定的硬件。在这种方式下，计算机只是改变存储程序就可以运行计算器、文字处理程序、影音播放器等多种应用程序。

存储程序中的指令从存储器中检索或取出（fetch），由处理器执行。即使大型复杂程序也可以简化为一系列存储器读和指令执行。

图 6-13 显示了机器指令是怎样存储在存储器中的。在 MPIS 程序中，指令一般从地址 0x00400000 开始存储。记住，MIPS 存储器地址是字节寻址，所以 32 位（4 字节）指令地址每次增加 4 字节而不是 1 字节。

汇编代码	机器代码
lw $t2, 32($0)	0x8C0A0020
add $s0, $s1, $s2	0x02328020
addi $t0, $s3, -12	0x2268FFF4
sub $t0, $t3, $t5	0x016D4022

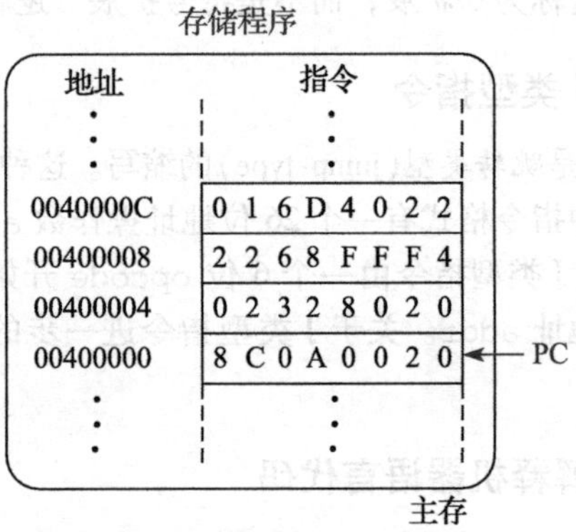

存储程序

地址	指令
0040000C	0 1 6 D 4 0 2 2
00400008	2 2 6 8 F F F 4
00400004	0 2 3 2 8 0 2 0
00400000	8 C 0 A 0 0 2 0 ← PC

主存

图 6-13　存储程序

为了运行或执行（execute）存储程序时，处理器从存储器中顺序地取出指令。然后，数字电路硬件解码和执行这些取出的指令。当前指令的地址存储在一个称为程序计数器（Program Counter，PC）的 32 位寄存器中。PC 并不在表 6-1 所示的 32 个寄存器中。

为了运行图 6-13 所示的程序，操作系统将 PC 的值设为地址 0x00400000。处理器将这个存储器地址的指令读出，并执行指令 0x8C0A0020。然后，处理器将 PC 增加 4，变为 0x00400004，接着取出并执行该地址的指令，重复执行上述过程。

微处理器的体系结构状态（architectural state）保存程序的状态。对于 MIPS，体系结构状态由寄存器文件和 PC 组成。如果操作系统在程序运行的某个时刻保存了体系结构状态，那么就可以中断该程序，做其他事情，然后恢复该状态，使得被中断的程序又能够继续正确执行，而不知道它曾经被中断过。在第 7 章创建一微处理器时，体系结构状态也十分重要。

6.4　编程

软件编程语言（如 C 或 Java）称为高级编程语言，因为它们比汇编语言的抽象层次更高。许多高级语言使用算术和逻辑操作、if/else 语句、for 和 while 循环、数组下标和函数调用等常见的软件结构。本节将探讨如何将这些高级语言结构转换为 MIPS 汇编代码。

6.4.1　算术/逻辑指令

MIPS 体系结构定义了大量的算术和逻辑指令。这些指令对实现高级语言结构是必需的，因此首先简要介绍它们。

1. 逻辑指令

MIPS 逻辑操作包括 and、or、xor 和 nor。这些 R 类型指令对两个源寄存器和一个目的寄存器进行按位操作。图 6-14 给出了源操作数分别为 0xFFF0000 和 0x46A1F0B7 的操作示例。如图 6-14 所示，指令执行后结果存储在目的寄存器 rd 中。

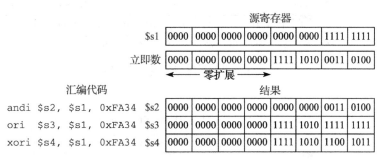

图 6-14 逻辑操作

  and 指令可用于屏蔽(mask)位(将不用的位设置为 0)。例如，在图 6-14 中 0xFFF0000 AND 0x46A1F0B7 = 0x46A10000。and 指令屏蔽了最低两个字节，并将 $s3 中未被屏蔽的高两个字节 0x46A1 写入 $s3 中。寄存器位的任何子集都可以被屏蔽。

  or 指令可用于组合来自两个寄存器的位。例如，0x347A0000 OR 0x00072FC = 0x347A72FC，即将两个值组合起来。

  MPIS 不提供 NOT 指令，但 A NOR $0 = NOT A。因此，NOR 指令可以代替 NOT 指令。

  andi、ori 和 xori 指令也可以对立即数进行逻辑操作。MIPS 不提供 nori 指令，因为它的功能可以用其他指令轻松实现。习题 6.16 将研究这个问题。图 6-15 给出了 andi、ori 和 xori 指令的示例。图中给出了源寄存器和立即数的值，同时也给出了指令执行后目的寄存器 rt 的值。

图 6-15　带有立即数的逻辑操作

2. 移位指令

  移位指令可将寄存器中的值左移或右移最多 31 位。移位操作可将操作数乘或除以 2 的整数次幂。MIPS 移位操作包括逻辑左移指令(sll)、逻辑右移指令(srl)和算术右移指令(sra)。

  在 5.2.5 节的讨论中，左移一般将低位补 0。但右移可以是逻辑右移(高位补 0)或算术右移(高位补符号位)。图 6-16 给出了 R 类型指令 sll、srl 和 sra 的机器代码。rt(此例中的 $s1)保存了待移位 32 位值，shamt 给出了移位的位数(4)。移位的结果存放在 rd 中。

汇编代码	字段值						机器代码						
	op	rs	rt	rd	shamt	funct	op	rs	rt	rd	shamt	funct	
sll $t0, $s1, 4	0	0	17	8	4	0	000000	00000	10001	01000	00100	000000	(0x00114100)
srl $s2, $s1, 4	0	0	17	18	4	2	000000	00000	10001	10010	00100	000010	(0x00119102)
sra $s3, $s1, 4	0	0	17	19	4	3	000000	00000	10001	10011	00100	000011	(0x00119903)
	6位	5位	5位	5位	5位	6位	6位	5位	5位	5位	5位	6位	

图 6-16　移位指令的机器代码

图 6-17 给出了移位指令 srl，slr 和 sra 的寄存器值。如 5.2.5 节所讨论的，将一个值左移 N 位相当于乘以 2^N。同理，算术右移 N 位，相当于除以 2^N。

图 6-17　移位操作

MIPS 也提供可变移位指令：可变逻辑左移指令（sllv）、可变逻辑右移指令（srlv）和可变算术右移指令（srav）。图 6-18 给出了这些指令的机器代码。变量移位的汇编指令是这样的格式：sllv rd、rt、rs。rt 和 rs 的顺序跟大多数 R 类型指令相反。rt（此例中的 $s1）保存待移位的值。rs（此例中的 $s2）的低 5 位给出了位移的位数。与前面一样，移位的结果存放在 rd 中。Shamt 字段为全 0 且被忽略。图 6-19 给出了每种可变移位指令寄存器的值。

图 6-18　可变移位指令的机器代码

图 6-19　可变移位操作

3. 生成常数

addi 指令可用于 16 位常数赋值，如代码示例 6.10 所示。

代码示例 6.10　16 位常数

高级语言代码	MIPS 汇编代码
int a = 0x4f3c;	# $s0 = a addi $s0, $0, 0x4f3c　# a = 0x4f3c

为了赋值 32 位常数，可以先使用一条装入高位立即数指令（lui），接着使用一条 OR 立即数指令（ori），如代码示例 6.11 所示。lui 指令将一个 16 位立即数装入寄存器的高 16 位并将低 16 位都设置为 0。如前所述，ori 将一个 16 位立即数合并到寄存器的低 16 位。

高级语言代码	MIPS 汇编代码
int a = 0x6d5e4f3c;	# $s0 = a
	lui $s0, 0x6d5e # a = 0x6d5e0000
	ori $s0, $s0, 0x4f3c # a = 0x6d5e4f3c

313

4. 乘法和除法指令*

乘法和除法指令与其他算术指令有些不同。两个 32 位数相乘，产生一个 64 位乘积。两个 32 位数相除，产生一个 32 位的商和一个 32 位的余数。

MIPS 体系结构有两个用于存放乘法和除法结果的特殊用途寄存器 hi 和 lo。mult $s0, $s1 将 $s0 和 $s1 中的数相乘。结果的高 32 位存放在 hi 中，低 32 位存放在 lo 中。类似地，div $s0, $s1 计算 $s0/$s1。商存放在 lo 中，余数存放在 hi 中。

MIPS 提供另一种乘法指令，它生成存储在一通用寄存器中的 32 位结果。mul $s1, $s2, $s3 把 $s2 和 $s3 中的值相乘并把 32 位结果存储在 $s1 中。

6.4.2 分支

与计算器相比，计算机的优势在于它能做出判断。计算机可以根据输入处理不同的任务。例如，if/else 语句、switch/case 语句、while 循环和 for 循环都是根据某个测试有条件地执行代码。

为了顺序执行指令，程序计数器执行一条指令后递增 4。分支（branch）指令改变程序计数器的值，跳过某段代码或返回到执行先前的代码。条件分支（condition branch）指令执行一次测试，只有当测试结果为 TRUE 时才执行分支语句。无条件分支（unconditional branch）指令称为跳转（jump）指令，它总执行分支语句。

1. 条件分支

MIPS 指令集有两个条件分支指令：beq 和 bne。当两个寄存器中的值相等时，beq 执行分支语句；当两个值不相等时，bne 执行分支程序。代码示例 6.12 说明如何使用 beq 指令。注意，分支写成 beq $rs, $rt, imm，这里 $rs 为第一个源寄存器。这种顺序与大部分 I 类型指令相反。

```
MIPS 汇编代码
  addi  $s0, $0, 4         # $s0 = 0 + 4 = 4
  addi  $s1, $0, 1         # $s1 = 0 + 1 = 1
  sll   $s1, $s1, 2        # $s1 = 1 << 2 = 4
  beq   $s0, $s1, target   # $s0 == $s1, so branch is taken
  addi  $s1, $s1, 1        # not executed
  sub   $s1, $s1, $s0      # not executed

target:
  add   $s1, $s1, $s0      # $s1 = 4 + 4 = 8
```

当代码示例 6.12 中的程序执行分支指令 beq 时，$s0 中的值与 $s1 中的值相等，所以执行该分支。也就是说，下一条要执行的指令是标号 target 后的 add 指令。在分支指令后和标号前的两条指令将不执行⊖。

汇编代码使用标号来说明程序中的指令位置。当汇编代码转换为机器代码时，这些

⊖ 实际上，由于流水线设计（第 7 章中讨论），MIPS 处理器有一个分支延迟槽（branch delay slot）。这意味着紧跟在分支或者跳转之后的指令总是被执行。这种特质在本章的 MIPS 汇编代码中忽略。

标号将转换为指令地址(参见 6.5 节)。MIPS 汇编语言标号后面跟着一个冒号 ":",不能使用指令助记符等保留字。大多数程序员在编程时为了突出标号,只缩进代码而不缩进标号。

代码示例 6.13 给出了使用条件分支指令 bne 的例子。在本例中,因为 $s0 与 $s1 相等,分支语句不执行,并且继续执行 bne 指令后面的语句。这个代码段的全部指令都被执行。

代码示例 6.13 使用 bne 的条件分支

MIPS 汇编代码

```
addi  $s0, $0, 4       # $s0 = 0 + 4 = 4
addi  $s1, $0, 1       # $s1 = 0 + 1 = 1
sll   $s1, $s1, 2      # $s1 = 1 << 2 = 4
bne   $s0, $s1, target # $s0 == $s1, so branch is not taken
addi  $s1, $s1, 1      # $s1 = 4 + 1 = 5
sub   $s1, $s1, $s0    # $s1 = 5 - 4 = 1

target:
add   $s1, $s1, $s0    # $s1 = 1 + 4 = 5
```

2. 跳转指令

程序可以使用三种跳转指令完成无条件分支或跳转(jump)。这三种指令分别是跳转指令(j)、跳转和链接指令(jal)以及跳转寄存器指令(jr)。跳转指令(j)直接跳转到标号指定的指令。跳转和链接指令(jal)与 j 类似,但它保存返回地址。这点将在 6.4.6 节中讨论。跳转寄存器指令(jr)跳转到寄存器所保存的地址。代码示例 6.14 给出了使用跳转指令(j)的例子。

代码示例 6.14 使用 j 无条件跳转

MIPS 汇编代码

```
addi  $s0, $0, 4       # $s0 = 4
addi  $s1, $0, 1       # $s1 = 1
j     target           # jump to target
addi  $s1, $s1, 1      # not executed
sub   $s1, $s1, $s0    # not executed

target:
add   $s1, $s1, $s0    # $s1 = 1 + 4 = 5
```

在 j target 指令后,代码示例 6.14 中的程序无条件继续执行标号 target 处的指令 add。跳转指令和标号之间的所有指令都被跳过了。

代码示例 6.15 给出了使用跳转寄存器指令(jr)的例子。指令地址显示在每条指令的左边。jr $s0 跳转到 $s0 所保存的地址,0x00002010。

代码示例 6.15 使用 jr 无条件跳转

MIPS 汇编代码

```
0x00002000  addi  $s0, $0, 0x2010  # $s0 = 0x2010
0x00002004  jr    $s0              # jump to 0x00002010
0x00002008  addi  $s1, $0, 1       # not executed
0x0000200c  sra   $s1, $s1, 2      # not executed
0x00002010  lw    $s3, 44($s1)     # executed after jr instruction
```

6.4.3 条件语句

if、if/else 和 case 语句是高级程序设计语言常用的条件语句。它们由一条或多条指令组成,有条件地执行一块(block)代码。本节将介绍如何把这些高级语言结构转换为 MIPS 汇编语言。

1. if 语句

仅当满足条件时,if 语句执行 if 块(if block)代码。代码示例 6.16 指出了如何将 if 语句转换为 MIPS 汇编代码。

代码示例 6.16 if 语句

高级语言代码	MIPS 汇编代码

if (i == j)
 f = g + h;
 	
f = f - i;
	# $s0 = f, $s1 = g, $s2 = h, $s3 = i, $s4 = j
	 bne $s3, $s4, L1 # if i != j, skip if block
	 add $s0, $s1, $s2 # if block: f = g + h
	L1:
	 sub $s0, $s0, $s3 # f = f - i

314 ~ 316

if 语句汇编代码的检测条件与高级语言代码相反。如代码示例 6.16 所示,高级语言检测 i == j,但汇编代码检测 i != j。当 i != j 时,bne 指令执行分支(跳过 if 块)。否则,当 i == j 时,不执行分支,按照希望的方式执行 if 块。

2. if/else 语句

if/else 语句根据条件执行两块代码中的一块。当满足 if 语句中的条件时,执行 if 块,否则,执行 else 块。代码示例 6.17 给出了一个 if/else 语句的例子。

代码示例 6.17 if/else 语句

高级语言代码	MIPS 汇编代码

if (i == j)
 f = g + h;
 	
else
 f = f - i;
	# $s0 = f, $s1 = g, $s2 = h, $s3 = i, $s4 = j
	 bne $s3, $s4, else # if i != j, branch to else
	 add $s0, $s1, $s2 # if block: f = g + h
	 j L2 # skip past the else block
	else:
	 sub $s0, $s0, $s3 # else block: f = f - i
	L2:

与 if 语句一样,if/else 语句汇编代码检测的条件与高级语言相反。例如,在代码示例 6.17 中,高级语言代码检测 i == j。汇编代码检测相反的条件(i != j)。如果那个相反的条件为真,则 bne 跳过 if 块,执行 else 块。否则,执行 if 块,并用一个跳转指令(j)跳过 else 块。

3. switch/case 语句 *

switch/case 语句根据条件执行多块代码中的一块。如果不能满足条件,则执行 default 块。一条 case 语句相当于多条嵌套的 if/else 语句。代码示例 6.18 给出了两个相同功能的代码片断。代码计算自动柜员机(ATM)取出 $20、$50 和 $100(定义为 amount)的费用。MIPS 汇编代码的实现与高级语言代码片断相同。

6.4.4 循环

循环根据某个条件重复地执行一块代码语句。for 循环和 while 循环是高级程序语言常用的循环结构。本节将介绍如何把它们转换为 MIPS 汇编语言。

1. while 循环

while 循环重复地执行一块代码,直至某个条件不再满足。代码示例 6.19 中的 while 循环求出满足 $2^x = 128$ 的 x 值。它循环 7 次,直到 pow = 128。

与 if/else 语句类似,while 循环的汇编代码的测试条件与高级语言代码相反。如果那个相反的条件为 TRUE,那么 while 循环就停止。

在代码示例 6.19 中，while 循环将 pow 值与 128 进行比较，如果相等，就退出。否则，它将 pow 值乘以 2（左移 1 位），递增 x，然后跳转到 while 循环的开始。

代码示例 6.18　switch/case 语句

高级语言代码	MIPS 汇编代码

```
switch (amount) {                      # $s0 = amount, $s1 = fee

                                       case20:
  case 20:   fee = 2; break;             addi $t0, $0, 20       # $t0 = 20
                                         bne  $s0, $t0, case50  # amount == 20? if not,
                                                                # skip to case50
                                         addi $s1, $0, 2        # if so, fee = 2
                                         j    done              # and break out of case

                                       case50:
  case 50:   fee = 3; break;             addi $t0, $0, 50       # $t0 = 50
                                         bne  $s0, $t0, case100 # amount == 50? if not,
                                                                # skip to case100
                                         addi $s1, $0, 3        # if so, fee = 3
                                         j    done              # and break out of case

                                       case100:
  case 100: fee = 5; break;              addi $t0, $0, 100      # $t0 = 100
                                         bne  $s0, $t0, default # amount == 100? if not,
                                                                # skip to default
                                         addi $s1, $0, 5        # if so, fee = 5
                                         j    done              # and break out of case

  default: fee = 0;                    default:
}                                        add  $s1, $0, $0       # fee = 0

                                       done:
// equivalent function using if/else statements
  if      (amount == 20)  fee = 2;
  else if (amount == 50)  fee = 3;
  else if (amount == 100) fee = 5;
  else
                          fee = 0;
```

代码示例 6.19　while 循环

高级语言代码	MIPS 汇编代码

```
int pow = 1;                 # $s0 = pow, $s1 = x
int x = 0;                   addi $s0, $0, 1    # pow = 1
                             addi $s1, $0, 0    # x = 0

                             addi $t0, $0, 128  # t0 = 128 for comparison
while (pow != 128)           while:
{                              beq $s0, $t0, done # if pow == 128, exit while loop
  pow = pow * 2;               sll $s0, $s0, 1    # pow = pow * 2
  x = x + 1;                   addi $s1, $s1, 1   # x = x + 1
}                              j    while
                             done:
```

2. for 循环

与 while 循环类似，for 循环重复执行一段代码，直到某个条件不再满足。但是，for 循环增加了对循环变量（loop variable）的支持，它跟踪循环执行的次数。for 循环的基本格式为：

```
for (initialization; condition; loop operation)
  statement
```

initialization（初始化）代码在 for 循环之前执行。每次循环前检查 condition（条件）是否满足，如果不满足条件，则退出循环。loop operation（循环操作）在每次循环后执行。

代码示例 6.20 将数字从 0 到 9 相加。循环变量 i 初始化为 0。然后在每次循环后自增 1。在每次循环前，当 i 不等于 10 时，for 循环才执行。否则，循环结束。这种情况下，for 循环执行 10 次。for 循环可以用 while 循环来实现，不过 for 循环通常比较方便。

代码示例 6.20   *for* 循环

高级语言编码	MIPS 汇编编码

```
int sum = 0;
```

```
# $s0 = i, $s1 = sum
  add   $s1, $0, $0      # sum = 0
  addi  $s0, $0, 0       # i = 0
  addi  $t0, $0, 10      # $t0 = 10
```

```
for (i = 0; i != 10; i = i + 1) {
  sum = sum + i ;



}
```

```
for:
  beq   $s0, $t0, done   # if i == 10, branch to done
  add   $s1, $s1, $s0    # sum = sum + i
  addi  $s0, $s0, 1      # increment i
  j     for
```

```
// equivalent to the following while loop
int sum = 0;
int i = 0;
while (i != 10) {
  sum = sum + i;
  i = i + 1;
}
```

```
done:
```

3. 量值比较

目前为止，例子使用 beq 和 bne 指令执行相等或不相等的比较和分支。MIPS 为量值比较提供了小于设置指令(slt)。当 rs < rt 时，slt 将 rd 设置为 1，否则，rd 为 0。

317
~
319

例 6.6 使用 slt 指令的循环

下述高级语言代码将对从 1 ~ 100 中的 2 的整数次幂求和。将其翻译为汇编语言程序。

```
// high-level code
int sum = 0;
for (i = 1; i < 101; i = i * 2)
  sum = sum + i;
```

解： 汇编语言代码使用小于设置指令(slt)执行 for 循环中的小于比较操作。

```
# MIPS assembly code
# $s0 = i, $s1 = sum
  addi  $s1, $0, 0     # sum = 0
  addi  $s0, $0, 1     # i = 1
  addi  $t0, $0, 101   # $t0 = 101

loop:
  slt   $t1, $s0, $t0    # if (i < 101) $t1 = 1, else $t1 = 0
  beq   $t1, $0, done    # if $t1 == 0 (i >= 101), branch to done
  add   $s1, $s1, $s0    # sum = sum + i
  sll   $s0, $s0, 1      # i = i * 2
  j     loop

done:
```

习题 6.17 说明如何将 slt 用于大于、大于或等于、小于或等于等其他量值比较。

6.4.5 数组

数组用于访问大量类似的数据。数组按照存储器中顺序数据地址组织。每一个数组元素由下标(index)区分。数组中元素的个数称为数组的长度(size)。本节说明如何访问存储器中数组的元素。

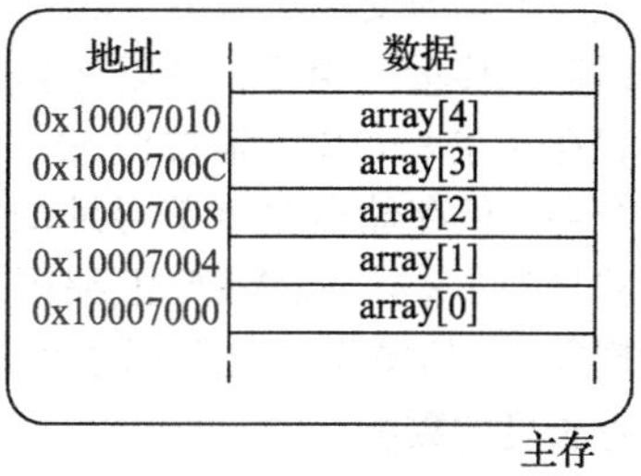

地址	数据
0x10007010	array[4]
0x1000700C	array[3]
0x10007008	array[2]
0x10007004	array[1]
0x10007000	array[0]

主存

1. 数组下标

图 6-20 中的存储器中有一个包含 5 个整数的数组，下标的范围从 0 到 4。这种情况下，数组存储在处理器主存中从基地

图 6-20   基地址为 0x10007000 的
5 个表项数组

址(base address)0x10007000 开始的连续区域中。基地址指定了第一个元素 array[0] 的地址。

代码示例 6.21 将数组 array 中的前两个元素乘以 8，然后再将它们存储到该数组中。

代码示例 6.21　数组访问

高级语言编码	MIPS 汇编编码
int array[5];	# $s0 = base address of array
	lui $s0, 0x1000　　# $s0 = 0x10000000
	ori $s0, $s0, 0x7000　# $s0 = 0x10007000
array[0] = array[0] * 8;	lw $t1, 0($s0)　　# $t1 = array[0]
	sll $t1, $t1, 3　　# $t1 = $t1 << 3 = $t1 * 8
	sw $t1, 0($s0)　　# array[0] = $t1
array[1] = array[1] * 8;	lw $t1, 4($s0)　　# $t1 = array[1]
	sll $t1, $t1, 3　　# $t1 = $t1 << 3 = $t1 * 8
	sw $t1, 4($s0)　　# array[1] = $t1

访问数组元素的第一步是将数组的基地址装入寄存器。代码示例 6.21 将基地址读入 $s0。可以使用 lui 和 ori 指令将 32 位常数装入寄存器。

代码示例 6.21 还说明了为什么 lw 指令需要基地址和偏移量来形成有效地址。基址指向数组的起始位置，偏移量用于访问后面的元素。例如，array[1] 存储在存储器地址 0x10007004（在 array[0] 后的一个字或 4 个字节）中，所以它位于基址之后偏移量为 4 的位置。

你可能已经注意到，在代码示例 6.21 中，将两个数组元素相乘的代码，除了下标外，其他都基本相同。当访问两个数组元素时，复制一段代码不是问题，不过在访问大数组的所有元素时，这十分不方便。代码示例 6.22 用一个 for 循环将基地址为 0x23B8F000 的数组中的所有 1000 个元素乘以 8。

代码示例 6.22　使用 for 循环来访问数组

高级语言编码	MIPS 汇编编码
int i;	# $s0 = array base address, $s1 = i
int array[1000];	# initialization code
	lui $s0, 0x23B8　　# $s0 = 0x23B80000
	ori $s0, $s0, 0xF000　# $s0 = 0x23B8F000
	addi $s1, $0, 0　　# i = 0
	addi $t2, $0, 1000　# $t2 = 1000
for (i = 0; i < 1000; i = i + 1)	loop:
	slt $t0, $s1, $t2　　# i < 1000?
	beq $t0, $0, done　　# if not, then done
	sll $t0, $s1, 2　　# $t0 = i*4 (byte offset)
	add $t0, $t0, $s0　　# address of array[i]
array[i] = array[i] * 8;	lw $t1, 0($t0)　　# $t1 = array[i]
	sll $t1, $t1, 3　　# $t1 = array[i] * 8
	sw $t1, 0($t0)　　# array[i] = array[i] * 8
	addi $s1, $s1, 1　　# i = i + 1
	j loop　　# repeat
	done:

图 6-21 显示了存储器中有 1000 个元素的一个数组。数组下标为变量 i 而不是常数，所以不能使用 lw 中的立即数偏移量。相反，可以计算第 i 个元素的地址，并将它存储在 $t0 中。需要注意的是，每一个数组元素为一个字，但存储器是字节寻址的。所以从基地址开始，偏移量为 i×4。在 MIPS 汇编语言中，可以用左移两位实现乘以 4 的操作。这个例子可以很容易地扩展应用到任意长度的数组。

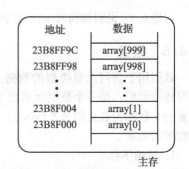

地址	数据
23B8FF9C	array[999]
23B8FF98	array[998]
⋮	⋮
23B8F004	array[1]
23B8F000	array[0]

主存

图 6-21　内存中基地址为 0x23B8F000
的 array[1000]

2. 字节和字符

范围在[-128，127]的数可以存储在一个单独字节中，而不需要一个完整字。因为英语键盘上的按键数远远少于 256，所以英语字符经常用字节表示。C 语言使用 char 类型来表示字节或字符。

早期的计算机缺乏字节与英语字符之间的标准映射，所以计算机之间交换文本很困难。1963 年，美国标准委员会发表了用于信息交换的美国标准代码(ASCII)。它为每个文本字符确定了一个唯一的字节值。表 6-2 给出了可印刷字符的编码。ASCII 值采用十六进制编码。大写字母与小写字母之间相差 0x20(32)。

320 ~ 322

表 6-2　ASCII 编码表

#	字符	#	字符	#	字符	#	字符	#	字符	#	字符
20	空格	30	0	40	@	50	P	60	'	70	p
21	!	31	1	41	A	51	Q	61	a	71	q
22	"	32	2	42	B	52	R	62	b	72	r
23	#	33	3	43	C	53	S	63	c	73	s
24	$	34	4	44	D	54	T	64	d	74	t
25	%	35	5	45	E	55	U	65	e	75	u
26	&	36	6	46	F	56	V	66	f	76	v
27	'	37	7	47	G	57	W	67	g	77	w
28	(	38	8	48	H	58	X	68	h	78	x
29	)	39	9	49	I	59	Y	69	i	79	y
2A	*	3A	:	4A	J	5A	Z	6A	j	7A	z
2B	+	3B	;	4B	K	5B	[	6B	k	7B	{
2C	,	3C	<	4C	L	5C	\	6C	l	7C	|
2D	-	3D	=	4D	M	5D	]	6D	m	7D	}
2E	.	3E	>	4E	N	5E	^	6E	n	7E	~
2F	/	3F	?	4F	O	5F	_	6F	o		

MIPS 提供装入字节和存储字节指令来操作字节或字符类型的数据：装入无符号字节(lbu)，装入字节(lb)和存储字节(sb)。图 6-22 描述了这三种指令。

装入无符号字节指令(lbu)和装入字节指令(lb)分别对字节进行 0 扩展和符号扩展来填充 32 位寄存器。存储字节指令(sb)将 32 位寄存器中的最低有效字节存储到存储器中的指定字节地址。在图 6-22 中，lbu 指令将存储器地址 2 中的字节装入 $s1 的最低有效字节，并用 0 填充剩下的寄存器。lb 指令将存储器地址 2 中的符号扩展字节装入 $s2 中。sb 指令将 $s3 的最低有效字节存储到存储器地址 3 中，它用 0x9B 取代 0XF7。$s3 的最高有效字节部分被忽略。

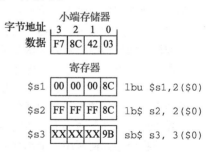

图 6-22　装入和存储字节指令

例 6.7　使用 lb 和 sb 访问字符数组

下面的高级语言代码将大小为 10 的数组中所有小写字母减去 32，将其转化为大写字母。将此高级语言代码转换为 MIPS 汇编语言。注意，数组元素之间的地址变化是 1 个字节而不是 4 个字节。假定 $s0 已经保存了 chararray 的基地址。

```
// high-level code
char chararray[10];
int i;
for (i = 0; i != 10; i = i + 1)
  chararray[i] = chararray[i] - 32;
```

解：

```
# MIPS assembly code
# $s0 = base address of chararray, $s1 = i

        addi $s1, $0, 0      # i = 0
        addi $t0, $0, 10     # $t0 = 10
loop:   beq  $t0, $s1, done  # if i == 10, exit loop
        add  $t1, $s1, $s0    # $t1 = address of chararray[i]
        lb   $t2, 0($t1)     # $t2 = array[i]
        addi $t2, $t2, -32   # convert to upper case: $t2 = $t2 − 32
        sb   $t2, 0($t1)     # store new value in array:
                             # chararray[i] = $t2
        addi $s1, $s1, 1     # i = i+1
        j    loop            # repeat
done:
```

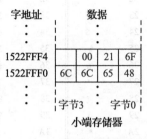

图 6-23 存储器中存储的字符串"Hello!"

一个字符序列称为字符串(string)。字符串的长度可变，因此程序设计语言必须提供一种方法来确定字符串的长度或确定字符串的结尾。在 C 语言中，空字符(0x00)意味着字符串的结束。例如，图 6-23 给出了字符串"Hello!"(0x48 65 6C 6C 6F 21 00)在存储器中的存储方式。这个字符串有 7 个字节，地址从 0x1522FFF0 到 0x1522FFF6，字符串的第一个字符(H = 0x48)存储在最低字节地址(0x1522FFF0)。

6.4.6 函数调用

高级程序语言经常使用函数(function)，也称为过程(procedure)，重用经常使用的代码，并使程序更加模块化和可读。函数的输入和输出分别称为参数(arguments)和返回值(return value)。函数将计算返回值并且不会产生其他非预期的不良影响。

当一个函数调用其他函数时，调用函数(caller)和被调用函数(callee)必须要在参数和返回值上保持一致。MIPS 系统的惯例是：调用函数在调用前要将 4 个参数分别放在 $a0 ~ $a3 中，被调用函数在完成前将返回值放在 $v0 ~ $v1 中。遵循这种惯例，即使由不同人写的调用函数和被调用函数也知道参数和返回值在何处。

被调用函数不能影响调用函数的功能。简单地说，这意味着被调用函数必须知道当它完成后要返回到哪里，而且它不能破坏调用函数用到的寄存器和内存。调用函数将返回地址(return address)存储在 $ra 寄存器中，与此同时，它使用 jal 指令跳转到被调用函数入口。被调用函数不能覆盖调用函数所需要的任何体系结构状态和内存。具体地说，被调用函数必须保证存储寄存器 $s0 ~ $s7 和 $ra 以及用于存放临时变量的栈(stack)不被修改。

本节将介绍如何调用一个函数并从此被调用函数中返回，同时还将介绍如何访问输入参数和返回值，如何使用栈来存储临时变量。

1. 函数调用和返回

MIPS 使用 jal 指令调用一个函数，使用 jr 指令从函数返回。代码示例 6.23 描述了 main 函数如何调用 simple 函数，其中 main 是调用函数，simple 是被调用函数。调用 simple 函数时没有输入参数，也不产生返回值，它仅仅是返回到调用函数。在代码示例 6.23 中，指令地址在每一条 MIPS 指令的左边以 16 进制给出。

jal 指令和 jr 指令是函数调用中两个很重要的指令。jal 指令完成两种功能：1) 将下一条指令(jal 后面的指令)的地址存储到返回地址寄存器 $ra 中；2) 跳转到目标指令。

在代码示例 6.23 中，main 函数通过执行 jal 指令调用 simple 函数。jal 跳转到 simple 标号，同时将 0x00400204 存储到 $ra 寄存器中。simple 通过执行 jr $ra(跳转到 $ra

寄存器保存的指令地址)立即返回。main 函数从地址 0x00400204 处继续执行。

代码示例 6. 23　simple 程序调用

高级语言代码	MIPS 汇编代码

`int main() {`
`  simple();`
`  ...`
`}`
`// void means the function returns no value`
`void simple() {`
`  return;`
`}`
	`0x00400200 main:    jal simple  # call function`
	`0x00400204          ...`
	
	`0x00401020 simple:  jr $ra      # return`

2. 输入参数和返回值

代码示例 6. 23 中的 simple 函数没有什么用处，因为它既没有从调用函数 main 中获得输入，也没有返回输出。根据 MIPS 惯例，程序使用 \$a0 ~ \$a3 保存输入参数，使用 \$v0 ~ \$v1 保存返回值。在代码示例 6. 24 中，用 4 个参数调用函数 diffofsums，并返回一个返回值。

代码示例 6. 24　拥有参数和返回值的函数调用

高级语言代码	MIPS 汇编代码

`int main()`
`{`
`  int y;`
`  ...`
`  y = diffofsums(2, 3, 4, 5);`
`  ...`
`}`
 	
`int diffofsums(int f, int g, int h, int i)`
`{`
`  int result;`
`  result = (f + g) - (h + i);`
`  return result;`
`}`
	`# $s0 = y`
	`main:`
	`  ...`
	`  addi $a0, $0, 2   # argument 0 = 2`
	`  addi $a1, $0, 3   # argument 1 = 3`
	`  addi $a2, $0, 4   # argument 2 = 4`
	`  addi $a3, $0, 5   # argument 3 = 5`
	`  jal  diffofsums   # call function`
	`  add  $s0, $v0, $0 # y = returned value`
	`  ...`
	
	`# $s0 = result`
	`diffofsums:`
	`  add $t0, $a0, $a1  # $t0 = f + g`
	`  add $t1, $a2, $a3  # $t1 = h + i`
	`  sub $s0, $t0, $t1  # result = (f + g) - (h + i)`
	`  add $v0, $s0, $0   # put return value in $v0`
	`  jr  $ra            # return to caller`

根据 MIPS 惯例，调用程序(main)将程序参数从左到右放入输入寄存器 \$a0 ~ \$a3 中。被调用程序(diffofsums)将返回值存储到返回寄存器 \$v0 中。

返回 64 位值(例如一个双精度浮点数)的函数将使用两个返回寄存器 \$v0 和 \$v1。当调用多于 4 个参数的函数时，多出来的输入参数将放入栈中，这个问题我们下面讨论。

3. 栈

栈(stack)是用于存储函数中局部变量的存储器。当处理器需要更多空间时，栈会扩展(使用更多的内存)；当处理器不再需要存在栈中的变量时，栈会缩小(使用较少的内存)。在解释函数如何使用栈存储临时变量前，我们首先解释栈是怎样工作的。

栈是一个后进先出(Last-In-First-Out，LIFO)队列。类似于一堆盘子，最后入栈的元素(最上面的盘子)首先出栈。每一个函数需要分配栈空间来存储局部变量，并在函数返回前回收空间。栈顶(the top of stack)是最后分配的空间。而一堆盘子的空间是向上增长的，MIPS 栈在内存中是向下增长的。当一个程序需要更多的空间时，栈空间向内存中地址较低的方向扩展。

图 6-24 给出了栈的图示。栈指针(stack pointer) \$sp 是一个特定的 MIPS 寄存器，此寄存器指向栈顶。指针(pointer)是内存地址的一个新名字。指针指向数据，给出此数据的地址。例如，图 6-24a 中的栈指针 \$sp 保存了地址值 0x7FFFFFFC，它指向数据值 0x12345678。\$sp 指向栈顶(栈的最低可访问内存)。因此，在图 6-24a 中，栈不能访问比 0x7FFFFFFC 更低的内存。

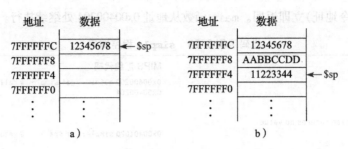

图 6-24 栈

栈指针（$sp）开始于一个高内存地址，通过地址的递减来扩展栈空间。图 6-24b 显示了栈扩展允许临时存储多于两个数据字。为此，$sp 减 8 变成 0x7FFFFFF4。两个新的数据字（0xAABBCCDD 和 0x11223344）临时存储在栈中。

栈的一个重要应用是保存和恢复函数使用的寄存器。函数应该计算返回值，但不应该产生其他负面影响。尤其是，除了包含返回值的寄存器 $v0（和 $v1，如果结果为 64 位数）外，其他任何寄存器都不应该被修改。代码示例 6.24 中的 diffofsums 程序违反了这个规则，因为它修改了 $t0、$t1 和 $s0。如果 main 在调用 diffofsums 之前使用 $t0、$t1 或者 $s0，那么这些寄存器的内容会被调用函数破坏。

为了解决这个问题，在函数修改寄存器前，它要将寄存器保存在栈中，然后在返回前从栈中恢复这些寄存器。具体来说，函数将按照以下步骤执行：

1）创建栈空间来存储一个或多个寄存器的值。

2）将寄存器的值存储在栈中。

3）使用寄存器执行函数。

4）从栈中恢复寄存器的原始值。

327

5）回收栈空间。

代码示例 6.25 给出了 diffofsums 的改进版，它存储和恢复 $t0、$t1 和 $s0。图 6-25 描述了调用 diffofsums 之前、之中和之后栈的情况。diffofsums 通过将栈指针减 12 得到 3 个字的存储空间，然后在新分配的空间中存储 $t0、$t1 和 $s0 的当前值。接着将执行后续函数，并可以改变这 3 个寄存器的值。在函数的末尾，diffofsums 从栈中恢复 $t0、$t1 和 $s0 的值，回收栈空间，并返回。当函数返回时，用 $v0 保存结果，但其他寄存器不受影响，$t0、$t1、$s0 和 $sp 中的数值与函数调用之前的值相同。

代码示例 6.25 函数在栈中保存寄存器

MIPS 汇编代码

```
# $s0 = result
diffofsums:
    addi $sp, $sp, -12   #  make space on stack to store three registers
    sw   $s0, 8($sp)     #  save $s0 on stack
    sw   $t0, 4($sp)     #  save $t0 on stack
    sw   $t1, 0($sp)     #  save $t1 on stack
    add  $t0, $a0, $a1   #  $t0 = f + g
    add  $t1, $a2, $a3   #  $t1 = h + i
    sub  $s0, $t0, $t1   #  result = (f + g) − (h + i)
    add  $v0, $s0, $0    #  put return value in $v0
    lw   $t1, 0($sp)     #  restore $t1 from stack
    lw   $t0, 4($sp)     #  restore $t0 from stack
    lw   $s0, 8($sp)     #  restore $s0 from stack
    addi $sp, $sp, 12    #  deallocate stack space
    jr   $ra             #  return to caller
```

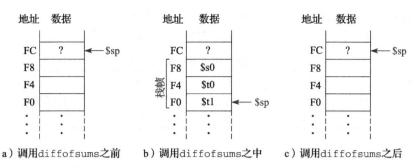

a）调用diffofsums之前   b）调用diffofsums之中   c）调用diffofsums之后

图 6-25 在调用 diffofsums 之前、之中和之后栈的情况

函数为自己分配的栈空间称为栈帧（stack frame）。diffofsums 栈框架的深度为 3 个字。模块化的原则告诉我们，每个函数应该只访问自己的栈框架而不应该访问其他函数的栈框架。

4. 受保护寄存器

代码示例 6.25 假定临时寄存器 $t0 和 $t1 必须被保存和恢复。如果调用函数不用这些寄存器，对它们的保存和恢复就是无用的操作。为了避免这种无用的操作，MIPS 将寄存器划分为受保护（preserved）类型和不受保护（nonpreserved）类型。受保护寄存器包括 $s0 ~ $s7（因此，它们的名字就是保存寄存器），不受保护寄存器包括 $t0 ~ $t9（因此，它们的名字就是临时寄存器）。函数必须保存和恢复任何需要使用的受保护寄存器，但是可以随意改变不受保护寄存器。

代码示例 6.26 描述了对 diffofsums 的进一步修改，只将 $s0 保存在栈中，$t0 和 $t1 是不受保护寄存器，所以它们不需要保存在栈中。

代码示例 6.26 将受保护寄存器保存在栈中的函数

MIPS 汇编代码
```
# $s0 = result
diffofsums
  addi  $sp, $sp, -4    # make space on stack to store one register
  sw    $s0, 0($sp)     # save $s0 on stack
  add   $t0, $a0, $a1   # $t0 = f + g
  add   $t1, $a2, $a3   # $t1 = h + i
  sub   $s0, $t0, $t1   # result = (f + g) - (h + i)
  add   $v0, $s0, $0    # put return value in $v0
  lw    $s0, 0($sp)     # restore $s0 from stack
  addi  $sp, $sp, 4     # deallocate stack space
  jr    $ra             # return to caller
```

记住，当一个函数调用另一个函数时，前者称为调用函数，后者称为被调用函数。被调用函数必须保存和恢复它要用到的受保护寄存器。被调用函数有可能改变任何不受保护寄存器，因此如果调用函数需要其不受保护寄存器中的有效数据不被改变，那么它在函数调用之前需要保存不受保护寄存器，而且还需要在调用之后恢复这些寄存器。这种情况下，受保护寄存器也可以称为被调用者保存（callee-save）寄存器，不受保护寄存器称为调用者保存（caller-save）寄存器。

表 6-3 总结了哪些寄存器是受保护寄存器，$s0 ~ $s7 常用于保存函数中的局部变量，所以它们必须被保存。$ra 也要被保存，这样函数才能知道返回到哪里。$t0 ~ $t9 用于在向局部变量赋值前保存临时结果，这些计算结果一般在函数调用之前完成，所以它们不受保护，调用函数一般不需要保存它们。$a0 ~ $a3 经常在调用函数的过程中被覆盖，因此，如果被

调用的函数返回后，调用函数根据它自身参数执行，则 $a0 ~ $a3 必须由调用函数保存。
$v0 ~ $v1不用被保护，因为被调用函数将返回结果放入这些寄存器中。

表6-3　受保护和不受包含寄存器

受保护寄存器	不受保护寄存器	受保护寄存器	不受保护寄存器
保存寄存器: $s0 - $s7	临时寄存器: $t0 - $t9	栈指针: $sp	返回值寄存器: $v0 - $v1
返回地址: $ra	参数寄存器: $a0 - $a3	栈指针以上的空间	栈指针以下的空间

栈指针以上的栈空间自动保护，只要被调用函数不向 $sp 之上的内存地址写数据。这样
不会修改其他函数栈帧。栈指针自身是受保护的，这是因为被调用函数在返回前需要回收自己
的栈空间，栈空间的大小为函数结束时的地址减去函数开始时 $sp 保存的值。

5. 递归函数调用

不用调用其他函数的函数称为叶子(leaf)函数，如 diffofsums 函数。调用其他函数的函
数叫作非叶子(nonleaf)函数。如同前所述，非叶子函数一般更复杂，因为在调用其他函数前，
它们需要把不受保护寄存器保存到栈中，然后在调用后再恢复这些寄存器。具体来说，调用函
数保存它们所需要的任何不受保护寄存器($t0 ~ $t9 和 $a0 ~ $a3)，被调用函数保存需要修
改的任意受保护寄存器($s0 ~ $s7 和 $ra)。

递归(recursive)函数是调用自己的一个非叶子函数。阶乘函数可以使用递归函数来描述。
阶乘函数为 factorial(n) = $n \times (n-1) \times (n-2) \times \cdots \times 2 \times 1$。factorial 函数可以递归地写成
factorial(n) = $n \times$ factorial($n-1$)。1 的阶乘还是 1。代码示例 6.27 描述了阶乘函数的递归写法。
为了方便地标明函数地址，假定函数的起始地址为 0x90。

代码示例 6.27　factorial 递归函数调用

高级语言代码	汇编语言代码			
`int factorial(int n) {`	0x90	factorial:	addi $sp, $sp, -8	# make room on stack
	0x94		sw $a0, 4($sp)	# store $a0
	0x98		sw $ra, 0($sp)	# store $ra
	0x9C		addi $t0, $0, 2	# $t0 = 2
`  if (n <= 1)`	0xA0		slt $t0, $a0, $t0	# n <= 1 ?
`    return 1;`	0xA4		beq $t0, $0, else	# no: goto else
	0xA8		addi $v0, $0, 1	# yes: return 1
	0xAC		addi $sp, $sp, 8	# restore $sp
	0xB0		jr $ra	# return
`  else`	0xB4	else:	addi $a0, $a0, -1	# n = n - 1
`    return (n * factorial(n – 1));`	0xB8		jal factorial	# recursive call
`}`	0xBC		lw $ra, 0($sp)	# restore $ra
	0xC0		lw $a0, 4($sp)	# restore $a0
	0xC4		addi $sp, $sp, 8	# restore $sp
	0xC8		mul $v0, $a0, $v0	# n * factorial(n-1)
	0xCC		jr $ra	# return

factorial 函数可能修改 $a0 和 $ra，所以它将这两个寄存器保存在栈中。然后它检查
n 是否小于2，如果 n 小于2，就返回1并保存在 $v0 中，恢复栈指针，返回到调用函数。这
种情况下，不需要重新装入 $ra 和 $a0，因为它们没有被修改。如果 n 大于1，函数将递归调
用 factorial(n-1)，然后它从栈中恢复 n($a0)的值和返回地址($ra)，执行乘法，返回
结果。乘法指令(mul $v0, $a0, $v0)将 $a0 和 $v0 相乘，将结果存入 $v0 中。

330

图 6-26 显示了执行 factorial(3)时栈的情况。假定 $sp 最初指向 0xFC，如图 6-26a 所
示。函数创建两个字的栈空间来保存 $a0 和 $ra。在第一次调用时，factorial 将 $a0
($a0 中保存着 n=3)保存在 0xF8 中，将 $ra 保存在 0xF4 中，如图 6-26b 所示。然后函数将
$a0 中的内容改变为 n=2 并递归调用 factotial(2)，使 $ra 保存 0xBC。在第二次调用时，
fuctorial 将 $a0($a0 中保存着 n=2)保存在 0xF0 中，将 $ra 保存在 0xEC 中。这时，我

们知道 $ra 中存储了 0xBC。然后函数将 $a0 中的内容改变为 n = 1 并递归调用 factorial (1)。在第三次调用时，fuctorial 将 $a0（$a0 中保存这 n = 1）保存在 0xE8 中，将 $ra 保存在 0xE4 中。这时，$ra 存储的还是 0xBC。fuctorial 的第三次调用返回保存在 $v0 中的 1，并且在返回到第二次调用前回收栈空间。第二次调用将 n 恢复为 2，将 $ra 恢复为 0xBC（$ra 中已经是这个值了），然后回收栈帧，返回 $v0 = 2 × 1 = 2 给第一次调用。第一次调用将 n 恢复为 3，将 $ra 恢复为调用函数的返回地址，回收栈帧，返回 $v0 = 3 × 2 = 6。图 6-26c 显示了递归调用函数返回时栈的情况。当 factorial 返回到调用函数时，栈指针指向它的初始位置（0xFC），指针之上的栈空间的内容没有变化，而且所有受保护寄存器保存它们的初始值，$v0 保存返回值 6。

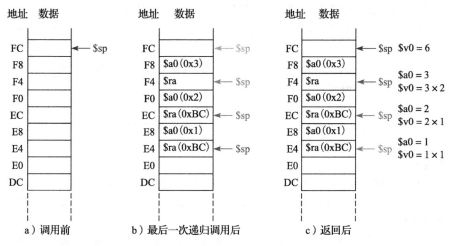

图 6-26　在 factorial 函数调用（n = 3）期间栈的变化

6. 附加参数和局部变量*

函数可能有多于 4 个的参数和局部变量。使用栈存储这些临时数据。依照 MIPS 惯例，如果一个函数有 4 个以上的参数，则前 4 个参数像往常一样存储在参数寄存器中，额外的参数使用栈指针之上的空间保存在栈中。调用函数（caller）必须扩展栈空间来满足额外的参数，图 6-27a 描述了调用多于 4 个参数的函数时栈的情况。

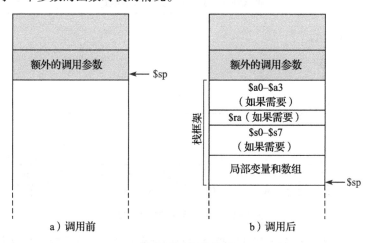

图 6-27　栈的使用

函数也可以声明局部变量或数组，局部变量在一个函数内部定义并且只能在该函数内部使用。局部变量存储在 $s0 ~ $s7 中。如果有许多局部变量，它们也可以存储在这个函数的栈空间中。尤其是，局部数组存储在栈中。

图 6-27b 给出了被调用函数的栈框架帧。栈框架保存函数自己的参数、返回地址、函数要修改的保存寄存器。它还存储局部数组和额外的局部变量。如果被调用函数有 4 个以上的参数，它可以从调用函数的栈帧中找到它们。访问额外的输入参数是一种特殊情况，在这种情况下函数可以访问不属于自己栈帧中的数据。

6.5 寻址方式

MIPS 使用 5 种寻址方式（addressing mode）：寄存器寻址、立即数寻址、基地址寻址、PC相对寻址和伪直接寻址。前 3 种寻址方式（寄存器寻址、立即数寻址和基地址寻址）定义读/写操作数的模式，后两种寻址方式（PC 相对寻址和伪直接寻址）定义写程序计数器 PC 的方式。

1. 寄存器寻址

寄存器寻址（register-only addressing）使用寄存器存储所有源操作数和目的操作数。所有的 R 类型指令都使用寄存器寻址。

2. 立即数寻址

立即数寻址（immediate addressing）使用 16 位立即数和寄存器作为操作数。有些 I 类型指令（例如，addi 指令和 lui 指令）都使用立即数寻址。

3. 基地址寻址

存储器访问指令（例如，lw 指令和 sw 指令）都使用基地址寻址（base addressing）。存储器操作数的有效地址由寄存器 rs 中的基地址与立即数字段中的符号扩展的 16 位偏移量相加得到。

4. PC 相对寻址

条件分支指令在进行分支时使用 PC 相对寻址（PC-relative addressing）来确定 PC 的新值。立即数字段中的有符号偏移量与 PC 值相加得到新的 PC 值。因此，分支的目的地址与当前 PC 值相关。

代码示例 6.28 描述了代码示例 6.27 中 factorial 函数的一段代码。图 6-28 给出了 beq指令的机器代码。如果分支执行，那么分支目标地址（Branch Target Address, BTA）是下一条执行指令的地址。图 6-28 中 beq 指令的分支目标地址是 0xB4，即标号 else 标号的指令地址。

代码示例 6.28   计算分支目标地址

MIPS 汇编代码

```
0xA4            beq $t0, $0, else
0xA8            addi $v0, $0, 1
0xAC            addi $sp, $sp, 8
0xB0            jr  $ra
0xB4    else: addi $a0, $a0, -1
0xB8            jal factorial
```

汇编代码	各个字段的值				机器代码			
	op	rs	rt	imm	op	rs	rt	imm
beq $t0, $0, else	4	8	0	3	000100	01000	00000	0000000000000011	(0x11000003)
	6位	5位	5位	16位	6位	5位	5位	16位	

图 6-28   beq 指令的机器代码

16 位立即数字段给出了 BTA 与分支指令后面的指令（PC + 4 处的指令）之间的指令数。在本例下，beq 指令的立即数字段的值为 3，因为 BTA（0xB4）和 PC + 4（0xA8）之间有 3 条指令。

处理器计算 BTA 的方法是，符号扩展 16 位立即数并乘以 4（将字转化为字节），然后将结果与 PC +4 相加。

例 6.8 在 PC 相对寻址方式中计算立即数字段的值

计算下述程序中 bne 指令中立即数字段的值,并将此指令转化成机器代码。

#MIPS 汇编代码

```
# MIPS assembly code
0x40 loop: add  $t1, $a0, $s0
0x44       lb   $t1, 0($t1)
0x48       add  $t2, $a1, $s0
0x4C       sb   $t1, 0($t2)
0x50       addi $s0, $s0, 1
0x54       bne  $t1, $0, loop
0x58       lw   $s0, 0($sp)
```

解: 图 6-29 给出了 bne 指令的机器代码,它的分支目标地址 0x40 与 PC +4(0x58)之间有 6 条指令,所以立即数字段的值为 -6。

汇编代码	各个字段的值				机器代码				
	op	rs	rt	imm	op	rs	rt	imm	
bne $t1, $0, loop	5	9	0	−6	000101	01001	00000	1111 1111 1111 1010	(0x1520FFFA)
	6位	5位	5位	16位	6位	5位	5位	16位	

图 6-29 bne 指令的机器代码 ◀

5. 伪直接寻址

331 ₂ 334

在直接寻址(direct addressing)中,地址在指令中是直接给出的。在理想情况下,跳转指令 j 和 jal 应该使用直接寻址方式来指明 32 位跳转目标地址(Jump Target Address,JTA)以便跳转到下一条要执行的指令地址。

不幸的是,J 类型指令编码没有足够的位数来表示 32 位的 JTA,指令中 6 位用于 opcode,所以只有 26 位来编码 JTA。幸运的是,最低两位 $JTA_{1:0}$ 应该总是为 0,因为指令是字对齐的。下一个 26 位 $JTA_{27:2}$ 由指令的 addr 字段指出。最高 4 位 $JTA_{31:28}$ 由 PC +4 的最高 4 位得到。这种寻址方式称为伪直接寻址(pseudo-direct addressing)。

代码示例 6.29 解释了使用伪直接寻址的 jal 指令。jal 指令的 JTA 为 0x004000A0,图 6-30 给出了 jal 指令的机器代码,其中 JTA 的最高 4 位和最低 2 位被丢弃,剩下的位存储在 26 位的地址字段(addr)中。

代码示例 6.29 计算跳转目标地址(JTA)

MIPS 汇编编码

```
0x0040005C       jal    sum
...
0x004000A0  sum: add    $v0, $a0, $a1
```

汇编代码	各个字段的值		机器代码		
	op	addr	op	addr	
jal sum	3	0x0100028	000011	00 0001 0000 0000 0000 0010 1000	(0x0C100028)
	6位	26位	6位	26位	

JTA   0000 0000 0100 0000 0000 0000 1010 0000   (0x004000A0)

26-bit addr 0000 0000 0100 0000 0000 0000 1010 0000   (0x0100028)

0   1   0   0   0   2   8

图 6-30 jal 机器代码

处理器计算 J 类型指令 JTA 的方法是，在 26 位地址字段（addr）后面添加两个 0，然后取 PC +4 的最高 4 位放在 addr 的前面。

由于 JTA 的最高 4 位是由 PC +4 得来的，所以跳转的范围受到限制。分支和跳转指令的受限范围见习题 6.29 到习题 6.32。所有 J 型指令（包括 j 指令和 jal 指令）都使用伪直接寻址。

注意，跳转寄存器指令 jr 不是 J 类型指令，而是 R 类型指令，它跳转到 rs 寄存器中保存的 32 位值。

6.6 编译、汇编和装入

到目前为止，我们讲解了怎样将一小段高级语言代码转换成汇编语言和机器代码。本节将介绍如何编译和汇编一个完整的高级语言程序，以及如何将程序装入存储器中执行。

我们首先介绍 MIPS 内存映射（memory map），它定义代码、数据和栈内存中的存储位置，然后介绍一个简单程序的代码执行步骤。

6.6.1 内存映射

MIPS 地址的宽度为 32 位，所以 MIPS 地址空间为 2^{32} 字节 =4GB。字地址为 4GB 除以 4，所以字地址的范围为 0 ~ 0xFFFFFFFC。图 6-31 展示了 MIPS 内存映射。MIPS 体系结构将地址空间分为 4 部分或者 4 段：代码段（text segment）、全局数据段（global data segment）、动态数据段（dynamic data segment）和保留段（reserved segment）。下面分别介绍各段。

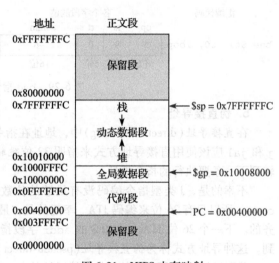

图 6-31 MIPS 内存映射

1. 代码段

代码段（text segment）存储机器语言程序。它足够大可以容纳约 256MB 的代码。注意，代码空间中的最高 4 位都为 0，因此 j 指令可以直接跳转到程序中的任意地址。

2. 全局数据段

全局数据段（global data segment）存储全局变量。与局部变量不同，整个程序均可访问全局变量。全局变量在程序执行前的启动（start-up）中定义。在 C 语言中这些全局变量是在主函数之外声明，可以被程序中的任意函数访问。全局数据段足够大可以容纳 64KB 的全局变量。

全局变量使用全局指针（$gp）访问，该指针初始化为 0x10008000。与栈指针（$sp）不同，$gp 在程序执行时保持不变。任何全局变量都可以基于 $gp 的 16 位正负偏移量来访问。偏移量在汇编时确定，因此可以使用带常数偏移量的基地址寻址模式来访问全局变量。

3. 动态数据段

动态数据段（dynamic data segment）保存栈和堆（heap）。段中的数据在程序启动时还不能确定，而是在程序执行过程中动态地分配和回收。动态数据段是一个程序占用内存最多的段，使用大约 2GB 的地址空间。

如 6.4.6 节所述，栈用于保存和恢复函数使用的寄存器，并且保存诸如数组之类的局部变量。栈从动态数据段（0x7FFFFFFC）的顶部向下增长，并采用后进先出（LIFO）的顺序访问。

堆存储运行时程序分配的数据。在 C 语言中，使用 malloc 函数分配内存；在 C ++ 和 Java 语言中，使用 new 分配内存。类似于宿舍地板上的一堆衣服，堆中的数据可以以任意顺序使用和丢弃。堆从动态数据段的底部向上增长。

如果栈和堆增长到对方的空间，则程序中的数据就会被破坏(corrupted)。如果没有足够的空间分配更多的动态数据，那么内存分配器就通过返回内存溢出(out-of-memory)错误尽量确保不会发生数据被破坏的情况。

4. 保留段

保留段(reserved segment)用于操作系统，不能直接被程序使用。部分保留段用于中断(见7.7节)和内存映射I/O(见8.5节)。

6.6.2 转换成二进制代码和开始执行程序

图6-32给出了将程序从高级语言转换成机器代码并开始执行的主要步骤。首先，将高级语言代码编译为汇编代码，汇编代码汇编为目标文件(object file)中的机器代码。链接程序将机器代码和来自库和其他文件的机器代码链接在一起产生一个完整可执行文件。实际上，大部分编译器都执行编译、汇编和链接这三步。最后，装入程序将可执行代码装入内存中并开始执行。本节的其余部分按照以上步骤执行一个简单的程序。

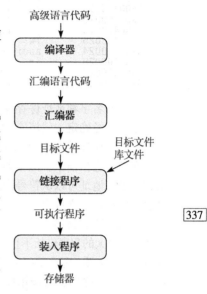

图6-32 转换和执行一个程序的步骤

337

1. 步骤1：编译

编译器将高级语言代码转换成汇编语言，代码示例6.30描述了一个有3个全局变量和2个函数的简单高级语言程序，以及由典型编译器生成的汇编代码。关键字 .data 和 .text 是指明数据段和代码段开始位置的汇编器指令(assembler directives)。f、g 和 y 是全局变量。它们的存储位置将由汇编器决定。到目前为止，它们仅作为代码中的符号。

代码示例6.30 编译高级语言程序

高级语言代码	MIPS 汇编代码
`int f, g, y; // global variables`	`.data`
	`f:`
	`g:`
	`y:`
`int main(void)`	`.text`
`{`	`main:`
`  f = 2;`	`  addi  $sp, $sp, -4    # make stack frame`
`  g = 3;`	`  sw    $ra, 0($sp)     # store $ra on stack`
`  y = sum(f, g);`	`  addi  $a0, $0, 2      # $a0 = 2`
`  return y;`	`  sw    $a0, f          # f = 2`
`}`	`  addi  $a1, $0, 3      # $a1 = 3`
	`  sw    $a1, g          # g = 3`
	`  jal   sum             # call sum function`
	`  sw    $v0, y          # y = sum(f, g)`
	`  lw    $ra, 0($sp)     # restore $ra from stack`
	`  addi  $sp, $sp, 4     # restore stack pointer`
	`  jr    $ra             # return to operating system`
`int sum(int a, int b) {`	`sum:`
`  return (a + b);`	`  add   $v0, $a0, $a1 # $v0 = a + b`
`}`	`  jr    $ra             # return to caller`

2. 步骤2：汇编

汇编器将汇编语言代码换为包含机器语言代码的目标文件。汇编器对汇编代码扫描两遍。在第一遍扫描中，汇编器分配指令地址，并寻找所有的符号(symbol)(如标号和全局变量名)。

经过第一遍扫描后代码如下：

```
0x00400000 main: addi $sp, $sp, -4
0x00400004       sw   $ra, 0($sp)
0x00400008       addi $a0, $0, 2
0x0040000C       sw   $a0, f
0x00400010       addi $a1, $0, 3
0x00400014       sw   $a1, g
0x00400018       jal  sum
0x0040001C       sw   $v0, y
0x00400020       lw   $ra, 0($sp)
0x00400024       addi $sp, $sp, 4
0x00400028       jr   $ra
0x0040002C sum:  add  $v0, $a0, $a1
0x00400030       jr   $ra
```

　　符号的名字和地址保存在符号表（symbol table）中，如表 6-4 所示。在第一遍扫描后，如果标号地址已经确定，就填充对应的符号地址。在内存的全局数据段中给全局变量分配存储位置，其中内存起始地址为 0x10000000。

　　在第二遍扫描中，汇编器产生机器语言代码。全局变量和标号的地址可以从符号表中获得。机器语言代码和符号表存储在目标文件中。

3. 步骤 3：链接

　　大多数大的程序包括不止一个文件。如果程序员只改变其中的一个文件，那么重新编译和汇编其他文件就是一种浪费。实际上，程序总是调用库文件中的函数，而这些库文件几乎是不变的。如果高级语言代码的文件不变，那么与之相关联的目标文件就不需要更新。

表 6-4　符号表

符号	地址
f	0x10000000
g	0x10000004
y	0x10000008
main	0x00400000
sum	0x0040002C

　　链接器的工作是将所有的目标文件合并成一个机器语言文件，该文件称为可执行文件（executable）。链接器重新定位目标文件中的数据段和指令段使它们不再彼此相接。它使用符号表中的信息来调整重新定位后的全局变量和标号地址。

　　我们的例子只有一个目标文件，所以不需要重定位。图 6-33 展示了一个可执行文件，此文件有 3 部分：可执行文件头、代码段和数据段。可执行文件头包含文件大小（代码大小）和数据大小（全局声明的数据数量），两者均用字节表示。代码段包含指令序列和相应的存储地址。

可执行文件头	代码大小	数据大小	
	0x34（52字节）	0xC（12字节）	
代码段	**地址**	**指令**	
	0x00400000	0x23BDFFFC	addi $sp, $sp, -4
	0x00400004	0xAFBF0000	sw $ra, 0($sp)
	0x00400008	0x20040002	addi $a0, $0, 2
	0x0040000C	0xAF848000	sw $a0, 0x8000($gp)
	0x00400010	0x20050003	addi $a1, $0, 3
	0x00400014	0xAF858004	sw $a1, 0x8004($gp)
	0x00400018	0x0C10000B	jal 0x0040002C
	0x0040001C	0xAF828008	sw $v0, 0x8008($gp)
	0x00400020	0x8FBF0000	lw $ra, 0($sp)
	0x00400024	0x23BD0004	addi $sp, $sp, -4
	0x00400028	0x03E00008	jr $ra
	0x0040002C	0x00851020	add $v0, $a0, $a1
	0x00400030	0x03E00008	jr $ra
数据段	**地址**	**数据**	
	0x10000000	f	
	0x10000004	g	
	0x10000008	y	

图 6-33　可执行文件

图 6-33 在机器代码旁边给出了人类可读的汇编指令格式以便于理解，但是可执行文件只包括机器代码。数据段给出了每个全局变量的地址。全局变量根据全局指针 $gp 给出的基地址来寻址。例如，第一条存储指令 sw $a0, 0x8000($gp) 将值 2 存储在全局变量 f 中，f 在内存中的地址为 0x10000000。注意，偏移量 0x8000 是一个 16 位有符号数值，将此偏移量符号扩展后与基地址 $gp 相加，即 $gp + 0x8000 = 0x10008000 + 0xFFFF8000 = 0x10000000，此值就是变量 f 的内存地址。

4. 步骤 4：装入

操作系统通过从存储设备（一般是硬盘）读取可执行文件的代码段将程序装入内存的代码段中。操作系统将 $gp 设置为 0x10008000（全局数据段的中间），将 $sp 设为 0x7FFFFFFC（动态数据段的顶部），然后执行 jal 0x00400000 跳转到程序的开头。图 6-34 展示了程序开始执行时的内存映射。

6.7 其他主题*

本节包括了一些本章其他节没有涵盖的内容，主要包括伪指令、异常、有符号和无符号算术指令，以及浮点指令。

6.7.1 伪指令

如果一条汇编指令在 MIPS 指令集中找不到，很可能是因为可以用一条或者多条已有的 MIPS 指令来实现相同的操作。MIPS 是精简指令集计算机（RISC），所以通过保持指令数最少来降低指令大小和硬件的复杂性。

然而，MIPS 定义了伪指令（pseduoinstruction）。伪指令并不是实际指令集的一部分，但通常由程序员和编译器使用。在转换为机器代码时，将伪指令转换为一条或多条 MIPS 指令。

表 6-5 给出了伪指令以及使用 MIPS 指令实现这些伪指令的例子。例如，装入立即数伪指令（li）装入一个 32 位常数，它使用 lui 和 ori 的组合来实现。无操作伪指令（nop）不做任何操作，执行这条伪指令时，PC 增加 4。不会改变其他寄存器或内存的值。nop 指令的机器代码为 0x00000000。

有些伪指令要求一个临时寄存器来保存中间结果。例如，伪指令 beq $t2, $imm_{15:0}$, loop 将 $t2 与 16 位立即数 $imm_{15:0}$ 比较。这条伪指令需要一个临时寄存器来存储这个 16 位立即数。为此，汇编器使用汇编器寄存器 $at 来存储结果，表 6-6 描述了汇编器如何使

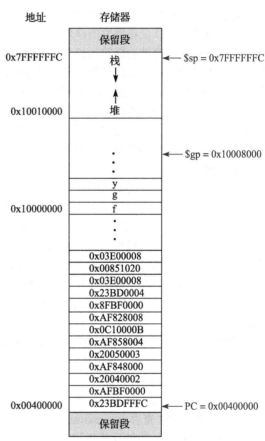

图 6-34 装入内存的可执行程序

表 6-5 伪指令

伪指令	对应的 MIPS 指令
li $s0, 0x1234AA77	lui $s0, 0x1234
	ori $s0, 0xAA77
clear $t0	add $t0, $0, $0
move $s2, $s1	add $s2, $s1, $0
nop	sll $0, $0, 0

表 6-6 使用 $at 的伪指令

伪指令	对应的 MIPS 指令
beq $t2, $imm_{15:0}$, Loop	addi $at, $0, $imm_{15:0}$
	beq $t2, $at, Loop

用 $at 将伪指令转换为真正的 MIPS 指令。习题 6.3 和习题 6.39 将实现循环左移(rol)和循环右移(ror)等伪指令。

6.7.2 异常

异常(exception)就像一个不按计划出现的函数调用,它可以跳转到一个新的地址。异常可能由硬件或软件引起。例如,当用户按下键盘上的按键时,处理器可能接收到这个消息,然后停下正在处理的程序来判断哪个按键被按下,保存它以便将来使用,然后恢复当前程序的执行。由键盘等的 I/O 设备触发的硬件异常称为中断(interrupt)。另外,当程序遇到没有定义指令等的错误时,程序就会跳转到操作系统(Operating System, OS)中的代码,由操作系统中的代码决定是否结束终止违规的程序。软件异常有时称为自陷(trap)。其他导致异常的原因包括被 0 除、尝试读不存在的内存、硬件故障、调试器断点和算术溢出(见 6.7.3 节)等。

异常发生时,处理器记录导致异常的原因和当时的 PC 值,然后它跳转到异常处理程序(exception handler)。异常处理程序(往往是操作系统的一个部分)主要检测导致异常的原因,并做出适当的反应(例如,在硬件中断时读键盘)。在处理完异常后,将返回异常发生前正在执行的程序。在 MIPS 中,异常处理程序总是位于 0x80000180。当异常发生时,无论哪种情况引起的异常,处理器总是跳转到这个地址。

MIPS 体系结构使用称为 cause 寄存器的专用(special-purpose)寄存器来记录导致异常的原因。使用不同代码记录不同的异常原因,如表 6-7 所示。异常处理程序读 cause 寄存器来决定怎样处理异常。其他一些体系结构根据不同的异常原因跳转到不同的异常处理程序,而不使用 cause 寄存器来区分异常原因。

表 6-7　异常原因代码

异常	cause 寄存器中的值
硬件中断	0x00000000
系统调用	0x00000020
断点/被 0 除	0x00000024
未定义指令	0x00000028
算术溢出	0x00000030

MIPS 使用称为异常程序计数器(Exception Program Counter, EPC)的专用寄存器来存储异常发生时的 PC 值。在处理完异常后,处理器返回到 EPC 中的地址。这与在 jal 指令执行时使用 $ra 来存储 PC 的旧值很相似。

EPC 和 cause 寄存器不属于 MIPS 寄存器文件。mfc0(move from coprocessor 0, 从处理器 0 中移出)指令将 EPC 寄存器、cause 寄存器和其他专用寄存器复制到一个通用寄存器(general purpose registers)中。协处理器 0 称为 MIPS 处理器控制(MIPS processor control),它处理中断和诊断处理器错误。例如,mfc0 $t0, cause 将 cause 寄存器内容复制到 $t0 中。

syscall 和 break 指令产生自陷来执行系统调用或者调试器断点。异常处理程序使用 EPC 来寻找发生异常的指令,并通过检查指令的各个字段来决定进行系统调用还是进入断点。

总之,异常使处理器跳转到异常处理程序。异常处理程序将寄存器内容保存到栈中,然后使用 mfc0 指令来检查导致异常的原因,并做出相应的反应。当异常处理程序执行完后,它从栈中恢复寄存器的内容,使用 mfc0 指令从 EPC 中复制返回地址到 $k0,使用 jr $k0 指令返回。

6.7.3 有符号指令和无符号指令

前面提到,二进制数可能是有符号的或者无符号的。MIPS 体系结构使用补码表示有符号数。MIPS 也有一些指令用于处理有符号和无符号类型,包括加法、减法、乘法、除法、小于设置和半字装入等。

1. 加法和减法

无论有符号数还是无符号数,加法和减法操作是相同的,但对于结果的解释却是不同的。

1.4.6 节中提到，如果两个大的有符号数相加，结果可能是错误的。例如，下面两个较大的正数相加，结果却是负的：0x7FFFFFFF + 0x7FFFFFFF = 0xFFFFFFFE = -2。同样，两个较大的负数相加可能产生正的结果：0x80000001 + 0x80000001 = 0x00000002。这种情况称为算术溢出(overflow)。

C 语言忽略算术溢出，但其他语言(例如，FORTRAN)则要求程序报告溢出。6.7.2 节提到，MIPS 处理器根据异常来处理溢出。程序可以决定如何处理溢出(例如，可以使用更高的精度重新计算来避免溢出)，然后返回程序停止的地方。

MIPS 提供有符号和无符号的加法和减法指令，有符号的指令包括 add、addi 和 sub。无符号指令包括 addu、addiu 和 subu。溢出时，有符号指令出发异常，而无符号指令不发出异常。除此之外，两类指令基本相同。由于 C 语言忽略异常，所以 C 程序使用 MIPS 指令中的无符号指令来实现。

2. 乘法和除法

乘法和除法对于有符号和无符号数的操作是不同的。例如，0xFFFFFFFF 作为一个无符号数时表示一个大数字，但是作为一个有符号数时表示 -1。因此，如果是无符号数，0xFFFFFFFF × 0xFFFFFFFF 的结果为 0xFFFFFFFE00000001；如果是有符号数，结果则为 0x0000000000000001。

因此，需要对有符号数和无符号数采用不同的乘法和除法指令操作。mult 和 div 对有符号数进行操作，而 multu 和 divu 对无符号数进行操作。

3. 小于设置

小于设置(set less than)指令可以比较两个寄存器(slt)或者一个寄存器和一个操作数(slti)的大小。小于设置指令也分为有符号(slt 和 slti)和无符号(sltu 和 sltiu)两种形式。对于有符号数的比较，0x80000000 小于任意数字，因为它是最小的负数；对于无符号数的比较，0x80000000 大于 0x7FFFFFFF 但是小于 0x80000001，因为所有的数字都是正数。

需要注意的是，sltiu 将立即数先进行符号扩展，然后把它当作无符号数进行操作。例如，sltiu $s0, s1, 0x8042 将 $s1 和 0xFFFF8042 比较，其中立即数为一个较大的正数。

4. 装入

如 6.4.5 节所述，字节装入分为有符号(lb)和无符号(lbu)两类。lb 对字节数据进行符号扩展，而 lbu 对字节数据进行 0 扩展来填充 32 位寄存器。同样，MIPS 提供有符号和无符号的半字装入指令(lh 和 lhu)，这类指令将两个字节的数据装入寄存器的低半字，然后进行符号扩展或者 0 扩展来填充寄存器的高半字。

345

6.7.4 浮点指令

MIPS 体系结构定义了一个可选的浮点协处理器，称为协处理器 1(coprocessor 1)。在早期MIPS 的实现中，浮点协处理器是一个独立的芯片，如果用户需要快速的浮点计算能力，他们可以单独购买。在大多数现代 MIPS 实现中，浮点协处理器集成在主处理器旁边。

MIPS 定义 32 个 32 位浮点寄存器 $f0 ～ $f31。这些寄存器独立于目前使用的通用寄存器。MIPS 支持单精度和双精度 IEEE 浮点运算。64 位的双精度数存储在两个 32 位寄存器构成的寄存器对中，所以只有 16 个偶数编号的寄存器($f0、$f2、$f4、…，$f30)用于指定双精

表 6-8　MIPS 浮点寄存器集

名字	寄存器编号	用途
$fv0 - $fv1	0, 2	函数返回值
$ft0 - $ft3	4, 6, 8, 10	临时变量
$fa0 - $fa1	12, 14	函数参数
$ft4 - $ft5	16, 18	临时变量
$fs0 - $fs5	20, 22, 24, 26, 28, 30	保存变量

度运算,如表6-8所示。

浮点指令的 opcode 字段均为17(10001₂)。它们需要 funct 字段和 fop(协处理器)字段来指明指令的具体类型。因此,MIPS 为浮点指令定义 F 类型指令格式,如图6-35所示。浮点指令分为单精度和双精度两种类型,单精度指令的 fop 字段为16(10000₂),双精度指令的 cop 字段17(10001₂)。与 R 类型指令一样,F 类型指令有两个源操作数 fs 和 ft,以及一个目的操作数 fd。

F类型

op	fop	ft	fs	fd	funct
6位	5位	5位	5位	5位	6位

图6-35　F类型机器指令格式

指令精度由助记符中的 .s 和 .d 来指定。浮点运算指令包括加法(add.s、add.d)、减法(sub.sz、sub.d)、乘法(mul.s、mul.d)、除法(div.s、div.d)、取反(neg.s、neg.d)和取绝对值(abs.s、abs.d)。

浮点运算的分支有两个部分。首先,比较指令用于设置或清除浮点条件标志(fpcond)。然后,条件分支检测 fpcond 标志的值。比较指令包括等于(c.seq.s、c.seq.d)、小于(c.lt.s、c.lt.d)、小于或等于(c.le.s、c.le.d)。如果 fpcond 为 FALSE 或 TRUE,对应的条件分支指令分别为 bclf 和 bclt。在不相等、大于或等于、大于的判断过程中,首先执行 seq、lt 或 le 指令,后面跟随 bclf 指令。

使用 lwc1 和 swc1 指令实现浮点寄存器从内存中装入和存储。这些指令每次移动32位,因此需要两条指令完成对双精度数的处理。

6.8　从现实世界看:x86 结构[*]

目前,几乎所有的个人计算机都在使用 x86 结构的微处理器。x86,也称为 IA-32,是一个32位体系结构,最初由 Intel 公司研发。AMD 也销售与 x86 兼容的微处理器。

x86 体系结构漫长而曲折的历史可以追溯到1978年。当时,Intel 推出了16位 8086 微处理器。IBM 选择 8086 和它的姊妹产品 8088 作为 IBM 的第一代个人计算机。1985年,Intel 公司推出 32 位微处理器 80386。它对 8086 向后兼容,可以运行为早期 PC 开发的软件。兼容 80386 的处理器体系结构称为 x86 处理器。Pentium、Core 和 Athlon 处理器都是著名的 x86 处理器。7.9节将详细介绍 x86 微处理器的发展。

经过许多年,Intel 和 AMD 把更多的新指令和功能都塞进了这个陈旧的体系结构中,其结果就是这种体系结构与 MIPS 相比很不优雅。就像 Patterson 和 Hennessy 所说,"这种混杂的祖谱使得体系结构很难解释,也不可能喜欢它。"然而,软件的兼容性比技术的优雅性更加重要,所以 x86 在这 20 年中都是 PC 机的事实标准。每年卖出的 x86 处理器超过1亿片,巨大的市场保证了每年 50 亿美元的研究开发经费来对处理器进行不断的改进。

x86 是复杂指令集计算机(Complex Instruction Set Computer, CISC)体系结构。与诸如 MIPS 的精简指令集计算机(Reduced Instruction Set Computer, RISC)体系结构相比,每一条 CISC 指令可以做更多的工作。CISC 体系结构的程序一般需要较少的指令,指令编码更加紧凑。这样可以节省内存,尤其在 RAM 比较贵时,CISC 更有优势。CISC 体系结构的指令长度是可变的,一般都小于 32 位。但其代价是复杂指令系统更难译码而且指令执行速度更慢。

本节介绍 x86 体系结构。目标不是让读者成为 x86 汇编语言程序员,而是说明 x86 与 MIPS 的一些相似点和不同点。我们认为了解 x86 的工作方式是一件很有趣的事情,但是本节的内容不妨碍对后面章节的理解。x86 与 MIPS 的主要差异如表6-9所示。

表 6-9　MIPS 与 x86 的主要差异

特征	MIPS	x86
寄存器数	32 个通用寄存器	8 个(在用途上有一些限制)
操作数的个数	3 个(2 个源, 1 个目的)	2 个(1 个源, 1 个源/目的)
操作数位置	寄存器或立即数	寄存器、立即数或存储器
操作数大小	32 位	8、16 或 32 位
条件码	无	有
指令类型	简单	简单类型和复杂类型
指令编码	固定的, 4 字节长	可变长, 1～15 字节

6.8.1　x86 寄存器

8086 微处理器提供 8 个 16 位寄存器。有些寄存器可以独立存取高 8 位和低 8 位字节。当 32 位 80386 产生后, 这些寄存器扩展为 32 位, 称为 EAX、ECX、EDX、EBX、ESP、EBP、ESI 和 EDI。为了保证向后兼容性, 寄存器的低 16 位和一些低 8 位部分也是可用的, 如图 6-36 所示。

这 8 个寄存器大部分(但并不完全)是通用寄存器。某些指令不能够使用某些寄存器。其他指令总是将结果放入某些寄存器中。与 MIPS 中的 $sp 一样, ESP 寄存器通常用于保存栈指针。

x86 的程序计数器称为扩展指令指针(Extended Instruction Pointer, EIP)。与 MIPS 中的 PC 一样, EIP 从一条指令向下一条指令递增, 或者通过分支、跳转或函数调用指令来改变运行路径。

6.8.2　x86 操作数

MIPS 指令总是对寄存器或立即数进行操作。需要显式地装入和存储指令来完成内存与寄存器之间的数据移动。相反, x86 指令可以对寄存器、立即数或者内存进行操作。这对于较少的寄存器集是一种补偿。

MIPS 指令一般指定 3 个操作数: 2 个源操作数和一个目的操作数。x86 指令只指定了 2 个操作数, 第一个操作数是源操作数, 第二个操作数既是源操作数又是目的操作数, 因此, x86 指令总是将结果覆盖其中一个源操作数。表 6-10 列出了 x86 中操作数位置的组合。除了从内存到内存外, 所有组合方式都有可能。

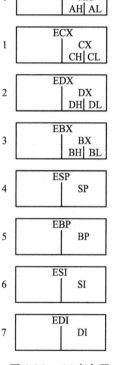

图 6-36　x86 寄存器

348

表 6-10　操作数位置

源/目的	源	例子	含义
寄存器	寄存器	add EAX, EBX	EAX <- EAX + EBX
寄存器	立即数	add EAX, 42	EAX <- EAX + 42
寄存器	存储器	add EAX, [20]	EAX <- EAX + Mem[20]
存储器	寄存器	add [20], EAX	Mem[20] <- Mem[20] + EAX
存储器	立即数	add [20], 42	Mem[20] <- Mem[20] + 42

与 MIPS 类似, x86 有字节寻址的 32 位内存空间, 但是 x86 支持更多种内存寻址方式(addressing mode)。内存位置由基地址寄存器(base register)、位移(displacement)和变址寄存器

(scaled index register)组合确定，如表6-11所示。位移可以是8位、16位或者32位值。与变址寄存器(index register)相乘的数可以是1、2、4或8。用于存储器装入和存储的基址+位移方式与 MIPS 中的基地址寻址方式相同。变址寻址提供了一种简单方法访问2、4、8字节元素的数组或结构，而不需要多条指令来产生地址。

表 6-11　存储器寻址方式

例子	含义	解释
add EAX, [20]	EAX <- EAX + Mem[20]	位移
add EAX, [ESP]	EAX <- EAX + Mem[ESP]	基地址
add EAX, [EDX+40]	EAX <- EAX + Mem[EDX+40]	基地址 + 偏移
add EAX, [60+EDI* 4]	EAX <- EAX + Mem[60+EDI* 4]	基地址 + 变址
add EAX, [EDX+80+EDI* 2]	EAX <- EAX + Mem[EDX+80+EDI* 2]	基地址 + 偏移 + 变址

虽然 MIPS 总是对32位数进行操作，但 x86 指令可以对8位、16位、32位数据进行操作。详细说明见表6-12。

表 6-12　对8位、16位和32位数据操作的指令

例子	含义	数据大小
add AH, BL	AH <- AH + BL	8位
add AX, -1	AX <- AX + 0xFFFF	16位
add EAX, EDX	EAX <- EAX + EDX	32位

6.8.3　状态标志

与很多 CISC 体系结构一样，x86 使用状态标志(status flag)，也称为条件码(condition code)，判断分支转移并保存进位和算术溢出。x86 使用称为 EFLAGS 的32位寄存器存储状态标志。EFLAGS 寄存器中的一些位由表6-13 给出，其他位被操作系统使用。

表 6-13　部分 EFLAGS 标志位

名字	含义
CF(进位标志)	由最近一次算术操作引起的进位标志。在无符号算术运算中表示溢出。也用于多精度算术计算中在不同字之间传播进位
ZF(零标志)	最后一个操作的结果为0
SF(符号标志)	最后一个操作的结果为负数(最高有效位为1)
OF(溢出标志)	在二进制补码算术运算中产生溢出

x86 处理器的体系结构包括了 EFLAGS 寄存器、前面介绍的8个寄存器和 EIP 寄存器。

6.8.4　x86 指令集

x86 指令集比 MIPS 指令集大。表6-14 描述了一些通用指令。x86 还有浮点算术指令和将多个短数据合成一个长数据的运算指令。D 表示目的操作数(寄存器或内存位置)，S 表示源操作数(寄存器、内存位置，或者立即数)。

注意，有些指令总是需要对特定寄存器进行操作。例如，32×32 位乘法总是从 EAX 寄存器中取出源操作数，然后总是把64位结果放入 EDX 和 EAX 中。LOOP 总是将循环计数器存储在 ECX 中。PUSH、POP、CALL 和 RET 使用栈指针寄存器 ESP。

表 6-14　部分 x86 指令

指令	含义	功能
ADD/SUB	加法/减法	D = D + S / D = D - S
ADDC	带进位加法	D = D + S + CF
INC/DEC	递增/递减	D = D + 1 / D = D - 1
CMP	比较	根据 D - S 设置标志位
NEG	取反	D = - D
AND/OR/XOR	逻辑 AND/OR/XOR	D = D op S
NOT	逻辑 NOT	D = $\overline{D}$
IMUL/MUL	有符号/无符号乘法	EDX : EAX = EAX × D
IDIV/DIV	有符号/无符号除法	EDX : EAX / D EAX = 商；EDX = 余数
SAR/SHR	算术/逻辑右移	D = D >>> S / D = D >> S
SAL/SHL	左移	D = D << S
ROR/ROL	循环左移/右移	D 循环移动 S 位
RCR/RCL	带进位的循环左移/右移	CF 和 D 循环移动 S 位
BT	位测试	CF = D[S]（D 的第 S 位）
BTR/BTS	位测试并复位/设置	CF = D[S]；D[S] = 0 / 1
TEST	基于屏蔽位设置标志位	基于 D AND S 设置标志位
MOV	数据移动	D = S
PUSH	入栈	ESP = ESP - 4；Mem[ESP] = S
POP	出栈	D = MEM[ESP]；ESP = ESP + 4
CLC, STC	清除/设置进位标志	CF = 0 / 1
JMP	无条件跳转	相对跳转：EIP = EIP + S 绝对跳转：EIP = S
Jcc	条件跳转	if(flag) EIP = EIP + S
LOOP	循环	ECX = ECX - 1 if(ECX ≠ 0) EIP = EIP + imm
CALL	函数调用	ESP = ESP - 4 MEM[ESP] = EIP；EIP = S
RET	函数返回	EIP = MEM[ESP]；ESP = ESP + 4

　　条件跳转指令检查标志位，如果条件满足则跳转。跳转指令有很多种。比如，如零标志位（ZF）为 1 则 JZ 跳转；如果零标志位为 0 则 JNZ 跳转。跳转指令一般都是跟在某条指令的后面，如用于设置标志位的比较指令（CMP）。表 6-15 列出了一些条件跳转指令，以及这些指令所依赖的先前比较操作设置的标志位。

表 6-15　部分分支指令的条件

指令	含义	比较 D、S 后的功能
JZ/JE	如果 ZF = 1，则跳转	如果 D = S，则跳转
JNZ/JNE	如果 ZF = 0，则跳转	如果 D ≠ S，则跳转
JGE	如果 SF = OF，则跳转	如果 D ≥ S，则跳转
JG	如果 SF = OF and ZF = 0，则跳转	如果 D > S，则跳转
JLE	如果 SF ≠ OF or ZF = 1，则跳转	如果 D ≤ S，则跳转
JL	如果 SF ≠ OF，则跳转	如果 D < S，则跳转
JC/JB	如果 CF = 1，则跳转	
JNC	如果 CF = 0，则跳转	
JO	如果 OF = 1，则跳转	
JNO	如果 OF = 0，则跳转	
JS	如果 SF = 1，则跳转	
JNS	如果 SF = 0，则跳转	

6.8.5　x86 指令编码

数十年内 x86 指令不断修改，所以其编码非常杂乱。与 MIPS 指令固定 32 位长度不同，x86 指令长度在 1～15 字节之间变化，如图 6-37 所示[⊖]。opcode 可能是 1 字节、2 字节或者 3 字节。Opcode 的后面是 4 个可选择字段、ModR/M、SIB、Displacement 和 Immediate。ModR/M 指定寻址方式；SIB 指定在特定寻址方式下的倍数（scale）、变址寄存器和基址寄存器；Displacement 指定在某种寻址方式下位移是 1 字节、2 字节还是 4 字节；Immediate 是指令中源操作数使用的 1 字节、2 字节或 4 字节立即数。另外，指令还可以加上最长 4 字节长度的可选前缀来修改它的行为。

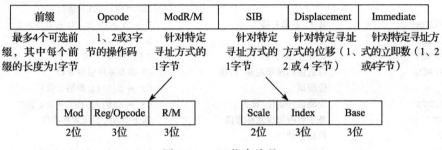

前缀	Opcode	ModR/M	SIB	Displacement	Immediate
最多4个可选前缀，其中每个前缀的长度为1字节	1、2或3字节的操作码	针对特定寻址方式的1字节	针对特定寻址方式的1字节	针对特定寻址方式的位移（1、2或4字节）	针对特定寻址方式的立即数（1、2或4字节）

Mod	Reg/Opcode	R/M		Scale	Index	Base
2位	3位	3位		2位	3位	3位

图 6-37　x86 指令编码

ModR/M 使用 2 位 Mod 字段和 3 位 R/M 字段来确定一个操作数的寻址方式。操作数可以来自 8 个寄存器之一，或者来自 24 个存储器寻址方式之一。根据编码的人为规定，在某种寻址方式中，ESP 和 EBP 寄存器不能用做基地址或变址寄存器。Reg 字段指定作为另一个操作数的寄存器。对于不需要第二个操作数的指令，Reg 字段为操作码提供额外的 3 位来共同形成 opcode 字段。

在使用变址寄存器的寻址方式中，SIB 字节用于确定变址寄存器和倍数（1、2、4、8）。如果使用基地址寄存器和变址寄存器，则 SIB 还指定基地址寄存器。

MIPS 使用指令的 opcode 和 funct 字段来确定指令。x86 使用可变的位数来确定不同的指令，它使用较少的位来判断较多的常见指令，减少了指令的平均长度。有些指令甚至有多个操作码。例如，add AL, imm8 实现将一个 8 位立即数与 AL 相加，并将结果存入 AL 中。这条指令使用 1 字节操作码（0x04），后面是 1 字节立即数。寄存器 A（AL、AX、EAX）称为累加器（accumulator）。一方面，add D, imm8 实现将一个 8 位立即数与一个目的操作数 D（内存或者寄存器）相加，这条指令使用 1 字节操作码（0x80），后面是 1 字节或多字节操作数 D，最后是 1 字节立即数。当目的操作数是累加器时，可以缩短许多指令的编码。

在最初的 8086 中，opcode 用于判断指令对 8 位操作数还是 16 位操作数进行操作。在支持 32 位操作数的 80386 出现后，没有新的操作码字段用于判断 32 位的形式，而是使用原来的操作码字段判断 16 位或 32 位操作。操作系统使用代码段描述符（code segment descriptor）中的一位附加位，指定处理器应该选择哪种格式。当此位设为 0 时选择 8086 程序，opcode 默认对 16 位操作数进行操作；当此位设为 1 时，程序默认对 32 位操作。另外，程序员可以指定前缀来改变特定指令的形式。如果 prefix（前缀）0x66 出现在 opcode 前，则使用另一个大小的操作数（在 32 位模式下操作数为 16 位，或者在 16 位模式下操作数为 32 位）。

⊖　如果所有选择域都使用，构造 17 字节指令是可能的。然而，x86 设置了 15 字节的合法指令限制。

6.8.6 x86 的其他特性

80286 使用分段（segmentation）方式将内存划分为多段，其中每段的长度不大于 64KB。当操作系统允许分段时，相对于每段的起始位置计算地址。处理器检查是否超出段末尾的地址，如果是则产生一个错误，从而保护程序不会超出它们自己的段。分段技术引起了很多争议，也没有在现代 Windows 操作系统的各个版本中使用。

x86 包括对由字节或字构成的整个字符串进行操作的字符串指令。操作包括移动、比较或对特定值的扫描。在现代处理器中，这些指令经常比实现同等操作的简单指令序列慢，所以应尽量避免使用这些指令。

如前所述，前缀 0x66 用于选择 16 位或 32 位操作数。其他前缀包括：锁定总线（在多处理器系统中控制访问共享变量）；预测分支指令是否执行；在字符串移动时重复执行指令。

任何体系结构的危害都是将内存容量用尽。由于 x86 的地址是 32 位，所以 X86 可以访问 4GB 的内存空间。这比 1985 年最大的计算机容量还要大很多，但是到 21 世纪初，这些容量就很有限了。2003 年，AMD 将地址空间和寄存器大小扩展到 64 位，称为增强体系结构 AMD64。AMD64 有与 32 位程序兼容的模式，当操作系统采用 64 位地址空间时，32 位程序能正常运行。2004 年，Intel 也将地址扩充到 64 位，并重新命名为"扩展 64 位存储器技术"（Extended Memory 64 Technology，EM64T）。根据 64 位地址，计算机可以访问 160EB 的内存空间。

对于 x86 体系结构中更加奇特的细节，可以参考 Intel 体系结构软件开发人员手册（Intel Architecture Software Developer's Manual），这些资料可以从 Intel 网站上免费得到。

6.8.7 小结

本节讲述 MIPS RISC 体系结构和 x86 CISC 体系结构的区别。x86 倾向于更短的程序代码， 354 因为一条复杂指令的功能等同于多条简单的 MIPS 指令序列，而且因为指令按照占用内存空间较少的方式编码。然而，X86 体系结构是一个将多年技术聚集在一起的大杂烩，其中有些指令已经不再使用，但是为了保证兼容以前的程序，这些指令必须保留。x86 中的寄存器很少，并且指令很难译码，解释它的指令集就很困难。尽管有以上这些缺点，但 x86 也不会轻易改变其主流 PC 计算机体系结构的地位，因为软件兼容性的价值太大以及巨大的市场保护设计更快 x86 微处理器的努力。

6.9 总结

要指挥计算机，必须说计算机的语言。计算机体系结构定义如何指挥处理器。当前有许多不同的计算机体系结构已经得到广泛应用，但是一旦你了解了其中一种，学习其他体系结构就非常容易。在接触一种新体系结构时，需要提出以下关键问题：

- 数据字长是多少？
- 寄存器是什么？
- 内存是怎样组织的？
- 指令是什么？

MIPS 是一种 32 位体系结构，因为它对 32 位数据进行操作。MIPS 体系结构有 32 个通用寄存器。原则上，几乎所有的寄存器可以用于任何目的。然而，习惯上，特定的寄存器用于特定的目的，这样会使编程更容易，而且由不同程序员写的函数可以更容易地相互通信。例如，寄存器 0（$0）总是保存常数 0，$ra 保存 jal 指令后的返回地址，$a0 ~ $a3 和 $v0 ~ $v1 分别保存函数的参数和返回值。MIPS 有一个 32 位地址的字节寻址内存系统。6.6.1 节说明了内存映射。指令长度为32位，而且必须字对齐。本章讨论了最常见的MIPS指令。

　　定义一种计算机体系结构的威力在于针对特定体系结构写出的程序可以运行在这种体系结构的不同实现上。例如，为1993年的Intel Pentium处理器所写的程序一般仍然可以在2012年的Intel Xeon处理器或者AMD Phenom处理器上运行(而且运行得更快)。

　　在本书的第一部分，我们理解了电路和抽象的逻辑层。在本章，我们跳到了体系结构层，在下一章，我们将学习微体系结构，通过组合对数字电路模块实现处理器体系结构。微体系结构是硬件和软件工程之间的链路。而且，我们相信这是所有工程中最让人兴奋的主题之一：你将学习建立你自己的微处理器！

习题

6.1　给出3个依照如下原则设计MIPS体系结构的例子：(1)简单设计有助于规整化；(2)加快常见功能；(3)越小的设计越快；(4)好的设计需要好的折中方法。解释这些例子如何体现这些特征。

6.2　MIPS体系结构中有一个包含32个32位寄存器的寄存器集。设计一个不包含寄存器集的计算机体系结构是否可能？如果可能，简单描述此体系结构以及它的指令集。这种体系结构与MIPS相比，其优缺点各是什么？

6.3　考虑一个使用字节寻址存储器的存储器，一个32位字存储在此存储器的第42个字的位置。
　　(a)第42个字的字节地址是什么？
　　(b)第42个字在内存中的地址范围是什么？
　　(c)0xFF223344按照大端或小端形式将存储在第42个字中，画出如图6-4所示的示意图。清楚标出与每个数据字节值对应的字节地址。

6.4　重复习题6.3，考虑一个使用字节寻址存储器的存储器，一个32位字存储在此存储器的第15个字的位置。

6.5　解释下述代码如何判断计算机采用大端还是小端：

```
li $t0, 0xABCD9876
sw $t0, 100($0)
lb $s5, 101($0)
```

6.6　用ASCII编码描述写出下述字符串，用十六进制写出结果。
　　(a) SOS
　　(b) Cool!
　　(c) (你自己的名字)

6.7　针对下列字符串重复习题6.6。
　　(a) howdy
　　(b) lions
　　(c) To be rescue!

6.8　说明习题6.6中的字符串怎样使用大端形式和小端形式存储在字节寻址存储器中，其起始地址为0x1000100C。使用类似图6-4中的图，清楚地表示每种形式下每个字节的内存地址。

6.9　针对习题6.7中的字符串重复习题6.8。

6.10　将下述MIPS汇编代码转换为机器代码，并用十六进制写出指令。

```
add  $t0, $s0, $s1
lw   $t0, 0x20($t7)
addi $s0, $0, -10
```

6.11　将下面代码转换为机器代码，要求同习题6.10。

```
addi $s0, $0, 73
sw   $t1, -7($t2)
sub  $t1, $s7, $s2
```

6.12 考虑 I 类型指令。

(a) 习题 6.10 中的哪些指令是 I 类型指令?

(b) 符号扩展(a)中每条指令的 16 位立即数, 使它成为 32 位数据。

6.13 针对习题 6.11 中的指令重复习题 6.12。

6.14 将下列机器代码转换为 MIPS 汇编代码。左边的数字是内存中的指令地址, 右边的数字给出此地址的指令。然后将这些汇编指令反编译为高级语言程序, 并解释这段代码实现了什么功能, 其中 $a0 是输入, 其初始值包括一个正数 n, $v0 是输出。

```
0x00400000  0x20080000
0x00400004  0x20090001
0x00400008  0x0089502A
0x0040000C  0x15400003
0x00400010  0x01094020
0x00400014  0x21290002
0x00400018  0x08100002
0x0040001C  0x01001020
0x00400020  0x03E00008
```

358

6.15 针对下列机器代码重复习题 6.14。其中, $a0 和 $a1 是输入, $a0 存储一个 32 位数字, $a1 存储一个含有 32 个元素的字符数组(char)。

```
0x00400000  0x2008001F
0x00400004  0x01044806
0x00400008  0x31290001
0x0040000C  0x0009482A
0x00400010  0xA0A90000
0x00400014  0x20A50001
0x00400018  0x2108FFFF
0x0040001C  0x0501FFF9
0x00400020  0x03E00008
```

6.16 nori 指令不在 MIPS 指令集中, 因为使用 MIPS 指令集中已有的指令可以完成相同的功能。写一个短的汇编代码片段来实现下述功能: $t0 = $t1 NOR 0xF234。使用的指令越少越好。

6.17 使用 slt 指令完成下面的高级语言代码段。假定整型变量 g 和 h 分别存储在寄存器 $s0 和 $s1 中。

(a) if (g > h)
        g = g + h;
    else
        g = g - h;

(b) if (g >= h)
        g = g + 1;
    else
        h = h - 1;

(c) if (g <= h)
        g = 0;
    else
        h = 0;

6.18 使用高级语言写函数 int find42 (int array[], int size), 其中 size 声明数组元素的个数, array 声明数组的基地址。此函数返回数组中保存数值 42 的第一个指针，如果数组中没有 42 这个数，那么返回 −1。

359 6.19 高级语言函数 strcpy 将字符串 src 复制到字符串 dst 中。

```
// C code
void strcpy(char dst[], char src[]) {
  int i = 0;

  do {
    dst[i] = src[i];
  } while (src[i++]);
}
```

(a) 将 strcpy 函数用 MIPS 汇编代码实现，使用 $s0 存储 i。

(b) 画图描述在调用 strcpy 之前、之中、之后栈的变化，假设在调用 strcpy 前 $sp = 0x7FFFFF00。

6.20 将习题 6.18 中的高级语言代码转换为 MIPS 汇编代码。

6.21 考虑下面的 MIPS 汇编代码，其中 func1、func2 和 func3 是非叶子函数，func4 是叶子函数。每个函数的代码没有完全描述出来，但注释说明了每个函数使用哪些寄存器。

```
0x00401000    func1: ...            # func1 uses $s0-$s1
0x00401020           jal func2

0x00401100    func2: ...            # func2 uses $s2-$s7
0x0040117C           jal func3
    ...
0x00401400    func3: ...            # func3 uses $s1-$s3
0x00401704           jal func4
    ...
0x00403008    func4: ...            # func4 uses no preserved
0x00403118           jr $ra         # registers
```

(a) 每个函数的栈帧有多少个字？

(b) 画出调用 func4 之后栈的情况，说明寄存器在栈中的具体位置，如果可能给出寄存器的值。

6.22 斐波纳契数列中每个数字都是前两个数字之和。表 6-16 列出了数列中的前几个数 fib(n)。

360

表 6-16   斐波纳契数列

n	1	2	3	4	5	6	7	8	9	10	11	...
fib(n)	1	1	2	3	5	8	13	21	34	55	89	...

(a) 当 $n = 0$ 和 $n = -1$ 时 fib(n) 是多少？

(b) 使用高级语言写一个名字为 fib 的函数，对于任意非负值 n，返回斐波纳契数列中的第 n 个值。提示：可能需要使用循环。给你的代码添加注释。

(c) 将 (b) 中的高级语言代码转换为 MIPS 汇编代码。在每一行代码的后面添加注释来描述代码完成什么功能。使用 SPIM 模拟器测试你的代码运行 fib(9) 是否正确（参考前言查看如何安装 SPIM 模拟器）。

6.23 思考代码示例 6.27 的 C 语言代码，假设当输入 n = 5 时调用 factorial 函数。

(a) 当 factorial 函数返回到调用函数时，$v0 中的值是多少？

(b) 假设你删除了地址 0x98 和 0xBC 中的指令，这些指令用于保存和恢复 $ra 中的值。这个程序会 (1) 陷入无限循环，但不造成崩溃；(2) 崩溃（导致栈溢出动态数据段或者 PC 跳转到程序外的位置）；(3) 当程序返回到循环时产生一个不正确的返回值(如果是这样，那么这个值是多少?)；(4) 不受被删除指令的影响，正常运行?

(c) 针对以下被删除指令对应的地址，重复(b)：

(ⅰ) 0x94 和 0xC0(保存和恢复 $a0 的指令)。

(ⅱ) 0x90 和 0xC4(保存和恢复 $sp 的指令)。注意：没有删除 factorial 标记。

(ⅲ) 0xAC(恢复 $sp 的指令)。

6.24　Ben 试着计算函数 $f(a, b) = 2a + 3b$，其中 b 为非负数。他使用函数调用和递归来实现，并用以下高级语言代码实现函数 f 和 f2。

```
// high-level code for functions f and f2
int f(int a, int b) {
 int j;
 j = a;
 return j + a + f2(b);
}

int f2(int x)
{
 int k;
 k = 3;
 if (x == 0) return 0;
 else return k + f2(x-1);
}
```

361

然后 Ben 将这两个函数转换为如下所示的汇编代码。他还写了一个测试函数 test 来调用函数 f(5, 3)。

```
# MIPS assembly code
# f: $a0 = a, $a1 = b, $s0 = j; f2: $a0 = x, $s0 = k

0x00400000  test: addi $a0, $0, 5     # $a0 = 5 (a = 5)
0x00400004        addi $a1, $0, 3     # $a1 = 3 (b = 3)
0x00400008        jal  f              # call f(5, 3)
0x0040000C  loop: j    loop           # and loop forever

0x00400010  f:    addi $sp, $sp, -16  # make room on the stack
                                      # for $s0, $a0, $a1, and $ra
0x00400014        sw   $a1, 12($sp)   # save $a1 (b)
0x00400018        sw   $a0, 8($sp)    # save $a0 (a)
0x0040001C        sw   $ra, 4($sp)    # save $ra
0x00400020        sw   $s0, 0($sp)    # save $s0
0x00400024        add  $s0, $a0, $0   # $s0 = $a0 (j = a)
0x00400028        add  $a0, $a1, $0   # place b as argument for f2
0x0040002C        jal  f2             # call f2(b)
0x00400030        lw   $a0, 8($sp)    # restore $a0 (a) after call
0x00400034        lw   $a1, 12($sp)   # restore $a1 (b) after call
0x00400038        add  $v0, $v0, $s0  # $v0 = f2(b) + j
0x0040003C        add  $v0, $v0, $a0  # $v0 = (f2(b) + j) + a
0x00400040        lw   $s0, 0($sp)    # restore $s0
0x00400044        lw   $ra, 4($sp)    # restore $ra
0x00400048        addi $sp, $sp, 16   # restore $sp (stack pointer)
0x0040004C        jr   $ra            # return to point of call

0x00400050  f2:   addi $sp, $sp, -12  # make room on the stack for
                                      # $s0, $a0, and $ra
0x00400054        sw   $a0, 8($sp)    # save $a0 (x)
0x00400058        sw   $ra, 4($sp)    # save return address
0x0040005C        sw   $s0, 0($sp)    # save $s0
0x00400060        addi $s0, $0, 3     # k = 3
0x00400064        bne  $a0, $0, else  # x = 0?
0x00400068        addi $v0, $0, 0     # yes: return value should be 0
0x0040006C        j    done           # and clean up
```

```
0x00400070  else: addi $a0, $a0, -1   # no: $a0 = $a0 - 1 (x = x - 1)
0x00400074        jal  f2             # call f2(x-1)
0x00400078        lw   $a0, 8($sp)    # restore $a0 (x)
0x0040007C        add  $v0, $v0, $s0  # $v0 = f2(x - 1) + k
0x00400080  done: lw   $s0, 0($sp)    # restore $s0
0x00400084        lw   $ra, 4($sp)    # restore $ra
0x00400088        addi $sp, $sp, 12   # restore $sp
0x0040008C        jr   $ra            # return to point of call
```

画出与图 6-26 类似的栈空间图有助于回答如下问题。

(a) 如果代码由 test 程序开始，运行到 loop 时 $v0 的值是多少？该程序能正确计算 $2a + 3b$ 吗？

(b) 假设 Ben 删除地址 0x0040001C 和 0x00400040 中用来保存和恢复 $ra 的指令。程序将出现以下哪一种情况？（1）进入无限循环但是没有崩溃；（2）崩溃（导致栈超出动态数据段或者 PC 跳转到程序外面）；（3）当程序返回到循环时在 $v0 中产生一个错误值（如果是这样，值是什么？）；（4）尽管删除了一行，但程序仍能运行。

(c) 当删除下列地址存储的指令时，重复(b)中的问题：
  (i) 0x00400018 和 0x00400030（保存和恢复 $a0 的指令）
  (ii) 0x00400014 和 0x00400034（保存和恢复 $a1 的指令）
  (iii) 0x00400020 和 0x00400040（保存和恢复 $s0 的指令）
  (iv) 0x00400050 和 0x00400088（保存和恢复 $sp 的指令）
  (v) 0x0040005C 和 0x00400080（保存和恢复 $s0 的指令）
  (vi) 0x00400058 和 0x00400084（保存和恢复 $ra 的指令）
  (vii) 0x00400054 和 0x00400078（保存和恢复 $a0 的指令）

6.25 将以下 beq 指令、j 指令和 jal 指令的汇编指令代码转换为机器码。每条指令的指令地址在左边给出。

```
(a) 0x00401000          beq $t0, $s1, Loop
    0x00401004          ...
    0x00401008          ...
    0x0040100C  Loop:   ...
(b) 0x00401000          beq $t7, $s4, done
    ...
    0x00402040  done:   ...
(c) 0x0040310C  back:   ...
    ...
    0x00405000          beq $t9, $s7, back
(d) 0x00403000          jal func
    ...
    0x0041147C  func:   ...
(e) 0x00403004  back:   ...
    ...
    0x0040400C  j       back
```

6.26 考虑下述 MIPS 汇编语言片段。左边的数字是每条指令的地址。

```
0x00400028          add  $a0, $a1, $0
0x0040002C          jal  f2
0x00400030  f1:     jr   $ra
0x00400034  f2:     sw   $s0, 0($s2)
0x00400038          bne  $a0, $0, else
0x0040003C          j    f1
0x00400040  else:   addi $a0, $a0, -1
0x00400044          j    f2
```

（a）将以上的代码序列转换为机器代码，并用十六进制写出机器代码指令。

（b）在每一行代码之后列出其寻址方式。

6.27 考虑下述 C 语言代码片段。

```
//  C code
void setArray(int num) {
  int i;
  int array[10];

  for (i = 0; i < 10; i = i + 1) {
    array[i] = compare(num, i);
  }
}

int compare(int a, int b) {
  if (sub(a, b) >= 0)
    return 1;
  else
  return 0;
}

int sub(int a, int b) {
  return a − b;
}
```

（a）使用 MIPS 汇编语言改写该 C 代码片段。使用 $s0 保存变量 i。确保正确使用栈指针。数组存储在栈中，此栈由 setArray 函数创建（见 6.4.6 节）。

（b）假定 setArray 函数是第一个被调用的函数。画出调用 setArray 之前和每个函数调用时栈的情况，指出存储在栈中的寄存器和变量的名字，记录 $sp 的位置，并清晰标记每个栈帧。

（c）如果 $ra 没有保存在栈中，代码会完成什么功能？

364

6.28 考虑下述高级语言函数：

```
//  C code
int f(int n, int k) {
  int b;

  b = k + 2;
  if (n == 0) b = 10;
  else b = b + (n * n) + f(n − 1, k + 1);
  return b * k;
}
```

（a）将这段高级语言函数转换为 MIPS 汇编代码。特别注意在函数调用中保存和恢复寄存器以及使用 MIPS 保护寄存器的惯例。为你的代码写注释。可以使用 MIPS 的 mult 指令。程序开始于指令地址 0x00400100。局部变量 b 保存在 $s0 中。

（b）手动一步步地执行（a）中的程序来计算 f(2, 4)。画出与图 6-26c 类似的栈空间图，写出栈中每个位置保存的寄存器名和变量值并给出栈指针（ $sp）的变化过程。明确标记每个栈帧。在执行过程中，你将发现跟踪 $a0、$a1、$v0 和 $s0 中的值很有用。假定调用 f 时， $s0 = 0xABCD， $ra = 0x400004。 $v0 的最后值是多少？

6.29 MIPS 中 beq 和 bne 等条件分支指令的跳转地址范围是多少？答案用与条件分支指令相关的指令数表示。

6.30 下述问题考察跳转指令 j 的局限性。用与跳转指令相关的指令数表示。

（a）在最坏的情况下，j 指令可以向前跳多远（跳向更高的地址）？（最坏的情况是指跳转指令不能向前跳转的情况），使用语言和例子分别解释。

(b) 在最好的情况下，j 指令可以向前跳多远(最好的情况是指跳转指令可以跳转最远)？并解释。

(c) 在最坏的情况下，j 指令可以向后跳多远(跳往更低的地址)？并解释。

(d) 在最好的情况下，j 指令可以向后跳多远？并解释。

6.31 解释为什么跳转指令 j 和 jal 中有一个大的地址空间字段 addr。

6.32 使用汇编代码写一段程序，从第一条指令跳转到第 64M 条指令，其中 1M 指令 = 2^{20} = 1 048 576 条指令。假定代码开始于 0x00400000 地址，使用的指令条数越少越好。

6.33 使用高级语言写一段程序，将一个存储在小端形式下的 10 个 32 位整型数组转化成大端形式。写完高级语言代码后，将它转换为 MIPS 汇编代码，给你的代码加上注释，使用的指令条数越少越好。

6.34 考虑两个字符串：string1 和 string2。

(a) 使用高级语言写一个函数 concat，将两个字符串连接起来：void concat (char [] string1, char[] string2, char[] stringconcat)。程序不需要返回值，它将 string1 和 string2 连接起来取代 stringconcat 的值。假定 stringconcat 足够长可以容纳连接起来的字符串。

(b) 将(a)中的代码转换为 MIPS 汇编代码。

6.35 写一个 MIPS 汇编代码将存储在 $s0 和 $s1 中的两个单精度浮点相加。不要使用任何 MIPS 浮点指令，不必考虑特殊值(例如，0、NANs、INF)或者产生上溢或下溢的情况。使用 SPIM 模拟器测试代码，证明代码功能可靠。

6.36 说明下面的 MIPS 代码如何装入内存并执行。

```
# MIPS assembly code
main:
    addi $sp, $sp, -4
    sw $ra, 0($sp)
    lw $a0, x
    lw $a1, y
    jal diff

    lw $ra, 0($sp)
    addi $sp, $sp, 4
    jr $ra
diff:
    sub $v0, $a0, $a1
    jr $ra
```

(a) 首先说明每条汇编指令的指令地址。

(b) 用符号表来说明符号的标志和它们的地址。

(c) 将所有的指令转换为机器代码。

(d) 数据段和地址段分别有多少字节？

(e) 画出内存映射来描述数据和指令存储在哪里？

6.37 针对以下 MIPS 代码，重复习题 6.36。

```
# MIPS assembly code
main:
    addi $sp, $sp, -4
    sw $ra, 0($sp)
    addi $t0, $0, 15
    sw $t0, a
    addi $a1, $0, 27
    sw $a1, b
```

```
    lw $a0, a
    jal greater
    lw $ra, 0($sp)
    addi $sp, $sp, 4
    jr $ra
greater:
    slt $v0, $a1, $a0
    jr $ra
```

6.38 用 MIPS 指令来实现下述伪指令。可以使用汇编器寄存器 $at，但是不可以误用（覆盖）其他寄存器。

　(a) addi　$t0,　$2,　$imm_{31:0}$

　(b) lw　$t5,　$imm_{31:0}$($s0)

　(c) rol　$t0,　$t1,　5（将 $t1 左移 5 位，然后将结果放入 $t0 中）

　(d) ror　$s4,　$t6,　31（将 $t6 右移 31 位，然后将结果放入 $s4 中）　　　　　367

6.39 针对以下伪指令，重复习题 6.38。

　(a) beq　$t1,　$imm_{31:0}$, L

　(b) ble　$t3,　$t5,　L

　(c) bgt　$t3,　$t5,　L

　(d) bge　$t3,　$t5,　L　　　　　368

面试问题

下述问题在数字设计工作的面试中曾经被问到（但对于其他汇编语言也适用）。

6.1 写一段 MIPS 汇编代码，交换两个寄存器 $t0 和 $t1 中的内容，但不允许使用其他寄存器。

6.2 假设给定一个存有正数和负数的整型数组。写一段 MIPS 汇编代码寻找具有最大和的数组子集假定数组的基地址存储在 $a0 中，数组长度存储在 $a1 中，产生的数组的子集的起始地址存储在 $a2 中。编写代码，使之运行得越快越好。

6.3 数组中保存着一个 C 语言字符串。设计算法来反转字符串并将新字符串存储在原来的数组中。使用 MIPS 汇编代码完成该算法。

6.4 设计算法来计算一个 32 位数字中 '1' 的个数，使用 MIPS 汇编代码完成。

6.5 编写 MIPS 汇编代码，反转寄存器中的位。使用的指令越少越好，假设寄存器是 $t3。

6.6 编写 MIPS 汇编代码，测试 $t2 和 $t3 相加时是否有溢出，使用的指令越少越好。

6.7 设计算法，测试给定的字串符是否为回文（回文就是从前面读和从后面读是一样的，例如，wow 和 racecar 就是回文）。使用 MIPS 汇编代码完成算法。　　　　　369

微体系结构

7.1　引言

本章参考 Matthew Watkins 的贡献。

在本章中，我们不仅将学习如何构成一个 MIPS 微处理器，而且还将仔细讨论 3 种不同的实现方案。这 3 种方案在性能、成本和复杂性上具有不同的折中。

对于外行来说，设计一个微处理器就像魔术一样难以琢磨。但是实际上它是相对直观的，而且通过前面的课程已经具备了所需的基本知识。尤其是，前面的课程中已经介绍了设计组合逻辑和时序逻辑来实现给定的功能和时序规范。你也熟悉了算术单元电路和存储器电路，而且已经掌握 MIPS 体系结构，了解了从 MIPS 处理器程序员角度所见的寄存器、指令和存储器等概念。

本章将主要介绍用于连接逻辑和体系结构的*微体系结构*（microarchitecture）。微体系结构是将寄存器、ALU、有限状态机、存储器和其他逻辑模块等组合在一起，实现一种体系结构。一个特定的体系结构（例如，MIPS）可以有不同的微体系结构，每个具有性能、成本和复杂性的不同折中。它们可以运行相同的程序，但是内部设计却差异很大。本章中将设计 3 种不同的微体系结构来说明这些折中的差异。

本章的内容大部分基于 David Patterson 和 John Hennessy 所著《Computer Organization and Design》中的经典 MIPS 设计。他们慷慨地分享了精巧的设计，这些设计相对简单，而且可以易于理解真实的商业体系结构。

7.1.1　体系结构状态和指令集

正如前面所讨论，计算机体系结构包括指令集和体系结构状态（architecture state）。MIPS 处理器的体系结构状态包括程序计数器和 32 个寄存器。任何一个 MIPS 微体系结构都必须包含所有这些状态。基于当前体系结构状态，处理器执行一条具有特定数据集的特定指令，将产生一个新的体系结构状态。有些微体系结构包含附加的非体系结构状态（nonarchitecture state）以简化逻辑或提升性能。我们将在遇到它们时再讨论它们。

为了使得微体系结构易于理解，我们仅考虑 MIPS 指令系统的一个子集，具体地，我们主要考虑：

- R 类型算术/逻辑指令：add、sub、and、or 和 slt。
- 存储器指令：lw、sw。
- 分支指令：beq。

在构造了处理这些指令的微体系结构后，我们将扩展它们以便处理 addi 和 j 指令。之所以选择这些特殊的指令，是因为通过它们可以构造一些有趣的程序。一旦理解了如何实现这些指令，就可以进一步扩展硬件以便实现其他指令。

7.1.2　设计过程

可以将微体系结构分为两个相互作用的部分：*数据路径*（datapath）和*控制*（control）。数据路径对数据字进行操作。它包含存储器、寄存器、ALU 和复用器等结构。MIPS 是一个 32 位体系结构，因此我们使用 32 位数据路径。控制单元从数据路径接收当前指令，并控制数据路径如何执行这条指令。具体地，控制单元产生复用器选择、寄存器使能和存储器写信号来控制数据路径的操作。

设计复杂系统时，一种好方法是从包含状态元件的硬件开始。这些元件包括存储器和体系结构状态（程序计数器和寄存器）。然后，在这些存储组件之间增加组合逻辑基于当前状态计算新的状态。从部分存储器中读指令，然后装入和存储指令从另一部分存储器读或写数据。因此，很方便将一个存储器分为两个小的存储器，一部分包含指令，另一部分包含数据。图 7-1 中给出了具有 4 个状态元件（程序计数器、寄存器文件、指令存储器和数据存储器）的框图。

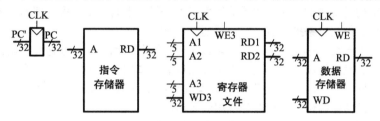

图 7-1　MIPS 处理器的状态元件

在图 7-1 中，粗线表示 32 位数据总线，中等粗细的线表示较窄的总线（例如，寄存器文件上的 5 位地址总线）。灰色细线表示控制信号，例如寄存器文件写使能。我们在本章中使用这些惯例来避免数据总线宽度显得杂乱无章。而且，状态元件通常有一个复位输入将它们放入启动时的已知状态。为了避免电路图杂乱，这些复位输入就不再画出。

程序计数器（program counter）是一个普通的 32 位寄存器。它的输出 PC 指向当前指令，它的输入 PC′ 表示下一条指令的地址。

指令存储器（instruction memory）有一个读端口[⊖]，它包括 32 位指令地址输入 *A*，它从这个地址读 32 位数据（指令）并传送到读数据输出 RD 上。

32 个单元 × 32 位寄存器文件有两个读端口和一个写端口。读端口具有 5 位地址输入 A1 和 A2，每个用于指定 $2^5 = 32$ 个寄存器中的一个作为源操作数。它们可以读 32 位寄存器的值并分别传送到 RD1 和 RD2 上。写端口具有 5 位地址输入 A3，32 位数据输入 WD，写入使能 WE3 和时钟信号 CLK。如果写入使能为 1，则寄存器文件将在时钟的上升沿将数据写入特定寄存器。

数据存储器（data memory）有一个读/写端口。如果写使能 WE 为 1，则在时钟的上升沿将数据 WD 写入地址 *A*。如果写使能为 0，则从地址 *A* 将数据读到 RD。

指令存储器、寄存器文件和数据存储器在读出过程中都呈现组合逻辑特征。换句话说，如果地址发生改变，新的数据在多个传播延迟后出现在 RD 上，而不需要时钟参与。而写入过程仅仅在时钟的上升沿发生。在此模式下，系统状态只在时钟沿发生改变。地址、数据和写使能必须在时钟沿前建立，而且必须稳定直到时钟沿后的保持时间。

由于状态元件仅在时钟的上升沿改变它们的状态，所以它们是同步时序电路。微处理器由

372
~
373

⊖　在处理指令存储器为 ROM 时，存在过度简化。在大多数实际处理器中，指令存储器必须是可写的，从而使操作系统可以载入一个新的程序到存储器中。7.4 节所描述的多周期微结构更符合实际，它使用混合存储器来存储指令和数据，使得它们既可读又可写。

时钟驱动的状态元件和组合逻辑构成，因此它也是同步时序电路。的确，处理器可以看作一个巨大的有限状态机，或者多个简单相互作用的状态机的组合。

7.1.3 MIPS 微体系结构

在本章中，我们将研究 3 种 MIPS 处理器体系结构的微体系结构：单周期、多周期和流水线。它们的区别在于状态元件的连接方式和非体系结构状态的数量。

单周期微体系结构（single cycle microarchitecture）在一个周期中执行一条完整的指令。该结构易于解释且控制单元简单。由于它在一个周期内完成操作，所以它不需要其他非体系结构状态。然而，时钟周期由最慢的指令决定。

多周期微体系结构（multicycle microarchitecture）利用多个较短的周期执行一条指令。简单指令的执行周期数较少。而且，多周期微体系结构可以通过对加法器和存储器等昂贵硬件部件的复用减少硬件成本。例如，同一个加法器可以在一条指令的不同时钟周期中用于不同目的。多周期微体系结构需要增加一些非体系结构寄存器来保存中间结果。多周期处理器在任意时刻仅执行一条指令，但是每条指令需要多个周期。

流水线微体系结构（pipeline microarchitecture）将单周期微体系结构流水线化，使得可以同时执行多条指令，显著提高了吞吐量。流水线结构必须增加一些逻辑来处理多条正在执行指令之间的相关性。同时，还需要增加非体系结构流水线寄存器。增加这些逻辑和寄存器是值得的。当前，所有的商业高性能处理器都使用流水线结构。

我们将在后面的各节中研究这 3 种微体系结构的细节和特征。本章结尾将简要介绍在现代高性能微处理器中为了获得更高速度而采用的技术。

7.2 性能分析

如前所述，一个特殊处理器体系结构可以有不同的微体系结构，具有不同的成本和性能折中。成本取决于所需硬件的数量和实现工艺。对于同样的价格，每年 CMOS 工艺都可以在一个芯片上集成更多的晶体管，处理器可以利用这些新增加的晶体管来提升性能。精确的成本计算需要实现技术的专业知识，但是一般而言，越多的门和存储器就需要越大的成本。本节主要为分析性能奠定基础。

有很多方法可以测量计算机系统的性能。而销售部门往往选择一些让计算机看起来更快的方法来测量，而不管这些测量是否与真实性能相关。例如，Intel 公司和 AMD 公司同时销售支持 x86 体系结构的微处理器。在 20 世纪 90 年代末和 21 世纪初，Intel Pentium III 和 Pentium 4 微处理器因其时钟频率较高而大做广告。然而，其主要竞争对手 AMD 公司的 Athlon 微处理器在同样的时钟频率时性能却优于 Intel 公司的产品。消费者应该如何选择？

测量性能最直接的方法就是直接测试用户所需要程序的执行时间：所需要时间较短的计算机系统的性能更高。在用户还没有完成自己的程序或者没有人为用户测量性能时，另一种好的方法是测量一组类似用户应用的程序集合的运行时间总和。这样的一组程序称为基准测试程序（benchmark），而这些程序的执行时间往往公开给出处理器的性能。

一个程序的执行时间（以秒为单位）由式（7-1）给出：

$$\text{指令执行时间} = \text{指令数} \times \left(\frac{\text{周期数}}{\text{指令}}\right) \times \left(\frac{\text{秒}}{\text{周期数}}\right) \tag{7-1}$$

程序中所包含的指令数取决于处理器的体系结构。有些处理器具有复杂指令，可以在一条指令中执行更多的功能，因此可以减少程序中的指令的数目。然而，这些复杂指令往往硬件实现比较慢。指令数往往在很大程度上也取决于程序员的聪明才智。对于本章而言，我们假设执行的都是 MIPS 处理器上已有的程序，因此每个程序的指令数都是固定的，与微体系结构无关。

每条指令的周期数(CPI)是执行一条平均指令所需要的时钟周期数。它是吞吐量(每周期的指令，IPC)的倒数。不同的微体系结构具有不同的 CPI 值。在本章中，我们假设采用了理想的存储器系统而不会影响 CPI。在第 8 章中，我们将发现处理器有时需要等待存储器，它将增加 CPI。 |375|

每个周期所需的时间为时钟周期 T_c。时钟周期由处理器中通过逻辑的关键路径决定。不同的微体系结构有不同的时钟周期。逻辑和电路设计也在很大程度上影响着时钟周期。例如，先行进位加法器的速度比行波进位加法器快。制造工艺的进步使得晶体管速度每 4 ~ 6 年提高一倍，这样即使微体系结构和逻辑不发生变化，现在的微处理器速度也比十年前的快很多。

微体系结构的挑战在于选择合适的设计来最大地减小程序执行时间，同时满足成本和功耗方面的限制。由于微体系结构对 CPI 和 T_c 都有很大影响，而且又受到逻辑和电路设计的影响，所以决定最优的设计需要精细的分析。

计算机系统中有很多因素对整体性能有影响。例如，硬盘、存储器、图形系统和网络连接等方面都是与处理器性能相关的因素。现实世界中最快的微处理器也不能帮助提高拨号连接因特网的速度。但是这些因素已经超出了本书的范围。

7.3 单周期处理器

我们首先设计一个在单个周期执行指令的 MIPS 微体系结构。通过将图 7-1 中的状态元件与执行不同指令的组合逻辑连接来构建关键路径。控制信号决定任何时刻数据通路执行的具体指令。控制器包括根据当前指令产生的合适控制信号的组合逻辑。本节的最后将分析单周期处理器的性能。

7.3.1 单周期数据路径

本节将一次给图 7-1 增加一个状态元件，逐步构成单周期数据路径。新的连接将以黑体高亮显示(新的控制信号将使用黑色细线)，而已经研究过的硬件则用灰色显示。

程序计数器(PC)寄存器包含执行指令的地址。第一步是从指令存储器中读取这个指令。图 7-2 显示 PC 简单地连接到指令存储器的地址输入。指令存储器取出(fetch)32 位指令，标记为 Instr。 |376|

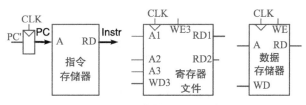

图 7-2 从存储器中取指令

处理器的动作取决于取出的具体指令。首先，我们将针对 lw 指令构造数据路径连接。然后，我们将考虑如何泛化该数据路径来处理其他指令。

对于 lw 指令，下一步是读包含基地址的源寄存器。这个寄存器由指令 $Instr_{25:21}$ 的 rs 字段指定。指令中的这些位连接到寄存器文件读端口的地址输出 A1，如图 7-3 所示。寄存器文件将寄存器值读入 RD1。

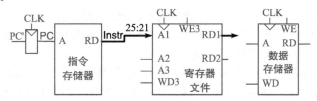

图 7-3 从寄存器文件中读源操作数

lw 指令还需要一个偏移量，它存储在指令 $Instr_{15:0}$ 的立即数字段中。由于 16 位立即数可能为正数或负数，所以它必须符号扩展为 32 位，如图 7-4 所示。32 位符号扩展值称为 SignImm。在 1.4.6 节中符号扩展只是简单地将较短输入的符号位（最高有效位）直接复制到较长输出的高位。具体地，$SignImm_{15:0} = Instr_{15:0}$，$SignImm_{31:16} = Instr_{15}$。

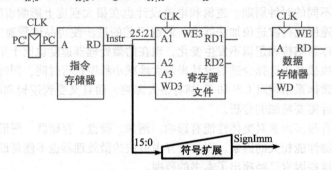

图 7-4   符号扩展立即数

处理器必须将基地址与偏移量相加来得到读存储器的地址。图 7-5 引入一个 ALU 来执行加法。这个 ALU 接收两个操作数 SrcA 和 SrcB，其中 SrcA 来自寄存器文件，SrcB 来自符号扩展立即数。如 5.2.4 节所述，ALU 可以执行多种操作。3 位 ALU 控制 ALUControl 信号决定了操作类型。ALU 产生 32 位的操作结果 ALUResult 和表示 ALUResult 是否为 0 的零标志 Zero。对于 lw 指令，ALUControl 信号应该设置为 010，以便执行基地址与偏移量相加。将 ALUResult 发送到作为装入指令地址的数据存储器，如图 7-5 所示。

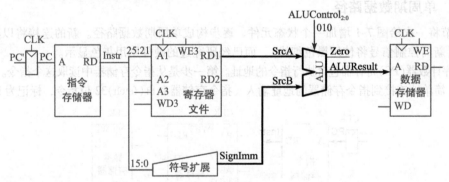

图 7-5   计算存储器地址

将数据从数据存储器读到 ReadData 总线上，然后将在时钟周期的结尾将数据写回寄存器文件中的目的寄存器，如图 7-6 所示。寄存器文件中的端口 3 是写端口。lw 指令的目的寄存器由 rt 字段的 $Instr_{20:16}$ 决定，它连接到到寄存器文件的端口 3 的地址输入 A3。ReadData 总线连接到寄存器文件的端口 3 的写数据输入 WD3。控制信号 RegWrite 连接到端口 3 的写入使能输入 WE3，该信号在执行 lw 指令时将被设置为 1，这样数据值可以写入寄存器文件。写发生在周期结尾的时钟的上升沿。

指令执行时，处理器必须计算下一条指令的地址 PC′。因为指令都是 32 位，即 4 字节，所以下一条指令位于 PC + 4。图 7-7 使用另一个加法器对 PC 递增 4。新的地址将在下一个时钟的上升沿写入程序计数器。这就完成了 lw 指令的数据路径。

下一步，扩展数据路径来处理 sw 指令。与 lw 指令类似，sw 指令从寄存器文件的端口 1 读出基地址，并符号扩展立即数。ALU 将基地址与立即数相加获得存储器地址。所有这些功能都已经得到数据路径的支持。

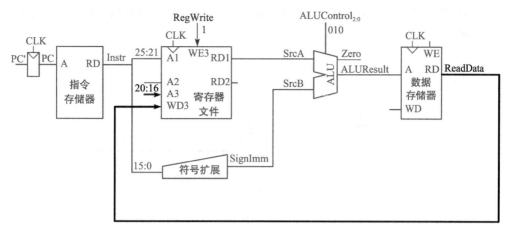

图 7-6　向寄存器文件写入数据

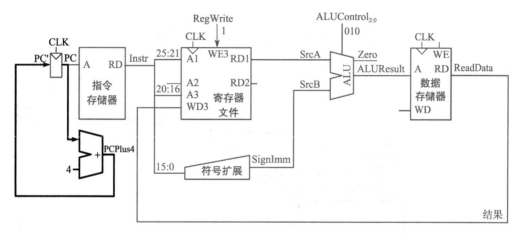

图 7-7　确定 PC 的下一个指令的地址

　　sw 指令还需要从寄存器文件中读出第二个寄存器并将它写入数据存储器中。图 7-8 给出了实现这个功能的新连接。该寄存器由 rt 字段 $Instr_{20:16}$ 确定。指令的这些位连接到第二个寄存器文件的读端口 A2。将寄存器值读入 RD2 端口。它连接到数据存储器的写数据端口。数据存储器的写入使能端口 WE 由 MemWrite 控制。对于 sw 指令，MemWrite = 1，向存储器写入数据；ALUControl = 010，将基地址和偏移量相加；RegWrite = 0，因为没有要写入寄存器文件的数据。需要注意的是，数据仍然从给出的地址读入数据存储器，只是因为 RegWrite = 0 所以 ReadData 被忽略。

　　下一步，考虑扩展数据路径来处理 R 类型指令 add、sub、and、or 和 slt。所有这些指令都从寄存器文件中读取两个寄存器，对它们执行某个 ALU 操作，并将结果写回第三个寄存器文件。它们的区别仅仅在于具体的 ALU 操作。因此，它们可以由同一个硬件结构实现，使用不同的 ALUControl 信号。

　　图 7-9 给出了执行 R 类型指令的扩展的数据路径。寄存器文件读出两个寄存器。ALU 对这两个寄存器执行操作。在图 7-8 中，ALU 总是接收它的来自符号扩展立即数（SignImm）的 SrcB 操作数。现在，我们需要增加一个复用器，以便从寄存器文件 RD2 端口或 SignImm 选择 SrcB。

　　复用器由一个新的信号 ALUSrc 控制。对于 R 类型指令，当 ALUSrc 为 0 时，从寄存器文件选择 SrcB；为 1 时，选择 SignImm 来执行 lw 和 sw 指令。这种通过增加复用器来从多个可能输

378
～
379

入中选择输入的数据路径扩展方法非常有用。实际上，我们将两次使用这种方法来完成 R 类型指令的处理。

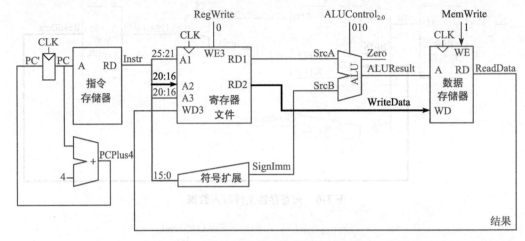

图 7-8　对于 sw 指令，将数据写入存储器

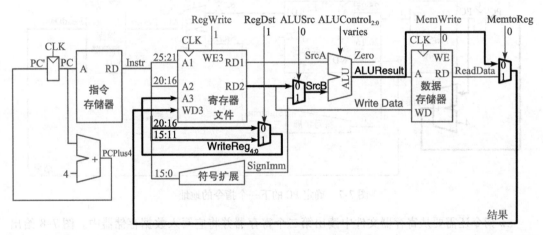

图 7-9　R 类型指令的数据路径扩展

在图 7-8 中，寄存器文件总是从数据存储器中获取它的写数据。然而，R 类型指令需要将 ALUResult 写入寄存器文件。因此，我们增加另一个复用器在 ReadData 和 ALUResult 之间选择。我们将它的输出称为 Result。这个复用器由另一个新的信号 MemtoReg 来控制。对 R 类型指令，当 MemtoReg 为 0 时，从 ALUResult 中选择 Result；对于 lw 指令，为 1 时，选择 ReadData。因为 sw 指令不需要写寄存器文件，所以对于 sw，我们不关心 MemtoReg 的值。

最后，我们扩展数据路径来处理 beq 指令。beq 指令比较两个寄存器。如果两个寄存器相等，则在当前 PC 值上加上分支偏移量来执行分支。注意偏移量存放在指令的 imm 字段 Instr$_{15:0}$，它可以为正数或者负数。偏移量表明分支经过的指令数。因此，立即数需要进行符号扩展并乘以 4，获得新的 PC 值：PC′ = PC + 4 + SigImm × 4。

图 7-10 给出了对数据路径的修改。用于分支的下一个 PC 值 PCBranch 由 SigImm 左移 2 位并加上 PCPlus4 得到。左移 2 位是实现乘以 4 的简单方法，因为固定位数移位只是将线重排。通过使用 ALU 计算 SrcA − SrcB 来比较两个寄存器。如果 ALUResult 为 0，即 ALU 的 Zero 标志有效，则两个寄存器相等。通过增加一个复用器从 PCPlus4 和 PCBranch 中选择 PC′。如果为分支指令且 Zero 标志有效，则选择 PCBranch。因此，当前指令为 beq 时 Branch 信号为 1，其余

情况为 0。对于 beq 指令，ALUControl = 110，这样 ALU 执行减法操作。ALUSrc = 0，从寄存器文件中选择 ScrB。因为给分支指令不需要写寄存器文件或存储器，所以 RegWrite 和 MemWrite 均为 0。由于不需要写寄存器文件，所以我们不需要关心 RegDst 和 MemtoReg 的值。

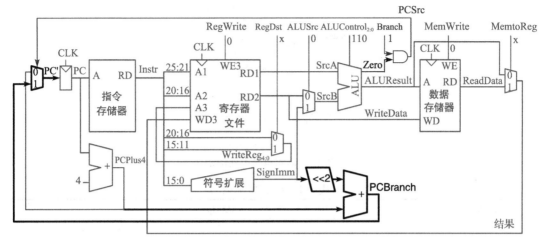

图 7-10　beq 指令的数据路径扩展

此时，我们已经完成了单周期 MIPS 处理器数据路径的设计。这里不仅介绍设计本身，更重要的是其设计过程。在这个设计过程中，首先明确状态元件，然后将系统地加入连接这些状态元件的组合逻辑。在下一节中，我们将考虑如何计算指导数据路径操作的控制信号。

7.3.2　单周期控制

控制单元基于指令的 opcode 字段（$Instr_{31:26}$）和 funct 字段（$Instr_{5:0}$）计算控制信号。图 7-11 给出了整个单周期 MIPS 处理器结构图，其中控制单元已经连接到数据路径。

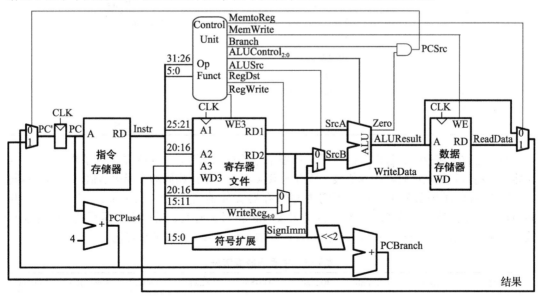

图 7-11　完整的单周期 MIPS 处理器

大多数控制信息来自 opcode 字段，但是 R 类型指令也使用 funct 字段决定 ALU 操作。因此，我们将控制单元分成两个组合逻辑部分来简化设计，如图 7-12 所示。主译码器从 opcode 中计算大部分的输出信号，同时它也产生一个两位的 ALUOp 信号。ALU 译码器使用 ALUOp 信号并结合 funct 字段计算 ALUControl。ALUOp 信号的含义如表 7-1 所示。

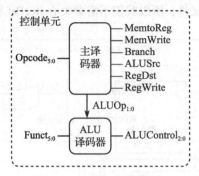

图 7-12　控制单元内部结构

表 7-1　ALUOp 编码

ALUOp	含义	ALUOp	含义
00	加法	10	依赖于 func 字段
01	减法	11	无定义

表 7-2 为 ALU 译码器的真值表。3 个 ALUControl 信号的含义如表 5-1 所示。由于 ALUOp 不可能为 11，所以真值表中不可能使用无关项 X1 和 1X，而使用 01 和 10 来简化逻辑。当 ALUOp 为 00 或 01 时，ALU 应该为加法或减法。当 ALUOp 为 10 时，译码器检查 funct 字段来确定 ALUControl 信号。注意我们实现的 R 类型指令中，funct 字段的最高两位总是 10，因此可以忽略它们来简化设计。

表 7-2　ALU 译码器真值表

ALUOp	Funct	ALUControl
00	X	010（加）
X1	X	110（减）
1X	100000（add）	010（加）
1X	100010（sub）	110（减）
1X	100100（and）	000（与）
1X	100101（or）	001（或）
1X	101010（slt）	111（小于置位）

在创建数据路径时，我们已经介绍了每条指令的控制信号。表 7-3 是汇总了作为 opcode 功能的控制信号的主译码器的真值表。所有的 R 类型指令使用相同的主译码器值，它们的不同仅仅在于 ALU 译码器输出。对于不需要写寄存器文件的指令（如，sw 和 beq），RegDst 和 MemtoReg 控制信号是无关项（为 X）。因为 RegWrite 信号无有效，所以寄存器写端口的地址和数据都无需考虑。译码器逻辑可以根据读者偏好的组合逻辑设计技术来实现。

表 7-3　主译码器真值表

指令	Opcode	RegWrite	RegDst	ALUSrc	Branch	MemWrite	MemtoReg	ALUOp
R 类型	000000	1	1	0	0	0	0	10
lw	100011	1	0	1	0	0	1	00
sw	101011	0	X	1	0	1	X	00
beq	000100	0	X	0	1	0	X	01

例 7.1 单周期处理器操作

当执行 or 指令时，确定所使用的控制信号的值和数据路径的实际路径。

解：图 7-13 给出了执行 or 指令时的控制信号和数据流。PC 指向保存指令的存储器位置，指令存储器取出指令。

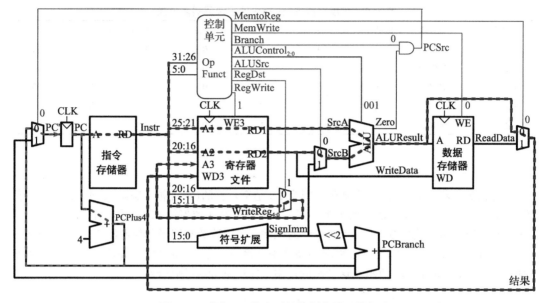

图 7-13 执行 or 指令时的控制信号和数据流

经过寄存器文件和 ALU 的主数据流用黑色虚线画出。寄存器文件读出 $Instr_{25:21}$ 和 $Instr_{20:16}$ 指定的操作数。SrcB 应该来自寄存器文件的第 2 个端口（而不是 SignImm），所以 ALUSrc 必须为 0。or 为 R 类型指令，因此 ALUOp 为 10，表示 funct 字段确定的 ALUControl 信号为 001。结果从 ALU 中读出，因此 MemtoReg 为 0。结果写入寄存器文件，因此 RegWrite 为 1。指令不需要写存储器，因此 MemWrite 为 0。

目的寄存器的选择也由黑色虚线画出。目的寄存器由 rd 字段（$Instr_{15:11}$）确定，因此 RegDst = 1。

PC 的更新由灰色虚线画出。指令不是分支指令，因此 Branch = 0，因此 PCSrc 也为 0。PC 从 PCPlus4 获得下一个值。

注意数据肯定经过没有加粗表示的路径，但是这些数据的值对这条指令并不重要。例如，立即数也经过了符号扩展，数据从存储器读出，但是这些值并不影响系统的下一个状态。 ◀

7.3.3 更多指令

我们已经考虑了整个 MIPS 指令系统中的一个有限的子集。下面，我们将增加 addi 指令和 j 指令来说明处理新指令的原则，并提供比较充足的指令集来完成一些有趣的程序。可以看到，支持某些指令仅仅需要扩展主译码器就可以实现，而支持另一些指令则需要在数据路径中增加更多的硬件。

382 ～ 385

例 7.2 addi 指令

加立即数指令 addi 将寄存器中的值与立即数相加，并将结果写入另一个寄存器中。数据路径已经可以完成这个任务。修改控制器来支持 addi 指令。

解：我们需要做的仅仅是在主译码器真值表内为 addi 指令加上一行控制信号，如表 7-4

所示。结果应该写入寄存器文件，因此 RegWrite = 1。目的寄存器由指令的 rt 字段决定，因此 RegDst = 0。SrcB 来自立即数，因此 ALUSrc = 1。指令不是分支指令，也不写存储器，因此 Branch = MemWrite = 0。结果来自 ALU，而不是存储器，因此 MemtoReg = 0。最后，ALU 应该执行加法操作，因此 ALUOP = 00。

表 7-4   扩展支持 addi 指令的主译码器真值表

指令	Opcode	RegWrite	RegDst	ALUSrc	Branch	MemWrite	MemtoReg	ALUOp
R 类型	000000	1	1	0	0	0	0	10
lw	100011	1	0	1	0	0	1	00
sw	101011	0	X	1	0	1	X	00
beq	000100	0	X	0	1	0	X	01
addi	001000	1	0	1	0	0	0	00

例 7.3 j 指令

跳转指令 j 将向 PC 写入一个新值。因为 PC 是字对齐的（总能被 4 整除），所以 PC 的最低 2 位始终为 0。后面的 26 位来自跳转地址字段 $Instr_{25:0}$。高 4 位保持 PC 的原来值。

已有的数据路径缺少按此方式计算 PC' 的硬件。请修改数据路径和控制器来支持 j 指令。

解：首先，在 j 指令情况下必须增加硬件来计算下一个 PC 值 PC'，并增加一个复用器来选择下一个 PC，如图 7-14 所示。这个新的复用器使用 Jump 控制信号。

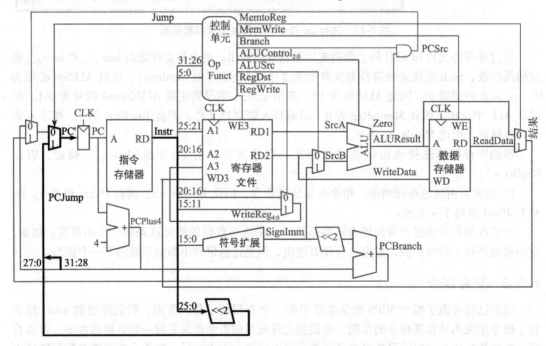

图 7-14   扩展单周期 MIPS 数据路径来支持 j 指令

现在必须在主译码器真值表中为 j 指令增加一行，为 Jump 控制信号增加一列，如表 7-5 所示。Jump 控制信号在 j 指令时为 1，所有其他指令均为 0。j 指令不写寄存器文件和存储器，因此 RegWrite = MemWrite = 0。因此，我们不需要关系数据路径中的计算，且 RegDst = ALUSrc = Branch = MemtoReg = ALUOp = X。

表 7-5 扩展主译码器真值表来支持 j 指令

指令	Opcode	RegWrite	RegDst	ALUSrc	Branch	MemWrite	MemtoReg	ALUOp	Jump
R 类型	000000	1	1	0	0	0	0	10	0
lw	100011	1	0	1	0	0	1	00	0
sw	101011	0	X	1	0	1	X	00	0
beq	000100	0	X	0	1	0	X	01	0
addi	001000	1	0	1	0	0	0	00	0
j	000010	0	X	X	X	0	X	XX	1

7.3.4 性能分析

在单周期处理器中，每条指令需要一个时钟周期，因此 CPI 为 1。lw 指令的关键路径如图 7-15 中的黑色虚线所示。它在 PC 在时钟的上升沿装入新的地址开始。指令存储器读出下一条指令。寄存器文件读出 SrcA。在寄存器文件读的同时，对立即数字段进行符号扩展并在 ALUSrc 复用器上选择立即数字段的值来确定 SrcB。ALU 将 SrcA 和 SrcB 相加得到有效地址。数据存储器从这个地址读取数据。MemtoReg 复用器选择 ReadData。最后，结果必须在下一个上升时钟沿前建立在寄存器文件中，这样它才能被正确写入。因此，时钟周期为：

$$T_c = t_{pcq\_PC} + t_{mem} + \max\left[t_{RFread}, t_{sext} + t_{mux} \right] + t_{ALU} + t_{mem} + t_{mux} + t_{RFsetup} \tag{7-2}$$

在绝大多数实现技术中，ALU、存储器和寄存器文件都比其他操作慢很多。因此，时钟周期可以简化为：

$$T_c = t_{pcq\_PC} + 2t_{mem} + t_{RFread} + t_{ALU} + t_{mux} + t_{RFsetup} \tag{7-3}$$

这些时间的数值依赖于特定的实现技术。

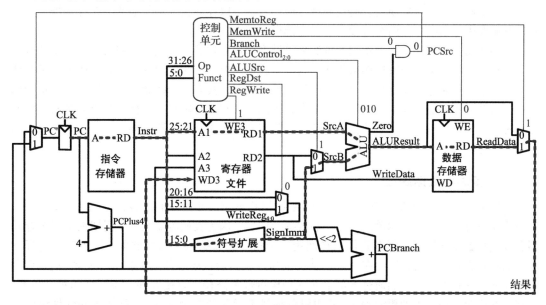

图 7-15 lw 指令的关键路径

其他指令的关键路径都比较短。例如，R 类型指令不需要访问数据存储器。然而，我们采用同步时序设计，因此时钟周期是常数，而且必须足够长以便满足最慢的指令。

例 7.4 单周期处理器性能

Ben Bitdiddle 在 65nm 的 CMOS 工艺上创建单周期 MIPS 处理器。他选择的逻辑元件的延迟如表 7-6 所示。请帮助他比较有 1000 亿条指令的程序的执行时间。

表 7-6   电路元件的延迟

元件	参数	延迟	元件	参数	延迟
寄存器时钟到 Q 时间	t_{pcq}	30	存储器读	t_{mem}	250
寄存器建立时间	t_{setup}	20	寄存器文件读	$t_{RF read}$	150
复用器	t_{mux}	25	寄存器文件建立时间	$t_{RF setup}$	20
算术逻辑单元	t_{ALU}	200			

解：根据式(7-3)，单周期处理器的周期时间为 $T_{c1} = 30 + 2(250) + 150 + 200 + 25 + 20 = 925\,ps$。这里使用下标"1"来区别于后续的处理器设计。根据式(7-1)，总的计算时间为 $T_1 = (100 \times 10^9 指令)(1 周期/指令)(925 \times 10^{-12} 秒/周期) = 92.5 秒$。 ◄

7.4   多周期处理器

单周期处理器有 3 个主要缺点。第一，它需要足够长的周期来完成最慢的指令(1w)，即使大部分指令的速度都非常快。第二，它需要 3 个加法器(一个用于 ALU，两个用于 PC 的逻辑)，而加法器是相对占用芯片面积的电路，尤其是如果它们的速度比较快。第三，它采用独立的指令存储器和数据存储器，而这在实际系统中是不现实的。大多数计算机有一个单独的大容量存储器来存储指令和数据，并且支持读和写操作。

多周期处理器通过将指令执行过程分解为多个较短的步骤来解决这些问题。在每个短步骤中，处理器可以读或写存储器或寄存器文件，或者使用 ALU。不同的指令使用不同的步骤，因此简单指令可以比复杂指令完成得更快。处理器只需要一个加法器，这个加法器在不同的步骤可以根据不同的目的重复使用。而且处理器使用一个可以存储指令和数据的组合存储器。第一步从存储器中取出指令，而在后续的步骤中读出或写入数据。

我们使用与单周期处理器相同的方法来设计多周期处理器。首先，我们通过将体系结构状态元件和存储器与组合逻辑连接来创建一条数据路径。但是，在此设计中，我们还增加了非体系结构状态元件来保存每个步骤之间的中间结果。接着，我们设计控制器。在每条指令执行期间控制器针对不同的步骤上产生不同的指令，因此它现在是有限状态机而不是组合逻辑。我们还要考察如何给处理器增加新的指令。最后，我们分析多周期处理器的性能，并将它与单周期处理器进行比较。

7.4.1   多周期数据路径

我们再次以存储器和 MIPS 处理器的体系结构状态作为开始我们的设计，如图 7-16 所示。在单周期设计中，我们使用单独的指令和数据存储器，因为我们需要在一个周期内读指令存储器且读或写数据存储器。现在我们选择使用一个指令和数据组合的存储器。这更符合实际情况，而且它也是可行的，因为在一个周期内读指令，然后在单独的周期内读或写数据。PC 和寄存器文件保持不变。我们通过增加组件逐步构造数据路径，以便处理每条指令的每个步骤。新建立的连接使用黑色加粗线表示(使用黑色细线表示新的控制信号)，已加入的硬件组件将用灰色表示。

PC 包含需要执行指令的地址。第一步是从指令存储器中读取指令。图 7-17 显示了 PC 简单地连接到指令存储器的地址输入端。指令读出后存储在一个新的非体系结构状态元件——指令寄存器(Instruction Register)中供后续周期使用。指令寄存器接收使能信号 IRWrite，当此信号用一条新的指令更新时它有效。

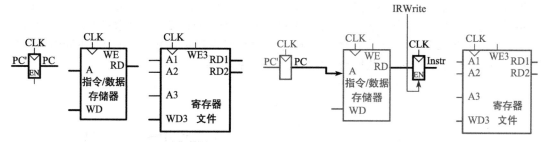

图7-16　统一的指令/数据存储器的状态元件　　　　　　图7-17　从存储器中取指令

与单周期处理器一样，我们首先为 lw 指令建立数据路径连接。然后增加数据路径来处理其他指令。对于 lw 指令，下一个步骤将读取包含基地址的源寄存器。这个寄存器由指令中的 rs 字段（$Instr_{25:21}$）指定。指令的这些位连接到寄存器文件的一个地址输入 A1，如图 7-18 所示。寄存器文件将寄存器内容读到 RD1，这个值存储到另一个非体系结构寄存器 A 中。

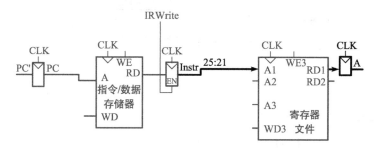

图7-18　从寄存器文件读取源操作数

lw 指令还需要一个偏移量。这个偏移量存储在指令的立即数字段（$Instr_{15:0}$），而且必须符号扩展为 32 位，如图 7-19 所示。经过符号扩展的 32 位值称为 SignImm。为保持一致性，应该将 SignImm 存储在另一个非体系结构寄存器中。然而，SignImm 是 Instr 的组合功能，且在当前指令处理过程中不会改变，因此不需要指定专用的寄存器来存储这个常数值。

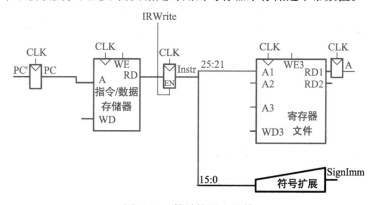

图7-19　符号扩展立即数

装入操作的地址为基地址与偏移量的和。我们使用 ALU 计算这个和，如图 7-20 所示。ALUControl 应设置为 010 以便完成加法操作。ALUResult 存储在一个非体系结构寄存器 ALUOut 中。

下一步是根据计算地址从存储器中装入数据。我们在寄存器的前面增加一个复用器以便从 PC 或者 ALUOut 中选择存储器地址 Adr，如图 7-21 所示。复用器选择信号 IorD 来区别指令或

数据地址。从存储器中读出的数据将存储器在另一个非体系结构寄存器 Data 中。注意，地址
复用器允许我们在 lw 指令中重用存储器。在第一步，地址来自 PC 以便读取指令；在后面的步
骤中，地址来自 ALUOut 以便装入数据。因此，IorD 信号在不同的周期中必须有不同的值。在
7.4.2 节中，我们设计产生这些控制信号序列的 FSM 控制器。

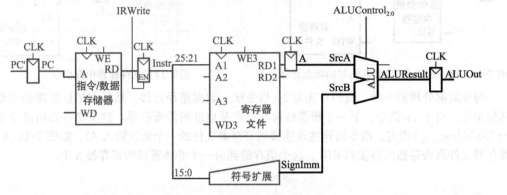

图 7-20 基地址和偏移量相加

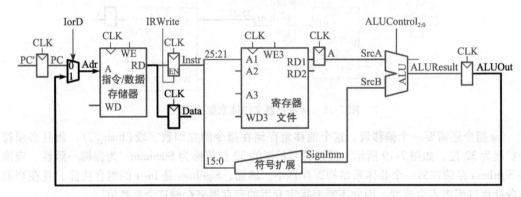

图 7-21 从存储器中装入数据

最后，数据将写回到寄存器文件中，如图 7-22 所示。目的寄存器由指令的 rt 字段
（$Instr_{20:16}$）指定。

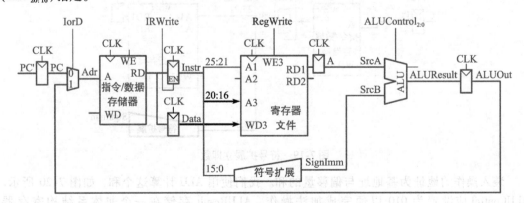

图 7-22 将数据写回到寄存器文件

在完成上述操作后，处理器必须在原来的 PC 上加 4 来更新程序计数器。在单周期处理器
中，需要一个单独的加法器。在多周期处理器中，我们可以在现有 ALU 不忙时使用它。为此，

必须增加源复用器以便选择 PC 和常数 4 作为 ALU 输入，如图 7-23 所示。2 输入复用器由 ALUSrcA 信号控制，它选择 PC 或寄存器 A 作为 SrcA。4 输入复用器由 ALUSrcB 控制，它选择常数 4 或 SignImm 作为 SrcB。当扩展数据路径来处理其他指令使用其他两个复用器输入（复用器的输入数可以是任意的）。为了更新 PC，ALU 将 SrcA(PC)和 SrcB(4)相加，并将结果写入程序计数器寄存器中。PCWrite 控制信号将在特定周期中使能 PC 寄存器，使得 PC 寄存器可以写入结果。

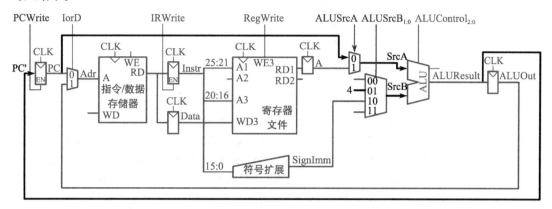

图 7-23　PC 递增 4

此时，已经完成了 lw 指令的数据路径。下一步，我们将扩展数据路径来处理 sw 指令。与 lw 指令类似，sw 指令从寄存器文件的端口 1 读出基地址，并对立即数进行符号扩展。ALU 将立即数与基地址相加以便获得存储器地址。数据路径现有硬件已经支持这些功能。

sw 指令的唯一新特性是必须从寄存器文件中读出第二个寄存器并将它写入存储器中，如图 7-24 所示。这个寄存器由指令中的 rt 字段（$Instr_{20:16}$）指定，这个字段连接到寄存器文件的第二个端口上。当读寄存器时，它存储在非体系结构寄存器 B 中。在下一步，将它写入数据存储器的写数据端口 WD。数据存储器接收另一个控制信号 MemWrite 来表示应该进行写操作。

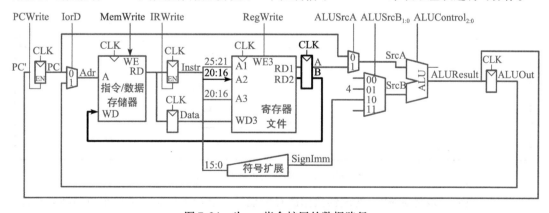

图 7-24　为 sw 指令扩展的数据路径

对于 R 类型指令，也要取出指令，而且从寄存器文件中读取两个源寄存器。使用 SrcB 复用器的控制输入 $ALUSrcB_{1:0}$ 选择寄存器 B 作为 ALU 的第二个源寄存器，如图 7-25 所示。ALU 执行相应的操作并将结果存储在 ALUOut 中。在下一步，将 ALUOut 写回到指令的 rd 字段（$Instr_{15:11}$）指定的寄存器中。这需要两个新的复用器。MemtoReg 复用器从 ALUOut（针对 R 类型指令）或 Data（针对 lw 指令）选择一个作为 WD3；RegDst 指定选择指令的 rt 字段或者 rd 字段指定的目的寄存器。

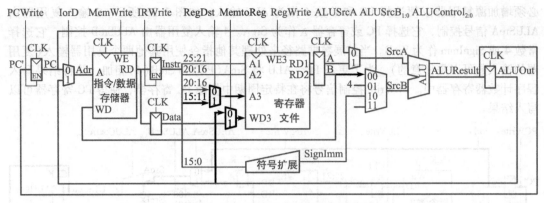

图 7-25　为 R 类型指令扩展的数据路径

对于 beq 指令，也要取出指令，并且从寄存器文件中读取两个源寄存器。为了确定两个寄存器是否相等，ALU 将两个寄存器的值相减，当结果为 0 时，将 Zero 标志设置为 1。同时如果发生转移，数据路径必须计算 PC 的下一个值：$PC' = PC + 4 + SignImm \times 4$。在单周期处理器中，还需要另一个加法器来计算分支地址。在多周期处理器中，ALU 可以重用以便减少硬件。在一步中，与其他指令一样，ALU 计算 $PC+4$ 并将结果写入程序计数器中。在另一步中，ALU 使用更新的 PC 值计算 $PC + SignImm \times 4$。SignImm 左移 2 位以将它乘以 4，如图 7-26 所示。SrcB 复用器选择这个值，并将其与 PC 相加并将结果存入 PC 中。和表示分支的目的地址并将它存储到 ALUOut 中。由 PCSrc 信号控制的一个新的复用器选择应该将哪一个结果传送到 PC' 中。当 PCWrite 有效或执行分支时应该写程序计数器。新的控制信号 Branch 表示 beq 指令正在执行。如果 Zero 标志有效，则执行分支。因此数据路径计算新的 PC 写入使能 PCEn，当 PC-Write 有效时或者当 Branch 和 Zero 同时有效时，它为 TRUE。

390
~
395

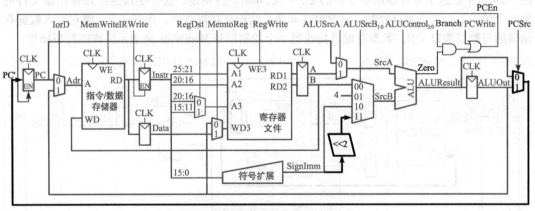

图 7-26　beq 指令的扩展数据路径

此时，完成了多周期 MIPS 处理器数据路径的设计。设计过程非常类似于单周期处理器，因为硬件通过状态元件系统地连接起来，以便处理每条指令。主要区别是指令执行需要经过多步。需要插入非体系结构寄存器来保存每步的结果。在此方式下，ALU 可以被多次重用，节省了额外加法器的开销。类似地，指令和数据可以存储在一个共享存储器中。在下一节中，我们将开发 FSM 控制器以便每条指令的每步给数据路径传送合适的控制信号序列。

7.4.2　多周期控制

与单周期处理器一样，控制单元根据指令的 opcode 字段（$Instr_{31:26}$）和 funct 字段

（$Instr_{5:0}$）计算控制信号。图 7-27 给出了完整的多周期 MIPS 处理器的控制单元与数据路径的连接。数据路径用黑线显示，控制单元用灰色显示。

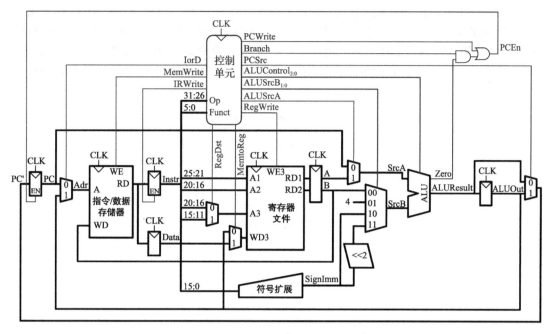

图 7-27 完整的多周期 MIPS 处理器

与单周期处理器一样，控制单元分为一个主控制器和一个 ALU 译码器，如图 7-28 所示。ALU 译码器不改变，并满足表 7-2 的真值表。然而，现在主控制器是在合适的周期中应用合适的控制信号的 FSM。控制信号序列依赖于当前正在执行的指令。在本节的后续内容中，我们将为主控制器设计 FSM 状态转换图。

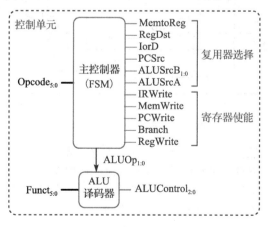

图 7-28 控制单元内部结构

主控制器产生数据路径的复用器选择和使能信号。选择信号包括 MemtoReg、RegDst、IorD、PCSrc、ALUSrcB 和 ALUSrcA。使能信号包括 IRWrite、MemWrite、PCWrite、Branch 和 RegWrite。

为了使下面的状态转换图可读，只列出了相关的控制信号。只有当它们值重要时，才列出选择信号，否则它们是无关项。使能信号仅在它们有效时才列出，否则它们为 0。

所有指令的第一步都是根据 PC 中保存的地址从存储器中取出指令。FSM 在复位后将进入

396
≀
397

这个状态。为了读存储器，令 IorD = 0，这样可以从 PC 获得地址。IRWrite 有效以便将指令写入指令寄存器 IR 中。同时，PC 应该递增 4 以便指向下一条指令。由于 ALU 此时没有被作为他用，所以处理器可以在 ALU 取出指令的同时使用它计算 PC + 4。ALUSrcA = 0，因此 SrcA 来自 PC。ALUSrcB = 01，因此 SrcB 来自常数 4。ALUOP = 00，因此 ALU 译码器产生控制信号 ALU-Control = 010 使 ALU 执行加法。为了用这个值更新 PC，令 PCSrc = 0 并设置 PCWrite 为有效。控制信号如图 7-29 所示。在此步的数据流如图 7-30 所示，其中取指令由黑色虚线表示，PC 递增由灰色虚线所示。

S0: Fetch

$\qquad$ IorD = 0
AluSrcA = 0
ALUSrcB = 01
ALUOp = 00
PCSrc = 0
IRWrite
PCWrite

图 7-29   取指令

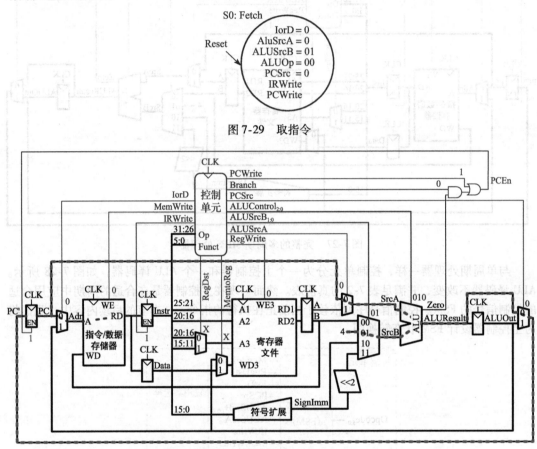

图 7-30   取指步骤的数据流

下一步将读寄存器文件，并对指令译码。寄存器文件总是读由指令的 rs 和 rt 字段指定的两个源。同时，对立即数进行符号扩展。译码操作包括检查指令的 opcode 字段以便决定后续的操作。译码指令不需要控制信号，但是需要等待一个周期来完成读和译码，如图 7-31 所示。新的状态由黑色虚线表示。数据流如图 7-32 所示。

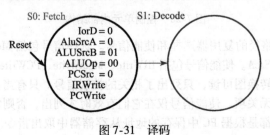

图 7-31   译码

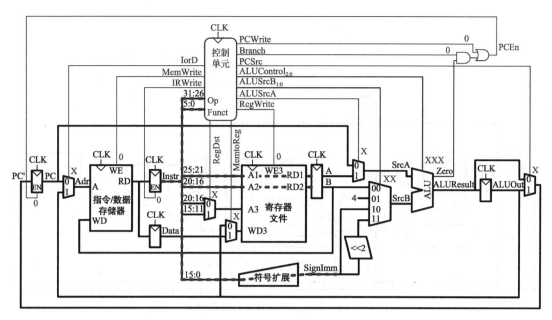

图 7-32　译码步骤的数据流

现在 FSM 根据 opcode 产生多个可能的状态之一。如果指令是存储器装入或存储(lw 或 sw)，则多周期处理器通过将基地址和符号扩展的立即数相加来计算地址。这需要 ALUSrcA = 1 以便选择寄存器 A，ALUSrcB = 10 以便选择 SignImm。ALUOp = 00，因此 ALU 执行加法。有效地址将存储在 ALUOut 寄存器中为下一步使用做准备。此时 FSM 状态如图 7-33 所示，数据流如图 7-34 所示。

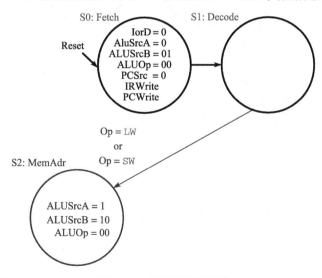

图 7-33　存储器地址计算

如果指令为 lw，多周期处理器必须紧接着从存储器中读取数据并将数据写入寄存器文件中。这两步如图 7-35 所示。为了读取存储器，令 IorD = 1 以便选择刚刚计算的并存入 ALUOut 中的存储器地址。读存储器地址，并将结果在步骤 S3 存入 Data 寄存器中。在下一步 S4 中，将 Data 写入寄存器文件。MemtoReg = 1，选择 Data。RegDst = 0，从指令的 rt 字段获得目的寄存器地址。RegWrite 有效，执行写操作，执行 lw 指令。最后，FSM 将返回到初始状态 S0，取出下一条指令。对于这些和随后的步骤，请读者自行完成数据流图。

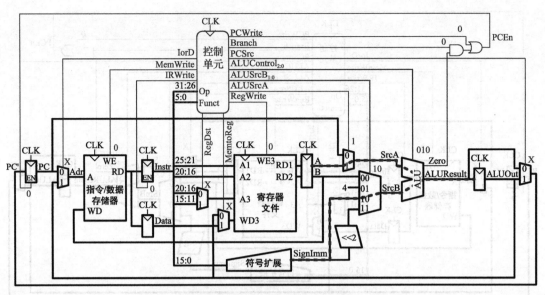

图 7-34 存储器地址计算时的数据流

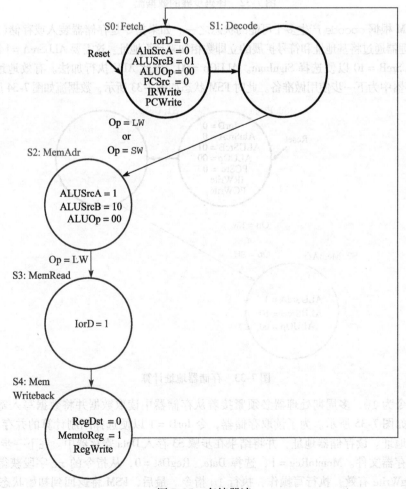

图 7-35 存储器读

在状态 S2，如果指令为 sw，从寄存器文件的第二个端口读取的数据简单地写入存储器中。在状态 S3，IorD = 1，选择 S2 中计算的并保存在 ALUOut 中的地址。将 MemWrite 将设置为有效以便写存储器。此外，FSM 返回到状态 S0 以便取出下一条指令。增加的步骤如图 7-36 所示。

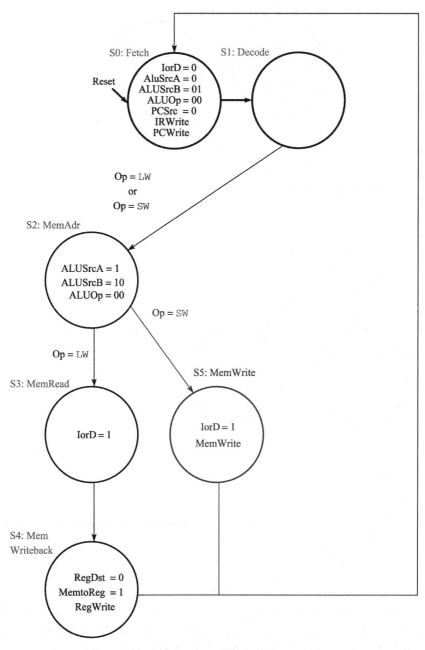

图 7-36 存储器写

如果 opcode 表示 R 类型指令，那么多周期处理器使用 ALU 计算结果并将结果写入寄存器文件。图 7-37 显示了这两步。在状态 S6，通过选择寄存器 A 和 B（ALUSrcA = 1，ALUSrcB = 00）并根据指令的 funct 字段执行的 ALU 操作来执行指令。对于 R 类型指令，ALUOp = 10。

ALUResult 存储器在 ALUOut 中。在状态 S7，将 ALUOut 写入寄存器文件，RegDst = 1，因为目的寄存器由指令的 rd 字段指定。MemtoReg = 0，因为写数据 WD3 来自 ALUOut。RegWrite 设置为有效以便写寄存器文件。

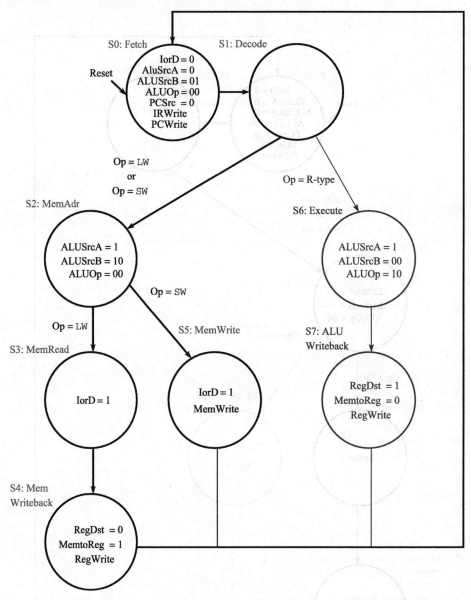

图 7-37　执行 R 类型操作

对于 beq 指令，处理器必须计算目的地址，并比较两个源寄存器来确定是否发生转移。这需要使用 ALU 两次，因此好像需要两个新的状态。然而，我们注意到在状态 S1 期间在读寄存器时，没有使用 ALU。处理器也可以在此时使用 ALU 通过将递增的 PC(PC + 4) 与 Sign-Imm × 4 相加来计算目的地址，如图 7-38 所示。ALUSrcA = 0，选择递增的 PC；ALUSrcB = 11，选择 SignImm × 4；ALUOp = 00，完成加法。目的地址存储在 ALUOut 中。如果指令不是 beq，计算的地址将不在随后的周期中使用，但是这个计算也没有坏处。在状态 S8，处理器通过减法并判断结果是否为 0 来比较两个寄存器。如果结果为 0，则处理器将转移到刚刚计算得到的地址。ALUSrcA = 1，选择寄存器 *A*；ALUSrcB = 00，选择寄存器 *B*；ALUOp = 01，执行减法；PCSrc = 1，从 ALUOut 取出目的地址；如果 ALU 结果为 0，则 Branch = 1，用这个地址更新 PC $^{\ominus}$。

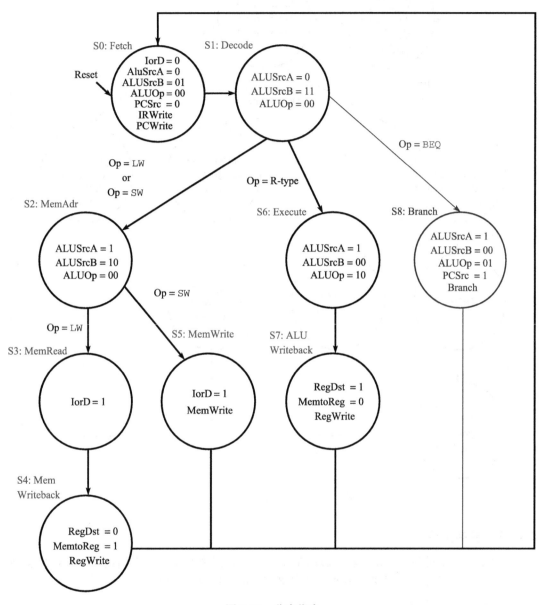

图 7-38　分支指令

将上述这些步骤合并在一起，图 7-39 显示了多周期处理器的完整的主控制器状态转换图。利用第 3 章所述的技术，将上述转换图转换为硬件是比较直观的，但工作量比较大。然而比较好的是，使用第 4 章所述的技术用硬件描述语言对 FSM 编码和综合。

$\ominus$　这里我们看到为什么需要 PCSrc 复用器从 ALUResult（在状态 S0）或 ALUOut（在状态 S8）选择 PC′。

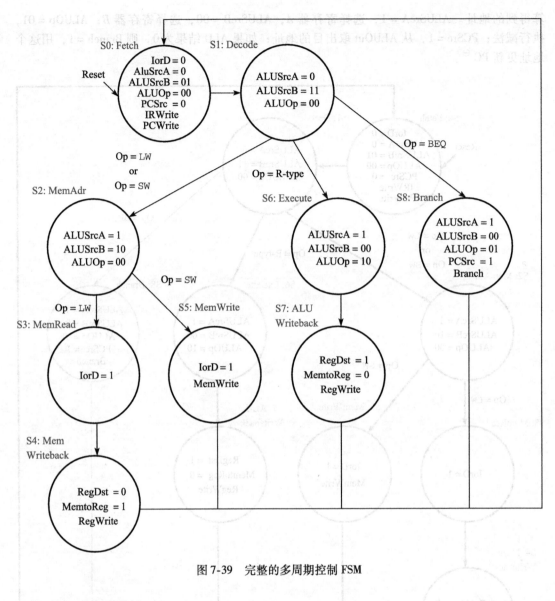

图 7-39 完整的多周期控制 FSM

7.4.3 更多指令

与 7.3.3 节中对单周期处理器所做的工作一样，我们现在将扩展多周期处理器以便支持 addi 和 j 指令。下面的两个例子说明了支持新指令的通用设计过程。

例 7.5 addi 指令

修改多周期处理器以便支持 addi 指令。

解： 数据路径已经提供了将寄存器与立即数相加的能力，因此我们所需要做的就是为 addi 指令给主控制器 FSM 增加一个新的状态，如图 7-40 所示。这些状态类似于 R 类型指令的状态。在状态 S9，寄存器 A 与 SignImm 相加（ALUSrcA = 1，ALUSrcB = 10，ALUOp = 00），其结果 ALUResult 存储在 ALUOut。在状态 S10，将 ALUOut 写入指令的 rt 字段指定的寄存器中（RegDst = 0，MemtoReg = 0，RegWrite 为有效）。精明的读者可能会发现 S2 和 S9 是相同的，可以合并为一个状态。

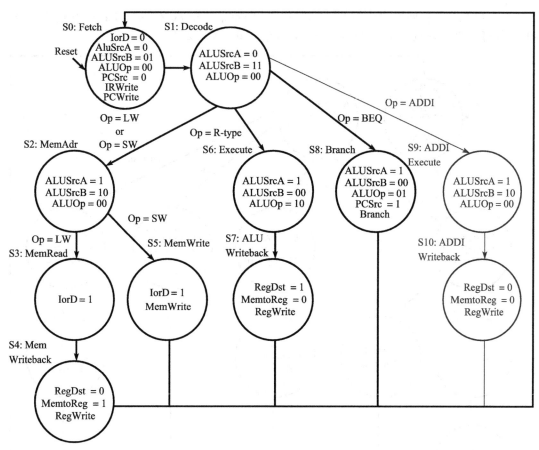

图 7-40　addi 指令的主控制器状态　◀

例 7.6 j 指令

修改多周期处理器以便支持 j 指令。

解：首先，我们必须修改数据路径，为 j 指令计算下一个 PC 值。然后，我们给主控制器增加一个新的状态来处理这条指令。

图 7-41 显示了扩展的数据路径。跳转目的地址由指令的 26 位 addr 字段左移 2 位得到，接着预先设计已经递增的 PC 的最高 4 位。扩展 PCSrc 复用器将此地址作为第三个输入。

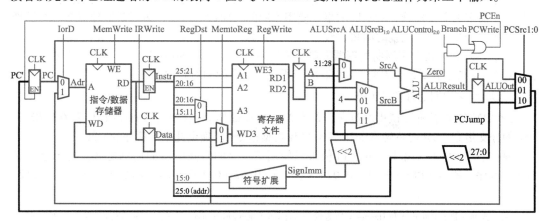

图 7-41　支持 j 指令的扩展的多周期 MIPS 数据路径

图 7-42 给出了扩展的主控制器。新状态 S11 简单地选择 PC′作为 PCJump 的值（PCSrc = 10），并写入 PC。注意，在 S0 和 S8 PCSrc 选择信号也扩展为 2 位。

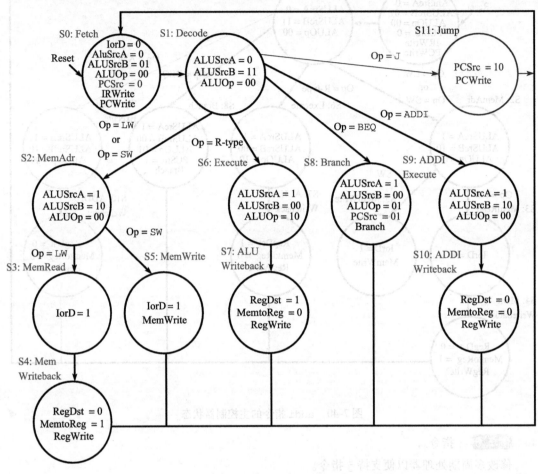

图 7-42　j 指令的主控制器状态

7.4.4　性能分析

指令的执行时间依赖于它使用的周期数和周期时间。单周期处理器在一个周期内执行所有的指令，而多周期处理器针对不同的指令使用不同的周期数。然而，多周期处理器在一个周期中的工作比较少，因此周期时间将比较短。

对于 beq 和 j 指令多周期处理器需要 3 个周期，对于 sw、addi 和 R 类型指令需要 4 个周期，对于 lw 指令需要 5 个周期。CPI 取决于所使用指令的相对频度。

例 7.7　多周期处理器的 CPI

SPECINT2000 基准测试程序包含了大约 25% 的存储器装入指令，10% 的存储器存储指令，11% 的分支指令，2% 的跳转指令和 52% 的 R 类型指令[⊖]。确定此基准程序的 CPI。

解：平均 CPI 是每条指令的 CPI 值乘以使用该指令的时间所占的比例之和。对于这个基准测试程序，平均 CPI = $(0.11 + 0.02) \times (3) + (0.52 + 0.10) \times (4) + (0.25) \times (5) = 4.12$。

⊖　数据来源于 Patterson 和 Hennessy 所著的《Computer Organization and Design》，the Edition，Morgan Kaufmann，2011.

这优于 CPI = 5 的最坏情况，在所有指令都需要相同运行时间的情况下，其 CPI 均处于此最坏情况。◀

在我们设计的多周期处理器中，每个周期包含一个 ALU 操作、存储器访问或寄存器文件访问。我们假设寄存器文件比存储器快，而且写存储器比读存储器快。考察数据路径可以发现两条可能限制周期时间的关键路径：

$$T_c = t_{pcq} + t_{mux} + \max(t_{ALU} + t_{mux}, t_{mem}) + t_{setup} \tag{7-4}$$

这些时间的数值结果将取决于特定的实现技术。

例 7.8 处理器性能比较

Ben Bitdiddle 正在考虑是否应该使用多周期处理器来代替单周期处理器。对这两个设计，他计划使用 65nm CMOS 工艺实现，其延迟由表 7-6 给出。请帮助他比较每个处理器执行 SPECINT2000 基准测试程 1000 亿条指令的执行时间（参见例 7.7）。

解：根据式(7-4)，多周期处理器的周期时间为 $T_{c2} = 30 + 25 + 250 + 20 = 325ps$。使用例 7.7 的结果，CPI 为 4.2，因此总的执行时间为 $T_2 = (100 \times 10^9 条指令) \times (4.12 周期/指令) \times (325 \times 10^{-12} 秒/周期) = 133.9 秒$。根据例 7.4，单周期处理器的周期时间为 $T_{c1} = 925ps$，CPI 为 1，因此总的执行时间为 92.5 秒。

设计多周期处理器的一个最初动机是避免所有的指令都按照最慢指令的速度执行。不幸的是，这个例子表明在给定 CPI 和电路元件延迟的情况下，多周期处理器的速度比单周期处理器慢。最根本的问题是即使最慢的指令 lw 被分成了 5 个步骤执行，但多周期处理器的周期时间也没有提高 5 倍。一部分原因是，并不是所有步骤都具有相同的长度；另一部分原因是，每个步骤必须增加寄存器 clk-to-Q 的 50ps 的序列开销和建立时间，而不只是针对整个指令一次。一般而言，工程师必须知道很难利用某些计算比其他计算快的事实，除非差别很大。

与单周期处理器相比，多周期处理器似乎更便宜，因为它减少了两个加法器，并将指令存储器和数据存储器合并为一个单元。然而，它需要 5 个非体系结构寄存器和更多的复用器。◀

398 ≀ 408

7.5 流水线处理器

3.6 节介绍的流水线技术是提高数字系统吞吐量的有效手段。通过将单周期处理器分解成 5 个流水线阶段来构成流水线处理器。因此，可以在每阶段流水线中同时执行 5 条指令。由于每阶段仅有整个逻辑的 1/5，所以时钟频率几乎可以提高 5 倍。因此，虽然每条指令的延迟并未改变，但理想情况下吞吐量可以提高 5 倍。微处理器每秒执行上百万甚至数十亿条指令，所以吞吐量比延迟更重要。流水线引入了一些开销，因此吞吐量不能达到理想要求的那么高，但是流水线依然有小成本的强大优势，所有现代高性能微处理器都使用流水线技术。

读/写存储器和寄存器文件、使用 ALU 通常构成处理器中的最大的延迟。我们选择 5 个流水线阶段，这样每一个阶段只完成一个慢操作。具体地，我们称这 5 个阶段为：取指令（Fetch）、译码（Decode）、执行（Execute）、存储器（Memory）和写回（Writeback）。它们类似于多周期处理器中执行 lw 指令的 5 个步骤。在取指阶段，处理器从指令存储器中读取指令。在译码阶段，处理器从寄存器文件中读取源操作数并对指令译码以便产生控制信号。在执行阶段，处理器使用 ALU 执行计算。在存储器阶段，处理器读或写数据存储器。最后，在写回阶段，如果需要，处理器将结果写回到寄存器文件。

图 7-43 显示了比较单周期处理器与流水线处理器的时序图。时间为水平轴，指令为垂直轴。时序图采用了表 7-6 的逻辑元件延迟，但是忽略了复用器和寄存器的延迟。在单周期处理

器中，如图 7-43a 所示，第一条指令从时间 0 开始读存储器；下一步，操作数从寄存器文件中
读出；接着 ALU 执行必要计算。最后，访问数据存储器，将结果在 950ps 后写回到寄存器文
件。第二条指令在第一条指令结束后开始执行。因此，在此时序图中，单周期处理器的指令延
迟为 $250 + 150 + 200 + 250 + 100 = 950ps$，而且吞吐量为每 950ps 执行 1 条指令（每秒执行 1.05×10^9 条指令）。

在图 7-43b 的流水线微处理器中，流水线阶段的长度由最慢阶段（这里为取指或存储器访
问）设置为 250ps。在时间 0，第一条指令从存储器中取出。在 250ps 时，第一条指令进入译码
阶段，并开始取第二条指令。在 500ps 时，第一条指令执行，第二条指令进入译码阶段，并取
出第三条指令。以此类推，直至所有的指令完成。指令延迟为 $5 \times 250 = 1250ps$。吞吐量为每
250ps 执行一条指令（每秒执行 4×10^9 条指令）。由于流水线阶段的划分不能完美地平均分配所
有的逻辑，所以流水线处理器的延迟将比单周期处理器长一些。类似地，5 阶段流水线也不能
比单周期处理器提高 5 倍的吞吐率。但是，其吞吐量的优势是非常明显的。

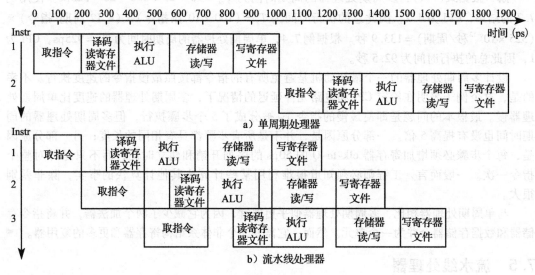

图 7-43 时序图

图 7-44 中给出了流水线操作的一个抽象视图，其中每阶段都采用图形表示。每阶段流水
线由它的主要组件（指令存储器（IM）、寄存器文件（RF）读、ALU 执行、数据存储器（DM）和寄
存器文件写回）来说明流经流水线的指令流。沿着每一行读，可以确定特定指令在每一阶段中
的时钟周。例如，sub 指令在周期 3 取指令，在周期 5 执行。沿着每一列读，可以确定在特定
周期不同流水线阶段的操作。例如，在周期 6，从指令存储器中取出 or 指令，在从寄存器文
件中读出 $s1 时，ALU 正在计算 $t5 AND $t6，数据存储器空闲，寄存器文件将和写入 $s3。
每阶段流水线用阴影表示它们正在使用。例如，数据存储器在周期 4 由 lw 指令使用，在周期 8
由 sw 指令使用。指令存储器和 ALU 在每个周期都使用。除了 sw 指令外，每条指令都写寄存
器文件。在流水线处理器中，在一个周期的前半部分写寄存器文件，在后半部分读寄存器文
件。这样，数据可以在一个周期内完成写入和读取。

流水线系统中的核心问题是化解冲突（Hazard）。在后一条指令需要前一条指令的计算结
果，而前一条指令还没有执行完时就会发生冲突。例如，如果图 7-44 中 add 指令使用 $s2，
而不是 $t2，将可能发生冲突，因为在 add 指令读取时，还没有由 lw 指令还没有将结果写入
寄存器 $s2。本节将研究重定向（Forwarding）、阻塞（Stall）和刷新（Flush）等化解冲突的方法。
最后，本节将再次对考虑了时序开销和冲突影响的性能进行分析。

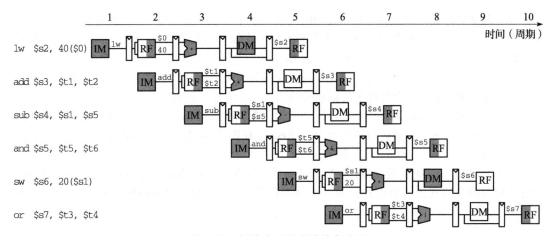

图 7-44　操作中的流水线抽象表示

7.5.1　流水线数据路径

流水线数据路径是由流水线寄存器将单周期处理器数据路径划分为 5 个阶段。图 7-45a 中给出了扩展单周期处理器数据路径给流水线寄存器留出位置。图 7-45b 则显示了插入 4 个流水线寄存器将数据路径分割成 5 个阶段以便形成流水线数据路径。阶段和边界用灰色表示。信号后面增加了一个后缀(F，D，E，M 和 W)用来标识它们属于哪个阶段。

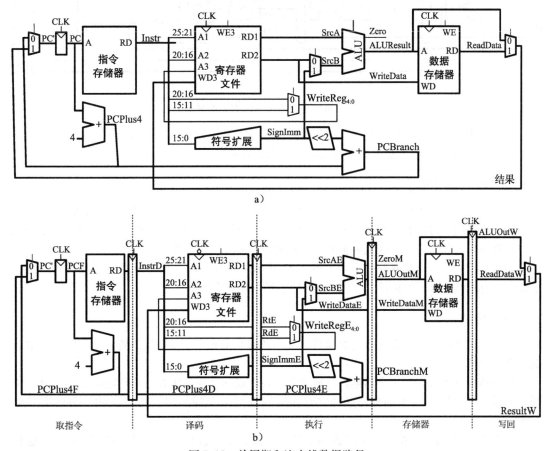

图 7-45　单周期和流水线数据路径

寄存器文件比较特殊, 因为它在译码阶段读取, 而在写回阶段写入。它画在译码阶段, 但是在写回阶段写入地址和数据。这个反馈带来的流水线冲突问题将在 7.5.3 中讨论。当 WD3 信号稳定时, 流水线处理器的寄存器文件在 CLK 的下降沿写入数据。

流水线中一个细微但重要的问题是, 与特定指令相关的所有信号都必须通过流水线一起向前传播。图 7-45b 中有一个与这个问题相关的错误, 你能发现它吗?

这个错误在写回阶段的寄存器文件写入逻辑。数据值来自 ResultW, ResultW 是写回阶段的信号。但是地址却来自执行阶段的信号 WriteRegE。在图 7-44 中的流水线图中, 在周期 5, lw 指令的结果就错误地写入 $s4 寄存器中, 而不是 $s2 寄存器。

图 7-46 给出了正确的数据路径。WriteReg 信号现在经过存储器和写回阶段沿流水线传递, 因此它将与指令的其他部分保持同步。在写回阶段 WriteRegW 和 ResultW 一起传送到寄存器文件。

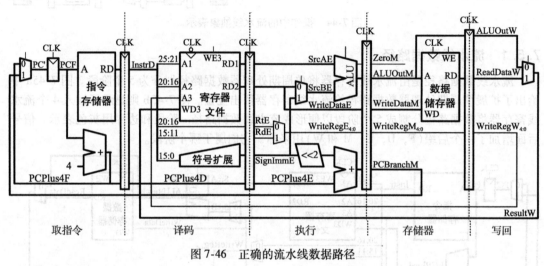

图 7-46   正确的流水线数据路径

细心的读者可能发现 PC′的逻辑也有问题, 因为它与取指阶段或存储器阶段的信号(PCPlus4F 和 PCBranchM)一起更新。这个控制冲突将在 7.5.3 节中修正。

7.5.2   流水线控制

流水线处理器与单周期处理器使用相同的控制信号, 因此它也可以使用相同的控制单元。控制单元在译码阶段检查指令的 opcode 和 funct 字段, 产生控制信号, 如 7.3.2 节介绍的。这些控制信号必须与数据一起流经流水线, 使它们与指令保持同步。

带控制信号的整个流水线处理器如图 7-47 所示。在 RegWrite 信号反馈回寄存器文件前它必须经过流水线进入写回阶段, 与图 7-46 中的 WriteReg 信号一样。

7.5.3   冲突

410
~
414

在流水线系统中, 多条指令同时执行。当一条指令依赖于还没有结束的另一条指令的结果时, 将发生冲突。

寄存器文件可以在同一个周期内完成读和写。假设写操作发生在一个周期的前半部分, 读操作发生在该周期的后半部分, 这样寄存器可以在同一个周期内执行写入和读出而不产生冲突。

图 7-48 指出当一条指令写寄存器 $s0 且后一条指令读这个寄存器时, 将产生冲突。这种冲突称为写后读(Read After Write, RAW)。add 指令在周期 5 的前半部分将结果写入 $s0。然

而，and 指令需要在周期 3 读 $s0，这将得到一个错误的值。or 指令在周期 4 读 $s0，它也将得到错误的值。sub 指令在周期 5 的后半部分读 $s0，可以得到正确的值，因为正确的值在周期 5 的前半部分已经写入。后续指令也可以获得 $s0 的正确值。这个图显示了当前一条指令写寄存器且后续两条指令的任何一条读这个寄存器时流水线可能会发生冲突。如果不做特殊的处理，流水线将计算错误的结果。

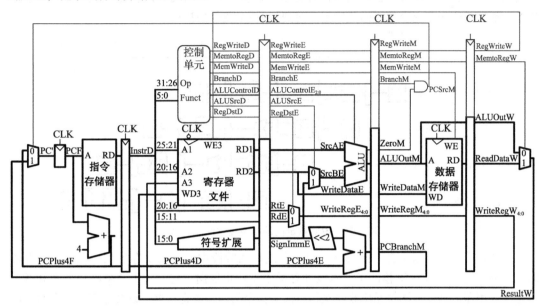

图 7-47 带控制信号的流水线处理器

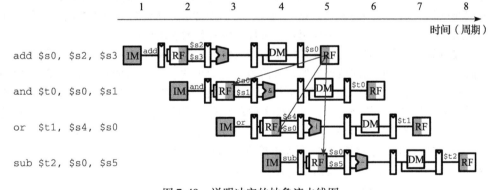

图 7-48 说明冲突的抽象流水线图

然而，对这个问题做进一步的分析可以发现，在周期 3 由 ALU 计算的 add 指令的和，直到在周期 4 ALU 使用它时，and 指令才需要它。原则上，我们应该能够将前一条指令的结果重定向给后一条指令来化解 RAW 类型冲突，而不降低流水线的性能。在本节后面讨论的情况中，我们可能必须阻塞流水线来暂停后续指令的执行，为前面指令获得计算结果赢得时间。无论何种情况，必须对流水线进行处理以便解决冲突问题，保证程序运行的正确性。

冲突可以分为数据冲突和控制冲突。在当一条指令试图读取前一条指令还未写回的寄存器时将发生数据冲突。在取指令时还未确定下一条指令应取的地址时将发生控制冲突。我们将在本节的后面为流水线处理器增加一个冲突单元以便发现和正确处理冲突，从而保证处理器能正确执行程序。

1. 使用重定向解决冲突

有些数据冲突可以通过将存储器访问阶段或写回阶段的结果重定向(forwarding)或旁路(bypassing)到执行阶段的相关指令来解决。这需要在 ALU 的前面增加复用器以便选择来自寄存器文件来的操作数,或存储器阶段或写回级阶段的结果。图 7-49 显示了基本的设计原理。在周期 4,将 $s0 寄存器从 and 指令的存储器阶段重定向到相关 and 指令的执行阶段。在周期 5,将 $s0 从 add 指令的写回阶段重定向到相关 or 指令的执行阶段。

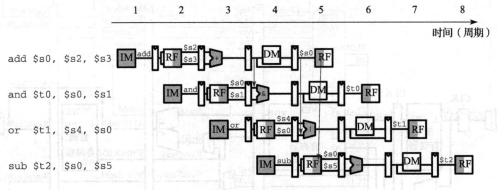

图 7-49 说明重定向的抽象流水线示意图

当执行阶段中的指令有一个与存储器阶段或写回阶段中的目的寄存器相匹配的源寄存器时,需要重定向。图 7-50 修改了流水线处理器来支持重定向。它增加了冲突检测单元和两个重定向复用器。冲突检测单元接收在执行阶段中指令的两个源寄存器,以及在存储器和写回阶段中指令的目的寄存器,它还从存储器阶段和写回阶段接收 RegWrite 信号以便明确是否要写目的寄存器(例如,sw 和 beq 指令不需要将结果写入寄存器文件,因此也不需要重定向结果)。注意 RegWrite 信号是按名字连接的。换句话说,为了保持电路图清楚不再将控制信号用长线从顶端连接到低端的冲突部件,而是使用一个带控制信号名的短线连接。

冲突检测单元为重定向复用器计算控制信号以便确定选择来自寄存器文件的操作数,还是来自存储器阶段或写回阶段的结果。如果某阶段将写目的寄存器且目的寄存器匹配源寄存器,则重定向该级阶段结果。然而,$0 硬连接为 0,因此它不需要重定向。如果存储器阶段和写回阶段同时包含匹配的目的寄存器,则存储器阶段具有更高的优先级,因为它包含了更新的执行指令的结果。总之,针对 SrcA 的重定向逻辑功能如下式所示。针对 SrcB 的重定向逻辑(ForwardBE)与之类似,除了它检查 rt 寄存器不检查 rs 寄存器外。

```
if      ((rsE != 0) AND (rsE == WriteRegM) AND RegWriteM) then
                            ForwardAE = 10
else if ((rsE != 0) AND (rsE == WriteRegW) AND RegWriteW) then
                            ForwardAE = 01
else                        ForwardAE = 00
```

2. 使用阻塞解决冲突

当在执行阶段计算指令结果时,使用重定向解决 RAW 数据冲突就足够了,因为它的结果可以重定向到后一条指令的执行阶段。但是,lw 指令直到存储器阶段后才能完成读数据,因此它的结果不能重定向到下一条指令的执行阶段。我们说 lw 指令有两个周期延迟,因为相关指令直到两个周期后才能使用它的结果。图 7-51 说明了这个问题。lw 指令在周期 4 的结尾才从存储器中接收数据。但是 and 指令周期 4 的开始时就需要这个数据作为源操作数。使用重定向无法解决这种冲突。

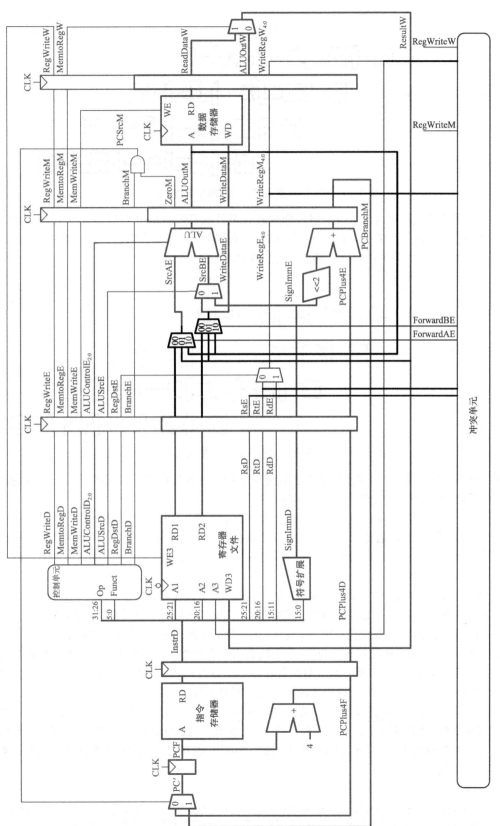

图7-50 利用重定向解决冲突的流水线处理器

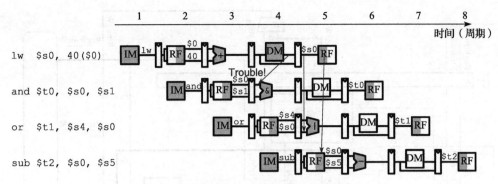

图 7-51　说明 lw 重定向问题的抽象流水线图

　　另一种解决方法是阻塞流水线，将操作挂起直至数据有效时。图 7-52 显示了在译码阶段阻塞相关指令（and）。该指令（and）在周期 3 进入译码阶段，并一直阻塞直到周期 4。在此过程中，后续的 or 指令必须也保持在取指阶段，因为译码阶段已经满了。

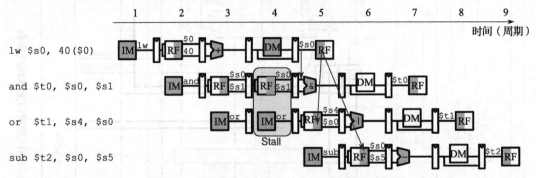

图 7-52　通过阻塞方式解决冲突的抽象流水线图

　　在周期 5，结果从 lw 的写回阶段重定向到 and 指令的执行阶段。在周期 6，or 指令的源 $s0 寄存器直接从寄存器文件中读，而不需要重定向。

　　注意执行阶段在周期 4 没有使用。与之类似，存储器阶段和写回阶段也分别在周期 5 和周期 6 中没有使用。这种沿着流水线传播的未使用阶段称为气泡（bubble），它的行为类似于 nop 指令。气泡的产生是由在译码阶段阻塞时对执行阶段产生无效的控制信号，使得气泡不执行操作，也不修改体系结构状态。

　　总之，可以通过禁止流水线寄存器来阻塞某个阶段，使得寄存器的内容不改变。当某阶段流水线被阻塞时，所有前面的各阶段也都应该被阻塞，这样后续的指令就不会丢失。在阻塞阶段后的流水线寄存器必须清除，防止错误信息传播重定向。阻塞降低性能，因此它们只有在必需时才能使用。

　　图 7-53 修改了流水线处理器，为 lw 指令的数据相关性增加阻塞功能。冲突单元检查执行阶段中的指令。如果它是 lw 指令且其目的寄存器 rtE 匹配译码阶段中指令的任意一个源操作数（rsD 或 rtD），则指令必须在译码阶段阻塞直至源操作数准备好。

　　通过给取指阶段和译码阶段流水线寄存器增加使能输入（EN）以及给执行阶段流水线寄存器增加同步复位/清除（CLR）来支持阻塞。当 lw 阻塞出现时，StallD 和 StallF 信号有效，迫使译码阶段和取指阶段流水线寄存器保持原来的值。FlushE 也有效，清除执行阶段流水线寄存器的内容，产生气泡[⊖]。

　　⊖　严格地讲，只有寄存器名（RsE、RtE 和 RdE）以及可能改变存储器或体系结构状态的控制信号（RegWrite、MemWrite 和 Branch）需要清除。一旦这些信号被清除了，气泡可能包含不产生作用的随机数据。

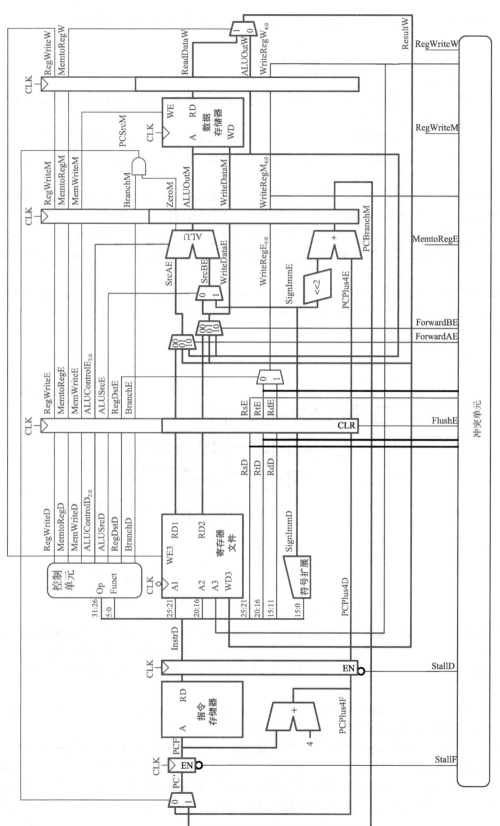

图7-53 通过阻塞方式解决 lw 指令数据冲突的流水线处理器

对于 lw 指令，MemtoReg 信号将变为有效。因此，计算阻塞和刷新的逻辑为：

lwstall = ((rsD == rtE) OR (rtD == rtE)) AND MemtoRegE
StallF = StallD = FlushE = lwstall

3. 解决控制冲突

beq 指令将产生控制冲突，因为在取下一条指令时分支是否发生还尚未确定，所以流水线处理器不知道取哪条指令。

处理控制冲突的一种机制是阻塞流水线直到确定分支是否发生为止（计算出 PCSrc）。因为确定分支是在存储器阶段完成的，所以流水线将在每个分支阻塞 3 个周期。这将严重降低系统的性能。

另一种解决方法是预测分支是否发生，并基于该预测来执行指令。一旦确定发生分支，如果预测是错误的，则处理器将抛弃这条错误的指令。尤其是，假设我们预测所有的分支都不会发生而只是简单地按顺序执行程序。如果分支的确发生了，则分支指令后的 3 条指令将通过清除这些指令的流水线寄存器来刷新（抛弃）。这些浪费的指令周期称为分支错误预测代价（branch misprediction penalty）。

图 7-54 显示了这样的机制，其中从地址 20 ～ 64 的分支将发生。这个分支决策在周期 4 中确定，此时 and、or 和 sub 指令（地址分别为 24、28 和 2C）已经取出。这些指令必须刷新，并且在周期 5 从地址 64 取出 slt 指令。这已经有所改进，但是当分支发生刷新很多指令仍然降低了性能。

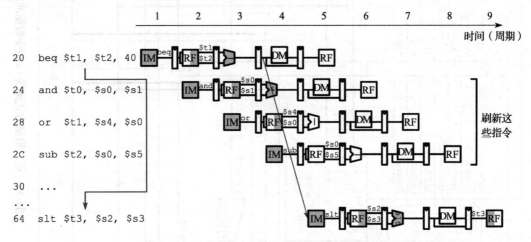

图 7-54　当分支发生时刷新操作的抽象流水线图

如果能尽早确定是否发生分支可以减少分支错误预测代价。确定分支仅需要比较两个寄存器是否相等。使用一个专门的相等比较器比执行减法和 0 检测快很多。如果比较器足够快，可以将其放到译码阶段，这样从寄存器文件中读操作数并比较，就可以在译码阶段结束时确定下一个 PC。

图 7-55 显示了在周期 2 尽早完成分支判断的流水线操作。在周期 3，刷新 and 指令且取出 slt 指令。此时，分支错误预测代价已经从 3 条指令减少到 1 条。

图 7-56 修改了流水线处理器以便尽早完成分支判断并处理控制冲突。在译码级增加了一个相等比较器，而且 PCSrc 与门也移到前面，这样 PCSrc 就在译码阶段确定而不是在存储器阶段。PCBranch 加法器也必须移到译码阶段，这样可以及时计算目的地址。需要增加连接 PCSrcD 的同步清除输入（CLR）到流水线寄存器，从而当分支发生时可以清除不正确的预取指令。

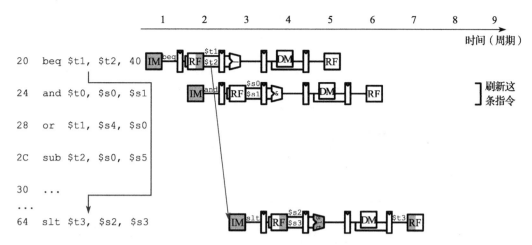

图 7-55   尽早确定分支的抽象流水线图

　　不幸的是，提前确定分支的硬件会产生新的 RAW 数据冲突。特别是，如果分支指令的一个源操作数由前一条指令计算得到且还没有写入寄存器文件，分支指令将从寄存器文件中读取错误的操作数值。我们可以采用前面所介绍的方法来解决数据冲突（如果数据有效则进行转发，或者阻塞流水线直至数据准备好）。

　　图 7-57 显示了对流水线处理器的修改以便解决在译码阶段的数据相关性。如果结果在写回阶段，它将在前半周期写入寄存器，而在后半周期进行读操作，所以此时不存在冲突。如果 ALU 指令的结果在存储器阶段，可以将它通两个新的复用器重定向到相等比较器。如果 ALU 指令的结果在执行阶段或者 lw 指令的结果在存储器阶段，则流水线必须在译码阶段阻塞直至结果准备好。

　　译码阶段重定向逻辑如下式给出。

```
ForwardAD = (rsD != 0) AND (rsD == WriteRegM) AND RegWriteM
ForwardBD = (rtD != 0) AND (rtD == WriteRegM) AND RegWriteM
```

　　分支的阻塞检测逻辑如下式所示。处理器必须在译码阶段完成分支判断。如果分支指令的源寄存器依赖于处于执行阶段的 ALU 指令，或者依赖与存储器阶段的 lw 指令，处理器必须阻塞直至源操作数准备好。

```
branchstall =
    BranchD AND RegWriteE AND (WriteRegE == rsD OR WriteRegE == rtD)
                              OR
    BranchD AND MemtoRegM AND (WriteRegM == rsD OR WriteRegM == rtD)
```

　　现在处理器阻塞可以会由于装入或分支冲突：

```
StallF = StallD = FlushE = lwstall OR branchstall
```

4. 冲突总结

　　总之，当一条指令依赖于另一条指令的结果，而此结果还未写入寄存器文件时，将产生 RAW 数据冲突。解决数据冲突的方法有两种：如果结果足够快地计算出来，则可以采用重定向方法；否则阻塞流水线直至结果可以使用。在必须取下一条指令时还不能确定应该取哪条指令时将发生控制冲突。控制冲突可以通过下述方法解决：预测应该取哪条指令，如果后来确定预测是错误的则刷新流水线。尽量将分支确定过程提前可以减少错误预测时刷新的指令数目。你可以发现，设计流水线处理器的主要挑战是，理解指令之间所有可能的相互关系并发现可能存在的所有冲突。图 7-58 显示了可以处理所有冲突的完整的流水线处理器。

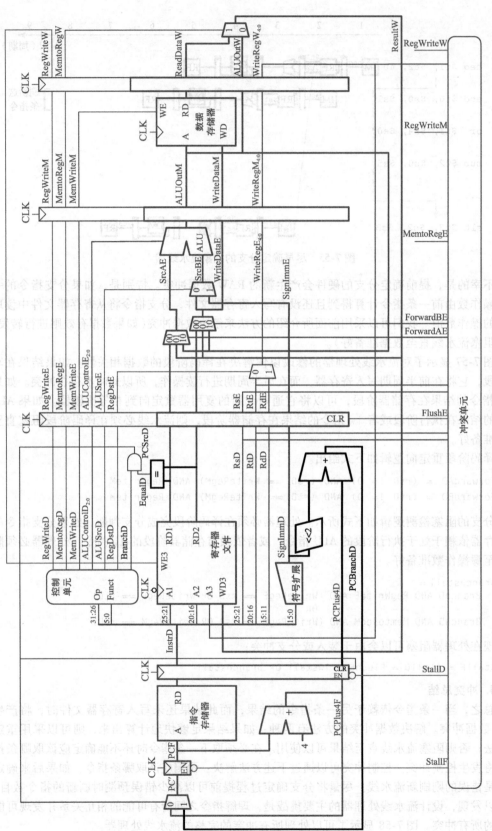

图7-56 处理分支控制冲突的流水线处理器

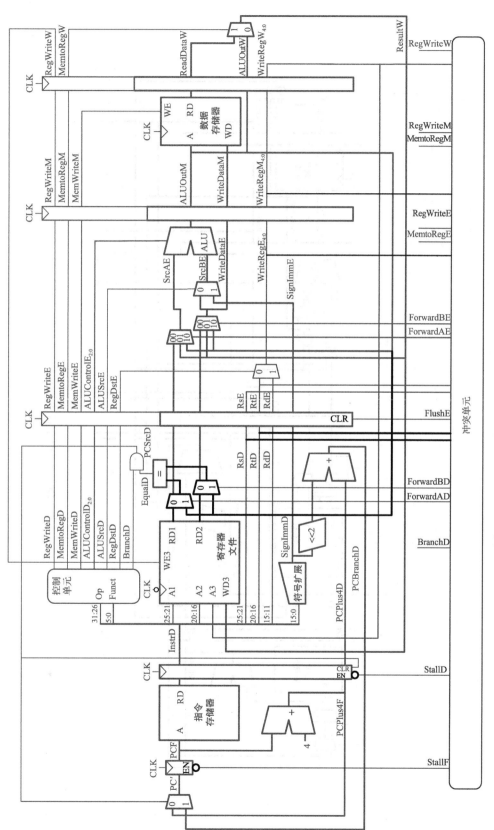

图7-57 处理分支指令数据相关性的流水线处理器

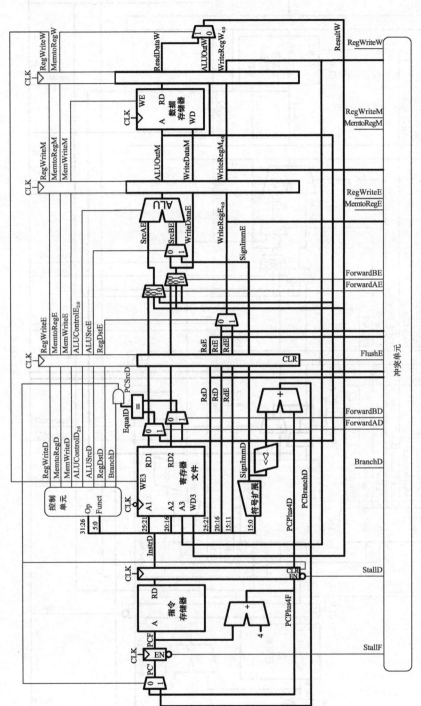

图7-58 处理所有冲突的流水线处理器

7.5.4 更多指令

在流水线处理器中增加新指令非常类似于在单周期处理器中增加新指令。然而，必须检测和解决新指令所带来的冲突。

尤其是，在流水线处理器上增加 addi 指令和 j 指令需要扩展控制器，如 7.3.3 节中所述，给分支复用器后面的数据路径增加一个跳转复用器。类似于分支，跳转也在译码阶段发生，所以在取指阶段的后续指令也必须刷新。这个刷新逻辑的设计留作习题 7.35。

7.5.5 性能分析

理想的流水线处理器的 CPI 应该为 1，因为每个周期都发布一条指令。然而阻塞或刷新浪费一个周期，所以 CPI 将稍高一些，并与执行的具体程序密切相关。

例 7.9 流水线处理器 CPI

例 7.7 考虑的 SPECINT2000 基准测试程序包含了大约 25% 的装入指令、10% 的存储指令、11% 的分支指令，2% 的跳转指令和 52% 的 R 类型指令。假设 40% 的装入指令后面的指令需要使用其结果，需要阻塞，而且 1/4 的分支预测错误，需要刷新。假设转移指令需要总是刷新后续指令。忽略其他冲突。请计算流水线处理器的平均 CPI。

解： 平均 CPI 是每条指令的 CPI 乘以其所占时间的比例。装入指令当不存在相关性时需要一个周期，在有相关性时需要两个周期，因此其 CPI 为 $0.6 \times 1 + 0.4 \times 2 = 1.4$。分支指令在预测正确时需要一个周期，在预测错误时需要两个周期，因此其 CPI 为 $0.75 \times 1 + 0.25 \times 2 = 1.25$。跳转指令的 CPI 总是为 2。其他指令的 CPI 均为 1。因此，对于此基准测试程序，平均 CPI 为 $0.25 \times 1.4 + 0.1 \times 1 + 0.11 \times 1.25 + 0.52 \times 1 = 1.15$。

我们可以通过考虑图 7-58 中显示的 5 个流水线阶段的每个阶段的关键路径来确定周期时间。寄存器文件在写回周期的前半部分写入，在译码周期中的后半部分读出。因此，译码阶段和写回阶段的周期时间是完成半个周期工作所需时间的 2 倍。

$$T_c = \max \begin{cases} t_{pcq} + t_{mem} + t_{setup} & \text{取指令} \\ 2(t_{RFread} + t_{mux} + t_{eq} + t_{AND} + t_{mux} + t_{setup}) & \text{译码} \\ t_{pcq} + t_{mux} + t_{mux} + t_{ALU} + t_{setup} & \text{执行} \\ t_{pcq} + t_{memwrite} + t_{setup} & \text{存储器} \\ 2(t_{pcq} + t_{mux} + t_{RFwrite}) & \text{写回} \end{cases} \tag{7-5}$$

例 7.10 处理器性能比较

Ben Bitddle 需要将流水线处理器的性能与例 7.8 中的单周期处理器和多周期处理器的性能进行比较。大部分的逻辑延迟在表 7-6 中给出。其他元件包括：相等比较器的延迟为 40ps，与门为 15ps，寄存器文件写为 100ps，存储器写为 220ps。请帮助 Ben 比较在每种处理器上执行 SPECINT2000 基准测试程序的 10^{10} 条指令的时间。

解： 根据式(7-5)，流水线处理器的周期时间为 $T_{c3} = \max[30 + 250 + 20, 2(150 + 25 + 40 + 15 + 25 + 20), 30 + 25 + 25 + 200 + 20, 30 + 220 + 20, 2(30 + 25 + 100)] = 550\text{ps}$。根据式(7-1)，总的执行时间为 $T_3 = (10^9$ 条指令$) \times (1.15$ 周期/指令$) \times (550 \times 10^{-12}$ 秒/周期$) = 63.3$ 秒。将它与单周期处理器的 92.5 秒和多周期处理器的 133.9 秒比较。

流水线处理器明显比其他处理器更快。然而，它相对于单周期处理器的优势不是理想的 5 阶流水线所带来的 5 倍加速比。流水线冲突导致了比较小的 CPI 开销。更为显著的是，寄存器的时序开销（包括 clk-to-Q 和建立时间）对每个流水线阶段都有影响，而不只是整个数据路径。

时序开销限制了可能从流水线得到的益处。

细心的读者可能已经，发现译码阶段明显比其他阶段都慢，因为寄存器读、分支比较都需要在半个周期内完成。也许将分支比较放到译码阶段不是一个好的主意。如果在执行阶段完成分支判断，则 CPI 有少量增加，因为错误预测刷新 2 条指令，但周期时间将显著减少，提升了总的加速比。

流水线处理器的硬件需求类似与单周期处理器，但它增加大量的流水线寄存器和用于解决冲突的复用器和控制逻辑。

7.6 硬件描述语言表示 *

本节介绍单周期 MIPS 处理器的硬件描述语言代码，该处理器可以支持本章所介绍的所有指令，包括 addi 和 j 指令。对于中等复杂程度的系统，这些代码可以作为一个良好的编码练习。对于多周期处理器和流水线处理器的硬件描述语言代码留作习题 7.25 和习题 7.40。

在本节中，指令和数据存储器与主处理器分离，通过地址和数据总线连接。这样将更加符合实际情况，因为现代真实的处理器都有外部存储器。这也说明了处理器如何与外部世界进行通信。

处理器包括了数据路径和控制器。控制器由主译码器和 ALU 译码器构成。图 7-59 显示了具有外部存储器接口的单周期 MIPS 处理器的框图。

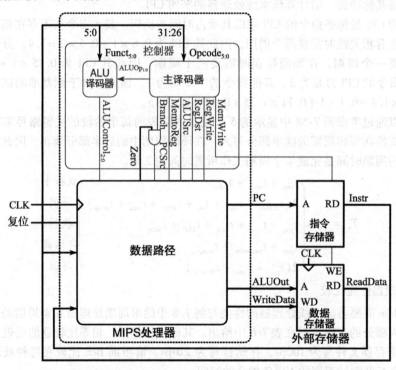

图 7-59　具有外部存储器接口的 MIPS 单周期处理器

硬件描述语言代码分为多个部分。7.6.1 节提供了单周期处理器数据路径和控制器的 HDL。7.6.2 节描述微结构中的通用模块，如寄存器、复用器等。7.6.3 节介绍基准测试程序和外部存储器。硬件描述语言的电子版本可以从本书的网站上下载(请参见前言)。

7.6.1　单周期处理器

单周期 MIPS 处理器的主模块由下述硬件描述语言例子给出。

HDL 例 7.1 单周期 MIPS 处理器

SystemVerilog

```systemverilog
module mips(input  logic        clk, reset,
            output logic [31:0] pc,
            input  logic [31:0] instr,
            output logic        memwrite,
            output logic [31:0] aluout, writedata,
            input  logic [31:0] readdata);

  logic        memtoreg, alusrc, regdst,
               regwrite, jump, pcsrc, zero;
  logic [2:0] alucontrol;

  controller c(instr[31:26], instr[5:0], zero,
               memtoreg, memwrite, pcsrc,
               alusrc, regdst, regwrite, jump,
               alucontrol);
  datapath dp(clk, reset, memtoreg, pcsrc,
              alusrc, regdst, regwrite, jump,
              alucontrol,
              zero, pc, instr,
              aluout, writedata, readdata);
endmodule
```

VHDL

```vhdl
library IEEE; use IEEE.STD_LOGIC_1164.all;

entity mips is -- single cycle MIPS processor
  port(clk, reset:       in  STD_LOGIC;
       pc:               out STD_LOGIC_VECTOR(31 downto 0);
       instr:            in  STD_LOGIC_VECTOR(31 downto 0);
       memwrite:         out STD_LOGIC;
       aluout, writedata: out STD_LOGIC_VECTOR(31 downto 0);
       readdata:         in  STD_LOGIC_VECTOR(31 downto 0));
end;

architecture struct of mips is
  component controller
    port(op, funct:          in  STD_LOGIC_VECTOR(5 downto 0);
         zero:               in  STD_LOGIC;
         memtoreg, memwrite: out STD_LOGIC;
         pcsrc, alusrc:      out STD_LOGIC;
         regdst, regwrite:   out STD_LOGIC;
         jump:               out STD_LOGIC;
         alucontrol:         out STD_LOGIC_VECTOR(2 downto 0));
  end component;
  component datapath
    port(clk, reset:         in  STD_LOGIC;
         memtoreg, pcsrc:    in  STD_LOGIC;
         alusrc, regdst:     in  STD_LOGIC;
         regwrite, jump:     in  STD_LOGIC;
         alucontrol:         in  STD_LOGIC_VECTOR(2 downto 0);
         zero:               out STD_LOGIC;
         pc:                 buffer STD_LOGIC_VECTOR(31 downto 0);
         instr:              in  STD_LOGIC_VECTOR(31 downto 0);
         aluout, writedata:  buffer STD_LOGIC_VECTOR(31 downto 0);
         readdata:           in  STD_LOGIC_VECTOR(31 downto 0));
  end component;
  signal memtoreg, alusrc, regdst, regwrite, jump, pcsrc: STD_LOGIC;
  signal zero: STD_LOGIC;
  signal alucontrol: STD_LOGIC_VECTOR(2 downto 0);
begin
  cont: controller port map(instr(31 downto 26),
                            instr(5 downto 0), zero, memtoreg,
                            memwrite, pcsrc, alusrc, regdst,
                            regwrite, jump, alucontrol);
  dp: datapath port map(clk, reset, memtoreg, pcsrc, alusrc,
                        regdst, regwrite, jump, alucontrol,
                        zero, pc, instr, aluout, writedata,
                        readdata);
end;
```

HDL 例 7.2 控制器

SystemVerilog

```systemverilog
module controller(input  logic [5:0] op, funct,
                  input  logic       zero,
                  output logic       memtoreg, memwrite,
                  output logic       pcsrc, alusrc,
                  output logic       regdst, regwrite,
                  output logic       jump,
                  output logic [2:0] alucontrol);

  logic [1:0] aluop;
  logic       branch;

  maindec md(op, memtoreg, memwrite, branch,
             alusrc, regdst, regwrite, jump, aluop);
  aludec ad(funct, aluop, alucontrol);

  assign pcsrc = branch & zero;
endmodule
```

VHDL

```vhdl
library IEEE; use IEEE.STD_LOGIC_1164.all;

entity controller is -- single cycle control decoder
  port(op, funct:          in  STD_LOGIC_VECTOR(5 downto 0);
       zero:               in  STD_LOGIC;
       memtoreg, memwrite: out STD_LOGIC;
       pcsrc, alusrc:      out STD_LOGIC;
       regdst, regwrite:   out STD_LOGIC;
       jump:               out STD_LOGIC;
       alucontrol:         out STD_LOGIC_VECTOR(2 downto 0));
end;

architecture struct of controller is
  component maindec
    port(op:                 in  STD_LOGIC_VECTOR(5 downto 0);
         memtoreg, memwrite: out STD_LOGIC;
         branch, alusrc:     out STD_LOGIC;
         regdst, regwrite:   out STD_LOGIC;
         jump:               out STD_LOGIC;
         aluop:              out STD_LOGIC_VECTOR(1 downto 0));
  end component;
  component aludec
    port(funct:      in  STD_LOGIC_VECTOR(5 downto 0);
```

```
                                    aluop:         in  STD_LOGIC_VECTOR(1 downto 0);
                                    alucontrol: out STD_LOGIC_VECTOR(2 downto 0));
                         end component;
                         signal aluop:  STD_LOGIC_VECTOR(1 downto 0);
                         signal branch: STD_LOGIC;
                      begin
                         md: maindec port map(op, memtoreg, memwrite, branch,
                                                alusrc, regdst, regwrite, jump, aluop);
                         ad: aludec port map(funct, aluop, alucontrol);

                         pcsrc <= branch and zero;
                      end;
```

HDL 例 7.3　主译码器

SystemVerilog	VHDL

```systemverilog
module maindec(input  logic [5:0] op,
               output logic       memtoreg, memwrite,
               output logic       branch, alusrc,
               output logic       regdst, regwrite,
               output logic       jump,
               output logic [1:0] aluop);

  logic [8:0] controls;

  assign {regwrite, regdst, alusrc, branch, memwrite,
          memtoreg, jump, aluop} = controls;

  always_comb
    case(op)
      6'b000000: controls <= 9'b110000010; // RTYPE
      6'b100011: controls <= 9'b101001000; // LW
      6'b101011: controls <= 9'b001010000; // SW
      6'b000100: controls <= 9'b000100001; // BEQ
      6'b001000: controls <= 9'b101000000; // ADDI
      6'b000010: controls <= 9'b000000100; // J
      default:   controls <= 9'bxxxxxxxxx; // illegal op
    endcase
endmodule
```

```vhdl
library IEEE; use IEEE.STD_LOGIC_1164.all;

entity maindec is -- main control decoder
  port(op:                in  STD_LOGIC_VECTOR(5 downto 0);
       memtoreg, memwrite: out STD_LOGIC;
       branch, alusrc:     out STD_LOGIC;
       regdst, regwrite:   out STD_LOGIC;
       jump:               out STD_LOGIC;
       aluop:              out STD_LOGIC_VECTOR(1 downto 0));
end;

architecture behave of maindec is
  signal controls: STD_LOGIC_VECTOR(8 downto 0);
begin
  process(all) begin
    case op is
      when "000000" => controls <= "110000010"; -- RTYPE
      when "100011" => controls <= "101001000"; -- LW
      when "101011" => controls <= "001010000"; -- SW
      when "000100" => controls <= "000100001"; -- BEQ
      when "001000" => controls <= "101000000"; -- ADDI
      when "000010" => controls <= "000000100"; -- J
      when others   => controls <= "---------"; -- illegal op
    end case;
  end process;

  (regwrite, regdst, alusrc, branch, memwrite,
   memtoreg, jump, aluop(1 downto 0)) <= controls;
end;
```

HDL 例 7.4　ALU 译码器

SystemVerilog	VHDL

```systemverilog
module aludec(input  logic [5:0] funct,
              input  logic [1:0] aluop,
              output logic [2:0] alucontrol);

  always_comb
    case(aluop)
      2'b00: alucontrol <= 3'b010; // add (for lw/sw/addi)
      2'b01: alucontrol <= 3'b110; // sub (for beq)
      default: case(funct)        // R-type instructions
        6'b100000: alucontrol <= 3'b010; // add
        6'b100010: alucontrol <= 3'b110; // sub
        6'b100100: alucontrol <= 3'b000; // and
        6'b100101: alucontrol <= 3'b001; // or
        6'b101010: alucontrol <= 3'b111; // slt
        default:   alucontrol <= 3'bxxx; // ???
      endcase
    endcase
endmodule
```

```vhdl
library IEEE; use IEEE.STD_LOGIC_1164.all;

entity aludec is -- ALU control decoder
  port(funct:      in  STD_LOGIC_VECTOR(5 downto 0);
       aluop:      in  STD_LOGIC_VECTOR(1 downto 0);
       alucontrol: out STD_LOGIC_VECTOR(2 downto 0));
end;

architecture behave of aludec is
begin
  process(all) begin
    case aluop is
      when "00" => alucontrol <= "010"; -- add (for lw/sw/addi)
      when "01" => alucontrol <= "110"; -- sub (for beq)
      when others => case funct is     -- R-type instructions
        when "100000" => alucontrol <= "010"; -- add
        when "100010" => alucontrol <= "110"; -- sub
        when "100100" => alucontrol <= "000"; -- and
        when "100101" => alucontrol <= "001"; -- or
        when "101010" => alucontrol <= "111"; -- slt
        when others   => alucontrol <= "---"; -- ???
      end case;
    end case;
  end process;
end;
```

HDL 例 7.5　数据路径

SystemVerilog

```systemverilog
module datapath(input  logic        clk, reset,
                input  logic        memtoreg, pcsrc,
                input  logic        alusrc, regdst,
                input  logic        regwrite, jump,
                input  logic [2:0]  alucontrol,
                output logic        zero,
                output logic [31:0] pc,
                input  logic [31:0] instr,
                output logic [31:0] aluout, writedata,
                input  logic [31:0] readdata);

  logic [4:0]  writereg;
  logic [31:0] pcnext, pcnextbr, pcplus4, pcbranch;
  logic [31:0] signimm, signimmsh;
  logic [31:0] srca, srcb;
  logic [31:0] result;

  // next PC    logic
  flopr #(32) pcreg(clk, reset, pcnext, pc);
  adder       pcadd1(pc, 32'b100, pcplus4);
  sl2         immsh(signimm, signimmsh);
  adder       pcadd2(pcplus4, signimmsh, pcbranch);
  mux2 #(32)  pcbrmux(pcplus4, pcbranch, pcsrc, pcnextbr);
  mux2 #(32)  pcmux(pcnextbr, {pcplus4[31:28],
                    instr[25:0], 2'b00}, jump, pcnext);

  // register file logic
  regfile     rf(clk, regwrite, instr[25:21], instr[20:16],
                 writereg, result, srca, writedata);
  mux2 #(5)   wrmux(instr[20:16], instr[15:11],
                    regdst, writereg);
  mux2 #(32)  resmux(aluout, readdata, memtoreg, result);
  signext     se(instr[15:0], signimm);

  // ALU logic
  mux2 #(32)  srcbmux(writedata, signimm, alusrc, srcb);
  alu         alu(srca, srcb, alucontrol, aluout, zero);
endmodule
```

VHDL

```vhdl
library IEEE; use IEEE.STD_LOGIC_1164.all;
use IEEE.STD_LOGIC_ARITH.all;

entity datapath is -- MIPS datapath
  port(clk, reset:             in  STD_LOGIC;
       memtoreg, pcsrc:        in  STD_LOGIC;
       alusrc, regdst:         in  STD_LOGIC;
       regwrite, jump:         in  STD_LOGIC;
       alucontrol:             in  STD_LOGIC_VECTOR(2 downto 0);
       zero:                   out STD_LOGIC;
       pc:                     buffer STD_LOGIC_VECTOR(31 downto 0);
       instr:                  in  STD_LOGIC_VECTOR(31 downto 0);
       aluout, writedata:      buffer STD_LOGIC_VECTOR(31 downto 0);
       readdata:               in  STD_LOGIC_VECTOR(31 downto 0));
end;

architecture struct of datapath is
  component alu
    port(a, b:        in  STD_LOGIC_VECTOR(31 downto 0);
         alucontrol:  in  STD_LOGIC_VECTOR(2 downto 0);
         result:      buffer STD_LOGIC_VECTOR(31 downto 0);
         zero:        out STD_LOGIC);
  end component;
  component regfile
    port(clk:         in  STD_LOGIC;
         we3:         in  STD_LOGIC;
         ra1, ra2, wa3: in  STD_LOGIC_VECTOR(4 downto 0);
         wd3:         in  STD_LOGIC_VECTOR(31 downto 0);
         rd1, rd2:    out STD_LOGIC_VECTOR(31 downto 0));
  end component;
  component adder
    port(a, b: in  STD_LOGIC_VECTOR(31 downto 0);
         y:    out STD_LOGIC_VECTOR(31 downto 0));
  end component;
  component sl2
    port(a: in  STD_LOGIC_VECTOR(31 downto 0);
         y: out STD_LOGIC_VECTOR(31 downto 0));
  end component;
  component signext
    port(a: in  STD_LOGIC_VECTOR(15 downto 0);
         y: out STD_LOGIC_VECTOR(31 downto 0));
  end component;
  component flopr generic(width: integer);
    port(clk, reset: in  STD_LOGIC;
         d:          in  STD_LOGIC_VECTOR(width-1 downto 0);
         q:          out STD_LOGIC_VECTOR(width-1 downto 0));
  end component;
  component mux2 generic(width: integer);
    port(d0, d1: in  STD_LOGIC_VECTOR(width-1 downto 0);
         s:      in  STD_LOGIC;
         y:      out STD_LOGIC_VECTOR(width-1 downto 0));
  end component;
  signal  writereg:            STD_LOGIC_VECTOR(4 downto 0);
  signal  pcjump, pcnext,
          pcnextbr, pcplus4,
          pcbranch:            STD_LOGIC_VECTOR(31 downto 0);
  signal  signimm, signimmsh:  STD_LOGIC_VECTOR(31 downto 0);
  signal  srca, srcb, result:  STD_LOGIC_VECTOR(31 downto 0);
begin
  -- next PC logic
  pcjump <= pcplus4(31 downto 28) & instr(25 downto 0) & "00";
  pcreg: flopr generic map(32) port map(clk, reset, pcnext, pc);
  pcadd1: adder port map(pc, X"00000004", pcplus4);
  immsh: sl2 port map(signimm, signimmsh);
  pcadd2: adder port map(pcplus4, signimmsh, pcbranch);
  pcbrmux: mux2 generic map(32) port map(pcplus4, pcbranch,
                                          pcsrc, pcnextbr);
  pcmux: mux2 generic map(32) port map(pcnextbr, pcjump, jump,
                                        pcnext);
  -- register file logic
  rf: regfile port map(clk, regwrite, instr(25 downto 21),
                       instr(20 downto 16), writereg, result, srca,
                       writedata);
  wrmux: mux2 generic map(5) port map(instr(20 downto 16),
```

```
                                                instr(15 downto 11),
                                                regdst, writereg);
  resmux: mux2 generic map(32) port map(aluout, readdata,
                                                memtoreg, result);
  se: signext port map(instr(15 downto 0), signimm));
  -- ALU logic
  srcbmux: mux2 generic map(32) port map(writedata, signimm,
                                                alusrc, srcb);
  mainalu: alu port map(srca, srcb, alucontrol, aluout, zero);
end;
```

7.6.2 通用模块

430
~
434

本节描述了可以用于任意 MIPS 微结构的通用模块，包括寄存器文件、加法器、左移单元、符号扩展单元、可复位触发器和复用器。ALU 的硬件描述语言留在习题 5.9 。

HDL 例 7.6 寄存器文件

SystemVerilog

```
module regfile(input  logic        clk,
               input  logic        we3,
               input  logic [4:0]  ra1, ra2, wa3,
               input  logic [31:0] wd3,
               output logic [31:0] rd1, rd2);

  logic [31:0] rf[31:0];

  // three ported register file
  // read two ports combinationally
  // write third port on rising edge of clk
  // register 0 hardwired to 0
  // note: for pipelined processor, write third port
  // on falling edge of clk

  always_ff @(posedge clk)
    if (we3) rf[wa3] <= wd3;

  assign rd1 = (ra1 != 0) ? rf[ra1] : 0;
  assign rd2 = (ra2 != 0) ? rf[ra2] : 0;
endmodule
```

VHDL

```
library IEEE; use IEEE.STD_LOGIC_1164.all;
use IEEE.NUMERIC_STD_UNSIGNED.all;

entity regfile is -- three-port register file
  port(clk:        in  STD_LOGIC;
       we3:        in  STD_LOGIC;
       ra1, ra2, wa3: in STD_LOGIC_VECTOR(4 downto 0);
       wd3:        in  STD_LOGIC_VECTOR(31 downto 0);
       rd1, rd2:   out STD_LOGIC_VECTOR(31 downto 0));
end;

architecture behave of regfile is
  type ramtype is array (31 downto 0) of STD_LOGIC_VECTOR(31
                    downto 0);
  signal mem: ramtype;
begin
  -- three-ported register file
  -- read two ports combinationally
  -- write third port on rising edge of clk
  -- register 0 hardwired to 0
  -- note: for pipelined processor, write third port
  -- on falling edge of clk
  process(clk) begin
    if rising_edge(clk) then
      if we3 = '1' then mem(to_integer(wa3)) <= wd3;
      end if;
    end if;
  end process;
  process(all) begin
    if (to_integer(ra1) = 0) then rd1 <= X"00000000";
        -- register 0 holds 0
    else rd1 <= mem(to_integer(ra1));
    end if;
    if (to_integer(ra2) = 0) then rd2 <= X"00000000";
    else rd2 <= mem(to_integer(ra2));
    end if;
  end process;
end;
```

HDL 例 7.7 加法器

SystemVerilog

```
module adder(input  logic [31:0] a, b,
             output logic [31:0] y);

  assign y = a + b;
endmodule
```

VHDL

```
library IEEE; use IEEE.STD_LOGIC_1164.all;
use IEEE.NUMERIC_STD_UNSIGNED.all;

entity adder is -- adder
  port(a, b: in  STD_LOGIC_VECTOR(31 downto 0);
       y:    out STD_LOGIC_VECTOR(31 downto 0));
end;

architecture behave of adder is
begin
  y <= a + b;
end;
```

HDL 例 7.8   左移 2 位 (乘以 4)

SystemVerilog

```
module sl2(input  logic [31:0] a,
           output logic [31:0] y);
  // shift left by 2
  assign y = {a[29:0], 2'b00};
endmodule
```

VHDL

```
library IEEE; use IEEE.STD_LOGIC_1164.all;

entity sl2 is -- shift left by 2
  port(a: in  STD_LOGIC_VECTOR(31 downto 0);
       y: out STD_LOGIC_VECTOR(31 downto 0));
end;

architecture behave of sl2 is
begin
  y <= a(29 downto 0) & "00";
end;
```

HDL 例 7.9   符号扩展

SystemVerilog

```
module signext(input  logic [15:0] a,
               output logic [31:0] y);
  assign y = {{16{a[15]}}, a};
endmodule
```

VHDL

```
library IEEE; use IEEE.STD_LOGIC_1164.all;

entity signext is -- sign extender
  port(a: in  STD_LOGIC_VECTOR(15 downto 0);
       y: out STD_LOGIC_VECTOR(31 downto 0));
end;

architecture behave of signext is
begin
  y <= X"ffff" & a when a(15) else X"0000" & a;
end;
```

HDL 例 7.10   可复位触发器

SystemVerilog

```
module flopr #(parameter WIDTH = 8)
             (input  logic            clk, reset,
              input  logic [WIDTH-1:0] d,
              output logic [WIDTH-1:0] q);

  always_ff @(posedge clk, posedge reset)
    if (reset) q <= 0;
    else       q <= d;
endmodule
```

VHDL

```
library IEEE; use IEEE.STD_LOGIC_1164.all;
use IEEE.STD_LOGIC_ARITH.all;

entity flopr is -- flip-flop with synchronous reset
  generic (width: integer);
  port(clk, reset: in  STD_LOGIC;
       d:          in  STD_LOGIC_VECTOR(width-1 downto 0);
       q:          out STD_LOGIC_VECTOR(width-1 downto 0));
end;

architecture asynchronous of flopr is
begin
  process(clk, reset) begin
    if reset then q <= (others => '0');
    elsif rising_edge(clk) then
      q <= d;
    end if;
  end process;
end;
```

HDL 例 7.11   2:1 复用器

SystemVerilog

```
module mux2 #(parameter WIDTH = 8)
            (input  logic [WIDTH-1:0] d0, d1,
             input  logic            s,
             output logic [WIDTH-1:0] y);

  assign y = s ? d1 : d0;
endmodule
```

VHDL

```
library IEEE; use IEEE.STD_LOGIC_1164.all;

entity mux2 is -- two-input multiplexer
  generic(width: integer := 8);
  port(d0, d1: in  STD_LOGIC_VECTOR(width-1 downto 0);
       s:      in  STD_LOGIC;
       y:      out STD_LOGIC_VECTOR(width-1 downto 0));
end;

architecture behave of mux2 is
begin
  y <= d1 when s else d0;
end;
```

7.6.3　基准测试程序

MIPS 基准测试程序将一段程序装入存储器中。图 7-60 中的程序通过计算检查所有指令，只有当所有指令都正确运行时才能得到正确的结果。具体地，如果该程序运行完全正确，则应向地址 84 写入值 7，如果硬件有问题就不可能这么做。这种测试访问称为随机测试（ad hoc testing）。

```
# mipstest.asm
# David_Harris@hmc.edu, Sarah_Harris@hmc.edu 31 March 2012
#
# Test the MIPS processor.
# add, sub, and, or, slt, addi, lw, sw, beq, j
# If successful, it should write the value 7 to address 84

#          Assembly          Description            Address    Machine
main:      addi $2, $0, 5     # initialize $2 = 5    0         20020005
           addi $3, $0, 12    # initialize $3 = 12   4         2003000c
           addi $7, $3, -9    # initialize $7 = 3    8         2067fff7
           or   $4, $7, $2    # $4 = (3 OR 5) = 7    c         00e22025
           and  $5, $3, $4    # $5 = (12 AND 7) = 4  10        00642824
           add  $5, $5, $4    # $5 = 4 + 7 = 11      14        00a42820
           beq  $5, $7, end   # shouldn't be taken   18        10a7000a
           slt  $4, $3, $4    # $4 = 12 < 7 = 0      1c        0064202a
           beq  $4, $0, around # should be taken     20        10800001
           addi $5, $0, 0     # shouldn't happen     24        20050000
around:    slt  $4, $7, $2    # $4 = 3 < 5 = 1       28        00e2202a
           add  $7, $4, $5    # $7 = 1 + 11 = 12     2c        00853820
           sub  $7, $7, $2    # $7 = 12 - 5 = 7      30        00e23822
           sw   $7, 68($3)    # [80] = 7             34        ac670044
           lw   $2, 80($0)    # $2 = [80] = 7        38        8c020050
           j    end           # should be taken      3c        08000011
           addi $2, $0, 1     # shouldn't happen     40        20020001
end:       sw   $2, 84($0)    # write mem[84] = 7    44        ac020054
```

图 7-60　MIPS 测试程序的汇编代码和机器代码

机器代码存储在十六进制文件 memfile.dat 中（见图 7-61），这个文件在模拟时由基准测试程序装入。这个文件包含了指令的机器代码，其中每条指令一行。

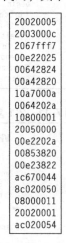

图 7-61　memfile.dat 的内容

基准测试程序、顶层 MIPS 模块和外部存储器 HDL 代码由下例给出。该例子中的存储器均包含了 64 个字。

HDL 例 7.12　MIPS 基准测试程序

SystemVerilog

```systemverilog
module testbench();

  logic  clk;
  logic  reset;

  logic [31:0] writedata, dataadr;
  logic       memwrite;

  // instantiate device to be tested
  top dut (clk, reset, writedata, dataadr, memwrite);

  // initialize test
  initial
    begin
      reset <= 1; # 22; reset <= 0;
    end

  // generate clock to sequence tests
  always
    begin
      clk <= 1; # 5; clk <= 0; # 5;
    end

  // check results
  always @(negedge clk)
    begin
      if (memwrite) begin
        if (dataadr === 84 & writedata === 7) begin
          $display("Simulation succeeded");
          $stop;
        end else if (dataadr !== 80) begin
          $display("Simulation failed");
          $stop;
        end
      end
    end
endmodule
```

VHDL

```vhdl
library IEEE;
use IEEE.STD_LOGIC_1164.all; use IEEE.NUMERIC_STD_UNSIGNED.all;

entity testbench is
end;

architecture test of testbench is
  component top
    port(clk, reset:          in STD_LOGIC;
         writedata, dataadr: out STD_LOGIC_VECTOR(31 downto 0);
         memwrite:           out STD_LOGIC);
  end component;
  signal writedata, dataadr:  STD_LOGIC_VECTOR(31 downto 0);
  signal clk, reset, memwrite: STD_LOGIC;
begin

  -- instantiate device to be tested
  dut: top port map(clk, reset, writedata, dataadr, memwrite);

  -- Generate clock with 10 ns period
  process begin
    clk <= '1';
    wait for 5 ns;
    clk <= '0';
    wait for 5 ns;
  end process;

  -- Generate reset for first two clock cycles
  process begin
    reset <= '1';
    wait for 22 ns;
    reset <= '0';
    wait;
  end process;

  -- check that 7 gets written to address 84 at end of program
  process(clk) begin
    if (clk'event and clk = '0' and memwrite = '1') then
      if (to_integer(dataadr) = 84 and to_integer
          (writedata) = 7) then
        report "NO ERRORS: Simulation succeeded" severity failure;
      elsif (dataadr /= 80) then
        report "Simulation failed" severity failure;
      end if;
    end if;
  end process;
end;
```

HDL 例 7.13　MIPS 顶层模块

SystemVerilog

```systemverilog
module top(input  logic        clk, reset,
           output logic [31:0] writedata, dataadr,
           output logic        memwrite);

  logic [31:0] pc, instr, readdata;

  // instantiate processor and memories
  mips mips(clk, reset, pc, instr, memwrite, dataadr,
            writedata, readdata);
  imem imem(pc[7:2], instr);
  dmem dmem(clk, memwrite, dataadr, writedata, readdata);
endmodule
```

VHDL

```vhdl
library IEEE;
use IEEE.STD_LOGIC_1164.all; use IEEE.NUMERIC_STD_UNSIGNED.all;

entity top is -- top-level design for testing
  port(clk, reset:          in     STD_LOGIC;
       writedata, dataadr: buffer STD_LOGIC_VECTOR(31 downto 0);
       memwrite:           buffer STD_LOGIC);
end;

architecture test of top is
  component mips
    port(clk, reset:        in  STD_LOGIC;
         pc:                out STD_LOGIC_VECTOR(31 downto 0);
         instr:             in  STD_LOGIC_VECTOR(31 downto 0);
         memwrite:          out STD_LOGIC;
         aluout, writedata: out STD_LOGIC_VECTOR(31 downto 0);
         readdata:          in  STD_LOGIC_VECTOR(31 downto 0));
  end component;
  component imem
    port(a: in  STD_LOGIC_VECTOR(5 downto 0);
         rd: out STD_LOGIC_VECTOR(31 downto 0));
  end component;
  component dmem
```

```
                                        port(clk, we: in  STD_LOGIC;
                                             a, wd:  in  STD_LOGIC_VECTOR(31 downto 0);
                                             rd:     out STD_LOGIC_VECTOR(31 downto 0));
                                      end component;
                                      signal pc, instr,
                                             readdata: STD_LOGIC_VECTOR(31 downto 0);
                                    begin
                                      -- instantiate processor and memories
                                      mips1: mips port map(clk, reset, pc, instr, memwrite,
                                                           dataadr, writedata, readdata);
                                      imem1: imem port map(pc(7 downto 2), instr);
                                      dmem1: dmem port map(clk, memwrite, dataadr, writedata, readdata);
                                    end;
```

HDL 例 7. 14   MIPS 数据存储器

SystemVerilog

```
module dmem(input  logic       clk, we,
            input  logic [31:0] a, wd,
            output logic [31:0] rd);

  logic [31:0] RAM[63:0];

  assign rd = RAM[a[31:2]]; // word aligned

  always_ff @(posedge clk)
    if (we) RAM[a[31:2]] <= wd;
endmodule
```

VHDL

```
library IEEE;
use IEEE.STD_LOGIC_1164.all; use STD.TEXTIO.all;
use IEEE.NUMERIC_STD_UNSIGNED.all;

entity dmem is -- data memory
  port(clk, we: in  STD_LOGIC;
       a, wd:  in  STD_LOGIC_VECTOR (31 downto 0);
       rd:     out STD_LOGIC_VECTOR (31 downto 0));
end;

architecture behave of dmem is
begin
  process is
    type ramtype is array (63 downto 0) of
                          STD_LOGIC_VECTOR(31 downto 0);
    variable mem: ramtype;
  begin
    -- read or write memory
    loop
      if rising_edge(clk) then
        if (we = '1') then mem (to_integer(a(7 downto 2))):=wd;
        end if;
      end if;
      rd <= mem (to_integer(a (7 downto 2)));
      wait on clk, a;
    end loop;

  end process;
end;
```

HDL 例 7. 15   MIPS 指令存储器

SystemVerilog

```
module imem(input  logic [5:0]  a,
            output logic [31:0] rd);

  logic [31:0] RAM[63:0];

  initial
    $readmemh("memfile.dat", RAM);

  assign rd = RAM[a]; // word aligned
endmodule
```

VHDL

```
library IEEE;
use IEEE.STD_LOGIC_1164.all; use STD.TEXTIO.all;
use IEEE.NUMERIC_STD_UNSIGNED.all;

entity imem is -- instruction memory
  port(a:  in  STD_LOGIC_VECTOR (5 downto 0);
       rd: out STD_LOGIC_VECTOR(31 downto 0));
end;

architecture behave of imem is
begin
  process is
    file mem_file: TEXT;
    variable L: line;
    variable ch: character;
    variable i, index, result: integer;
    type ramtype is array (63 downto 0) of
                          STD_LOGIC_VECTOR(31 downto 0);
    variable mem: ramtype;
  begin
    -- initialize memory from file
    for i in 0 to 63 loop -- set all contents low
      mem(i) := (others => '0');
    end loop;
    index := 0;
    FILE_OPEN (mem_file, "C:/docs/DDCA2e/hdl/memfile.dat",
```

```
                              READ_MODE);
                        while not endfile(mem_file) loop
                          readline(mem_file, L);
                          result := 0;
                          for i in 1 to 8 loop
                            read (L, ch);
                            if '0' <= ch and ch <= '9' then
                                result := character'pos(ch) - character'pos('0');
                            elsif 'a' <= ch and ch <= 'f' then
                              result := character'pos(ch) - character'pos('a')+10;
                            else report "Format error on line" & integer'
                                image(index) severity error;
                            end if;
                            mem(index)(35-i*4 downto 32-i*4) :=
                                to_std_logic_vector(result,4);
                          end loop;
                          index := index+1;
                        end loop;

                        -- read memory
                        loop
                          rd <= mem(to_integer(a));
                          wait on a;
                        end loop;
                      end process;
                    end;
```

7.7 异常*

6.7.2 节中介绍了异常，它引起程序流的意外变化。在本节中，我们将扩展多周期处理器以便支持两类异常：未定义的指令和算术溢出。在其他微结构中支持的异常也遵循类似的原则。

435
∼
440

如 6.7.2 节所述，当异常发生时，处理器将 PC 复制到 EPC 寄存器并将异常代码存储在标识异常来源的原因寄存器中。异常原因中，0x28 表示未定义的指令，0x30 表示溢出(见表 6-7)。然后，处理器跳转到存储器地址 0x80000180 处的异常处理程序。异常处理程序是响应异常的代码。它是操作系统的一个部分。

6.7.2 节还指出异常寄存器是协处理器 0 的一个部分，该协处理器也是 MIPS 处理器中用于处理系统功能的一部分。协处理器 0 最多可定义 32 个专用寄存器，包括 EPC 寄存器和原因寄存器。异常处理程序可以使用 mfc0(从协处理器 0 移动数据)指令将这些专用寄存器复制到寄存器文件中的通用寄存器中。原因寄存器是协处理器 0 的寄存器 13，EPC 寄存器是协处理器 0 的寄存器 14。

为了处理异常，必须在数据路径中增加 EPC 寄存器和原因寄存器，扩展 PCSrc 复用器来接收异常处理程序地址，如图 7-62 所示。这两个新的寄存器具有写使能(EPCWrite 和 Cause-Write)，在发生异常时存储 PC 和异常原因。为异常选择合适代码的复用器产生异常发生的原因。ALU 还必须产生溢出信号，如 5.2.4 节所述[⊖]。

为支持 mfc0 指令，应该增加一路来选择协处理器 0 寄存器并将它们写入寄存器文件，如图 7-63 所示。mfc0 指令通过 $Instr_{15:11}$ 来指明协处理器 0 寄存器，在图中仅支持了原因寄存器和 EPC 寄存器。我们为 MemtoReg 复用器增加了另一个输入以便从协处理器 0 中选择值。

⊖ 严格地讲，ALU 仅应该只为 add 和 sub 产生溢出信号，而不为其他 ALU 指令。

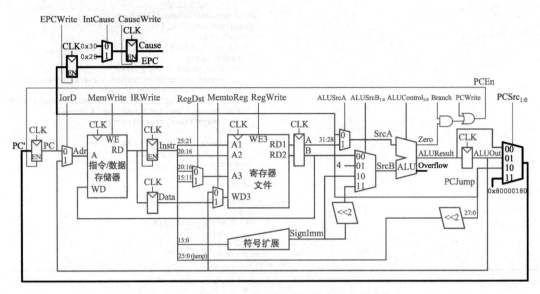

图 7-62 支持溢出和未定义指令异常的数据路径

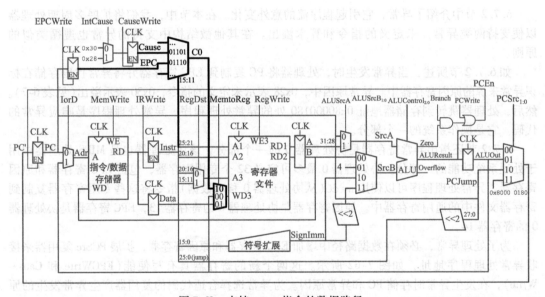

图 7-63 支持 mfc0 指令的数据路径

修改后的控制器如图 7-64 所示。控制器从 ALU 接收溢出标志。它产生 3 个新的控制信号:
一个是写 EPC;一个是写原因寄存器;最后一个是选择原因寄存器。它还包括支持两个异常的
两个新的状态和处理 mfc0 指令的另一个状态。

如果控制器接收到一个未定义的指令(不知道应该如何处理的指令),它转至 S12,将 PC
保存到 EPC 寄存器,向原因寄存器写入 0x28,并跳转到异常处理程序。同样,如果控制器检
测到 add 或 sub 指令的算术溢出,它转至 S13,将 PC 保存到 EPC 寄存器,向原因寄存器写入
0x30,并跳转到异常处理程序。需要注意的是,当异常发生时,将抛弃发生异常的指令,其结
果也不写入寄存器文件。当译码 mfc0 指令时,处理器进入 S14,并选择合适的协处理器 0 寄
存器写入主寄存器文件中。

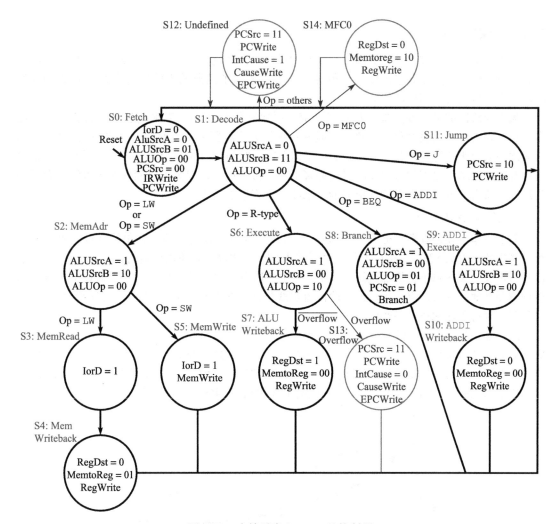

图7-64 支持异常和 `mfc0` 的控制器

7.8 高级微体系结构*

高性能微处理器使用多种技术来提高程序运行速度。程序运行时间正比于时钟周期和每条指令所需的周期数(CPI)。因此,为了提高性能,我们喜欢提高时钟频率,同时降低 CPI。本节将介绍一些已有的加速技术。因为实现细节比较复杂,所以我们这里仅主要介绍原理。如果你想进一步了解细节,Hennessy 和 Patterson 所著的《Computer Architecture》一书将提供合适的参考。

每过两三年,CMOS 制造工艺的进展将在各个方向减少晶体管尺寸30%,芯片上的晶体管的数目增加一倍。制造工艺由特征尺寸(feature size)标识,它代表了能可靠制造的最小晶体管尺寸。晶体管尺寸越小,其速度越快且功耗越低。因此,即使微体系结构不发生变化,由于所有门的速度变快,所以时钟主频也能提高。而且,更小的尺寸使得可以在一个芯片上放置更多的晶体管。微体系结构利用这些增加的晶体管构成更复杂的处理器,或在一个芯片上放置多个处理器。不幸的是,功耗随着晶体管的数量和它的操作频率的增加而增加(见1.8节)。现在功耗已经成为新的关注点。微处理器设计者面临的挑战是,在集成了数十亿晶体管的芯片上构造人类有史以来最为复杂的系统,同时对速度、功耗和成本等因素进行折中。

7.8.1 深流水线

除了制造工艺的进步外，提高时钟频率的最简单方法就是将流水线划分更多阶段。每阶段包含尽量少的逻辑，因此它可以运行得更快。本章考虑了经典的 5 阶段流水线，但是 10 ~ 20 阶段流水线目前已得到广泛应用。

流水线阶段的最大数受限于流水线冲突、时序开销和成本。流水线越长，其相关性就越多。有些相关性可以通过重定向解决，但另一些相关性需要阻塞流水线，这将增加 CPI。不同阶段之间的流水线寄存器包含了 clk-to-Q 延迟和建立时间的时序开销（也包括时钟偏移）。这些时序开销使得增加更多的流水线阶段反而降低了回报。最后，因为需要额外的流水线寄存器和处理冲突所需的硬件，所以增加更多的流水线阶段将增加成本。

例 7.11 深流水线

考虑将单周期处理器划分为 N 阶段（$N \geqslant 5$）来创建流水线处理器。在单周期处理器中整个组合逻辑的延迟为 875ps。寄存器的时序开销为 50ps。假设组合逻辑延迟可以划分为任意阶段，而且流水线冲突逻辑不会增加延迟。例 7.9 中的 5 阶段流水线的 CPI 为 1.15。假设由于分支错误预测和其他流水线冲突，每增加一阶段流水线将使 CPI 增加 0.1。请问采用多少阶段流水线时处理器执行程序的速度最快？

解： 如果将 875ps 的组合逻辑分级为 N 级且每级用于流水线寄存器的时序开销为 50ps，则周期时间为 $T_c = 875/N + 50$。CPI $= 1.15 + 0.1(N-5)$。每条指令的时间为周期时间与 CPI 的乘积。图 7-65 显示了周期时间和指令时间与流水线阶段数之间的关系。指令时间在 $N = 11$ 时达到最小值 227ps。这个最小值仅仅比 6 阶段流水线达到的 245ps 有少许提高。

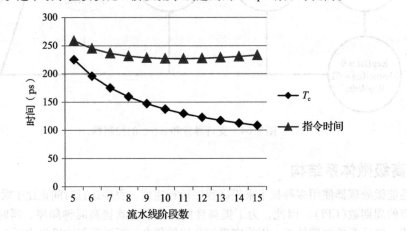

图 7-65   周期时间和指令时间与流水线阶段数的关系

在 20 世纪 90 年代末期和 21 世纪初，微处理器市场大多取决于时钟频率（$1/T_c$）。这使得处理器使用了非常深的流水线（在 Pentium 4 上有 20 ~ 31 阶段）来最大化时钟频率，即使这对整体性能提升是否有帮助仍是值得怀疑的。由于功耗正比于时钟频率，而且也随着流水线寄存器数目的增加而增加，所以目前功耗变得更加重要，流水线深度正在减小。 ◀

7.8.2 分支预测

理想流水线处理器的 CPI 应为 1。分支错误预测代价是增加 CPI 的主要原因。流水线越深，在流水线中解决分支就越晚。因此，分支错误预测代价就大，因为必须在错误预测分支指令刷新后提交所有的指令。为解决这个问题，大多数流水线处理器使用分支预测器来猜测分支是否发生。在7.5.3节中，流水线简单地预测所有分支都不会发生。

有些分支发生在程序运行到一个循环的结束（例如，for 或 while 语句）时，和分支返回以便重复循环时。循环往往需要执行多次，因此这些向后分支指令通常会发生。最简单的分支预测是检查分支的方向，并预测后向分支应该发生。这称为静态分支预测（static branch prediction），因为它不依赖于程序的执行历史。

在不了解具体程序的情况下，前向分支预测往往非常困难。因此，大多数处理器采用动态分支预测器（dynamic branch predictor），它使用程序运行的历史来预测分支是否发生。动态分支预测器保存了处理器最近执行的上百条（或者上千）条分支指令。这个表有时称为分支目标缓冲器（branch target buffer），它包含了分支的目的地址和此分支是否发生的历史。

考虑代码示例6.20中的循环代码，分析动态分支预测器的操作。这个循环重复10次，而且跳出循环的 beq 指令仅在最后一次发生。

```
add   $s1,  $0,  $0      # sum = 0
addi  $s0,  $0,  0       # i = 0
addi  $t0,  $0,  10      # $t0 = 10

for:
    beq   $s0,  $t0,  done      # if i == 10, branch to done
    add   $s1,  $s1,  $s0       # sum = sum + i
    addi  $s0,  $s0,  1         # increment i
    j     for
done:
```

一位动态分支预测器（one-bit dynamic branch predictor）记住最后一次的分支是否发生，并预测下一次是否也采取同样的动作。当循环重复时，它将记住 beq 指令上次没有发生分支，并且预测它下次也不会发生分支。在循环的最后一次分支前这都是正确的预测，当最后一次执行分支时。不幸的是，如果循环再次执行，分支预测器记住了最后一次执行的分支。因此，在循环第一次重新执行时它错误地预测这个分支将发生。总之，一位动态分支预测器错误地预测循环的第一次和最后一次分支。

两位动态分支预测器通过4个状态来解决这个问题：强跳转（strongly tanke）、弱跳转（weakly taken）、弱不跳转（weakly not taken）、强不跳转（strongly not taken），如图7-66所示。当循环重复时，它将进入"强不跳转"状态，并预测分支下一次不会发生。这个预测将一直正确直到循环的最后一次分支，该分支执行并使预测器转移到"弱不跳转"状态。当循环再次执行时，分支预测器正确预测分支不会发生，并再次进入"强不跳转"状态。总之，两位动态分支预测器只错误预测循环的最后一次分支。

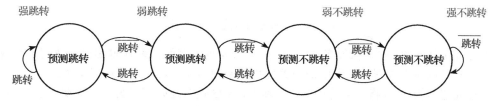

图 7-66 位分支预测器的状态转换图

可以想象，分支预测器可以跟踪更多的程序执行轨迹以便提高预测的准确性。对于典型程序，好的预测器可以达到超过90%的准确性。

分支预测器在流水线的取指阶段运行，这样它可以确定下一个周期需要执行哪条指令。当它预测分支将发生时，处理器从存储在分支目标缓冲器中的分支目标指令中取出下一条指令。在分支目标缓冲器中保存分支指令和跳转指令的轨迹，处理器可以避免在跳转指令期间刷新流水线。

445
~
446

7.8.3 超标量处理器

超标量处理器(Superscalar processor)具有多个数据路径硬件以便支持同时执行多条指令。图 7-67 显示了每个周期取指和执行两条指令的两路超标量处理器的框图。数据路径从指令存储器中一次取出两条指令。它有一个 6 个端口的寄存器文件,每个周期读 4 个源操作数,将 2 个结果写回。它还包含两个 ALU 和一个两端口数据存储器以便同时执行两条指令。

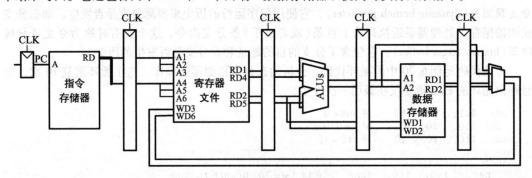

图 7-67　超标量数据路径

图 7-68 显示了两路超标量处理器每个周期执行 2 条指令的流水线图。对于这个程序,处理器的 CPI 为 0.5。设计者往往采用 CPI 的倒数作为每周期的指令数(Instruction Per Cycle,IPC)。对于这个程序此处理器的 IPC 为 2。

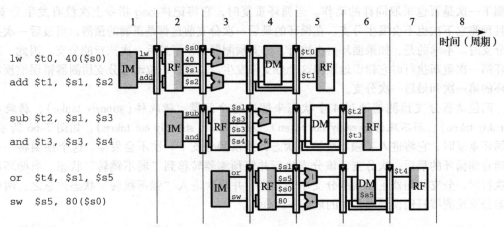

图 7-68　超标量流水线操作示意图

由于相关性问题,同时执行多条指令是比较困难的。例如,图 7-69 显示了执行具有数据相关性的程序的流水线图。代码中的相关性用浅灰色表示。add 指令依赖于 lw 指令产生的 $t0,因此它不能与 lw 指令同时提交。实际上,add 指令还阻塞了另一个周期,这样 lw 指令可以在周期5 将 $t0 的将值重定向给它。其他的相关性(包括基于 $t0 的 sub 和 and 之间的相关性,基于 $t3 的 or 和 sw 之间的相关性)采用重定向方式处理,即一个周期产生的结果在下一个周期使用。如下所示的这个程序需要 5 个周期来提交 6 条指令,因此 IPC 为 1.17。

```
lw   $t0, 40($s0)
add  $t1, $t0, $s1
sub  $t0, $s2, $s3
and  $t2, $s4, $t0
or   $t3, $s5, $s6
sw   $s7, 80($t3)
```

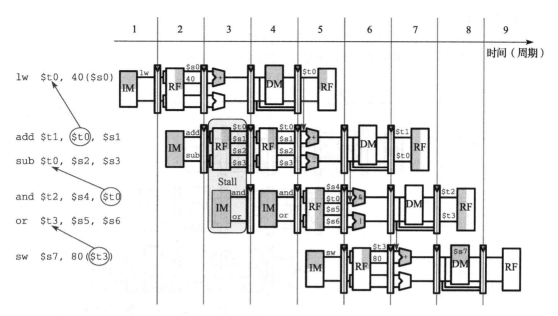

图 7-69　具有数据相关性的程序

并行性有时间和空间两种形式。流水线是一种时间并行。多个执行单元是一种空间并行。超标量处理器利用这两种并行性，使其性能远远超越了单周期和多周期处理器。

商业处理器已经是三路、四路，甚至六路超标量结构。它们必须处理控制冲突（如分支）和数据冲突。不幸的是，真实的程序具有很多相关性，因此超标量处理器几乎无法完全利用所有的执行单元。而且，大量的执行单元和复杂的重定向网络消耗了大量的电路和功率。   449

7.8.4　乱序处理器

为了解决相关性问题，乱序处理器（out-of-order processor）首先检查多条指令是否可以提交，或者尽可能早地开始执行不相关的指令。指令提交执行的顺序可以不同于程序员所写的顺序，只要保持相关性就可以使程序得到正确结果。

考虑在两路超标量乱序处理器上执行图 7-69 的程序。只要保持相关性，处理器每个周期从程序中的任何位置提交两条指令。图 7-70 显示了数据相关性和处理器的操作。相关性可以分为读后写（RAW）和稍后将讨论的写后读（WAR）两类。提交指令的约束将在下面介绍。

* 周期 1
  - 提交 lw 指令
  - add、sub 和 and 指令通过 $t0 依赖于 lw 指令，因此它们还不能提交。然而，or 指令是无关的，因此它可以提交。   450
* 周期 2
  - 记住在 lw 指令提交且相关指令可以使用它的结果之间需要两个周期的延迟，因此由于 $t0 的相关性，所以 add 指令不能提交。sub 指令写 $t0，因此它不能在 add 指令之前提交，以免 add 指令接收到错误的 $t0 值。and 指令依赖于 sub 指令。
  - 只有 sw 指令可以提交。
* 周期 3
  - 在周期 3，$t0 的值可以使用，因此 add 指令提交。sub 指令同时提交，因为它在 add 指令使用 $t0 后才写 $t0。

- 周期 4

    – and 指令提交。将 $t0 从 sub 指令重定向到 and 指令。

乱序处理器在 4 个周期中提交了 6 条指令，因此 IPC 为 1.5。

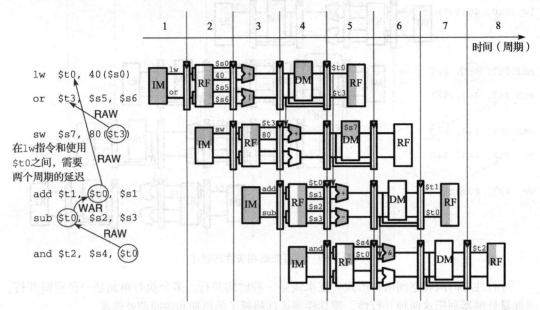

图 7-70 具有相关性程序的乱序执行

add 指令和 lw 指令通过 $t0 的相关性为写后读（Read After Write, RAW）冲突。只有在 lw 指令写入 $t0 后 add 指令才能读出。我们在流水线处理器中已经了解如何处理这种类型的相关性。这种相关性从本质上限制了程序运行的速度，即使有无限多的执行单元可以利用。类似地，sw 指令和 or 指令通过 $t3 的相关性，以及 and 指令和 sub 指令通过 $t0 的相关性是 RAW 相关的。

sub 指令和 add 指令通过 $t0 的相关性是读后写（Write After Read, WAR）冲突，或称为反相关（antidependence）。在 add 指令读 $t0 前 sub 指令不能写，这样 add 指令才能根据程序的原始执行顺序获得正确的值。WAR 冲突不会发生在简单的 MIPS 流水线处理器中，但是，如果相关的指令（在本例中为 sub 指令）过早地提前，它们会出现在乱序处理器中。

WAR 冲突不是程序执行所不可避免的。它只是程序员为两条不相关的指令使用了同一个寄存器而人为造成的冲突。如果 sub 指令已经将结果写入 $t4（而不是 $t0），那么相关性就消失了，sub 指令可以在 add 指令之前提交。MIPS 体系结构只有 32 个寄存器，因此有时程序员不得不在所有其他寄存器都已使用的情况下重用一个寄存器，从而产生冲突。

451

第三类冲突为写后写（Write After Write, WAW）或输出相关（output dependence），它们没有在程序中显示出来。WAW 冲突发生在一条指令试图向后一条指令已经写入的寄存器中写入。这个冲突导致错误值写入寄存器。例如，在下述程序中，add 指令和 sub 指令都写 $t0 寄存器。根据程序的顺序，$t0 寄存器中的最后结果应来自 sub 指令。如果乱序处理器试图先执行 sub 指令，则 WAW 冲突将发生。

```
add $t0, $s1, $s2
sub $t0, $s3, $s4
```

WAW 冲突也不是不可避免的。而且，它们也是程序员为两条不相关的指令使用了同一个寄存器人为产生的。如果首先提交 sub 指令，则程序可以通过丢弃 add 指令结果而不写入寄存器的方式来解决 WAW 冲突。这称为去除(squashing)add 指令[⊖]。

乱序处理器使用一个称为记分牌(scoreboard)的表来保持指令等待提交的次序,记录相关性的信息。这个表的大小决定了可以考虑提交的指令数。在每个周期,处理器检查这个表并提交尽可能多的指令,而仅仅受限于程序单元的相关性和可用的执行单元数(例如,ALU、存储器端口等)。

指令级并行(Instruction Level Parallelism,ILP)是针对特定程序和微体系结构上同时可以执行的指令数。理论研究表明对于具有好的分支预测器和大量的执行单元的乱序微体系结构 ILP 可以相当高。但是,即使采用了 6 路超标量乱序执行数据结构,实际处理器的 ILP 也很难超过 2 或 3。

7.8.5 寄存器重命名

乱序处理器使用称为寄存器重命名(register renaming)的方法来消除 WAR 冲突。寄存器重命名给处理器增加一些非体系结构的重命名寄存器(renaming register)。例如,MIPS 处理器可以增加 20 个重命名寄存器 $r0 ~ $r19。因为这些寄存器不是体系结构的一个部分,所以程序员不能直接使用它们。但是,处理器可以自由使用它们来解决冲突。

例如,在前一节中,sub 指令和 add 指令在重用 $t0 时发生 WAR 冲突。乱序处理器可以将 sub 指令的 $t0 重命名为 $r0。因此,由于 $r0 寄存器与 add 指令没有相关性,所以 sub 指令可以尽快执行。处理器保存了一个表来表示哪些寄存器被重命名了,这样后续的相关指令可以在寄存器的重命名上保持一致。在此例中,and 指令也必须将 $t0 寄存器重命名为 $r0 寄存器,因为这个寄存器包含了 sub 指令的结果。

[452]

图 7-71 显示了图 7-70 中的相同程序在具有寄存器重命名机制的乱序处理器上的执行过程。在 sub 和 and 中 $t0 寄存器重命名为 $r0 以便解决 RAW 冲突。指令提交的约束如下所述。

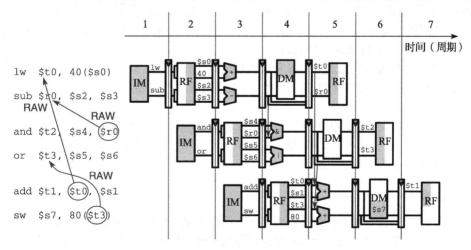

图 7-71 使用寄存器重命名的程序的乱序执行

- 周期 1
  - 提交 lw 指令。
  - 由于 add 指令在 $t0 上依赖于 lw 指令,所以它不能提交。然而,由于 sub 指令的目的寄存器被重命名为 $r0,所以它们变为不相关的指令因此它可以提交。

⊖ 读者可能会考虑为什么还要提交 add 指令。原因在于乱序处理器必须确保产生的异常与程序在顺序处理器上运行所产生的异常完全相同。add 指令可能产生溢出异常,因此即使它的结果会被丢弃,也必须提交它来检查异常是否发生。

- 周期 2
  - 记住在 lw 指令提交和使用其结果的相关指令之间需要两个周期，因此由于 $t0 寄存器的相关性所以 add 指令不能提交。
  - and 指令依赖于 sub 指令，所以它可以提交，而 $r0 寄存器从 sub 指令重定向到 and 指令。
  - or 指令是不相关的，因此可以提交。
- 周期 3
  - 在周期 3，$t0 可以使用，因此 add 指令提交。$t3 也可以使用，因此 sw 指令提交。

带寄存器重命名的乱序处理器可以在 3 个周期内提交 6 条指令，因此其 IPC 为 2。

7.8.6 单指令流多数据

单指令流多数据流 (Single Instruction Multiple Data, SIMD) 是指一条指令并行对多个数据片进行操作。SIMD 的一个典型应用是在图像处理领域中同时执行多个比较短的算术操作，这也称为打包 (packed) 算术。

例如，一个 32 位微处理器可以将 4 个 8 位数据元素打包在一个 32 位字中。打包的加法和减法指令对在一个字中的 4 个数据元素并行操作。图 7-72 显示了对 4 对 8 位数据元素执行打包的 8 位加法以便产生 4 个结果。一个 32 位字也可以分解为两个 16 位元素。执行打包算术需要修改 ALU 以便消除较小数据单元之间的进位。例如，从 $a_0 + b_0$ 中得到的进位不应该影响 $a_1 + b_1$ 的结果。

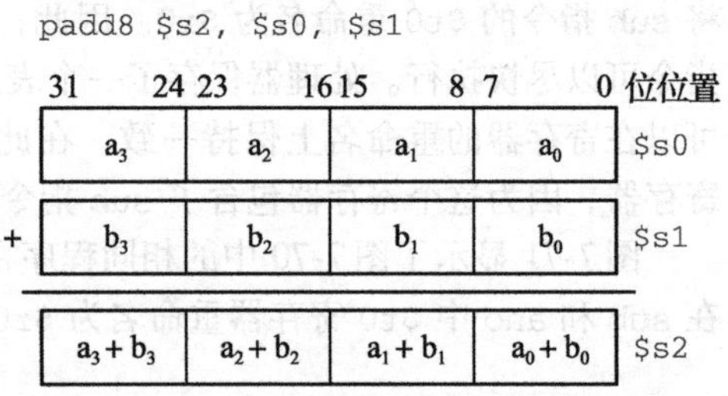

```
padd8 $s2, $s0, $s1
```

31 24	23 16	15 8	7 0	位位置
a_3	a_2	a_1	a_0	$s0

+

b_3	b_2	b_1	b_0	$s1

$a_3 + b_3$	$a_2 + b_2$	$a_1 + b_1$	$a_0 + b_0$	$s2

图 7-72 打包算术：4 个并行的 8 位加法

短的数据元素经常出现在图像处理中。例如，数字图像中的一个像素可能针对红、绿和蓝等每个原色分别采用 8 位数据存储。使用一个完整的 32 位字处理一个原色将浪费 24 位。当将 4 个相邻像素的原色值打包到一个 32 位字中，处理速度可以提高 4 倍。

SIMD 指令对 64 位体系结构更有用，它可以将 8 个 8 位元素，或 4 个 16 位元素，或 2 个 32 位元素打包到一个 64 位字中。SIMD 指令也可以用于浮点计算。例如，可以将 4 个 32 位单精度浮点值打包到一个 128 位字中。

7.8.7 多线程

由于实际程序的指令级并行性往往相当低，所以为超标量处理器或乱序处理器增加执行单元得到的回报在不断下降。另一个问题是存储器的速度远低于处理器（将在第 8 章中讨论）。大量的装入和存储访问一个比较小而快的高速缓存 (cache)。然而，当指令或数据不在高速缓存中时，处理器将阻塞上百个周期以便从主存中读取信息。多线程技术可以在一个程序的指令级并行性比较低或因存储器访问而阻塞时，保持处理器中的多个执行单元处于有效工作状态。

为了解释多线程，我们需要引入一些新的概念。在计算机上运行的程序称为进程 (process)。计算机可以同时运行多个进程。例如，你可以在 PC 机上听音乐的同时上网和检查病毒。每个进程可以包含一个或多个可以同时运行的线程 (thread)。例如，字处理器程序中有一个线程来处理用户的输入，另一个线程用于检查当前用户文档的拼写，第三个线程负责输出文档。这样，用户就不需要在输出结束前等待，而可以直接可以继续输入。一个进程拆分成多个并发线程的程度，决定了它的线程级并行性 (Thread Level Parallelism, TLP) 水平。

在传统的处理器中，多个线程的同时运行只是一个假相。在操作系统的控制下线程在一个处理器上依次执行。当一个线程运行结束时，操作系统将保存其体系结构状态，加载另一个线程的体系结构状态并开始运行它。这个过程称为上下文切换(context switching)。只要处理器能足够快地切换所有的线程，用户就会产生所有线程同时运行的假相。

多线程处理器包含了一个以上的体系结构状态，因此可以有一个以上的线程处于活跃状态。例如，如果我们将 MIPS 处理器扩展为具有 4 个 PC 和 128 个寄存器，那么就可以有 4 个线程同时运行。如果一个线程因为等待主存中的数据而阻塞，处理器就可以没有任何延迟地切换到另一个线程，因为线程的 PC 和寄存器都是可以立即访问的。而且，当一个线程缺乏足够的并行性不能使所有的执行单元都保持工作状态时，另一个线程就可以向空闲的执行单元提交指令。

多线程处理器不能提高指令级并行性，也不能提高单个线程的性能。但是，它可以提高处理器的总吞吐量，因为执行单个线程时可能不能完全利用处理器的资源，而多个线程可以同时使用这些资源。而且多线程处理器仅仅复制了 PC 和寄存器文件，但没有增加执行单元或存储器，所以实现起来成本相对比较低。

455

7.8.8　同构多处理器

多处理器(multiprocessor)系统包含了多个处理器以及这些处理器之间的通信机制。构造计算机系统中多处理器的常用方法是同构多处理技术(homogeneous multiprocessing)，又称为对称多处理技术(Symmetric MultiProcessing，SMP)，其中两个或多个相同的处理器共享一个主存。

多个处理器可以是在多个单独的芯片，也可以是同一个芯片上的多个核(core)。现代处理器可以使用非常多的晶体管。使用这些晶体管来增加流水线深度或执行单元并不能显著提高性能，而且功耗很高。2005 年前后，计算机体系结构开始转向在同一个芯片上构造多个处理器，这些处理器称为核。

多处理器可以用于同时运行多个线程，或者使特定线程运行得更快。同时运行多个线程的方法很简单：只要将这些线程分配到多个处理器上。但是，PC 用户往往在特定的时间内只需要运行少量的线程。提高特定线程运行速度更具有挑战性。程序员必须将一个线程分解成多片，以便运行在多个处理器上。在多个处理器需要互相通信时这将变得更加困难。如何有效利用大量的处理器核是计算机系统设计者和程序员面临的重要问题之一。

其他多处理技术包括异构多处理和集群。异构多处理器(asymmetric multiprocessor)，又称为非对称多处理器(asymmetric multiprocessors)，使用单独的专用处理器完成特定的任务，具体内容将在下一节讨论。在集群多处理(cluster multiprocessing)中，每个处理器具有自己的局部存储器系统。集群可以将一组 PC 通过网络连接起来，运行软件以便联合解决一个比较大的问题。

7.8.9　异构多处理器

在 7.8.8 节中描述的同构多处理器有许多优点。它们设计起来相对简单，因为处理器一旦设计好了，就可以复制多次，从而增加性能。在同构多处理器上编程和执行代码也相对简单，因为任何程序可以在系统中的任意处理器上运行，并实现大致相同的性能。

不幸的是，继续添加越来越多的核并不能保证提供持续的性能改进。截至 2012 年，消费类应用程序在任意给定时间里平均只使用 2～3 个线程，一个典型的消费者实际上可能不会有几个应用程序同时运行。这足以让双核和四核系统保持在繁忙状态。除非程序开始显著整合更多并行化处理，否则超过这个界限继续增加更多核将使增加核的好处递减。作为一个额外的问题，因为通用处理器是用来提供良好的平均性能的，所以它们一般都不是执行某个给定操作的最节能选择。这种能量低效在高功率受限的便携式环境中尤其重要。

456

异构多处理器旨在通过整合不同类型的核专用硬件在一个系统里来解决上述问题。每个应用程序使用那些为其提供最佳性能或最佳功率性能比的计算资源。因为现今晶体管资源相当丰富，所以不是每一个应用程序都能充分使用每一块硬件这个事实是最不受关注的。异构系统可以采取多种形式。异构系统可以合并具有不同微体系结构的处理器核，这些核拥有不同的功率、性能和面积折中。例如，一个系统可能包括简单的单问题有序核和更复杂的超标量无序核。可以有效地利用较高性能但需要更高功率的应用程序，可以使用无序核；而其他不能有效利用额外计算能力的应用程序，可以使用更加节能的有序核。

在这样的系统中，所有核可以全部使用相同的 ISA，它允许应用程序在任意多个核中运行，或者可以采用不同的 ISA，它允许将来进一步调整某个核来执行一个给定任务。IBM 的 Cell 宽带引擎是后者的一个例子。Cell 整合了一个双问题有序功率处理器单元（Power Processor Element，PPE）和 8 个协作处理器单元（Synergistic Processor Element，SPE）。SPE 使用一个新的 ISA，SPU ISA，它专为计算密集型工作负载提供高能源效率。尽管可能存在多个编程范式，但总体思路是，PPE 处理大部分的控制和管理决策，如划分 SPE 之间的工作量，而 SPE 处理大部分的计算。Cell 的异构性使得它能够在给定功耗和面积的情况下提供比传统功率处理器高得多的计算性能。

其他异构系统可能包括传统的处理器核和专用硬件。浮点协处理器（floating-point coprocessor）是一个早期的例子。在早期微处理器中，主芯片上没有浮点硬件的空间。对浮点计算感兴趣的用户可以增加一块可提供专用浮点支持的单独芯片。现在的微处理器在芯片上包含一个或多个浮点数单元，并且开始包含其他类型的专用硬件。AMD 和 Intel 都整合了图形处理单元（Graphics Processing Unit，GPU）或 FPGA 以及一个或多个传统 x86 核在同一块芯片上。AMD 的 Fusion 产品线和英特尔的 Sandy Bridge 是第一批整合处理器和 GPU 在同一块晶粒上的设备。英特尔的 E600（斯泰勒）系列芯片，于 2011 年初发布，在同一块晶粒上集成了 Atom 处理器和 Altera FPGA。从芯片水平来看，移动电话包含一个常规处理器，用来处理用户交互，如管理电话簿、处理网站和玩游戏，以及一个采用专门指令来实时破译无线数据的数字信号处理器（Digital Signal Processor，DSP）。在功率受限的环境中，这类集成专用硬件比一个标准核提供更好的功耗性能折中。

异构系统并非没有缺点。它们增加了系统复杂性，无论是在设计不同异构元素方面，还是在花费额外的编程工作来决定何时以及如何利用各种资源方面。最终，同构和异构系统都将可能找到它们的位置。同构多处理器在有大量线程级并行化的情况下使用良好，如大数据中心。异构系统则有利于有更多不同的工作负载和有限并行化的情况。

7.9　从现实世界看：x86 微体系结构[*]

6.8 节中介绍的 x86 体系结构广泛应用于几乎所有的 PC 中。本节通过逐步提高的速度和越来越复杂的微体系结构来跟踪 x86 处理器的发展历程。我们对 MIPS 处理器微体系结构所采用的原则对 x86 结构也有效。

Intel 公司在 1971 年开发了第一个单芯片微处理器——4 位的 4004。该处理器可作为行式计算器的灵活的控制器使用。它采用线宽为 $10\mu m$ 的工艺，在 $12mm^2$ 的硅片上集成了 2300 个晶体管，主频为 750kHz。显微镜下的芯片照片如图 7-73 所示。

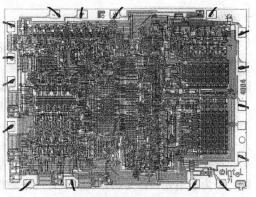

图 7-73　4004 微处理器芯片

与对4位微处理器所预期的一样，到处可以看到4列相似的结构。芯片的四周是引线，用于连接芯片和封装，并一直连接到电路板上。

4004的设计激励了8位的8008和后来的8080，并最终演化为16位的8086（1978年）和80286（1982年）。Intel在1985年推出了80386。它将8086体系结构扩展到32位，并确定了x86体系结构。表7-7总结了Intel主要的x86微处理器。从4004开始的40年内，晶体管的特征尺寸缩小了160倍，单芯片上的晶体管数目增长了5个数量级，而且工作频率增长了4个数量级。没有其他工程领域能在如此短的时间内取得这样惊人的进展。

表7-7　Intel x86微处理器的发展

微处理器	年份	特征尺寸（μm）	晶体管数	主频（MHz）	微体系结构
80386	1985	1.5~1.0	275k	16~25	多周期
80486	1989	1.0~0.6	1.2M	25~100	流水线
Pentium	1993	0.8~0.35	3.2~4.5M	60~300	超标量
Pentium II	1997	0.35~0.25	7.5M	233~450	乱序
Pentium III	1999	0.25~0.18	9.5M~28M	450~1400	乱序
Pentium 4	2001	0.18~0.09	42~178M	1400~3730	乱序
Pentium M	2003	0.13~0.09	77~140M	900~2130	乱序
Core Duo	2005	0.065	152M	1500~2160	双核
Core 2 Duo	2006	0.065~0.045	167~410M	1800~3300	双核
Core i~series	2009	0.045~0.032	382~731[+]M	2530~3460	multi-core

80386是一个多周期处理器。其主要组件标注在图7-74所示的芯片图上。左侧的32位数据路径清晰可见。每一列处理一位数据。由微码PLA产生的一些控制信号，控制有限状态机的每个状态之间的转移。右上角的存储器管理单元控制对外部存储器的访问。

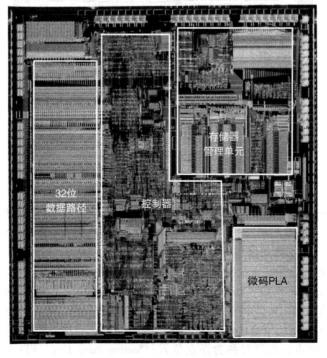

图7-74　80386微处理器芯片

图 7-75 中的 80486 利用流水线显著地提高了性能。数据路径、控制逻辑和微码 PLA 依然清晰可见。80486 增加了片上浮点单元。以前的 Intel 处理器将浮点指令发送到外部单独的协处理器上，或者由软件仿真实现。80486 的速度很快，使得外部存储器无法跟上它，因此它集成了一个 8KB 的高速缓存来存放最常用的指令和数据。第 8 章将更详细地介绍高速缓存，并将再次研究 Intel x86 处理器高速缓存系统。

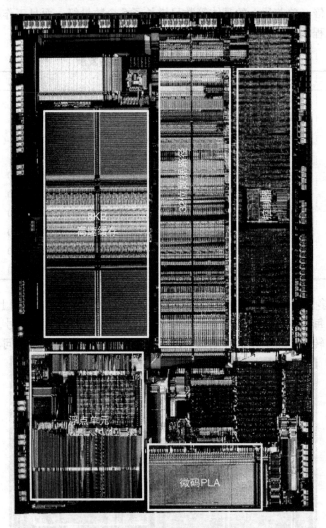

图 7-75   80486 微处理器芯片

图 7-76 中的 Pentium 处理器是一个可以同时执行两条指令的超标量处理器。因为型号数字不能注册商标，同时 AMD 公司开始销售可替换的 80486 芯片成为了 Intel 公司的强劲对手，所以 Intel 公司不再采用 80586 而使用 Pentium 来命名处理器。Pentium 处理器使用单独指令和数据高速缓存。同时还包含了分支预测器来减少分支指令的性能损失。

Pentium Pro、Pentium II 和 Pentium III 共享同样的乱序微体系结构 P6。复杂的 x86 指令被分解为一条或多条类似于 MIPS 指令的微操作。然后，这些微操作在 11 阶段流水线的快速乱序执行核上执行。图 7-77 给出了 Pentium III 的照片。32 位数据路径称为整数执行单元（Integer Execution Unit，IEU）。浮点数据路径称为浮点单元（Floating Point Unit，FPU）。处理器还有一个 SIMD 单元来执行对短整数和浮点数据的成组操作。芯片中用于乱序提交指令的面积比实际执行指令的面积还要大。指令和数据高速缓存分别都增加到16KB。同时，Pentium III还在同一芯片上包含了一个慢速的256KB二级高速缓存。

图 7-76 Pentium 微处理器芯片

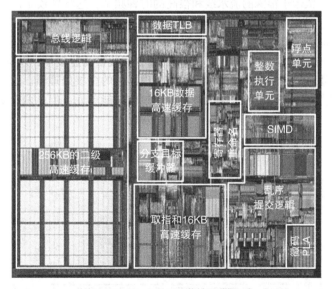

图 7-77 Pentium III 微处理器芯片

20世纪90年代，处理器市场主要在时钟速度方面竞争。Pentium 4是另一种乱序处理器，它通过非常深的流水线来达到很高的主频。它的起始版本有20阶段流水线，最后的版本达到了31阶段流水线，从而主频超过了3GHz。图7-78所示的芯片包含了420～1780万个晶体管（取决于高速缓存的容量），因此即使最大的执行单元也难以在照片上看到。由于指令编码复杂且不规则，所以在如此高的频率下，在一个周期内完成3条IA-32指令的译码是不可能的。

相反，处理器将指令预先译码为一些简单的微操作，然后将微操作存储在称为跟踪缓存(trace cache)的存储器中。Pentium 4 的后续版本还支持多线程以便提高多个线程的吞吐量。

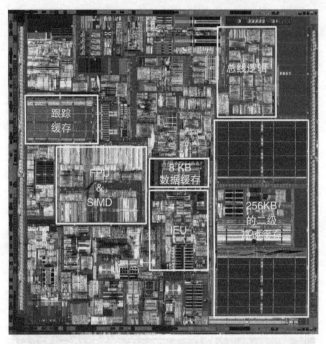

图 7-78 Pentium 4 微处理器芯片

Pentium 4 处理器依赖于很深的流水线和很高的时钟频率，这将导致非常高的功耗，有时候，功耗可以超过 100W。这对笔记本电脑是不可接受的，而且导致桌面计算机的冷却系统非常昂贵。

Intel 公司发现原有的 P6 结构也可以在较低的主频和功耗下达到类似的性能。Pentium M 使用增强版的 P6 乱序微体系结构，并包含 32KB 的指令和数据高速缓存，以及 1~2MB 的二级高速缓存。Core Dou 处理器是基于两个 Pentium M 处理器核的多核处理器。这两个处理器共享一个 2MB 的二级高速缓存。图 7-79 已经很难看出单独的功能单元，但是两个处理器核和共享的高速缓存则清晰可见。

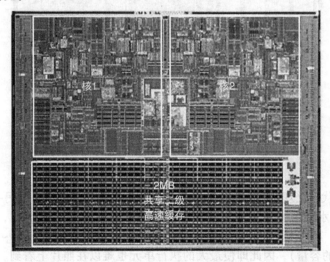

图 7-79 Core Due 微处理器芯片

2009 年，Intel 提出一个新的微体系结构，代号为 Nehalem，它精简了原来的 Core 微体系结构。这些处理器包括 Core i3、i5 和 i7 系列，指令集扩展到 64 位。这些处理器提供 2 ~ 6 个处理器核，3 ~ 15MB 的第三级高速缓存，以及内置存储控制器。有些处理器模型包含内置图形处理器，又称为图形加速器（graphics accelerator）。有些模型支持涡轮增压技术（Turbo-Boost），通过关闭不使用的处理器核和提高增压处理器核的电压和时钟频率，来改善单线程代码的性能。有些模型提供"超线程"技术（hyperthreading），这是 Intel 的术语，指的是 2 路多线程，使得从用户的角度来看处理器核的数量翻倍。图 7-80 展示了一个 Core i7 晶粒，它含有 4 个处理器核和 8MB 共用 L3 高速缓存。

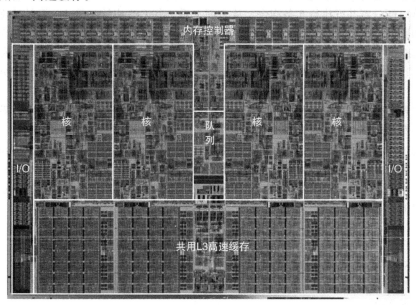

图 7-80 Core i7 微处理器芯片

（来源：http://www.intel.com/pressroom/archive/releases/2008/20081117comp_ sm. htm. Courtesy Intel）

7.10 总结

本章介绍了 3 种构成 MIPS 处理器的方法，每种方法在性能和成本上都各有侧重。我们发现这个问题非常不可思议：像处理器这样表面上非常复杂的设备实际上可以简单地用一张半页大小的原理图来表示？而且，其内部运行机制在外行看来像迷一样难以理解，但是实际上却非常直观。

本书基本上对 MIPS 微体系结构中涉及的主题都给出了完整的电路图。将很多电路拼在一起构成完整的微体系结构，这个过程也说明了前面章节中介绍的主要原理：第 2、3 章中的组合电路和时序电路设计；第 5 章中的电路模块应用；第 6 章中的 MIPS 体系结构实现。MIPS 微结构也可以由几页纸的硬件描述语言表示，这需要用到第 4 章中的技术。

构造微体系结构也需要使用管理复杂性的技术。微体系结构抽象形成了数字逻辑和体系结构之间的链接，也构成了本书中关于数字电路设计和计算机体系结构的要点。我们也可以使用框图和硬件描述语言的抽象来简洁地描述各个组件之间的组合关系。微体系结构体现了规整化和模块化，重用了 ALU、存储器、复用器和寄存器等通用部件。同时，微体系结构还在很多方面使用了层次化方法。微体系结构可以分为数据路径和控制单元。每个单元通过逻辑模块构造，通过前面五章描述的技术这些模块可以由逻辑门形成，并最终由晶体管构成。

本章比较了单周期、多周期和流水线的 MIPS 处理器微体系结构。所有这三种微体系结构实现了 MIPS 指令系统的相同子集，并具有相同的体系结构状态。单周期处理器最为直观，其CPI 为 1。

多周期处理器使用较短的可变长步骤来执行指令。同时可以重用 ALU，而不需要多个加法器。然而，它需要多个非体系结构寄存器来保存各个步骤之间的中间结果。由于所有指令的执行时间不完全相同，所以多周期设计在理论上应该更快。在本例中，多周期实现要慢一些，因为它受到最慢步骤和各个步骤之间时序开销的限制。

流水线处理器将单周期处理器分解为 5 个相对较快的流水线阶段。它需要在各个阶段之间加入寄存器以便分割并行执行 5 条指令。从表面上看，其 CPI 应该达到 1。但是冲突导致的流水线阻塞和刷新会稍微增加 CPI。冲突解决也需要花费额外的硬件，并增加设计复杂性。理想情况下，其时钟周期应该仅为单周期处理器的 1/5。实际上，因为最慢流水线阶段和各阶段的时序开销，这很难达到。然而，流水线提供了潜在的性能优势。当前所有的现代微处理器都使用流水线。

虽然本章中的微体系结构仅仅实现了 MIPS 指令系统的一个子集，但我们可以看到通过扩展数据路径和控制器的功能可以支持更多的指令。

本章的一个主要限制是我们假设理想的存储器系统，它的速度足够快，而且容量足够容纳完整的程序和数据。实际上，大容量快速存储器的成本非常高。下一章将介绍如何将存放最常使用信息的小容量快速存储器与存放其余信息的大容量慢速存储器组合在一起以便达到大容量快速存储器的效果。

466

习题

7.1 假设下述 MIPS 单周期处理器控制信号中的一个发生了固定 0 故障（stuck-at-0 fault），即无论赋任何值信号始终为 0。哪些指令会产生错误？为什么？

(a) RegWrite

(b) ALUOp$_1$

(c) MemWrite

7.2 重复习题 7.1，并假设信号发生固定 1 故障。

7.3 修改单周期 MIPS 处理器以实现下述指令之一。附录 B 给出了指令的定义。在图 7-11 的拷贝上标出对数据路径的修改。命名新的控制信号。在表 7-8 的拷贝上标出对主译码器的修改。并描述其他需要修改的内容。

(a) sll

(b) lui

(c) slti

(d) blez

表 7-8 用于标记改变的主译码器的真值表

指令	操作码	RegWrite	RegDst	ALUSrc	Branch	MemWrite	MemtoReg	ALUOp
R-type	000000	1	1	0	0	0	0	10
lw	100011	1	0	1	0	0	1	00
sw	101011	0	X	1	0	1	X	00
beq	000100	0	X	0	1	0	X	01

7.4 对以下 MIPS 指令，重复习题 7.3。

(a) jal

(b) lh

(c) jr

(d) srl

467

7.5 许多处理器有带后递增的装入(load with postincrement)指令。该指令在完成装入操作后，将变址寄存器的指针指向下一个内存字。lwinc $rt, imm($rs)等价于下述两条指令：

```
lw $rt, imm($rs)
addi $rs, $rs, 4
```

对 lwinc 指令重复习题 7.3。有可能增加一条不用修改寄存器文件的指令吗？

7.6 在单周期 MIPS 处理器中增加一个单精度浮点单元来处理 add. s、sub. s 和 mul. s 指令。假设你已经有可以用的单精度浮点加法器和乘法器。解释对数据路径和控制器的必要修改。

7.7 你的朋友是优秀的电路设计工程师。她提出重新设计单周期 MIPS 处理器的一个单元，以便降低一半的延迟。使用表 7-6 中给出的延迟，她应该重新设计哪个单元以便获得整个处理器的最大加速，改进后的周期时间应该为多少？

7.8 考虑表 7-6 给出的延迟，Ben 通过设计一个前缀加法器将 ALU 的延迟减少了 20ps。如果其他元件的延迟保持不变，请确定新的单周期 MIPS 处理器的周期时间，以及执行 1000 亿条指令的基准测试程序所需要的时间。

7.9 假设下述多周期 MIPS 处理器的一个控制信号发生固定 0 故障，即无论输入值为多少，此信号总为 0。哪些指令会发生错误？为什么？

(a) MemtoReg

(b) ALUOp$_0$

(c) PCSrc

7.10 重复习题 7.9，并假设这些信号发生固定 1 故障。

7.11 修改 7.6.1 节中给出的单周期 MIPS 处理器的 HDL 代码，以便处理习题 7.3 中的一条新指令。扩充 7.6.3 节中的测试程序来测试新的指令。

7.12 对习题 7.4 中的新指令重复习题 7.11。

7.13 修改多周期 MIPS 处理器来实现下述指令中的一条。附录 B 给出了指令的定义。在图 7-27 468 的拷贝上标出了对数据路径的修改。命名新的控制信号。在图 7-39 的拷贝上标出了对控制器 FSM 的修改。描述其他所必需的修改。

(a) srlv

(b) ori

(c) xori

(d) jr

7.14 对以下 MIPS 指令，重复习题 7.13。

(a) bne

(b) lb

(c) lbu

(d) andi

7.15 对多周期 MIPS 处理器重复习题 7.5。给出对多周期数据路径和控制 FSM 的修改。有可能增加一条不用修改寄存器文件的指令吗？

7.16 对多周期 MIPS 处理器重复习题 7.6。

7.17 假设习题 7.16 中的浮点加法器和乘法器都需要 2 个周期完成操作。换句话说，输入在第一个周期开始时有效，输出在第二个周期内有效。习题 7.16 的答案有何修改？

7.18 你的朋友是优秀的电路设计工程师。她提出要重新设计多周期 MIPS 处理器中的一个单元来提高性能。使用表 7-6 中的延迟，她应该重新设计哪个单元以便获得整个处理器的最大加速？应该达到多快？（如果快得超过了所需要的值，就会浪费你朋友的努力。）改进后的处理器周期时间为多少？

7.19 对多周期处理器重复习题 7.8。参照例 7.7 的指令比例。

7.20 假设多周期 MIPS 处理器部件延迟由表 7-6 给出。Alyssa P. Hacker 设计了一个新的寄存器文件，其功耗降低了 40%，但速度却慢了一倍。她应该将这个慢速但低功耗的寄存器文件应用于多周期处理器的设计中吗？

7.21 Goliath 公司宣称拥有 3 端口寄存器文件的专利。为了避免与 Goliath 公司对簿公堂，Ben 设计了一个新的寄存器文件，它仅仅包含一个读/写端口（就像组合指令和数据存储器一样）。重新设计 MIPS 处理器的多周期数据路径和控制器以便使用这个新的寄存器文件。

469 7.22 习题 7.21 中重新设计的多周期 MIPS 处理器的 CPI 为多少？使用例 7.7 中的指令比例。

7.23 在多周期 MIPS 处理器上运行下述程序。需要多少个周期？这个程序的 CPI 是多少？

```
        addi $s0, $0, done  # result = 5

while:
        beq $s0, $0, done   # if result > 0, execute while block
        addi $s0, $s0, -1   # while block: result = result-1
        j    while

done:
```

7.24 对下述程序重复习题 7.23。

```
        add   $s0, $0,  $0    # i = 0
        add   $s1, $0,  $0    # sum = 0
        addi  $t0, $0,  10    # $t0 = 10

loop:
        slt   $t1, $s0, $t0   # if (i < 10), $t1 = 1, else $t1 = 0
        beq   $t1, $0,  done  # if $t1 == 0 (i >= 10), branch to done
        add   $s1, $s1, $s0   # sum = sum + i
        addi  $s0, $s0, 1     # increment i
        j loop
done:
```

7.25 为多周期 MIPS 处理器写硬件描述语言代码。处理器应与下述顶层模块兼容。mem 模块用于存储指令和数据。使用 7.6.3 节中测试程序测试你的处理器。

```
module top(input  logic        clk, reset,
           output logic [31:0] writedata, adr,
           output logic        memwrite);

   logic [31:0] readdata;

   // instantiate processor and memories
   mips mips(clk, reset, adr, writedata, memwrite, readdata);
   mem mem(clk, memwrite, adr, writedata, readdata);

endmodule

module mem(input  logic        clk, we,
           input  logic [31:0] a, wd,
           output logic [31:0] rd);

   logic [31:0] RAM[63:0];

initial
   begin
     $readmemh("memfile.dat", RAM);
   end
```

```
    assign rd = RAM[a[31:2]]; // word aligned
    always @(posedge clk)
      if (we)
        RAM[a[31:2]] <= wd;
endmodule
```

7.26 扩展你的多周期 MIPS 处理器 HDL 代码来处理习题 7.13 中的一条新指令。扩展测试程序以测试你的设计。

7.27 对习题 7.14 中的一条新指令，重复习题 7.26。

7.28 流水线 MIPS 处理器执行下述指令。在第 5 个周期内有哪个寄存器正在写，哪个寄存器正在读？

```
addi $s1, $s2, 5
sub  $t0, $t1, $t2
lw   $t3, 15($s1)
sw   $t5, 72($t0)
or   $t2, $s4, $s5
```

7.29 对以下 MIPS 程序，重复习题 7.28。流水线 MIPS 处理器包含一个冲突单元。

```
add  $s0, $t0, $t1
sub  $s1, $t2, $t3
and  $s2, $s0, $s1
or   $s3, $t4, $t5
slt  $s4, $s2, $s3
```

7.30 在流水线 MIPS 处理器上执行下述指令，使用类似图 7-52 的流水线图，画出所必需的数据重定向和阻塞。

```
add  $t0, $s0, $s1
sub  $t0, $t0, $s2
lw   $t1, 60($t0)
and  $t2, $t1, $t0
```

7.31 对下述指令，重复习题 7.30。

```
add  $t0, $s0, $s1
lw   $t1, 60($s2)
sub  $t2, $t0, $s3
and  $t3, $t1, $t0
```

7.32 对于流水线 MIPS 处理器，需要多少个周期才能提交习题 7.23 中的所有指令？对于这个程序，处理器 CPI 是多少？

470 ₹ 471

7.33 对习题 7.24 中的所有指令，重复习题 7.32。

7.34 解释如何扩展流水线 MIPS 处理器来处理 addi 指令。

7.35 解释如何扩展流水线 MIPS 处理器来支持 j 指令。特别需要注意，在跳转指令发生时需要刷新流水线。

7.36 例 7.9 和例 7.10 指出，在流水线 MIPS 处理器中，在执行阶段发生分支比在译码阶段发生要好。给出如何修改图 7-58 的流水线处理器以便在执行阶段发生分支。阻塞和刷新信号如何修改？重新完成习题 7.9 和例 7.10 以便计算新的 CPI、周期时间和执行程序的总时间。

7.37 你的朋友是优秀的电路设计工程师。她提出要重新设计流水线 MIPS 处理器中的一个单元来提高性能。使用表 7-6 中的延迟和例 7.10，她应该重新设计哪个元件以便获得整个处理器的最大加速？应该达到多快？（如果快得超过了所需要的值，就会浪费你朋友的努力。）改进后的处理器周期时间为多少？

7.38 考虑表 7-6 中的延迟和例 7.10。假设 ALU 的速度提高了 20%。流水线 MIPS 处理器的周期时间应该如何变化？如果 ALU 慢了 20% 呢？

7.39 假设 MIPS 流水线处理器有 10 个阶段，每个阶段的延长为 400ps（包括测试序列时间开销）。假设使用例 7.7 中的指令比例。同时假设 50% 的装入指令后紧跟着一条使用该装入结果的指令，这需要 6 个阻塞信号，并假设 30% 的分支指令被错误预测。分支或者跳转指令的目标地址直到流水线第二阶段结束才计算。计算使用这个 10 阶段流水线处理器执行 SPECINT2000 基准测试程序中 1000 亿条指令的平均 CPI 和运行时间。

7.40 为流水线 MIPS 处理器写 HDL 代码。处理器应与 HDL 例 7.13 中的顶层模块兼容，应支持本章中描述的所有指令（包括习题 7.34 和习题 7.35 中的 addi 指令和 j 指令）。用 HDL 例 7.12 中的测试程序测试你的设计。

7.41 为流水线 MIPS 处理器设计图 7-58 中的冲突单元。使用 HDL 实现你的设计。画出根据 HDL 代码综合工具可能产生的硬件原理图。

7.42 不可屏蔽中断（nonmaskable interrupt）由输入引脚触发，并输入到处理器中。当此引脚有效时，当前指令应停止执行，接着处理器将设置原因寄存器为 0，并执行异常。如何修改图 7-63 和图 7-64 中的多周期处理器来处理不可屏蔽中断。

面试问题

下述问题在数字电路设计工作的面试中曾经被问到。

7.1 解释流水线处理器的优点。

7.2 如果增加流水线阶段可以使得处理器的运行速度更快，为什么处理器不会有 100 阶段流水线？

7.3 描述微处理器中出现的冲突，并解释如何解决它？每种方法有何利弊？

7.4 描述超标量处理器的概念以及其利弊。

存储器和输入/输出系统

8.1 引言

计算机解决问题的能力受它的存储器系统和输入/输出(I/O)设备(例如显示器、键盘和打印机)的影响，这些设备使我们可以操作和查看计算机的计算结果。本章探讨这些实际存储器和 I/O 系统。

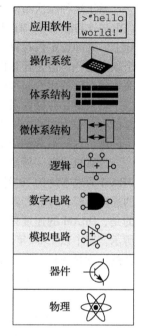

计算机系统的性能依赖于处理器微体系结构，同时也依赖于存储器系统。第 7 章假想了一个可以在单时钟周期内访问的理想存储器系统。然而，这种假想只有在非常小的存储器或非常低速的处理器时才可能成立。早期的处理器相对较慢，存储器能跟上其速度。但是处理器速度的增长比存储器速度要快。当前，处理器速度是 DRAM 存储器速度的 10 ~ 100 倍。对于处理器和存储器之间不断增大的速度差异，需要借助于巧妙的存储器系统来与处理器的速度匹配。本章的前半部分研究实际的存储器系统，并考虑速度、容量和成本之间的折中。

处理器通过 *存储器接口*（memory interface）与存储器系统相连。图 8-1 为多周期 MIPS 存储器中使用的简单存储器接口。处理器通过地址总线发送地址到存储器系统。对于读操作，MemWrite 为 0，存储器通过读数据总线 ReadData 返回数据。对于写操作，MemWrite 为 1，处理器通过写数据总线 WriteData 发送数据到存储器。

存储器系统设计的主要问题可以用图书馆里的书来比喻。图书馆的很多书都放在书架上。如果你正在写一篇以梦为主题的学期报告，你可能去图书馆⊖，取出弗洛伊德的《梦的解释》，然后把它带到工作室。在浏览该书后，你会把它带回图书馆，然后取出荣格(Jung)的《无意识心理学》。之后你可能因为一篇参考文献又回到图书馆查阅《梦的解释》，

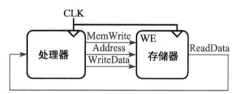

图 8-1　存储器接口

随之又来回查阅弗洛伊德的《自我与本我》。一种更聪明的办法是，把所有的书都保存在你的工作室以便节省时间，而不是随身带着这些书。更进一步，当你取出一本弗洛伊德的书时，还应该在同一个书架取出他编著的其他书。

这个例子说明了 6.2.1 节所介绍的应使常见事件速度更快的原则。将那些最近使用或者最近最可能使用的书保存在工作室，可以减少了来回奔波的时间耗费。这里应用了时间局部性(temporal locality)和空间局部性(spatial locality)的原理。时间局部性意味着如果你最近使用的一本书，可能很快就会再使用它。空间局部性意味着当你使用一本书时，很可能会对同一主题

⊖　我们意识到由于互联网的存在，图书馆在高校学生中的使用率是直线下降的。但我们相信图书馆含有大量不可以电子存取的难得的人类知识财富。我们希望 Web 搜索不会完全取代图书馆检索。

的其他书也感兴趣。

图书馆自身也使用局部性原理使常见事件速度更快。图书馆没有这么多的书架空间和预算来提供世界上的所有书。但是，它把一些不常用的书保存在地下室中。而且，它会与周边的图书馆建立馆际借阅约定，这样它就可以提供比其物理存储量更多的书籍。

总的来说，通过存储层次化可以对最常用的书做到大容量和快速访问。最常用的书在你的工作室中；更多的书放在书架上；而其他更大一部分的可用书存储在地下室和其他图书馆。类似地，存储器系统使用存储器层次结构以便快速访问最常用的数据，同时也有容量来存储大量的数据。

基于这种层次结构的存储子系统已经在 5.5 节中介绍了。计算机内存基本上由动态 RAM（DRAM）和静态 RAM（SRAM）组成。理想的计算机存储器系统应是快速、大容量和廉价的。实际上，某种特定内存只能具有这三个属性中的两个：必然会具有速度慢、容量小或者昂贵等三个缺点之一。但是计算机系统可以将一个快速、小容量和廉价的存储器和一个低速、大容量和廉价的存储器组合起来以便接近理想的存储器系统。快速存储器存储经常使用数据和指令，所以平均来看，存储器系统看起来可以快速运行。大容量的存储器存储其余的数据和指令，所以总的容量很大。两个廉价存储器组合在一起比单独使用一个大容量快速存储器要便宜很多。这个原则可以扩展为使用增加容量且降低成本的存储器层次结构。

计算机主存一般由 DRAM 芯片构成。2012 年，一个典型 PC 的主存包括 4 ~ 8GB 的 DRAM，DRAM 的成本约为 10 美元每吉字节（GB）。在过去的 30 年中，DRAM 的价格以每年大约 25% 的速度下降，存储器容量以相同的速度增加。所以 PC 中存储器的总成本保持大致稳定。不幸的是，DRAM 的速度只以每年 7% 增长，而处理器的性能则以每年 25% ~ 50% 增长，如图 8-2 所示。图中以 1980 年的存储器（DRAM）和处理器速度作为基线。1980 年前后，处理器和存储器的速度是一样的。但是性能却从那时开始有了差别，存储器速度开始严重落后[⊖]。

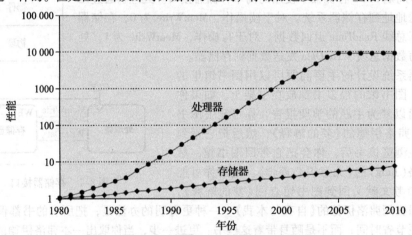

图 8-2　逐渐分离的处理和存储器性能

（得到 Hennessy 和 Patterson 所著《计算机体系结构：量化分析方法》第 5 版许可）

在 20 世纪 70 年代和 80 年代早期，DRAM 的速度与处理器保持一致，但现在却慢得可怜。DRAM 访问时间比处理器周期长一到两个数量级（前者需要几十纳秒，后者则不到 1 个纳秒）。

⊖　尽管近年来单处理器性能近乎保持不变，图 8-2 显示了 2005 ~ 2010 年的变化趋势，多核系统的增加（图中未描述）只是恶化了处理器与存储器之间的性能差距。

　　为了抵消这种趋势，计算机将最常用的指令和数据存储在更快但更小的存储器中，这种存储器称为高速缓存(cache)。高速缓存通常放在与处理器同一芯片的 SRAM 中。其速度与处理器相近，因为 SRAM 比 DRAM 快，并且片上存储器可以消除片间传输产生的兄长延迟。2012 年，片上 SRAM 的成本大约为 10 000 \$/1GB，但高速缓存的容量较小(千字节到数兆字节)，所以总成本并不是很高。高速缓存可以存储指令和数据，但是它们的内容统称为"数据"。

477

　　如果处理器需要的数据在高速缓存中可用，那么它可以快速返回。这称为缓存命中(hit)。否则，处理器就需要从主存(DRAM)中获得数据。这称为缓存缺失(miss)。如果大部分情况下缓存命中，那么处理器就基本上不需要等待低速的主存，平均访问时间就会比较短。

　　存储器层次结构的第三层是硬盘(hard drive)。与图书馆使用地下室存储没有放在书架上的书籍一样，计算机使用硬盘来存储不在主存中的数据。2012 年，一个使用磁性存储器构建的硬盘驱动(Hard Disk Drive，HDD)价格低于 0.1 \$/GB，访问时间约为 10ms。其价格以每年 60% 的速度下降，但是访问时间几乎没有提高。使用闪存技术构建的固态硬盘(solid state drive，SSD)日益成为 HDD 的常见替代品。SSD 已经在小众市场里使用了超过 20 年，2007 年它首次进入主流市场。SSD 克服了 HDD 的一些机械故障，但价格是 HDD 的 10 倍，1 \$/GB。

　　硬盘提供了一个比主存实际容量中更大的存储器空间，称为虚拟存储器(virtual memory)。如地下室的书一样，需要花费很长的时间访问虚拟存储器中的数据。主存，也称为物理存储器(physical memory)，包含了虚拟存储器的一个子集。因此，主存可以看作硬盘中常用数据的高速缓存。

　　图 8-3 总结了本章后面部分讨论的计算机系统的存储器层次结构。处理器首先在容量小但速度快的高速缓存中寻找数据。如果数据不在高速缓冲中，则处理器会在主存中寻找。如果数据也不在主存中，那么处理器就会从容量大但速度低的硬盘上的虚拟存储器中获取数据。图 8-4 说明了存储层次结构中容量和速度的权衡，列出了在 2012 年技术水平下典型的成本、访问时间和带宽。访问时间越短，速度越快。

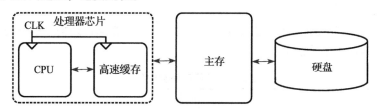

图 8-3　典型的存储器层次结构

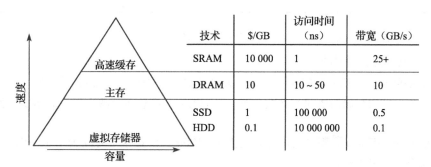

技术	\$/GB	访问时间（ns）	带宽（GB/s）
SRAM	10 000	1	25+
DRAM	10	10 ~ 50	10
SSD	1	100 000	0.5
HDD	0.1	10 000 000	0.1

图 8-4　2012 年，存储器层次结构中各组成部分的典型特征

　　8.2 节分析存储器系统的性能。8.3 节讨论多种高速缓存的组织方法。8.4 节研究虚拟存储器系统。总之，本章主要探究处理器如何采用与访问内存相似的方式来访问输入/输出设备(如键盘和监视器)。8.5 节还讨论存储器映射 I/O。8.6 节讨论嵌入式系统的 I/O 问题，8.7 节描

述个人计算机的主要 I/O 标准。

8.2　存储器系统性能分析

设计者（和计算机购买者）需要定量的方法来度量存储器系统的性能，以便评估不同选择下成本和收益的平衡点。存储器系统性能的度量标准为：缺失率（miss rate）或命中率（hit rate），以及平均存储器访问时间（average memory access time）。缺失率和命中率的计算如下：

$$
缺失率 = \frac{存储器访问缺失的次数}{总的存储器访问次数} = 1 - 命中率
$$
$$
命中率 = \frac{存储器访问命中的次数}{总的存储器访问次数} = 1 - 缺失率
$$
(8-1)

例 8.1　计算高速缓存的性能

假设一个程序有 2000 条数据访问指令（装入和存储），其中 1250 条指令所需要的数据在高速缓存中可以找到，其余的 750 个数据由主存或者硬盘提供。高速缓存的缺失率和命中率是多少？

解：缺失率为 $750/2000 = 0.375 = 37.5\%$，命中率为 $1250/2000 = 0.625 = 1 - 0.375 = 62.5\%$。　◀

平均存储器访问时间（Average Memory Access Time，ATAM）是处理器必须等待存储器的每条装入和存储指令平均时间。在图 8-3 的典型计算机系统中，处理器首先在高速缓存中查找数据。如果在高速缓存中找不到，则处理器在主存中查找。如果在主存中也没有找到，则处理器访问硬盘上的虚拟存储器。因此，ATAM 计算如下：

$$
\text{ATAM} = t_{\text{cache}} + \text{MR}_{\text{cache}}(t_{\text{MM}} + \text{MR}_{\text{MM}}t_{\text{VM}})
$$
(8-2)

其中，t_{cache}、t_{MM} 和 t_{VM} 分别为高速缓存、主存和虚拟存储器的访问时间。MR_{cache} 和 MR_{MM} 分别为高速缓存和主存的缺失率。

例 8.2　计算平均存储器访问时间

假设某个计算机系统拥有由高速缓存和主存两层构成的存储器结构。根据表 8-1 给出的缺失率，平均存储器访问时间是多少？

表 8-1　访问时间和缺失率

存储器层次	访问时间（周期）	缺失率
高速缓存	1	10%
主存	100	0%

解：平均存储器访问时间为 $1 + 0.1(100) = 11$ 周期。　◀

例 8.3　改进的访问时间

11 个周期的平均存储器访问时间意味着处理器对每一个实际需要使用的数据需要等待 10 个周期。为了将平均存储器访问时间减小至 1.5 个周期，高速缓存缺失率应为多少？使用表 8-1 的数据。

解：如果缺失率为 m，则平均访问时间为 $1 + 100m$。设置这个时间为 1.5，得出需要的高速缓存缺失率 m 为 0.5%。　◀

值得注意的是，性能改进并不像看起来那么好。例如，存储器系统速度提高 10 倍并不一定意味着计算机程序运行快 10 倍。如果 50% 程序指令是装入和存储，则提高存储器系统速度 10 倍只意味着提高程序性能 1.82 倍。这个通用原则称为 Amdahl 定律（Amdahl's law），它说明只有在子系统的性能影响占全部性能中大部分时，提高子系统性能的努力才会有效果。

8.3　高速缓存

高速缓存通常保存存储器数据，其存放数据字的数量称为容量（capacity）C。因为高速缓存 480 的容量比主存小，所以计算机系统设计者必须选择将主存的哪个子集存放在高速缓存中。

当处理器尝试访问数据时，它首先检查高速缓存中的数据。如果高速缓存命中，那么数据马上就可以使用。如果高速缓存缺失，处理器就会从主存提取数据，然后把它放在高速缓存以便以后使用。为了放置新的数据，高速缓存必须替换（replace）旧数据。本节将研究高速缓存设计中的以下问题：1）在高速缓存中存放哪些数据？2）如何在高速缓存中寻找数据？3）当高速缓存满时，如何替换旧数据来放置新数据？

当阅读后续各节时，要记住解决这些问题的驱动力是，在大部分应用中，数据访问存在固有的时间和空间局部性。高速缓存使用时间和空间局部性预测下一步需要的数据是什么。如果程序以随机顺序访问数据，那么它不会从高速缓存中获益。

我们将在后续各节中，以容量（C）、组数（S）、块大小（b）、块数（B）和相关联度（N）来刻画高速缓存。

尽管这里我们主要关注数据高速缓存的装入，但是对于从指令高速缓存中取指令，也适用同样原则。数据高速缓存的存储操作也与之相似，将在8.3.4节讨论。

8.3.1　高速缓存中存放的数据

理想的高速缓存应能提早预知所有处理器需要的数据，并提前从主存中提取它，所以理想的高速缓存的缺失率为零。因为不可能精确地预计将来所需的数据，所以高速缓存必须基于过去存储器访问的模式来猜测将来需要什么数据。特别地，高速缓存利用时间和空间局部性来实现低缺失率。

时间局部性意味着，如果处理器最近访问过一块数据，那么它可能很快再次访问这块数据。因此，当处理器装入和存储不在高速缓存中的数据时，需要将数据从主存复制到高速缓存中。随后对此数据的请求将在高速缓存内命中。

空间局部性意味着，当处理器访问一块数据时，它很可能也访问此存储位置附近的数据。因此，当高速缓存从内存中提取一个字时，它也可以提取多个相邻的字。这样的一组字称为高速缓存块（cache block）或高速缓存行（cache line）。一个高速缓存块中的字数称为块大小（b）。容量为 C 的高速缓存包含了 $B = C/b$ 块。

实际程序的时间和空间局部性原理已经为实验所验证。如果在程序中使用了一个变量，那 481 么同一变量很可能被再次使用，从而产生时间局部性。如果使用了一个数组的元素，那么同数组的其他元素也很可能被使用，从而产生空间局部性。

8.3.2　高速缓存中的数据查找

一个高速缓存可以组织成 S 组，其中每一组有一个或者多个数据块。主存中数据的地址和高速缓存中数据的位置之间的关系称为映射（mapping）。每一个内存地址都可以准确地映射到高速缓存中的一组。某些地址位用于确定哪个高速缓存组包含数据。如果一组包含多块，那么数据可能包含在该组中的任何一块内。

高速缓存按照组中块的数进行分类。在直接映射（direct mapped）高速缓存内，每一组只包含一块，所以高速缓存包含了 $S = B$ 组。因此，一个特定主存地址映射到高速缓存的唯一块。在 N 路组相联（N-way associative）高速缓存中，每一组包含 N 块。地址依然映射到唯一的组，其中共有 $S = B/N$ 组。但是这个地址对应的数据可以映射到组中的任何块。全相联（full associative)高速缓存只有唯一一组($S=1$)。数据可以映射到组内 B 块中的任何一块。因此，全相联高速缓存也是 B 路组相联高速缓存的别名。

为了说明高速缓存的组织方式，我们将考虑 32 位地址和 32 位字的 MIPS 存储器系统。内存按字节寻址，每个字有 4 字节，所以内存包含 2^{30} 个字，并按照字方式对齐。为了简化，我们首先分析容量 C 为 8 个字，块大小 b 为 1 个字的高速缓存，然后推广到更大的块。

1. 直接映射高速缓存

直接映射高速缓存的每组内有一块，所以其组数 S 等于块数 B。为了理解内存地址如何映射到高速缓存块，想象内存就像高速缓存那样映射到多个 b 字大小的块。主存中第 0 块的地址映射到高速缓存的第 0 组。主存中第 1 块的地址映射到高速缓存的第 1 组，这样一直到内存中第 $B-1$ 块的地址映射到高速缓存的第 $B-1$ 组。此时高速缓存没有更多的块了，所以就开始循环，内存的第 B 块映射到高速缓存的第 0 组。

图 8-5 中用容量为 8 个字，块大小为 1 个字的直接映射高速缓存说明了这个映射。高速缓存有 8 组，每组有 1 块。因为地址是字对齐的，所以地址的最低两位总是为 00。紧接着的 $\log_2 8 = 3$ 位说明存储器地址映射到哪一组。因此，地址 0x00000004，0x00000024，…，0xFFFFFFE4 的数据全部映射到第 1 组，以灰色标注。类似地，地址 0x00000010，…，0xFFFFFFF0 的数据全部映射到第 4 组，以此类推。每一个主存地址都可以映射到高速缓存中的唯一组。

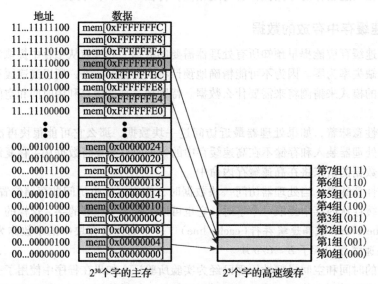

图 8-5　将主存映射到直接映射高速缓存

例 8.4 高速缓存字段

对于图 8-5，地址 0x00000014 的字映射到哪一个高速缓存组？给出另一个映射到相同组的地址。

解：因为地址是字对齐的，所以地址的最低两位为 00。后面的 3 位为 010，所以该字映射到第 5 组。地址 0x34，0x54，0x74，…，0xFFFFFFF4 上的字都映射到这一组。◄

因为很多地址都映射到同一组上，所以高速缓存还必须保存实际包含在每一组内数据的地址。地址的最低有效位说明哪组包含该数据。剩下的高位称为标志(tag)，说明包含在组内的数据是多个可能地址中的哪一个。

在我们先前的例子中，32 位地址的最低两位称为字节偏移量(byte offset)，它说明字节在字中的位置。紧接着的 3 位称为组位(set bit)，说明地址映射到哪一组(一般来说，组位的位数为 log$S$）。剩下的 27 位标志位说明存储在特定高速缓存组中数据的存储器地址。图 8-6 给出了地址 0xFFFFFFF4 的高速缓存字段。它映射到第一组，且所有标志都为 1。

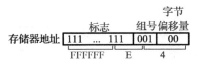

图 8-6 当地址 0xFFFFFFF4 映射到图 8-5 中的高速缓存时该地址的高速缓存字段

例 8.5 高速缓存字段

为具有 1024（2^{10}）组和块大小为 1 个字的直接映射高速缓存确定组数和标志位数。其中地址长度为 32 位。

解：一个有 2^{10} 组的高速缓存的组位为 $\log_2 2^{10} = 10$。地址中的最低两位为字节偏移量，剩下的 $32 - 10 - 2 = 20$ 位作为标志。◄

有时（例如计算机刚启动时），高速缓存组没有包含任何数据。高速缓存的每一组都有一个有效位（valid bit），它说明此组是否包含有意义的数据。如果有效位为 0，那么其内容就没有意义。

图 8-7 是图 8-5 中直接映射高速缓存的硬件结构。高速缓存由 8 表项 SRAM 组成。每个表项（或组）包含一个 32 位数据缓存行、27 位标志和 1 位有效位。高速缓存使用 32 位地址访问。最低两位（字节偏移位）因为字对齐而省略，紧接着的 3 位（组位）指明高速缓存中的表项或组。装入指令从高速缓存中读出特定的表项，检查标志和有效位。如果标志与地址中的最高 27 位相同，而且有效位为 1，则高速缓存命中，数据将返回到处理器。否则，高速缓存发生缺失，存储器系统必须从主存中取出数据。

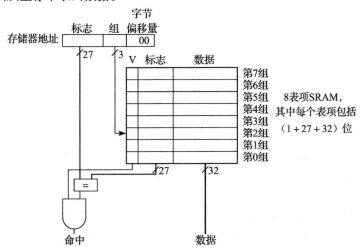

图 8-7 8 组的直接映射高速缓存

例 8.6 接映射高速缓存的时间局部性

在应用中，循环是时间和空间局部性的常见来源。使用图 8-7 中的 8 表项高速缓存，给出在执行以下 MIPS 汇编代码循环后高速缓存中的内容。假设高速缓存的初始状态为空。缺失率为多少？

```
        addi $t0, $0, 5
loop:   beq  $t0, $0, done
        lw   $t1, 0x4($0)
        lw   $t2, 0xC($0)
        lw   $t3, 0x8($0)
        addi $t0, $t0, -1
        j    loop
done:
```

解： 这个程序包含一个重复 5 次的循环。每一次循环涉及 3 次的内存访问（装入），最后总计产生 15 次内存访问。在第一次循环执行的时候，高速缓存为空。必须分别从主存的 0x4、0xC、0x8 中获取数据，存放到高速缓冲的第 1 组、第 3 组和第 2 组。然后，在以后 4 次的循环执行中，在高速缓存中没有找到数据。图 8-8 显示了在为最后对内存地址 0x4 请求时高速缓存内容。因为地址的高 27 位为 0，所以标志全为 0。缺失率为 $3/15 = 20\%$。◀

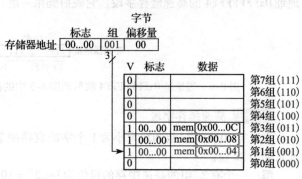

图 8-8   直接映射高速缓存的内容

当两个最近访问的地址映射到同一

个高速缓存块时，就会产生冲突（conflict），并且最近访问的地址从块中逐出较前面的地址。直接映射高速缓存每组只有 1 块，所以两个映射到同一组的地址常常会产生冲突。例 8.7 说明冲突。

例 8.7 高速缓存块冲突

当在图 8-7 中的 8 字直接映射高速缓存中执行以下循环时，缺失率是多少？假设高速缓存初始为空。

```
        addi $t0, $0, 5
loop:   beq  $t0, $0, done
        lw   $t1, 0x4($0)
        lw   $t2, 0x24($0)
        addi $t0, $t0, -1
        j    loop
done:
```

解： 内存地址 0x4 和 0x24 都映射到第一组。在循环的初始执行时，地址 0x4 中的数据被装入高速缓存的第一组。然后，地址 0x24 中的数据被装入第一组，并逐出地址 0x4 中的数据。在循环的第二次执行时，这种模式重复，高速缓存必须重新获取地址 0x4 中的数据，逐出地址 0x24 中的数据。这两个地址产生冲突，缺失率为 100%。◀

2. 多路组相联高速缓存

N 路组相联高速缓存通过为每组提供 N 块的方式来减少冲突。每个内存地址依然映射到唯一的组中，但是它可以映射到一组中 N 块的任意一块。因此，直接映射高速缓存也称为单路组相联高速缓存。N 称为高速缓存的相联度（degree of associative）。

图 8-9 给出了容量 C 为 8 个字，相联度 N 为 2 的 2 路组相联高速缓存的硬件。高速缓存现在只有 4 组，而不是直接映射高速缓存的 8 组。因此，只需要 $\log_2 4 = 2$ 个组位来选择组，而不是直接映射高速缓存的 3。标志从 27 位增加到 28 位。每组包括 2 路（相联度为 2）。每路由数据块、有效位和标志位组成。高速缓存从选定的组中读取所有 2 路中的块，检查标志和有效位来确定是否命中。如果其中一路命中，复用器就从此路选择数据。

与相同容量的直接映射高速缓存相比，组相联高速缓存的缺失率一般比较低，因为它们的冲突更少。然而，因为增加了输出复用器和额外的比较器，所以组相联高速缓存常常比较慢，成本也比较高。它们还会产生另一个问题：当 2 路都满时，选择哪一路替换？这个问题将在 8.3.3 节中讨论。大部分的商业系统都使用组相联高速缓存。

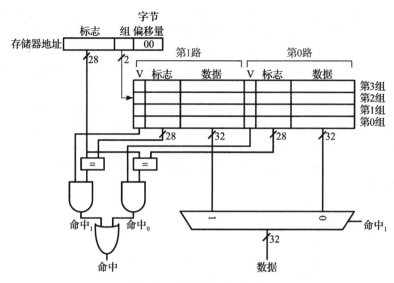

图 8-9   2 路组相联高速缓存

例 8.8 组相联高速缓存的缺失率

重复例 8.7 的问题，使用图 8-9 中 8 字 2 路组相联高速缓存。

解：两个对地址 0x4 和 0x24 的存储器访问都映射到第一组。然而，高速缓存有 2 路，所以它能同时为两个地址提供数据空间。在第一次循环中，空的高速缓存对两个地址访问都产生缺失，然后将两个字的数据装入第 1 组的 2 路中，如图 8-10 所示。在随后的 4 次循环中，高速缓存都命中。因此，缺失率为 2/10 = 20%。例 8.7 中相同容量大小的直接映射高速缓存的缺失率为 100%。◀

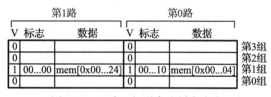

图 8-10   2 路组相联高速缓存内容

3. 全相联高速缓存

全相联高速缓存只有一组，其中包含了 B 路（B 为块的数目）。存储器地址可以映射到这些路中的任何一块。全相联高速缓存也可以称为 B 路单组组相联高速缓存。

图 8-11 显示了包含 8 块的全相联高速缓存 SRAM 阵列。对于一个数据请求，由于数据可能在任何一块中，所以必须对 8 个标志进行比较（图中没有表示出）。类似地，如果命中，则使用 8:1 复用器选择合适的数据。对于给定的高速缓存相同容量下，全相联高速缓存一般具有最小的冲突缺失，但是需要更多的硬件用于标志比较。因为需要大量的比较器，所以它们仅仅适合于较小的高速缓存。

486
~
487

图 8-11   8 块全相联高速缓存

4. 块大小

前面的例子能够利用时间局部性，因为块大小是一个字。为了利用空间局部性，高速缓存使用更大的块来保存多个连续的字。

块大小大于 1 个字的优势在于，在发生缺失和取出字放入高速缓存中时，在块中相邻的字也会取出放入高速缓存中。因此，因为空间局部性，所以后续的访问就很可能命中。然而，对于固定大小的高速缓存，较大的块大小意味着块的数目较少。这可能会导致更多的冲突，增加缺失率。而且，因为要从主存中取出多于一个字的数据，所以在一次缺失后需要耗费更多时间来取出缺失的高速缓存块。将缺失块装入高速缓存所需的时间称为缺失代价（miss penalty）。如果块中的相邻字在稍后未被访问，那么用于取出它们的工作就浪费了。然而，大部分实际程序都从较大的块受益。

图 8-12 显示了容量 C 为 8 个字，块大小 b 为 4 个字的直接映射高速缓存硬件。此时，高速缓存只有 $B = C/b = 2$ 块。直接映射高速缓存的每组中仅有一块，所以这个高速缓存有两组，只需要 $\log_2 2 = 1$ 位用于选择组。同时，需要一个复用器来选择在一个块中的字。复用器由地址的块偏移位（$\log_2 4 = 2$ 位）控制。最高的 27 位地址组成标志。整个块只需要一个标志，因为块内字的地址是连续的。

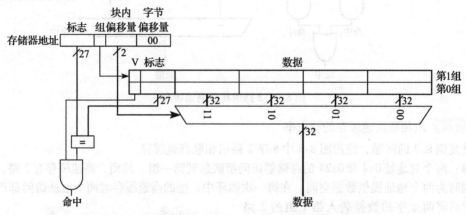

图 8-12 组数为 2，块大小为 4 字的直接映射高速缓存

图 8-13 显示了为地址 0x8000009C 映射到图 8-12 中的直接映射高速缓存时的高速缓存字段。对于字访问时，字节偏移量总是 0。下一个 $\log_2 b = 2$ 的块偏移位指明此字在块中的位置。下一位指出组。剩下的 27 位为标志位。因此，地址为 0x8000009C 的字映射到高速缓存中第 1 组的第 3 个字。使用更大的块大小来拓展空间局部性的原理也可应用于相联高速缓存。

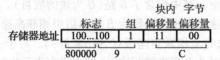

图 8-13 当映射到图 8-12 的高速缓存时，地址 0x8000009C 的高速缓存字段

例8.9 直接映射高速缓存的空间局部性

用容量为 8 个字、块大小为 4 个字的直接映射高速缓存重复例 8.6。

解： 图 8-14 显示了第一次存储器访问后高速缓存的内容。在第一次循环迭代时，高速缓存在访问存储器地址 0x4 时产生缺失。这次访问将地址 0x0 ~ 0xC 的数据装入高速缓存块中。所有的后续访问（如地址 0xC 所示）都将在高速缓存中命中。因此，缺失率为 1/15 = 6.67%。

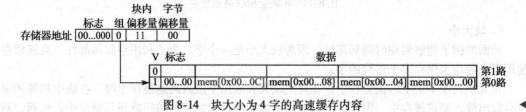

图 8-14 块大小为 4 字的高速缓存内容

5. 小结

488
～
489

高速缓存组织为二维阵列。行称为组，列称为路。阵列中每个表项包括一个数据块、相应的有效位和标志位。高速缓存的关键参数为：

- 容量 C
- 块大小 b（以及块数 $B = C/b$）
- 一组内的块数（N）

表8-2 总结了不同类型的高速缓存组织方式。存储器中的每个地址映射到唯一一组，但是它可以存放在此组的任何一路中。

表8-2 高速缓存的组织方式

组织方式	组数（N）	路数（S）
直接映射	1	B
组相联	$1 < N < B$	B/N
全相联	B	1

高速缓存的容量、相联度、组大小和块大小一般都是2的整数次幂。这使得高速缓存字段（标志、组号和块内偏移）均为地址位的子集。

增加相联度 N 通常可以减少因为冲突引起的缺失。但是高的相联度需要更多的标志比较器。增加块的大小 b，可以从空间局部性获益而减少缺失率。然而，对于固定大小的高速缓存，这将减少组数，可能导致更多的冲突。同时，它也会增加缺失代价。

8.3.3 数据的替换

在直接映射高速缓存中，每个地址映射到唯一的块和组上。如果当必须装入数据时一个组满了，那么组中的块就必须用新数据替换。在组相联和全相联的高速缓存中，高速缓存必须在组满时选择哪一个块被替换。时间局部性原则建议最好选择最近最少使用的块，因为它看起来最近最不可能再次用到。因此，大部分相联高速缓存采用最近最少使用（Least Recently Used，LRU）的替换原则。

在2路组相联高速缓存中，1位使用位（use bit）U，说明组中的哪一路是最近最少使用的。每次使用其中一路，就修改 U 位来指示另一路为最近最少使用的。对于多于2路的组相联高速缓存，跟踪最近最少使用的路将更为复杂。为了简化问题，组中的多路分成两部分（group），而 U 指示哪一部分为最近最少使用的。替换时，就从最近最少使用的部分中随机选择一块用于替换。这样的策略称为伪 LRU，易于实现。

490

例8.10 最近最少使用替换

写出下述执行代码后，容量为8个字的2路组相联高速缓存的内容。假设采用最近最少使用替换策略，块大小为1个字，初始时高速缓存为空。

```
lw $t0,0x04($0)
lw $t1,0x24($0)
lw $t2,0x54($0)
```

解：前两条指令将存储器地址 0x4 和 0x24 中的数据装入高速缓存的第1组，如图8-15a所示。$U = 0$ 说明在第0路的数据是最近最少使用的。下一次存储器访问地址 0x54，依然映射到组1，这将替换第0路中的最近最少使用的数据。如图8-15b所示。随后将使用位 U 设置为1，说明第1路中的数据是最近最少使用的。

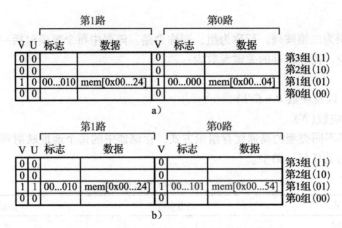

图 8-15　用 LRU 替换的 2 路相联高速缓存 ◀

8.3.4　高级高速缓存设计 *

现代系统使用多级高速缓存来减少内存访问时间。本节将讨论两级高速缓存系统的性能，研究块大小、相联度和高速缓存容量对缺失率的影响。本节还介绍高速缓存如何使用直写或写回策略控制处理存储器存储或写入。

1. 多级高速缓存

大容量高速缓存的效果更好，因为它们更有可能保存当前需要使用的数据，因此会有更低的缺失率。然而，大容量高速缓存的速度比小容量高速缓存低。现代处理器系统常常使用至少两级高速缓存，如图 8-16 所示。第一级(L1)高速缓存足够小以保证访问时间为 1 ~ 2 个处理器周期。第二级(L2)高速缓存常常也由 SRAM 构成，但比 L1 高速缓存容量更大，因此速度也更慢。处理器首先在 L1 高速缓存中查找数据。如果在 L1 高速缓存中缺失，那么处理器将从 L2 高速缓存中查找。如果 L2 高速缓存也缺失，处理器将从主存访问取数据。因为访问主存的速度实在太慢了，所以一些现代处理器系统在存储器层次结构中增加了更多级的高速缓存。

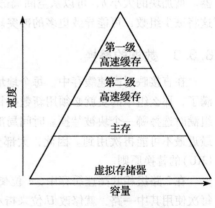

图 8-16　带两级高速缓存的存储器体系结构

例 8.11 带 L2 高速缓存的系统

使用图 8-16 中的系统，其中 L1、L2 高速缓存和主存的访问时间分别为 1、10 和 100 个周期。假设 L1、L2 高速缓存的缺失率分别为 5% 和 20%。即 5% 的访问在 L1 中缺失，其中这些的 20% 在 L2 中依然缺失。那么平均访问时间(AMAT)是多少？

解：每次内存访问都检查 L1 高速缓存。当 L1 高速缓存缺失时(访问中的 5%)，处理器就检查 L2 高速缓存。当 L2 高速缓存缺失时(访问中的 20%)，处理器就从主存中获取数据。使用式(8-2)，可以计算平均内存访问时间为：1 周期 + 0.05 × [10 周期 + 0.2 × (100 周期)] = 2.5 周期。

L2 高速缓存的缺失率高，因为它只接收那些在 L1 高速缓存缺失的"硬"内存访问。如果所有的访问都直接由 L2 高速缓存中获得，那么 L2 的缺失率大约是 1%。 ◀

2. 减少缺失率

可以通过改变容量、块大小和相联度的方式减少高速缓存的缺失率。减少缺失率的第一步是理解产生缺失的原因。缺失可以分为强制缺失、容量缺失和冲突缺失。对高速缓存块的第一次请求称为强制缺失(compulsory miss)，因为无论高速缓存怎样设计，块都必须先从内存读取。当高速缓存太小而不能保存所有并发使用的数据时，发生容量缺失(capacity miss)。当多个地址映射到同一组而被替换的块依然需要时，发生冲突缺失(conflict miss)。

　　改变高速缓存的参数可以影响一种或更多种的高速缓存缺失。例如，增加高速缓存容量可以减少冲突和容量缺失，但是不会影响强制缺失。另一方面，增加块大小可以减少强制缺失(因为空间局部性)，但是可能增加冲突缺失(因为更多的地址可能会被映射到同一组中，这可能会冲突)。

　　存储器系统十分复杂，评估它们性能的最佳方法是在不同的高速缓存配置参数下运行基准测试程序。图8-17描述了对于SPEC2000基准测试程序，高速缓存容量、相联度和缺失率的关系。在该基准测试程序中强制缺失较少，用靠近x轴的黑色区域表示。正如所期望的，当增加高速缓存容量时可以减少容量缺失。特别是对于小型高速缓存来说，增加相联性可以减少冲突缺失，如曲线的顶端所示。在4路或8路以上再增加相联性只能很小地减少缺失率。

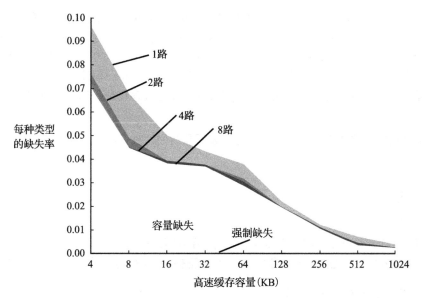

图8-17　在基准测试程序SPEC2000上高速缓存容量、相联度和缺失率的关系
(得到Hennessy和Patterson所著的《Computer Architecture：A Quantitative Approach, 5th》, Morgan Kaufmann, 2012 的许可)

　　正如前面提到的，可以用增加块大小的方法利用空间局部性，减少缺失率。但是在固定大小的高速缓存中，随着块大小的增加，组的数量将减少，从而增加冲突的可能性。图8-18描述了对于不同容量高速缓存的块大小(以字节为单位)与缺失率之间的关系。对于小型高速缓存(如4KB高速缓存)，增加块大小超过64字节会因为冲突而增加缺失率。对于大型高速缓存，增加块大小超过64字节并不会改变缺失率。然而，较大的缺失可能增加执行时间，因为从主存获取缺失的高速缓存块需要时间。

3. 写入策略

　　前面各节关注存储器装入。存储器的存储或写入遵循与装入操作相似的过程。当存储器存储时，处理器检查高速缓存。如果高速缓存缺失，就会将相应的高速缓存块从主存取出放入高速缓存中，然后将高速缓存块中的适当字写入。如果高速缓存命中，就简单地将字写入高速缓存块中。

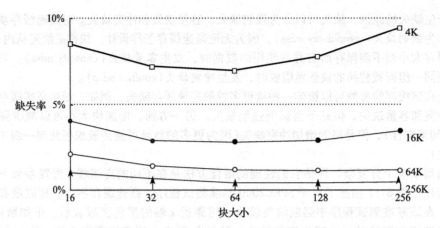

图 8-18 在 SPEC92 基准测试程序上，块大小、高速缓存大小与缺失率的关系
（得到 Hennessy 和 Patterson 所著的《Computer Architecture：A Quantitative Approach，5th》，Morgan kaufmann，2012. 的许可）

高速缓存可以分为直写达和写回两种方式。在直写（write-through）高速缓存中，写入高速缓存块的数据同时写入主存。在写回（write-back）高速缓存中，需要增加一位与每个高速缓存块关联的脏位（D）。当写入高速缓存块时 D 设置为 1，其余情况为 0。只在脏高速缓存块从高速缓存中逐出时，才将它们写回主存。直写高速缓存不需要脏位，但比写回高速缓存需要更多主存写入操作。由于主存访问时间太长，所以现代的高速缓存往往采用写回方式。

493
∼
494

例 8.12 直写与写回

假设某高速缓存的块大小为 4 个字。使用直写和写回两种策略，在执行以下代码时主存访问次数分别为多少？

```
sw $t0, 0x0($0)
sw $t0, 0xC($0)
sw $t0, 0x8($0)
sw $t0, 0x4($0)
```

解：所有 4 个存储指令写同一个高速缓存块。在直写高速缓存中，每一个存储指令将一个字写入主存，需要 4 次主存写入。写回策略仅仅在脏高速缓存块被逐出时才需要一次主存访问。◄

8.3.5 MIPS 高速缓存的发展 *

表 8-3 给出了从 1985～2010 年 MIPS 处理器中所使用的高速缓存结构的发展。主要趋势包括引入多级高速缓存、更大的高速缓存容量、增加的相联度。产生这些趋势的原因在于不断增长的 CPU 频率、主存速度和不断下降的晶体管成本之间的不一致。CPU 和存储器速度增长的不同需要更低的缺失率来克服主存瓶颈，不断下降的晶体管成本为增加高速缓存的大小提供了可能。

表 8-3 MIPS 高速缓存的发展[1]

年份	CPU	主频（MHz）	L1 高速缓存	L2 高速缓存
1985	R2000	16.7	none	none
1990	R3000	33	32KB 直接映射	none
1991	R4000	100	8KB 直接映射	1MB 直接映射
1995	R10000	250	32KB 2 路组相联映射	4MB 2 路组相联映射
2001	R14000	600	32KB 2 路组相联映射	16MB 2 路组相联映射
2004	R16000A	800	64KB 2 路组相联映射	16MB 2 路组相联映射
2010	MIPS32 1074K	1500	32KB	可变大小

[1]摘自 D. Sweetman 所著的《See MIPS Run》，Morgan Kuafmann，1999。

8.4 虚拟存储器

大部分现代计算机系统使用硬盘(也称为硬盘驱动器)作为存储器层次结构中的最底层(如图 8-4 所示)。与理想的大容量、快速、廉价存储器相比,硬盘容量大,价格便宜,但是速度却非常慢。硬盘比高成本效益的主存(DRAM)提供了更大容量。然而,如果大部分的存储器访问需要使用硬盘,那么性能将严重下降。在 PC 上一次运行太多程序时,就可能遇到这种情况。

图 8-19 显示了一个掉了盖子的硬盘驱动器,它由磁性存储器构成,也称为硬盘。顾名思义,硬盘包含了一片或者多片坚硬的盘片(platter),每个盘片的长三角臂末端都有一个读/写头(read/write head)。移动读/写头到盘片的正确位置,当盘片在它下面旋转时以磁方式读/写数据。读/写头需要毫秒级的时间完成盘片上的正确寻道,这对于人看来很快,但却比处理器慢百万倍。

在存储器层次结构中增加硬盘的目的是在提供一个虚拟化的廉价超大容量存储系统,而且在大部分存储器访问时,依然能提供较快速的存储器访问速度。例如,一个只提供 128MB DRAM 的计算机,可以用硬盘高效提供 2GB 的存储。较大的 2GB 存储器称为虚拟存储器(virtual memory),较小的 128MB 主存称为物理存储器(physical memory)。在本节中,我们将使用物理存储器这个术语来表示主存。

程序可以访问虚拟存储器中任意地方的数据,所以它们必须使用虚地址(virtual address)指明其在虚拟存储器中的位置。物理存储器内保存虚拟存储器中大部分最近访问过的子集。这样,物理存储器充当虚拟存储器的高速缓存。因此,大部分访问将以 DRAM 的速度命中物理存储器,而程序却可以使用更大容量的虚拟存储器。

对于 8.3 节中讨论的相同的高速缓存原理,虚拟存储器系统使用了不同的术语。表 8-4 总结了类似的术语。虚拟存储器分为虚页(virtual page),大小一般为 4KB。物理存储器也类似地划分为大小相同的物理页。虚页可能在物

图 8-19   硬盘

表 8-4   高速缓存和虚拟存储器的相似术语

高速缓存	虚拟存储器
块	页
块大小	页大小
块偏移量	页偏移量
缺失	页面失效
标志	虚页号

理存储器(DRAM)中,也可能在硬盘上。例如,图 8-20 给出了一个大于物理存储器的虚拟存储器。长方形表示页。有些虚页在物理存储器中,另一些在硬盘上。根据虚地址确定物理地址的过程称为地址转换(address translation)。如果处理器试图访问不在物理存储器中的虚地址,就会产生页面失效(page fault),操作系统将页从硬盘装入物理存储器中。

为了防止冲突产生的页面失效,任何虚页都可以映射到任何物理页。换句话说,物理存储器的行为就像虚拟存储器的全相联高速缓存。在常规的全相联高速缓存中,每一个高速缓存块都有一个比较器来比较最高有效地址位与标志,确定请求是否命中块。在类似的虚拟存储器系统中,每一个物理页也需要一个比较器来比较最高有效虚拟地址位和标志,确定虚页是否映射到物理页上。

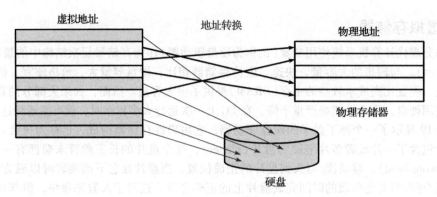

图 8-20　虚页和物理页

现实的虚拟存储器系统有很多物理页，对每一页提供一个比较器的成本很高。作为代替，虚拟存储器系统使用页表实现地址转换。对于每个虚页页表都包含一个表项，说明它在物理存储器中的位置，或在硬盘中的位置。每个装入或者存储指令需要首先访问页表，然后访问物理存储器。页表访问将程序使用的虚地址转换为物理地址。然后使用物理地址进行实际的读或写数据。

页表常常太大因此只能放在物理存储器中。因此，每次装入或者存储需要两次物理存储器访问：第一次是访问页表；第二次是数据访问。为了加速地址转换，转换后备缓冲器（Translation Lookaside Buffer，TLB）缓存了最常用的页表表项。

本节的后续部分详细介绍地址转换、页表和 TLB。

8.4.1　地址转换

在包含虚拟存储器的系统中，程序使用虚地址访问大容量存储器。计算机必须将虚地址转换以便找到物理存储器中的地址，或产生一个页面缺失然后从硬盘获得数据。

496
～
498

前面提到，虚拟存储器和物理存储器都分成页。虚地址或者物理地址的最高有效位分别说明虚页号或物理页号（page number）。最低有效位说明页内字的位置，也称为页偏移量。

图 8-21 说明了包含 2GB 虚拟存储器、128MB 物理存储器、页大小为 4KB 的虚拟存储器系统页结构。MIPS 处理器采用 32 位地址。对于 $2GB = 2^{31}$ 字节的虚拟存储器，只使用虚拟存储器地址的最低 31 位，第 32 位总为 0。类似地，对于 $128MB = 2^{27}$ 字节的物理存储器，只使用物理地址的最低 27 位，最高 5 位总为 0。

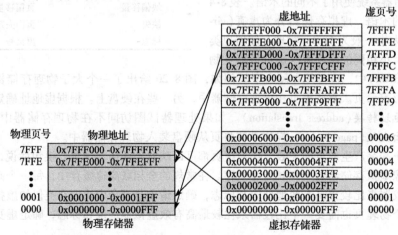

图 8-21　物理页与虚页

因为页大小为 4KB $= 2^{12}$ 字节，所以有 $2^{31}/2^{12} = 2^{19}$ 个虚页和有 $2^{27}/2^{12} = 2^{15}$ 个物理页。因此，虚页号和物理页号分别为 19 位和 15 位。物理存储器在任何时间只能最多保存 1/16 的虚页。其余的虚页保存在硬盘上。

图 8-21 显示了虚页 5 映射到物理页 1，虚页 0x7FFFC 映射到物理页 0x7FFE 等。例如，虚地址 0x53F8（虚页 5 内 0x3F8 的偏移量）映射到物理地址 0x13F8（物理页 1 内 0x3F8 的偏移量）。虚地址和物理地址的最低 12 位是一样的（0x3F8），它指明虚页和物理页内的页偏移量。从虚地址到物理地址的转换过程中，只需要转换页号。

图 8-22 说明了虚地址到物理地址之间的转换。最低 12 位为页偏移量，不需要转换。虚地址的最高 19 位为虚页号（Virtual Page Number，VPN），可转换为 15 位的物理页号（Physical Page Number，PPN）。后面两小节将进一步介绍页表以及如何使用 TLB 实现地址转换。

例 8.13 虚地址到物理地址的转换

用图 8-21 中的虚拟存储器系统确定虚地址 0x247C 的物理地址。

解： 12 位页偏移量（0x47C）不需要转换。虚地址的其余 19 位给出了虚页号，所以虚地址 0x247C 应在虚页 0x2 中。在图 8-21 中，虚页 0x2 映射到物理页 0x7FFF。因此，虚地址 0x247C 映射到物理地址 0x7FFF47C。 ◀

8.4.2 页表

处理器使用页表（page table）将虚地址转换为物理地址。对每一个虚页，页表都包含一个表项。表项包括物理页号和有效位。如果有效位是 1，则虚页映射到表项指定的物理页。否则，虚页在硬盘中。

因为页表非常大，所以它需要存储在物理存储器中。假设页表存储为连续数组，如图 8-23 所示。页表包含图 8-21 中的存储器系统的映射。页表用虚页号（VPN）作为索引。例如，第 5 个表项说明虚页 5 映射到物理页 1。第 6 个表项无效（$V = 0$），所以虚页 6 在硬盘中。

例 8.14 使用页表实现地址转换

使用图 8-23 给出的页表找出虚地址 0x247C 的物理地址。

解： 图 8-24 给出了虚地址 0x247C 到物理地址的转换。其中 12 位页偏移量不需要转换。虚

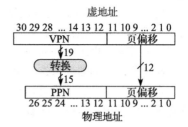

图 8-22 虚地址到物理地址的转换

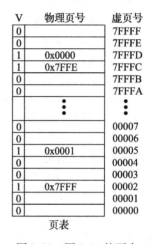

图 8-23 图 8-21 的页表

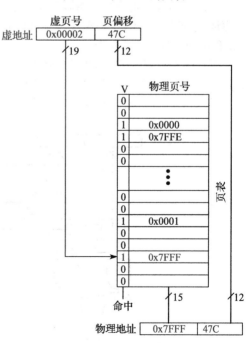

图 8-24 使用页表进行地址转换

地址的其余 19 位为虚页号 0x2,是页表的索引。页表将虚页 0x2 映射到物理页 0x7FFF。所以,虚地址 0x247C 映射到物理地址 0x7FFF47C。物理地址和虚地址的最低 12 位是相同的。◄

页表可以存放在物理存储器的任何位置,这由操作系统自由决定。处理器一般使用称为页表寄存器(page table register)的专用寄存器存放物理存储器中页表的基地址。

为了实现装入和存储操作,处理器必须首先将虚地址转换为物理地址,然后访问物理地址中的数据。处理器从虚地址提取虚页号,将其与页表寄存器相加来寻找页表表项的物理地址。然后处理器从物理存储器读取这个页表表项,以便获得物理页号。如果表项有效,处理器将物理页号与页偏移量合并,生成物理地址。最后,它在物理地址上读出或者写入数据。因为页表存储在物理存储器中,所以每次装入或者存储操作都需要两次物理存储器访问。

8.4.3 转换后备缓冲器

如果每一次的装入和存储都需要页表,那么对虚拟存储器的性能就会产生严重的影响,将增加装入和存储的延迟。幸运的是,页表访问有很大的时间局部性。数据访问的时间和空间局部性,以及大的页意味着很多连续的装入和存储操作都发生在同一页上。因此,如果处理器能记住它最后读出的页表表项,它就可能重用这个转换表项而不需要重读页表。一般来说,处理器可以将最近使用的一些页表表项保存在称为转换后备缓冲器(translation lookaside buffer,TLB)的小型高速缓存内。处理器在访问物理存储器页表前,它首先在 TLB 内查找的转换表项。在实际的程序中,绝大多数访问都在 TLB 中命中,避免了读取物理存储器中页表的时间消耗。

TLB 以全相联高速缓存的方式,一般有 16~512 个表项。每个 TLB 表项有一个虚页号和它相应的物理页号。使用虚页号访问 TLB。如果 TLB 命中,它返回相应的物理页号;否则,处理器必须从物理存储器读页表。TLB 设计得足够小使得它的访问时间可以小于一个周期。即使如此,TLB 的命中率一般也大于 99%。对于大多数装入和存取指令,TLB 使所需的内存访问数从 2 次减少为 1 次。

例 8.15 使用 TLB 实现地址转换

考虑图 8-21 中的虚拟存储器系统。使用一个 2 表项 TLB 完成地址转换,或解释为什么对于虚地址 0x247C 和 0x5FB0 到物理地址的转换必须访问页表。假设 TLB 目前保存有效的虚页 0x2 和 0x7FFFD 的转换内容。

解: 图 8-25 显示了处理虚地址 0x247C 请求的 2 表项 TLB。TLB 接收传入地址的虚页号 0x2,将其与每一个表项的虚页号比较。表项 0 匹配且有效,所以请求命中。将匹配表项的物理页号 0x7FFF 与虚地址的页偏移量拼接形成转换后的物理地址。与往常一样,页偏移量不需要转换。

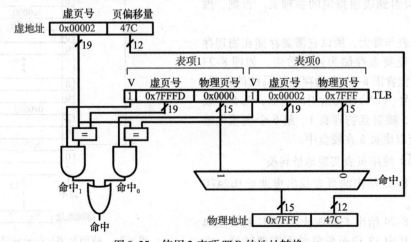

图 8-25 使用 2 表项 TLB 的地址转换

对虚地址 0x5FB0 的请求在 TLB 中缺失。所以请求需要转发到页表进行转换。 ◀ 502

8.4.4 存储器保护

到目前为止，本节都关注如何使用虚拟存储器来提供一个快速、廉价和大容量的存储器。使用虚拟存储器的一个同样重要原因是提供并发运行程序之间的保护。

你可能已经知道，现代计算机一般在同一时间运行多个程序或者进程。所有程序在物理存储器内是同时存在的。在一个设计良好的计算机系统中，程序应当各自独立地保护起来，避免某个程序破坏其他程序。具体地说，在没有得到允许的情况下，没有程序可以访问其他程序的存储空间。这称为**存储器保护**(memory protection)。

虚拟存储器系统为每个程序提供自己的虚拟地址空间(virtual address space)来提供存储器保护。每一个程序可以任意使用自己虚拟地址空间中的存储器，但在任一时刻只有部分的虚拟地址空间在物理存储器中。每个程序可以使用它的所有虚地址空间而无需担心其他程序的物理位置。然而，一个程序只能访问已经映射到自身页表中的物理页。这样，程序就不能意外地或者恶意地访问其他程序的物理页，因为它们没有映射到程序的页表中。在某些情况下，多个程序可以访问公共的指令或者数据。操作系统为每一个页表项增加控制位，以便决定哪些程序可以写入共享的物理页。 503

8.4.5 替换策略*

虚拟存储器系统使用写回和近似的最近最少使用(LRU)替换策略。每一次对物理存储器的写都产生写硬盘的直写策略是不实际的。如果采用直写策略，存储指令将以毫秒级的硬盘速度操作，而不是纳秒级的处理器速度。在写回策略下，只有当物理页从物理存储器替换出来时，才写回到硬盘。把物理页写回到硬盘，然后把它重新装入不同的虚页称为**分页**(paging)，虚拟存储器系统中的硬盘有时称为**交换空间**(swap space)。当出现页故障时，处理器从最近最少使用的物理页中换出，然后用缺失的虚页替换被换出的页。为了支持这种替换策略，每个页表表项包含两个额外的状态位：脏位 D 和使用位 U。

自从物理页从硬盘读出后，如果任何存储指令修改过物理页，则脏位设置为 1。当物理页被换出时，只在它的脏位为 1 时，它才需要写回到硬盘。否则，硬盘已经有了这一页的正确副本。

如果物理页最近被访问过，那么使用位为 1。与高速缓存系统一样，精确的 LRU 替换将会异常复杂。实际上，操作系统使用近似的 LRU 替换策略：周期性地重新设置所有页表中的使用位为 0。当一页被访问时，它的使用位设置为 1。在页面缺失时，操作系统寻找 $U=0$ 的页换出物理存储器。因此，操作系统不一定替换出最近最少使用的页，而只是其中一个最近最少使用页。

8.4.6 多级页表*

页表可能占据大量的物理存储器。例如，前面提到的页面大小为 4KB 的 2GB 虚拟存储器将需要 2^{19} 个表项。如果每一个表项占用 4 字节，页表需要占用 $2^{19} \times 2^{2}$ 字节 $= 2^{21}$ 字节 $= 2$MB。

为了节省物理存储器，页表可以分为多级(一般是两级)。第一级页表总是在物理存储器中。它指明小的第二级页表在虚拟存储器中存放的位置。第二级页表包含一段范围虚页的实际转换内容。如果特定范围的转换内容没有使用到，相应的第二级页表可以替换到硬盘，而不需要浪费物理存储器。

在两级页表中，虚页号分为两部分：页表号(page table number)和页表偏移量(page table offset)，如图 8-26 所示。页表号对驻留在物理存储器中的第一级页表进行寻址。第一级页表表 504
项给出了第二级页表的基地址或者在 V 为 0 时表示必须从硬盘获取。页表偏移量对第二级页表进行寻址。虚拟存储器地址的其余 12 位为页偏移量，页大小为 $2^{12} = 4$KB。

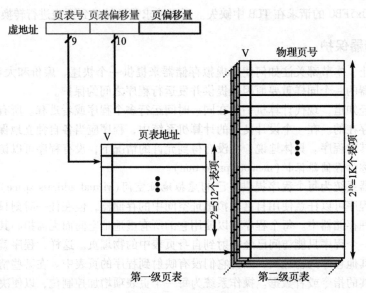

图 8-26　多级页表

在图 8-26 中，19 位虚页号被分为 9 位的页表号和 10 位的页表偏移量。因此，第一级页表有 $2^9 = 512$ 个表项。这 512 个第二级页表均有 $2^{10} = 1K$ 个表项。如果每个第一级和第二级页表表项占用 32 位（4 字节），而且只有两个第二级页表同时在物理存储器中，那么这个层次化的页表结构只使用了（512 × 4 字节）+ 2 × （1K × 4 字节）= 10KB 的物理存储器。两级页表只需要存储全部页表的 2MB 物理存储器的一小部分。两级页表的缺点是，当 TLB 缺失时转换过程将增加一次额外的存储器访问。

例 8.16　使用多级页表完成地址转换

图 8-27 为图 8-26 所示的两级页表可能包含的内容。只给出了一个第二级页表的内容。使用这个两级页表，描述访问虚地址 0x003FEFB0 时发生了什么情况。

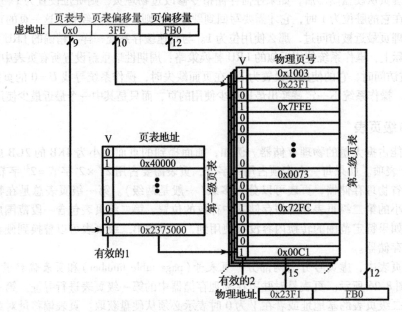

图 8-27　两级页表的地址转换

解：与往常一样，只有虚页号需要转换。虚地址的最高 9 位为页表号 0x0，这是第一级页表的索引。第一级页表的 0x0 号表项说明第二级页表在内存中（$V=1$），其物理地址为 0x2375000。

虚地址的后 10 位（0x3FE）为页表偏移量，它给出了第二级页表的索引。第二级页表的表项 0 位于底部，表项 0x3FF 位于顶部。第二级页表的第 0x3FE 号表项说明虚页在物理存储器（$V=1$）中，且物理页号为 0x23F1。将物理页号和页偏移量拼接起来，形成物理地址0x23F1FB0。   ◀

8.5 I/O 简介

输入/输出（I/O）系统用于连接计算机与外部设备（peripherals），简称外设。在个人计算机中，这些设备一般包括键盘、显示器、打印机和无线网络。在嵌入式系统中，这些设备可能包括烤面包机的加热元件、玩偶的声音同步器、发动机的燃料注入器、卫星的太阳能面板定位电动机等。处理器就像访问内存一样使用地址和数据总线访问 I/O 设备。

一部分的地址空间用于 I/O 设备而不是内存。例如，0xFFFF0000 ~ 0xFFFFFFFF 的地址用于 I/O。在 6.6.1 节中，这些地址是在存储器映射的保留区域。每一个 I/O 设备可以指定到这一范围中的一个或者多个地址。对特定地址的存储操作就会将数据发送给该设备。装入操作就从该设备接收数据。这种与 I/O 设备通信的方式称为内存映射 I/O（memory-mapped I/O）。

在具有内存映射 I/O 的系统中，装入和存储可能访问内存，也可能访问 I/O 设备。图 8-28 给出了支持两个内存映射 I/O 设备所需要的硬件。地址译码器决定处理器与哪个设备进行通信，它使用 Address 和 MemWrite 信号产生对其他硬件的控制信号。ReadData 复用器在内存与各种 I/O 设备之间选择。写使能寄存器保存写入 I/O 设备的值。

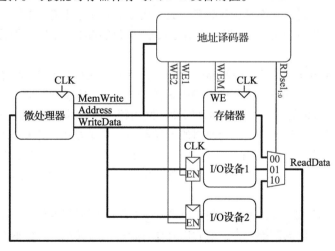

图 8-28　地址映射 I/O 所需要的硬件

例 8.17 与 I/O 设备通信

假设给图 8-28 中的 I/O 设备 1 分配内存地址 0xFFFFFFF4。写出把值 7 写入 I/O 设备 1 和从 I/O 设备 1 读出输出值的 MIPS 汇编语言。

解：以下 MIPS 汇编代码把值 7 写入 I/O 设备 1。

```
addi $t0, $0, 7
sw   $t0, 0xFFF4($0) # FFF4 is sign-extended to 0xFFFFFFF4
```

因为地址为 0xFFFFFFF4 且设置 MemWrite 为 TRUE，所以地址译码器将设置 WE1 有效。

WriteData 总线上的值(7)被写入与 I/O 设备 1 的输入引脚相连的寄存器中。

为了从 I/O 设备 1 读出，处理器应执行以下的 MIPS 汇编代码。

```
lw $t1, 0xFFF4($0)
```

因为地址译码器检测地址 0xFFFFFFF4 且 Mem Write 为 FALSE，所以它把 $RDsel_{1,0}$ 设置为 01。I/O 设备 1 的输出通过复用器传送到 ReadData 总线，然后被装入处理器的 $t1 中。 ◀

与 I/O 设备通信的软件称为设备驱动程序(device driver)。你可能已经下载或者安装了打印机或者其他 I/O 设备的设备驱动程序。编写设备驱动程序需要详细了解 I/O 设备硬件的知识。其他程序调用设备驱动程序提供的函数来访问该设备，而不需知道底层的设备硬件。

与 I/O 设备相关联的地址通常称为 I/O 寄存器，因为它们可能与 I/O 设备的物理寄存器一致，如图 8-28 所示。

本章后面的各节将提供 I/O 设备的具体例子。8.6 节讨论嵌入式系统中的 I/O 设备，说明如何使用基于 MIPS 的微控制器来控制许多物理设备。8.7 节讨论 PC 中使用的主要 I/O 系统。

8.6 嵌入式 I/O 系统

嵌入式系统使用一个处理器来控制与物理环境的交互。嵌入式系统一般围绕着微控制器单元(MicroController Unit，MCU)来构造，MCU 将一个微处理器与一组容易使用的外围设备相结合，例如，通用数字和模拟 I/O 引脚、串行端口(简称串口)、计时器等。微控制器通常是廉价的，并且通过将大部分必要组件集成到单一芯片上使系统成本和尺寸最小化。大多数嵌入式系统比一角硬币更小、更轻，功率只有几毫瓦，成本从几十美分到几美元不等。微控制器根据它处理的数据量大小来进行分类。8 位微控制器是最小和最便宜的，而 32 位微控制器则提供更大内存和更高性能。

为了具体化，本节将在商业微控制器的背景下介绍嵌入式系统 I/O。具体地，我们将重点讨论 PIC32MX675F512H，它是基于 32 位 MIPS 微处理器的 Microchip PIC32 系列微控制器。PIC32 系列还具有丰富种类的片上外设和存储器，使用较少的外部组件构建整个系统。我们选择这个系列，因为它有价格便宜、易于使用的开发环境，它是基于本书所讲解的 MIPS 体系结构，而且因为 Microchip 是一家领先的微控制器供应商，每年销售超过十亿块芯片。不同制造商生产的微控制器 I/O 系统颇为相似，所以在 PIC32 系列中所阐述的原理适用于其他微控制器。

本节的其余部分将阐述微控制器如何执行通用的数字、模拟和串行 I/O 操作。计时器通常用于生成或测量精确的时间间隔。本节最后以其他有趣的外围设备，如显示器、电动机和无线链接来结束。

8.6.1 PIC32MX675F512H 微控制器

图 8-29 展示了 PIC32 系列微控制器的框图。该系统的中心是一个 32 位 MIPS 处理器。该处理器通过 32 位总线连接存储程序的闪存和存储数据的 SRAM。PIC32MX675F512H 具有 512KB 闪存和 64KB RAM，其他风格可能包含 16~512KB 闪存和 4~128KB RAM，根据不同价格而变化。高性能外设，如 USB 和以太网，也通过总线矩阵与 RAM 直接通信。低性能外设，包括串行端口、计时器和 A/D 转换器，共用一个独立的外围总线。该芯片还包含生成时钟信号的时钟产生电路和检测芯片什么时候通电或者将要断电的电压感测电路。

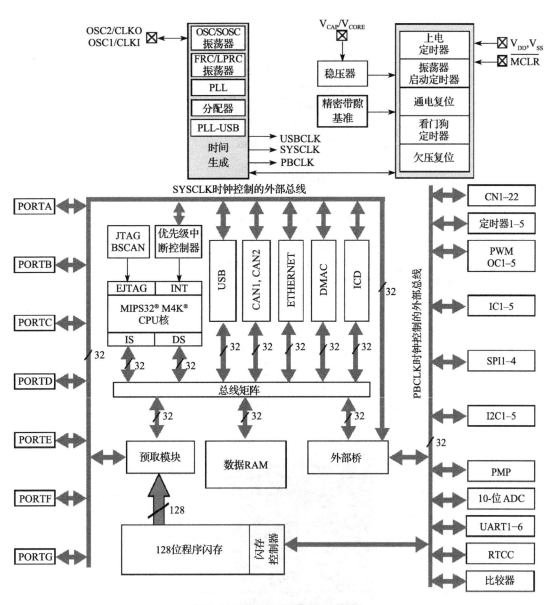

图 8-29　PIC32MX675F512H 框图

（©2012 Microchip Technology Inc. 允许转载）

图 8-30 显示了微控制器的虚拟内存映射。程序设计人员使用的所有地址都是虚拟的。MIPS 体系结构提供 32 位地址空间来访问多达 2^{32} 字节 =4GB 的内存，但只有内存的一小部分是在芯片上实现的。从地址 0xA0000000 ~ 0xBFC02FFF 的相关分区包括 RAM、闪存，以及用来与外部设备进行通信的特殊功能寄存器（Special Function Register, SFR）。需要注意的是，有一个额外的 12KB 的引导闪存（Boot Flash），它通常执行一些初始化，然后跳转到闪存中的主程序。当复位时，将程序计数器初始化为地址 0xBFC00000 上的引导闪存的起始点。

图 8-31 展示了微控制器的引脚。引脚包括电源和接地、时钟、复位和多个用于通用 I/O 和专用外部设备的 I/O 引脚。图 8-32 显示了 64 引脚薄型四方扁平封装（Thin Quad Flat Pack, TQFP）的微控制器照片，引脚以 20 密耳（0.02 英寸）的间隔分布在封装四边。微控制器也有包含更多 I/O 引脚的 100 引脚封装，该版本的零件编号以 L 而不是 H 结束。

509

虚拟
内存映射

地址	区域
0 × FFFFFFFF	虚拟内存映射
0 × BFC03000	
0 × BFC02FFF	设备配置寄存器
0 × BFC02FF0	
0 × BFC02FEF	引导闪存
0 × BFC00000	
0 × BF900000	保留
0 × BF8FFFFF	SFRs
0 × BF800000	
0 × BD080000	保留
0 × BD07FFFF	程序闪存
0 × BD000000	
0 × A0020000	保留
0 × A001FFFF	RAM
0 × A0000000	

图 8-30　PIC32 内存映射

（© 2012 Microchip Technology Inc. 允许转载）

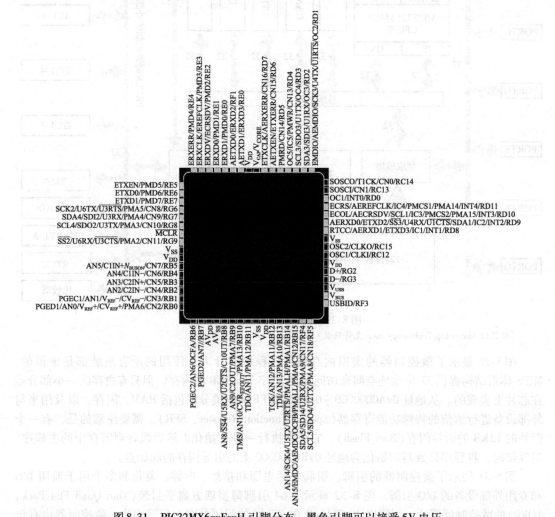

图 8-31　PIC32MX6xxFxxH 引脚分布。黑色引脚可以接受 5V 电压

（© 2012 Microchip Technology Inc. 允许转载）

图 8-32　64 引脚 TQFP 封装的 PIC32

　　图 8-33 展示了连接在最低运行配置的微控制器，包括电源、外部时钟、复位开关和编程电缆插孔。PIC32 和外部电路安装在印刷电路板上，这个电路板可能是实际的产品（例如，一个烤面包机控制器），或者是便于在测试过程中轻松访问芯片的开发板。

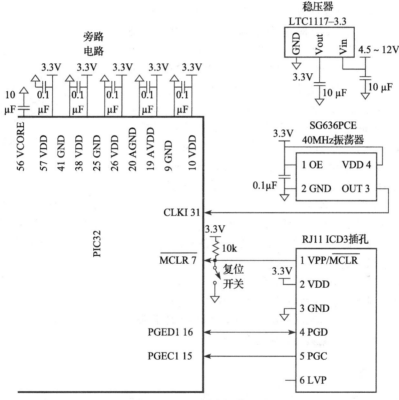

图 8-33　PIC32 基本操作电路图

　　LTC1117-3.3 稳压器可接受 4.5 ~ 12V 的输入（例如，从墙上的变压器、电池或外接电源），然后使其降到电源引脚需要的稳定 3.3V。PIC32 有多个 VDD 和 GND 引脚，通过提供低阻抗路径来降低电源噪声。各种旁路电容提供电荷存储，以便在电流需求突然变化的情况下保持电源供应稳定。一个旁路电容也连接到 VCORE 引脚，该引脚为一个内部 1.8V 电压调节器提供服务。PIC32 通常从电源获得 1 ~ 2mA/MHz 的电流。例如，在 80MHz 时，最大功耗为 $P = VI = (3.3V)(120mA) = 0.396W$。64 引脚 TQFP 的热阻为 47℃/W，因此如果无散热器或冷却风扇，芯片可能会升温至大约 19℃。

　　运行频率高达 50MHz 的外部振荡器可以连接到时钟引脚。在本例的电路中，振荡器工作在 40.000MHz。或者，微控制器可以编程为使用 8.00MHz ± 2% 的内部振荡器。这是不太精确的频率，但也足够好。I/O 设备（如串行端口、A/D 转换器、计时器）的外设总线时钟（PBCLK）通常运行在主系统时钟（SYSCLK）速率的一小部分（例如，一半）。这个时钟方案可以通过在

MPLAB 开发软件设置配置位，或者将下面的代码放在 C 程序的开头。

```
#pragma config FPBDIV = DIV_2  // peripherals operate at half
                               // sysckfreq (20 MHz)
#pragma config POSCMOD = EC    // configure primary oscillator in
                               // external clock mode
#pragma config FNOSC = PRI     // select the primary oscillator
```

提供复位按钮使芯片进入操作的已知初始状态总是很便利的。复位电路包括一个按钮开关和一个连接到复位引脚($\overline{MCLR}$)的电阻。复位引脚是低电平有效，它表明当复位引脚为 0 时，处理器复位。当不按下按钮时，开关打开，电阻拉动复位引脚到 1，允许处理器正常运行。当按下按钮时，开关关闭，复位引脚被拉下到 0，迫使处理器复位。当接通电源时，PIC32 自动复位。

510
~
512

微控制器最简单的编程方法就是使用 ICD(Microchip In Circuit Debugger)3，它亲切地称为冰球(puck)。ICD3，如图 8-34 所示，允许程序员从 PC 与 PIC32 通信来下载代码和调试程序。ICD3 连接到 PC 上的 USB 端口，并连接到 PIC32 开发板上的 6 针 RJ-11 标准连接器。RJ-11 连接器常用于美国电话插孔。ICD3 通过双线电路内串行编程接口(In-Circuit Serial Programming interface)与 PIC32 进行通信，串行编程接口包含一个时钟和一个双向数据引脚。你可以使用 Microchip 免

图 8-34   Microchip ICD3

费的 MPLAB 集成开发环境(Integrated Development Environment，IDE)编写汇编语言程序或 C 程序，进行仿真调试，并通过 ICD 下载到开发板并进行测试。

PIC32 微控制器的大多数引脚默认为通用数字 I/O 引脚。因为该芯片具有有限数量的引脚，所以这些相同的引脚共享用于专用 I/O 功能，例如串行端口、模拟数字转换器输入等，当相应的外设启动时这些引脚有效。程序员有责任在任意时间内每个引脚只有一个用途。8.6 节余下部分将详细探索微控制器的 I/O 功能。

微控制器的功能远远超出了在本章的有限空间里所能涵盖的内容。请参见制造商的数据手册来了解更多的细节。尤其是，Microchip 的 PIC32MX5XX/6XX/7XX 系列数据手册和 PIC32 系列参考手册，它们具有权威性和可读性。

8.6.2　通用数字 I/O

通用 I/O(General-Purpose I/O，GPIO)引脚用于读/写数字信号。例如，图 8-35 展示了连接到 12 位 GPIO 端口的 8 个发光二极管(Light-Emitting Diode，LED)和 4 个开关。电路图显示端口的 12 个引脚的名称和编号，它告诉程序员每个引脚的功能，并告诉硬件设计人员如何设置物理连接。这些 LED 用 1 来驱动时则发光，用 0 来驱动时则灭灯。开关闭合时产生 1，打开时则产生 0。微控制器可以使用这个端口同时驱动 LED 并读取开关状态。

PIC32 将 GPIO 组合成同时具备读/写功能的端口。PIC32 的端口名为 RA、RB、RC、RD、RE、RF 和 RG，简称为 A 端口、B 端口等。虽然 PIC32 没有足够的引脚来为它的所有端口提供信号，但每个端口可能有多达 16 个 GPIO 引脚。

每个端口由 TRISx 和 PORTx 这两个寄存器控制，其中 x

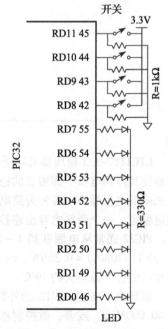

图 8-35   连接到 12 位 GPIO 端口的发光二极管和开关

是表示当前端口的一个字母（A~G）。TRISx 寄存器确定端口的引脚是输入还是输出，而 PORTx 寄存器表明某个数值是从输入读取还是驱动到输出。每个寄存器的最低 16 位对应于 GPIO 端口的 16 个引脚。当 TRISx 寄存器的某个位为 0 时，该引脚是输出，而当它为 1 时，该引脚为输入。谨慎的做法是将未使用的 GPIO 引脚设置为输入（默认状态），这样它们不会不经意地驱动为麻烦的值。

每个寄存器映射为虚拟内存（0xBF80000 ~ BF8FFFF）特殊功能寄存器的一个字。例如，TRISD 映射到地址 0xBF8860C0 和 PORTD 映射到地址 0xBF8860D0。p32xxxx.h 头文件声明这些寄存器为 32 位无符号整数。因此，程序员可以通过名字访问它们，而不必查找对应的地址。

例 8.18 用于开关和 LED 的 GPIO

写一个 C 程序读取 4 个开关信号，使用图 8-35 所示的硬件点亮底部的 4 个 LED。

解：配置 TRISD 使得引脚 RD[7:0]为输出，引脚 RD[11:8]为输入。然后通过检查引脚 RD[11:8]读取开关信号，将信号的值写回到 RD[3:0]，从而点亮正确的 LED。

```
#include <p32xxxx.h>

int main(void) {
  int switches;

  TRISD = 0xFF00;                  // set RD[7:0] to output,
                                   // RD[11:8] to input
  while (1) {
    switches = (PORTD >> 8) & 0xF; // Read and mask switches from
                                   // RD[11:8]
    PORTD = switches;              // display on the LEDs
  }
}
```

例 8.18 立刻写整个寄存器。但访问单个寄存器位也是可以的。例如，以下代码把第一个开关的值复制到第一个 LED。

```
PORTDbits.RD0 = PORTDbits.RD8;
```

每个端口也有对应的 SET 和 CLR 寄存器，它们可以使用标明哪些位是置位或复位的掩码来写入。例如，

```
PORTDSET = 0b0101;
PORTDCLR = 0b1000;
```

将 PORTD 的第一位和第三位置位，将第四位复位。如果 PORTD 最低 4 位已经是 1110，那么它们将变为 0111。

可用的 GPIO 引脚数由封装尺寸决定。表 8-5 总结了各种封装情况下的可用引脚。例如，100 引脚 TQFP 提供 A 端口的引脚 RA[15:14]、RA[10:9]和 RA[7:0]。注意，RG[3:2]只用于输入。RB[15:0]共享为模拟输入引脚，其他引脚也有多种功能。

逻辑电平是 LVCMOS 兼容的。输入引脚要求逻辑电平 $V_{IL} = 0.15V_{DD}$ 和 $V_{IH} = 0.8V_{DD}$，或 0.5V 和 2.6V（假设 V_{DD} 为 3.3V）。只要输出电流 I_{out} 不超过微小的 7mA，输出引脚产生 V_{OL} 为 0.4V 和 V_{OH} 为 2.4V。

表 8-5　PIC32MX5xx/6xx/7xx GPIO 引脚

端口	64 引脚 QFN/TQFP	100 引脚 TQFP，121 引脚 XBGA
RA	无	15:14, 10:9, 7:0
RB	15:0	15:0
RC	15:12	15:12, 4:0
RD	11:0	15:0
RE	7:0	9:0
RF	5:3, 1:0	13:12, 8, 5:0
RG	9:6, 3:2	15:12, 9:6, 3:0

8.6.3 串行 I/O

如果微控制器需要发送比可用 GPIO 引脚数更多的位，它必须把消息拆分成多个较小的传输。在每个步骤中，它可以发送一位或多位。前者称为串行 I/O，后者称为并行 I/O。串行 I/O 很普及，因为它使用较少的电线并且对很多应用来说它足够快。事实上，它非常普及，已经建立了多个串行 I/O 标准，通过这些标准，PIC32 的专用硬件能方便地发送数据。本节描述串行外设接口（Serial Peripheral Interface，SPI）和通用异步收发器（Universal Asynchronous Receiver/Transmitter，UART）标准协议。

514
～
515

其他常用串行标准包括内部集成电路（Inter-Integrated Circuit，I^2C）、通用串行总线（Universal Serial Bus，USB）和以太网。I^2C 是包含一个时钟和一个双向数据引脚的双线接口，它的使用方式与 SPI 类似。USB 和以太网较为复杂，高性能标准分别在 8.7.1 节和 8.7.4 节描述。

1. 串行外设接口

串行外设接口（SPI）是一个简单的同步串行协议，它易于使用，而且速度相当快。物理接口由 3 个引脚组成：串行时钟（Serial Clock，SCK）、串行数据输出（Serial Data Out，SDO）和串行数据输入（Serial Data In，SDI）。SPI 连接主设备（master device）和从设备（slave device），如图 8-36a 所示。主设备生成时钟信号。它通过在 SCK 上发送一系列时钟脉冲来启动通信。如果它想将数据发送给从设备，它把数据从最高有效位开始放在 SDO 上。从设备通过将数据放在主设备的 SDI 可以同时响应。图 8-36b 展示了 8 位数据传输的 SPI 波形。

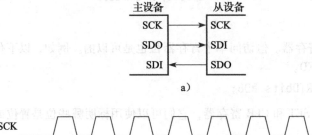

图 8-36 SPI 连接和主设备波形

PIC32 有多达 4 个 SPI 端口，命名为 SPI1 ~ SPI4。每个端口都可以作为主设备或从设备。本节介绍了主模式操作，但从模式是相似的。为了使用 SPI 端口，PIC© 程序必须首先配置端口。然后，它可以将数据写入寄存器，数据被串行地发送给从设备。可以使用另一个寄存器收集从从设备接收的数据。当传输完成时，PIC32 可以读取所接收的数据。

每个 SPI 端口与 4 个 32 位寄存器相关联：SPIxCON、SPIxSTAT、SPIxBRG 和 SPIxBUF。例如，SPI1CON 是 SPI 端口 1 的控制寄存器，它用于启动 SPI 和设置属性，如传输位数和时钟极性。表 8-6 列出 CON 寄存器所有位的名称和功能。复位的默认值全部为 0。大部分的功能，如成帧、增强缓冲、从设备选择信号和中断未在本节中使用，但可以在数据手册里找到。STAT 是状态寄存器，它指示接收寄存器是否已满。这个寄存器的详细内容在 PIC32 数据手册里有完整的描述。

表 8-6 SPIxCON 寄存器字段

位	名称	功能
31	FRMEN	1：使能成帧
30	FRMSYNC	帧同步脉冲方向控制
29	FRMPOL	帧同步极性(1 = 高电平有效)
28	MSSEN	1：在主模式下使能从设备选择生成
27	FRMSYPW	帧同步脉冲宽度位(1 = 1 字宽，0 = 1 时钟周期宽)
26:24	FRMCNT[2:0]	帧同步脉冲计数器(同步脉冲频率)
23	MCLKSEL	主时钟选择(1 = 主时钟，0 = 外设时钟)
22:18	unused	
17	SPIFE	帧同步脉冲边沿选择
16	ENHBUF	1：使能增强缓冲
15	ON	1：SPI 启动
14	unused	
13	SIDL	1：在 CPU 处于空闲模式时停止 SPI
12	DISSDO	1：停用 SDO 引脚
11	MODE32	1：32 位传输
10	MODE16	1：16 位传输
9	SMP	采样相位(参见图 8-39)
8	CKE	时钟边沿(参见图 8-39)
7	SSEN	1：使能从设备选择
6	CKP	时钟极性(参见图 8-39)
5	MSTEN	1：使能从模式
4	DISSDI	1：停用 SDI 引脚
3:2	STXISEL[1:0]	发送缓冲器中断模式
1:0	SRXISEL[1:0]	接收缓冲器中断模式

串行时钟频率可以被配置为外设时钟频率的一半或更少。虽然 SPI 在使用试验电路板上的连线运行在 1MHz 以上时可能会遇到噪声问题，但它对数据速率没有理论极限，并且它可以容易地在印刷电路板上以数十 MHz 的频率操作。波特率寄存器(Baud Rate Register，BRG)根据下式依据外设时钟设置 SCK 速率：

$$f_{\text{SPI}} = \frac{f_{\text{peripheral\_ clock}}}{2 \times (\text{BRG} + 1)} \tag{8-3}$$

BUF 是数据缓冲器。写入 BUF 的数据通过 SDO 引脚上的 SPI 端口传输，SDI 引脚所接收的数据可以在传输完成后通过读取 BUF 找到。

为了准备 SPI 主模式，首先通过将 CON 寄存器的第 15 位(ON 位)清除为 0 来将其关闭。通过读取 BUF 寄存器来清除任何可能在接收缓冲器中的数据。通过写 BRG 寄存器设置所需的波特率。例如，如果外设时钟为 20MHz，所需的波特率为 1.25MHz，则设置 BRG 为[20/(2 × 1.25)] − 1 = 7。通过设置 CON 寄存器第 5 位(MSTEN)为 1 把 SPI 置于主模式下。设置 CON 寄存器第 8 位(CKE)使 SDO 位于时钟上升沿的中间。最后，通过设置 CON 寄存器 ON 位重启 SPI。

为了发送数据到从设备，将数据写入 BUF 寄存器。数据将串行传输，从设备将同时将数据发送回主设备。等待直到 STAT 寄存器第 11 位(SPIBUSY 位)变为 0，这表明 SPI 已完成其操作。然后，可以从 BUF 读取从从设备接收的数据。

PIC32 上的 SPI 端口是高度可配置的，这样它可以与多种串行设备通信。不幸的是，这导致错误配置端口和获取乱码数据传输的可能性。时钟和数据信号的相对时序通过 3 个 CON 寄

存器位(CKP、CKE 和 SMP)来配置。默认情况下，这些位都是 0，但图 8-36b 中的时序采用
CKE=1。主设备在 SCK 下降沿改变 SDO，因此从设备应当使用正边沿触发的触发器在其上升
沿进行数值采样。主设备希望 SDI 在 SCK 的上升沿保持稳定，所以从设备应在下降沿改变，如
时序图所示。CON 寄存器的 MODE32 和 MODE16 位指定应该发送 32 位或 16 位字，这些位的默
认值都是 0，表示进行 8 位传输。

例 8.19 通过 SPI 发送和接收字节

设计一个在 PIC®主设备与 FPGA 从设备之
间通过 SPI 进行通信的系统。画出接口的原理
图。为微控制器编写 C 程序，发送字符 'A' 并
接收返回的字符。为 FPGA 上的 SPI 从设备编
写 HDL 代码。如果从设备只需要接收数据，如
何简化？

解： 图 8-37 展示了使用 SPI 端口 2 的设备
之间的连接。引脚号从器件数据手册(例如，
图 8-31)获得。注意，图上显示了引脚号和信
号名以便指明其物理和逻辑连接。这些引脚也
被 GPIO 端口 RG[8∶6]使用。当 SPI 启用时，
端口 G 的这些位不能用于 GPIO。

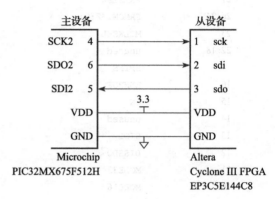

图 8-37　PIC32 和 FPGA 之间的 SPI 连接

下面的 C 代码初始化 SPI，然后发送和接收一个字符。

```
#include <p32xxxx.h>
void initspi(void) {
  char junk;

  SPI2CONbits.ON = 0;       // disable SPI to reset any previous state
  junk = SPI2BUF;           // read SPI buffer to clear the receive buffer
  SPI2BRG = 7;
  SPI2CONbits.MSTEN = 1;    // enable master mode
  SPI2CONbits.CKE = 1;      // set clock-to-data timing
  SPI2CONbits.ON = 1;       // turn SPI on
}

char spi_send_receive(char send) {
  SPI2BUF = send;                   // send data to slave
  while (SPI2STATbits.SPIBUSY);     // wait until SPI transmission complete
  return SPI2BUF;                   // return received data
}

int main(void) {
  char received;

  initspi();                                // initialize the SPI port
  received = spi_send_receive('A');         // send letter A and receive byte
                                            // back from slave
}
```

FPGA 的 HDL 代码在下面列出，时序图如图 8-38 所示。FPGA 采用移位寄存器来保存从主
设备接收的数据位和仍然要发送到主设备的位。在复位后 sck 的第一个上升沿和之后的每 8 个
周期，将来自 d 的一个新字节装入移位寄存器。在每个后续周期，一个位数据移入 FPGA 的
sdi，一个位数据移出 FPGA 的 sdo。sdo 一直被延迟直到 sck 的下降沿，这样它被主设备在
下一个上升沿采样。经过 8 个周期后，接收的字节可以在 q 内找到。

```
module spi_slave(input   logic       sck,    // from master
                 input   logic       sdi,    // from master
                 output  logic       sdo,    // to master
                 input   logic       reset,  // system reset
                 input   logic [7:0] d,      // data to send
                 output  logic [7:0] q);     // data received

    logic [2:0] cnt;
    logic       qdelayed;

    // 3-bit counter tracks when full byte is transmitted
    always_ff @(negedge sck, posedge reset)
      if (reset) cnt = 0;
      else       cnt = cnt + 3' b1;

    // loadable shift register
    // loads d at the start, shifts sdi into bottom on each step
    always_ff @(posedge sck)
      q <= (cnt == 0) ? {d[6:0], sdi} : {q[6:0], sdi};

    // align sdo to falling edge of sck
    // load d at the start
    always_ff @(negedge sck)
      qdelayed = q[7];
    assign sdo = (cnt == 0) ? d[7] : qdelayed;
endmodule
```

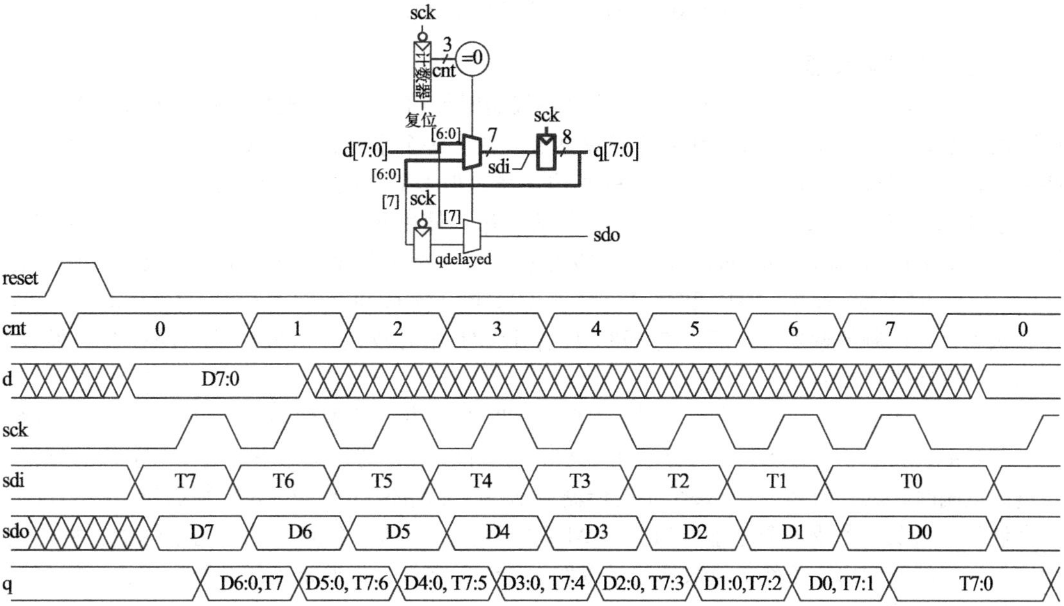

图 8-38　SPI 从设备电路和时序

如果从设备只需要从主设备接收数据，那么它简化为一个简单的移位寄存器，见下面的 HDL 代码。

```
module spi_slave_receive_only(input  logic       sck,  // from master
                              input  logic       sdi,  // from master
                              output logic [7:0] q);   // data received

    always_ff @(posedge sck)
      q <= {q[6:0], sdi}; // shift register
endmodule
```

◀

有时候，有必要改变配置位以便与要求不同时序值的设备进行通信。当 CKP = 1 时，SCK反转。当 CKE = 0 时，相对于数据提前半个周期进行时钟切换。当 SAMPLE = 1 时，主设备延迟半个周期进行 SDI 采样（从设备应确保它在那段时间里是稳定的）。这些模式显示在图 8-39 中。要知道，不同的 SPI 产品可能为这些选项使用不同的名称和极性。仔细检查设备的波形。使用示波器检查 SCK、SDO 和 SDI，对解决通信困难有帮助。

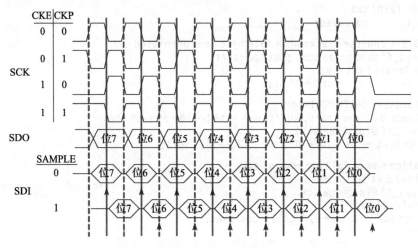

图 8-39　由 CKE、CKP 和 SAMPLE 控制的时钟和数据时序

2. 通用异步收发器

通用异步收发器（UART）是两个系统之间不发送时钟信号而进行通信的一种串行 I/O 外设。但这两个系统必须事先就使用何种数据速率达成一致，每个系统必须生成自己的时钟。虽然这些系统时钟可能有小的频率误差和未知的相位关系，但 UART 能保证可靠的异步通信。UART被用于 RS-232 和 RS-485 等协议中。例如，计算机串口使用 RS-232C 标准，该标准由电子工业协会（Electronic Industries Association）于 1969 年提出。该标准的最初设想是连接数据终端设备（Data Terminal Equipment，DTE）和数据通信设备（Data Communication Equipment，DCE），例如计算机主机和调制解调器。尽管，与 SPI 相比，UART 相对较慢，但该标准已经存在了很久，因而它们现在仍然重要。

图 8-40a 显示了一个异步串行链路。DTE 在 TX 线上发送数据到 DCE，在 RX 线上接收数据。图 8-40b 展示了在上述其中一条线上以 9600 波特（Baud）的数据速率发送一个字符的过程。当链路空闲时，其逻辑为'1'。每个字符传输包括一个起始位（0）、7~8 个数据位、一个可选的奇偶位，以及一个或多个停止位（1）。UART 检测从空闲状态到起始状态的下降沿，将传输锁定在适当的时间内。虽然 7 位数据位足以发送 ASCII 字符，但通常使用 8 位，因为这样可以传送任意字节的数据。

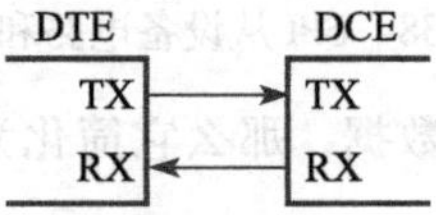

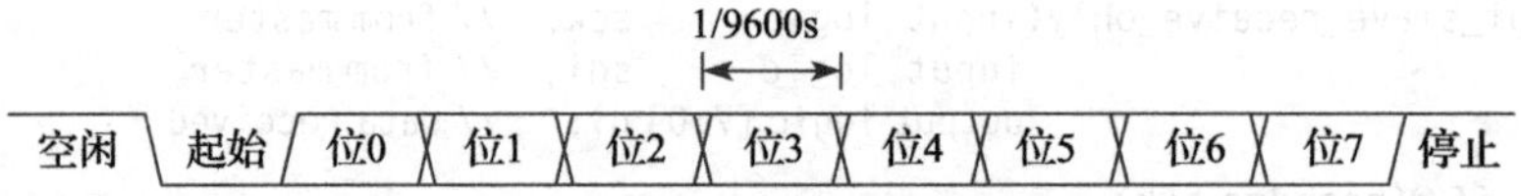

图 8-40　异步串行链路

也可以发送一个附加位(奇偶校验位)，它使系统检测在传输过程中是否有数据位遭到损坏。它可以被配置为偶数或奇数。偶校验意味着数据和奇偶校验位总共有偶数个 1。换句话说，奇偶位是对数据位进行异或(XOR)操作的结果。然后接收器检查是否接收到偶数个 1，如果没有则生成错误信号。奇校验则相反，因此奇偶位是对数据位进行同或(XNOR)操作的结果。

519
~
522

一种常见的选择是使用 8 位数据位、无奇偶校验、1 位停止位，总共 10 个符号来传送一个 8 位字符信息。因此，信号速率的单位是波特而不是位/秒(bits/sec)。例如，9600 波特表示 9600 符号/秒(symbols/sec)，或 960 字符/秒(characters/sec)，因而 960 × 8 = 7680 位/秒的数据速率。两个传输系统都必须配置合适的波特率和数据、奇偶校验和停止位的数量，否则数据就会出现乱码。这是一个麻烦，尤其是对于非技术用户，这是为什么在 PC 系统中通用串行总线(USB)取代了 UART。

常用的波特率包括 300、1200、2400、9600、14 400、19 200、38 400、57 600 和 115 200。较低波特率在 20 世纪七八十年代用于通过电话线发送一系列音调数据的调制解调器。在现代系统中，9600 和 115 200 是两个最常见的波特率。当对速度没有要求时使用 9600。115 200 是最快的标准速率，虽然与其他现代串行 I/O 标准相比它仍然很慢。

图 8-41　Cap'n Crunch 水手口哨
(照片由 Evrim Sen 提供，允许转载)

RS-232 标准定义了多个额外的信号。请求发送(Requestto Send，RTS)和清除发送(Clear to Send，CTS)信号可用于硬件握手(hardware handshaking)。它们可以在以下两种模式的任意一种模式下工作。在流控制模式(flowcontrol mode)下，当 DTE 准备从 DCE 接收数据时，DTE 清除 RTS 为 0 时。同样，当 DCE 准备从 DTE 接收数据时，DCE 清除 CTS 为 0 时。有些数据手册使用上划线来表示它们是低电平有效。在较老的单工模式下，当 DTE 准备发送数据时，DTE 清除 RTS 为 0 时。当 DCE 准备接收数据时，DCE 通过清除 CTS 回复 DTE。

有些系统，特别是那些通过电话线连接的系统，还使用数据终端就绪(Data Terminal Ready，DTR)、数据载波检测(Data Carrier Detect，DCD)、数据集就绪(Data SetReady，DSR)和环指示符(Ring Indicator，RI)来指示设备何时连接到线路。

最初的标准推荐了大的 25 针 DB-25 连接器，但 PC 简化为一个 9 针 DE-9 公连接器，它的引脚如图 8-42a 所示。电缆线通常直接连接如图 8-42b 所示。但是，如果直接连接两个 DTE，可能需要图 8-42c 所示的零调制解调器(null modem ce)电缆，来交换 RX 和 TX 以便完成握手。有些连接器是公连接器，而有些是母连接器。总之，可能要使用一大箱电缆和一定量的推测工作才能通过 RS-232 连接两个系

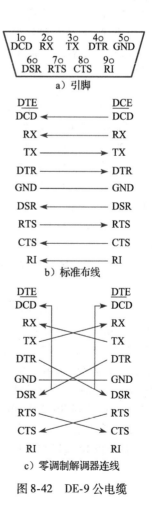

图 8-42　DE-9 公电缆

统，再次说明转向 USB 的必要性。幸运的是，嵌入式系统通常使用一个简化的 3 或 5 导线设置，它由 GND、TX、RX 组成，可能包括 RTS 和 CTS。

RS-232 使用 3～15V 电压表示 0，使用 – 3 ～ – 15V 电压表示 1。这就是所谓的双极信号（bipolar signaling）。收发器将 UART 的数字逻辑电平转换为 RS-232 所要求的正/负电平，并且还提供静电放电保护，在用户插入电缆时保护串口免受损坏。MAX3232E 是与 3.3V 和 5V 数字逻辑兼容的收发器。它包含一个与外部电容相结合的电荷泵，从单一低电压电源产生 ±5V 输出。

PIC32 有 6 个 UART，命名为 U1～U6。与 SPI 一样，PIC© 程序必须首先配置端口。与 SPI 不同的是，读取和写入可以独立操作，因为两个系统都是只发送不接收，反之亦然。每个 UART 与 5 个 32 位寄存器关联：UxMODE、UxSTA（状态）、UxBRG、UxTXREG 和 UxRXREG。例如，U1MODE 是 UART1 的模式寄存器。模式寄存器用于配置 UART，STA 寄存器用于检查数据是否可用。BRG 寄存器用于设置波特率。数据通过写入 TXREG 或读取 RXREG 来完成发送或接收。

模式寄存器（MODE）默认为 8 位数据位、1 位停止位、无奇偶校验和没有 RTS/CTS 流控制信号，所以大多数应用程序员只对第 15 位（ON 位，UART 使能位）感兴趣。

STA 寄存器包含使能发送和接收引脚的位，也包含检查发送和接收缓冲器是否已满的位。设置 UARTON 位后，程序员还必须设置 STA 寄存器的 UTXEN 和 URXEN 位（第 10 位和第 12 位）来使能这两个引脚。UTXBF（第 9 位）指示发送缓冲器已满。URXDA（第 0 位）表明接收缓冲器具有可用的数据。STA 寄存器还包含表示奇偶校验和帧错误的位。如果起始或停止位没有在预期时间内找到，则发生帧错误。

16 位 BRG 寄存器用于将波特率设置为外部总线时钟的一部分。

$$f_{\text{UART}} = \frac{f_{\text{peripheral\_clock}}}{16 \times (\text{BRG} + 1)} \qquad (8\text{-}4)$$

表 8-7 列出了常用目标波特率的 BRG 设置，假设有一个 20MHz 的外部时钟。有时不可能正好达到目标波特率。然而，只要频率误差远小于 5%，那么可以在一个 10 位帧的持续时间内保持发射器和接收器之间的小相位误差，以便接收正确的数据。然后，系统将在下一个起始位重新同步。

表 8-7　20MHz 外部时钟的 BRG 设置

目标波特率	BRG	实际波特率	误差
300	4166	300	0.0%
1200	1041	1200	0.0%
2400	520	2399	0.0%
9600	129	9615	0.2%
19 200	64	19 231	0.2%
38 400	32	37 879	– 1.4%
57 600	21	56 818	– 1.4%
115 200	10	113 636	– 1.4%

为了传输数据，等待直到 STA. UTXBF 清空，这表明发送缓冲器有可用的空间，然后写入字节到 TXREG。为了接收数据，检查 STA. URXDA，看数据是否已经接收，然后从 RXREG 读取字节。

523
～
524

例 8.20　与 PC 的串行通信

开发 PIC32 与 PC 通信的电路和 C 程序，通过包含 8 位数据位、1 位停止位和无奇偶校验的串行端口以 115 200 波特率进行通信。PC 运行控制台程序，如 PuTTY [⊖]，通过串行端口进行读写/操作。该程序要求用户输入一个字符串，然后告诉用户她输入了什么。

解： 图 8-43 展示了串行链路的电路图。因为几乎没有 PC 仍然有物理串行端口，所以我们使用可插入式 USB 到 RS-232 DB9 串行适配器（参见 plugable.com），如图 8-44 所示，提供一个到 PC 的串行连接。将适配器连接到一个母 DE-9 连接器上，该连接器焊接到馈入收发器的电线上，将双极 RS-232 电平的电压转换为 PIC32 微控制器的 3.3V 电平。在这个例子中，我

⊖　PuTTY 可在 www.putty.org 免费下载。

们选择 PIC32 上的 UART2 端口。微控制器和 PC 都是数据终端设备，所以 TX 和 RX 引脚在电路中必须是交叉连接的。不使用 PIC32 RTS/CTS 握手，将 DE9 连接器上的 RTS 和 CTS 连接在一起，使得 PC 自己完成握手。

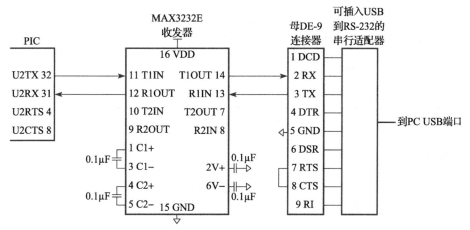

图 8-43　PIC32 到 PC 的串行链路

为了配置 PuTTY 使用串行链路工作，设置连接类型为串行，速度为 115 200。设置到操作系统分配的 COM 端口的串行线路为串口到 USB 适配器（Serial to USB Adapter）。在 Windows 操作系统中，这可以在设备管理中找到。例如，它可能是 COM3。在连接→串口选项卡中，设置流控制为 NONE 或 RTS/CTS。在终端选项卡中，设置本地回显为强制开，从而在终端上显示你键入的字符。

该代码如下所示。终端程序中的回车（Enter）键对应于 C 语言中的回车符，称为'\r'，它的 ASCII 码是 0X0D。为了在输出时跳到下一行的开头，同时发送'\n'和'\r'（新一行和回车）字符⊖。

图 8-44　可插入 USB 到 RS-232 DB9 的串行适配器

初始化和读/写串口的函数构成了一个简单的设备驱动程序。设备驱动程序为程序员和硬件之间提供了抽象和模块化层次，使用设备驱动程序的程序员不需要了解 UART 的寄存器集。它还简化了将代码移植到不同微控制器的过程。设备驱动程序必须重写，但调用它的代码可以保持不变。

main 函数证明了如何使用 putstrserial 和 getstrserial 函数输出到控制台和从控制台读取数据。它还证明了如何使用 stdio.h 中的 printf 函数自动通过 UART2 输出。不幸的是，PIC32 库目前不能优雅地支持在 UART 上使用 scanf 函数，但使用 getstrserial 足够了。

```
#include <P32xxxx.h>
#include <stdio.h>

void inituart(void) {
  U2STAbits.UTXEN = 1;        // enable transmit pin
  U2STAbits.URXEN = 1;        // enable receive pin
  U2BRG = 10;                 // set baud rate to 115.2k
  U2MODEbits.ON = 1;          // enable UART
}
char getcharserial(void) {
  while (!U2STAbits.URXDA);   // wait until data available
```

⊖　当'\r'被略时，PuTTY 也可以正确输出。

```
    return U2RXREG;              // return character received from
                                 // serial port
  }
  void getstrserial(char *str) {
    int i = 0;
    do {                         // read an entire string until detecting
      str[i] = getcharserial();  // carriage return
    } while (str[i++] != '\r');  // look for carriage return
    str[i-1] = 0;                // null-terminate the string
  }
  void putcharserial(char c) {
    while (U2STAbits.UTXBF);     // wait until transmit buffer empty
    U2TXREG = c;                 // transmit character over serial port
  }
  void putstrserial(char *str) {
    int i = 0;
    while (str[i] != 0) {        // iterate over string
      putcharserial(str[i++]);   // send each character
    }
  }
  int main(void) {
    char str[80];

    inituart();
    while(1) {
      putstrserial("Please type something: ");
      getstrserial(str);
      printf("\n\rYou typed: %s\n\r", str);
    }
  }
```

在 PC 上用 C 程序与串口进行通信有点儿麻烦,因为串口驱动程序库没有跨操作系统的规范。其他编程环境,如 Python、MATLAB 或 LabVIEW,可顺利地进行串行通信。

8.6.4 计时器

嵌入式系统通常需要测量时间。例如,微波炉需要一个计时器来跟踪日期时间,另一个计时器测量烹饪时间。它还可能使用另一个计时器产生脉冲使马达旋转食物盘,以及第四个计时器通过仅在每秒的一小部分时间内激活微波能量来控制功率设置。

PIC32 在主板上有 5 个 16 位计时器。计时器 1 称为 A 型计时器,可以接受异步外部时钟源,例如一个 32kHz 钟表晶体。计时器 2/3 和 4/5 是 B 型计时器。它们与外设时钟同步运行并且可配对(例如,2 与 3 配对)构成 32 位计时器,用于测量长时间段。

表 8-8 A 类计时器的预分频器

TCKPS[1:0]	预分频
00	1:1
01	8:1
10	64:1
11	256:1

每个计时器与 3 个 16 位寄存器相关联:TxCON、TMRx 和 PRx。例如,T1CON 是计时器 1 的控制寄存器。CON 是控制寄存器,TMR 包含当前时间计数,PR 是周期寄存器。当计时器达到指定时间时,它回到 0 并设置 IFS0 中断标志寄存器的 TxIF 位。程序可通过查询该位来检测溢出。或者,它可以生成一个中断。

默认情况下,每个计时器相当于一个 16 位计数器,它累加内部外设时钟(在这个例子中是 20MHz)的节拍。CON 寄存器的第 15 位(ON 位)启动计时器计数。CON 寄存器的 TCKPS 位指定预分频器(prescalar),如表 8-8 和表 8-9 所示。用 k:1 进

表 8-9 B 类计时器的预分频器

TCKPS[2:0]	预分频
000	1:1
001	2:1
010	4:1
011	8:1
100	16:1
101	32:1
110	64:1
111	256:1

行预分频使计时器在每 k 个节拍只计数一次。这可用于产生更长的时间间隔，特别是当外设时钟运行得很快时。其他 CON 寄存器位在 A 类和 B 类计时器中稍有不同，详见数据手册。

例 8.21 延迟产生

编写 2 个函数，它们使用计时器 1 创建指定数量的微秒级和毫秒级延迟。假设外设时钟运行在 20MHz。

解： 每微秒为 20 个外设时钟周期。根据示波器观察经验，delaymicros 函数有大约 6 微秒的时间开销用于函数调用和计时器初始化。所以，设置 PR 为 $20 \times (\text{micros} - 6)$。因此，该函数在持续时间小于 6 微秒时是不准确的。在开始时的检查可以防止 16 位 PR 的溢出。

delaymillis 函数重复调用 delaymicros(1000) 来创建适当数量的 1 毫秒延迟。

```
#include <P32xxxx.h>

void delaymicros(int micros) {
  if (micros > 1000) {              // avoid timer overflow
    delaymicros(1000);
    delaymicros(micros-1000);
  }
  else if (micros > 6){
    TMR1 = 0;                       // reset timer to 0
    T1CONbits.ON = 1;               // turn timer on
    PR1 = (micros-6)*20;            // 20 clocks per microsecond.
                                    // Function has overhead of ~6 us
    IFS0bits.T1IF = 0;              // clear overflow flag
    while (!IFS0bits.T1IF);         // wait until overflow flag is set
  }
}

void delaymillis(int millis) {
  while (millis--) delaymicros(1000);  // repeatedly delay 1 ms until done
}
```

另一个方便的计时器功能是门控时间累加（gated time accumulation），其中，只有当外部引脚为高电平计时器才计数。这允许计时器测量外部脉冲的持续时间。使用 CON 寄存器使能它。

8.6.5 中断

定时器通常与中断结合使用，这样程序可以照常运行，并周期性地在计时器产生中断时处理相应的任务。6.7.2 节从体系结构的角度描述了 MIPS 中断。本节将探讨如何在 PIC32 中使用中断。

当硬件事件发生时中断请求出现，例如计时器溢出、通过 UART 接收到字符，或某些 GPIO 引脚切换。每种类型的中断请求都设置中断标志状态（Interrupt Flag Status，IFS）寄存器的特定位。然后处理器检查中断允许控制（Interrupt Enable Control，IEC）寄存器的相应位。如果该位被设置，微控制器应通过调用中断服务例程（Interrupt Service Routine，ISR）响应中断请求。ISR 是带有 void 参数的函数，它处理中断并在返回前清除 IFS 的相应位。PIC32 中断系统支持单向量和多向量模式。在单向量模式中，所有中断调用相同的 ISR，它必须检查 CAUSE（原因）寄存器来确定中断的原因（如果可能出现多种类型的中断）并相应地处理它。在多向量模式中，每种类型的中断调用不同的 ISR。INTCON 寄存器中的 MVEC 位用于确定模式。在任何情况下，MIPS 中断系统必须在它接受任何中断前使用 ei 指令启用。

PIC32 还允许每个中断源有可配置的优先级（priority）和子优先级（subpriority）。优先级范围是 0~7，7 为最高级。较高优先级的中断会抢占正在处理的中断。例如，假设一个 UART 中断优先级为 5，而一个计时器中断优先级为 7。如果程序正常执行，在 UART 上出现一个字符，那么将产生一个中断使微控制器从 UART 读取数据并处理它。如果在 UART ISR 有效时计时器溢出，ISR 自身将被中断使微控制器可以立即处理计时器溢出。当它完成后，它将在返回到主程序之前完成 UART 中断。另一方面，如果计时器中断优先级为 2，那么将先完成 UART ISR，然后调用计时器 ISR，最后回到主程序。

子优先级的范围是 0～3。如果两个具有相同优先级的事件同时挂起，具有更高子优先级的事件将被优先处理。但是，子优先级不会引起一个新的中断抢占当前正被服务的相同优先级的中断。每个事件的优先级和子优先级用 IPC 寄存器配置。

每个中断源有一个 0～63 范围内的向量号。例如，计时器 1 溢出中断为向量 4，UART2 RX 中断为向量 32，通过 RD0 引脚变化触发的 INT0 外部中断为向量 3。IFS、IEC 和 IPC 寄存器的字段对应的向量号在 PIC32 数据手册中说明。

ISR 函数声明由两个特殊 _ _attribute_ _ 指示符标记，说明优先级和向量号。编译器使用这些属性关联 ISR 与相应的中断请求。《Microchip MPLAB®C Compiler For PIC32 MCUs User's Guide》有关于编写中断服务程序的更多信息。

例 8.22 周期性中断

使用中断编写一个使 LED 以 1Hz 闪烁的程序。

解：我们设置计时器 1 每隔 0.5 秒溢出，并在中断处理程序中将 LED 在 ON 和 OFF 之间切换。

下面的代码说明了多向量模式操作，即使只有计时器 1 中断是实际使能的。blinkISR 函数的属性表明它具有优先级 7(IPL7)，为向量 4(计时器 1 溢出向量)。ISR 切换 LED 并清除 IFS0 的计时器 1 中断标志(T1IF)位，然后返回。

initTimer1Interrupt 函数设置计时器周期为 1/2 秒，使用 256：1 预分频器和 39 063 节拍。它启用多向量模式。优先级和子优先级分别在 IPC1 寄存器的 4：2 位和 1：0 位指定。计定时器 1 中断标志(T1IF，IFS0 的第 4 位)被清零，计时器中断使能(T1IE，IEC0 第 4 位)被设置为从计时器 1 接受中断。最后，asm 指示符用于生成 ei 指令来使能中断系统。

main 函数在初始化计时器中断后，在一个 while 循环中等待。但是，它可以做一些更有趣的事情，例如与用户玩游戏，而中断程序仍确保 LED 以正确的速率闪烁。

```
#include <p32xxxx.h>

// The Timer 1 interrupt is Vector 4, using enable bit IEC0<4>
// and flag bit IFS0<4>, priority IPC1<4:2>, subpriority IPC1<1:0>

void _ _attribute_ _((interrupt(IPL7))) _ _attribute_ _((vector(4)))
blinkISR(void) {
  PORTDbits.RD0 = !PORTDbits.RD0;  // toggle the LED
  IFS0bits.T1IF = 0;               // clear the interrupt flag
  return;
}

void initTimer1Interrupt(void) {
  T1CONbits.ON = 0;        // turn timer off
  TMR1 = 0;                // reset timer to 0

  T1CONbits.TCKPS = 3;     // 1:256 prescale: 20 MHz / 256 = 78.125 KHz
  PR1 = 39063;             // toggle every half-second (one second period)

  INTCONbits.MVEC = 1;     // enable multi-vector mode - we're using vector 4
  IPC1 = 0x7 << 2 | 0x3;   // priority 7, subpriority 3
  IFS0bits.T1IF = 0;       // clear the Timer 1 interrupt flag
  IEC0bits.T1IE = 1;       // enable the Timer 1 interrupt
  asm volatile("ei");      // enable interrupts on the micro-controller
```

```
    T1CONbits.ON = 1;        // turn timer on
}

int main(void) {
    TRISD = 0;               // set up PORTD to drive LEDs
    PORTD = 0;

    initTimer1Interrupt();

    while(1);                // just wait, or do something useful here
}
```

8.6.6 模拟 I/O

真实的世界是模拟信号的世界。许多嵌入式系统需要模拟输入和输出与外界交互。它们使用模拟数字转换器(Analog-to-Digital-Converter，ADC)将模拟信号量化成数字值，使用数字模拟转换器(Digital-to-Analog-Converter，DAC)做相反的事情。图8-45 展示了这些组件的符号。转换器的特征由它们的分辨率、动态范围、采样频率和准确度来决定。例如，一个 ADC 可能有 $N = 12$ 位分辨率，范围 $V_{ref^+} \sim V_{ref^-}$ 为 $0 \sim 5V$，采样频率为 $f_s = 44kHz$，准确度为 ± 3 最低有效位(lsb)。采样频率的单位也可写成样本/秒(samples per second，sps)，其中 $1sps = 1Hz$。模拟输入电压 $V_{in}(t)$ 与数字样本 $X[n]$ 之间的关系是

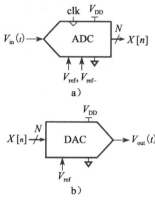

图8-45 ADC 和 DAC 符号

$$X[n] = 2^N \frac{V_{in}(t) - V_{ref^-}}{V_{ref^+} - V_{ref^-}} \qquad (8-5)$$

$$n = \frac{t}{f_s}$$

例如，$2.5V$(全部量程的一半)输入电压对应于 $100000000000_2 = 800_{16}$ 的输出，不确定性高达 3 个 lsb。

同样，在 $V_{ref} = 2.56V$ 的全量程输出电压上，DAC 可能具有 $N = 16$ 位的分辨率。它产生的输出为

$$V_{out}(t) = \frac{X[n]}{2^N} V_{ref} \qquad (8-6)$$

许多微控制器具有内置的中等性能的 ADC。对于更高的性能(例如，16 位分辨率或超过1MHz 的采样频率)，通常需要使用连接到微控制器的独立 ADC。较少的微控制器具有内置的DAC，所以可以使用独立芯片。然而，微控制器经常使用一种称为脉冲宽度调制(Pulse-Width Modulation，PWM)技术模拟输出。本节在 PIC32 微控制器背景下描述模拟 I/O。

1. 模拟/数字转换

PIC32 中有一个 10 位 ADC，它的最高速度为 100 万个样本/秒(Msps)。ADC 可以通过一个模拟复用器连接到 16 个模拟输入引脚的任何一个。模拟输入称为 AN0-15，它们与数字 I/O 端口 RB 共享引脚。默认情况下，V_{ref^+} 是模拟 V_{DD} 引脚，V_{ref^-} 是模拟 GND 引脚。在我们的系统中，它就是 3.3V 和 0V。程序员必须初始化 ADC，指定采样的引脚，等待足够长的时间进行电压采样，启动转换，等待直到它完成，读取结果。

ADC 是高度可配置的，可以在可编程时间间隔里自动扫描多个模拟输入并在完成时生成中断。本节简单描述如何读取一个单独的模拟输入引脚。其他特性详见《PIC32 系列参考手册》。

ADC 由许多寄存器控制：AD1CON1-3、AD1CHS、AD1PCFG、AD1CSSL 和 ADC1BUF0-F。AD1CON1 是主控制寄存器。它有一个 ON 位用于启用 ADC，一个 SAMP 位用于控制何时进行采样和转换，以及一个 DONE 位指示转换完成。AD1CON3 具有 ADCS[7:0]位用于控制模拟/数字(A/D)转

换的速度。AD1CHS是通道选择寄存器用于指定要采样的模拟输入。AD1PCFG是引脚配置寄存器。当一位为 0 时，相应的引脚作为模拟输入。当这位为 1 时，该引脚用作数字输入。ADC1BUF0 用于存储 10 位转换结果。其他寄存器在我们的简单例子中不需要。

ADC 使用逐次逼近寄存器在每个 ADC 时钟周期生成 1 位的结果。对于总共 12 个 ADC 时钟/转换，需要两个额外的周期。为保证正确操作，ADC 时钟周期 T_{AD} 必须至少为 65ns。根据下式使用 ADCS 位，它被设置为外设时钟周期 T_{PB} 的倍数。

$$T_{AD} = 2T_{PB}(ADCS + 1) \tag{8-7}$$

因此，对于高达 30MHz 的外设时钟，ADCS 位可保留为默认值 0。

采样时间是新输入转换开始前必需的稳定时间。只要所要采样的源电阻小于 5KΩ，采样时间就可以小到 132ns，这只是很小的时钟周期。

例 8.23 模拟输入

编写程序来读取 AN11 引脚的模拟值。

解： initadc 函数初始化 ADC 并选择指定的通道。它让 ADC 采用采样模式。readadc 函数结束采样并启动转换。它等待直到转换完成，然后重新开始采样并返回转换结果。

```
#include <P32xxxx.h>

void initadc(int channel) {
  AD1CHSbits.CHOSA = channel;    // select which channel to sample
  AD1PCFGCLR = 1 << channel;     // configure pin for this channel to
                                 // analog input
  AD1CON1bits.ON = 1;            // turn ADC on
  AD1CON1bits.SAMP = 1;          // begin sampling
  AD1CON1bits.DONE = 0;          // clear DONE flag
}

int readadc(void) {
  AD1CON1bits.SAMP = 0;          // end sampling, start conversion
  while (!AD1CON1bits.DONE);     // wait until done converting
  AD1CON1bits.SAMP = 1;          // resume sampling to prepare for next
                                 // conversion
  AD1CON1bits.DONE = 0;          // clear DONE flag
  return ADC1BUF0;               // return conversion result
}

int main(void) {
  int sample;

  initadc(11);
  sample = readadc();
}
```

2. 数字/模拟转换

PIC32 没有内置 DAC，所以本节介绍使用外部 DAC 进行数字/模拟（D/A）转换。本节还阐述 PIC32 通过并行端口和串行端口与其他芯片进行交互的过程。相同的方法可以用于 PIC32 与更高分辨率或更快外部 ADC 之间的交互。

有些 DAC 通过具有 N 条连线的并行接口接收 N 位数字输入，而另一些则通过串行接口（如 SPI）接收数据。有些 DAC 要求正/负电源电压，而其他的则使用单电源供电操作。有些 DAC 支持弹性的电源电压范围，而另一些则需要特定的电压。输入逻辑电平应当与数字源兼容。有些 DAC 生成与数字输入成正比的电压输出，而另一些则产生电流输出。可能需要一个运算放大器来将此电流转换为所需范围内的电压。

在本节中，我们使用 Analog Devices AD558 8 位并行 DAC 和 Linear Technology LTC1257 12 位串行 DAC。这两种 DAC 产生电压输出，都使用一个 5 ~ 15V 电源，使用 $V_{IH} = 2.4V$，这样与

PIC32 的 3.3V 的输出兼容，采用 DIP 封装使它们易于安装在试验电路板上且易于使用。AD558 产生范围在 0 ~ 2.56V 的输出，功耗为 75mW，采用 16 引脚封装，并有 1μs 稳定时间（settling time）从而允许 1M 样本/秒的输出速率。数据手册可从 `analog.com` 获得。LTC1257 产生范围在 0 ~ 2.048V 的输出，功耗低于 2mW，采用 8 引脚封装，并有 6μs 稳定时间。它的 SPI 的最高频率为 1.4MHz。数据手册可从 `linear.com` 获得。Texas Instruments 是另一家领先的 ADC 和 DAC 制造商。

例 8.24 使用外部 DAC 的模拟输出

画出电路图并编写利用 PIC32、AD558 和 LTC1257 生成正弦波和三角波的简单信号发生器软件。

解： 图 8-46 显示了电路。AD558 通过 RD 8 位并行端口连接到 PIC32。它将 Vout Sense 和 Vout Select 连接在到 Vout 以便设置 2.56V 满量程输出范围。LTC1257 通过 SPI2 连接到 PIC32。两个 ADC 都采用 5V 电源，并有一个 0.1μF 的去耦电容来降低电源噪声。DAC 上的有效低电平芯片使能和负载信号指示何时转换为下一个数字输入。当加载新的输入时，它们应该保持高电平。

该程序如下所示。initio 初始化串口和并口，并用周期设置计时器来产生所需要的输出频率。SPI 设置为 16 位模式，运行在 1MHz，但 LTC1257 只关心最后 12 位发送数

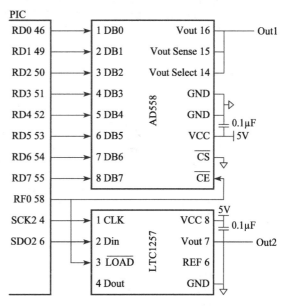

图 8-46　到 PIC32 的 DAC 并行和串行接口

据。initwavetables 预计算正弦波和三角波的样本值数组。正弦波的量程设置为 12 位，而三角波设置为 8 位。每个波的一个周期有 64 个采样点，改变这个值是交换频率的精度。genwaves 通过采样循环。对于每个样本，它禁止到 DAC 的 CE 和 LOAD 信号，通过并行和串行端口发送新的样本，重新启用 DAC，然后等待直到计时器指示下一个样本的时间到。正弦波和三角波的最小频率是 5Hz，它由 16 位计时器 1 周期寄存器设置，最大频率为 605Hz（38.7Ksamples/s）是由 genwaves 函数中发送给每个采样点的时间设置，其中 SPI 传送占了主要部分。

534

```c
#include <P32xxxx.h>
#include <math.h>              // required to use the sine function

#define NUMPTS 64

int sine[NUMPTS], triangle[NUMPTS];

void initio(int freq) {        // freq can be 5-605 Hz
  TRISD = 0xFF00;              // make the bottom 8 bits of PORT D outputs

  SPI2CONbits.ON = 0;          // disable SPI to reset any previous state
  SPI2BRG = 9;                 // 1 MHz SPI clock
  SPI2CONbits.MSTEN = 1;       // enable master mode
  SPI2CONbits.CKE = 1;         // set clock-to-data timing
  SPI2CONbits.MODE16 = 1;      // activate 16-bit mode
  SPI2CONbits.ON = 1;          // turn SPI on

  TRISF = 0xFFFE;              // make RF0 an output to control load and ce
  PORTFbits.RF0 = 1;           // set RF0 = 1
```

```
   PR1 = (20e6/NUMPTS)/freq - 1;    // set period register for desired wave
                                    // frequency
   T1CONbits.ON = 1;               // turn Timer1 on
}
void initwavetables(void) {
   int i;
   for (i=0; i<NUMPTS; i++) {
      sine[i] = 2047*(sin(2*3.14159*i/NUMPTS) + 1);      // 12-bit scale
      if (i<NUMPTS/2) triangle[i] = i*511/NUMPTS;        // 8-bit scale
      else        triangle[i] = 510-i*511/NUMPTS;
   }
}

void genwaves(void) {
   int i;
   while (1) {
      for (i=0; i<NUMPTS; i++) {
         IFS0bits.T1IF = 0;          // clear timer overflow flag
         PORTFbits.RF0 = 1;          // disable load while inputs are changing
         SPI2BUF = sine[i];          // send current points to the DACs
         PORTD = triangle[i];
         while (SPI2STATbits.SPIBUSY); // wait until transfer completes
         PORTFbits.RF0 = 0;          // load new points into DACs
         while (!IFS0bits.T1IF);     // wait until time to send next point
      }
   }
}

int main(void) {
   initio(500);
   initwavetables();
   genwaves();
}
```

3. 脉冲宽度调制

另一种产生模拟输出的方式是脉冲宽度调制(Pulse-Width Modulation，PWM)，它产生一个周期性脉冲输出，输出的一部分为高电平，其余部分为低电平。占空比是脉冲为高电平部分在一个周期中所占的比例，如图 8-47 所示。输出的平均值正比于占空比。例如，如果输出在 0 ~ 3.3V 之间摆动，并具有 25% 的占空比，则电压平均值为 0.25 × 3.3 = 0.825V。对 PWM 信号进行低通滤波可以消除振荡并使信号得到所需的平均值。

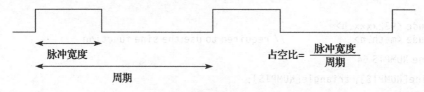

图 8-47　脉冲宽度调制信号

PIC32 包含 5 个输出比较(output compare)模块 OC1 ~ OC5，每个模块与计时器 2 或 3 结合，可以生成 PWM 输出 ⊖。每个输出比较模块与 3 个 32 位寄存器相关联：OCxCON、OCxR 和 OCxRS。CON 是控制寄存器。CON 寄存器的 OCM 位应设置为 110_2 以便激活 PWM 模式，ON 位也应启用。默认情况下，输出比较模块使用计时器 2 运行在 16 位模式，但 OCTSEL 和 OC32 位可以用来选择计时器 3 和 32 位模式。在 PWM 模式，RS 设置占空比，计时器的周期寄存器 PR

　⊖　输出比较模块还可以配置为基于计时器生成单一脉冲。

设置周期，OCxR 可以忽略。

例 8.25 使用 PWM 的模拟输出

写一个函数，它使用 PWM 和外部 RC 滤波器生成模拟输出电压。该函数应接受 0(0V 输出) ~ 256(全量程 3.3V 输出)之间的输入。

解：使用 OC1 模块在 OC1 引脚上产生 78.125kHz 信号。图 8-48 中的低通滤波器具有如下转角频率以便消除高速振荡并传递平均值。

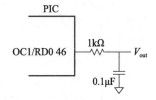

$$f_c = \frac{1}{2\pi RC} = 1.6\,\text{kHz}$$

计时器应在 20MHz 工作，每周期有 256 节拍，因为 20MHz/256 得到所需要的 78.125kHz PWM 频率。占空比输入是输出为高电平的节拍数。如果占空比为 0，输出将保持在低电平。如果是 256 或更高，输出将保持为高电平。

图 8-48 使用 PWM 和低通滤波器的模拟输出

PWM 代码使用 OC1 和计时器 2。周期寄存器被设置为 255，每周期有 256 节拍。OC1RS 设置为所需的占空比。OC1 配置为 PWM 模式，计时器和输出比较模块接通。该程序可能会转移到其他任务，当输出比较模块继续运行时，OC1 引脚将持续产生 PWM 信号，直到它被明确关闭。

```
#include <P32xxxx.h>

void genpwm(int dutycycle) {
  PR2 = 255;                   // set period to 255+1 ticks = 78.125 KHz
  OC1RS = dutycycle;           // set duty cycle
  OC1CONbits.OCM = 0b110;      // set output compare 1 module to PWM mode
  T2CONbits.ON = 1;            // turn on timer 2 in default mode (20 MHz,
                               // 16-bit)
  OC1CONits.ON = 1;            // turn on output compare 1 module
}
```

8.6.7 其他微控制器外设

微控制器经常与其他外部设备交互。本节描述各种常见的例子，包括字符模式液晶显示器(Liquid Crystal Display, LCD)、VGA 显示器、蓝牙无线链路和电动机控制。标准通信接口，包括 USB 和以太网，它们将在 8.7.1 节和 8.7.4 节中描述。

535
~
537

1. 字符 LCD

字符 LCD 是一个小的液晶显示器，它能够显示一行或多行文本。它们通常用在设备的面板，例如收银机、激光打印机和传真机，这些设备需要显示有限的信息量。它们很容易通过并口、RS-232 或 SPI 接口与微控制器通信。Crystalfontz America 销售各种字符 LCD，从 8 列×1 行 ~40 列×4 行，可选择颜色、背光源、3.3/5V 操作和日光能见度。在小批量时，它们的液晶显示器需花费 20 美元或更多，但大批量时价格回落到低于 5 美元。

本节给出了一个通过 8 位并行接口连接 PIC32 单片机和字符 LCD 的例子。该接口兼容于行业标准 HD44780 LCD 控制器(最初由 Hitachi 开发)。图 8-49 显示了 Crystalfontz CFAH2002ATMI-JT 20×2 并行液晶显示器。

图 8-49　Crystalfontz CFAH2002A-TMI 20×2 字符 LCD

图 8-50 展示了 LCD 通过 8 位并行接口连接到 PIC32。逻辑可工作在 5V，但与 PIC32 的 3.3V 输入兼容。LCD 的对比度是由另一个用电位计产生的电压来设定，它通常可读性最强的是设置为 4.2～4.8V。LCD 接收 3 个控制信号：RS(1 代表字符，0 代表指令)、R/$\overline{\text{W}}$(1 表示从显示屏读取，0 表示写入显示屏)和 E(高电平表示在下一个字节准备好之前需要至少 250ns 时间来使能液晶显示器)。当指令被读出时，第 7 位返回忙标志，忙时标记为 1，当 LCD 已准备好接受另一条指令时标记为 0。然而，某些初始化步骤和清除指令需要指定的延迟，而不是检查忙标志。

为了初始化 LCD，PIC32 必须写一系列指令到 LCD 中，如下所示。

- V_{DD} 加载后，等待 >15 000 微秒。
- 写入 0x30 来设置 8 位模式。
- 等待 >4100 微秒。
- 写入 0x30 再次设置 8 位模式。
- 等待 >100 微秒。
- 写入 0x30 再次设置 8 位模式。
- 等待直到忙标志清除。
- 写入 0x3C 设置 2 条线和 5×8 点阵字体。
- 等待直到忙标志清除。
- 写入 0x08 以关闭显示屏。
- 等待直到忙标志清除。
- 写入 0x01 清除显示屏。
- 等待 >1530 微秒。
- 写入 0x06 设置输入模式以便在每个字符后增加光标。
- 等待直到忙标志清除。
- 写入 0x0C 以打开没有光标的显示屏。

然后，为了将文本写入 LCD，微控制器可以发送 ASCII 字符序列。它也可以发送指令为 0x01 来清除显示器或 0x02 返回到左上方的起始位置。

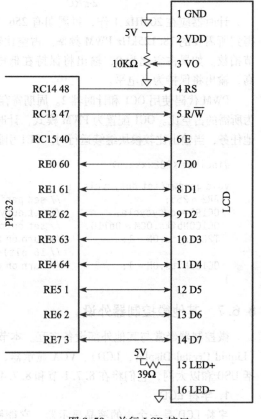

图 8-50   并行 LCD 接口

例 8.26 LCD 控制

写一个程序把"I love LCDs"写入字符显示器。

解：以下程序把"I love LCDs"写入显示器。它需要使用例 8.21 中的 delaymicros 函数。

```
#include <P32xxxx.h>
typedef enum {INSTR, DATA} mode;

char lcdread(mode md) {
  char c;

  TRISE = 0xFFFF;                    // make PORTE[7:0] input
  PORTCbits.RC14 = (md == DATA);     // set instruction or data mode
  PORTCbits.RC13 = 1;                // read mode
  PORTCbits.RC15 = 1;                // pulse enable
  delaymicros(10);                   // wait for LCD to respond
  c = PORTE & 0x00FF;                // read a byte from port E
  PORTCbits.RC15 = 0;                // turn off enable
```

```
    delaymicros(10);                    // wait for LCD to respond
  }
  void lcdbusywait(void)
  {
    char state;
    do {
      state = lcdread(INSTR);     // read instruction
    } while (state & 0x80);       // repeat until busy flag is clear
  }
  char lcdwrite(char val, mode md) {
    TRISE = 0xFF00;                    // make PORTE[7:0] output
    PORTCbits.RC14 = (md == DATA);     // set instruction or data mode
    PORTCbits.RC13 = 0;                // write mode
    PORTE = val;                       // value to write
    PORTCbits.RC15 = 1;                // pulse enable
    delaymicros(10);                   // wait for LCD to respond
    PORTCbits.RC15 = 0;                // turn off enable
    delaymicros(10);                   // wait for LCD to respond
  }
  char lcdprintstring(char *str)
  {
    while(*str != 0) {         // loop until null terminator
      lcdwrite(*str, DATA);    // print this character
      lcdbusywait();
      str++;                   // advance pointer to next character in string
    }
  }
  void lcdclear(void)
  {
    lcdwrite(0x01, INSTR); // clear display
    delaymicros(1530);     // wait for execution
  }
  void initlcd(void) {
    // set LCD control pins
    TRISC = 0x1FFF;            // PORTC[15:13] are outputs, others are inputs
    PORTC = 0x0000;           // turn off all controls

    // send instructions to initialize the display
    delaymicros(15000);
    lcdwrite(0x30, INSTR); // 8-bit mode
    delaymicros(4100);
    lcdwrite(0x30, INSTR); // 8-bit mode
    delaymicros(100);
    lcdwrite(0x30, INSTR); // 8-bit mode yet again!
    lcdbusywait();
    lcdwrite(0x3C, INSTR); // set 2 lines, 5x8 font
    lcdbusywait();
    lcdwrite(0x08, INSTR); // turn display off
    lcdbusywait();
    lcdclear();
    lcdwrite(0x06, INSTR); // set entry mode to increment cursor
    lcdbusywait();
    lcdwrite(0x0C, INSTR); // turn display on with no cursor
    lcdbusywait();
  }
  int main(void) {
    initlcd();
    lcdprintstring("I love LCDs");
  }
```
◀

2. VGA 显示器

更灵活的显示选项是驱动计算机显示器。视频图形阵列(Video Graphics Array，VGA)显示器标准于 1987 年提出，最先用于 IBM PS/2 计算机，在阴极射线管(Cathode Ray Tube，CRT)上具有 640×480 像素分辨率，使用一个 15 针连接器通过模拟电压传输彩色信息。现代液晶显示器具有更高的分辨率，但保持与 VGA 标准的向后兼容。

在阴极射线管中，电子枪从左到右扫描屏幕发射出荧光材料来显示图像。彩色阴极射线管使用 3 种不同的荧光体(红、绿、蓝)和 3 个电子波束。每个波束的强度决定像素中每种颜色的强度。在每条扫描线的末端，电子枪必须关闭一段时间，称为水平消隐间隔(orizontal blanking interval)，以便返回到下一条扫描线的开头。所有扫描线完成后，电子枪必须再次关闭一段时间，称为垂直消隐间隔(vertical blanking interval)以便返回到左上角。该过程每秒重复大约 60 ~ 75 次，以便得到一个稳定的视觉图像。

640×480 像素的 VGA 显示器的刷新频率为 59.94Hz，像素时钟为 25.175MHz，因此每个像素宽度为 39.72ns。全屏幕可以看作 525 条水平扫描线，每条扫描线 800 像素，但只有 480 条扫描线和每条扫描线中的 640 像素实际用于传送图像，而其余的都是黑色。扫描线始于后沿(back porch)，屏幕左边缘的空白区域。它包含 640 个像素，后面是空白前沿(front porch)，它在屏幕的右边缘，然后是一个水平同步(hsync)脉冲将电子枪快速移动回左边缘。图 8-51a 显示了上述每个扫描线部分的时序，从有效像素开始。整个扫描线是 31.778 微秒长。在垂直方向上，屏幕始于在顶部的后沿，后面是 480 条有效扫描线，随后是底部的前沿和一个垂直同步(vsync)脉冲以便返回到顶部开始的下一帧。新帧绘制频率为每秒 60 次。图 8-51b 展示了垂直时序。注意，时间单位是扫描线，而不是像素时钟。更高的分辨率使用更快的像素时钟，388×1536 @85Hz 时高达 2048MHz。例如，1024×768 @60Hz 可以使用 65MHz 像素时钟来实现。水平时序包括 16 个时钟的前沿，96 个时钟的同步脉冲，以及 48 个时钟的后沿。垂直时序包括 11 条扫描线的前沿，2 条扫描线的垂直同步脉冲和 32 条扫描线的后沿。

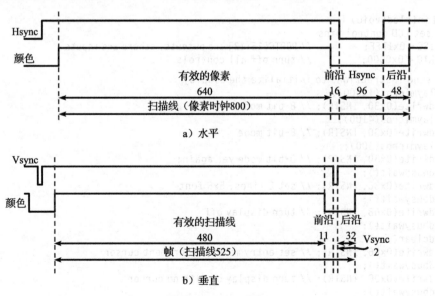

图 8-51 VGA 时序

图 8-52 显示了来自视频源的母连接器的引脚图。像素信息使用 3 个模拟电压传送，分别代表红色、绿色和蓝色。每个电压范围是 0 ~ 0.7V，电压越大表示亮度越大。该电压在前沿和后沿时应为 0。该电缆还提供 I^2C 串行链路来配置显示器。

必须实时高速生成视频信号，这在微控制器上实现有些困难，但在 FPGA 上却容易实现。简单的黑白显示可以通过使用 0 或 0.7V 驱动所有的三色引脚来产生，它采用连接到数字输出引脚的分压器。另一方面，彩色显示器使用具有 3 个独立 D∕A 转换器的视频 DAC（video DAC）以便独立地驱动三色引脚。图 8-53 显示了一个通过 ADV7125 三重 8 位视频 DAC 来驱动 VGA 显示器的 FPGA。DAC 接收来自 FPGA 的 8 位 R、G 和 B 信号。它还接收 SYNC_ b 信号，当 HSYNC 或 VSYNC 有效时该信号被驱动为低电平有效。视频 DAC 产生 3 个输出电流来驱动红、绿、蓝模拟线路，这通常是平行直连视频 DAC 和显示器的 75Ω 传输线。R_{SET} 电阻设置输出电流的量程，以便实现彩色的满量程。时钟速率取决于分辨率和刷新率，使用快速等级的 ADV7125JSTZ330 模型 DAC 可能高达 330MHz。

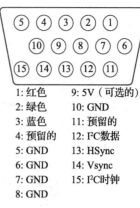

1: 红色	9: 5V（可选的）
2: 绿色	10: GND
3: 蓝色	11: 预留的
4: 预留的	12: I²C数据
5: GND	13: HSync
6: GND	14: Vsync
7: GND	15: I²C时钟
8: GND	

图 8-52　VGA 连接器引脚图

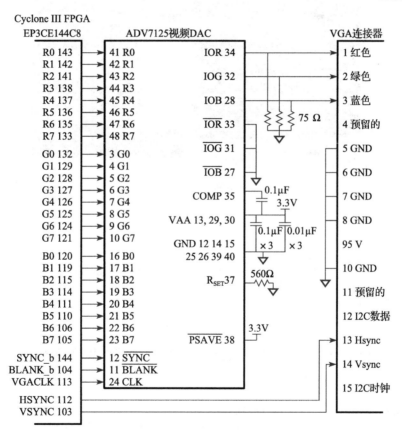

图 8-53　通过视频 DAC 驱动 VGA 使能的 FPGA

例 8.27　VGA 显示器显示

使用图 8-53 中的电路编写 HDL 代码以便在 VGA 显示器上显示文本和一个绿色的框。

解： 该代码假定 40MHz 的系统时钟频率，并在 FPGA 上使用一个锁相环（Phase Locked Loop，PLL）来生成 25.175MHz 的 VGA 时钟。PLL 中的配置不同于 FPGA。对于 Cyclone III，频率通过 Altera 的宏功能向导指定。或者，VGA 时钟可以直接由信号发生器提供。◄

VGA 控制器通过屏幕上的列和行进行计数，在适当的时候生成 hsync 和 vsync 信号。此外，它还生成 blank_b 信号，当坐标在 640×480 有效区域外时，此信号被设置为低电平以便绘制黑色。

视频发生器基于当前(x, y)像素位置产生红、绿、蓝颜色值。$(0, 0)$表示左上角。视频发生器在屏幕上绘制一组字符，以及一个绿色矩形。字符生成器绘制一个 8×8 像素字符，给定的屏幕尺寸为 80×60 字符。它从 ROM 上查找字符，它在 ROM 中采用二进制编码为 8 行 6 列字符。另外两列都是空白。SystemVerilog 代码中的位顺序是反转的，因为 ROM 文件中的最左列是最高有效位，而它应绘制在最低有效 x 位置。

图 8-54 显示了正在运行此程序的 VGA 显示器的照片。字母行交替为红色和蓝色，绿色框覆盖了一部分图片。

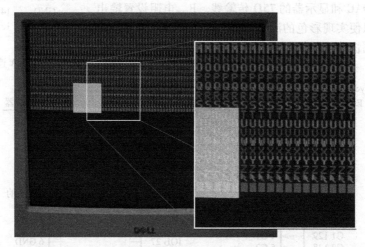

图 8-54　VGA 输出

vga.sv

```
module vga(input  logic        clk,
           output logic        vgaclk,           // 25.175 MHz VGA clock
           output logic        hsync, vsync,
           output logic        sync_b, blank_b,  // to monitor & DAC
           output logic [7:0] r, g, b);          // to video DAC

  logic [9:0] x, y;

  // Use a PLL to create the 25.175 MHz VGA pixel clock
  // 25.175 MHz clk period = 39.772 ns
  // Screen is 800 clocks wide by 525 tall, but only 640 x 480 used for display
  // HSync = 1/(39.772 ns * 800) = 31.470 KHz
  // Vsync = 31.474 KHz / 525 = 59.94 Hz (~60 Hz refresh rate)
  pll   vgapll(.inclk0(clk), .c0(vgaclk));

  // generate monitor timing signals
  vgaController vgaCont(vgaclk, hsync, vsync, sync_b, blank_b, x, y);

  // user-defined module to determine pixel color
  videoGen videoGen(x, y, r, g, b);
endmodule

module vgaController #(parameter HACTIVE = 10'd640,
                                 HFP     = 10'd16,
                                 HSYN    = 10'd96,
                                 HBP     = 10'd48,
                                 HMAX    = HACTIVE + HFP + HSYN + HBP,
                                 VBP     = 10'd32,
```

```
                              VACTIVE = 10'd480,
                              VFP     = 10'd11,
                              VSYN    = 10'd2,
                              VMAX    = VACTIVE + VFP + VSYN + VBP)
                  (input  logic       vgaclk,
                   output logic       hsync, vsync, sync_b, blank_b,
                   output logic [9:0] x, y);

  // counters for horizontal and vertical positions
  always @(posedge vgaclk) begin
    x++;
    if (x == HMAX) begin
      x = 0;
      y++;
      if (y == VMAX) y = 0;
    end
  end

  // compute sync signals (active low)
  assign hsync = ~(hcnt >= HACTIVE + HFP & hcnt < HACTIVE + HFP + HSYN);
  assign vsync = ~(vcnt >= VACTIVE + VFP & vcnt < VACTIVE + VFP + VSYN);
  assign sync_b = hsync & vsync;

  // force outputs to black when outside the legal display area
  assign blank_b = (hcnt < HACTIVE) & (vcnt < VACTIVE);
endmodule

module videoGen(input logic [9:0] x, y, output logic [7:0] r, g, b);

  logic      pixel, inrect;

  // given y position, choose a character to display
  // then look up the pixel value from the character ROM
  // and display it in red or blue. Also draw a green rectangle.
  chargenrom chargenromb(y[8:3]+8'd65, x[2:0], y[2:0], pixel);
  rectgen    rectgen(x, y, 10'd120, 10'd150, 10'd200, 10'd230, inrect);
  assign {r, b} = (y[3]==0) ? {{8{pixel}},8'h00} : {8'h00,{8{pixel}}};
  assign g =        inrect  ? 8'hFF              : 8'h00;
endmodule

module chargenrom(input  logic [7:0] ch,
                  input  logic [2:0] xoff, yoff,
                  output logic       pixel);

  logic [5:0] charrom[2047:0]; // character generator ROM
  logic [7:0] line;            // a line read from the ROM

  // initialize ROM with characters from text file
  initial
    $readmemb("charrom.txt", charrom);

  // index into ROM to find line of character
  assign line = charrom[yoff+{ch-65, 3'b000}]; // subtract 65 because A
                                               // is entry 0

  // reverse order of bits
  assign pixel = line[3'd7-xoff];
endmodule

module rectgen(input  logic [9:0] x, y, left, top, right, bot,
               output logic       inrect);

  assign inrect = (x >= left & x < right & y >= top & y < bot);
endmodule
```

```
charrom.txt
// A ASCII 65
011100
100010
100010
111110
100010
100010
100010
000000
//B ASCII 66
111100
100010
100010
111100
100010
100010
111100
000000
//C  ASCII 67
011100
100010
100000
100000
100000
100010
011100
000000
...
```

3. 蓝牙无线通信

现在可用于无线通信的标准有许多，包括 Wi-Fi、ZigBee 和蓝牙。这些标准是复杂的，并需要复杂的集成电路，但是不断增加的模块种类使复杂性被抽象掉，为用户提供无线通信的简单界面。BlueSMiRF 是这些模块之一，它是一个易于使用的蓝牙无线接口，可用来取代串行电缆。

蓝牙是由 Ericsson 于 1994 年开发出来的无线通信标准，用于低功率、中速、5 ~ 100 米距离的通信，这取决于发射器功率级别。它通常用于连接手机听筒或计算机键盘。不同于红外线通信链路，它不要求设备之间进行直接视线连接。

蓝牙工作在 2.4GHz 的工业、科学和医疗（Industrial-Scientific-Medical，ISM）频段。它从 2402MHz 开始，采用 1MHz 间隔定义了 79 条无线信道。它在这些信道之间以伪随机模型跳转，以便避免与在相同频段工作的其他设备（如无线路由器）之间的连续干扰。如表 8-10 所示，蓝牙发射器分成 3 类功率水平，它说明了传输范围和功耗。在基本速率模式下，它采用高斯频移键控（frequency shift keying，FSK）工作在 1Mbit/s。在普通 FSK 中，每个位通过发送 $f_c \pm f_d$ 的频率来传递，其中 f_c 是信道中心频率，f_d 是偏移量，至少为 115kHz。位间的频率突然转变占用额外的带宽。在高斯 FSK 中，对频率变化进行平滑处理，以更好地利用频谱。图 8-55 显示 2402MHz 信道中传输 0 和 1 序列的频率，分别使用 FSK 和 GFSK。

BlueSMiRF Silver 模块，如图 8-56 所示，在一个带有串行接口的小卡上包含类 2 蓝牙无线、

表 8-10　蓝牙类别

类别	发送器功率（mW）	范围（m）
1	100	100
2	2.5	10
3	1	5

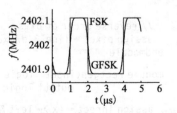

图 8-55　FSK 和 GFSK 波形

调制解调器和接口电路。它与其他蓝牙设备（如连接到 PC 的蓝牙 USB）适配器进行通信。因此，它可以在 PIC32 和 PC 之间提供一个无线串行链路，与图 8-43 的链路类似但没有电缆线。图 8-57 展示了这种链路的电路图。BlueSMiRF 的 TX 引脚连接到 PIC32 的 RX 引脚，反之亦然。RTS 和 CTS 引脚连接，这样 BlueSMiRF 能自己完成握手。

a）　　　　　　　　　　　　　b）

图 8-56　BlueSMiRF 模块和 USB 适配器

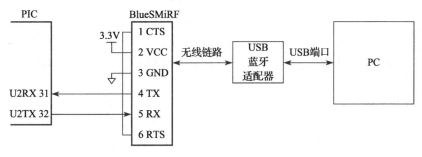

图 8-57　蓝牙 PIC32 到 PC 链路

BlueSMiRF 默认为 115.2k Baud，8 个数据位、1 个停止位、无奇偶校验或流控制。它工作在 3.3V 数字逻辑电平，所以 RS-232 收发器不需要与另一个 3.3V 设备连接。

为了使用该接口，将 USB 蓝牙插入 PC。启动 PIC32 和 BlueSMiRF。BlueSMiRF 上的红色 STAT 指示灯将闪烁，表明它正在等待建立连接。打开 PC 系统托盘中的蓝牙图标，使用“添加蓝牙设备向导”（Add Bluetooth Device Wizard）来配对适配器和 BlueSMiRF。BlueSMiRF 的默认配对码为 1234。注意哪个 COM 端口分配给适配器。然后，就像使用串行电缆一样进行通信。需要注意的是蓝牙适配器通常工作在 9600 波特，必须对 PuTTY 进行相应的配置。

4. 电动机控制

微控制器的另一个主要应用是驱动执行器，例如电动机。本节描述 3 种类型的电动机：直流电动机（DC motor）、伺服电动机（servo motor）和步进电动机（stepper motor）。直流电动机需要高驱动电流，所以强大的驱动，如 H 桥（H-bridge），必须连接微控制器和电动机。它们还需要一个单独的轴角编码器（shaft encoder），如果用户想要知道电动机的当前位置。伺服电动机接收一个脉冲宽度调制信号以便在有限的角度范围内指定位置。它们很容易连接，但不那么强大，也不适合连续旋转。步进电动机接收脉冲序列，每个脉冲信号将电动机转动一个固定角度，称为一步。它们更昂贵，也需要一个 H 桥来驱动大电流，但可以精确地控制位置。

电动机引入大量电流，并可能在电源引入干扰数字逻辑的毛刺。减轻这个问题的一种方法是对电动机和数字逻辑使用不同电源或电池。

5. 直流电动机

图 8-58 展示了一个有刷直流电动机的操作。电动机是双终端装置。它包含称为定子的永久固定磁铁和连接在轴上的称为转子（rotor）或电枢（armature）的旋转电磁铁。转子的前端连接到一个裂开的金属环，为换向器（commutator）。连接到电源接头（输入终端）的金属刷摩擦换向器，为转子的电磁体提供电流。这给转子引入磁场使其旋转以便对准定子磁场。一旦转子接近并对准定子，电刷摩擦换向器的反面，反转电流和磁场使其继续一直旋转。

542
∼
548

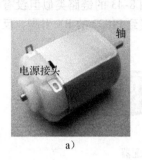
a)

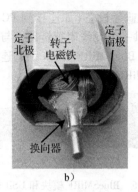
b)

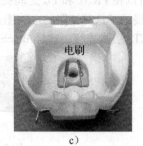
c)

定子北极 转子电磁铁 定子南极 轴 电源接头 换向器 电刷

图 8-58　直流电动机

　　直流电动机倾向于用非常低的转矩以每分钟千转（Rotations Per Minute，RPM）的速度旋转。大多数系统添加齿轮条来将速度降低到较合理水平，同时增加转矩。寻找能紧密配合你的电动机的齿轮条。Pittman 生产种类繁多的高品质直流电动机和配件，而价格低廉的玩具电动机很受发烧友欢迎。

　　直流电动机需要大量的电流和电压来给负载提供提供了显著的功率。如果电动机能双向旋转，那么电流应该是可逆的。大多数微控制器不能产生直接驱动直流电动机的足够的电流。相反，它们使用 H 桥，它概念上包含 4 个电控制开关，如图 8-59a 所示。如果开关 A 和 D 闭合，则电流从左向右流过电动机，并向一个方向旋转。如果 B 和 C 闭合，则电流从右向左流过电动机，并向另一个方向旋转。如果 A 和 C 或 B 和 D 闭合，则电动机两端的电压强制为 0，使电动机主动制动。如果没有一个开关闭合，则电动机会慢慢停止。H 桥的开关是功率晶体管。H 桥还包含一些数字逻辑来方便地控制开关。当电动机的电流突然改变时，电动机电磁体的电感将感应一个大电压，它可能超过电源大小而损坏功率晶体管。因此，许多 H 桥还具有平行于开关的保护二极管，如图 8-59b 所示。如果感应的冲击驱动电机的某个终端高于 V_{motor} 或低于地线，二极管将转为 ON 并将电压保持在一个安全水平。H 桥可能消耗大量功率，可能需要散热器来保持冷却。

V_{motor}
A　C
M
B　D
a)

V_{motor}
A　C
M
B　D
b)

图 8-59　H 桥

例 8.28　自主小车

　　设计一个由 PIC32 控制两个驱动电动机的机器人汽车系统。写一个函数库来初始化电动机驱动器，使车向前和向后行驶、左转或右转、停止。使用 PWM 来控制电动机的速度。

　　解：图 8-60 展示了一对受控于 PIC32 的直流电动机，它采用 Texas Instruments SN754410 双 H 桥。H 桥需要 5V 逻辑电源 V_{CC1} 和 4.5～36V 电动机电源 V_{CC2}，它的 $V_{IH} = 2V$，因此与 PIC32 的 3.3V I/O 兼容。它可以为每个电动机提供高达 1A 的电流。表 8-11 描述了每个 H 桥的输入如何控制电动机。微控制器使用 PWM 信号驱动使能信号来控制电动机的速度。它驱动其他 4 个引脚来控制每个电动机的方向。

表 8-11　H 桥控制

EN12	1A	2A	电动机
0	X	X	滑行
1	0	0	制动
1	0	1	反向
1	1	0	正向
1	1	1	制动

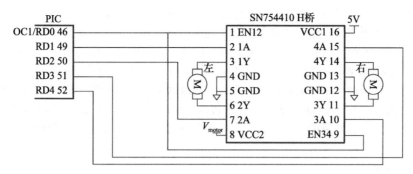

图 8-60　电动机控制与双 H 桥

将 PWM 的工作效率配置为大约 781 Hz，占空比为 0% ~ 100% 。

```
#include <P32xxxx.h>

void setspeed(int dutycycle) {
  OC1RS = dutycycle;                    // set duty cycle between 0 and 100
}

void setmotorleft(int dir) {           // dir of 1 = forward, 0 = backward
  PORTDbits.RD1 = dir; PORTDbits.RD2 = !dir;
}

void setmotorright(int dir) {          // dir of 1 = forward, 0 = backward
  PORTDbits.RD3 = dir; PORTDbits.RD4 = !dir;
}

void forward(void) {
  setmotorleft(1); setmotorright(1); // both motors drive forward
}

void backward(void) {
  setmotorleft(0); setmotorright(0); // both motors drive backward
}

void left(void) {
  setmotorleft(0); setmotorright(1); // left back, right forward
}

void right(void) {
  setmotorleft(1); setmotorright(0); // right back, left forward
}

void halt(void) {
  PORTDCLR = 0x001E;                    // turn both motors off by
                                        // clearing RD[4:1] to 0
}

void initmotors(void) {
  TRISD = 0xFFE0;            // RD[4:0] are outputs
  halt();                    // ensure motors aren't spinning
                             // configure PWM on OC1 (RD0)
  T2CONbits.TCKPS = 0b111; // prescale by 256 to 78.125 KHz
  PR2 = 99;                  // set period to 99+1 ticks = 781.25 Hz
  OC1RS = 0;                 // start with low H-bridge enable signal
  OC1CONbits.OCM = 0b110;  // set output compare 1 module to PWM mode
  T2CONbits.ON = 1;          // turn on timer 2
  OC1CONbits.ON = 1;         // turn on PWM
}
```

◀

在前面的例子中，没有办法测量每个电动机的位置。两个电动机不可能精确匹配，所以一个可能比另一个转得稍快一些，使机器人小车逐渐偏离方向。为了解决这个问题，有些系统添加了轴编码器。图 8-61a 展示了一个简单的轴编码器，它由安装在电动机轴上的带有槽的圆盘组成。将一个 LED 放置在一边，将一个光传感器放置在另一边。每次槽间隙旋转经过 LED 时，轴编码器生成一个脉冲。微控制器通过计算这些脉冲数来测量轴旋转所转过的总角度。使用相隔半个槽宽度放置的两个 LED/传感器对，改进的轴编码器可以产生图 8-61b 所示的正交输出，它表示轴旋转的方向和转过的角度。有时，轴编码器增加另一个孔来表示轴什么时候处于索引位置。

6. 伺服电动机

伺服电动机是集成了齿轮组、轴编码器和一些控制逻辑的直流电动机，因此它更容易使用。它们的旋转角度有限，通常为 180°。图 8-62 展示了打开盖子的伺服电动机。伺服电动机使用 3 引脚接口：电源（通常为 5V）、接地以及控制输入端。控制输入通常是 50Hz 脉冲宽度调制信号。伺服电动机的控制逻辑驱动轴转动到由控制输入的占空比所确定的位置。伺服电动机的轴编码器是典型旋转式电位器，它依赖于轴的位置产生电压。

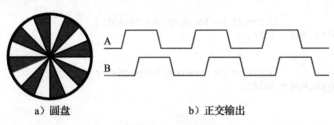

a）圆盘　　　　　　b）正交输出

图 8-61　轴编码器

图 8-62　SG90 伺服电动机

在一个以 180 度旋转的典型伺服电动机中，0.5ms 脉冲宽度驱动轴旋转到 0°，1.5ms 脉冲宽度驱动轴旋转到 90°，而 2.5ms 脉冲宽度驱动轴旋转到 180°。例如，图 8-63 展示了 1.5ms 脉冲宽度的控制信号。驱动伺服电动机超过它的范围可能导致电动机撞击机械制动并损坏。伺服的电源来自电源引脚，而不是控制引脚，因此控制可以直接连接到微控制器，而不使用 H 桥。伺服电动机通常用于远程控制模型飞机和小型机器人，因为它们小、轻和方便。找到具有充足数据手册的电动机可能是困难的。带红线的中心引脚通常是电源，而黑色或棕色线则通常接地。

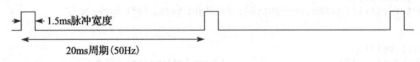

图 8-63　伺服控制波形

例 8.29　伺服电动机

设计一个系统，它使用 PIC32 微控制器来驱动伺服电动机旋转到所需的角度。

解：图 8-64 展示了一个连接到 SG90 伺服电动机的示意图。伺服电机使用 4.0～7.2V 电源工作。只需要一根电线来传递 PWM 信号，它可工作在 5V 或 3.3V 的逻辑电平。代码使用输出比较 1（Output Compare 1）模块来配置 PWM 生成，并为所需的角度设置相应的占空比。

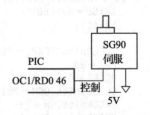

图 8-64　伺服电动机控制

```
#include <P32xxxx.h>

void initservo(void) {         // configure PWM on OC1 (RDO)
  T2CONbits.TCKPS = 0b111;     // prescale by 256 to 78.125 KHz
  PR2 = 1561;                  // set period to 1562 ticks = 50.016 Hz (20 ms)
  OC1RS = 117;                 // set pulse width to 1.5 ms to center servo
  OC1CONbits.OCM = 0b110;      // set output compare 1 module to PWM mode
  T2CONbits.ON = 1;            // turn on timer 2
  OC1CONbits.ON = 1;           // turn on PWM
}

void setservo(int angle) {
  if (angle < 0)      angle = 0;       // angle must be in the range of
                                       // 0-180 degrees
  else if (angle > 180) angle = 180;
  OC1RS = 39+angle*156.1/180;          // set pulsewidth of 39-195 ticks
                                       // (0.5-2.5 ms) based on angle
}
```

◀

另外, 也可以将普通伺服电动机转换成连续旋转伺服(continuous rotation servo)电动机: 仔细拆卸它, 去除机械制动, 并用固定分压器代替电位计。许多网站说明了改造特定伺服电动机的详细指导。然后 PWM 将控制速度而不是位置, 1.5ms 表示停止, 2.5ms 表示全速前进, 而 0.5ms 则表示全速后退。连续旋转伺服电动机可能比结合 H 桥和齿轮系的简单直流电动机更方便和更便宜。

549 ~ 553

7. 步进电动机

步进电动机以离散步骤前进, 因为脉冲施加到交替的输入上。步长通常是几度, 允许精确定位和连续旋转。小型步进电机一般都有两组线圈, 称为相位(phase), 有双极和单极两种方式。双极电动机功能更强大, 相对更便宜, 但需要一个 H 桥驱动器, 而单极电机可使用晶体管作为开关来驱动。本节的重点是更高效的双极步进电动机。

图 8-65a 展示一个简化的两相双极电动机, 步长为 90°。转子是有一个北极和一个南极的永久磁铁。定子是包含两对线圈的电磁铁, 这两对线圈构成两个相位。两相双极电动机有 4 个终端。图 8-65b 显示了步进电动机的符号, 它将两个线圈建模为电感器。

图 8-66 展示了两相双极电动机的 3 个常见的驱动序列。图 8-66a 阐述了波驱动(wave drive), 其中线圈通电顺序为 AB—CD—BA—DC。需要注意的是, BA 表示绕组 AB 用反向电流通电。这来源于双极性(bipolar)的名字。转子每一步旋转 90 度。图 8-66b 表示两相驱动, 按如下模式驱动: (AB, CD)—(BA, CD)—(BA, DC)—(AB, DC)。(AB, CD)表示两个线圈 AB 和 CD 同时通电。转子同样每一步旋转 90 度, 但将自己对准两个极位置的中间。这可以得到最高的转矩运行, 因为两个线圈同时通电。图 8-66c 演示了半步驱动, 按如下模式驱动: (AB, CD)—CD—(BA, CD)—BA—(BA, DC)—DC—(AB, DC)—AB。转子每半步旋转 45 度。模式推进速度决定了电动机的速度。为了反转电动机的方向, 按相反的顺序执行相同的驱动序列。

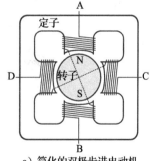

a) 简化的双极步进电动机

b) 步进电动机符号

图 8-65 简化的两相双极电动机

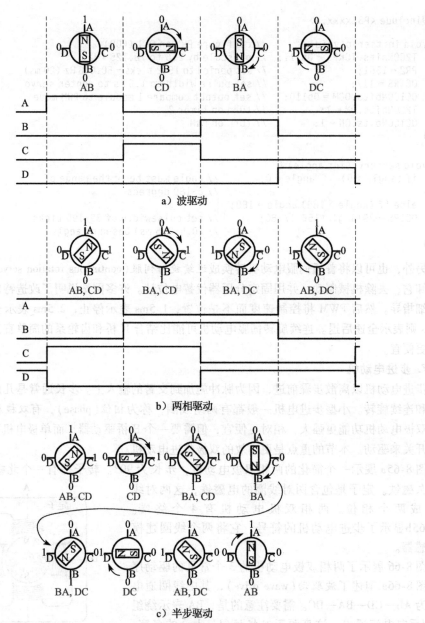

a) 波驱动

b) 两相驱动

c) 半步驱动

图 8-66 双极电动机驱动

在真实的电动机中，转子具有许多极以便使步骤之间的角度很小。例如，图 8-67 展示的 AIRPAX LB82773-M1 双极步进电动机，步长为 7.5 度。电动机运行在 5V，每个线圈电流为 0.8A。

图 8-67 AIRPAX LB82773-M1 双极步进电动机

　　电动机的转矩与线圈电流成正比。电流由施加的电压以及线圈的电感 L 和线圈的电阻 R 来确定。最简单的操作模式称为直流电压驱动(direct voltage drive)或 L/R 驱动(L/R drive)，其中电压 V 直接施加到线圈。电流逐步上升到 $I = V/R$，上升时间常数由 L/R 设定，如图 8-68a 所示。这非常适用于慢速操作。然而，在速度较高的情况下，电流没有足够的时间逐步上升到满电平，如图 8-68b 所示，转矩随之下降。

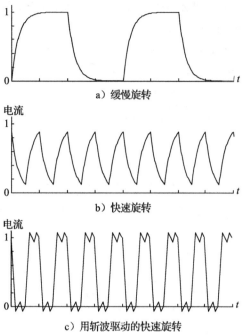

a) 缓慢旋转

b) 快速旋转

c) 用斩波驱动的快速旋转

图 8-68　双极步进电动机直接驱动电流

　　驱动步进电动机更有效的方法是利用脉冲宽度调制较高的电压。高电压使电流更快上升到满电流，然后关闭 PWM 来避免电动机过载。然后电压被调制或斩波(chop)以便使电流保持在所需电平的附近。这就是所谓的斩波恒流驱动(chopper constant current drive)，如图 8-68c 所示。该控制器使用一个小电阻与电动机串联通过测量电压下降值来感测施加的电流，当电流达到所需的电平时给 H 桥施加使能信号来关闭驱动。原则上，微控制器可以产生正确的波形，但使用步进电机控制器更容易。ST Microelectronics 的 L297 控制器是一个方便的选择，尤其是当加上带有电流检测引脚和 2A 峰值功率能力的 L298 双 H 桥。但是，在 DIP 封装中 L298 不可用，因此它难以安装到试验电路板上。ST Microelectronics 的应用笔记 AN460 和 AN470 对步进电动机设计人员来说是有价值的参考。

例 8.30　双极步进电动机直接波驱动

　　设计一个系统，其中一个 PIC32 微控制器采用直接驱动方式指定速度和方向来驱动 AIR-PAX 双极步进电动机。

　　解：图 8-69 显示了一个由 PIC32 控制的 H 桥直接驱动的双极步进电动机。

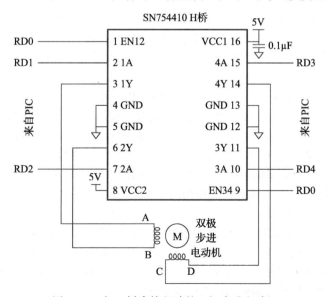

图 8-69　由 H 桥直接驱动的双极步进电动机

spinstepper 函数按照直接驱动序列使用应用于 RD[4:0] 的模式初始化序列阵列。它应用序列中的下一个模式，然后等待足够的时间以每分钟所需的转数(RPM)旋转。使用 20MHz 时钟、7.5°步长、16 位计时器和 256:1 预分频器，可用速度范围是 2 ~ 230rpm，其最小值受限于计时器分辨率，而最大值受限于 LB82773-M1 电动机的功率。

```c
#include <P32xxxx.h>
#define STEPSIZE 7.5 // size of step, in degrees

int curstepstate; // keep track of current state of stepper motor in sequence
void initstepper(void) {
    TRISD = 0xFFE0;                          // RD[4:0] are outputs
    curstepstate = 0;
    T1CONbits.ON = 0;                        // turn Timer1 off
    T1CONbits.TCKPS = 3;                     // prescale by 256 to run slower
}

void spinstepper(int dir, int steps, float rpm) {   // dir = 0 for forward, 1 = reverse
    int sequence[4] = {0b00011, 0b01001, 0b00101, 0b10001}; // wave drive sequence
    int step;

    PR1 = (int)(20.0e6/(256*(360.0/STEPSIZE)*(rpm/60.0))); // time/step w/ 20 MHz peripheral clock
    TMR1 = 0;
    T1CONbits.ON = 1;                        // turn Timer1 on
    for (step = 0; step < steps; step++) {   // take specified number of steps
        PORTD = sequence[curstepstate];      // apply current step control
        if (dir == 0) curstepstate = (curstepstate + 1) % 4;  // determine next state forward
        else          curstepstate = (curstepstate + 3) % 4;  // determine next state backward
        while (!IFS0bits.T1IF);              // wait for timer to overflow
        IFS0bits.T1IF = 0;                   // clear overflow flag
    }
    T1CONbits.ON = 0;                        // Timer1 off to save power when done
}
```

8. 7 PC I/O 系统

个人计算机(PC)使用各种 I/O 协议，这些协议可以用于存储器、磁盘、网络、内扩展卡和外部设备。这些 I/O 标准已经发展到可以提供非常高的性能，很容易让用户添加设备。这些属性以 I/O 协议的复杂度为代价。本节探索在 PC 上使用的主要 I/O 标准，考察将 PC 连接到定制的数字逻辑或其他外部硬件的选项。

图 8-70 显示了一个包含 Core i5 或 i7 处理器的 PC 主板。该处理器用 1156 镀金垫封装在一个栅格阵列(land grid array)中，给处理器提供电源和接地，并将处理器连接到存储器和 I/O 设备。主板包含 DRAM 内存模块插槽、各种 I/O 设备连接器，以及电源连接器、稳压器和电容。一对 DRAM 模块连接在一个 DDR3 接口上。外部设备(如键盘或摄像头)通过 USB 连接。高性能扩展卡(如显卡)通过 PCI Express x16 插槽连接，而低性能卡可以使用 PCI Express x1 插槽或早期的 PCI 插槽。PC 使用以太网插孔连接到网络。硬盘连接到一个 SATA 端口。本节的剩余内容将讲述这些 I/O 标准的操作。

PC I/O 标准的一个重大进展是开发了高速串行链路。至今，大多数 I/O 都是围绕并行链路构建的，它由一个宽数据总线和一个时钟信号组成。随着数据速率的增加，总线内线路之间的延迟差别限制了总线运行的速度。此外，连接到多个设备的总线可能带来传输线路问题，如信号反射和不同负载有不同的传播时间。噪声也会损坏数据。点到点串行链路消除了许多这些问题。数据通常使用差动线对发送。影响配对的两根线的外部噪声是不重要的。传输线很容易正确地终止，因此反射很小(见 A.8 节)。没有发送明确的时钟，相反，时钟由接收器通过观察数据传输转换的时序来恢复。高速串行链路设计是一个专门课题，良好的接口可以在铜导线上运行超过 10Gb/s，沿光纤传输甚至更快。

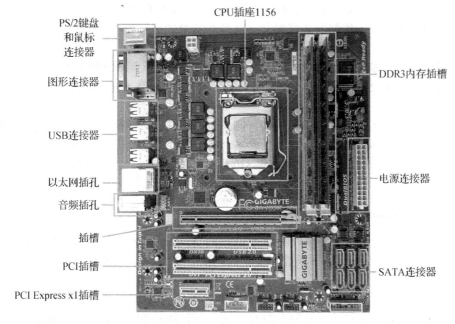

图 8-70　Gigabyte GA-H55MS2V 主板

8.7.1　USB

直到 20 世纪 90 年代中期，将外设添加到 PC 上仍然需要一些技术知识。添加扩展卡需要打开机箱，设置跳线到正确的位置，并手动安装设备驱动程序。添加一个 RS-232 设备需要选择合适的电缆并正确配置波特率、数据、奇偶校验位和停止位。通用串行总线(Universal Serial Bus，USB)由 Intel、IBM、Microsoft 等共同开发，通过将电缆和软件配置过程标准化而大大简化了添加外围设备的过程。现在每年售出数十亿个 USB 外设。

USB 1.0 发布于 1996 年。它采用四线简单电缆：5V、GND 和一个差动线对以来携带数据。电缆是不可能反向或倒置插入的。它的工作频率高达 12Mb/s。一个设备可以从 USB 端口引出高达 500mA 的电流，所以键盘、鼠标和其他外围设备可以从端口获得所需的电源，而不必通过电池或独立电源线。

USB 2.0，发布于 2000 年，通过大幅提高差动线的运行速度来使速度加快到 480MB/s。使用更快的链路，USB 实际用于连接摄像头和外部硬盘。带 USB 接口的闪存也取代软盘作为在计算机之间传输文件的手段。

USB 3.0，发布于 2008 年，进一步将速度提高到 5Gb/s。它使用相同形状的连接器，但电缆具有高速运行的多根导线。它更适合于连接高性能硬盘。同时，USB 增加了一个电池充电规范，它增强了由端口提供的电源，从而加快移动设备的充电。

对于用户而言的简单性，以更复杂的硬件和软件实现为代价。从头开始建立一个 USB 接口是一个大工程。即使写一个简单的设备驱动程序也是很复杂的。PIC32 带有一个内置 USB 控制器。然而，连接鼠标和 PIC32 的 Microchip 设备驱动程序(见 microchip.com)超过了 500 行代码，而且超出了本章的范围。

556
~
559

8.7.2 PCI 和 PCI Express

外设组件互连(Peripheral Component Interconnect，PCI)总线是由 Intel 开发的扩展总线标准，它在 1994 年前后普及。它是用来增加扩展卡，如额外的串行或 USB 端口、网络接口、声卡、调制解调器、磁盘控制器或视频卡。32 位并行总线运行频率为 33MHz，具有 133MB/s 的带宽。

对 PCI 扩展卡的需求已经稳步下降。更多标准接口(如以太网和 SATA)集成到主板上。许多曾经需要扩展卡的设备现在可以通过快速 USB 2.0 或 3.0 链路连接。视频卡现在需要大大超过 PCI 可以提供的带宽。

现代的主板往往还是有少数 PCI 插槽，但是高速设备，如视频卡，现在通过 PCI Express (PCIe)连接。PCI Express 插槽提供了一个或多个高速串行链路通道。在 PCIe 3.0 中，每个通道的运行速度高达 8Gb/s。大多数主板提供 x16 插槽，16 个通道为大流量数据设备(如视频卡)提供总共 16GB/s 的带宽。

560

8.7.3 DDR3 内存

DRAM 通过并行总线连接到微处理器。2012 年，标准是 DDR3，第三代双倍数据速率存储器总线工作在 1.5V 电压。典型主板现在配备了 2 条 DDR3 通道，使它们可以同时访问两组内存模块。

图 8-71 显示了一个 4GB 的 DDR3 双列直插内存模块(DIMM)。该模块每边具有 120 个触点，总共有 240 个连接，包括一个 64 位数据总线、一个 16 位时分多路复用地址总线、控制信号，以及许多电源和接地引脚。2012 年，DIMM 典型地装载 1~16GB 的 DRAM。内存容量每两三年增加一倍左右。

图 8-71　DDR3 内存模块

DRAM 当前工作在 100~266MHz 时钟速率。DDR3 以 4 倍于 DRAM 的时钟速率操作存储器总线。而且，它在时钟的上升沿和下降沿都传送数据。因此，它在每个存储器时钟发送 8 个字的数据。如果 64 位/字，这就对应于 6.4~17GB/s 带宽。例如，DDR3-1600 使用一个 200MHz 的内存时钟和 800MHz 的 I/O 时钟来发送 16 亿字/秒，或 12 800MB/s。因此，该模块也称为 PC3-12800。但是，DRAM 的延迟依然很高，从一个读请求直到数据的第一个字的到来有大约 50ns 的滞后。

8.7.4 网络

计算机通过网络接口连接到因特网(Internet)，这个接口运行传输控制协议和网际协议 (Transmission Control Protocol and Internet Protocol，TCP/IP)。物理连接可以通过以太网电缆或无线 Wi-Fi 链路。

以太网是由 IEEE 802.3 标准定义的。它于 1974 年在 Xerox Palo Alto 研究中心(PARC)开发。它最初运行在 10Mb/s(所谓的 10 兆以太网)，但是现在通常发现它以 100 兆(MB/s)和

1 千兆(GB/s)，运行在含有 4 对双绞线的 5 类电缆上。在光纤上运行的 10 千兆(Gbit)以太网在服务器和其他高性能计算中日益普及，而 100 千兆(Gbit)以太网正在形成。

Wi-Fi 是 IEEE 802.11 无线网络标准的通用称呼。它工作在 2.4GHz 和 5GHz 非授权无线频带，意味着用户不需要无线电操作员执照就可以在这些频带以低功率发送数据。表 8-12 总结了三代 Wi-Fi 的能力，新兴的 802.11ac 标准承诺使用超过 1Gb/s 的传输速率推送无线数据。日益增加的性能来自先进的调制和信号处理、多重天线和更宽的信号带宽。

561

表 8-12　802.11 Wi-Fi 协议

协议	发布年份	频带(GHz)	数据速率(Mb/s)	范围(m)
802.11b	1999	2.4	5.5 ~ 11	35
802.11g	2003	2.4	6 ~ 54	38
802.11n	2009	2.4/5	7.2 ~ 150	70

8.7.5　SATA

内部硬盘需要一个连接到 PC 的快速接口。1986 年，Western Digital 推出了集成驱动电子(Integrated Drive Electronics，IDE)接口，它演变成 AT 附件(AT Attachment，ATA)标准。该标准使用一个笨重的 40 或 80 线带状电缆，最大长度为 18 英寸，以 16MB/s ~ 133MB/s 速率发送数据。

ATA 已被串行 ATA(Serial ATA，SATA)取代，SATA 使用高速串行链路通过更方便的 7 芯电缆电线以 1.5、3 或 6Gb/s 的速率运行，如图 8-72 所示。2012 年，最快的固态硬盘可接近 500MB/s 的带宽，充分利用了 SATA 的优势。

一个相关标准是串行连接 SCSI(Serial Attached SCSI，SAS)，它是并行 SCSI(Small Computer System Interface)接口的演化。SAS 提供了与 SATA 可比较的性能，并支持更长的电缆。它在服务器计算机中很常见。

图 8-72　SATA 电缆

8.7.6　连接到 PC

目前描述的所有 PC I/O 标准都为了高性能和易于连接而优化，但很难在硬件中实现。工程师和科学家经常需要某种方法将 PC 连接到外部电路，如传感器、执行器、微控制器或 FPGA 等。8.6.3 节描述的串行连接可以用于连接微控制器与 UART 之间的低速连接。本节将介绍其他两种方法：数据采集系统和 USB 链路。

1. 数据采集系统

数据采集系统(Data Acquisition System，DAQ)使用多个模拟和数字 I/O 通道将计算机与现实世界连接起来。DAQ 现在通常作为 USB 设备使用，这使得它们易于安装。National Instruments(NI)是一家领先的 DAQ 制造商。

562

高性能 DAQ 的价格往往高达数千美元，主要是因为市场小而限制了竞争。幸运的是，2012 年，NI 以 200 美元的学生折扣价出售便于使用的 myDAQ 系统，包括了 LabVIEW 软件。图 8-73 展示了 myDAQ。它包含输入和输出两个模拟通道，具有 200ksamples/s 的采样频率、16 位分辨率和 ±10V 动态范围。这些通道可被配置为示波器和信号发生器。它还有 8 条数字输入和输出线，可与 3.3V 和 5V 系统兼容。此外，它产生 +5V、+15V 和 −15V 电源输出，并包括能够测量电压、电流和电阻的数字万用表。因此，myDAQ 可取代整套试验和测量设备，它能同时自动记录数据。

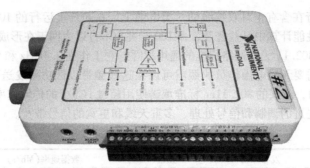

图 8-73　NI myDAQ

大多数 NI DAQ 使用 LabVIEW 控制，它是 NI 的图形语言，用于设计测量和控制系统。有些 DAQ 也可以在 LabWindows 环境中使用 C 程序控制，在 Measurement Studio 环境中使用 Microsoft. NET 应用程序控制，或者在 Data Acquisition Toolbox 中使用 Matlab 控制。

2. USB 链路

越来越多种类的产品通过 USB 为 PC 和外部硬件之间提供简单、价格低廉的数字链路。这些产品含有预开发的驱动程序和库，允许用户轻松地在 PC 上编写程序在 FPGA 或微控制器读/写数据。

FTDI 是此类系统的领先供应商。例如，图 8-74 显示了 FTDI C232HM-DDHSL USB 到多协议同步串行引擎（MPSSE）的电缆，电缆的一端是 USB 插孔，而另一端是一个工作频率高达 30Mb/s 的 SPI 接口，以及 3.3V 电源和 4 个通用 I/O 引脚。图 8-75 展示了使用电缆将 PC 连接到 FPGA 的例子。电缆可以选择提供 3.3V 电源给 FPGA 供电。这 3 个 SPI 引脚像例 8.19 那样连接到 FPGA 从设备上。该图还显示了用于驱动 LED 的一个 GPIO 引脚。

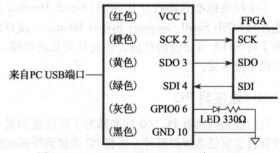

图 8-74　FTDI USB 到 MPSSE 的电缆
（© 2012 by FTDI。允许转载）

图 8-75　C232HM-DDHSL USB 到 MPSESE
接口（从 PC 到 FPGA）

PC 要求安装 D2XX 动态链接库驱动程序。然后，你就可以使用该库编写一个 C 程序在电缆上发送数据。

如果需要更快的连接，图 8-76 中的 FTDI UM232H 模块连接 PC 的 USB 端口和一个 8 位同步并行接口，它的工作频率高达 40MB/s。

图 8-76　FTDI UM232H 模块

8.8 从现实世界看：x86 存储器和 I/O 系统 *

随着处理器速度越来越快，它们需要更复杂的存储器层次结构来保持提供稳定的数据流和指令流。本节介绍 x86 处理器的存储器系统来说明这个发展过程。7.9 节中的处理器照片突出显示了片上高速缓存。x86 还使用了一个与大部分常见内存映射 I/O 不同的直接 I/O 编程方式。

8.8.1 x86 高速缓存系统

1985 年开始生产的 80386 以 16MHz 的频率工作。它没有高速缓存，所以它直接访问主存以便获取所有的指令和数据。根据存储的速度，处理器可能立即得到响应，也可能会暂停 1～2 周期来等待内存响应。这些等待的周期称为等待状态（wait states），它们将增加处理器的 CPI。从那时开始，微处理器的频率每年都提高至少 25%，然而内存延迟并没有降低。从处理器向主存发出地址到主存返回数据的延迟目前已经超过 100 个时钟周期。因此，低缺失率的高速缓存是提高性能所必需的。表 8-13 总结了 Intel x86 处理器上高速缓存系统的发展。

563
～
564

表 8-13　Intel x86 微处理器存储器系统的发展

微处理器	年代	频率 （MHz）	第一级数据 高速缓存	第一级指令 高速缓存	第二级 高速缓存
80386	1985	16～25	无	无	无
80486	1989	25～100	8KB 统一的		不在片上
Pentium	1993	60～300	8KB	8KB	不在片上
Pentium Pro	1995	150～200	8KB	8KB	256KB～1MB（多芯片模块上）
Pentium II	1997	233～450	16KB	16KB	256～512KB（盒装）
Pentium III	1999	450～1400	16KB	16KB	256～512KB 片上
Pentium 4	2001	1400～3730	8～16KB	12KB 微操作跟踪缓存	256KB～2MB 片上
Pentium M	2003	900～2130	32KB	32KB	1～2MB 片上
Core Duo	2005	1500～2160	每核 32KB	每核 32KB	2MB 共享片上
Core i7	2009	1600～3600	每核 32KB	每核 32KB	每核 256KB + 4～15MB 第三级缓存

80486 引入了一个统一直写高速缓存来保存指令和数据。大多数高性能计算机系统使用速度大大高于主存的商业 SRAM 芯片在主板上提供了更大的二级高速缓存。

Pentium 处理器引入了单独的指令和数据高速缓存，防止在同时请求指令和数据时产生竞争。高速缓存使用写回策略来减少它与主存的通信。同样，在主板上提供了一个更大的第二级高速缓存（一般为 256～512KB）。

P6 系列处理器（Pentium Pro、Pentium II 和 Pentium III）的设计可以支持更高的时钟频率。主板上的第二级高速缓存没有继续保留，因此将它移到与处理器更接近的位置，以便改进其延迟和吞吐量。Pentium Pro 采用多芯片模块（Multichip Module，MCM）封装，MCM 包含处理器芯片和第二级高速缓存芯片，如图 8-77 所示。与 Pentium 相似，它采用单独的 8KB 第一级指令和数据高速缓存。然而，这些高速缓存是非阻塞的（nonblocking），这样即使具体访问在高速缓存中缺失且必须从主存中获取数据，乱序执行的处理器仍然可以继续后续的高速缓存访问。第二级高速缓存的容量为 256KB、512KB，或者 1MB，并可与处理器相同的速度运行。但是，对于大批量的制造，多芯片模块封装太昂贵了。因此 Pentium II 以包含处理器和第二级高速缓存的低成本盒装发售。第一级高速缓存容量增加了一倍，以便弥补第二级高速缓存以处理器一半的速度运行的不足。Pentium III 在与处理器同一个芯片上直接集成了一个全速第二层高速缓存。同一芯片上的高速缓存可以以更好的延迟和吞吐量运行，它比相同大小的片外高速缓存更有效率。

565

图 8-77　PGA 封装中的 Pentium Pro 多芯片模块，左边为处理器，右边为 256KB 高速缓存
（得到 Intel 公司许可）

Pentium 4 处理器提供一个非阻塞的第一级数据高速缓存。在指令被译码为微操作后，它切换到跟踪高速缓存来存储指令，避免指令每次从高速缓存取出后再进行重复译码的延迟。

Pentium M 处理器的设计来源于 Pentium III 处理器。它大幅度地将第一级高速缓存容量增加到 32KB，配置了一个 1 ～ 2MB 的第二级高速缓存。Core Duo 包含两个改进的 Pentium M 处理器和一个共享的 2MB 片上高速缓存。共享的高速缓存可用于处理器之间的通信：一个将数据写入高速缓存，另一个从高速缓存中读出数据。

Nehalem(Core i3 ～ i7) 处理器设计增加了第三级高速缓存，由片上的所有处理器核共享，从而方便核之间的信息共享。每个核拥有自己的 64KB 第一级高速缓存和 256KB 第二级高速缓存，共享 4 ～ 8MB(或更多)第三级高速缓存。

8.8.2　x86 虚拟存储器

x86 处理器在实模式或者保护模式下运行。实模式(real mode)向后兼容原始的 8086。它只使用 20 位地址，内存容量限制为 1MB，不支持虚拟存储器。

80286 中引入了保护模式(protected mode)，80386 将其被扩展到 32 位地址。它支持 4KB 页的虚拟存储器。它还提供内存保护，这样一个程序不能访问属于其他程序的页。因此，一个有漏洞或者恶意的程序就不能破坏或者影响其他程序。所有的现代操作系统都使用保护模式。

32 位的地址允许最多 4GB 的存储器空间。从 Pentium Pro 开始，处理器就已经使用物理地址扩展(physical address extension)技术将存储器容量扩充到 64GB。每一个进程使用 32 位地址，虚拟存储器系统将这些地址映射到更大的 36 位虚拟存储器空间。它对每个进程使用不同的页表，所以每一个进程都可以有它自己的 4GB 地址空间。

为了更优雅地避开存储器瓶颈问题，x86 升级至 x86-64，它能提供 64 位虚地址和通用寄存器。目前，虚地址只使用了 48 位，提供了 256TB 的虚地址空间。当存储器扩展时，这个极限可能会扩大至全 64 位，提供 16EB 地址空间容量。

566
～
567

8.8.3   x86 可编程 I/O

大多数体系结构使用 8.5 节描述的内存映射 I/O 机制，程序以读和写内存位置的方式访问 I/O 设备。x86 的可编程 I/O 采用专用的 IN 和 OUT 指令实现读和写 I/O 设备。x86 定义 2^{16} 个 I/O 端口。IN 指令从 DX 指定的端口读取 1、2 或者 4 字节到 AL、AX 或 EAX 寄存器。OUT 指令与之相似，但写入端口。

把外围设备连接到可编程 I/O 与把它连接到内存映射系统很相似。当访问一个 I/O 端口时，处理器发送端口号（而不是内存地址）到地址总线的最低 16 位。设备从数据总线读或写数据。最大的不同是处理器还产生一个 $M/\overline{IO}$ 信号。当 $M/\overline{IO} = 1$ 时，表示处理器正在访问内存。当它为 0 时，进程正在访问一个 I/O 设备。地址译码器也必须检查 $M/\overline{IO}$ 信号以便产生主存和 I/O 设备合适的使能信号。I/O 设备也可以向处理器发送中断来表示它们准备好通信。

8.9   总结

存储器系统的结构是决定计算机性能的主要因素。DRAM、SRAM 和硬盘等不同的存储技术在容量、速度和价格等 3 方面提供不同的折中。本章介绍了基于高速缓存和虚拟存储器的结构，它们使用存储器层次结构提供接近理想的大容量、快速、廉价的存储器系统。主存一般由 DRAM 构成，其速度明显比处理器慢。高速缓存把常用的数据保存在快速 SRAM 中以便减少访问时间。虚拟存储器用硬盘存储暂时不需要在主存中的数据以便增加内存容量。高速缓存和虚拟存储器增加了计算机系统的复杂度和硬件，但带来的好处通常大于需要付出的成本。所有的现代个人计算机都使用高速缓存和虚拟存储器。大部分处理器还使用内存接口与 I/O 设备通信。这称为内存映射 I/O。程序使用装入和存储操作访问 I/O 设备。

后记

这一章把我们带到了数字系统世界旅程的终点。我们希望本书不仅让你学习到工程技术知识，也能让你感受到美妙和令人神往的数字电路设计艺术。你学习了如何使用原理图和硬件描述语言来设计组合和时序逻辑，熟悉了多路复用器、ALU、存储器等较大的数字电路模块。计算机是最吸引人的数字系统应用之一。你已经学习了如何使用汇编语言对 MIPS 处理器编程，如何使用数字电路模块构造微处理器和存储器系统。你可以发现抽象、规范、层次化、模块化和规整化等原则贯穿了全书。通过这些技术原则，可以完成微处理器内部运行这个难题。从移动电话到数字电视再到火星探测器和医学影像系统，我们的世界日益数字化。

568

想象在一个半世纪之前查尔斯·巴贝奇（Charles Babbage）试图制造一台自动计算机——差分机所经历的相似历程。他只是渴望以机械精确度来计算数学用表。今天的数字系统是昨天的科幻小说。狄克·崔西（20 世纪 30 年代美国连环漫画人物）曾在电话里听说过 iTunes 吗？儒勒·凡尔纳（19 世纪法国科幻作家）会发射全球定位卫星星座到太空中吗？希波克拉底（古希腊物理学家和医学家）使用过高分辨率的脑部数字照片治疗疾病吗？但是同时，罪犯声称可以用先进的便携计算机开发核武器，它的计算能力比冷战时期用于模拟炸弹实验的房间大小的超级计算机还强。微处理器的发展和进步仍在加速。未来 10 年的变化将超过以往。现在已经有工具设计和建造那些可以改造我们未来的新系统。更高的能力带来更多的责任。我们希望你不仅仅为了娱乐或金钱而是为了人类的利益来利用它。

569

习题

8.1   用简短的语言描述 4 个日常活动，说明时间局部性和空间局部性。说出每一种局部性的两个例子，并加以解释。

8.2 用一个段话描述两个可以利用时间局部性和空间局部性的计算机应用。说明原理。

8.3 给出一个地址序列，容量为 16 个字，块大小为 4 个字的直接映射高速缓存的性能将优于具有同样容量和块大小的 LRU 替换策略的全相联高速缓存。

8.4 重做习题 8.3 的例子，这时全相联高速缓存优于直接映射高速缓存。

8.5 在下述高速缓存参数中，增加其中一项而保持其他参数不变时，描述所产生的性能变化。

 (a) 块大小

 (b) 相联性

 (c) 高速缓存大小

8.6 2 路组相联高速缓存的性能一定比同样容量和块大小的直接映射高速缓存好吗？请解释。

8.7 以下是关于高速缓存缺失率的说法。标明每句话是对还是错。简单解释原因，当说法是错的时，给出一个反例。

 (a) 一个 2 路组相联高速缓存比有同样容量和块大小的直接映射高速缓存有更低的缺失率。

 (b) 一个 16KB 大小的直接映射高速缓存比有同样块大小的 8KB 直接映射高速缓存有更低的缺失率。

 (c) 块大小为 32 字节的指令高速缓存一般比一个 8 字节块大小且有同样的相联度和总容量的指令高速缓存有更低的缺失率。

570

8.8 高速缓存有以下的参数：块大小 b(以字为单位)、组数 S、路数 N、地址位数 A。

 (a) 用给出的参数表示，高速缓存容量 C 是多少？

 (b) 用给出的参数表示，需要多少位来存放标志？

 (c) 全相联高速缓存的容量是 C，块大小是 B，这时 S 和 N 是多少？

 (d) 直接映射高速缓存的容量为 C，块大小为 b，S 为多少？

8.9 16 字高速缓存的参数如习题 8.8 给出。考虑以下重复的 lw 地址序列(以十六进制给出)：

 40 44 48 4C 70 74 78 7C 80 84 88 8C 90 94 98 9C 0 4 8 C 10 14 18 1C 20

 假设对相联高速缓存采用最近最少使用(LRU)替换策略，如果将这个地址序列输入到以下高速缓存，忽略开始的影响(也就是，强制缺失)，计算有效的缺失率。

 (a) 直接映射高速缓存，$b=1$ 字

 (b) 全相联高速缓存，$b=1$ 字

 (c) 2 路组相联高速缓存，$b=1$ 字

 (d) 直接映射高速缓存，$b=2$ 字

8.10 重复习题 8.9。考虑以下重复的 lw 地址序列(以十六进制给出)和高速缓存配置。高速缓存容量仍为 16 字。

 74 A0 78 38C AC 84 88 8C 7C 34 38 13C 388 18C

 (a) 直接映射高速缓存，$b=1$ 字

 (b) 全相联高速缓存，$b=2$ 字

 (c) 2 路组相联高速缓存，$b=2$ 字

 (d) 直接映射高速缓存，$b=4$ 字

8.11 假设用以下数据访问模式运行程序。这个模式仅只运行一次。

571

 0x0　0x8　0x10　0x18　0x20　0x28

 (a) 如果使用直接映射高速缓存，其容量为 1KB，块大小为 8 字节(2 字)，那么高速缓存内有多少组？

(b) 使用(a)中相同的高速缓存和块大小，针对给出的内存访问模式，该直接映射高速缓存的缺失率是多少？

(c) 针对给出的内存访问模式，以下哪种方法可以降低缺失率？（高速缓存容量保持不变）。

（ⅰ）增加相联度为 2。

（ⅱ）增加块大小为 16 字节。

（ⅲ）（ⅰ）和（ⅱ）都可以。

（ⅳ）（ⅰ）和（ⅱ）都不可以。

8.12 你正在为 MIPS 处理器设计一个指令高速缓存。它的总容量为 $4C = 2^{c+2}$ 字节，采用 $N = 2^n$ 路组相联($N \geq 8$)，块大小为 $b = 2^{b'}$ 字节($b \geq 8$)。根据这些参数给出以下问题的答案。

(a) 地址的哪些位用于选择块中的字？

(b) 地址的哪些位用于选择高速缓存中的组？

(c) 每一个标志有多少位？

(d) 整个高速缓存中有多少标志位？

8.13 考虑以下参数的高速缓存：N(相联度) = 2，b(块大小) = 2 字，W(字大小) = 32 位，C(高速缓存大小) = 32K 字，A(地址大小) = 32 位。只需要考虑一个字地址。

(a) 给出地址中的标志、组、块偏移量和字节偏移位，说明每个字段需要多少位。

(b) 高速缓存中的所有标志占多少位？

(c) 假设每个高速缓存块还有 1 位有效位(V)和 1 位脏位(D)。每一个高速缓存组(包括数据、标志和状态位)需要有多少位？

(d) 使用图 8-78 中的模块和少量的 2 输入逻辑门设计高速缓存。高速缓存的设计必须包括标志存储、数据存储、地址比较、数据输出选择和任何你认为需要的部件。注意复用器和比较器块可以为任何大小（分别为 n 或者 p 位宽），但是 SRAM 块必须为 16K × 4 位。请给出包含简明标志的电路模块图。只需要设计实现读功能的高速缓存。 |572|

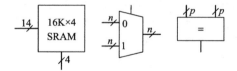

图 8-78   电路模块

8.14 你参加了一个热门的新因特网创业，用内嵌传呼机和网络浏览器开发腕表。它使用的嵌入式处理器中采用了图 8-79 中的多级高速缓存方案。处理器包括一个小型的片上高速缓存和一个大型的片外第二级高速缓存(对，这个手表重 3 磅，但是你可以用它上网)。

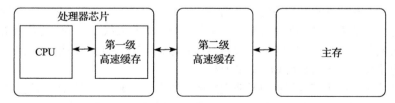

图 8-79   计算机系统

假设处理器使用 32 位物理存储器地址但只以字边界访问数据。表 8-14 给出了高速缓存参数。DRAM 的访问时间为 t_m，大小为 512MB。

表 8-14　存储器特性

特性	片上高速缓存	片外高速缓存
组织方式	4 路组相联	直接映射
命中率	A	B
访问时间	t_a	t_b
块大小	16 字节	16 字节
块数目	512	256K

|573|

(a) 对于存储器中的给定的字，在片上高速缓存和第二级高速缓存中总共有多少个可能的位置可以找到它？

(b) 片上高速缓存和第二级高速缓存的每个标志各需要多少位？

(c) 给出内存平均访问时间的表达式。两级高速缓存按顺序连续访问。

(d) 对于某一特定问题，测量说明片上高速缓存的命中率为 85%，第二级高速缓存的命中率为 90%。然而，当屏蔽片上高速缓存时，第二级高速缓存的命中率提高到 98.5%。请解释这个现象。

8.15　本章描述了多路相联高速缓存的最近最少使用（LRU）替换策略。还有一些不太常见的策略，如先入先出（FIFO）策略和随机策略。FIFO 策略替换出存在最长时间的块，而不考虑它是否最近被访问过。随机策略则随机选择一个块进行替换。

(a) 讨论这些替换策略的优缺点

(b) 描述一个 FIFO 比 LRU 性能更好的数据访问模式

8.16　你正在设计的计算机存储体系结构为单独的指令和数据高速缓存，并使用图 7-41 中的 MIPS 多周期处理器，主频为 1GHz。

(a) 假设指令高速缓存已经完美（总是命中），但数据高速缓存有 5% 的缺失率。在高速缓存缺失时，处理器暂停 60ns 访问主存，之后恢复正常操作。考虑高速缓存缺失的情况，平均内存访问时间为多少？

(b) 考虑到非理想的存储器系统，平均每一条装入和存储指令需要多少个时钟周期？

(c) 考虑例 7.7 中的基准测试程序，其中有 25% 的装入指令，10% 的存储指令，11% 的分支指令，2% 的跳转指令和 52% 的 R 类型指令[⊖]。考虑非理想的存储器系统，这个基准测试程序的平均 CPI 是多少？

(d) 现在假设指令高速缓存也是非理想的，缺失率为 7%，那么（c）部分的基准测试程序的平均 CPI 是多少？把指令和数据高速缓存缺失都考虑在内。

|574|

8.17　使用以下参数重做习题 8.16。

(a) 假设指令高速缓存已经完美（总是命中），但数据高速缓存有 15% 的缺失率。在高速缓存缺失时，处理器暂停 200ns 访问主存，之后恢复正常操作。考虑高速缓存缺失的情况，平均内存访问时间为多少？

(b) 考虑非理想的存储器系统，平均每一条装入和存储指令需要多少个时钟周期？

(c) 考虑例 7.7 中的基准测试程序，其中有 25% 的装入指令，10% 的存储指令，11% 的分支指令，2% 的跳转指令和 52% 的 R 类型指令。考虑非理想的存储器系统，这个基准测试程序的平均 CPI 是多少？

(d) 现在假设指令高速缓存也是非理想的，缺失率为 10%，那么（c）部分的基准测试程序的平均 CPI 是多少？把指令和数据高速缓存缺失都考虑在内。

⊖　数据来自 Patterson 和 Hennessg 所著的《Computer Organization and Design, 4th Edition》，Morgan Kaufmann，2011 允许转载。

8.18 如果计算机使用 64 位虚地址，那么可以访问多少个虚拟存储器。注意 2^{40} 字节 = 1 兆兆字节(TB)，2^{50} 字节 = 1 拍字节(PB)，2^{60} = 1 艾字节(EB)。

8.19 一个超级计算机的设计者花费 100 百万美元在 DRAM 上，同时花费同样多的钱在硬盘上作为虚拟存储器。根据图 8-4 的价格，这台计算机可以拥有多大的物理存储器和虚拟存储器？需要多少位的物理地址和虚地址来访问这个存储器系统？

8.20 考虑一个可以寻址全部 2^{32} 字节的虚拟存储器系统。你有无限的硬盘空间，但是只有有限的 8MB 物理存储器。假设虚页和物理页都是 4KB。

    (a) 物理地址为多少位？

    (b) 系统中最大的虚页号是多少？

    (c) 系统中有多少物理页？

    (d) 虚页号和物理页号占多少位？

    (e) 假设你设计了一个把虚拟存储器映射到物理存储器上的直接映射方案。该映射使用虚页号的多位最低有效位来确定物理页号。每一个物理页上可以映射多少虚页？为什么这里的直接映射不是一个好的方案？

    (f) 显然地，需要一个比(d)部分更有灵活性和动态性的虚拟存储器地址到物理地址的转换方案。假设你使用一个页表存储映射(从虚页号到物理页号的转换)。页表将包含多少个页表表项？ 575

    (g) 除了物理页号外，每个页表表项还要包括一些状态信息，如有效位(*V*)和脏位(*D*)。每一个页表表项需要占用多少字节？(整数字节向上取整)

    (h) 给出页表的布局图。页表的大小是多少字节？

8.21 考虑一个可以寻址全部 2^{50} 字节的虚拟存储器系统。你有无限的硬盘空间，但是只有有限的 2GB 物理存储器。假设虚页和物理页都是 4KB。

    (a) 物理地址为多少位？

    (b) 系统中最大的虚页号是多少？

    (c) 系统中有多少物理页？

    (d) 虚页号和物理页号占多少位？

    (e) 页表将包含多少个页表表项？

    (f) 除了物理页号外，每个页表表项还要包括一些状态信息，如有效位(*V*)和脏位(*D*)。每一个页表表项需要占用多少字节？(整数字节向上取整)

    (g) 给出页表的布局图。页表的大小是多少字节？

8.22 你决定使用地址转换后备缓冲器(TLB)为习题 8.20 的虚拟存储器系统加速。假设内存系统的参数如表 8-15 所示。TLB 和高速缓存的缺失率表示所请求的内容未找到的概率。主存缺失率表示页面缺失的概率。

表 8-15 存储器特性

存储器单元	访问时间(周期)	缺失率
TLB	1	0.05%
高速缓存	1	2%
主存	100	0.0003%
硬盘	1 000 000	0%

    (a) 在增加 TLB 前，虚拟存储器系统的平均内存访问时间是多少？假设页表常驻在物理存储器中，而不会保存在数据高速缓存中。

      (b) 如果 TLB 有 64 个表项，TLB 大小为多少位？每个表项包括以下字段：数据（物理页
          号）、标志（虚页号）和有效位。给出各个字段所占用的位数。

      (c) 画出 TLB 的草图，清楚标志所有字段和尺寸。

      (d) 需要多大容量的 SRAM 来构（c）部分描述的 TLB？以深度 × 宽度的形式给出答案。

8.23 你决定采用 128 个表项的地址转换后备缓冲器（TLB）加速习题 8.21 中的虚拟存储系统。

      (a) TLB 大小为多少位？每个表项中包括以下字段：数据（物理页号）、标志（虚页号）
          和有效位。给出各个字段所占用的位数。

      (b) 画出 TLB 的草图，清楚标志所有字段和尺寸。

      (c) 需要多大容量的 SRAM 来构（b）部分描述的 TLB？以深度 × 宽度的形式给出答案。

8.24 假设 7.4 节描述的 MIPS 多周期处理器使用虚拟存储器系统。

      (a) 在多周期处理器原理图内画出 TLB 的位置。

      (b) 描述增加 TLB 后如何影响处理器的性能。

8.25 你正在设计的虚拟存储器系统使用一个由专用硬件（SRAM 和相关逻辑）构成的单级页
      表。它支持 25 位虚地址，22 位物理地址和 2^{16} 字节（64KB）的页。每个页表表项包含一
      个物理页号、可用位（V）和脏位（D）。

      (a) 页表的总大小为多少位？

      (b) 操作系统小组建议将页大小从 64KB 减少到 16KB。但是你们小组的硬件工程师坚
          决反对，认为这将增加硬件开销。说出他们的理由。

      (c) 将页表与片上高速缓存集成在处理器芯片上。片上高速缓存只对物理地址（不对虚
          拟地址）操作。对于给定的内存访问，可以同时访问片上高速缓存的合适组和页表
          吗？简要解释同时访问高速缓存组和页表表项的必要条件。

      (d) 对于给定的内存访问，可以同时执行片上高速缓存的标志比较和访问页表吗？简要
          解释原因。

8.26 描述虚拟存储器系统可能影响应用写入的方案。必须讨论页大小和物理存储器大小如
      何影响程序的性能。

8.27 假设你的个人计算机使用 32 位虚地址。

      (a) 每一个程序可以使用的最大虚拟存储器空间是多少？

      (b) PC 硬盘的大小如何影响性能？

      (c) PC 的物理存储器大小如何影响性能？

8.28 使用 MIPS 内存映射 I/O 与用户交互。每次用户按下按钮，选择的模式就在 5 个发光二
      极管（LED）上显示。假设输入按钮映射到地址 0xFFFFFF10，LED 映射到地址
      0xFFFFFF4。当按钮按下时，输出为 1，否则为 0。

      (a) 写出实现这个功能的 MIPS 代码。

      (b) 为这个内存映射 I/O 系统画出与图 8-30 相似的原理图。

      (c) 写出 HDL 代码实现内存映射 I/O 系统的地址译码器。

8.29 第 3 章设计的有限状态机（FSM），也可以用软件实现。

      (a) 使用 MIPS 汇编语言实现图 3-25 的交通灯有限状态机。输入（T_A 和 T_B）内存映射到
          地址 0xFFFFF000 的第 1 位和第 0 位。两个 3 位输出（L_A 和 L_B）分别映射到地址
          0xFFFFF004 的第 0~2 位和第 3~5 位。假设每个灯的输出 L_A 和 L_B 采用独热编码：

          红 100，黄 010，绿 001。

      (b) 为这个内存映射 I/O 系统画出与图 8-30 相似的原理图。

      (c) 写出 HDL 代码实现内存映射 I/O 系统的地址译码器。

8.30 针对图 3-30a 中的 FSM，重复习题 8.29。地址 0xFFFFF040 的输入 A 和输出 Y 分别由内存映射为 0 和 1。 579

面试问题

下述问题在数字设计工作的面试中曾经被问到。

8.1 解释直接映射、组相联和全相联高速缓存的不同。对于每一种高速缓存类型，给出一个程序，其性能要好于其他两种高速缓存。

8.2 解释虚拟存储器系统是如何工作的。

8.3 解释使用虚拟存储器系统的优点和缺点。

8.4 解释存储器系统的虚页大小如何影响高速缓存的性能。

8.5 用于内存映射 I/O 的地址可以被高速缓存吗？解释为什么。 580

数字系统实现

A.1 引言

本附录介绍数字系统设计中有关实践方面的内容。本附录中的
材料对理解本书的其他内容并非必不可少。但是，本附录内容有助
于向读者揭示构造实际数字系统的过程。而且，我们认为理解数字
系统的最佳方法就是在实验室中自主实现和调试实际系统。

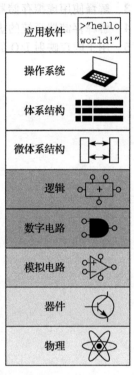

数字系统通常由一片或多片芯片组成。第一种实现策略是将单
独的逻辑门或较复杂的芯片(例如，算术逻辑单元、存储器等)连接
在一起。第二种实现策略是使用可编程逻辑芯片，它包含的通用电
路阵列可以实现特定的逻辑功能。第三种实现策略是设计包含系统
所需功能的专用集成电路。这三种策略在成本、速度、功耗和设计
时间上各有不同，下面将简单介绍。此附录还介绍电路的物理封
装、连接芯片的传输线，以及数字系统的经济性。

A.2 74××系列芯片

20 世纪 70 年代和 80 年代，许多数字系统由简单的芯片构成，
每个芯片包含少量逻辑门。例如，7404 芯片包含 6 个非(NOT)门，
7408 芯片包含 4 个与(AND)门，7474 芯片包含两个触发器。这些
芯片一起称为 74×× 系列逻辑。很多生产商销售 74×× 系列芯片，
售价约在每片 10～25 美分。这些芯片现在已经很少使用了，但仍
在构造简单的数字系统或教学实验中使用，因为它们比较便宜，而
且易于使用。74×× 系列芯片主要采用 14 引脚双列直插封装(Dual Inline Package，DIP)。

A.2.1 逻辑门

图 A-1 给出了包含基本逻辑门的常见 74×× 系列芯片引脚布局图。这些芯片有时称为小规
模集成电路(Small-Scale Integration，SSI)芯片，因为它们只包含了很少的晶体管。14 引脚封装
通常在芯片上部有一个缺口或在左上角有一个点来表示芯片的方向。引脚从左上角开始编号为
第 1 引脚，并按照逆时针方向递增。芯片第 14 引脚接电源($V_{DD} = 5V$)，第 7 引脚接地(GND =
0V)。芯片中的逻辑门数取决于引脚数。注意，7421 的第 3 引脚和第 11 引脚为不连接引脚
(NC)。7474 触发器使用了 D、CLK 和 Q 端子。它还包括一个取反的输出 $\overline{Q}$。而且，该芯片还
将接收异步(或预先)设置(PRE)和复位(CLR)信号。这些信号在低电平有效，换句话说，在
$\overline{PRE} = 0$ 时触发器被设置，在 $\overline{CLR} = 0$ 时它被清除，当 $\overline{PRE} = \overline{CLR} = 1$ 时，正常操作。

A.2.2 其他功能

74×× 系列还包含其他一些复杂的逻辑功能，如图 A-2 和图 A-3 所示。这些芯片称为中等
规模集成(Medium-Scale Integration，MSI)芯片。大部分芯片使用更大的封装来实现更多的输入

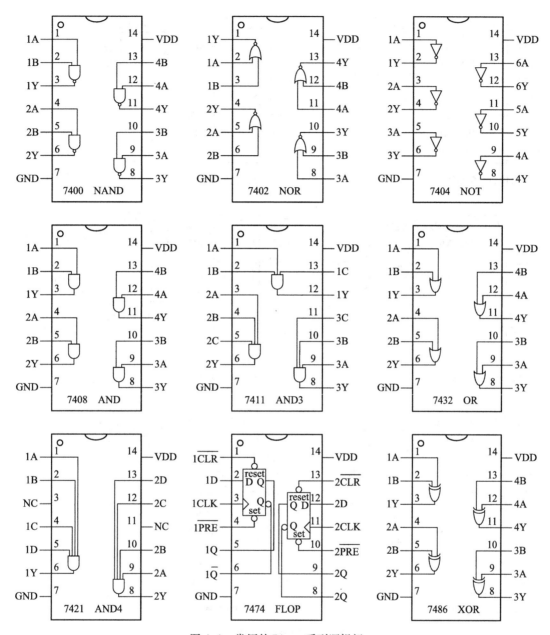

图 A-1 常用的 74×× 系列逻辑门

和输出。电源和接地依然连接在芯片的右上角和左下角。这里只提供了芯片的基本功能，完整的描述请参见生产商提供的数据手册。

A.3 可编程逻辑

可编程逻辑（programmable logic）包含可配置成执行特定逻辑功能的电路阵列。我们已经介绍了 3 种可编程逻辑器件：可编程只读存储器（Programmable Read Only Memory，EROM）、可编程逻辑阵列（Programmable Logic Array，PLA）和现场可编程门阵列（Field Programmable Gate Array，FPGA）。本节将介绍它们的芯片实现技术。配置这些芯片可以采用熔断片上熔丝的方法来控制电路元件的连接或断开。由于一旦熔丝熔断就不可以恢复，所以这种方法为一次性可编

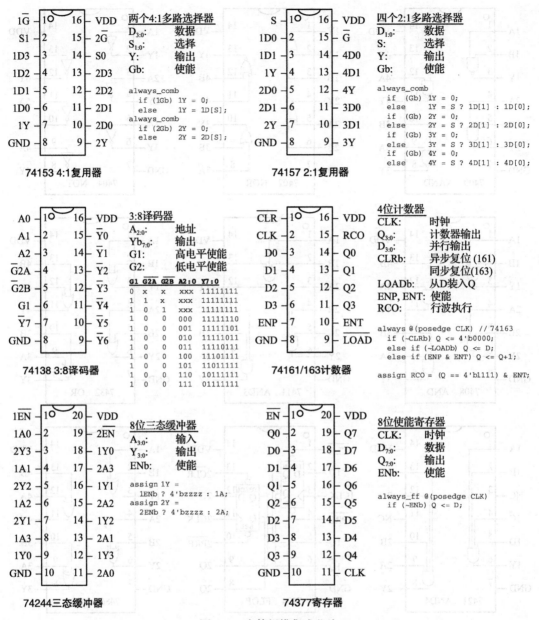

图 A-2　中等规模集成芯片

程(One-Time Programmable, OTP)。此外，也可以将配置信息存储在存储器中，这样就可以多次编程。可编程逻辑在实验室中非常方便，因为同样的芯片可以在开发过程中多次使用。

A.3.1　PROM

如5.57节所述，PROM 可以用于查找表。一个 2^N 字 $\times M$ 位的 PROM 可以编程为执行任意 N 个输入和 M 个输出的组合逻辑功能。当设计改变时，仅仅需要修改 PROM 的内容，而不需要重新连接芯片之间连线。查找表对小函数比较有效，但是当输入数增加时其成本将非常高。

例如，典型的 27 648KB(64Kb)可擦写 PROM 芯片显示在图 A-4 中。该 EPROM 有 13 个地址线用来确定访问 8K 字和 8 位数据线的哪一个读取此字的字节数据。在读数据时，芯片使能

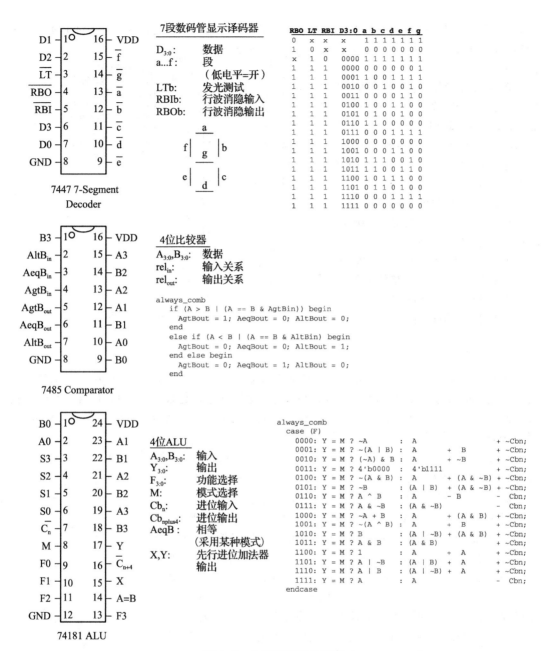

图 A-3 中等规模集成芯片

和读出使能必须都有效。最大传播延迟为 200ps。在正常操作下，$\overline{PGM}=1$ 且不使用 VPP。EPROM 通常由专业编程人员编程，设置 $\overline{PGM}=0$，VPP = 13V，并通过特殊的输入序列来配置存储器。

现代 PROM 在概念上与之类似，但是容量更大，而且引脚更多。闪存比 PROM 更便宜。2006 年，每 GB 容量的售价约为 30 美元，而且其价格平均每年下降 30% ~ 40%。

A. 3. 2　PLA

如 5.6.1 节所述，PLA 包含与门和或门用于实现任意积之和形式的组合逻辑功能。与门和或门都使用 PROM 作为可编程方法。一个 PLA 芯片对每个输入有两列，对于每个输出有一列，

对于每个最小项有一行。这种组织方法在实现很多函数时比 PROM 更有效，但是对于具有较多

I/O 和最小项数的函数，阵列增长速度也很快。

　　许多不同的制造商扩展了基本 PLA 概念，生产了包含寄存器的可编程逻辑器件（Programmable Logic Device，PLD）。22V10 是一个最流行的经典 PLD 器件。该芯片有 12 个专用输入引脚和 10 个输出引脚。输出可以直接从 PLA 引出，也可以从芯片上的时钟控制寄存器上引出。输出也可以反馈输入到 PLA。22V10 可以直接实现最多 12 个输入、10 个输出和 10 位状态的有限状态机。22V10 在采购 100 片时价格约为 2 美元/片。由于 FPGA 在容量和成本上的进步，PLA 已经逐渐过时。

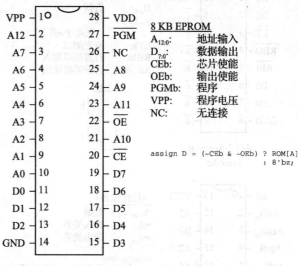

8 KB EPROM	
$A_{12:0}$:	地址输入
$D_{7:0}$:	数据输出
CEb:	芯片使能
OEb:	输出使能
PGMb:	程序
VPP:	程序电压
NC:	无连接

```
assign D = (~CEb & ~OEb) ? ROM[A]
                         : 8'bz;
```

图 A-4　2764 8KB EPROM

A.3.3　FPGA

　　如 5.6.2 节所述，FPGA 由可配置逻辑单元（Logic Element，LE）阵列，或称为可配置逻辑块（Configurable Logic Block，CLB）组成，并通过可编程线连接起来。这些 LE 包含了小的查找表和触发器。FPGA 规模可以平滑地扩展到非常大的容量，包含数以千计的查找表。Xilinx 公司和 Altera 公司是 FPGA 领域的两家领军企业。

　　查找表和可编程线提供了足够的灵活性来实现任意逻辑功能。然而，它们在芯片面积和速度方面比硬连线逻辑实现要差一个数量级。因此，FPGA 经常包含专用模块，例如存储器、复用器，其至整个微处理器。

　　图 A-5 给出了 FPGA 上数字系统的设计过程。虽然有些 FPGA 工具也支持原理图，但设计通常使用硬件描述语言（HDL）给定。然后设计就需要经过模拟。给定输入并比较是否与期待的输出相同，以便验证（verify）逻辑是否正确。通常需要进行一些调试。接着，逻辑综合（synthesis）将硬件描述语言转换为布尔函数。好的综合工具还可以产生函数的原理图，精明的设计者检查这些原理图和综合阶段产生的警告信息，以便确认是否产生了所希望的逻辑。有时，一些马虎的编码可能导致产生的电路过大，或产生异步逻辑电路。当综合结果比较好时，FPGA 工具将这些函数映射（map）到特定芯片的 LE 上。布局和布线（place and route）工具决定哪个函数在哪个查找表中实现，并怎样将它们连接起来。导线延时随着长度增加，因此关键电路应尽可能靠近放在一起。如果设计过大使得芯片容纳不下，则必须重新设计。时序分析（timing analysis）将和时序约束（例如，期望的时钟主频 100MHz）与实际电路延迟进行比较，并报告错误。如果逻辑太慢，则可能必须重新设计或使用不同流水线。当设计正确时，产生一个说明 FPGA 上所有 LE 的内容和所有线路的编程信息的文件。许多 FPGA 将配置信息存储在静态 RAM 上，在每次 FPGA 上电时静态 RAM 都需要重复加

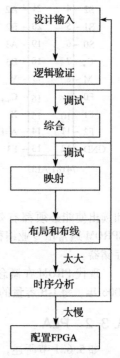

图 A-5　FPGA 设计流程

载。在实验室中，FPGA 可以从计算机上下载这些配置信息，或者在第一次上电时从非易失 ROM 中读取这些信息。

例 A.1 FPGA 时序分析

Alyssa P. Hacker 正在使用 FPGA 实现一个 M&M 排序器，利用颜色传感器和电动机将红色的糖果放入一个罐子中，将绿色的糖果放入另一个罐子中。她的设计使用了 FSM，他正在使用 Cyclone IV GX。根据数据手册，FPGA 的时序特性如表 A-1 所示。

表 A-1　Cyclone IV GX 时序参数

名字	值	名字	值
t_{pcq}	199	t_{pd}（每个 LE）	381
t_{setup}	76	t_{wire}（LE 之间）	246
t_{hold}	0	t_{skew}	0

Alyssa 希望她的 FSM 可以运行在 100MHz。在关键路径上最多可以有多少个 LE？FSM 最快的运行速度是多少？

解：在 100MHz 时，周期时间 T_c 为 10ns。Alyssa 可以用式(3-13)来计算这个周期时间最大组合传播延迟 t_{pd}：

$$t_{pd} \leq 10\text{ns} - (0.199\text{ns} + 0.076\text{ns}) = 9.725\text{ns} \tag{A-1}$$

由于组合 LE 和线路的延迟为 381ps + 246ps = 627ps，所以 Alyssa 的 FSM 最多可以用 15 个连续的 LE(9.725/0.627)来实现下一个状态逻辑。

当它为下一个状态逻辑使用一个单独的 LE 时，FSM 将以最快速度在 Lyclone IV FPGA 上运行。最小周期时间为：

$$T_c \geq 381\text{ps} + 199\text{ps} + 76\text{ps} = 656\text{ps} \tag{A-2}$$

因此，最大频率为 1.5GHz。　◀

Altera 公司宣传 Cyclone IV FPGA 具有 14 400 个 LE，2012 年的售价为每片 25 美元。大批量生产时，中等尺寸的 FPGA 一般成本为每片几美元。最大的 FPGA 成本可达每片几百甚至几千美元。FPGA 的价格平均每年下降 30% 左右，因此其使用将更加普及。

A.4　专用集成电路

专用集成电路(Application-Specific Integrated Circuit，ASIC)是为专门用途设计的集成电路。图形加速器、网络接口芯片、无线电话芯片都是 ASIC 的常见例子。ASIC 设计师布局晶体管产生逻辑门，并将这些门用线连接起来。由于 ASIC 是针对特定功能硬连线的，所以它一般比实现同样功能的 FPGA 速度要快好几倍，芯片面积（成本）也要小一个数量级。然而，确定芯片上晶体管和连线如何布局的掩膜(mask)需要花费上万美元生产。工厂的生产流程也需要 6 ~ 12 个月来完成制造、封装和测试 ASIC 芯片。如果在 ASIC 生产出来后发现错误，设计者必须改正问题，重新产生掩膜，并等待下一批芯片生产出来。因此，ASIC 只适合于大量生产的芯片，而且其功能也需要预先准确定义。

图 A-6 给出的 ASIC 设计流程类似于图 A-5 中的 FPGA 设计流程。逻辑验证尤其重要，因为一旦在掩膜生产出来后才发现错误，其修改成本非常高。综合产生的网表(netlist)包括逻辑门和逻辑门之间连接；对网表中的逻辑门进行布局，对门之间的连线进行布线。当设计满足要求时，生产掩膜并将它们用于制造 ASIC。一个灰尘的污点就可能毁坏一个 ASIC 芯片，因此芯片在生产后必须测试。生产出来后能正常工作芯片的比例称为良品率(yield)。良品率一般在 50% ~ 90% 左右，这依赖于芯片大小和制造工艺的成熟度。最后，能正常工作的芯片将放在 A.7 节讨论的封装中。

A.5 数据手册

集成电路生产商都提供描述其芯片功能和性能的数据手册(data sheet)。阅读和理解芯片手册是非常必要的。导致数字电路系统错误的一个重要原因就是没有正确理解芯片的操作。

数据手册通常可以从制造商的网站上获得。如果你无法找到一个部件的数据手册,并且没有从其他来源得到的清晰文档,就不要使用该部件。数据手册中的有些项被隐藏了。制造商提供的芯片手册往往包含了多个相关部分的数据手册。芯片手册的开始部分一般都是介绍信息。通过仔细地查找,这些信息一般都可以在因特网上找到。

本节将讨论德州仪器公司(Texas Instruments,TI)的非门芯片74HC04 的数据手册。这个数据手册相对简单但是说明了很多关键性问题。TI 公司还生产 74×× 系列的很多其他芯片。过去,有很多公司生产这类芯片,但是由于销售减少,所以市场已经开始萎缩。

图 A-7 给出了数据手册的第 1 页。某些关键部分用灰色背景突出显示。标题是 SN54HC04,SN74HC04 HEX INVERTERS。HEX INVERTERS 表示芯片包含了 6 个非门。SN 为 TI 的制造商标号。其他的制造商也有类似的编号,例如 Motorola 的标号为 MC,National Semiconductor 的标号为 DM。这些标号可以忽略,因为所有制造商提供的 74×× 系列逻辑是相互兼容的。HC 是逻辑族(高速 CMOS)。逻辑族决定芯片的速度和功耗,而不是功能。例如 7404、74HC04 和74LS04 芯片都包含 6 个非门,但性能和成本却不相同。其他的逻辑族将在 A.6 节中介绍。74×× 系列芯片的操作温度为在商业范围((0~70℃)或工业范围(−40~85℃),54×× 系列芯片则为军用范围(−55~125℃),其售价更高但也具有相同的功能。

7404 有多种不同的封装,在购买之前需要认真选择。封装由型号数字后面的一个字母表示。N 表示塑料双列直插(Plastic Dual Linline Package,PDIP),它可以直接插在电路实验板中或者可以固定在印刷电路板的通孔中。其他的封装将在 A.7 节中讨论。

图 A-6 ASIC 设计流程图

功能表表示每个门将其输入取反。如果 A 为高(H),则 Y 为低(L),反之亦然。这个表在本例子中显得很不重要,但是在复杂的芯片中却非常有意义。

图 A-8 给出了数据手册的第 2 页。逻辑电路图表示芯片包含了非门。如果工作条件超过了绝对最大(absolute maximum)部分描述的条件,芯片将毁坏。尤其是,电源电压(V_{CC},此手册中也称为 V_{DD})不能超过 7V,连续输出电流不超过 25mA。温阻(thermal resistance)或温阻抗 θ_{JA} 用于计算芯片在特定功耗情况下温度的上升情况。如果芯片周围的环境温度为 T_A 且芯片的当前功耗为 P_{chip},则芯片封装结点(conjunction)的温度为:

$$T_J = T_A + P_{chip} \theta_{JA} \tag{A-3}$$

例如,如果用塑料 DIP 封装的 7404 芯片工作在 50℃的热盒子中且功耗为 20mW,则结温上升到 50℃ + 0.02W×80℃/W = 51.6℃。对于 74×× 系列芯片,内部功耗问题并不重要,但是对于现代功耗超过 10W 以上的芯片却非常重要。

推荐的操作条件定义了芯片使用的正确环境。在此工作条件下,芯片将满足规范要求。这些条件比绝对最大条件更为严格。例如,电源电压应为 2~6V。对于 HC 逻辑族,输入逻辑电平依赖于 V_{DD}。当 $V_{DD} = 5V$ 时,使用 4.5V 输入允许系统中噪声产生 10%的电源电压降。

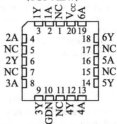

SN54HC04, SN74HC04
HEX INVERTERS

SCLS078D – DECEMBER 1982 – REVISED JULY 2003

- Wide Operating Voltage Range of 2 V to 6V
- Outputs Can Drive Up To 10 LSTTL Loads
- Low Power Consumption, 20-μA Max I_{CC}

- Typical tpd = 8ns
- ± 4-mA Output Drive at 5V
- Low Input Current of 1μA Max

SN54HC04 ... J OR W PACKAGE
SN74HC04 ... D, N, NS, OR PW PACKAGE
(TOPVIEW)

```
1A  [ 1    14 ] V_CC
1Y  [ 2    13 ] 6A
2A  [ 3    12 ] 6Y
2Y  [ 4    11 ] 5A
3A  [ 5    10 ] 5Y
3Y  [ 6     9 ] 4A
GND [ 7     8 ] 4Y
```

SN54HC04 ... FK PACKAGE
(TOPVIEW)

```
         1Y 1A NC V_CC 6A
          3  2  1 20 19
2A  [ 4              18 ] 6Y
NC  [ 5              17 ] NC
2Y  [ 6              16 ] 5A
NC  [ 7              15 ] NC
3A  [ 8              14 ] 5Y
          9 10 11 12 13
         3Y GND NC 4Y 4A
```

NC – No internal connection

description/ordering information

The 'HC04 devices contain six independent inverters. They perform the Boolean function Y = $\overline{A}$ in positive logic.

ORDERING INFORMATION

T_A	PACKAGE†		ORDERABLE PARTNUMBER	TOP-SIDE MARKING
−40°C to 85°C	PDIP–N	Tube of 25	SN74HC04N	SN74HC04N
	SOIC–D	Tube of 50	SN74HC04D	HC04
		Reel of 2500	SN74HC04DR	
		Reel of 250	SN74HC04DT	
	SOP–NS	Reel of 2000	SN74HC04NSR	HC04
	TSSOP–PW	Tube of 90	SN74HC04PW	HC04
		Reelof2000	SN74HC04PWR	
		Reelof250	SN74HC04PWT	
−55°C to 125°C	CDIP–J	Tubeof25	SNJ54HC04J	SNJ54HC04J
	CFP–W	Tubeof150	SNJ54HC04W	SNJ54HC04W
	LCCC–FK	Tubeof55	SNJ54HC04FK	SNJ54HC04FK

†Package drawings, standard packing quantities, thermal data, symbolization, and PCB design guidelines are available at www.ti.com/sc/package.

FUNCTION TABLE
(each inverter)

INPUT A	OUTPUT Y
H	L
L	H

 Please be aware that an important notice concerning availability, standard warranty, and use in critical applications of Texas Instruments semiconductor products and disclaimers there to appears at the end of this data sheet.

图 A-7　7404 数据手册的第 1 页

　　图 A-9 给出了数据手册的第 3 页。电气特性描述如果输入恒定，当推荐的操作条件时器件的操作。例如，如果 V_{CC} = 5V（也可降为 4.5V），在 I_{OH} = 4.4V 或 I_{OL} = 0.1V 时，输出电流 I_{OH}/I_{OL} 均不超过 20μA。如果输出电流增加，芯片上的晶体管将尽力产生电流，使得输出电压不处于理想工作状态。HC 逻辑族使用产生非常小的电流的 CMOS 晶体管。每个输入的电流将

SN54HC04, SN74HC04
HEX INVERTERS

SCLS078D−DECEMBER 1982−REVISED JULY 2003

logic diagram (positive logic)

absolute maximum ratings over operating free-air temperature range (unless otherwise noted)†

Supply voltage range, V_{CC}	−0.5V to 7V
Input clamp current, $I_{IK}(V_I < 0$ or $V_I > V_{CC})$ (see Note 1)	± 20mA
Output clamp current, $I_{OK}(V_O < 0$ or $V_O > V_{CC})$ (see Note 1)	± 20mA
Continuous output current, $I_O(V_O=0$ to $V_{CC})$	± 25mA
Continuous current through V_{CC} or GND	± 50mA
Package thermal impedance, θ_{JA} (see Note 2): D package	86°C/W
N package	80°C/W
NS package	76°C/W
PW package	131°C/W
Storage temperature range, T_{stg}	−65°C to 150°C

† Stresses beyond those listed under "absolute maximum ratings" may cause permanent damage to the device. These are stress ratings only, and functional operation of the device at these or any other conditions beyond those indicated under "recommended operating conditions" is not implied. Exposure to absolute-maximum-rated conditions for extended periods may affect device reliability.
NOTES: 1. The input and output voltage ratings may be exceeded if the input and output current ratings are observed.
2. The package thermal impedance is calculated in accordance with JESD 51-7.

recommended operating conditions (see Note 3)

			SN54HC04			SN74HC04			UNIT
			MIN	NOM	MAX	MIN	NOM	MAX	
V_{CC}	Supply voltage		2	5	6	2	5	6	V
V_{IH}	High-level input voltage	$V_{CC}=2V$	1.5			1.5			V
		$V_{CC}=4.5V$	3.15			3.15			
		$V_{CC}=6V$	4.2			4.2			
V_{IL}	Low-level input voltage	$V_{CC}=2V$			0.5			0.5	V
		$V_{CC}=4.5V$			1.35			1.35	
		$V_{CC}=6V$			1.8			1.8	
V_I	Input voltage		0		V_{CC}	0		V_{CC}	V
V_O	Output voltage		0		V_{CC}	0		V_{CC}	V
$\Delta t/\Delta v$	Input transition rise/fall time	$V_{CC}=2V$			1000			1000	ns
		$V_{CC}=4.5V$			500			500	
		$V_{CC}=6V$			400			400	
T_A	Operating free-air temperature		−55		125	−40		85	°C

NOTE3: All unused inputs of the device must be held at VCC or GND to ensure proper device operation. Refer to the TI application report, *Implications of Slow or Floating CMOS Inputs*, literature number SCBA004.

TEXAS
INSTRUMENTS
POST OFFICE BOX 655303 • DALLAS, TEXAS 75265

图 A-8　7404 数据手册的第 2 页

小于 1000nA，而且在室温时典型值仅为 0.1nA。在芯片处于空闲状态时，静态（quiescent）电源电流（I_{DD}）不超过 20μA。每个输入的电容小于 10pF。

交流特性（switching characteristics）定义了器件在推荐的操作条件内使用如果输入发生变化时的性能。传播延迟（propagation delay）t_{pd} 是为了输入为 $0.5V_{CC}$ 到当输出变为 $0.5V_{CC}$ 之间的时间

SN54HC04, SN74HC04
HEX INVERTERS

SCLS078D – DECEMBER 1982 – REVISED JULY 2003

electrical characteristics over recommended operating free-air temperature range (unless otherwise noted)

PARAMETER	TEST CONDITIONS		V_{CC}	T_A=25°C			SN54HC04		SN74HC04		UNIT
				MIN	TYP	MAX	MIN	MAX	MIN	MAX	
V_{OH}	V_I=V_{IH} or V_{IL}	I_{OH}=−20μA	2V	1.9	1.998		1.9		1.9		V
			4.5V	4.4	4.499		4.4		4.4		
			6V	5.9	5.999		5.9		5.9		
		I_{OH}=−4mA	4.5V	3.98	4.3		3.7		3.84		
		I_{OH}=−5.2mA	6V	5.48	5.8		5.2		5.34		
V_{OL}	V_I=V_{IH} or V_{IL}	I_{OL}=20μA	2V		0.002	0.1		0.1		0.1	V
			4.5V		0.001	0.1		0.1		0.1	
			6V		0.001	0.1		0.1		0.1	
		I_{OL}=4mA	4.5V		0.17	0.26		0.4		0.33	
		I_{OL}=5.2mA	6V		0.15	0.26		0.4		0.33	
I_I	V_I=V_{CC} or 0		6V	±0.1		±100		±1000		±1000	nA
I_{CC}	V_I=V_{CC} or 0, I_O=0		6V			2		40		20	μA
C_i			2V to 6V		3	10		10		10	pF

switching characteristics over recommended operating free-air temperature range, CL = 50pF (unless otherwise noted) (see Figure 1)

PARAMETER	FROM (INPUT)	TO (OUTPUT)	V_{CC}	T_A=25°C			SN54HC04		SN74HC04		UNIT
				MIN	TYP	MAX	MIN	MAX	MIN	MAX	
t_{pd}	A	Y	2V		45	95		145		120	ns
			4.5V		9	19		29		24	
			6V		8	16		25		20	
t_t		Y	2V		38	75		110		95	ns
			4.5V		8	15		22		19	
			6V		6	13		19		16	

operating characteristics, T_A=25°C

PARAMETER		TEST CONDITIONS	TYP	UNIT
C_{pd}	Power dissipation capacitance per inverter	No load	20	pF

TEXAS
INSTRUMENTS
POST OFFICE BOX 655303•DALLAS, TEXAS 75265

图 A-9   7404 数据手册的第 3 页

间隔。如果 V_{CC} 表面上为 5V，芯片驱动电容不超过 50pF，则传播延迟将不超过 24ns（而通常更快一些）。前面提到每个输入的电容为 10pF，因此在全速工作的情况下该芯片不能驱动超过 5个相同的芯片。实际上，芯片连线上的寄生电容也将进一步减少可用负载。**转换时间**（transition time）也称为上升/下降时间，为 $0.1V_{CC} \sim 0.9V_{CC}$ 之间测量的输出转换。

1.8 节中曾经介绍过芯片功耗分为静态（static）和动态（dynamic）两个部分。HC 电路的静态功耗很低。在 85℃ 时，最大静态电源电流为 20μA。在工作电压 5V 时，其静态功耗为 0.1mW。动态功耗取决于驱动电容和开关频率。7404 中每个非门的内部功耗电容为 20pF。如果 7404 的所有 6 个非门都工作在 10MHz，且驱动外部负载为 25pF，则由式(1-4)可以计算动态功耗为 $\frac{1}{2}$ (6)(20pF + 25pF)(5^2)(10MHz) = 33.75mW，最大总功耗为 33.85mW。

A.6 逻辑族

74××系列逻辑芯片可以使用不同的技术制造。这些技术称为逻辑族(logic family)，它们可以提供不同的速度、功耗和逻辑电平折中。其他芯片往往设计为兼容这些逻辑族。最初的芯片(如 7404)由双极型晶体管制造，称为晶体管–晶体管逻辑(Transistor-Transistor Logic，TTL)。在 74 的后面增加一个或两个字母来表示更新的技术如 74LS04、74HC04 或 74AHT04。表 A-2 汇总了常见的 5V 逻辑族。

表 A-2 典型 5V 逻辑族规范

特性值	双极型/TTL						CMOS		CMOS/TTL 兼容	
	TTL	S	LS	AS	ALS	F	HC	AHC	HCT	AHCT
t_{pd} (ns)	22	9	12	7.5	10	6	21	7.5	30	7.7
V_{IH} (V)	2	2	2	2	2	2	3.15	3.15	2	2
V_{IL} (V)	0.8	0.8	0.8	0.8	0.8	0.8	1.35	1.35	0.8	0.8
V_{OH} (V)	2.4	2.7	2.7	2.5	2.5	2.5	3.84	3.8	3.84	3.8
V_{OL} (V)	0.4	0.5	0.5	0.5	0.5	0.5	0.33	0.44	0.33	0.44
I_{OH} (mA)	0.4	1	0.4	2	0.4	1	4	8	4	8
I_{OL} (mA)	16	20	8	20	8	20	4	8	4	8
I_{IL} (mA)	1.6	2	0.4	0.5	0.1	0.6	0.001	0.001	0.001	0.001
I_{IH} (mA)	0.04	0.05	0.02	0.02	0.02	0.02	0.001	0.001	0.001	0.001
I_{DD} (mA)	33	54	6.6	26	4.2	15	0.02	0.02	0.02	0.02
C_{Pd} (pF)	n/a						20	12	20	14
成本[①] US $)	废除	0.63	0.25	0.53	0.32	0.22	0.12	0.12	0.12	0.12

[①] Per unit in quantities of 1000 for the 7408 from Texas Instruments in 2012。

双极型电路和工艺技术的进步产生肖特基(Schottky，S)和低功耗肖特基(LS)逻辑族。它们比 TTL 逻辑族更快。肖特基族需要更多的功耗，而低功耗肖特基的功耗则较低。高级肖特基(AS)和高级低功耗肖特积(LAS)比 S 和 LS 在速度和功耗方面均有改进。快速 F 逻辑更快，功耗比 AS 低。所有这些逻辑族在输出为 LOW 时的电流比输出为 HIGH 时的大，因此为非对称逻辑电平。它们都支持"TTL"逻辑电平：$V_{IH} = 2V$，$V_{IL} = 0.8V$，$V_{OH} > 2.4V$，$V_{OL} < 0.5V$。

随着 20 世纪 80 年代~90 年代 CMOS 电路成熟起来，因为其低功耗和输入电流特性它们成为最为主流的电路。高速 CMOS(High speed CMOS，HC)和高级高速 CMOS(Advanced High speed CMOS，AHC)逻辑族的静态功耗几乎为 0。在高电平和低电平输出时它们产生相同大小的电流。它们符合"CMOS"逻辑电平：$V_{IH} = 3.15V$，$V_{IL} = 1.35V$，$V_{OH} > 3.8V$，$V_{OL} < 0.44V$。但是，这些逻辑电平与 TTL 电路不兼容，因为 TTL 的高电平输出 2.4V 不是合法的 CMOS 高电平输入。这就出现了高速 TTL 兼容 CMOS(High-speed TTL-compatible CMOS，HCT)和高级高速 TTL 兼容 CMOS(Advanced High-speed TTL-compatible CMOS，AHCT)逻辑族。这两个逻辑族接受 TTL 输入逻辑电平并产生有效的 CMOS 输出逻辑电平。它们比纯 CMOS 组件慢一些。所有 CMOS 芯片都对静态电路产生的静电放电(ElectroStatic Discharge，ESD)敏感。在处理 CMOS 芯片前，应首先接触大的金属以便接地释放自身的静电，防止击穿这些 CMOS 芯片。

74××系列逻辑比较便宜。新的逻辑族往往比老的还要便宜。LS逻辑族的应用最为广泛和可靠，在没有特殊性能要求的情况下它是实验室和一般爱好者项目的首选。

5V标准的应用在20世纪90年代中期逐渐减少，当因为晶体管变得非常小而不能承受这个电压。而且，更低的电压可以降低功耗。目前，3.3V、2.5V、1.8V、1.2V，甚至更低的电压得到了广泛的应用。过多的电压标准使得不同电源供电的芯片之间的通信更加困难。表A-3列举了一些低电压逻辑族。不是所有的74××系列芯片都支持这些逻辑族。

表 A-3　低电压逻辑族的典型规范

$V_{dd}(V)$	LVC			ALVC			AUC		
	3.3	2.5	1.8	3.3	2.5	1.8	2.5	1.8	1.2
$t_{pd}(ns)$	4.1	6.9	9.8	2.8	3	?[1]	1.8	2.3	3.4
$V_{IH}(V)$	2	1.7	1.17	2	1.7	1.17	1.7	1.17	0.78
$V_{IL}(V)$	0.8	0.7	0.63	0.8	0.7	0.63	0.7	0.63	0.42
$V_{OH}(V)$	2.2	1.7	1.2	2	1.7	1.2	1.8	1.2	0.8
$V_{OL}(V)$	0.55	0.7	0.45	0.55	0.7	0.45	0.6	0.45	0.3
$I_O(mA)$	24	8	4	24	12	12	9	8	3
$I_I(mA)$	0.02			0.005			0.005		
$I_{DD}(mA)$	0.01			0.01			0.01		
$C_{pd}(pF)$	10	9.8	7	27.5	23	?[1]	17	14	14
成本(US $)	0.17			0.20			在写时序中没有延迟和电容		

① Delay and capacitance not available at the time of writing。

所有的低电压逻辑族都使用CMOS晶体管现代集成电路的基础。这些逻辑族工作电压 V_{DD} 的范围很宽，但是在电压较低时工作速度也下降。低电压CMOS(Low-Voltage CMOS，LVC)和高级低电压CMOS(Advanced Low-Voltage CMOS，ALVC)逻辑通常工作在3.3V、2.5V或1.8V。LVC可以支持的最高输入电压为5.5V，因此它可以接收来自5VCMOS或TTL电路的输入。高级超低电压CMOS(Advanced Ultra-Low-Voltage CMOS，AUC)经常工作在2.5V、1.8V和1.2V，而且速度特别快。ALVC和AUC逻辑族支持的最高输入电压为3.6V，因此可以接收3.3V电路的输入。

FPGA经常为内部逻辑(称为核)和I/O引脚提供独立的电压供给。当FPGA不断进步时，核电压已经从5V逐步下降到3.3V、2.5V、1.8V和1.2V，以便减少功耗和避免对小晶体管的损坏。FPGA有可以运行在许多不同电压的可配置的I/O，以便可以与系统中其他部分兼容。

A.7　封装和组装

集成电路通常放置在塑料或陶瓷的封装(package)内。封装的主要作用包括：将芯片外围很小的金属I/O引脚引出到封装上较大的引脚上以便于芯片之间的连接；防止芯片受到物理损坏；将芯片产生的热扩散到封装更大的面积上以便于冷却。将这些封装好的芯片放到实验电路板或印刷电路板上并连接在一起组成系统。

1. 封装

图A-10给出了不同集成电路的封装。封装通常可以分为通孔(through-hole)和表面贴装(Surface Mount，SMT)两类。顾名思义，通孔封装的引脚可以插到印刷电路板上的通孔或插座中。双列直插封装(Dual Lnline Packages，DIP)有两列引脚，每个引脚的间距为0.1英寸。引脚栅格阵列(Pin Grid Arrays，PGA)通过将引脚放置在封装的下方，在一个小封装中容纳更多的引脚。SMT封装是直接将芯片焊接在印刷电路板上而不用通孔。SMT封装的引脚称为导线

(lead)。薄型小尺寸封装(Thin Small Outline Package，TSOP)有两列排列紧密的导线(间距仅为0.02英寸)。塑料有引线芯片载体(Plastic Leaded Chip Carriys，PLCC)在四周有 J 形的导线(间距为0.05英寸)。它们可以直接固定在印刷电路板或特殊的插座上。方形扁平封装(Quad Flat Pack，QFP)采用在四周有大量紧密排列的引脚。球栅阵列(Ball Grid Array，BGA)则完全消除了引脚。取而代之的是它们在封装的下面有百计的小焊球。在焊装时，需要将它与印刷电路板上的焊盘精确对准，然后加热焊料，焊料融化后就将芯片和底下的电路板连接在一起。

图 A-10　集成电路的封装

2. 实验电路板

很容易使用 DIP 构成原型系统，因为它们可以放在实验电路板上。实验电路板是一个包含很多行插座的塑料板，如图 A-11 所示。每行有 5 个相互连接的插孔。封装的每个引脚放在单独行的一个插孔中。导线可以插入同一行的插孔中从而与芯片的引脚相连。实验电路板经常在板的边缘提供单独连接插孔的列以便放置电源和接地。

图 A-11 显示了包含 74LS08 与门和74LS32 或门的实验电路板。电路的原理图如图 A-12 所示。电路原理图中的每个门都标识了芯片(08 或 32)和其输入、输出引脚(参见图 A-1)。注意，在实验电路板上的相同连接。输入连接到 08 芯片的引脚 1、2、5，输出连接到 32 芯片的引脚 6。电源和接地分别通过垂直的电源和地线将香蕉形插头上的 Va 和 Vb连接到每个芯片的引脚 14 和 7。原理图一般按照这种方式标识，并在检查连接时打上勾，这对减少构造实验电路板电路时的错误是一种很好的方法。

但是，很容易将导线插错孔或有导线脱落，因此需要非常小心(或在实验室中需要一些调试)来构造实验电路板电路。实验电路板仅仅适用于构造原型系统，而不能大批量生产。

3. 印刷电路板

与实验电路板不同，芯片封装可以

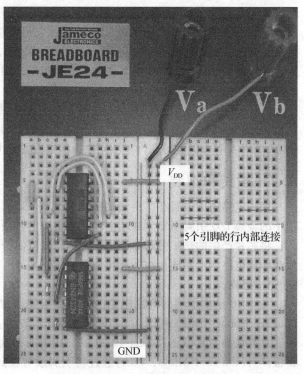

图 A-11　实验电路板上的主要电路

直接焊接在印刷电路板(Printed Circuit Board，PCB)上。印刷电路板由很多层导电铜和绝缘的环氧树脂构成。铜被刻蚀成导线，称为迹线(trace)。通孔(via)是在电路板上钻的孔，并覆盖了金属从而连接不同的层。PCB板通常通过计算机辅助设计(Computer-Aided Design，CAD)工具设计。你可以在实验室里自己刻蚀或钻孔来生产简单的电路板，也可以将电路板设计送到专业厂家进行比较廉价的大规模生产。工厂的生产周期一般为几天(或几周，针对于廉价的大规模生产)，需要数百美元的初始费用和少量的每块板的生产费用。对于大批量中等复杂的电路板，每块板的生产费用仅为几美元。

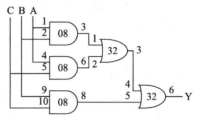

图 A-12 包括了芯片和引脚标识的主要门电路原理图

印刷电路板的迹线一般由电阻较低的铜制成。这些迹线被封装在绝缘材料中。常见的绝缘材料是绿色的阻燃塑料FR4。印刷电路板通常在信号层之间有铜制的电源层和接地层，称为面(plane)。图A-13显示了一个印刷电路板的剖面图。信号层在板的顶部和底部，电源和接地嵌入在板的中间。电源和接地的电阻很低，可以为板上的组件分配稳定的电源。它们也使得迹线的电容与电感一致和可预测。

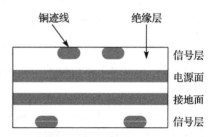

图 A-13 印刷电路板剖面图

图A-14给出了20世纪70年代最成功的Apple II +计算机的印刷电路板。照片上方为Motorola的6502微处理器，下方为6个16Kb的ROM芯片，它们构成存储器操作系统的12KB的ROM系统。3行(每行8片)16Kb的DRAM芯片提供了48KB的RAM。右边是用于存储器地址译码和其他功能的一些74××系列芯片。芯片之间的连线将各个芯片连接起来。一些迹线末端的点是覆盖金属的通孔。

图 A-14　Apple II + 电路板

4. 小结

大多数现代芯片都有大量的输入和输出引脚,它们通常采用 SMT 封装,尤其是 QFP 和 BGA。这些封装需要使用印刷电路板,而不能使用实验电路板。使用 BGA 封装时更为困难,因为它们需要特殊的焊装设备。而且,在实验室中调试时,这些焊球因为隐藏在封装下面而不能通过电压表或示波器测量。

总之,设计人员需要在早期考虑封装问题,以便决定在原型期间是否使用实验电路板,是否使用 BGA 封装。当专业的设计人员确信将芯片正确连接在一起而不需试验时他们很少使用实验电路板。

A.8 传输线

我们一直假设线是等电势的连接,它们在整个线中的电压全部相等。信号在线上实际上是按光速以电磁波的方式传播的。如果线足够短或者信号变化很慢,则等电势假设是正确的。但是当线长度较长或者信号变化很快,线上的传输时间对于精确地确定电路延迟非常重要。我们必须为传输线(transmission line)建立模型,其电压和电流的波按光速传播。当波传输到线的终点时,可能会沿着线产生反射。如果不加以抑止,这种反射将产生噪声和奇怪行为。因此,数字电路设计人员必须考虑传输线行为以便精确计算长线中的延迟和噪声影响。

电磁波在给定介质中按照光速传播,虽然速度很快但也不是不需要时间。光的传播速度取决于介质[⊖]的介电常数(permittivity)ε 和磁导率(permeablility)μ: $v = \dfrac{1}{\sqrt{\mu\varepsilon}} = \dfrac{1}{\sqrt{LC}}$。

真空中的光速为 $v = c = 3 \times 10^8 \text{m/s}$。因为 FR4 绝缘层的磁导率 4 倍于真空,所以 PCB 中的信号传输速度大约为光速的一半。因此,PCB 的信号传输速度大约为 $1.5 \times 10^8 \text{m/s}$(或 15cm/ns)。长度为 l 的传输线,其信号延迟为:

$$t_d = \frac{l}{v} \tag{A-4}$$

传输线的特性阻抗(characteristic impedance)Z_0 为传输线中电压和电流之比: $Z_0 = V/I$。注意,它不是导线的电阻(数字系统中好的传输线的电阻可以忽略不计)。Z_0 依赖于传输线的电感和电容(参见 A.8.7 节的推导),典型值为 $50 \sim 75\Omega$。

$$Z_0 = \sqrt{\frac{L}{C}} \tag{A-5}$$

图 A-15 给出了传输线符号。这个符号与有线电视的同轴电缆一样,内部为信号传输线,外部为接地的屏蔽导体层。

理解传输线特性的关键在于将信号传输想象为电压波沿着传输线以光速传播。当波达到终点时,根据终端负载它可能会产生反射或被吸收。反射波将沿着传输线向后传播,并与线上已有电压叠加。终端可以分为匹配、开路、短路和失配等情况。下

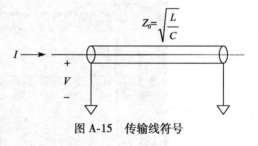

图 A-15 传输线符号

面各节将分析波如何在线上传输,以及传输到终端时的情况。

A.8.1 匹配终端

图 A-16 显示了带有终端匹配的长度为 l 的传输线,即负载阻抗 Z_L 等于传输线的特性阻抗

⊖ 一根导线的电容 C 和电感 L,与导线所处的物理介质的介电常数和导磁率有关。

$Z_0(50\Omega)$。传输线一端通过开关连接到电压电源，在 $t=0$ 时闭合。另一端连接到 50Ω 匹配负载。本节将分析点 A、B 和 C 的电压和电流，它们分别位于线的始、线的1/3 和线的末端。

图 A-17 给出了点 A、B、C 的电压随时间的变化。初始时，开关未闭合，传输线中的电压和电流都为 0。当 $t=0$ 时，开关闭合，电源电压上升为 $V=V_S$。这称为入射波由于特性阻抗为 Z_0，所以电流为 $I=V_S/Z_0$。电压立即达到线的起始点 A 的电压，如图 A-17a 所示。波沿着传输线以光速传播。在 $t_d/3$ 时到达点 B。此点的电压从 0 跳变到 V_S，如图 A-17b

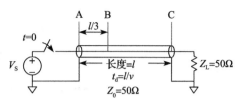

图 A-16   带有终端匹配的传输线

所示。在时间 t_d，入射波到达线的终点 C，电压也随之上升。流经电阻 Z_L 的电流所产生的电压为 $Z_L I = Z_L(V_S/Z_0) = V_S$，因为 $Z_L = Z_0$。电压 V_S 与波一起沿着传输线传播。因此，波被负载阻抗吸收，传输线达到稳定状态。

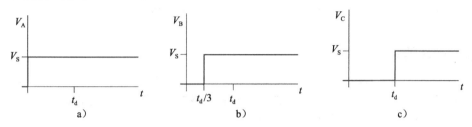

图 A-17   图 A-16 中点 A、B、C 的电压波形

在稳定状态，传输线的行为类似于一个理想的等电势线，因为线上所有点的电压都相同。图 A-18 显示了图 A-16 中电路的稳定状态的等价模型。线中所有位置的电压都是 V_S。

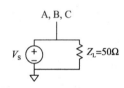

图 A-18   在稳定状态下图 A-16 的等价电路

例 A.2   具有匹配源和负载终端的传输线

图 A-19 中的传输线具有匹配源阻抗 Z_S 和负载阻抗 Z_L。请画出点 A、B、C 关于时间的电压变化图。何时系统达到稳定状态，稳定状态的的等价电路是什么？

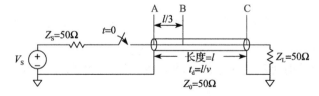

图 A-19   具有匹配源和负载阻抗的传输线

解：当电压源有与传输线串联的源阻抗 Z_S 时，在 Z_S 上将产生电压降，其余的电压将沿传输线传播。首先，传输线的行为像阻抗 Z_0。因为线终端的负载不可能对传输线的行为产生影响直到光速的延迟已经消逝。因此，根据分压方程，沿着传输线的入射电压为：

$$V = V_S\left(\frac{Z_0}{Z_0 + Z_S}\right) = \frac{V_S}{2} \tag{A-6}$$

因此，在 t 等于 0 时，电压波，$V = \dfrac{V_S}{2}$ 从点 A 沿传输线传播。在时间 $t_d/3$ 到达点 B，在时间 t_d 到达点 C，如图 A-20 所示。所有电流都被负载阻抗 Z_L 吸收，因此电路在 $t = t_d$ 时进入稳定状态。在稳定状态，整个线的电压均为 $V_S/2$，正如图 A-21 所预测的稳定状态等价电路。

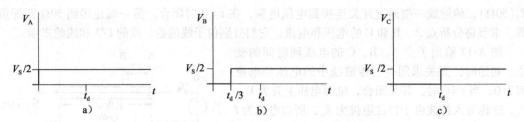

图 A-20   图 A-19 中点 A、B、C 的电压波形

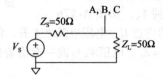

图 A-21   图 A-19 在稳定状态下的等价电路   ◀

A.8.2   开路终端

当负载阻抗不等于 Z_0 时，终端不能吸收所有的电流，一部分波必须被反射。图 A-22 给出了一个具有开路负载终端的传输线。由于没有电流流过开路终端，所以点 C 的电流必须总是为 0。

导线上的电压最初为 0。在 $t = 0$ 时，开关闭合，电压波开始沿导线传播，其电压为 $V = V_S(\frac{Z_0}{Z_0 + Z_S}) = \frac{V_S}{2}$。注意初始波与例 A.2 中的波完全相同，与终端无关，因为在 t_d 之前导线末端的负载不会影响导线开始处的行为。该电压波在 $t_d/3$ 到达点 B，在 t_d 到达点 C。

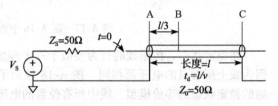

图 A-22   开路负载终端的传输线

当入射波达到点 C 时，由于导线是开路的，所以无法向前传播。它必须被反射回源。因为开路终端反射所有的波，所以反射波的电压也是 $V = \frac{V_S}{2}$。

线上任意点的电压等于入射波和反射波的和。在 $t = t_d$ 时，点 C 的电压为 $V = \frac{V_S}{2} + \frac{V_S}{2} = V_S$。反射波在时间 $5t_d/3$ 到达点 B，在时间 $2t_d$ 到达点 A。当它到达点 A 时，波被与导线特性阻抗匹配的源终端阻抗吸收。因此，系统在时间 $2t_d$ 达到稳定，且传输线成为等电势线，其电压为 V_S，电流为 0。

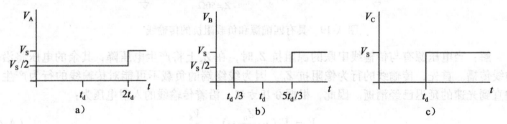

图 A-23   图 A-22 中点 A、B、C 的电压波形

A.8.3   短路终端

图 A-24 给出了另一条传输线，它的终端与地短路。因此点 C 的电压总是为 0。

与前面的例子相同，初始时线上的电压为 0。当开关闭合时，电压波 $(V = \dfrac{V_S}{2})$ 沿线传播（见图 A-25）。当它到达线的终端时，它必须向相反极性反射。发射波的电压为 $V = \dfrac{-V_S}{2}$，并叠加到入射波上，以便保证点 C 的电压为 0。反射波在时间 $t = 2t_d$ 到达源，并被源阻抗吸收。此时，系统达到稳定状态，传输线相当于等电势线，且电压为 0。

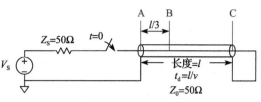

图 A-24　短路终端的传输线

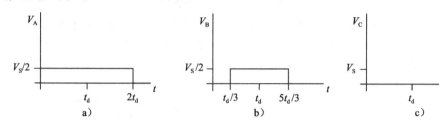

图 A-25　图 A-24 中点 A、B、C 的电压波形

A.8.4　不匹配终端

当终端阻抗不等于传输线的特性阻抗时，称为不匹配（mismatched）。一般而言，当入射波到达不匹配终端时，一部分波将被吸收，一部分波将被发射。反射系数 k_r 表示入射波中被反射的比例，即 $V_r = k_r V_i$。

A.8.8 节利用电流恒定定律推导反射系数。它说明，当入射波沿着特性阻抗为 Z_0 的传输线到达终端阻抗为 Z_T 的线的终端时，反射系数为：

$$k_r = \frac{Z_T - Z_0}{Z_T + Z_0} \tag{A-7}$$

需要注意一些特殊情况。如果终端是开路 $(Z_T = \infty)$，则 $k_r = 1$，因为入射波被完全反射（因此流出线终端的电流保持为 0）。如果终端是短路 $(Z_T = 0)$，则 $k_r = -1$，因为入射波向相反极性反射（因此线终端的电压保持为 0）。如果终端为匹配负载 $(Z_T = Z_0)$，则 $k_r = 0$，因为入射波完全被吸收。

图 A-26 给出了一个具有不匹配负载终端的传输线，其中负载阻抗为 75Ω。由于 $Z_T = Z_L = 75\Omega$，且 $Z_0 = 50\Omega$，所以 $k_r = 1/5$。如前面的例子所述，传输线的初始电压为 0。当开关闭合后，电压波 $(V = V_S/2)$ 沿传输线传播，在 $t = t_d$ 时到达终点。当入射波到达线传输线末端的终端

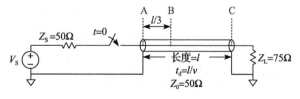

图 A-26　不匹配终端的传输线

时，$1/5$ 的波被反射，剩下 $4/5$ 的波被负载阻抗吸收。因此，反射波的电压为 $V = \dfrac{V_S}{2} \times \dfrac{1}{5} = \dfrac{V_S}{10}$。

点 C 的总电压为入射电压和反射电压的和，$V_C = \dfrac{V_S}{2} + \dfrac{V_S}{10} = \dfrac{3V_S}{5}$在 $t = 2t_d$ 时，反射波到达点 A，并被匹配的 50Ω 终端 Z_S 吸收。图 A-27 显示了线上的电压和电流波形。注意，在稳定状态后$(t > 2t_d)$，传输线等价于等电势线，如图 A-28 所示。在稳定状态，系统类似一个分压器，因此

$$V_A = V_B = V_C = V_S\left(\frac{Z_L}{Z_L + Z_S}\right) = V_S\left(\frac{75\Omega}{75\Omega + 50\Omega}\right) = \frac{3V_S}{5}$$

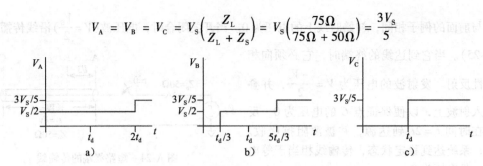

图 A-27   图 A-26 中点 A、B、C 的电压波形

反射可以发生在传输线的任意一端。图 A-29 显示了一条传输线，它的源阻抗 Z_S 为 450Ω，负载端为开路。负载上反射系数 k_{rL} 和源的反射系数 k_{rS} 分别为 1 和 4/5。此时，波将在传输线的两端反射直至达到稳定状态。

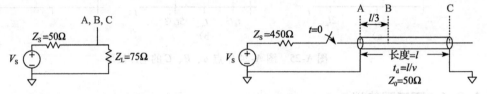

图 A-28   在稳定状态下图 A-26 的等价电路   图 A-29   不匹配源阻抗和终端的传输线

图 A-30 中的反射图有助于显示在传输线两端的反射过程。水平轴代表沿传输线的距离，垂直轴代表向下递增的时间。反射图的两边代表传输线的源端（点 A）和负载端（点 C）。入射和反射信号波用 A 和 C 之间的箭头线表示。在 $t = 0$ 时，源阻抗和传输线类似于分压器，产生一个电压为 $\dfrac{V_S}{10}$ 的波，从点 A 向点 C 传播。在 $t = t_d$ 时，信号到达点 C，且被完全反射（$k_{rL} = 1$）。在 $t = 2t_d$ 时，电压为 $\dfrac{V_S}{10}$ 的反射波到达点 A，以反射系数 $k_{rS} = 4/5$ 反射，并产生电压为 $\dfrac{2V_S}{25}$ 的反射波向点 C 传播。以此类推。

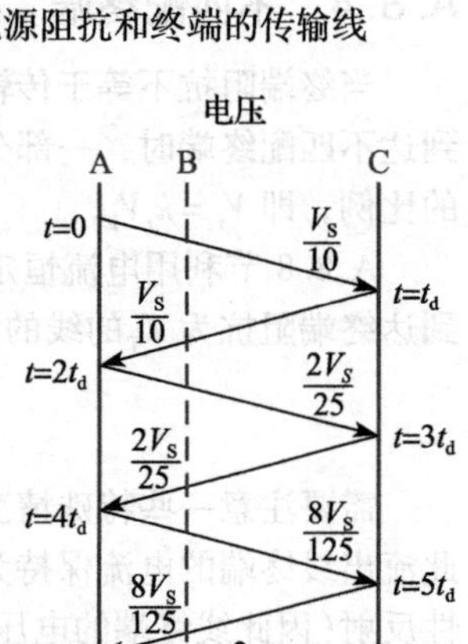

传输线上每个点给定时间的电压是所有入射波和反射波的和。因此，在 $t = 1.1t_d$ 时，点 C 的电压为 $\dfrac{V_S}{10} + \dfrac{V_S}{10} = \dfrac{V_S}{5}$。在 $t = 3.1t_d$ 时，点 C 的电压为 $\dfrac{V_S}{10} + \dfrac{V_S}{10} + \dfrac{2V_S}{25} + \dfrac{2V_S}{25} = \dfrac{9V_S}{25}$，以此类推。图 A-31 给出了电压和时间的关系。当 t 趋近于无穷大时，电压趋近于稳定状态，即 $V_A = V_B = V_C = V_S$。

图 A-30   图 A-29 的反射图

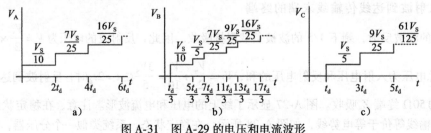

图 A-31   图 A-29 的电压和电流波形

A.8.5　何时使用传输线模型

当传输线延迟 t_d 大于信号边缘速率(信号上升或下降时间)的某个比例(例如 20%)时,就需要使用传输线模型。如果线延迟比较小,它对信号传播延迟的影响就非常微弱,反射在信号变化过程中很快消散。如果线延迟比较大,就必须准确预测信号的传播延迟和波形。尤其是,反射可能破坏波形的数字特性,导致错误逻辑操作。

如前所述,信号在印刷电路板上传输的延迟为 15cm/ns。对于 TTL 逻辑,边缘速率为 10ns,只有当线的长度大于 30cm 时(10ns×15cm/ns×20%),则必须把线建模为传输线。印刷电路板迹线的长度一般都小于 30cm,因此大多数迹线可以建模为理想等电势线。相反,很多现代芯片的边缘速率为 2ns,甚至更小,所以长度大于 6cm(大约 2.5 英寸)的迹线都需要建模为传输线。显然,使用超出必要的边沿速率将给设计师带来困难。

由于实验电路板缺少地线层,所以每个信号的电磁场都不规则且很难建模。而且,信号之间的电磁场相互作用,这使得信号之间的反射和串扰更加强烈。因此,当工作频率超过几兆赫兹时,实验电路板就不可靠了。

相反,印刷电路板在整个传输线上有比较稳定的特性阻抗和传输速度。只要它们终止于源阻抗或负载阻抗且它们与传输线的特性阻抗匹配,印刷电路板上就不会受到反射的影响。

A.8.6　正确的传输线终端

图 A-32 给出了两种常用的传输线终端连接方法。在并联终端中,驱动器门的阻抗很低($Z_S \approx 0$)。具有阻抗 Z_0 的负载电阻(Z_L)与负载(在接收器门和接地之间)并联。当驱动器开关电压从 $0 \sim V_{DD}$ 时,它将沿线发送电压为 V_{DD} 的波。波被匹配负载终端吸收,不产生反射。在串联终端中,源电阻(Z_S)与驱动器串联以便将源阻抗提高到 Z_0 。此时负载为高阻抗($Z_L = \infty$)。当驱动器开关时,它沿传输线发送电压为 $V_{DD}/2$ 的波。波在开路终端负载反射并返回,将线上的电压升为 V_{DD} 。波在源终端被吸收。这两种电路在接收端的电压变化相同,都在 $t = t_d$ 时变为 V_{DD} ,这正是我们所希望的。它们的区别在于功耗和在传输线其他地方出现的波形。在线为高电平并联终端时持续消耗电能。因为负载连接在开路上,串联终端不产生任何直流功耗。然而,在串联终端的传输线中,接近传输线中间的点的起始电压为 $V_{DD}/2$,直到反射波返回后才变成 V_{DD} 。如果其他门连接在线的中间,这些门将接收到一个非法的逻辑电平。因此,串联终端最适合只有一个驱动器和一个接收器的点到点通信方式。并联终端方式适合有多个接收器的总线,因为线中间的接收器不会接收到非法的逻辑电平。

A.8.7　Z_0 的推导[*]

Z_0 是波沿着传输线传播过程中电压与电流之比。本节将推导 Z_0 ,这需要有关于电阻 - 电导 - 电容(Resistor-inductor-capacitor,RLC)电路分析的前导知识。

考虑将跳变电压应用到半无限传输线的输入(因此无反射)。图 A-33 给出了半无限传输线和长度为 dx 的一段传输线的模型。R、L、C 分别是单位长度的电阻、电感和电容。图 A-33b 给出了有电阻 R 的传输线模型。因为在传输过程中有能量消耗在电阻上,所以这种模型称为有损(lossy)传输线模型。然而,这种损耗往往可以忽略不计,从而忽略电阻元件而简化分析。这种模型称为理想传输线,如图 A-33c 所示。

经过传输线的电流和电压是空间和时间的函数,如式(A-8)和式(A-9)所示。

$$\frac{\partial}{\partial x}V(x,t) = L\frac{\partial}{\partial t}I(x,t) \tag{A-8}$$

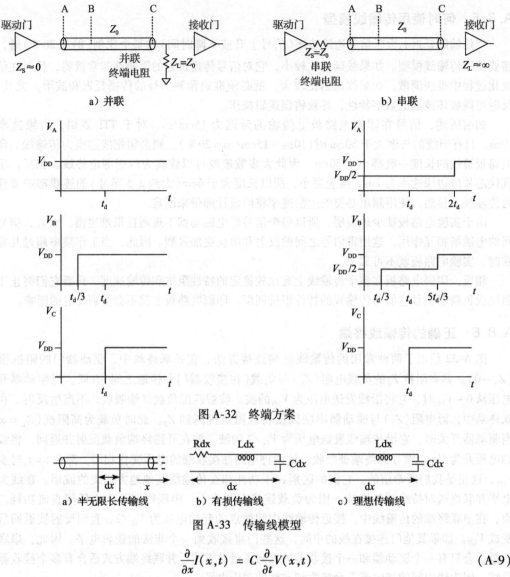

图 A-32　终端方案

a）半无限长传输线　　　b）有损传输线　　　c）理想传输线

图 A-33　传输线模型

$$\frac{\partial}{\partial x}I(x,t) = C\frac{\partial}{\partial t}V(x,t) \tag{A-9}$$

对式（A-8）求对空间的导数，对式（A-9）求对时间的导数，并带入就可以得到波方程式（A-10）：

$$\frac{\partial^2}{\partial x^2}V(x,t) = LC\frac{\partial^2}{\partial t^2}I(x,t) \tag{A-10}$$

Z_0 传输线中电压和电流之比，如图 A-34a 所示。由于波的行为不依赖于距离，所以 Z_0 必须与传输线的长度无关。因为它与长度无关，所以在增加了一小段长度为 dx 的传输线之后，其特性阻抗也必须是 Z_0，如图 A-34b 所示。

a）整个线模型　　　　b）增加了 dx 长度

图 A-34　传输线模型

考虑电感和电容的阻抗后，我们可以用以下方程重写图 A-34 的关系：

$$Z_0 = j\omega Ldx + \left[Z_0 \parallel (1/j\omega Cdx) \right] \tag{A-11}$$

重写式(A-11)，可以得到，

$$Z_0^2(j\omega C) - j\omega L + \omega^2 Z_0 LCdx = 0 \tag{A-12}$$

当 dx 趋近于 0 时，最后一项可以忽略，得到，

$$Z_0 = \sqrt{\frac{L}{C}} \tag{A-13}$$

A.8.8　反射系数的推导*

基于电流守恒原理可以推导出反射系数 k_r。在图 A-35 中传输线的特性阻抗为 Z_0，负载阻抗为 Z_L。假设入射波电压为 V_i，电流为 I_i。当波达到终点时，有些电流 I_L 流过负载阻抗，产生电压降 V_L。其余电流被反射到传输线上，其电压为 V_r，电流为 I_r。Z_0 为传输线中波的电压和电流之比，因此有 $\frac{V_i}{I_i} = \frac{V_r}{I_r} = Z_0$。

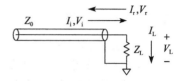

图 A-35　传输线的入射、反射和负载的电压和电流

传输线上的电压是入射波和反射波的电压之和，正向电流是入射波电流与反射波电流的差。

$$V_L = V_i + V_r \tag{A-14}$$

$$I_L = I_i - I_r \tag{A-15}$$

使用欧姆定律替换式(A-15)中的 I_L、I_i 和 I_r，可得，

$$\frac{V_i + V_r}{Z_L} = \frac{V_i}{Z_0} - \frac{V_r}{Z_0} \tag{A-16}$$

从此式可以得到反射系数 k_r：

$$\frac{V_i}{V_r} = \frac{Z_L - Z_0}{Z_L + Z_0} = k_r \tag{A-17}$$

A.8.9　小结

由于光速是有限的，所以传输线模型刻画了信号沿线传播需要时间这一事实。理想的传输线具有一致的单位长度电感 L 和电容 C，而且电阻为 0。传输线由它的特性阻抗 Z_0 和延迟 t_d 来描述。这两个参数可以从单位长度电感、电容和线长度推导出来。传输线对上升/下降时间小于 $5t_d$ 的信号有明显的延迟和噪声影响。这意味着，当系统的上升/下降时间为 2ns 时，如果印刷电路板的迹线长度超过 6cm 时，就需要采用传输线模型进行分析，以便得到其精确形为。

当数字系统包含了连接在第二个门的长线驱动的逻辑门时，就可以使用传输线对它进行建模，如图 A-36 所示。电压源源阻抗 Z_S 和开关对在时刻 0 从 0~1 的第一个门开关建模。驱动器门不能提供无限大的电流，这可以由 Z_S 建模。逻辑门的 Z_S 一般比较小，但设计者可以选择在门上串联一个电阻来增加 Z_S，以便匹配线的阻抗。第二个门的输入作为 Z_L。CMOS 电路的输入电流往往很小，因此 Z_L 可接近无限大。设计者可以选择在第二个门的输入和地之间增加一个并联的电阻，使 Z_L 匹配传输线的阻抗。

当第一个门开关时，将电压波驱动到传输

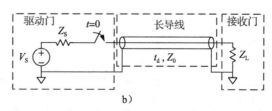

图 A-36　用传输线对数字电路建模

线上。源阻抗和传输线构成分压器，因此入射波的电压为：

$$V_{\mathrm{i}} = V_{\mathrm{S}} \frac{Z_0}{Z_0 + Z_{\mathrm{S}}} \qquad (\text{A-18})$$

在 t_{d} 时，波到达线的终端。一部分波被负载阻抗吸收，一部分波被反射。反射系数 k_{r} 指出反射的部分：$k_{\mathrm{r}} = V_{\mathrm{r}}/V_{\mathrm{i}}$，其中 V_{r} 为反射波的电压，V_{i} 为入射波的电压。

$$k_{\mathrm{r}} = \frac{Z_{\mathrm{L}} - Z_0}{Z_{\mathrm{L}} + Z_0} \qquad (\text{A-19})$$

反射波叠加到传输线上的已有的电压，并在 $2t_{\mathrm{d}}$ 时到达源。此时，又有一部分波被吸收，一部分被反射。反射过程持续进行，线上的电压最终将趋近于稳定，此时传输线成为等电势线。

A.9　经济问题

虽然数字电路设计非常有趣，很多人乐意无偿做，但是大多数设计者和公司希望从中赢利。因此，经济问题是设计决策中一个重要的考虑因素。

数字电路的花费可以分为不可回收费用（Nonrecurring Engineering Cost，NRE）和可回收费用（recurring cost）。NRE 决定了系统设计的成本，包括设计成员的报酬、计算机和软件成本、生产第 1 版产品的费用。2012 年，一个美国设计人员的所有费用（包括薪水、健康保险、退休保险、设计工具和计算机）大约为每年 20 万美元，因此设计成本比重非常高。可回收费用是每增加一个产品所需要的费用，这包含了元器件、制造、市场、技术支持和分发。

销售价格不仅包括系统的成本，而且还包括办公室场地租金、税、非直接设计人员工资（例如，门卫和 CEO）等。在去除这些费用后，公司才能获得利润。

例 A.3 BEN 试图挣钱

Ben Btiddidle 设计了一个巧妙的雨滴计数电路。他决定销售这些设备来赚钱，但是他需要决定使用何种实现方法。有两种方法可以选择：FPGA 和 ASIC。设计和测试 FPGA 的开发工具的价格是 1500 美元，每个 FPGA 的成本是 17 美元。制作 ASIC 掩膜的成本是 60 万美元，每片 ASIC 的生产成本是 4 美元。

无论选择何种芯片实现方式，Ben 需要在印刷电路板上组装芯片。每个印刷电路板需要 1.5 美元。Ben 希望每个月能销售 1000 套设备。Ben 召集一组本科生设计这个芯片作为他们的毕业设计，因此不需要设计成本。

如果销售价格是成本的 2 倍（100% 的利润空间），产品周期为 2 年，那么哪种实现方式比较好呢？

解：Ben 绘制了一个两种实现方式在 2 年内的总成本表，如表 A-4 所示。2 年后，Ben 将销售 24 000 个设备，表 A-4 给出了不同选择的所有成本。如果产品周期仅为 2 年，则 FPGA 实现明显是更好的选择。每个设备的成本为 $445\,000/24\,000 = \$18.56$，在 100% 利润空间下，销售单价是 37.13 美元。ASIC 实现的成本为 $732\,000/24\,000 = \$30.50$，销售单价为 61 美元。

表 A-4　ASIC 与 FPGA 成本

成本	ASIC	FPGA
NRE	$600 000	$1500
每个芯片	$4	$17
PCB	$1.50	$1.50
总计	$600 000 + (24 000 × $5.50) = $732 000	$1500 + (24 000 × $18.50) = $445 500
单价	$30.50	$18.56

例 A. 4 BEN 更加贪婪

在看到产品的市场广告后，BEN 觉得他可以比原先预期每个月销售更多的产品。如果他选择 ASIC 实现，每个月需要销售多少个产品才能使 ASIC 实现比 FPGA 实现更加有利？

解：Ben 通过下述方程求解 2 年内最小的销售数量 N：

$$\$600\,000 + (N \times \$5.50) = \$1500 + (N \times \$18.50)$$

此方程的结果为 $N = 46\,039$，即每个月销售 1919 个设备。他需要月销售量增加一倍才能从 ASIC 实现中获利。◀

例 A. 5 BEN 没有这么贪婪

Ben 意识到他的胃口太大了，不能假定每个月能卖 1000 个设备。但是，他认为产品周期可能会超过 2 年。如果设备每月的销售量为 1000 个，那么产品周期需要多长才能使得 ASIC 实现更为合算？

解：如果 Ben 总共可以销售 46 039 个设备，那么 ASIC 实现就是最佳选择。因此，Ben 在每个月销售 1000 个设备时他需要销售 47 个月（向上取整），大约 4 年时间。那时，他的产品将会被淘汰。◀

芯片往往都是从分销商那里购买的，而不是直接从制造商购买（除非你购买上万个芯片）。Digikey（www.digikey.com）是一个销售多种电子元件的优秀分销商。Jameco（www.jameco.com）和 All electronics（www.allelectronics.com）也都有适合于爱好者且价格有竞争力的丰富产品目录。

MIPS 指令

本附录总结了本书使用的 MIPS 指令。表 B1 ~ 表 B3 定义了每条指令的 opcode 和 funct 字段，并对指令的功能做了简单的说明。使用以下符号：

应用软件	>"hello world!"
操作系统	
体系结构	
微体系结构	
逻辑	
数字电路	
模拟电路	
器件	
物理	

- [reg]:　　　　寄存器的内容
- Imm:　　　　I 类型指令的 16 位立即数字段
- Addr:　　　　J 类型指令的 26 位地址字段
- SignImm:　　32 位符号扩展的立即数
  = {{16{imm[15]}}}, imm}
- ZeroImm:　　32 位 0 扩展的立即数
  = {16'b0, imm}
- Address:　　[rs] + SignImm
- [Address]:　存储器单元 Address 的内容
- BTA:　　　　分支目标地址[⊖]
  = PC + 4 + (SignImm << 2)
- JTA:　　　　跳转目标地址
  = { (PC + 4)[31:28], addr, 2'b0}
- label:　　　指定指令地址的文本

表 B-1　按 opcode 字段排列的指令

Opcode	名称	描述	操作
000000(0)	R 类型	所有 R 类型指令	见表 B-2
000001(1) (rt = 0/1)	bltz rs, label / bgez rs, label	小于 0 转移/大于等于 0 转移	if ([rs] < 0) PC = BTA/ if ([rs] ≥0) PC = BTA
000010(2)	j label	跳转	PC = JTA
000011(3)	jal label	跳转并链接	$ra = PC + 4, PC = JTA
000100(4)	beq rs, rt, label	如果相等则转移	if ([rs] == [rt]) PC = BTA
000101(5)	bne rs, rt, label	如果不相等则转移	if ([rs] ! = [rt]) PC = BTA
000110(6)	blez rs, label	如果小于或等于 0 则转移	if ([rs] ≤0) PC = BTA
000111(7)	bgtz rs, label	如果大于 0 则转移	if ([rs] > 0) PC = BTA
001000(8)	addi rt, rs, imm	立即数加法	[rt] = [rs] + SignImm
001001(9)	addiu rt, rs, imm	无符号立即数加法	[rt] = [rs] + SignImm
001010(10)	slti rt, rs, imm	设置小于立即数	[rs] < SignImm ? [rt] = 1 : [rt] = 0
001011(11)	sltiu rt, rs, imm	设置小于无符号立即数	[rs] < SignImm ? [rt] = 1 : [rt] = 0

⊖ SPIM 模拟器中的 BTA 是 PC +(SignImm <<2)，因为它没有分支延迟槽。因此，如果你使用 SPIM 汇编器为真正的 MIPS 处理器创建机器代码，必须将分支指令的立即数字段减 1 来进行补偿。

（续）

Opcode	名称	描述	操作
001100(12)	andi rt, rs, imm	立即数与	[rt] = [rs] & ZeroImm
001101(13)	ori rt, rs, imm	立即数或	[rt] = [rs] | ZeroImm
001110(14)	xori rt, rs, imm	立即数异或	[rt] = [rs] ^ ZeroImm
001111(15)	lui rt, imm	装入立即数的高 16 位	[rt] = {imm, 16'b0}
010000(16) (rs=0/4)	mfc0 rt, rd / mtc0 rt, rd	从协处理器 0 移出/移入协处理器 0	[rt] = [rd]/[rd] = [rt] (rd is in coprocessor 0)
010001(17)	F - type	fop=16/17：F 类型指令	见表 B-3
010001(17) (rt = 0/1)	bc1f label/ bc1t label	fop = 8：如果 fpcond 为 FALSE/TRUE 则转移	if (fpcond == 0) PC = BTA/ if (fpcond == 1) PC = BTA
011100(28) (func=2)	mul rd, rs, rt	乘法(32 位结果)	[rd] = [rs] x [rt]
100000(32)	lb rt, imm(rs)	装入字节	[rt] = SignExt ([Address]$_{7:0}$)
100001(33)	lh rt, imm(rs)	装入半字	[rt] = SignExt ([Address]$_{15:0}$)
100011(35)	lw rt, imm(rs)	装入字	[rt] = [Address]
100100(36)	lbu rt, imm(rs)	装入无符号字节	[rt] = ZeroExt ([Address]$_{7:0}$)
100101(37)	lhu rt, imm(rs)	装入无符号半字	[rt] = ZeroExt ([Address]$_{15:0}$)
101000(40)	sb rt, imm(rs)	存储字节	[Address]$_{7:0}$ = [rt]$_{7:0}$
101001(41)	sh rt, imm(rs)	存储半字	[Address]$_{15:0}$ = [rt]$_{15:0}$
101011(43)	sw rt, imm(rs)	存储字	[Address] = [rt]
110001(49)	lwc1 ft, imm(rs)	将字装入到 FP 协处理器 1 中	[ft] = [Address]
111001(56)	swc1 ft, imm(rs)	将字存储到 FP 协处理器 1 中	[Address] = [ft]

表 B-2 按 funct 字段排列的 R 类型指令

Funct	指令名字	指令描述	操作
000000(0)	sll rd, rt, shamt	逻辑左移	[rd] = [rt] << shamt
000010(2)	srl rd, rt, shamt	逻辑右移	[rd] = [rt] >> shamt
000011(3)	sra rd, rt, shamt	算术右移	[rd] = [rt] >>> shamt
000100(4)	sllv rd, rt, rs	带变量的逻辑左移	[rd] = [rt] << [rs]$_{4:0}$
000110(6)	srlv rd, rt, rs	带变量的逻辑右移	[rd] = [rt] >> [rs]$_{4:0}$
000111(7)	srav rd, rt, rs	带变量的算术右移	[rd] = [rt] >>> [rs]$_{4:0}$
001000(8)	jr rs	跳转寄存器	PC = [rs]
001001(9)	jalr rs	跳转和链接寄存器	$ra = PC + 4, PC = [rs]
001100(12)	syscall	系统调用	system call exception
001101(13)	break	中断	break exception
010000(16)	mfhi rd	从 hi 寄存器中移出	[rd] = [hi]
010001(17)	mthi rs	移入 hi 寄存器	[hi] = [rs]
010010(18)	mflo rd	从 lo 寄存器中移出	[rd] = [lo]
010011(19)	mtlo rs	移入 lo 寄存器	[lo] = [rs]
011000(24)	mult rs, rt	乘法	{[hi], [lo]} = [rs] × [rt]
011001(25)	multu rs, rt	无符号乘法	{[hi], [lo]} = [rs] × [rt]
011010(26)	div rs, rt	除法	[lo] = [rs]/[rt], [hi] = [rs]% [rt]

（续）

Funct	指令名字	指令描述	操作
011011(27)	divu rs, rt	无符号除法	[lo] = [rs]/[rt], [hi] = [rs]% [rt]
100000(32)	add rd, rs, rt	加法	[rd] = [rs] + [rt]
100001(33)	addu rd, rs, rt	无符号加法	[rd] = [rs] + [rt]
100010(34)	sub rd, rs, rt	减法	[rd] = [rs] - [rt]
100011(35)	subu rd, rs, rt	无符号减法	[rd] = [rs] - [rt]
100100(36)	and rd, rs, rt	与	[rd] = [rs] & [rt]
100101(37)	or rd, rs, rt	或	[rd] = [rs] | [rt]
100110(38)	xor rd, rs, rt	异或	[rd] = [rs] ^ [rt]
100111(39)	nor rd, rs, rt	或非	[rd] = ~([rs] | [rt])
101010(42)	slt rd, rs, rt	设置小于	[rs] < [rt] ? [rd] = 1 : [rd] = 0
101011(43)	sltu rd, rs, rt	设置小于无符号	[rs] < [rt] ? [rd] = 1 : [rd] = 0

表 B-3   F 类型指令（fop = 16/17）

Funct	指令名字	指令描述	操作
000000(0)	add.s fd, fs, ft / add.d fd, fs, ft	FP 加法	[fd] = [fs] + [ft]
000001(1)	sub.s fd, fs, ft / sub.d fd, fs, ft	FP 减法	[fd] = [fs] - [ft]
000010(2)	mul.s fd, fs, ft / mul.d fd, fs, ft	FP 乘法	[fd] = [fs] × [ft]
000011(3)	div.s fd, fs, ft / div.d fd, fs, ft	FP 除法	[fd] = [fs]/[ft]
000101(5)	abs.s fd, fs / abs.d fd, fs	FP 取绝对值	[fd] = ([fs] < 0) ? [-fs] : [fs]
000111(7)	neg.s fd, fs / neg.d fd, fs	FP 取反	[fd] = [-fs]
111010(58)	c.seq.s fs, ft / c.seq.d fs, ft	FP 相等比较	fpcond = ([fs] == [ft])
111100(60)	c.lt.s fs, ft / c.lt.d fs, ft	FP 小于比较	fpcond = ([fs] < [ft])
111110(62)	c.le.s fs, ft / c.le.d fs, ft	FP 小于或等于比较	fpcond = ([fs] ≤ [ft])

补充阅读

Berlin L., *The Man Behind the Microchip: Robert Noyce and the Invention of Silicon Valley*, Oxford University Press, 2005.

The fascinating biography of Robert Noyce, an inventor of the microchip and founder of Fairchild and Intel. For anyone thinking of working in Silicon Valley, this book gives insights into the culture of the region, a culture influenced more heavily by Noyce than any other individual.

Colwell R., *The Pentium Chronicles: The People, Passion, and Politics Behind Intel's Landmark Chips*, Wiley, 2005.

> An insider's tale of the development of several generations of Intel's Pentium chips, told by one of the leaders of the project. For those considering a career in the field, this book offers views into the managment of huge design projects and a behind-the-scenes look at one of the most significant commercial microprocessor lines.

Ercegovac M., and Lang T., *Digital Arithmetic*, Morgan Kaufmann, 2003.

> The most complete text on computer arithmetic systems. An excellent resource for building high-quality arithmetic units for computers.

Hennessy J., and Patterson D., *Computer Architecture: A Quantitative Approach, 5th ed.*, Morgan Kaufmann, 2011.

> The authoritative text on advanced computer architecture. If you are intrigued about the inner workings of cutting-edge microprocessors, this is the book for you.

Kidder T., *The Soul of a New Machine*, Back Bay Books, 1981.

> A classic story of the design of a computer system. Three decades later, the story is still a page-turner and the insights on project managment and technology still ring true.

Pedroni V., *Circuit Design and Simulation with VHDL, 2nd ed.*, MIT Press, 2010.

> A reference showing how to design circuits with VHDL.

Ciletti M., *Advanced Digital Design with the Verilog HDL, 2nd ed.*, Prentice Hall, 2010.

> A good reference for Verilog 2005 (but not SystemVerilog).

SystemVerilog IEEE Standard (IEEE STD 1800).

> The IEEE standard for the SystemVerilog Hardware Description Language; last updated in 2009. Available at *ieeexplore.ieee.org*.

VHDL IEEE Standard (IEEE STD 1076).

> The IEEE standard for VHDL; last updated in 2008. Available from IEEE. Available at *ieeexplore.ieee.org*.

Wakerly J., *Digital Design: Principles and Practices, 4th ed.*, Prentice Hall, 2006.

> A comprehensive and readable text on digital design, and an excellent reference book.

Weste N., and Harris D., *CMOS VLSI Design, 4th ed.*, Addison-Wesley, 2011.

> Very Large Scale Integration (VLSI) Design is the art and science of building chips containing oodles of transistors. This book, coauthored by one of our favorite writers, spans the field from the beginning through the most advanced techniques used in commercial products.

C 语言编程

C.1 引言

本书的总体目标是阐述计算机如何在许多抽象层次上工作，从构成计算机的晶体管层一直到计算机运行程序的软件层。本书的前 5 章讲述较低的抽象层次，从晶体管到逻辑门再到逻辑设计。第 6~8 章跳到体系结构层次，并讲述微结构层以连接硬件和软件。本附录描述的 C 语言编程逻辑位于第 5 章和第 6 章之间，将 C 语言编程作为本书的最高抽象层。它促进体系结构内容的发展，并将本书链接到读者可能已经熟悉的编程体验。被这些内容置于附录中，是为了使读者可以很容易地根据自身经验选择阅读或者跳过它。

程序员使用许多不同的语言来告诉计算机要做什么。从根本上说，机器语言中计算机处理指令是由 1 和 0 构成，如第 6 章所探讨的。但使用机器语言进行编程，繁琐而且较慢，导致程序员采用更抽象的语言，以便更有效地表达它们的含义。表 C-1 列出了一些在各种抽象层次的编程语言例子。

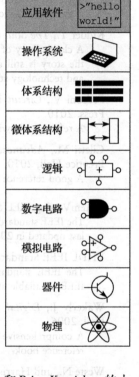

表 C-1　按照大致递减抽象层次排列的编程语言

编程语言	描述
Matlab	旨在方便大量使用数学函数
Perl	专为脚本处理设计
Python	强调代码可读性
Java	在任何计算机上安全运行
C	设计考虑灵活性和整个系统的访问，包括设备驱动程序
汇编语言	人类可读的计算机语言
机器语言	程序的二进制表示

其中一个最流行的编程语言是 C 语言。它由一个包括 Dennis Ritchie 和 Brian Kernighan 的小组于 1969 年至 1973 年在贝尔实验室创建的，以便重写原来由汇编语言编写的 UNIX 操作系统。从很多方面来看，C(包括 C++、C#和 Objective C 等密切相关的语言族)是目前使用最广泛的语言。它的普及源于多种因素，包括：

- 可用于各种平台，从超级计算机到嵌入式微控制器。
- 相对易用性，具有庞大的用户群。
- 适度的抽象层次，提供比汇编语言更高的生产力，但也让程序员很好地理解代码将如何执行。
- 适用于生成高性能程序。
- 直接与硬件交互的能力。

本章专注于 C 语言，是有多种原因的。最重要的是，C 语言允许程序员直接访问存储器中的地址，阐明本书中强调的硬件和软件之间的连接。C 是一种实用语言，所有的工程师和计算机科学家都应该知道它。它在实现和设计等许多方面的应用(例如，软件开发、嵌入式系统编程，以及模拟)，使得精通 C 语言成为一个重要和适合人才市场的技能。

后面各节描述 C 程序的整体语法，讨论程序的每个部分，包括头部、函数和变量声明、数据类型，以及程序库中提供的常用函数。8.6 节描述了一个实际应用程序，它使用 C 语言来对 PIC32 单片机进行编程。

小结

- **高级编程**：高级编程在很多设计层次是非常有用的，从写分析或模拟软件到编写与硬件交互的微处理器程序。
- **低层次访问**：C 代码是强大的，因为除了高层次构建外，它还提供了对底层硬件和内存的访问。

C.2 欢迎来到 C 语言

C 程序是描述计算机操作的文本文件。文本文件被编译，转换成机器可读格式，并在计算机上运行或执行。C 代码示例 C.1 是一个简单的 C 程序，它输出短语"Hello world!"到控制台，即计算机屏幕上。C 程序通常包含在一个或多个以".c"结尾的文本文件中。良好的编程风格要求文件名能表明程序的内容，例如，该文件可以称为 hello.c。

C 代码示例 C.1 简单程序

```
// Write "Hello world!" to the console
#include <stdio.h>

int main(void){
  printf("Hello world!\n");
}
```

控制台输出
```
Hello world!
```

C.2.1 C 程序解剖

一般情况下，C 程序由一个或多个函数组成。每个程序必须包括 main 函数(主函数)，它是程序开始执行的地方。大多数程序使用在 C 代码其他地方和/程序库中定义的其他函数。hello.c 程序的所有部分是头部、main(主)函数和函数体。

头部：#include <stdio.h>

头部包括该程序所需的库函数。在本例中，程序使用 printf 函数，这是标准 I/O 库函数 stdio.h 的一部分。关于 C 语言内置库函数的详细内容参见 C.9 节。

主函数：int main(void)

所有 C 程序必须正好包含一个 main 函数(主函数)。通过运行 main 函数中的代码来执行程序，称为主函数体。函数语法在 C.6 节描述。函数体包含语句序列，每条语句都以分号结束。int 表示 main 函数输出或返回一个整数结果，该结果反映程序是否成功运行。

函数体：printf("Hello world!\n");

main 函数的函数体包含一条语句，调用 printf 函数，它输出短语"Hello world!"它后面跟着一个特殊序列"\n"表示的换行符。有关 I/O 函数的更多细节在 C.9.1 节描述。

所有程序按照简单的 hello.c 程序的一般格式编写。当然，非常复杂的程序可能包含数百万行代码和数百个文件。

C.2.2　运行 C 程序

C 程序可以在许多不同的机器上运行。这种可移植性是 C 语言的另一个优点。程序首先在目标机器上使用 C 编译器编译。存在略有不同的 C 编译器版本，包括 cc（C 编译器），或 gcc（GNU C 编译器）。这里，我们将说明如何使用 gcc 编译并运行一个 C 程序，该编译器可以免费下载。它可以直接运行在 Linux 机器上，也可以在 Windows 机器上通过 Cygwin 环境访问。它也可用于许多嵌入式系统，如 Microchip PIC32 微控制器。下面描述的 C 文件创建、编译和执行的一般过程对于任何 C 程序都是相同的。

1）创建文本文件，例如，hello.c。

2）在终端窗口中，切换到包含 hello.c 文件的目录，在命令提示符处键入 gcc hello.c。

3）编译器创建一个可执行文件。默认情况下，可执行文件名为 a.out（在 Windows 机器上为 a.exe）。

4）在命令提示符处，键入 ./a.out（在 Windows 上为 ./a.exe），然后按回车键。

5）"Hello world!" 将出现在屏幕上。

小结

- filename.c：C 程序文件的扩展名通常为 .c。
- main：每个 C 程序必须有正好一个 main 函数。
- #include：大多数 C 程序使用内置库提供的函数。通过在 C 文件的顶部包含 #include < library.h > 来使用这些函数。
- gcc filename.c：使用编译器，如 GNU 编译器（gcc）或 C 编译器（cc）将 C 文件转换成可执行文件。
- **执行**：编译后，通过在命令行提示符处键入 ./a.out（或 ./a.exe）来执行 C 程序。

C.3　编译

编译器是一种软件，它读取高级语言编写的程序并将其转换成机器代码文件，即可执行文件。整本书都在论述编译器，但我们在这里简单描述编译器。编译器的整体操作是：1）通过包含引用库和扩大宏定义来预处理文件；2）忽略所有不必要的信息，如注释；3）将高级代码转换成用二进制表示的本地处理器的简单指令，即机器语言；4）将所有指令转换成一个可由计算机读取和执行的简单二进制可执行文件。每种机器语言特定于一个给定的处理器，因此程序必须专门为其将要运行的系统进行编译。例如，第 6 章详述的 MIPC 机器语言。

C.3.1　注释

程序员使用注释在一个较高的层次来描述代码和澄清代码功能。阅读过未加注释代码的任何人都可以证明它们的重要性。C 程序使用两种类型的注释：单行注释，以//开始并在该行末尾终止；多行注释，以/ * 开始并 * /结束。虽然注释对于程序的组织和清晰度是很关键的，但编译时它们会被编译器忽略。

```
// This is an example of a one-line comment.

/* This is an example
of a multi-line comment. */
```

在每个 C 文件顶部的注释是非常有用的，它用来描述文件的作者、创建和修改日期，以及程序用途。下面的注释可以包含在 hello.c 文件的顶部。

```
// hello.c
// 1 June 2012 Sarah_Harris@hmc.edu, David_Harris@hmc.edu
//
// This program prints "Hello world!" to the screen
```

C. 3. 2 #define

常量使用#define 指令命名，然后在整个程序中按名称使用。这些全局定义的常量也称为宏。例如，假设你写了一个程序，允许至多 5 个用户猜测，你可以使用#define 标识这个数字。

```
#define MAXGUESSES 5
```

程序中含有#的程序行将由预处理器处理。在编译之前，预处理器将程序中每一个标识符 MAXGUESSES 替换为 5。按照惯例，#define 行位于该文件的顶部，标识符全部为大写字母。通过在某个位置定义常数，然后在程序中使用标识符，程序将保持一致，并且常数值容易被修改——它仅需要在#define 行改变，而不是在代码中需要该常数值的每一行。

C 代码示例 C.2 说明如何使用#define 指令将英寸转换成厘米。变量 inch 和 cm 声明为 float，表示它们为单精度浮点数。如果转换因子(INCH2CM)在整个大程序中使用，使用#define 声明它来避免由于拼写错误带来的错误(例如，键入 2.53 而不是 2.54)，并使之容易查找和更改(例如，如果要求更多的有效数字)。

C 代码示例 C. 2   使用#define 来声明常数

```
// Convert inches to centimeters
#include <stdio.h>

#define INCH2CM 2.54

int main(void) {
  float inch = 5.5;      // 5.5 inches
  float cm;

  cm = inch * INCH2CM;
  printf("%f inches = %f cm\n", inch, cm);
}
```

控制台输出

```
5.500000 inches = 13.970000 cm
```

C. 3. 3 #include

模块化鼓励我们将程序划分为独立的文件和函数。常用的函数可以组合在一起，以便重复使用。位于头文件中的变量声明、定义值和函数定义可以通过增加#include 预处理程序指令由另一个文件使用。提供常用函数的标准库是以这种方式访问的。例如，需要下面的代码行使用标准输入/输出(I/O)库中定义的函数，例如 printf。

```
#include <stdio.h>
```

包含文件的". h"后缀表明它是一个头文件。虽然#include 指令可以放在需要该包含函数、变量或标识符之前文件中的任何地方，但它们通常放在 C 文件的顶部。

程序员创建的头文件也可以包含在程序文件中，通过使用引号("")围住文件名，而不是括号(< >)。例如，用户创建的头文件名为 myfunctions. h，它将通过下面的代码行包含在程序文件中。

```
#include "myfunctions.h"
```

在编译时，在括号中指定的文件在系统目录中搜索。在引号中指定的文件在与该 C 文件同一个本地目录中搜索。如果用户创建的头文件位于不同的目录中，则头文件相对于当前目录的路径必须包含在该 C 文件中。

小结

- **注释**：C 语言提供单行注释(//)和多行注释(/*   */)。
- **#define NAME val**：#define 指令允许一个标识符(NAME)在整个程序中使用。在编译之前，所有 NAME 的实例都替换为 val。
- **#include**：#include 允许在程序中使用常用函数。对于内置函数库，在代码的顶部包含以下代码行：#include < library.h >。为了包含一个用户定义的头文件，文件名必须置于引号内，必要时列出相对于当前目录的路径，即 #include "other/my-Funcs.h"。

C. 4 变量

C 程序中的变量含有类型、名称、值和内存位置。变量声明指出变量的类型和名称。例如，下面的声明指出变量类型为 char(这是一个 1 字节类型)，该变量名称为 x。编译器决定在内存中将这个 1 字节变量放在哪里。

```
char x;
```

C 语言将内存视为一组连续的字节，其中每个内存字节分配一个唯一的数字来表示其位置或地址，如图 C-1 所示。一个变量占用内存的一个或多个字节，多字节变量的地址由最低编号字节来表示。一个变量的类型表明将字节理解为整数、浮点数或其他类型。本节的其余部分描述 C 语言的基本数据类型、全局和局部变量的声明，以及变量的初始化。

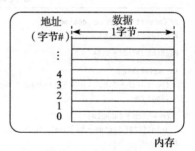

图 C-1 C 语言的内存

C. 4. 1 基本数据类型

C 具有许多基本或内置数据类型变量。它们可以大致分为整数、浮点变量和字符。一个整数表示在有限范围内补码或无符号数。浮点变量使用 IEEE 浮点表示来描述在有限范围和精度内的实数。一个字符可以视为 ASCII 值或 8 位整数[⊖]。表 C-2 列出每个基本类型的大小和范围。整数可以是 16、32 或 64 位。它们通常为补码，除非定性为 unsigned(无符号号数)。int 类型的大小与机器相关，一般为机器的原生字大小。例如，在一个 32 位 MIPS 处理器上，int 或 unsigned int 的大小是 32 位。浮点数可能是 32 位或 64 位单或双精度。字符是 8 位。

表 C-2 基本数据类型和大小

类型	大小(位)	最小值	最大值
char	8	$-2^{-7} = -128$	$2^7 - 1 = 127$
unsigned char	8	0	$2^8 - 1 = 255$

⊖ 从技术上来说，C99 标准定义的字符为"适合一个字节的位表示"，不要求一个字节是 8 位。然而，当前的系统定义一个字节为 8 位。

（续）

类型	大小（位）	最小值	最大值
short	16	$-2^{15} = -32\,768$	$2^{15} - 1 = 32\,767$
unsigned short	16	0	$2^{16} - 1 = 65\,535$
long	32	$-2^{31} = -2\,147\,483\,648$	$2^{31} - 1 = 2\,147\,483\,647$
unsigned long	32	0	$2^{32} - 1 = 4\,294\,967\,295$
long long	64	-2^{63}	$2^{63} - 1$
unsigned long long	64	0	$2^{64} - 1$
int	与机器相关		
unsigned int	与机器相关		
float	32	$\pm 2^{-126}$	$\pm 2^{127}$
double	64	$\pm 2^{-1023}$	$\pm 2^{1022}$

C 代码示例 C.3 显示了不同类型变量的声明。如图 C-2 所示，x 需要一个字节的数据，y 需要 2 个，z 需要 4 个。该程序决定在内存中哪里存储这些字节，但每种类型总是需要相同大小的数据。为了便于说明，在本示例中 x、y 和 z 的地址是 1、2 和 4。变量名是区分大小写的，所以变量 x 和变量 X 是两个不同的变量。（不过，在同一个程序中同时使用这两个变量将非常混乱！）

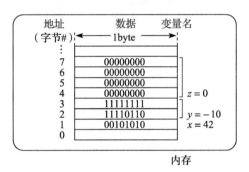

图 C-2　C 代码示例 C.3 的内存中的变量存储

C 代码示例 C.3　数据类型示例

```
// Examples of several data types and their binary representations
unsigned char x = 42;       // x = 00101010
short y = -10;              // y = 11111111 11110110
unsigned long z = 0;        // z = 00000000 00000000 00000000 00000000
```

C.4.2　全局变量和局部变量

全局变量和局部变量的区别在于它们在哪里声明以及它们在哪里可见。全局变量在所有函数的外面声明，一般在一个程序的顶部，可以被所有函数访问。应谨慎使用全局变量，因为它们违反了模块化的原则，使得大型程序更加难以阅读。然而，许多函数都能访问的变量可以作为全局变量。

局部变量在一个函数内声明，只能被该函数使用。因此，两个函数可以使用具有相同名称的局部变量，而不互相干扰。局部变量在函数的开始声明。它们在函数结束时消除，而当函数再次调用时重新创建。从函数的一次调用到下一次调用，局部变量不保留它们的值。

C 代码示例 C.4 和 C.5 对使用全局变量和局部变量的程序进行比较。在 C 代码示例 C.4 中，全局变量 max 可被任意函数访问。使用局部变量，如 C 代码示例 C.5 所示，是更好的编程风格，因为它保留了模块化的明确定义的接口。

C 代码示例 C. 4　全局变量

```c
// Use a global variable to find and print the maximum of 3 numbers
int max;              // global variable holding the maximum value
void findMax(int a, int b, int c) {
  max = a;
  if (b > max) {
    if (c > b) max = c;
    else      max = b;
  } else if (c > max) max = c;
}

void printMax(void) {
  printf("The maximum number is: %d\n", max);
}

int main(void) {
  findMax(4, 3, 7);
  printMax();
}
```

C 代码示例 C. 5　局部变量

```c
// Use local variables to find and print the maximum of 3 numbers
int getMax(int a, int b, int c) {
  int result = a;  // local variable holding the maximum value
  if (b > result) {
    if (c > b) result = c;
    else      result = b;
  } else if (c > result) result = c;
  return result;
}

void printMax(int m) {
  printf("The maximum number is: %d\n", m);
}

int main(void) {
  int max;
  max = getMax(4, 3, 7);
  printMax(max);
}
```

C. 4. 3　变量初始化

变量需要初始化，在它被读取之前赋值。当声明一个变量时，在内存中为该变量保留正确的字节数。然而，在那些位置上的内存保留它上一次使用时的值，本质上是一个随机值。全局变量和局部变量可以在声明时或程序体内被初始化。C 代码示例 C.3 说明变量在它们被声明的同时进行初始化。C 代码示例 C.4 说明变量如何在声明后、使用前被初始化；全局变量 max 由 getMax 函数在它被 printMax 函数读取前初始化。读取未初始化的变量是一种常见编程错误，而且调试起来可能非常棘手。

小结

- **变量**：每个变量由它的数据类型、名称和内存位置定义。一个变量以这种方式声明：datatype name。

- **数据类型**：数据类型描述一个变量的大小(字节数)和表示方法(字节的解释)。表 C-2 列出了 C 语言内置数据类型。
- **内存**：C 语言将内存视为字节列表。内存存储变量并且将每个变量与地址(字节数)相关联。
- **全局变量**：全局变量在所有函数之外声明，并且可以在程序中的任何地方访问。
- **局部变量**：局部变量在一个函数内声明，仅可以在该函数内访问。
- **变量初始化**：每个变量必须在它被读取之前初始化。初始化可以在声明时或声明后发生的。

C.5 运算符

在 C 程序中，最常见的语句类型是表达式，例如

y = a + 3;

一个表达式包含作用于一个或多个操作数(如变量或常数)的运算符(如 + 或 *)。C 支持的运算符如表 C-3 所示，按类别并以优先级递减的顺序排列。例如，乘法运算符的优先级高于加法运算符。在同一类别内，运算符按照它们在程序中出现的顺序执行。

表 C-3　按优先级递减顺序排列的运算符

类别	运算符	描述	示例
一元	++	后递增	a ++; // a = a +1
	--	后递减	x --; // x = x -1
	&	变量的内存地址	x = &y; // x = y 的内存地址
	~	位非	z = ~a;
	!	布尔非	! x
	-	否定	y = -a;
	++	前递增	++a; // a = a +1
	--	前递减	--x; // x = x -1
	(type)	转换变量为(数据类型)	x = (int)c; // 将 c 强制转换由整型并将它分配给 x
	sizeof( )	用字节表示的变量或数据类型大小	long int y; x = sizeof(y); // x = 4
乘法	*	乘法	y = x * 12;
	/	除法	z = 9/3; // z = 3
	%	模	z = 5 % 2; // z = 1
加法	+	加法	y = a + 2;
	-	减法	y = a - 2;
位移	<<	向左位移	z = 5 << 2; // z = 0b00010100
	>>	向右位移	x = 9 >> 3; // x = 0b00000001
关系	==	相等	y == 2
	!=	不等于	x != 7
	<	小于	y < 12
	>	大于	val > max
	<=	小于或等于	z <= 2
	>=	大于或等于	y >= 10

（续）

类别	运算符	描述	示例
Bitwise	&	逐位 AND	y = a & 15;
	^	逐位 XOR	y = 2 ^ 3;
	|	逐位 OR	y = a | b;
Logical	&&	布尔 AND	x && y
	||	布尔 OR	x || y

Ternary	? :	三元操作符	y = x ? a : b; // 如果 x 是 TRUE, y = a,
			// 否则 y = b

Assignment	=	赋值	x = 22;
	+=	加并赋值	y += 3; // y = y + 3
	-=	减并赋值	z -= 10; // z = z - 10
	*=	乘并赋值	x *= 4; // x = x * 4
	/=	除并赋值	y /= 10; // y = y/10
	%=	模并赋值	x %= 4; // x = x % 4
	>>=	逐位右移并赋值	x >>= 5; // x = x>>5
	<<=	逐位左移并赋值	x <<= 2; // x = x<<2
	&=	逐位与移并赋值	y &= 15; // y = y & 15
	|=	逐位或移并赋值	x |= y; // x = x | y
	^=	逐位 XOR 移并赋值	x ^= y; // x = x ^ y

一元运算符只有一个操作数。三元运算符有 3 个操作数，其他所有运算符有两个操作数。三元操作符（来自拉丁语 ternarius，意指由 3 个组成）选择第二或第三个操作数取决于第一个操作数的值为 TRUE（非零）或 FALSE（零）。C 代码示例 C.6 说明如何使用三元运算符计算 y = max(a,b)，该示例同时展示了等效但更冗长的 if/else 语句。

C 代码示例 C.6　(a) 三元运算符，(b) 等效的 if/else 语句

```
(a) y = (a > b) ? a : b; // parentheses not necessary, but makes it clearer
(b) if (a > b) y = a;
    else      y = b;
```

简单赋值使用 = 运算符。C 代码也允许复合赋值，即在简单的运算后赋值，例如在加法后赋值（ += ）或在乘法后赋值（ * = ）。在复合赋值中，左侧的变量既参与运算也被赋值运算结果。C 代码示例 C.7 显示了这些和其他 C 语言运算。注释中的二进制值带有前缀 "0b"。

C 代码示例 C.7　运算符示例

表达式	运算结果	备注
44/14	3	整数除法截断
44 %14	2	44 模 14
0x2C && 0xE //0b101100 && 0b1110	1	逻辑与
0x2C || 0xE //0b101100 || 0b1110	1	逻辑或
0x2C & 0xE //0b101100 & 0b1110	0xC (0b001100)	位与
0x2C | 0xE //0b101100 | 0b1110	0x2E (0b101110)	位或
0x2C ^ 0xE //0b101100 ^ 0b1110	0x22 (0b100010)	位异或

（续）

表达式	运算结果	备注
0xE << 2 //0b1110 << 2	0x38 (0b111000)	*左移 2*
0x2C >> 3 //0b101100 >> 3	0x5 (0b101)	*右移 3*
x = 14; x += 2;	x = 16	

y = 0x2C;   // y = 0b101100
y &= 0xF;   // y &= 0b1111
	y = 0xC (0b001100)	

x = 14; y = 44; y = y + x++;	x = 15, y = 58	*在使用 x 后将其递增*
x = 14; y = 44; y = y ++ + x;	x = 15, y = 59	*在使用 x 前将其递增*

C.6   函数调用

模块化是良好编程风格的关键。一个大程序划分为较小的部分，称为函数，类似于硬件模块，有明确定义的输入、输出和行为。C 代码示例 C.8 演示了 sum3 函数。函数声明从函数返回类型 int 开始，紧跟着函数名 sum3，包含在圆括号中的输入(int a, int b, int c)。大括号{}括起来的是函数体，它可以包含零条或多条语句。return 语句表明函数应该返回给调用者的值，这可以看作函数的输出。一个函数只能返回一个值。

C 代码示例 C.8   sum3 函数

```
// Return the sum of the three input variables
int sum3(int a, int b, int c) {
  int result = a + b + c;
  return result;
}
```

下面调用 sum3 后，y 保存值 42。

```
int y = sum3(10, 15, 17);
```

尽管一个函数可以有输入和输出，也都不是必需的。C 代码示例 C.9 展示了没有输入或输出的函数。函数名前面的关键字 void 表示没有返回值。括号之间的 void 表示该函数没有输入参数。

C 代码示例 C.9   无输入或输出的 printPrompt 函数

```
// Print a prompt to the console
void printPrompt(void)
{
  printf("Please enter a number from 1-3:\n");
}
```

在函数被调用前，函数必须在代码中声明。这个可以通过将被调用函数放在文件中较前面的地方来实现。为此，main 函数通常放在 C 文件的尾部，在它调用的所有函数的后面。或者，在函数定义前将函数原型放在函数中。函数原型是函数的第一行，声明返回类型、函数名和函数输入。例如，C 代码示例 C.8 和 C.9 中的函数的函数原型是：

```
int sum3(int a, int b, int c);
void printPrompt(void);
```

C 代码示例 C. 10 说明如何使用函数原型。即使函数本身在 main 的后面，但在文件顶部的函数原型允许它们在 main 中使用。

C 代码示例 C. 10　函数原型

```
#include <stdio.h>

// function prototypes
int sum3(int a, int b, int c);
void printPrompt(void);

int main(void)
{
    int y = sum3(10, 15, 20);

    printf("sum3 result: %d\n", y);
    printPrompt();
}

int sum3(int a, int b, int c) {
    int result = a+b+c;
    return result;
}

void printPrompt(void) {
    printf("Please enter a number from 1-3:\n");
}
```

控制台输出

```
sum3 result: 45
Please enter a number from 1-3:
```

main 函数总是声明为返回一个 int 值，它通知操作系统终止程序。0 表示正常完成，而一个非零值则表示错误状态。如果 main 函数到结尾没有遇到 return 语句，它会自动返回 0。大多数操作系统不会自动通知用户程序返回的值。

C. 7　控制流语句

C 提供条件和循环的控制流语句。条件语句只有在满足条件的情况下执行。循环语句只要满足条件就重复执行。

C. 7. 1　条件语句

if、if/else 和 switch/case 语句是包括 C 在内的高级编程语言常用的条件语句。

if 语句

当括号内的表达式为 TRUE(即非零)时，if 语句执行紧随其后的语句。一般格式为

```
if (expression)
    statement
```

C 代码示例 C. 11 显示了如何在 C 中使用 if 语句。当变量 aintBroke 等于 1 时，变量 dontFix 设置为 1。多条语句的模块可以通过用大括号 {} 括起来执行，如 C 代码示例 C. 12 所示。

C 代码示例 C. 11　if 语句

```
int dontFix = 0;

if (aintBroke == 1)
    dontFix = 1;
```

C 代码示例 C. 12   含有代码块的 `if` 语句

```
// If amt >= $2, prompt user and dispense candy
if (amt >= 2) {
  printf("Select candy.\n");
  dispenseCandy = 1;
}
```

`if/else` 语句

`if/else` 语句根据条件执行两个语句中的一个，如下面的代码所示。当 `if` 语句中的 expression 是 TRUE 时，执行 statement1。否则，执行 statement2。

```
if (expression)
    statement1
else
    statement2
```

C 代码示例 C.6(b)给出了一个 C 语言的 `if/else` 语句。如果 a 大于 b 该代码设置 max 等于 a;否则 max = b。

`switch/case` 语句

根据条件 `switch/case` 语句执行多条语句中的一条，一般格式为

```
switch (variable) {
    case (expression1): statement1 break;
    case (expression2): statement2 break;
    case (expression3): statement3 break;
    default:            statement4
}
```

例如，如果 variable 等于 expression2，则继续执行 statement2 直到到达关键字 break，此时退出 switch/case 语句。如果没有条件满足，则执行 default 条件语句。

如果去除关键字 break，则程序从条件为 TRUE 的地方开始执行，然后往下执行它后面剩余的条件语句。这通常不是你想要的，这是新的 C 程序员的一个常见错误。

C 代码示例 C.13 展示 switch/case 语句，根据变量 option，确定发放货币 amt 的数量。switch/case语句相当于一系列嵌套的 if /else 语句，如 C 代码示例 C.14 所示的等效代码。

C 代码示例 C. 13   `switch/case` 语句

```
// Assign amt depending on the value of option
switch (option) {
  case 1:  amt = 100; break;
  case 2:  amt = 50;  break;
  case 3:  amt = 20;  break;
  case 4:  amt = 10;  break;
  default: printf("Error: unknown option.\n");
}
```

C 代码示例 C. 14   嵌套的 `if/else` 语句

```
// Assign amt depending on the value of option
if      (option == 1)  amt = 100;
else if (option == 2)  amt = 50;
else if (option == 3)  amt = 20;
else if (option == 4)  amt = 10;
else printf("Error: unknown option.\n");
```

C. 7. 2 循环

while、do/while 和 for 循环是包括 C 在内的很多高级编程语言常用的循环结构。只要条件满足,这些循环就会重复执行某条语句。

while 循环

while 循环重复执行一条语句直到执行条件不满足, 一般格式为

```
while (condition)
  statement
```

C 代码示例 C. 15 中的 while 循环计算 9 的阶乘 $= 9 \times 8 \times 7 \times \dots \times 1$。注意执行 statement 前检查条件是否满足。在这个例子中, 该语句是一个复合语句或块, 所以大括号是必需的。

C 代码示例 C. 15　while 循环

```
// Compute 9! (the factorial of 9)
int i = 1, fact = 1;

// multiply the numbers from 1 to 9
while (i < 10) { // while loops check the condition first
  fact *= i;
  i++;
}
```

do/while 循环

do/while 循环与 while 循环类似, 但在执行 statement 一次后才检查 condition 是否满足。一般格式如下所示。condition 之后是分号。

```
do
  statement
while (condition);
```

C 代码示例 C. 16 中的 do/while 循环让用户猜一个数字。只有在 do/while 循环的函数体执行一次后程序才检查条件(用户的数字是否等于正确的数字)。当某些语句必须在条件检查前完成时, 这个结构是有用的, 例如在该情况下, 需要先从用户那里检索相关的猜测。

C 代码示例 C. 16　do/while 循环

```
// Query user to guess a number and check it against the correct number.
#define MAXGUESSES 3
#define CORRECTNUM 7
int guess, numGuesses = 0;
do {
  printf("Guess a number between 0 and 9. You have %d more guesses.\n",
         (MAXGUESSES-numGuesses));
  scanf("%d", &guess);     // read user input
  numGuesses++;
} while ( (numGuesses < MAXGUESSES) & (guess != CORRECTNUM) );
// do loop checks the condition after the first iteration

if (guess == CORRECTNUM)
  printf("You guessed the correct number!\n");
```

for 循环

for 循环与 while 和 do/while 循环类似, 它重复执行 statement 直到 condition 不满足。然而,for 循环添加了循环变量, 该变量通常跟踪循环执行的次数。for 循环的一般格式为

```
for (initialization; condition; loop operation)
    statement
```

initialization 代码只执行一次，在 for 循环开始之前。在每次循环迭代开始时对 condition 进行测试。如果 condition 不是 TRUE，则循环退出。loop operation 在每次迭代的结尾执行。C 代码示例 C.17 显示使用 for 循环计算 9 的阶乘。

C 代码示例 C.17　for 循环

```
// Compute 9!
int i;    // loop variable
int fact = 1;

for (i=1; i<10; i++)
  fact *= i;
```

C 代码示例 C.15 和 C.16 中的 while 和 do/while 循环分别包含递增和检查循环变量 i 和 numGuesses 的代码，for 循环将这些语句融入其格式中。for 循环可以等价表达为如下的代码，但并不方便。

```
initialization;
while (condition) {
  statement
  loop operation;
}
```

小结

- **控制流语句**：C 提供条件语句和循环的控制流语句。
- **条件语句**：当条件为 TRUE 时条件语句执行语句。C 包括以下的条件语句：if、if/else 和 switch/case。
- **循环**：循环重复执行一条语句直到条件为 FALSE。C 提供 while、do/while 和 for 循环。

C.8　更多数据类型

除了各种大小的整数和浮点数外，C 还包含其他特殊的数据类型，包括指针、数组、字符串和结构。

这些数据类型将在本节结合动态内存分配一起介绍。

C.8.1　指针

指针是一个变量的地址。C 代码示例 C.18 显示了如何使用指针。salary1 和 salary2 是能够包含整数的变量，而 ptr 是可以包含该整数的地址的变量。编译器将根据运行时环境在 RAM 中给这些变量分配任意内存位置。为了具体化，假设这个程序是在 32 位系统中编译，salary1 在地址 0x70 ~ 73，salary2 在地址 0x74 ~ 77，ptr 在 0x78 ~ 7B。图 C-3 显示了内存及执行该程序后它的内容。

C 代码示例 C.18　指针

```
// Example pointer manipulations
int salary1, salary2;  // 32-bit numbers
int *ptr;              // a pointer specifying the address of an int variable

salary1 = 67500;       // salary1 = $67,500 = 0x000107AC
ptr = &salary1;        // ptr = 0x0070, the address of salary1
salary2 = *ptr + 1000; /* dereference ptr to give the contents of address 70 = $67,500,
                          then add $1,000 and set salary2 to $68,500 */
```

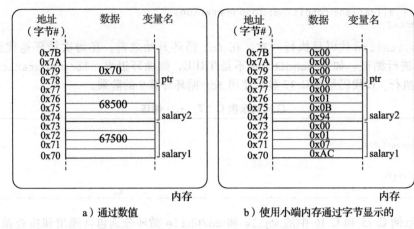

a) 通过数值

b) 使用小端内存通过字节显示的

图 C-3   C 代码示例 C.18 执行后的内存内容

在变量声明中，变量名前的星号（*）表示该变量是该声明类型的指针。在使用指针变量时，* 运算符间接引用一个指针，返回存储在指针所包含的内存地址中的值。& 运算符的发音是"地址"，它生成的引用变量的内存地址。

当函数需要修改变量时，指针特别有用而不是只返回一个值。因为函数不能直接修改它们的输入，所以函数可以使其输入为指针变量。这就是称为通过引用而不是值来传递输入变量，如前面的例子所示。C 代码示例 C.19 给出通过引用传递 x 的例子，这样 quadruple 可以直接修改变量。

C 代码示例 C.19   通过引用传递输入变量

```
// Quadruple the value pointed to by a
#include <stdio.h>

void quadruple(int *a)
{
  *a = *a * 4;
}

int main(void)
{
  int x = 5;
  printf("x before: %d\n", x);
  quadruple(&x);
  printf("x after: %d\n", x);
  return 0;
}
```

控制台输出

```
x before: 5
x after: 20
```

一个指向地址 0 的指针称为空指针，表示该指针并不实际指向有意义的数据。在程序中它写成 NULL。

C.8.2   数组

数组是一组存储在内存中连续地址的类似变量。元素编号从 $0 \sim N-1$，其中 N 是数组的大小。C 代码示例 C.20 声明一个数组变量 scores，它保存 3 名学生的期末考试成绩。为 3 个

long 变量保留存储器空间，即 3×4=12 字节。假设数组 scores 的起始地址为 0x40。第一元素的地址（即 scores[0]）是 0X40，第二个元素地址是 0x44，而第三个元素是 0x48，如图 C-4所示。在 C 语言中，数组变量，这里是 scores，是指向第一个元素的指针。不能超出数组范围进行访问是程序员的责任。C 语言没有内部边界检查，因此一个超出数组范围进行访问的程序可以编译好，但当它运行时会逾越到内存的其他部分。

C 代码示例 C. 20 数组声明

```
long scores[3];    // array of three 4-byte numbers
```

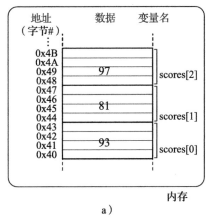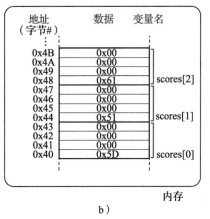

图 C-4 内存中存储的数组 scores

在声明时数组的元素可以用大括号{ }初始化，如 C 代码示例 C.21 所示，或者在代码主中单独初始化，如 C 代码示例 C.22 所示。数组的每个元素使用括号[ ]访问。包含数组的内存内容显示在图 C-4 中。用大括号{ }进行数组初始化只能在声明时使用，不能在声明后使用。for循环通常用于分配和读取数组数据，如 C 代码示例 C.23 所示。

C 代码示例 C. 21 使用{ }在声明时初始化数组

```
long scores[3]={93, 81, 97}; // scores[0]=93; scores[1]=81; scores[2]=97;
```

C 代码示例 C. 22 使用赋值语句初始化数组

```
long scores[3];

scores[0] = 93;
scores[1] = 81;
scores[2] = 97;
```

C 代码示例 C. 23 使用 for 循环初始化数组

```
// User enters 3 student scores into an array
long scores[3];
int i, entered;

printf("Please enter the student's 3 scores.\n");
for (i=0; i<3; i++) {
  printf("Enter a score and press enter.\n");
  scanf("%d", &entered);
  scores[i] = entered;
}
printf("Scores: %d %d %d\n", scores[0], scores[1], scores[2]);
```

当声明一个数组时，长度必须是常量，这样编译器可以分配适量的内存。然而，当数组作为输入参数传递给函数时，不需要定义长度，因为该函数只需要知道数组的起始地址。C 代码示例 C.24 显示了如何传递数组给函数。输入参数 arr 只是数组第一个元素的地址。通常，数组中的元素数量也作为输入参数传递给函数。在一个函数中，类型为 int[] 的输入参数表明这是一个整数数组。任何类型的数组都可以传递给函数。

C 代码示例 C.24　将数组作为输入参数传递

```c
// Initialize a 5-element array, compute the mean, and print the result.
#include <stdio.h>

// Returns the mean value of an array (arr) of length len
float getMean(int arr[], int len) {
  int i;
  float mean, total = 0;

  for (i=0; i < len; i++)
    total += arr[i];

  mean = total / len;
  return mean;
}

int main(void) {
  int data[4] = {78, 14, 99, 27};
  float avg;

  avg = getMean(data, 4);

  printf("The average value is: %f.\n", avg);
}
```

控制台输出

```
The average value is: 54.500000.
```

数组参数相当于一个指向数组起始位置的指针。因此，getMean 也可以如下声明

```c
float getMean(int *arr, int len);
```

虽然功能上相同，但 datatype[] 是作为输入参数传递数组的首选方法，因为它更清楚地表明该参数是一个数组。

函数被限制为单个输出，即返回变量。然而，通过接收一个数组作为输入参数，函数实质上可以通过改变数组本身输出多个值。C 代码示例 C.25 将数组从最低到最高排序，并把排序结果存储在同一个数组中。下面 3 个函数原型是等效的。在函数声明中数组的长度被忽略。

```c
void sort(int *vals, int len);
void sort(int vals[], int len);
void sort(int vals[100], int len);
```

C 代码示例 C.25　将数组及其大小作为输入传递

```c
// Sort the elements of the array vals of length len from lowest to highest
void sort(int vals[], int len)
{
  int i, j, temp;

  for (i=0; i<len; i++) {
    for (j=i+1; j<len; j++) {
      if (vals[i] > vals[j]) {
        temp = vals[i];
        vals[i] = vals[j];
```

```
    vals[j] = temp;
    }
  }
 }
}
```

数组可以有多维。C 代码示例 C.26 采用二维数组存储 10 名学生的 8 个习题集的分数。回想一下使用 { } 进行数组值初始化只允许在声明时采用。

C 代码示例 C.26 二维数组初始化

```
// Initialize 2-D array at declaration
 int grades[10][8] = { {100, 107, 99,  101, 100, 104, 109, 117},
                       {103, 101, 94,  101, 102, 106, 105, 110},
                       {101, 102, 92,  101, 100, 107, 109, 110},
                       {114, 106, 95,  101, 100, 102, 102, 100},
                       {98,  105, 97,  101, 103, 104, 109, 109},
                       {105, 103, 99,  101, 105, 104, 101, 105},
                       {103, 101, 100, 101, 108, 105, 109, 100},
                       {100, 102, 102, 101, 102, 101, 105, 102},
                       {102, 106, 110, 101, 100, 102, 120, 103},
                       {99,  107, 98,  101, 109, 104, 110, 108} };
```

C 代码示例 C.27 展示一些对 C 代码示例 C.26 中的二维数组 grade 进行运算的函数。作为函数输入参数的多维数组必须定义所有所有维度，除了第一个维度外。因此，下面的两个函数原型都是可接受的：

```
void print2dArray(int arr[10][8]);
void print2dArray(int arr[][8]);
```

C 代码示例 C.27 多维数组运算

```
#include <stdio.h>
// Print the contents of a 10×8 array
void print2dArray(int arr[10][8])
{
  int i, j;
  for (i=0; i<10; i++) {         // for each of the 10 students
    printf("Row %d\n", i);
    for (j=0; j<8; j++) {
      printf("%d ", arr[i][j]); // print scores for all 8 problem sets
    }
    printf("\n");
  }
}
// Calculate the mean score of a 10×8 array
float getMean(int arr[10][8])
{
  int i, j;
  float mean, total = 0;
  // get the mean value across a 2D array
  for (i=0; i<10; i++) {
  for (j=0; j<8; j++) {
    total += arr[i][j];       // sum array values
  }
}
mean = total/(10*8);
```

```
    printf("Mean is: %f\n", mean);
    return mean;
}
```

注意，因为数组由指向初始元素的指针表示，所以 C 语言不能使用 = 或 == 运算符复制或比较数组。必须使用一个循环来复制或比较每个元素，一次一个。

C. 8. 3　字符

字符（char）是一个 8 位变量。它可以被看作 -128 ~ 127 之间的补码或作为一个字母、数字或符号的 ASCII 码。ASCII 字符可以指定为一个数值（十进制、十六进制等）或作为用单引号括起来的可打印的字符。例如，字母 A 的 ASCII 码是 0x41，B = 0x42 等。于是 'A' +3 是 0x44 或 'D'。表 6-2 列出了 ASCII 字符编码，表 C-4 列出了用于指示格式或特殊字符的字符。格式化代码包括回车（\r）、换行符（\n）、水平制表符（\t）和字符串结束（\0）。\r 用于显示完整性，但在 C 程序中很少使用。\r 返回输入指示（输入的位置）到该行的开始（左），但该行的任

表 C-4　特殊字符

特殊字符	十六进制编码	描述
\r	0x0D	回车
\n	0x0A	新行
\t	0x09	制表
\0	0x00	字符串结束
\\	0x5C	反斜线
\"	0x22	双引号
\'	0x27	单引号
\a	0x07	响铃

何文字将被覆盖。相反，\n 则移动输入位置到新的一行的开头⊖。NULL 字符（'\0'）表示文本串的结束，将在 C.8.4 节讨论。

C. 8. 4　字符串

字符串是用来存储一块有界但可变长度文本的字符数组。每个字符是代表该字母、数字或符号的 ASCII 码字节。数组的大小确定字符串的最大长度，但字符串的实际长度可以更短。在 C 语言中，通过寻找字符串末尾的空终止符（ASCII 值 0x00）来确定字符串的长度。

C 代码示例 C.28 显示了 10 元素字符数组 greeting 的声明，该数组保存 "Hello!" 字符串。具体地，假设 greeting 从内存地址 0x50 处开始。图 C-5 显示了从 0x50 到 0x59 的内存内容，该段内存保存字符串 "Hello!"。注意该字符串仅使用数组的前 7 个元素，即使在内存中分配了 10 个元素的空间。

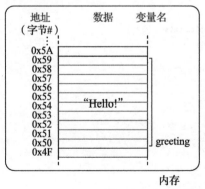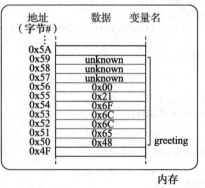

图 C-5　内存中存储的字符串 "Hello!"

⊖　Windows 文本文件使用 \r \n 来表示行结束，而基于 UNIX 的系统使用 \n 来表示行结束，这可能将在系统间移动文本文件时造成讨厌的错误。

C 代码示例 C. 28　字符串声明

```
char greeting[10] = "Hello!";
```

C 代码示例 C. 29 显示了字符串 greeting 的另一种声明。指针 greeting，保存 7 元素
数组的第一个元素地址，该数组由 "Hello!" 中的每个字符和空终止符组成。该代码还说明了
如何使用 % s 格式代码来输出字符串。

C 代码示例 C. 29　另一种字符串声明

```
char *greeting = "Hello!";                          控制台输出
printf("greeting: %s", greeting);
                                                    greeting: Hello!
```

不同于基本变量，字符串不能用等号运算符 = 设置等于另一个字符串。字符数组中的每个
元素必须从源字符串单独复制到目的字符串。这适用于任何数组。C 代码示例 C. 30 复制一个
字符串 src 到另一个字符串 dst。不需要给出数组的大小，因为字符串 src 的末尾是由空终
止符指示。但是，dst 必须足够大，这样就不会逾越到其他数据。strcpy 和其他字符串处理
函数由 C 语言内置库(见 C. 9. 4 节)提供。

C 代码示例 C. 30　字符串复制

```
// Copy the source string, src, to the destination string, dst
void strcpy(char *dst, char *src)
{
  int i = 0;

  do {
    dst[i] = src[i];          // copy characters one byte at a time
  } while (src[i++]);         // until the null terminator is found
}
```

C. 8. 5　结构

在 C 中，结构是用于存储各种类型数据的集合。结构声明的一般格式为

```
struct name {
  type1 element1;
  type2 element2;
  …
};
```

其中 struct 是一个关键字，指示它是一个结构，name 是结构标签名称，element1 和
element2 是结构的成员。结构可以有任意数量的成员。C 代码示例 C. 31 展示了如何使用结
构来存储联系人信息。然后程序声明一个 struct contact 类型的结构变量 c1。

C 代码示例 C. 31　结构声明

```
struct contact {
  char name[30];
  int phone;
  float height; // in meters
};

struct contact c1;

strcpy(c1.name, "Ben Bitdiddle");
c1.phone = 7226993;
c1.height = 1.82;
```

与内置的 C 数据类型一样, 你可以创建结构数组和结构指针。C 代码示例 C.32 创建联系人数组。

C 代码示例 C.32   结构数组

```
struct contact classlist[200];
classlist[0].phone = 9642025;
```

通常使用指向结构的指针。C 提供了成员访问运算符→来间接引用指向结构指针并访问结构的成员。C 代码示例 C.33 显示了声明一个指向 struct contact 的指针的例子, 使它指向 C 代码示例 C.32 中的 classlist 的第 42 元素, 并使用成员访问运算符来设置该元素的值。

C 代码示例 C.33   使用指针和→访问结构成员

```
struct contact *cptr;
cptr = &classlist[42];
cptr->height = 1.9;  // equivalent to: (*cptr).height = 1.9;
```

可以通过值或引用将结构作为函数输入或输出传递。按值传递需要编译器将整个结构复制到内存中以便函数访问。对于大结构, 这可能需要大量的内存和时间。通过引用传递包括传递一个结构指针, 这更有效。函数还可以修改被指向的结构, 而不必返回另一个结构。C 代码示例 C.34 显示了两个版本的 stretch 函数, 使 contact 增高 2 厘米。stretchByReference 避免两次复制大的结构。

C 代码示例 C.34   通过值或名称传递结构

```
struct contact stretchByValue(struct contact c)
{
  c.height += 0.02;
  return c;
}
void stretchByReference(struct contact *cptr)
{
  cptr->height += 0.02;
}
int main(void)
{
  struct contact George;

  George.height = 1.4; // poor fellow has been stooped over
  George = stretchByValue(George); // stretch for the stars
  stretchByReference(&George);     // and stretch some more
}
```

C.8.6 * typedef

C 也允许你使用 typedef 语句定义自己的数据类型名称。例如, 当 struct contact 经常会用到时, 写 struct contact 将变得繁琐, 所以可以定义一个新类型名称 contact 并使用它, 如C 代码示例 C.35 所示。

C 代码示例 C.35   使用 typedef 创建自定义的类型

```
typedef struct contact {
  char name[30];
  int phone;
```

```
    float height; // in meters
} contact;           // defines contact as shorthand for "struct contact"

contact c1;          // now we can declare the variable as type contact
```

typedef 可用于创建新的类型，该类型占据与基本类型相同数量的存储器空间。C 代码示例 C.36 定义 byte 和 bool 为 8 位类型。byte 类型可以更清楚地表明 pos 的目的是成为一个 8 位数字，而不是一个 ASCII 字符。bool 类型表示该 8 位数表示 TRUE 或 FALSE。这些类型使程序比到处使用 char 类型更易于阅读。

C 代码示例 C.36　typedef byte 和 bool 类型

```
typedef unsigned char byte;
typedef char bool;
#define TRUE 1
#define FALSE 0

byte pos = 0x45;
bool loveC = TRUE;
```

C 代码示例 C.37 阐述使用数组定义 3 元素 vector 和 3×3matrix 类型。

C 代码示例 C.37　typedef vector 和 matrix 类型

```
typedef double vector[3];
typedef double matrix[3][3];

vector a = {4.5, 2.3, 7.0};
matrix b = {{3.3, 4.7, 9.2}, {2.5, 4, 9}, {3.1, 99.2, 88}};
```

C.8.7　* 动态内存分配

到现在为止，所有例子中的变量都声明为静态的。也就是说，它们的大小在编译时是已知的。这对于可变大小的数组和字符串可能会有问题，因为数组必须声明足够大以便容纳程序永远不会看到的最大容量。替代方法是当实际大小已知时，在运行时动态地分配内存空间。

stdlib.h 中的 malloc 函数分配指定大小的内存块并返回一个指向它的指针。如果没有足够的可用内存，它返回一个空指针。例如，下面的代码分配 10 个短整数类型（$10 \times 2 = 20$ 字节）。Sizeof 运算符返回类型或变量的字节大小。

```
// dynamically allocate 20 bytes of memory
short *data = malloc(10*sizeof(short));
```

C 代码示例 C.38 说明了动态分配和解除分配。程序接受可变数量的输入，将其存储在动态分配的数组中，并计算其平均值。所需的内存容量取决于数组的元素的数目和每个元素的大小。例如，如果一个 int 是一个 4 字节变量，且需要 10 个元素，那么动态分配 40 字节。free 函数将释放分配的内存，这样它可以在以后用于其他用途。不能动态释放分配的数据称为内存泄漏，应该避免内存泄漏。

C 代码示例 C.38　动态内存分配和释放内存

```
// Dynamically allocate and de-allocate an array using malloc and free
#include <stdlib.h>

// Insert getMean function from C Code Example C.24.
```

```
int main(void) {
  int len, i;
  int *nums;

  printf("How many numbers would you like to enter?    ");
  scanf("%d", &len);
  nums = malloc(len*sizeof(int));
  if (nums == NULL) printf("ERROR: out of memory.\n");
  else {
    for (i=0; i<len; i++) {
      printf("Enter number:    ");
      scanf("%d", &nums[i]);
    }
    printf("The average is %f\n", getMean(nums, len));
  }
  free(nums);
}
```

C.8.8 ＊ 链表

链表是用于存储可变数量元素的常见数据结构。链表中的每个元素包含一个或多个数据字段和一个到下一个元素的链接。链表中的第一个元素称为头。链表可用于说明许多结构、指针和动态内存分配的概念。

C 代码示例 C.39 描述用于存储计算机用户账户的链表，以容纳可变数目的用户。每个用户都有一个用户名、一个口令、一个唯一的用户识别码(UID)和一个指示他们是否具有管理员权限的字段。链表的每个元素的类型为 userL，包含此用户的所有信息和链表中下一个元素的链接。链表头指针存储在一个名为 user 的全局变量中，初始值为 NULL，表示没有用户。

该程序定义函数插入、删除、查找用户和计算用户数。insertUser 函数为新的链表元素分配空间，并将其添加到列表头。deleteUser 函数扫描列表直至找到指定的 UID，然后删除该元素，调整前一个元素的链接以便跳过被删除的元素，并释放被删除元素所占用的内存空间。findUser 函数扫描列表直至找到指定的 UID 并返回一个指向该元素的指针，或 NULL 如果没有找到该 UID。numUsers 函数计算列表中元素的数量。

C 代码示例 C.39　链表

```
#include <stdlib.h>
#include <string.h>

typedef struct userL {

  char uname[80];      // user name
  char passwd[80];     // password
  int uid;             // user identification number
  int admin;           // 1 indicates administrator privileges
  struct userL *next;
} userL;

userL *users = NULL;

void insertUser(char *uname, char *passwd, int uid, int admin) {
  userL *newUser;

  newUser = malloc(sizeof(userL));   // create space for new user
  strcpy(newUser->uname, uname);     // copy values into user fields
  strcpy(newUser->passwd, passwd);
  newUser->uid = uid;
```

```
  newUser->admin = admin;
  newUser->next = users;              // insert at start of linked list
  users = newUser;
}

void deleteUser(int uid) {   // delete first user with given uid
  userL *cur = users;
  userL *prev = NULL;

  while (cur != NULL) {
    if (cur->uid == uid) { // found the user to delete
      if (prev == NULL) users = cur->next;
      else prev->next = cur->next;
      free(cur);
      return; // done
    }
    prev = cur;        // otherwise, keep scanning through list
    cur = cur->next;
  }
}

userL *findUser(int uid) {
  userL *cur = users;

  while (cur != NULL) {
    if (cur->uid == uid) return cur;
    else cur = cur->next;
  }
  return NULL;
}

int numUsers(void) {
  userL *cur = users;
  int count = 0;

  while (cur != NULL) {
    count++;
    cur = cur->next;
  }
  return count;
}
```

小结

- **指针**：指针保存变量的地址。
- **数组**：数组是使用方括号 [ ] 声明的相似元素的列表。
- **字符**：char 类型可容纳小整数或表示文本或符号的特殊代码。
- **字符串**：一个字符串是以空终止符 0x00 结束的字符数组。
- **结构**：一个结构存储相关变量的集合。
- **动态内存分配**：malloc 是在程序运行时分配内存的内置函数。free 使用后释放分配的内存。
- **链表**：链表是一种常见的数据结构，用于存储可变数量的元素。

C.9 标准库

    程序员通常使用多种标准函数，如输出和三角运算。为了使程序员不必从头编写这些函数，C 提供了常用的函数库。每个库都有一个头文件和相关联的目标文件，这是部分编译的 C 文件。头文件包含变量声明、已定义的类型和函数原型。目标文件包含函数本身，它们在编译时被链接以便创建可执行文件。由于库函数调用已经被编译成的目标文件，所以缩短了编译时间。表 C-5 列出了一些最常用的 C 函数库，下面将简要描述每个函数。

表 C-5　常用的 C 函数库

C 函数库头文件	描述
stdio.h	**标准输入/输出库**。包括向屏幕或文件输出或从屏幕或文件读的函数 (printf、fprintf 和 scanf、fscanf)，以及打开和关闭文件的函数 (fopen 和 fclose)
stdlib.h	**标准库**。包括随机数生成函数 (rand 和 srand)、动态分配和释放内存函数 (malloc 和 free)、提前终止程序函数 (exit)，以及字符串和数字之间的转换函数 (atoi、atol 和 atof)
math.h	**数学库**。包括标准数学函数，如 sin、cos、asin、acos、sqrt、log、log10、exp、floor 和 ceil
string.h	**字符串库**。包括比较、复制、连接和确定字符串长度等函数

C. 9. 1　stdio

标准输入/输出库 stdio.h 包含输出到控制台、读取键盘输入、读取和写入文件的命令。为了使用这些函数，该库必须包含在 C 文件的顶部：

```
#include <stdio.h>
```

printf

输出格式语句 printf 在控制台上显示文本。其所需的输入参数是用引号 "" 括起来的字符串。该字符串包含文本和可选命令以便输出变量。要输出的变量列在字符串的后面，并采用表 C-6 所示的格式代码输出。C 代码示例 C.40 给出一个 printf 的简单例子。

表 C-6　输出变量的 printf 格式化代码

代码	格式
%d	十进制
%u	无符号十进制
%x	十六进制
%o	八进制
%f	浮点数 (float 或 double)
%e	使用科学计数法表示，如 1.56e7 (float 或 double)
%c	字符 (char)
%s	字符串 (采用空终止符的字符数组)

C 代码示例 C. 40　使用 printf 在控制台上输出

```c
// Simple print function
#include <stdio.h>

int num = 42;

int main(void) {
    printf("The answer is %d.\n", num);
}
```

控制台输出

```
The answer is 42.
```

浮点数格式 (floats 和 doubles) 默认为在小数点后输出 6 位数字。要改变的精度，以 % w. df 替换 % f，其中 w 是数字的最小宽度，而 d 是要输出的小数位数。注意，小数点包括在宽度计数中。在 C 代码示例 C. 41 中，pi 由 4 个字符输出，其中 2 个在小数点后：3.14。e 由 8 个字符输出，其中 3 个在小数点后。因为它在小数点前只有 1 位数字，所以它被填充了 3 个高位空间以达到所要求的宽度。c 应由 5 个字符输出，其中 3 个在小数点后。但它太宽而难以适合所需的数字宽度，所以以在保留小数点后 3 位的情况下覆写所需的宽度。

C 代码示例 C.41   用于输出的浮点数格式

```
// Print floating point numbers with different formats
float pi = 3.14159, e = 2.7182, c = 2.998e8;
printf("pi = %4.2f\ne = %8.3f\nc = %5.3f\n", pi, e, c);
```

控制台输出

```
pi = 3.14
e =    2.718
c  = 299800000.000
```

由于 % 和 \ 用于输出格式化，所以为了输出这些字符本身，必须使用 C 语言代码示例 C.42 所示的特殊字符序列。

**C 代码示例 C.42   使用 printf 输出 % 和 **

```
// How to print % and \ to the console
printf("Here are some special characters: %% \\ \n");
```

控制台输出

```
Here are some special characters: % \
```

scanf

scanf 函数从键盘上读取输入的文本。它使用与 printf 相同的格式代码。C 代码示例 C.43 展示了如何使用 scanf 函数。当遇到 scanf 函数时，程序等待直到用户键入一个值才继续执行。scanf 的参数是一个字符串，表示一个或多个格式代码，以及指向存储结果的变量的指针。

C 代码示例 C.43   使用 scanf 从键盘读取用户输入

```
// Read variables from the command line
#include <stdio.h>

int main(void)
{
  int a;
  char str[80];
  float f;

  printf("Enter an integer.\n");
  scanf("%d", &a);
  printf("Enter a floating point number.\n");
  scanf("%f", &f);
  printf("Enter a string.\n");
  scanf("%s", str);    // note no & needed: str is a pointer
}
```

文件操作

许多程序需要读取和写入文件，或者处理已经存储在文件中的数据或者记录大量的信息。在 C 语言中，文件必须先用 fopen 函数打开。然后，它可以被 fscanf 或 fprintf 函数读取或写入，其方式类似于读取和写入控制台。最后，应该用 fclose 函数关闭文件。

fopen 函数将文件名和输出模式作为参数。它返回一个 FILE* 类型的文件指针。如果 fopen 无法打开文件，它返回 NULL。这种情况可能是试图读取一个不存在的文件或试图写入一个已由另一个程序打开的文件。模式包括：

- "w"：写入文件。如果该文件存在，它将被覆写。

- "r"：读取文件。
- "a"：添加到现有文件的末端。如果该文件不存在，则创建它。

C 代码示例 C.44 显示了如何打开、输出和关闭文件。总是检查文件是否被成功打开是很好的做法，如果没有成功打开文件则提供一个错误信息。exit 函数将在 C.9.2.2 节讨论。fprintf 函数与 printf 类似，但它还将文件指针作为输入参数，以便知道写哪个文件。fclose 函数关闭文件，确保所有的信息实际上写入磁盘并释放文件系统资源。

C 代码示例 C.44   使用 fprintf 输出到文件

```
// Write "Testing file write." to result.txt
#include <stdio.h>
#include <stdlib.h>

int main(void) {
  FILE *fptr;

  if ((fptr = fopen("result.txt", "w")) == NULL) {
    printf("Unable to open result.txt for writing.\n");
    exit(1);   // exit the program indicating unsuccessful execution
  }
  fprintf(fptr, "Testing file write.\n");
  fclose(fptr);
}
```

C 代码示例 C.45 说明了从一个名为 data.txt 的文件使用 fscanf 读取数字。该文件必须先打开再读。该程序然后使用 feof 函数检查是否已到达文件的末尾。只要程序未到达末尾，它读取下一个数字并将其输出在屏幕上。同样，该程序在结束时关闭该文件以便释放资源。

C 代码示例 C.45   使用 fscanf 从文件读取输入

```
#include <stdio.h>

int main(void)
{
  FILE *fptr;
  int data;

  // read in data from input file
  if ((fptr = fopen("data.txt", "r")) == NULL) {
    printf("Unable to read data.txt\n");
    exit(1);
  }
  while (!feof(fptr)) {   // check that the end of the file hasn't been reached
    fscanf(fptr, "%d", &data);
    printf("Read data: %d\n", data);
  }
  fclose(fptr);
}
```

data.txt

```
25 32 14 89
```

控制台输出

```
Read data: 25
Read data: 32
Read data: 14
Read data: 89
```

其他便利的 stdio 函数

sprintf 函数将字符输出为字符串，sscanf 从字符串读取变量。fgetc 函数从文件中读取一个字符，而 fgets 则将一整行读入一个字符串。

fscanf 读取和解析复杂文件的能力相当有限，所以通常使用 fgets 一次读取一行数据，然后使用 sscanf 整理该行，或使用 fgetc 循环检查每个字符。

C. 9. 2　stdlib

标准库 stdlib.h 中提供通用函数，包括随机数生成（rand 和 srand）、动态内存分配（malloc 和 free，已经在 C. 8. 8 节讨论过）、提前终止程序（exit）和数字格式转换。要使用这些函数，在 C 文件的顶部添加以下行。

```
#include <stdlib.h>
```

rand 和 srand

rand 返回一个伪随机整数。伪随机数有随机数的统计信息，但遵循一个由称为种子的初始值开始的确定性模式。为了将数字转换到特定的范围，使用 C 代码示例 C. 46 所示的模运算符（%）将其范围确定为 0 ~ 9。x 和 y 的值是随机的，但它们在程序每次运行时都是相同的。控制台输出示例见下面的代码。

C 代码示例 C. 46　使用 rand 生成随机数

```
#include <stdlib.h>
int x, y;

x = rand();        // x = a random integer
y = rand() % 10;   // y = a random number from 0 to 9
printf("x = %d, y = %d\n", x, y);
```

控制台输出

```
x = 1481765933, y = 3
```

每次程序运行时通过改变种子程序员创建不同的随机数序列。这是通过调用 srand 函数来实现的，它以种子作为其输入参数。如 C 代码示例 C. 47 所示，种子本身必须是随机的，所以典型的 C 程序通过调用 time 函数、返回当前以秒为单位的时间来给该种子赋值。

C 代码示例 C. 47　使用 srand 来设置随机数生成器的种子

```
// Produce a different random number each run
#include <stdlib.h>
#include <time.h>   // needed to call time()

int main(void)
{
  int x;
  srand(time(NULL));   // seed the random number generator
  x = rand() % 10;     // random number from 0 to 9
  printf("x = %d\n", x);
}
```

exit

exit 函数提前终止程序。它将返回的参数提交给操作系统，表明终止的原因。0 表示正常完成，而非零则提交错误的条件。

格式转换： atoi、atol、atof

标准库提供 atoi、atol 和 atof 函数分别将 ASCII 字符串转换为整数、长整数或者双精度浮点数，如 C 代码示例 C. 48 所示。在从一个文件读取混合数据（字符串和数字组合）或处理数字命令行参数时，这特别有用，如 C. 10.3 节所述。

C 代码示例 C. 48　格式转换

```
// Convert ASCII strings to ints, longs, and floats
#include <stdlib.h>

int main(void)
{
    int x;
    long int y;
    double z;

    x = atoi("42");
    y = atol("833");
    z = atof("3.822");

    printf("x = %d\ty = %d\tz = %f\n", x, y, z);
}
```

控制台输出
```
x = 42   y = 833   z = 3.822000
```

C. 9. 3　math

数学库 math.h 提供常用的数学函数，如三角函数、平方根和对数。C 代码示例 C. 49 展示了如何使用其中的一些函数。要使用数学函数，在 C 文件中放置以下行：

```
#include <math.h>
```

C 代码示例 C. 49　数学函数

```
// Example math functions
#include <stdio.h>
#include <math.h>
int main(void) {
    float a, b, c, d, e, f, g, h;

    a = cos(0);          // 1, note: the input argument is in radians
    b = 2 * acos(0);     // pi (acos means arc cosine)
    c = sqrt(144);       // 12
    d = exp(2);          // e^2 = 7.389056,
    e = log(7.389056);   // 2 (natural logarithm, base e)
    f = log10(1000);     // 3 (log base 10)
    g = floor(178.567);  // 178, rounds to next lowest whole number
    h = pow(2, 10);      // computes 2 raised to the 10th power

    printf("a = %.0f, b = %f, c = %.0f, d = %.0f, e = %.2f, f = %.0f, g = %.2f, h = %.2f\n",
        a, b, c, d, e, f, g, h);
}
```

控制台输出
```
a = 1, b = 3.141593, c = 12, d = 7, e = 2.00, f = 3, g = 178.00, h = 1024.00
```

C. 9. 4　string

字符串库 string.h 提供常用的字符串处理函数。主要函数包括：

```
// copy src into dst and return dst
char *strcpy(char *dst, char *src);

// concatenate (append) src to the end of dst and return dst
char *strcat(char *dst, char *src);
```

```
// compare two strings. Return 0 if equal, nonzero otherwise
int strcmp(char *s1, char *s2);

// return the length of str, not including the null termination
int strlen(char *str);
```

C.10　编译器和命令行选项

虽然我们已经介绍了相对简单的 C 程序，但现实世界的程序可以由几十个甚至上千个 C 文件组成，以便实现模块化、可读性，以及多个程序员的合作。本节将介绍如何编译分布在多个 C 文件的程序，并说明如何使用编译器选项和命令行参数。

C.10.1　编译多个 C 源文件

多个 C 文件通过如下所示的在编译行中列出所有文件名将其编译为一个可执行文件。请记住，一组 C 文件仍然只能包含一个 main 函数，它通常放置在一个名为 main.c 的文件中。

```
gcc main.c file2.c file3.c
```

C.10.2　编译器选项

编译器选项允许程序员指定诸如输出文件名和格式、优化等。编译器选项并未规范化，但表 C-7 列出那些常用的选项。在命令行上，每个选项通常前面加一个破折号(-)，如表 C-7 所示。例如，" - o"选项允许程序员指定输出文件名，而不采用默认的 a.out。存在大量的选项，它们可以通过在命令行中键入 gcc - - help 查看。

表 C-7　编译器选项

编译器选项	描述	示例
- ooutfile	指定输出文件名	gcc - o hello hello.c
- S	创建汇编语言输出文件(不可执行文件)	gcc - S hello.c this produces hello. s
- v	详细模式——在完成编译时输出编译结果和过程	gcc - v hello.c
- Olevel	指定优化水平(通常为 0 ~ 3)，生成更快和更小的代码，但其代价是较长的编译时间	gcc - O3 hello.c
- - version	列出编译器版本	gcc - version
- - help	列出所有命令行选项	gcc - - help
- Wall	输出所有警告	gcc - Wall hello.c

C.10.3　命令行参数

与其他函数一样，main 也可以接收输入变量。然而，与其他函数不同，这些参数在命令行中指定。如 C 代码示例 C.50 所示，argc 代表参数计数，它表示命令行上参数的个数。argv 表示参数向量，它是在命令行上发现的字符串数组。例如，假设 C 代码示例 C.50 的程序被编译成可执行文件 testargs。当在命令行键入以下行时，argc 的值是 4，数组 argv 的值为 {"./testargs","ARG1","25","lastarg!"}。注意，可执行文件名被算作第一个参数。键入此命令后，控制台输出 C 代码示例 C.50 所示的代码。

```
gcc -o testargs testargs.c
./testargs arg1 25 lastarg!
```

需要数字参数的程序可以使用 stdlib. h 中的函数将字符串参数转换为数字。

C 代码示例 C.50   命令行参数

```c
// Print command line arguments
#include <stdio.h>

int main(int argc, char *argv[])
{
    int i;
    for (i=0; i<argc; i++)
        printf("argv[%d] = %s\n", i, argv[i]);
}
```

控制台输出

```
argv[0] = ./testargs
argv[1] = arg1
argv[2] = 25
argv[3] = lastarg!
```

C.11   常见错误

和任何编程语言一样，你几乎可以肯定当你写 C 程序时会犯错误。以下是用 C 语言编程的一些常见错误的描述。有些错误是特别麻烦的，因为它们可以通过编译，但并不按照程序员想要的功能执行。

C 代码错误 C.1   scanf 中缺失 &

错误代码	更正后代码

int a;
printf("Enter an integer:\t");
scanf("%d", a); // missing & before a
	int a;
	printf("Enter an integer:\t");
	scanf("%d", &a);

C 代码错误 C.2   在比较语句中使用 = 代替 ==

错误代码	更正后代码

if (x = 1)   // always evaluates as TRUE
    printf("Found!\n");
	if (x == 1)
	    printf("Found!\n");

C 代码错误 C.3   索引超出数组的末端元素

错误代码	更正后代码
int array[10]; array[10] = 42; // index is 0-9	int array[10]; array[9] = 42;

C 代码错误 C.4   在 #define 语句中使用 =

错误代码	更正后代码
// replaces NUM with "= 4" in code #define NUM = 4	#define NUM 4

C 代码错误 C.5   使用未初始化的变量

错误代码	更正后代码

int i;
if (i == 10) // i is uninitialized
    ...
	int i = 10;
	if (i == 10)
	    ...

C 代码错误 C.6　未包含用户创建头文件的路径

错误代码	更正后代码
`#include   "myfile.h"`	`#include   "othercode\myfile.h"`

C 代码错误 C.7　使用逻辑运算符(!，||，&&)代替位运算符(~，|，&)

错误代码

```
char x=!5;    // logical NOT: x = 0
char y=5||2;  // logical OR:  y = 1
char z=5&&2;  // logical AND: z = 1
```

更正后代码

```
char x=~5; // bitwise NOT:  x = 0b11111010
char y=5|2;// bitwise OR:   y = 0b00000111
char z=5&2;// logical AND:  z = 0b00000000
```

C 代码错误 C.8　在 switch/case 语句中遗漏 break 语句

错误代码

```
char x = 'd';
...
switch (x) {
  case 'u': direction = 1;
  case 'd': direction = 2;
  case 'l': direction = 3;
  case 'r': direction = 4;
  default: direction = 0;
}
// direction = 0
```

更正后代码

```
char x = 'd';
...
switch (x) {
  case 'u': direction = 1; break;
  case 'd': direction = 2; break;
  case 'l': direction = 3; break;
  case 'r': direction = 4; break;
  default: direction = 0;
}
// direction = 2
```

C 代码错误 C.9　遗漏大括号 { }

错误代码

```
if (ptr == NULL) // missing curly braces
  printf("Unable to open file.\n");
  exit(1);       // always executes
```

更正后代码

```
if (ptr == NULL) {
  printf("Unable to open file.\n");
  exit(1);
}
```

C 代码错误 C.10　在函数声明之前使用函数

错误代码

```
int main(void)
{
  test();
}

void test(void)
{...
}
```

更正后代码

```
void test(void)
{...
}

int main(void)
{
  test();
}
```

C 代码错误 C.11　用同一个名称声明局部和全部变量

错误代码

```
int x = 5;    // global declaration of x
int test(void)
{
  int x = 3;  // local declaration of x
  ...
}
```

更正后代码

```
int x = 5;    // global declaration of x
int test(void)
{
  int y = 3;  // local variable is y
  ...
}
```

C 代码错误 C.12　在数组声明后尝试使用 { } 初始化该数组

错误代码

```
int scores[3];
scores = {93, 81, 97}; // won't compile
```

更正后代码

```
int scores[3] = {93, 81, 97};
```

C 代码错误 C. 13   使用 = 将一个数组赋值给另一个数组

错误代码	更正后代码

int scores[3] = {88, 79, 93};
int scores2[3];
 	
scores2 = scores;
	int scores[3] = {88, 79, 93};
	int scores2[3];
	
	for (i=0; i<3; i++)
	  scores2[i] = scores[i];

C 代码错误 C. 14   do/while 循环后遗漏分号

错误代码	更正后代码

int num;
do {
  num = getNum();
} while (num < 100)   // missing ;
	int num;
	do {
	  num = getNum();
	} while (num < 100);

C 代码错误 C. 15   for 循环使用逗号代替分号

错误代码	更正后代码

for (i=0, i < 200, i++)
  ...
	for (i=0; i < 200; i++)
	  ...

C 代码错误 C. 16   整数除法代替浮点数除法

错误代码	更正后代码

// integer (truncated) division occurs when
// both arguments of division are integers
float x = 9 / 4; // x = 2.0
	// at least one of the arguments of
	// division must be a float to
	// perform floating point division
	float x = 9.0 / 4; // x = 2.25

C 代码错误 C. 17   写入未初始化的指针

错误代码	更正后代码
int *y = 77;	int x, *y = &x; *y = 77;

C 代码错误 C. 18   过大的期望（或缺乏）

　　一个常见的初学者错误是写一个完整的程序（通常没有模块化），并期望它第一次就完美地运行。对于复杂的程序，写模块化代码并逐步测试各个功能是必不可少的。随着程序复杂度的提高，调试困难呈指数上升且非常耗时。

　　另一个常见错误是缺乏期望。当发生这种情况时，程序员仅可以验证该代码可以生成结果，而不是其结果是否正确。在验证功能性方面使用已知输入和预期结果来测试程序是很关键的。

　　本附录主要讨论在具有控制台的系统中使用 C 语言，如 Linux 计算机。8.6 节描述了如何使用 C 语言在嵌入式 PIC32 微控制器上编程。微控制器通常用 C 语言进行编程，因为 C 语言提供了与汇编语言几乎一样多的硬件底层控制，但它更加简洁易写。

MIPS 处理器的 FPGA 实现

D.1 引言

本书详细描述了 MIPS 处理器体系结构的原理与设计准则。本附录将阐述如何在现场可编程逻辑门阵列(FPGA)上实现 MIPS 处理器。以 Imagination Technologies 公司的 MIPSfpga 核心作为本节主要描述对象,该内容基于 Imagination 公司的 MIPSfpga 相关资料。

D.2 MIPSfpga 介绍

MIPSfpga 是含有缓存与内存管理单元的 MIPS32® microAptiv 微处理器,是由 Imagination 公司推出的用于教育用途的微处理器核心。本文将描述该 MIPS 核心和系统接口等,阐述如何模拟与硬件实现该核心,讲述如何在 MIPSfpga 上编写和运行程序。MIPSfpga 包含的 Verilog 代码可用于模拟,也可在 FPGA 上实现。使用这种工业级的 MIPS 核心对很多课程,包括计算机体系结构、嵌入式系统和片上系统设计来说,都是一个很好的补充。

D.3 MIPSfpga 核心和系统

MIPSfpga 核心是 microAptiv 微处理器的一个版本。microAptiv 微处理器已经被广泛应用在工业、办公室自动化、自动驾驶、消费性电子产品和无线通信等商业领域。MIPSfpga 核心使用硬件描述语言 Verilog 实现。因为 MIPSfpga 是使用软件(Verilog)描述而不是在计算机芯片上制造出来的,所以也称为软核处理器。

MIPSfpga 由大约 1.2 万条 Verilog 语句构成,并具有以下特点:

- microAptiv 微处理器核心运行的是 5 级流水线、1.5 Dhrystone MIPS/MHz 的 MIPS32 指令架构。
- 2 路组相连指令和数据高速缓存(每一个大小为 2KB)。
- 拥有 16 项 TLB 的内存管理单元。
- AHB-Lite 总线接口。
- EJTAG 编程器/调试器,包括 2 条指令和 1 个数据断点。
- 性能计数器。
- 输入同步装置。
- 能够扩展用户自定义指令。
- 没有数字信号处理扩展、协处理器 2 接口或者影子寄存器。

其中,microAptiv 微处理器使用 MIPSr3 版本的 MIPS 指令集。

图 D-1 展示了 MIPSfpga 处理器核心的整体框图。处理器的核心部分是执行单元(execution unit)。它根据指令来执行各种操作,如加法操作或减法操作。乘除法单元(Multiply/Divide Unit,MDU)是一个扩展的单元,用来执行乘法操作或除法操作。指令译码器(instruction decoder)从指令缓存中获取指令,然后产生控制信号让执行单元执行相应的操作。系统协处理器(system co-processor)单元主要提供系统接口信号,如系统时钟和复位。通用寄存器(General PurposeRegister,GPR)单元中存储的是可以作为指令操作数使用的通用寄存器。

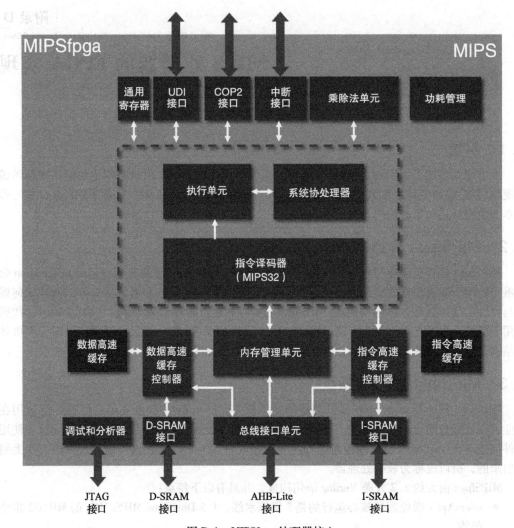

图 D-1　MIPSfpga 处理器核心

图 D-1 顶部的其他几个接口（UDI、COP2 以及中断接口）能让处理器分别运行用户自定义的指令、与协处理器 2 单元相连接以及接收外部中断。指令和数据高速缓存（I-Cache 和 D-Cache））将它们连接到各自的控制器上，然后再与内存管理单元（MMU）连接。内存管理单元主要负责内存地址转换和把缓存中没有的指令或数据从内存中取出来。总线接口单元（Bus Interface Unit，BIU）使用户能够通过 AHB-Lite 总线在处理器上访问内存和内存映射 I/O。在 D.4.2 节，我们将详细介绍 AHB-Lite 接口。数据和指令暂存 RAM 接口（D-SRAM 和 I-SRAM 接口）使处理器能够以较低的延迟访问片上存储器。调试和分析器（Debug and Profiler）单元提供调试、性能监控和下载程序使用的 EJTAG 接口。我们将在 D.6 节详细介绍这个单元。

MIPSfpga 核心拥有 5 级流水线，表 D-1 列出了每级流水线和各级流水线的简述。

表 D-1　MIPSfpga 流水线

序号	流水级	名称	描述
1	I	取指	处理器读取指令
2	E	执行	处理器从寄存器堆中获取操作数，然后执行 ALU 操作（如，加法、减法或者计算内存地址）

（续）

序号	流水级	名称	描述
3	M	访存	如果需要，处理器从内存中读取操作数
4	A	对齐	如果需要，对加载的数据进行字边界对齐
5	W	写回	如果需要，处理器将结果写回到寄存器堆中

图 D-2　内存映射

MIPSfpga 有 32 位的地址空间和 3 个运行模式：内核、用户和调试。复位后，处理器首先进入内核模式，然后跳转到复位向量 0xbfc00000。图 D-2 展示了 MIPSfpga 的内存映射。地址 0xbfc00000 属于内核段 1（kseg1），这段地址不经过缓存和地址映射。这就意味着这个地址空间中的指令不经过缓存直接从外部存储器获取，并且这段采用固定的从虚拟地址到物理地址的映射，而不采用 MMU。这点很重要，因为在复位后，缓存和内存管理单元都不会马上被初始化。固定的地址映射表通过将虚拟地址减去 0xa0000000 把 kseg1 映射到物理地址 0x00000000。因此，在复位后，程序从内存物理地址 0x1fc00000 开始执行。

图 D-3 中展示了 MIPSfpga 系统关键部件。系统从 FPGA 板卡或者模拟测试中接收时钟、复位和 EJTAG 编程信号。它与外部的 LED 灯和拨码开关相连接，并驱动总线接口信号。mipsfpga_sys 模块包含 m14k-top microAptiv 核 m14k_top 模块和 mipsfpga_ahb 模块，mipsfpga_ahb 模块包含 RAM、GPIO 和 AHB-Lite 总线接口逻辑。

图 D-4 展示了 mipsfpga_ahb 模块提供的物理内存映射。包含了从地址 0x1fc00000 开始的存放系统复位后执行代码的 128KB RAM 内存块和从地址 0x00000000 开始的存放其他数据和代码的 256KB RAM 内存块。除此之外，还有 4 个控制 LED 灯和拨码开关的 GPIO 寄存器，将在 D.4.3 节中详细介绍。复位后执行的代码可以一开始就从内存初始化文件中加载，也可以通过 D.6.5 节描述的 EJTAG 下载。

1. 这个空间在用户或内核模式下被映射到内存，并在调试模式下通过 EJTAG 模块映射。

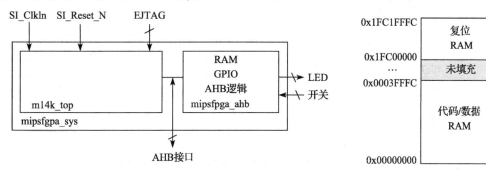

图 D-3　MIPSfpga 系统关键部件　　　　图 D-4　MIPSfpga 物理内存映射

D. 4　MIPSfpga 接口

MIPSfpga 系统有 3 个主要的接口：AHB-Lite 总线，FPGA 板卡 I/O，EJTAG 接口。MIPSfpga 核心通过 AHB-Lite 总线连接内存和外围设备。FPGA 板卡 I/O 接口允许 MIPSfpga 核访问 FPGA 板上的拨码开关和 LED 灯。EJTAG 接口用来下载程序到 MIPSfpga 核上并进行实时调试。这一小节首先给出这些接口信号的总体描述，然后再对每个接口进行详细描述。

D. 4. 1　接口信号

表 D-2 列出了 Nexys4 DDR 板卡（包含 Xilinx 的 Artix-7 FPGA）和 DE2-115 板卡（包含 Altera 的 Cyclone IV FPGA）的简要说明。

表 D-2　FPGA 板卡规格

板卡	开发软件	FPGA	价格（美元）	网站
Nexys4 DDR	Vivado Design Suite	Artix-7	320 159（学术价）	www. digilentinc. com
DE2-115	Quartus II	Cyclone IV	595 309（学术价）	de2-115. terasic. com

表 D-3 中列出了 MIPSfpga 的接口信号，这些信号使用下面这几种前缀：
- SI：系统接口信号
- IO：FPGA 板卡 I/O 信号
- H：AHB-Lite 总线信号
- EJ：EJTAG 接口信号

表 D-3　MIPSfpga 处理器接口信号

	MIPSfpga	Nexys4 DDR 板卡	DE2-115 板卡
系统	SI_Reset_N	CPU_RESETN	KEY[0]
	SI_ClkIn	clk_out（50MHz）	clk_out（47MHz）
AHB-Lite	HADDR[31:0]	N/A	N/A
	HRDATA[31:0]	N/A	N/A
	HWDATA[31:0]	N/A	N/A
	HWRITE	N/A	N/A
板卡 I/O	IO_Switch[17:0]	SW[15:0]	SW[17:0]
	IO_PB[4:0]	{BTNU, BTND, BTNL, BTNR, BTNC}	KEY[3:0]
	IO_LEDR[17:0]	LED[15:0]	LEDR[17:0]
	IO_LEDG[8:0]	N/A	LEDG[17:0]
EJTAG	EJ_TRST_N_probe	JB[7]	EXT_IO[6]
	EJ_TDI	JB[2]	EXT_IO[5]
	EJ_TDO	JB[3]	EXT_IO[4]
	EJ_TMS	JB[1]	EXT_IO[3]
	EJ_TCK	JB[4]	EXT_IO[2]
	SI_ColdReset_N	JB[8]	EXT_IO[1]
	EJ_DINT	GND	EXT_IO[0]

时钟信号 SI_ClkIn 是处理器的系统时钟信号。MIPSfpga 在 Nexys4 DDR 板卡上运行在由 100MHz 衍生的 50MHz 频率上，在 DE2-115 板卡上运行在由 50MHz 衍生的 47MHz 频率上。复位信号（SI_Reset

_N)为低电平有效("_N"后缀表明为低电平有效)。按下复位按钮(Nexys4 DDR 板卡上的 CPU_RE-SETN 或者 DE2-115 板卡上的 KEY[0])使复位信号变成低电平,然后复位处理器。处理器必须在上电后复位。下面对 AHB-Lite 总线、板卡 I/O 以及 EJTAG 信号进行详细描述。

D.4.2 AHB-Lite 接口

在很多微处理器,特别是在嵌入式系统中,都用到先进高性能总线(Advanced High-performance Bus,AHB)开源接口。AHB 总线便于多个设备或者外围设备的连接。AHB-Lite 是 AHB 的一个精简版,只有一个总线主设备。本节只是描述了 AHB-Lite 总线的一些基本操作,你可以参考 AHB-Lite 接口指南来获取更多关于 AHB_Lite 总线的信息。

图 D-5 展示了 MIPSfpga 处理器中的 AHB-Lite 总线。图中的 AHB-Lite 总线配置有一个主设备:MIPSfpga 处理器;3 个从设备:RAM0、RAM1、GPIO,其中两个为 RAM 模块,一个为 FP-GA 板卡 I/O(拨码开关和 LED 灯)访问模块。主设备(处理器)发送时钟、写使能信号、地址、写数据信号到 HCLK、HWRITE、HADDR、HWDATA 上,根据地址从多个从设备中的一个读取数据(HRDATA)。地址译码器(address decoder)根据地址生成从设备选择信号(HSEL)。

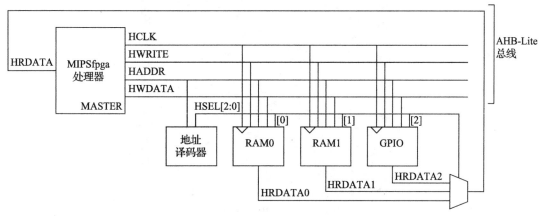

图 D-5　AHB-Lite 总线

AHB-Lite 传输包含两个时钟周期:地址阶段和数据阶段。在地址阶段内,主设备发送地址到 HADDR 上,如果要写数据,则把 HWRITE 拉至高电平,如果要读数据,则把 HWRITE 降至低电平。在数据阶段内,如果是写操作,则主设备会把数据送到 HWDATA 上,如果是读操作,则从设备会把数据送到 HRDATA 上。图 D-6 和图 D-7 分别展示了写和读时的波形图。

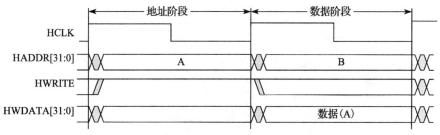

图 D-6　AHB-Lite 写

在 MIPSfpga 中,从设备模块和地址译码器都包含在 mipsfpga_ahb 模块和它的子模块中。在 RAM0 中存储系统启动时执行的指令。在复位时,处理器把 PC 的值设置为复位异常地址:物理地址 0x1fc00000(虚拟地址 0xbfc00000)。RAM1 是从物理地址 0 开始的可访问内存。GPIO 从设备模块用来与 FPGA 板卡 I/O 进行交互,接下来我们将详细介绍这个模块。

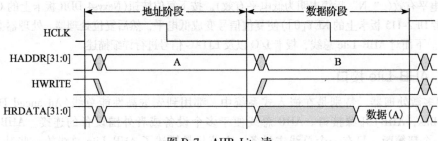

图 D-7　AHB-Lite 读

D.4.3　FPGA 板卡接口

两块 FPGA 板卡(Nexys4 DDR 和 DE2-115)上的 LED 灯和拨码开关都通过印刷电路板(PCB)上的导线与 FPGA 的引脚连接到一起。图 D-8 和图 D-9 分别显示了这两块 FPGA 板卡上的 I/O。

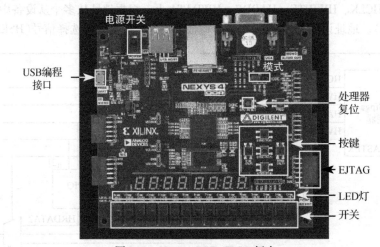

图 D-8　Nexys4 DDR FPGA 板卡

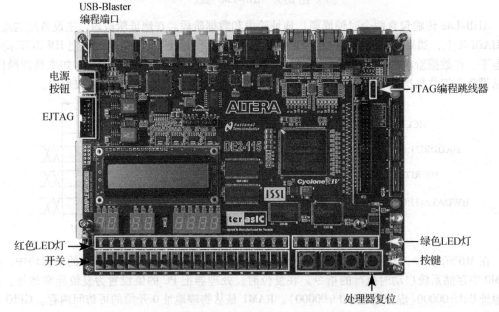

图 D-9　DE2-115 FPGA 板卡

    AHB-Lite 总线上的通用 I/O(GPIO)模块通过内存映射 I/O 将数据写到 FPGA 板卡 I/O 或者从 FPGA 板卡 I/O 读数据。使用内存映射 I/O，处理器就能像访问内存一样访问 I/O 设备(也叫外部设备)。每个外部设备被映射到一个特定的内存地址。表 D-4 列出了 FPGA 板卡 I/O 的内存地址。虚拟地址是在 MIPS 指令中使用的地址，物理地址是出现在 AHB-Lite 总线 HADDR 上的地址。

表 D-4   PGA 板卡的内存映射 I/O 地址

虚拟地址	物理地址	信号名	Nexys4 DDR 板卡	DE2-115 板卡
0xbf80 0000	0x1f80 0000	IO_LEDR	LED	红色 LED
0xbf80 0004	0x1f80 0004	IO_LEDG	N/A	绿色 LED
0xbf80 0008	0x1f80 0008	IO_SW	开关	开关
0xbf80 000c	0x1f80 000c	IO_PB	U、D、L、R、C 按钮	按钮

    例如，下面的 MIPS 指令将 0x543 写到 LED 灯上(DE2-115 上的红色 LED 灯)：

```
addiu $7, $0, 0x543      # $7 = 0x543
lui $5, 0xbf80           # $5 = 0xbf800000 (LED 地址)
sw $7, 0($5)             # LEDs = 0x543
```

    同样，下面的 MIPS 指令把拨码开关的值读到寄存器 $10 中：

```
lui $5, 0xbf80           # $5 = 0xbf800000
lw  $10, 8($5)           # $10 = 开关的值
```

    拨码开关信号只有 18 位，所以在读拨码开关的值时只把低 18 位存入寄存器 $10 中，高 14 位设置为全 0。

D.4.4   EJTAG 接口

    EJTAG 是一个支持：1)基于硬件的调试；2)下载程序到 MIPS 核上的协议。TCK、TDI、TDO、TMS 和 TRST 等信号都能称为测试访问端口(Test Access Port，TAP)。EJTAG 借鉴了 JTAG 协议中下列这些信号的功能：

- EJ_TCK：Test Clock，测试时钟信号。
- EJ_TMS：Test Mode Select，测试模式选择信号——选择操作方式。
- EJ_TDI：Test Data In，测试数据输入——移入处理器测试或编程逻辑的数据。
- EJ_TDO：Test Data Out，测试数据输出——移出处理器测试或编程逻辑的数据。
- EJ_TRST_N_probe：Test Reset，测试复位信号，低电平有效——复位 EJTAG 控制器。

    除此之外，EJTAG 还有调试中断请求信号 EJ_DINT。EJTAG 接口主要由 D.6 节介绍的编程和调试工具使用。

D.5   示例程序

    本节通过两个简单的程序来说明如何在 MIPSfpga 核心上运行程序。这些简单的程序不需要对处理器进行任何设置就能直接运行。一些更高级的程序可能会要求初始化缓存或者 MMU 等。这些初始化设置需要由引导代码或者启动代码来完成。D.6 节将描述如何使用 Codescape MIPS SDK 开发环境、OpenOCD、gdb 开源调试器、从 USB 到 EJTAG 接口转换的 Bus Blaster 下载器以及引导代码来运行更高级的程序。

D.5.1   示例程序：内存映射输出(LED 灯)

    示例程序 D.1 给出了一个内存映射输出示例程序的 C 语言和汇编语言代码。如 C 语言代码所示，变量 val 初始化为 1。每一次循环都把 val 输出到 LED 灯上(内存地址为 0xbf800000)，然后

递增。每次循环都有 1 秒的延迟，这样人眼才能观察到 LED 灯上显示的内容。

示例程序 D.1 IncrementLEDsDelay 程序

// C 代码	# MIPS 汇编代码		
unsigned int val = 1;	# $9 = val, $8 = memory address 0xbf800000		
volatile unsigned int * ledr	addiu	$9, $0, 1	# val = 1
_ptr;	lui	$8, 0xbf80	# $8 = 0xbf800000
ledr_ptr = 0xbf800000;			
while (1) {			
*ledr_ptr = val;	L1: sw	$9, 0($8)	# mem[0xbf800000] = val
val = val + 1;	addiu	$9, $9, 1	# val = val +1
// delay	delay:		# loop 2,500,000x
}	lui	$5, 0x026	# $5 = 2,500,000
	ori	$5, $5, 0x25a0	
	add	$6, $0, $0	# $6 = 0
	L2: sub	$7, $5, $6	# $7 = 2,500,000 - $6
	addi	$6, $6, 1	# increment $6
	bgtz	$7, L2	# finished?
	nop		# branch delay slot
	beqz	$0, L1	# branch to L1
	nop		# branch delay slot

处理器复位后，缓存没有被初始化。在缓存还没有初始化前，每条指令的执行需要花费 5 个时钟周期。因此，延时循环中的 4 条指令（从 L2 到第一个 nop 指令），每条指令需要执行 5 个时钟周期。系统在 Nexys4 DDR FPGA 板卡上以 50MHz 的频率执行，延时循环 2 500 000 次需要花费的时间大约为 1 秒，这个时间可以根据下式（D-1）计算出来：

$$2\ 500\ 000\ 次循环 \times (4\ 指令/迭代) \times (5\ 个时钟周期/指令) \times (1\ 秒/50\ 000\ 000\ 周期) = 1\ 秒$$
$$(D-1)$$

在 DE2-115 FPGA 板卡上使用 47MHz 的时钟产生的延时也是大约 1 秒。

按下复位按钮后，MIPSfpga 核心把程序计数器（PC）的值设置为 0xbfc00000，然后开始执行。虚拟地址 0xbfc00000 映射到物理地址 0x1fc00000。复位 RAM，也就是图 D-5 中的 RAM0 保存的是从这个地址开始的内存空间，把示例程序 D.1 的代码预加载到 RAM0 中（ahb_ram_re-set 模块）。ahb_ram_reset 模块会把内存初始化文件 ram_reset_init.txt（示例程序 D.2 所示）中的指令加载到内存中。指令从最低地址 0xbfc00000 开始存放。第一条指令（0x24090001）位于内存地址 0xbfc00000，第二条指令位于地址 0xbfc00004 等。

示例程序 D.2 IncrementLEDsDelay 程序内存初始化文件 ram_reset_init.txt

```
24090001 // bfc00000:addiu      $9, $0, 1
3c08bf80 // bfc00004:lui        $8, 0xbf80
ad090000 // bfc00008:L1:sw      $9, 0($8)
25290001 // bfc0000c:addiu      $9, $9, 1
3c050026 // bfc00010: delay: lui $5, 0x026
34a525a0 // bfc00014:ori       $5, $5, 0x25a0
00003020 // bfc00018:add       $6, $0, $0
00a63822 // bfc0001c: L2:sub    $7, $5, $6
20c60001 // bfc00020:addi       $6, $6, 1
1ce0fffd // bfc00024:bgtz       $7, L2
00000000 // bfc00028:nop
1000fff6 // bfc0002c:beq        $0, $0, L1
00000000 // bfc00030:nop
```

D.5.2 示例程序: 内存映射 I/O(拨码开关与 LED 灯)

示例程序 D.3 中的 MIPSfpga 同时对 FPGA 板卡上的内存映射 I/O 进行写入和读取。这个程序不断地读取 FPGA 板卡上的拨码开关和按钮的值, 然后把这些值显示到红色和绿色的 LED 灯上。(注意: Nexys4 DDR 板卡上没有绿色的 LED 灯, 所以运行这个程序时不会显示按钮的值。)

示例程序 D.3   Switches&LEDs 程序

```
// C 代码                              # MIPS 汇编代码
unsigned int sw, pb;                # $10 = sw, $11 = pb
unsigned int*ledr_ptr;
unsigned int*ledg_ptr;             lui $8, 0xbf80
unsigned int*sw_ptr;                 addiu $12, $8, 4    # $12 = LEDG addr
unsigned int*pb_ptr;                 addiu $13, $8, 8    # $13 = SW addr
                                     addiu $14, $8, 0xc # $14 = PB addr
ledr_ptr = 0xbf800000;
ledg_ptr = 0xbf800004;             readIO:
sw_ptr   = 0xbf800008;               lw $10, 0($13)      # sw = SW values
pb_ptr   = 0xbf80000c;               lw $11, 0($14)      # pb = PB values
                                     sw $10, 0($8)       # store sw to LEDR
while (1) {                          sw $11, 0($12)      # store pb to LEDG
  sw = *sw_ptr;                      beq $0, $0, readIO # repeat
  pb = *pb_ptr;                      nop                 # branch delay slot
  *ledr_ptr = sw;
  *ledg_ptr = pb;
}
```

前 4 条指令分别把红色 LED 灯、绿色 LED 灯、拨码开关和按钮的内存映射地址存储到寄存器 8、12、13 和 14 中。然后, 接下来的两条 lw(读字)指令分别从拨码开关和按钮上读取数据存储到寄存器 10 和 11 中。最后, 接下来的两条 sw(存字)指令把寄存器 10 和寄存器 11 的值写到红色 LED 灯和绿色 LED 灯上, 然后通过 beq(相等则跳转)指令循环执行这几条读写指令。因为 $0 总是等于它自身, 所以跳转指令一定能发生跳转。示例程序 D.4 展示了包含 Switches&LEDs 程序机器代码的内存初始化文件 ram_reset_init.txt。

示例程序 D.4   Switches&LEDs 程序的内存初始化文件 ram_reset_init.txt

```
3c08bf80  //bfc00000   lui $8, 0xbf80            # $8 = LEDR addr
250c0004  //bfc00004   addiu $12, $8, 4          # $12 = LEDG addr
250d0008  //bfc00008   addiu $13, $8, 8          # $13 = SW addr
250e000c  //bfc0000c   addiu $14, $8, 0xc        # $14 = PB addr
8daa0000  //bfc00010   readIO: lw $10, 0($13)    # $10 = SW
8dcb0000  //bfc00014   lw $11, 0($14)            # $11 = PB
ad0a0000  //bfc00018   sw $10, 0($8)             #SW -> LEDR
ad8b0000  //bfc0001c   sw $11, 0($12)            #PB -> LEDG
1000fffb  //bfc00020b  eq $0, $0, readIO         #repeat
00000000  //bfc00024   nop                       #branch delay slot
```

下面将从模拟和硬件实现两个方面介绍如何模拟和下载运行 Switches&LEDs 程序到 MIPSfpga 核上。

D.5.3 示例程序模拟

模拟是开发和调试一个系统的硬件和软件至关重要的一步。模拟可以便捷地观察系统内部信号的变化。可以使用 Mentor Graphics 的 ModelSim 来进行模拟，也可以使用 Xilinx 的 Vivado 或者 Altera 的 Quartus II 的内置模拟器来进行模拟。以 ModelSim 为例，执行下面的步骤来模拟在 MIPSfpga 核心上运行示例程序 D.3 中的 Switches&LEDs 程序。

- 步骤 1：复制示例程序 D.4 的 ram_reset_init.txt 到 ModelSim 文件夹中。
- 步骤 2：打开 ModelSim 软件项目。
- 步骤 3：运行模拟脚本语句。
- 步骤 4：观察模拟波形结果。

通过模拟，可以在硬件实现前验证程序是否按照设定的功能来执行。

D.5.4　示例程序硬件实现

本节将说明如何在 Nexys4 DDR 板卡和 DE2-115 板卡上运行 MIPSfpga 的 Switches&LEDs 程序。如果想使用其他 FPGA 板卡，可以参考本节后面内容来把 MIPSfpga 移植到其他板卡上。

对于 Nexys4 DDR 板卡和 DE2-115 板卡，都有相对应的顶层封装模块来实例化 MIPSfpga 系统，并将它们连接到板卡上的拨码开关、LED 灯和复位按钮。顶层封装模块也使用 FPGA 的片上锁相环(PLL)来从板卡上的时钟产生系统时钟。每个板卡都需要一个约束文件来指定时序约束并将顶层模块的 I/O 信号与目标 FPGA 的物理引脚连接起来。

通过以下几个步骤可以完成示例程序的硬件实现：

- 步骤 1：复制对应的 ram_reset_init.txt 到 HDL 文件夹中。
- 步骤 2：打开 FPGA 程序设计环境。
- 步骤 3：编译 HDL 文件。
- 步骤 4：下载到 FPGA 板卡。
- 步骤 5：测试。

Nexys4 DDR FPGA 板卡

如果使用 Nexys4 DDR FPGA 板卡，那么可以使用 Vivado 软件把 MIPSfpga 系统下载到 Nexys4 DDR 板卡的 Xilinx Artix-7 FPGA 上。图 D-8 显示了 Nexys4 DDR 板卡的电源开关和 USB 接口位置。将编程电缆的标准 USB 端插入计算机，micro-USB 端插入板卡的 USB 接口(图 D-8 中标有"USB Programmer Port"(USB 编程接口)的位置)。然后把电源开关拨到 ON。如果板卡是经过厂家配置过的，那么会运行一个预装的演示程序，在 7 段数码管上不停地显示蛇形图案。另外，确保板卡是在 JTAG 模式或者 QSPI 模式下，像图 D-8 中那样用跳线将模式最左边的两个跳针连接起来。按照硬件实现步骤配置 FPGA 后，就可以在 Nexys4 DDR 板卡上的 Artix-7 FPGA 上运行 MIPSfpga 核心。按红色的复位按钮(标记有 CPU RESET，参考图 D-8)来复位处理器。放开按钮后，处理器程序就开始从 Nexys4 DDR 板卡上的拨码开关读数据，然后将数据写入 LED 灯上。拨动板卡底部的拨码开关来观察 LED 灯显示的变化。

DE2-115 FPGA 板卡

如果使用 DE2-115 FPGA 板卡，那么可以使用 Quartus II 软件把 MIPSfpga 系统下载到 DE2-115 板卡的 Altera Cyclone IV FPGA 上。把电源线插入红色电源开关上的电源插口，然后把 USB 编程电缆的标准端(USB standard-A)插入计算机，另一端插入图 D-9 中"USB-Blaster Programmer Port"(USB-Blaster 编程接口)接口上。现在，按下红色电源按钮来打开电源。打开电源后，板卡会运行一个预装的演示程序在红色和绿色 LED 灯上闪烁一个图案，并且在 7 段数码管上循环显示 16 进制数字 0～F。确保 JTAG 编程跳线器上接的是跳针 2 和跳针 3，如图 D-9 所示。另外，还需要确保红色 LED 灯左边的拨码开关朝上(处于 RUN 的位置)。按照硬件实现步骤配置 FPGA 后，就可以在 DE2-115 板卡上的 Cyclone IV FPGA 上运行 MIPSfpga 核心。根据图 D-9

找到复位按钮和 LED 灯的位置，然后按下复位按钮(标记为 KEY0)来复位处理器。放开按钮后，处理器程序就开始不断地从 DE2-115 板上的拨码开关和按钮读数据，然后将数据分别写入红色 LED 灯和绿色 LED 灯。拨动板卡底部的拨码开关并按动按钮来观察 LED 灯显示的变化。红色 LED 灯会随着拨码开关的变化而变化，绿色 LED 灯会随着按钮变化。按钮按下时为低电平，所以绿色 LED 灯会一直亮着除非有按钮被按下(记住，按钮 0 是处理器复位按钮 KEY0)。

移植到其他 FPGA 板卡

在其他 FPGA 板卡上运行 MIPSfpga，需要采取以下步骤:

- 步骤 1: 编写一个 FPGA 板卡的 Verilog 封装文件。
- 步骤 2: 修改 MIPSfpga 的内存大小(如果需要)。
- 步骤 3: 创建约束文件。

(1) 步骤 1: 编写一个 FPGA 板卡的 Verilog 封装文件

Verilog 封装文件将 MIPSfpga 核心连接到 FPGA 板卡。例如，`mipsfpga_de2_115.v` 是 DE2-115 板卡的封装文件，该文件使用板上 I/O 的特定名称连接 MIPSfpga 核和具体的 FPGA 板。例如，`mipsfpga_de2_115` 模块有以下接口:

```
module mipsfpga_de2_115(input    CLOCK_50,
                input   [17:0] SW,
                input   [ 3:0] KEY,
                output [17:0] LEDR,
                output [ 8:0] LEDG,
                inout   [ 6:0] EXT_IO);
```

这个接口连接到板载 50MHz 的时钟(CLOCK_50)、开关(SW)、按钮(KEY)、红色和绿色的发光二极管(LEDR 和 LEDG)以及 EJTAG 端口(EXT_IO)。封装文件(`mipsfpga_de2_115.v`)如下所示，将 MIPSfpga 核(`mipsfpga_sys`)实例化，将 FPGA 板 I/O 连接到 MIPSfpga 系统的适当 I/O。

```
mipsfpga_sys mipsfpga_sys(
                .SI_Reset_N(KEY[0]),
                .SI_ClkIn(CLOCK_50),
                .HADDR(),
                .HRDATA(),
                .HWDATA(),
                .HWRITE(),
                .EJ_TRST_N_probe(EXT_IO[6]),
                .EJ_TDI(EXT_IO[5]),
                .EJ_TDO(EXT_IO[4]),
                .EJ_TMS(EXT_IO[3]),
                .EJ_TCK(EXT_IO[2]),
                .SI_ColdReset_N(EXT_IO[1]),
                .EJ_DINT(EXT_IO[0]),
                .IO_Switch(SW),
                .IO_PB({1'b0, ~KEY}),
                .IO_LEDR(LEDR),
                .IO_LEDG(LEDG));
```

在 `mipsfpga_de2_115.v` 封装文件中，输入的时钟频率降低了，所以 `mipsfpga_sys` 模块接收 PLL(clk_out)的输出而不是 50MHz 的时钟(CLOCK_50)。

(2) 步骤 2: 修改 MIPSfpga 的内存大小(如果需要)

有些 FPGA 板并没有足够的块内存(block RAM)来容纳目前声明的 128KB + 256KB 内存。

因此，需要修改 mipsfpga_ahb_const.vh 文件中的下面两行，以便更改内存大小：

```
'define H_RAM_RESET_ADDR_WIDTH(15)
'define H_RAM_ADDR_WIDTH(16)
```

目前，内存的大小是 2^{15} 字 = 2^{17} 字节 = 128KB 的复位（引导）RAM 和 2^{16} 个字 = 2^{18} 字节 = 256KB 的程序 RAM。例如，Xilinx 的 Basys3 板卡仅有 225KB block RAM，因此需要修改它的 mipsfpga_ahb_const.vh，以便减少复位和程序 RAM 的大小。

（3）步骤3：创建约束文件

根据新的 FPGA 板卡规格，编写（或修改）约束文件，将封装模块的信号名称映射到 FPGA 引脚并指定时序约束。

例如，DE2-115 板卡的约束文件是：

```
DE2_115.qsf              //映射封装文件的信号名称到 FPGA 引脚
mipsfpga_de2_115.sdc     //时序约束
```

而 Nexys4 DDR 主板的约束文件是：

```
mipsfpga_nexys4_ddr.xdc  //将信号名称映射到 FPGA 板卡,包括时序约束
```

在 Quartus II 或 Vivado 项目中，你需要选择正确的 FPGA 作为目标设备。例如，对于 Xilinx 的 Nexys4 FPGA 板卡，目标 FPGA 是 xc7a100tcsg324c-3，而 Basys3 FPGA 板卡的目标 FPGA 则是 xc7a35tcpg236c-3。

完成上述这 3 个步骤后，执行以下操作下载 MIPSfpga 核到新的 FPGA 板卡上：

1）新建项目（Vivado、Quartus II 等）。

2）添加 MIPSfpga 的所有 Verilog 文件到新建项目文件夹。

3）使用在上述步骤 1 中创建的封装文件，而不是 MIPSfpga 原有的 mipsfpga_de2_115.v 或 mipsfpga_nexys4_ddr.v。

4）使用修改后的 mipsfpga_ahb_const.vh 文件（如果需要）。

5）添加特定于对应板卡的约束文件。

6）添加 PLL（或在项目内创建一个新的），以便产生所需的时钟频率。

7）定位到目标板卡的 FPGA。

8）编译、综合该项目程序，并下载到 FPGA 板卡。

D. 6　Codescape 编程

简单程序对于测试 MIPSfpga 的基本功能是有效的。但是，如果我们想测试 MIPSfpga 系统的更高级功能（比如缓存），就需要在处理器调用用户程序前由引导程序对处理器进行初始化。本节将介绍如何使用 Codescape MIPS SDK Essentials 软件（以下简称 Codescape）在 MIPSfpga 处理器上编译和运行 C 语言和 MIPS 汇编语言程序。Codescape 是 Imagination 公司提供的一款免费的 MIPSfpga SDK。

除此之外，还需要使用 OpenOCD 和 Bus Blaster 下载器把程序下载到 MIPSfpga 系统上。OpenOCD 使用 Codescape 上的源码级控制台调试器 gdb，通过 EJTAG 接口在 MIPSfpga 核上下载和调试程序。从本质上来说，OpenOCD 是 gdb 和下载器之间的软件衔接。OpenOCD 还有几个处理器核心特定命令，它们能够通过 gdb 的"monitor"命令在 gdb 上操作。

Codescape 是一个专门为 MIPS 核心而设计的一组开源 gnu 编译器和调试器（gcc 和 gdb）。本节将说明如何：

1）使用 Codescape 编译 C 和 MIPS 汇编程序。

2）使用 ModelSim 模拟一个编译后的程序。

3）把编译后的程序下载到 MIPSfpga 上（两种方法）：

方法 1：把编译后的程序和 MIPSfpga 一起重新综合一遍。

方法 2：使用 Bus Blaster 下载器把程序下载到 MIPSfpga 上。

4）在 MIPSfpga 核上实时运行调试代码。

D.6.1 MIPSfpga 引导代码

到现在为止，本文只在没有初始化的 MIPSfpga 核上运行程序。这对于那些简单的程序来说是可接受的，但是对于那些需要使用缓存或者其他高级功能的程序来说，就需要先经过引导代码的初始化。处理器初始化完成之后，引导代码会跳转到用户代码的 main 函数去执行程序。

引导代码通过设置寄存器和初始化缓存和 TLB 来初始化 MIPSfpga 核心。引导代码位于复位异常地址，虚拟地址 0xbfc00000 上。复位后，MIPSfpga 核心就从这个地址上开始取指执行（虚拟地址 0xbfc00000 = 物理地址 0x1fc00000）。引导代码文件包括 boot.S、init_caches.S、init_cp0.S、init_gpr.S 和 init_tlb.S。boot.S 中的引导代码会调用其他几个文件中的引导代码。引导代码主要通过初始化下面几个部分来为 MIPSfpga 核心运行用户程序做准备：

1）协处理器 0（boot.S 中的 init_cp0）

2）TLB（init_tlb）

3）指令缓存（init_icache）

4）数据缓存（init_dcache）

初始化处理器后，引导代码调用 _start 函数来进行进一步的初始化，然后跳转到用户程序的 main 函数。

D.6.2 用 Codescape 编译 C 代码和汇编代码

本节主要介绍如何使用 Codescape MIPS SDK Essentials 来编译 C 和汇编程序。

C 程序示例

示例程序 D.5 为一个 C 语言程序。这个程序对应于按钮的输入，除了有一个默认模式外，它还有 3 个运行模式。当按钮 3（DE2-115 板卡上的 KEY[3] 和 Nexys4 DDR 板卡上的 btnD）被按下时，程序就会在 LED 灯上显示递增的数值。当按钮 2（KEY[2] 或者 btnL）被按下时，LED 灯显示递减的数值。当按钮 1（KEY[1] 或者 btnC）被按下时，LED 灯开始闪烁。如果没有按钮被按下，LED 灯显示循环向左点亮的一组 4 个 LED 灯。

除了典型的 C 结构外，代码中还展示了如何添加内联汇编代码（inline assembly）。

示例程序 D.5　C 程序示例 main.c

```
#define inline_assembly()  asm("ori $0, $0, 0x1234")
void delay();

int main() {
volatile int * IO_LEDR = (int*)0xbf800000;
volatile int * IO_PUSHBUTTONS = (int*)0xbf80000c;

volatile unsigned int pushbutton, count = 0;

while (1) {
pushbutton = * IO_PUSHBUTTONS;
```

```
switch (pushbutton) {
case 0x8:              count ++; break;
case 0x4:              count --; break;
case 0x2:
if (count ==0)         count = ~count;
else                   count = 0;
break;
default: if (count ==0) count = 0xf;
else                   count = count << 1;
    }

    *IO_LEDR = count; // write to red LEDs
delay();
    inline_assembly();
  }
return 0;
 }
```

注意与硬件相关的任何变量,比如 pushbutton,在声明时其前面必须加上 volatile,这样就不会被编译器优化掉。delay 函数中的循环变量 j 也声明为 volatile,所以它也不会被编译器优化掉。

为了编译这个 C 程序,首先打开 CMD 窗口(也就是开始菜单中的 cmd.exe)。在命令提示符处进入程序相应的目录下,然后输入:

    make

这将使用 Codescape 的 gcc 和 Makefile 对 C 程序进行编译。Makefile 会生成一个称为 FPGA_Ram. elf 的 ELF 文件(Executable and Linkable Format,可执行和可链接格式)。通过这个文件和 EJTAG 接口 Codescape 的 gdb 把程序下载到 MIPSfpga 核心上,将在 D.6.5 节对此进行详细介绍。FPGA_Ram_dasm.txt 文件说明了穿插了汇编或 C 语言源代码的反汇编可执行代码。该文件的开头部分列出了从虚拟地址 0x9fc00000 开始的引导代码。

```
LEAF(__reset_vector)
la a2,__cpu_init
9fc00000:3c069fc0 lui a2,0x9fc0
9fc00004:24c60014 addiu a2,a2,20
...
```

虚拟地址 0x9fc00000 和 0xbfc00000 都会映射到同一个物理地址 0x1fc00000。所以在复位后地址 0x9fc00000 的指令会被取出来。这两个地址的不同之处在于,0x9fc00000 位于可缓存的 kseg0,0xbfc00000 的 kseg1 是不能经过缓存的。所以在缓存能够使用的情况下把引导代码放在 0x9fc00000 上可以使其运行得更快一些。文件的后面从地址 0x8000075c 开始的都是用户的代码(main.c)。

```
int main() {
8000075c:27bdffd8 addiu sp,sp, -40
80000760:afbf0024 sw ra,36(sp)
80000764:afbe0020 sw s8,32(sp)
80000768:03a0f021 move s8,sp
...
```

另一个可读版 ELF 文件 FPGA_Ram_modelsim.txt 说明了内存地址和与之相对应的机器

代码和汇编代码，但没有穿插 C 语言或汇编源代码。最后，你可以在命令提示符处输入 make clean 来删除这些编译过程中生成的文件。

MIPS 汇编程序示例

示例程序 D.6 为 MIPS 汇编程序示例。这其实就是示例程序 D.3 的 Switches&LEDs 程序，但这里该程序将会与引导代码一起进行编译，这样就能在程序执行前完成处理器初始化工作。回顾一下，Switches&LEDs 程序的功能是不断地从 FPGA 板卡读取拨码开关和按钮的值，然后显示在绿色和红色 LED 灯上。

示例程序 D.6　MIPS 汇编程序示例 main.S

```
# $10 = sw, $11 =pb
.globl main


main:
lui    $8,0xbf80
addiu  $12,$8,4     # $12 = LEDG address offset
addiu  $13,$8,8     # $13 = SW address offset
addiu  $14,$8,0xc   # $14 = PB address offset


readIO:
lw     $10,0($13)   # read switches: sw = SW values
lw     $11,0($14)   # read pushbuttons: pb = PB values
sw     $10,0($8)    # write switch values to red LEDs
sw     $11,0($12)   # write pushbutton values to green LEDs
beq    $0,$0,readIO # repeat
nop                 # branch delay slot
```

为了编译这个汇编程序，首先打开 CMD 窗口，在命令提示符处进入程序对应的目录下，然后输入：

> make

这将使用 Codescape 的 gcc(也就是 mips - mti - elf - gcc)对汇编程序进行编译。与前面的 C 程序一样，可以在 FPGA_Ram_dasm.txt 和 FPGA_Ram_modelsim.txt 文件中阅读可执行文件(FPGA_Ram.elf)，也可以在命令提示符处使用 make clean 来删除它们。

D.6.3　编译后程序模拟

上述程序编译后，可以使用 ModelSim 来进行模拟。模拟过程分为以下 3 步：
- 步骤 1：创建 MIPSfpga 内存初始化文件(ram_reset_init.txt 和 ram_program_init.txt)。
- 步骤 2：把步骤 1 创建的文本文件复制到 ModelSim 项目文件夹中。
- 步骤 3：添加 Verilog 文件到项目中，然后进行模拟。

D.6.4　结合编译后程序进行 MIPSfpga 硬件重新综合

有两种方法在 FPGA 硬件上运行编译后程序。第一种方法是把编译好的新引导代码和指令代码与 MIPSfpga 系统一起重新综合，本节将介绍这种方法。第二种方法将在下一节中介绍，它是通过 EJTAG 接口把用户程序和引导代码下载到 MIPSfpga 核心上。第二种方法更快，所以我们推荐使用第二种方法。

为了重新综合 MIPSfpga 和编译后程序，首先要按照 D.6.3 节中的步骤 1 来创建初始化引导

RAM 和程序 RAM 的文本文件(`ram_reset_init.txt` 和 `ram_program_init.txt`)。然后把这两个文件复制到 MIPSfpga \ rtl_up 文件夹中。重新综合整个 MIPSfpga 核心,最后重新下载到 FPGA 板上。

D.6.5 使用 EJTAG 下载编译后程序

本节将使用 Bus Blaster 下载器(见图 D-10)和 EJTAG 接口把编译后程序下载到 MIPSfpga 核心上。通过把 USB 2.0 高速电缆输入的命令转换成 EJTAG 串行协议,Bus Blaster 下载器把编译后程序下载到 MIPSfpga 核心上,并且对 MIPSfpga 上运行的程序进行控制和调试。

图 D-10 Bus Blaster 下载器

通过以下几个步骤可以把编译后程序下载到 MIPSfpga 核上:
- 步骤 1:连接 Bus Blaster 下载器。
- 步骤 2:下载 MIPSfpga 核到 FPGA 板上。
- 步骤 3:把程序下载到 MIPSfpga 核心上运行。

连接 Bus Blaster 下载器

把 Bus Blaster 下载器插入计算机和 FPGA 板卡。首先使用提供的 USB 编程电缆把 Bus Blaster 下载器和计算机连接起来。接下来就使用扁平电缆把 Bus Blaster 下载器与 FPGA 板卡连接起来。如果使用 DE2-155 板卡,则可以直接通过扁平电缆把 Bus Blaster 下载器插入板卡上的 EJTAG 接口,如图 D-11 所示。如果使用 Nexys4 DDR 板卡,则需要一个适配板把 Bus Blaster 插入板卡上的 PMODB 接口,如图 D-12 所示。

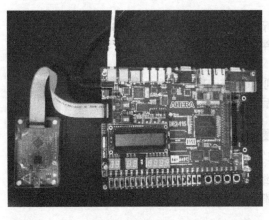

图 D-11 Bus Blaster 连接到 DE2-115 FPGA 板卡

图 D-12 Bus Blaster 连接到 Nexys4 DDR FPGA 板卡

D. 6. 6　使用 Codescape gdb 在 MIPSfpga 上调试编译后程序

　　本节将说明如何使用 Codescape gdb 调试 MIPSfpga 上实时运行的程序。按照 D.5.4 节的步骤用 Quartus II(对应 DE2-115 FPGA 板卡)或者 Vivado(对应 Nexys4 DDR FPGA 板卡)把MIPSfpga 核心下载到 FPGA 板卡上，然后按照 D.6.5 节的步骤把对应程序下载到 FPGA 板卡上。先不要关闭 loadMIPSfpga.bat 脚本打开的 OpenOCD 和 gdb 窗口。选中 gdb 窗口(带有 mips-mti-elf-gdb 标签的)，如图 D-13 所示。

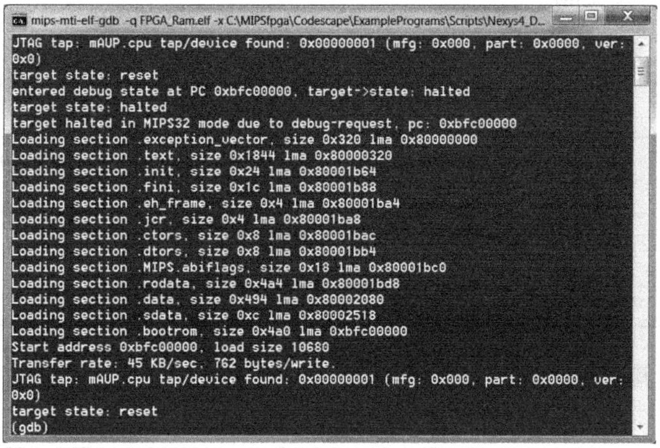

图 D-13　正在运行 gdb 的命令行 shell

　　通过 OpenOCD gdb 与 MIPSfpga 核进行连接。在 loadMIPSfpga.bat 脚本结束时，gdb 会加载可执行文件(.elf)，然后在 MIPSfpga 核上开始运行程序。下面是 gdb 中一些比较有用的命令，它们可以用来调试在 MIPSfpga 核心上实时运行的程序。你可以按照表 D-5 中的顺序在 gdb 命令行中输入这些命令来体验调试的过程。

表 D-5　gdb 命令

命令	描述
monitor reset halt	停止并复位处理器，程序也会停止运行。注意：gdb 的‘monitor’命令把‘reset halt’传送到 OpenOCD 的命令解析器中，然后才执行复位命令 实际应用时，使用缩写：mo reset halt
b main	给主程序设置一个断点(break main 的缩写) 主函数开始于地址 0x8000076c
b * 0x80000848	在 0x80000848 指令地址上设置一个断点。在这个地址实例 C 程序(main.c)对应的指令为写红色 LED 灯： 0x80000848:ac430000 swv1,0(v0)
i b	列出所有的断点(info breakpoint 的缩写)。经过前面几步之后，这个命令会列出前面所设置的两个断点 0x8000076c(main)、0x80000848
c	让处理器继续运行(continue 的缩写)。这个命令会结束第一个断点，这里会让 main 程序开始执行
c	让处理器继续运行(你可以简单地按下 enter 键来重复执行上一条命令)
p count	输出 count 变量的值(“print count”的缩写)。比如，现在 count 的值为 15
p/x count	以十六进制形式输出 count 变量的值(0xf)
p/x &count	输出 count 的地址(0x8003ffb4)

（续）

命令	描述
i r	输出所有寄存器的值（info registers 的缩写）
i r v1	只输出 v1 寄存器的值，v1 中保存的是地址 0x80000848 上的 sw 指令写入 LED 灯的值（0xf）
i r v0	输出 v0 寄存器的值，当 PC 为 0x80000848 时，v0 中的值为红色 LED 灯的地址：0xbf800000
c	继续执行程序直到下一个断点（continue 的缩写）。sw 指令执行完成后，LED 灯会显示 0xf
i r v1	输出 v1 寄存器的值，这时 v1 中的值已经左移了 1 位，为 0x1e。重复前面两条命令（c 和 i r v1）来继续观察 count 左移。在你继续执行程序时板卡上亮着的 LED 灯也会随着左移
stepi	单步执行一条指令。如果这样做，你就会发现 PC 已经增加到了 0x8000084c 缩写为 si
d 1	删除断点 1（输入 i b 列出所有的断点和对应的号）
monitor reset run	复位处理器，在复位之后，之前设置的断点不再起作用 缩写为 mo reset run

表 D-6 列出了其他一些有用的 gdb 命令。

表 D-6　其他 gdb 命令

命令	示例/描述
load <elf_file_name>	**例 1**：load FPGA_Ram.elf **例 2**：load..\\AssemblyExample\\FPGA_Ram.elf **描述**：把可执行文件（elf 文件）加载到 MIPSfpga 核上 **注意**：在加载新的可执行文件之前，处理器必须是处于停止状态（mo reset halt）。在加载后，还要再输入一次 mo reset run 命令来运行新的程序
disas	反汇编指令 **例子**： disas 0xbfc00000, +100 　（+100 是字节的长度） disas/m main（反汇编混合显示 mian 函数的源代码和汇编代码） disas/r main（只显示指令的原始字节） **注意**：如果上面的这几条命令都不管用（比如说返回的是 nops），那么首先停止处理器，然后输入 mo reset halt，在 main 函数处设置一个断点（b main），然后再继续运行（c）。最后再使用上面的命令
x/i 0xbfc00000	检查指令——类似于 disas
set disassemble-next-line on |off	如果为 on，则程序停止时 gdb 就显示下一个指令的反汇编代码
monitor mdw addr <# words>	monitor mdw 0xbfc000000 16 **描述**：从内存地址 0xbfc000000 开始读 16 个字的内存内容。默认读的字数为 1。这条命令只能在处理器停止时使用
monitor mww addr word	monitor mww 0xbfc000000 0xaaaaaaaa **描述**：写 0xaaaaaaaa 到内存地址 0xbfc00000。它只有在处理器停止时才有用
<return>	**描述**：在没有输入任何命令的情况下，按下回车键会重复执行一次上一条命令

表 D-7 列出了一些可以在 gdb 中运行的 OpenOCD 命令。

表 D-7　gdb 中运行的 OpenOCD 命令

命令	示例/描述
monitor mips32 cp0 [[regname|regnum select] [value]]	monitor mips32 cp0 **描述**：输出所有协处理器 0 中寄存器中的值 **选项**： regname：寄存器名字 regnum：寄存器号 select：寄存器选择值 value：写到寄存器的值 **例子**：monitor mips32 perfcnt0 0xff 写 0xff 到 perfcnt0 寄存器中
monitor mips32 invalidate [all | inst | data | allnowb | datanowb]	monitor mips32 invalidate **描述**：在有写回或者没有写回的情况下，使指令和数据缓存无效 **选项**： all：在写回的情况下使指令和数据缓存都无效 inst：在写回的情况下仅让指令缓存无效 data：在写回的情况下仅让数据缓存无效 allnowb：在没有写回的情况下使指令和数据缓存都无效 datanowb：在没有写回的情况下使数据缓存无效
monitor mips32 scan_delay [value]	monitor mips32 scan_delay 3000 **描述**：在两次 fastdata 写之间添加延时。它在写 MIPSfpga 核时非常有用（比如加载 .elf 文件时）。当 value 的值大于或等于 2000000 时，就会从 fastdata 模式变成 legacy 模式
monitor version	打印 OpenOCD 服务器的版本

D.7　总结与展望

通过本附录的学习，了解了如何在 FPGA 上实现 MIPS 处理器；并对 MIPSfpga 核心、系统架构、接口信号以及怎么在 MIPSfpga 上仿真代码、下载程序、运行和调试程序等都有了基本的认识。MIPSfpga 作为第一个免费的商业版 MIPS 核，对学好计算机体系结构、嵌入式系统和片上系统设计等很多课程都很有帮助。此外，可以从 Imagination 公司官网下载更多关于 MIPSfpga 的资料，帮助更进一步地理解 MIPSfpga。

补 充 阅 读

Berlin L., *The Man Behind the Microchip: Robert Noyce and the Invention of Silicon Valley*, Oxford University Press, 2005.

微芯片的发明者之一，仙童半导体公司和英特尔共同创立者之一 Robert Noyce 的精彩传记。对于任何想要工作在硅谷的人来说，这本书可以让他们了解硅谷这个地方的文化，一种相比其他硅谷风云人物，被 Noyce 加以更深影响的文化。

Colwell R., *The Pentium Chronicles: The People, Passion, and Politics Behind Intel's Landmark Chips*, Wiley, 2005.

Intel 几代奔腾芯片开发的传奇故事，由这个项目的负责人之一所著。对于那些考虑从事这个领域的人来说，这本书提供了了解这个巨大设计项目管理的多个视角，透露了这个最重要的商业微处理器产品线的幕后新闻。

Ercegovac M., and Lang T., *Digital Arithmetic*, Morgan Kaufmann, 2003.

关于计算机运算系统的最全面的教材。构架高质量计算机运算单元的优秀资源。

Hennessy J., and Patterson D., *Computer Architecture: A Quantitative Approach, 5th ed.*, Morgan Kaufmann, 2011.

高级计算机体系结构的权威教材。如果你很有兴趣了解最前沿的微处理器的内部工作原理，这本书正是适合你的书。

Kidder T., *The Soul of a New Machine*, Back Bay Books, 1981.

一个计算机系统设计的经典故事。30 年后，这本书依然让你欲罢不能，书中关于项目管理和技术的观点和看法在今天仍然适用。

Pedroni V., *Circuit Design and Simulation with VHDL, 2nd ed.*, MIT Press, 2010.

一本展示如何用 VHDL 设计电路的参考书。

Ciletti M., *Advanced Digital Design with the Verilog HDL, 2nd ed.*, Prentice Hall, 2010.

一本关于 Verilog 2005（而不是 System Verilog）的较好的参考书。

SystemVerilog IEEE Standard (IEEE STD 1800).

System Verilog Hardware Description Language 的 IEEE 标准，最近更新在 2009 年。相关内容请见：ieeexplore. ieee. org。

VHDL IEEE Standard (IEEE STD 1076).

VHDL 的 IEEE 标准；最近更新在 2008 年。相关内容请见：ieeexplore. ieee. org。

Wakerly J., *Digital Design: Principles and Practices, 4th ed.*, Prentice Hall, 2006.

一本关于数字设计方面的全面、易读的教材，和很好的参考书。

Weste N., and Harris D., *CMOS VLSI Design, 4th ed.*, Addison-Wesley, 2011.

超大规模集成电路(VLSI)是构造包含很多晶体管的芯片的一门艺术和科学。本书的内容覆盖从初开始的基本知识到用于商业产品的最先进的技术。

索 引

C

G

W

推荐阅读

深入理解计算机系统（原书第3版）

作者: [美] 兰德尔 E.布莱恩特 等 ISBN: 978-7-111-54493-7 定价: 139.00元

计算机体系结构精髓（原书第2版）

作者: （美）道格拉斯·科莫 等 ISBN: 978-7-111-62658-9 定价: 99.00元

计算机系统：系统架构与操作系统的高度集成

作者: （美）阿麦肯尚尔·拉姆阿堪德兰 等 ISBN: 978-7-111-50636-2 定价: 99.00元

现代操作系统（原书第4版）

作者: [荷]安德鲁 S.塔嫩鲍姆 等 ISBN: 978-7-111-57369-2 定价: 89.00元

计算机组成与设计：硬件/软件接口（原书第5版）

作者：[美] 戴维 A. 帕特森 等 ISBN：978-7-111-50482-5 定价：99.00元

本书是计算机组成与设计的经典畅销教材，第5版经过全面更新，关注后PC时代发生在计算机体系结构领域的革命性变革——从单核处理器到多核微处理器，从串行到并行。本书特别关注移动计算和云计算，通过平板电脑、云体系结构以及ARM（移动计算设备）和x86（云计算）体系结构来探索和揭示这场技术变革。

计算机体系结构：量化研究方法（英文版·第5版）

作者：[美] John L. Hennessy 等 ISBN：978-7-111-36458-0 定价：138.00元

本书系统地介绍了计算机系统的设计基础、指令集系统结构，流水线和指令集并行技术。层次化存储系统与存储设备。互连网络以及多处理器系统等重要内容。在这个最新版中，作者更新了单核处理器到多核处理器的历史发展过程的相关内容，同时依然使用他们广受好评的"量化研究方法"进行计算设计，并展示了多种可以实现并行，陡的技术，而这些技术可以看成是展现多处理器体系结构威力的关键!在介绍多处理器时，作者不但讲解了处理器的性能，还介绍了有关的设计要素，包括能力、可靠性、可用性和可信性。